高｜等｜学｜校｜计｜算｜机｜专｜业｜系｜列｜教｜材

计算机组成与交互计算

徐成　代松银　主编

清华大学出版社
北京

内 容 简 介

本书从计算机组成与交互计算的基本概念入手,全面讲解了计算机硬件与软件的组成、数据的表示与运算、存储系统与总线连接、指令系统与处理器原理等核心知识。本书通过引入智能交互计算的概念,逐步引导读者理解计算机系统的智能化发展趋势,深入探讨智能芯片、AI大模型及新一代智能计算系统的最新技术与应用。

全书共12章,每章内容既注重基础理论的讲解,又结合实践应用与发展趋势展开。本书主要内容包括计算机组成与交互计算概论、计算系统的发展历程、数据的表示、计算机的"四则运算"、数据的读写——存储系统、指令系统与智能交互、交互计算的核心——处理器、交互计算的链接——总线系统、I/O系统和交互接口、交互计算的决策——控制单元、智能芯片和AI大模型、新一代智能交互计算系统。

本书可作为高等学校计算机相关课程的教材,也可作为研究生入学考试参考用书,还可作为从事计算机技术开发与研究工作人员的参考资料。

图书在版编目(CIP)数据

计算机组成与交互计算/徐成,代松银主编. -- 北京:清华大学出版社,2025.8.
(高等学校计算机专业系列教材). -- ISBN 978-7-302-69883-8

Ⅰ. TP301

中国国家版本馆 CIP 数据核字第 2025G3T625 号

责任编辑: 龙启铭　王玉梅
封面设计: 何凤霞
责任校对: 李建庄
责任印制: 宋　林

出版发行: 清华大学出版社
　　　　　网　　　址:https://www.tup.com.cn,https://www.wqxuetang.com
　　　　　地　　　址:北京清华大学学研大厦 A 座　　　　邮　　编:100084
　　　　　社 总 机:010-83470000　　　　　　　　　　邮　　购:010-62786544
　　　　　投稿与读者服务:010-62776969,c-service@tup.tsinghua.edu.cn
　　　　　质量反馈:010-62772015,zhiliang@tup.tsinghua.edu.cn
　　　　　课件下载:https://www.tup.com.cn,010-83470236
印 装 者: 三河市铭诚印务有限公司
经　　销: 全国新华书店
开　　本: 185mm×260mm　　　　**印　　张:** 24.75　　　　**字　　数:** 604 千字
版　　次: 2025 年 9 月第 1 版　　　　　　　　　　**印　　次:** 2025 年 9 月第 1 次印刷
定　　价: 79.00 元

产品编号:104434-01

编　委　会

前言

　　人工智能的迅猛发展正在深刻改变社会的方方面面,而交互计算作为连接人类与人工智能系统的关键技术,正发挥着越来越重要的作用。交互计算通过构建直观、高效的人机交互方式,使人工智能技术能够更好地满足人类需求,同时推动智能系统在多个领域的广泛应用。面对这一趋势,高等教育的使命不再局限于培养适应技术变革的人才,更需要主动拥抱交互计算的前沿理论,为未来的科技发展提供理论支持和创新动力。计算机组成提供了交互计算所需的基础硬件和软件平台,包括处理器、存储器、I/O设备以及操作系统等关键组成部分。交互计算则利用这些资源,实现人与计算机之间的信息交换和智能处理。

　　本书是为了满足人工智能、计算机科学与技术、软件工程、信息安全、智能科学与技术等专业学生、从业人员以及对计算机结构和交互计算感兴趣的读者的需求而编写的,旨在为读者揭开计算机系统复杂外衣下的核心机理,对从计算机的基本组成到交互计算的前沿技术进行全面而深入的解读。

　　本书既是一本介绍计算机组成基础知识的教科书,也是一本探讨计算机组成前沿技术的专业参考书。在这里,我们将一起探索计算机的历史脉络,理解其运算表示和处理过程,深入存储系统的原理与设计,解析指令系统与智能交互的发展,详细研究中央处理器的复杂机制,以及总线、I/O系统和交互接口的关键作用。书中不仅阐述了这些组件的工作原理,还探讨了它们如何相互作用,实现了高效能和智能化计算的跨越。最后,我们将展望新一代智能计算系统,这些系统预示着未来计算技术的发展方向和可能达到的新高度。

　　本书的四大特点如下。

一、立足经典计算机组成知识体系,融合交互计算前沿技术

　　本书以经典的计算机组成知识体系为根基,系统讲解计算机硬件结构、体系设计与运行机制等核心内容,帮助读者全面掌握计算机系统的基本原理与构造逻辑。在介绍传统知识与理论的同时,本书紧跟技术发展潮流,深入结合交互计算这一前沿领域,探索人与计算机之间高效、智能的交互方式,将传统的计算机组成理论与现代技术实践深度融合。通过这一结合,读者不仅能够理解计算机系统的底层设计与优化原理,还能掌握如何将这些知识应用于智能交互技术的实际开发,为未来在计算机科学与人机交互领域的创新实践奠定扎实的基础。

二、配套"学堂在线"精品课程资源,实现理论与实践高效融合

　　本书依托"学堂在线"平台,配套高质量的精品课程资源,为读者提供全方位的学习体验。每章节均配有对应的视频讲解,由知名教学团队倾力授课,内容覆盖书中重点与难点,帮助读者更深入地理解复杂理论。课程结合实际案

例与操作演示,将理论与实践紧密结合,使学习不再局限于纸面。课程资源兼具灵活性与系统性,支持随时随地碎片化学习,并提供详尽的课后练习与实践指导,帮助读者巩固知识、提升动手能力。通过"书本学习＋在线课程"的双轨模式,读者不仅能够系统掌握计算机组成与交互计算的核心知识,还能快速应用于技术实践,实现理论与实践的高效融合。

三、配套10组仿真实验·代码与实验指导书双保障

本书以10个精心设计的实验模块为主线,全面覆盖计算机组成原理的核心知识及其实际应用。每个实验均配备详细的实验指导书与完整的代码支持,从状态机设计到运算器实现,从存储器操作到外部中断与键盘输入,再到传感器读取与显示屏控制,内容涵盖硬件设计、微处理器交互与外围设备控制等关键主题。通过具体实验,如点亮流水灯、汉字交互显示,以及复杂的硬布线控制器设计等,读者不仅能够学习和掌握单片机、存储器与控制器的工作原理,还能在实践中实现对计算机系统各组成部分的深刻理解。本书通过分步讲解与配套仿真,帮助读者将理论知识转化为动手能力,同时为进一步学习计算机体系结构与嵌入式开发奠定坚实基础。

四、习题紧扣考研大纲要求·构建高效互动交流社区

本书精心设计了丰富的习题体系,紧贴考研大纲,全面覆盖计算机组成原理的核心考点,如指令系统、存储器结构、数据通路与控制、流水线等重点内容。习题形式多样,涵盖选择题、填空题、分析与综合设计题等,注重基础巩固的同时突出高频难点与综合应用能力的培养。为进一步提升学习效果,本书依托在线学习平台,构建了高效互动交流社区,提供习题解析、实验演示与在线答疑等功能,帮助读者解决疑难问题、分享学习经验,打造从知识学习到考研备考的全链条支持体系。

本书由"北京联合大学教材资助项目"提供资助,由北京联合大学机器人学院(人工智能学院)、北京市信息服务工程重点实验室智能交互团队出品,由北京强强源起科技有限公司提供技术支持,由"学堂在线"提供相关资源和后续服务。

本书提供如下资源:

- 源代码
- 思维导图
- 教学 PPT 和微视频
- 实验指导书
- 理论解读视频课程
- 章节课后习题
- 学习讨论区

要获得以上配套资源,您可以扫描下方二维码或输入链接(https://www.xuetangx.com/course/buu0809zjr/),根据指引领取。

由于编者水平有限,书中难免有错误和不当之处,敬请同行和广大读者批评指正。

编　者

2025 年 5 月

目录

第 7 章　交互计算的核心——处理器　　/194

第 10 章　交互计算的决策——控制单元　　/272

第1章

计算机组成与交互计算概论

"计算机组成与交互计算"的课程目标是深入剖析计算机系统的构成及其基础原理,并探讨交互计算的原则与应用范畴。在人工智能时代的背景下,计算机已经变成了我们生活和技术领域中不可或缺的一部分。深入理解计算机系统的组成,把握其工作原理,以及掌握与计算机的交互技术,对于充分利用计算机技术具有至关重要的意义。

1.1 计算机组成的基本概念和原理

计算机作为一个广为人知的概念,其精确定义在学术界仍有讨论空间。简单来说,计算机是一种能够按照程序去自动、高速处理数据的现代化智能电子设备。更精确地讲,计算机是一种基于可编程功能单元的系统,由一个或若干个互连的数据处理器及外部设备构成,在内置程序的控制下自动执行大量复杂的数据处理和存储工作,其运行过程一般不需要人工干预。

无论是高性能的超级计算机还是价格低廉的个人计算机,一个完整的计算机系统都由硬件和软件两大部分组成,如图1.1所示。硬件是构成计算机的设备实体,即实际的物理装置,软件是计算机使用的各种程序和数据文件的总称。

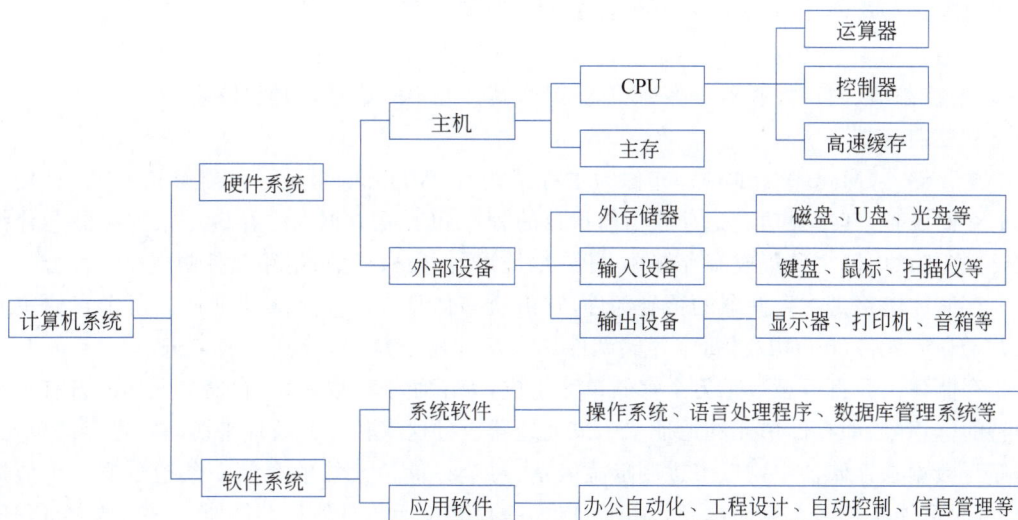

图 1.1 计算机系统的组成

1.1.1 计算机的硬件系统

计算机的硬件主要包括中央处理器(Central Processing Unit,CPU)、主存储器、外部存储器、输入输出设备(Input/Output 设备,I/O 设备)、总线,CPU 和主存储器合在一起称为主机。此外,计算机的硬件还有主板、电源、机箱、风扇等辅助设备。

1. CPU

中央处理器(CPU)是计算机系统中的核心组件,负责解释和执行计算机程序中的指令。随着技术的发展,现代计算机中的 CPU 已经将传统的控制器、运算器、寄存器阵列、高速缓冲存储器等核心部件集成于单一的超大规模集成电路(VLSI)芯片之上,因此 CPU 亦称为微处理器芯片。

运算器是计算机中负责信息加工处理的部件,其关键部件为算术逻辑单元(Arithmetic Logic Unit,ALU)。运算器具备两个输入端口,用于接收参与运算的操作数,在一套控制信号的指导下,有选择地执行多种算术或逻辑运算,并将结果通过输出端送出。

控制器(Control Unit,CU)是计算机的指挥中心,依据程序指令的要求,指挥和协调计算机各部件的工作。无论是运算器的计算操作、存储器的存取操作还是外部设备的 I/O 操作,均在控制器的统筹下完成。控制器的功能在于确定计算机在何时、依照何种条件执行何种操作。控制器的构造相较于其他部件复杂,其主要包括指令分析解释部件、时序信号生成部件以及操作控制信号生成部件。控制信号的生成既可以通过逻辑电路实现,也可以采用微程序控制方式来实现。

寄存器阵列由一系列通用寄存器和专用寄存器构成。通用寄存器用于存储操作数、运算结果、地址指针等数据,其数量可能从几十个到几百个不等。专用寄存器主要包括:存储当前执行指令的指令寄存器(Instruction Register,IR)、存储下一条指令地址的程序计数器(Program Counter,PC)、记录 CPU 工作模式和运算结果状态的程序状态字寄存器(Program Status Word Register,PSW Register,亦称标志寄存器)、存储主存储单元地址的存储器地址寄存器(Memory Address Register,MAR)以及存储写入或读出主存数据的存储器数据寄存器(Memory Data Register,MDR)等。

伴随着集成电路技术的持续进步,现代 CPU 芯片上已集成了浮点运算单元、高速缓存、显卡控制器、内存控制器等多种功能部件,其性能不断增强,功能日趋强大。

2. 主存储器

主存储器(Main Memory),亦称为主存或内存(Memory),是一种能够被 CPU 直接访问的存储设备,其主要功能是存放当前执行的程序和所需数据。主存由一系列存储芯片组成,这些芯片内部主要集成有存储体电路、地址译码电路、读/写电路及控制电路等部分。

存储体电路是主存储器的核心部件,它由众多信息存储单元聚集而成。每个存储单元由若干存储元件(bit)构成,每个存储元件具有两种稳定状态,分别代表二进制数字 0 和 1。鉴于存储体由数百万至数千万个存储单元组成,为了便于存取,每个存储单元均配备有一个独特的标识号,即存储单元的地址。中央处理器通过这些独特的地址来访问特定存储单元。程序与数据在存储器中均以二进制形式表示,每个存储单元能够存储一条指令或一个数据项(有时可能跨越多个存储单元),由此,庞大的存储单元数量使得存储器能够容纳大量程序及数据。

地址译码电路的主要作用是选定进行读取或写入操作的存储单元。来自 CPU 的地址码通过地址总线发送至译码电路,译码电路的输出能够精确选择存储体中的一个特定存储单元。地址码的位数与可选存储单元总数之间的关系可由以下公式表示:

$$N = 2^n$$

式中，n 为地址码位数；N 为存储单元总数。如 20 位地址码可寻址的存储单元总数为：

$$N = 2^{20} = 1048576$$

反之，要寻址 N 个存储单元，需要的地址码位数为 $\log_2 N$（注意，地址码的位数必须是整数，若计算出的不是整数，需要向上取整）。

读/写电路的功能是根据 CPU 发出的控制信号，来判定对指定存储单元进行读取或写入操作。若接收到写信号，数据总线上的数据将被写入指定的存储单元；若接收到读信号，指定存储单元内的信息将被读取并传送至数据总线。写入操作会修改存储单元内的原有信息，而读取操作则不会。

控制电路的功能是根据控制总线上的控制信号，对存储器各部件进行相应的指令控制，如激活译码电路和读/写电路，以及对存储器内容执行刷新操作等。

3. 外存储器

在计算机系统中，外部存储器（简称"外存"），亦称为辅助存储器，承担着输入输出与存储的双重功能。该类存储器既是一种外部设备，又是一种存储设备。与主存相比，外存具有容量大、成本低的特点，因此可有效弥补主存容量的不足，存放那些当前不运行的程序和数据。外存储器中的信息在断电后能够得到保留，可长期且可靠地保存，是计算机系统中不可或缺的存储设备。鉴于外存的存取速度远低于主存，CPU 无法直接访问外存中的程序和数据，外存储器仅能与主存直接进行信息交换。若需运行外存中的程序和数据，必须先将所需内容调入主存后方可执行。以下列举了几种常用的外部存储设备。

1）机械硬盘

机械硬盘（Hard Disk Drive，HDD）是一种重要的数据存储和检索设备，其由旋转的磁盘片及移动的读/写头构成，并依据磁性原理来存储及读取数据。机械硬盘以其较大的存储容量和相对低廉的成本，在个人计算机、服务器及其他数据存储设备上得到广泛应用。该存储设备通过磁性颗粒的不同排列方式编码数据，读/写头则在磁盘表面上移动，以识别磁性颗粒的排列进行数据的读取或写入。尽管硬盘的读写速度因磁盘的旋转速度和读/写头的移动而相对较慢，但随着技术进步，其速度有所提升。然而，机械硬盘作为一种机械设备，易受物理冲击和振动影响，可能导致数据损坏或设备故障。此外，读/写头的移动延迟也可能影响系统的整体性能。

2）固态硬盘

固态硬盘（Solid State Drive，SSD）作为一种新型的存储设备，采用半导体闪存作为存储介质，而非传统机械硬盘所使用的旋转磁盘和移动读/写头。这种设计使固态硬盘的读写不受机械硬盘磁头寻道和磁盘旋转的限制，具有更快的数据访问速度和更低的延迟，应用程序的启动和加载速度更快，操作体验更为流畅。得益于其无机械移动部件的特性，固态硬盘的抗震性能优异，能够在移动设备和震动环境中更好地保护数据安全。其耐用性亦较高，能够承受更多次数的数据写入操作。虽然固态硬盘的存储容量相对较小（但其容量正逐步提升），通过采用先进的数据压缩和错误校正技术，固态硬盘提供了高效的数据存储和管理。随着成本的逐步降低，固态硬盘正逐渐成为更多计算机和移动设备的首选存储解决方案。

3）光盘

光盘（Optical Disc）是依赖光学技术读写数据的可移动存储介质。通过激光束在介质表面刻录微小的凹坑与平面,或者改变介质的晶体结构或极性,来存储数字化信息。光盘存储容量大,能够存储音频、视频、软件等不同类型的文件,在音乐播放、电影发行、软件发布及数据备份等多个领域得到广泛应用。

光盘的主要类型包括 CD(Compact Disc)、DVD(Digital Versatile Disc)和蓝光光盘(Blu-ray Disc,BD)。CD 作为最早的光盘类型,其存储容量约为 700MB,主要用于存储音乐和数据。DVD 的存储容量更大,一般为 4.7GB 或更高,因此常用于电影、游戏及软件分发。BD 作为高清晰度光盘,拥有至少 25GB 的存储容量,适合存储高清电影、高质量视频内容和大型数据备份。用户通过光盘驱动器可以播放音频和视频,或者使用光盘刻录机备份数据。光盘的存储介质稳定性高,数据长期保存不易受到磁场和电磁干扰。

随着云存储和高容量闪存技术的发展,光盘使用率有所下降。云存储提供便捷的在线数据存储与共享,而闪存存储设备(如 USB 闪存驱动器和固态硬盘)则提供更大存储容量和更快的数据传输速率。尽管如此,光盘在音乐电影收藏、软件和游戏的向后兼容性以及某些行业的长期数据保存需求中,仍有独特的应用场景。

4) 快闪存储器

快闪存储器(Flash Memory)(简称"闪存")是一种采用固态存储芯片的高速存储设备,用于数据保存和检索。与传统硬盘驱动器相比,闪存具有多种优势。首先,闪存提供更快的数据访问速度和更低的响应延迟,提升系统的启动和应用程序的加载速度。其次,由于无依赖机械部件,闪存驱动器对物理冲击和振动不敏感,耐用性和可靠性更高。再者,闪存的能耗较低,有助于延长移动设备的电池寿命。

闪存广泛应用于个人计算机、数据中心、移动设备、嵌入式系统和汽车电子等。在个人计算领域,它们提供快速启动和响应速度,提高工作效率;在数据中心和服务器中,作为高性能存储方案,提升数据处理速度;而在移动和嵌入式设备中,则满足了对高速、可靠和节能存储的需求。

5) 磁带存储

磁带存储(Magnetic Tape Storage)是一种利用磁带作为介质的数据保存技术,以其较高的存储密度和成本效益著称,尤其适宜于长期数据备份和归档。该技术依赖于磁性原理,通过磁头进行数据的写入和读取。虽然在读写速度上不如其他存储介质,磁带存储却因其高度的可靠性与持久性,在保存大容量数据方面显得尤为适用。在数据中心、档案馆和备份系统中,磁带存储被广泛运用,为长期数据保留提供了一种经济而高效的方案。尽管随着磁盘阵列、云存储等新型存储技术的发展,磁带存储在某些应用领域逐渐被替代,但在满足特定存储需求方面,仍旧具备独特的优势。磁带存储的一个主要优点是其较大的存储密度,能够存放大量数据,这使其在数据归档和长期备份的场景下极具价值。同时,与其他存储介质相比,磁带存储在成本上更具竞争力,尤其是在存储大规模数据时。此外,磁带存储的可靠性和耐久性也是其突出的优势。

如图 1.2 所示,外部存储器通常具备大容量的特性,能够长期、稳定地保存数据和程序。在计算机断电的情况下,数据仍可保持其完整性不变。计算机系统通过主存储器与外部存储器之间的数据传输,实现数据的读取和写入操作。

4. I/O 设备和总线

输入设备(Input Device)和输出设备(Output Device)简称 I/O 设备或外部设备(外

图 1.2　常见的外部存储器

设），是计算机和外界相互联系的桥梁，用来完成信息的输入和输出。输入设备负责将外部环境的图像、声音、数字、文字和程序代码转换为计算机能够理解的电子信号，而输出设备则将计算机处理后的数据以视觉、听觉等人类可感知的形式展现出来。如图 1.3 所示，计算机系统中常见的 I/O 设备包括显示器、键盘、鼠标、打印机等。伴随着技术的发展，触摸屏、扫描器、绘图仪、音频及视频设备等也被广泛应用。

图 1.3　常见的 I/O 设备

　　输入输出接口，简称 I/O 接口，是连接主机与外部设备之间的关键电子元件。它不仅起到数据缓冲的作用，还负责数据的格式转换以及管理主机与外部设备之间的通信。由于外部设备的数据传输速率和电气特性通常与主机存在较大差异，因此，为了实现两者之间的有效连接，I/O 接口发挥着至关重要的作用。在计算机系统中，外设连接接口多种多样，部分接口已集成于主板之上，如键盘、鼠标、打印机和磁盘接口。而显示器的显卡、网络连接的网卡、音频设备的声卡等接口，则可能作为独立的扩展卡存在，或集成在主板中。

　　总线是连接计算机内部各硬件组件的信息传输通道，它由一系列导线组成，允许连接到总线上的设备分时共享信息传输的能力。总线系统除了包括物理导线外，还需要总线控制器用以管理信息的传输过程。在计算机系统中，根据传输速率和功能的不同，存在多种类型的总线，包括连接 CPU 与主存储器的高速系统总线、连接外部设备的 I/O 总线以及用于实现系统间通信的通信总线等。

I/O 设备与总线的性能直接影响计算机系统的整体性能。高速的总线和高效率的 I/O 设备能提升数据传输的速率与处理能力,进而增强系统的响应速度和性能。同时,稳定可靠的 I/O 设备和总线管理也确保了数据的准确传输与处理,保障系统的稳定运行。

随着技术的进步,I/O 设备与总线的性能不断提高。新一代的接口标准与通信协议,如 USB、Thunderbolt、PCI Express 等,已经支持更快速、更灵活的数据传输。另外,随着触摸屏、虚拟现实设备、物联网设备等新型 I/O 设备的出现,计算机与外部世界的交互方式也在不断拓展。I/O 设备与总线的发展,对于提高计算机系统的整体性能、用户体验以及推动技术创新具有决定性作用。展望未来,我们期待更高效、更智能化的 I/O 设备和总线技术将进一步加速计算机系统的发展。

5. 主板及其他硬件

在计算机系统中,除了以上所述的计算机主要硬件外,还有主板、电源、风扇、机箱等辅助硬件,如图 1.4 所示。

图 1.4　主板及其他硬件示例图

主板(Motherboard 或 Mainboard)是计算机的中心枢纽,它是一块集成电路板,上面布局了多种连接接口和插槽,用于安装并连接 CPU、存储设备以及其他外部设备接口卡等关键硬件。主板的设计与性能影响整个计算机系统的性能。主板提供了用于连接电源和集成外设的接口和插针。此外,主板集成了多个重要功能芯片,这些芯片负责产生时钟信号、执行总线控制、存储基本 I/O 系统(BIOS)程序和参数等功能。

电源单元(Power Supply Unit,PSU)的作用是将交流电(AC)转换为适合计算机内部硬件使用的多个不同电压等级的直流电(DC)。电源供应对于确保计算机系统稳定运行至关重要。

散热系统包括风扇和在某些情况下使用的水冷系统,负责维持处理器、电源单元、显卡等组件在安全温度下运行,防止过热导致硬件损坏或性能降低。

计算机的硬件系统的功能和性能对于保证计算机整体性能的优化至关重要。硬件系统与软件系统紧密协作,共同完成各种计算任务和应用程序的执行。因此,对于这些硬件组件的工作原理和特性的了解,对于深入理解计算机系统的结构和运作机制具有重要意义。

1.1.2　计算机的软件系统

软件是在硬件的基础上,按照一定的算法用程序设计语言设计出来的,是计算机系统不可分割的重要组成部分。软件依照其完成的功能,可分为系统软件和应用软件两大类。

1. 程序设计语言

程序设计语言是为编制计算机程序而制定的计算机语言,能实现人和计算机之间的交流,将人的想法传达给计算机。程序设计语言有着明确和严格的语法规则,按照和人类自然语言的接近程度,程序设计语言可分为机器语言、汇编语言、高级语言三大类。

1) 机器语言

机器语言是用二进制数表示的计算机语言,一条计算机指令就是机器语言的一个语句。用机器语言编制的程序叫机器语言程序,是计算机能够直接理解和执行的唯一的程序设计语言,机器语言用一组二进制数表示一条机器指令,要求编程人员熟记机器指令的格式和代码,了解计算机内部的结构和工作过程,十分复杂且烦琐,而且编程效率低,极大地限制了机器语言的应用。

2) 汇编语言

为了改变机器语言程序编制难、阅读难、调试难的情况,人们开始使用有助于记忆和理解的符号来表示机器指令代码,这种符号称为助记符,可以是字母、数字或其他符号,由助记符组成的语言就是汇编语言。

在汇编语言中,常用有一定意义的单词或缩写表示机器指令的功能,如用 ADD、SUB、MUL、DIV 分别表示加、减、乘、除指令,MOV 表示数据传送指令,IN、OUT 表示 I/O 指令,用 A、B、C、D 或其他字母表示寄存器。由于汇编语言是面向机器的语言,每种机器的汇编语言都和机器语言密切相关,一条用助记符表示的汇编语言指令语句,一般都可以翻译成一条机器指令的二进制代码串;反过来,代表一条机器指令的二进制代码串,总可以用一条汇编语言语句来表示。

汇编语言的主要优点是能够反映 CPU 的内部结构,充分发挥机器的特性,也保留了机器语言的灵活性。使用汇编语言可以像机器语言一样编制出高质量的程序,而编程效率却高得多,许多系统程序和控制程序都是用汇编语言编制的,特别是系统的核心程序,必须使用汇编语言和机器语言才能编制。

3) 高级语言

高级语言是相对机器语言和汇编语言而言的,它是一种与具体机器结构无关、描述解决问题的方式接近人类自然语言和数学语言的程序设计语言。由于高级语言独立于计算机的硬件结构,所以具有很好的通用性和可移植性。在一种机器上编制的程序可以在另一种机器上运行或稍加修改就可以运行,这就避免了有相同功能的软件在不同机器上的重复开发。高级语言的另一个重要优点是接近人类使用的自然语言和数学语言,这使得设计者可以把主要精力放在理解和描述问题上,不必去了解计算机的内部结构和工作过程,也不必记忆太多的规则,因而可以大幅提高编程效率,适合各种类型的软件设计人员使用。

总之,高级语言编程比较容易,编程效率高,差错修改简单。高级语言的不足之处是不能充分利用计算机的硬件资源,程序执行效率不如机器语言和汇编语言,对某些特殊的问题难以解决。目前世界上使用的高级语言多达几十种,常用的有 C、C++、Java、Python、C♯、Visual Basic.NET 等。

2. 系统软件

系统软件是一组为专门的计算机系统或同一系列的计算机系统设计的软件,用来管理和控制计算机的运行,提高计算机的工作效率,扩大和发挥计算机的功能,方便用户的使用。系统软件通常由计算机生产厂家或专门的软件公司编制,向用户提供。系统软件主要包括操作系统、语言处理程序、数据库管理系统等。

1)操作系统

操作系统是管理计算机软/硬件资源、提高计算机使用效率、方便用户使用计算机的一组程序。操作系统是计算机最重要的系统软件,是任何一个计算机系统必须配置的。操作系统的性能在很大程度上决定了整个计算机系统工作性能的优劣。一个好的操作系统,可以有效地管理和利用系统所有的软/硬件资源,提高计算机的工作效率,方便用户的操作使用。广泛使用的操作系统有 Windows、UNIX、Linux 等。

2)语言处理程序

语言处理程序是为用户设计的编程服务软件,其作用是将用程序设计语言编写的源程序转换成机器语言的形式。一般是由汇编程序、编译程序、解释程序和相应的操作程序等组成。用汇编语言编制的程序,机器不能直接执行,要通过翻译变成机器语言程序才行。完成这个工作的系统软件叫汇编程序,当用汇编语言编制的程序输入到计算机后,调用汇编程序可以将其翻译成机器语言程序。在计算机技术中,用字符形式表示的程序称为源程序,用机器指令代码表示的程序称为目标代码程序,目标代码程序经链接定位后就可以执行了。

不同的高级语言需要不同的语言处理程序,即使同一种高级语言,在不同系列的机器上运行时,也需要不同的语言处理程序。

按照对高级语言源程序翻译成目标代码程序的处理方法不同,可分成编译程序和解释程序两大类。编译程序是针对编译型高级语言的,如 C 语言,翻译的过程就像翻译一篇文章,全部翻译完后交稿,即给出目标代码程序。经正确编译的目标代码程序链接后以可执行文件的形式存放在磁盘上,随时可以执行。其特点是执行速度快,占用主存少,一经正确编译,就可长久保留,但修改不方便。解释程序是针对解释型高级语言的,如解释型 BASIC 语言。解释程序就像口头翻译,取一句源程序语句翻译一句、执行一句,发现错误随时指出,允许用户立即进行修改,解释完源程序后不生成任何目标代码程序。由于解释型高级语言需要解释程序和源程序同时在主存中才行,而且每次执行都要重新解释,所以占用主存空间较大,速度较慢,但人机交互功能强,可修改性好。

3)数据库管理系统

数据库管理系统是用来对数据库进行管理的软件。使用数据库管理系统,用户可以建立、修改、删除数据库,也可以对数据库中的数据进行查询、增加、修改、删除、统计、输出等操作。常用的数据库管理系统有 Oracle、SQL Server、Access、MySQL 等。

3. 应用软件

应用软件是指那些为应对特定问题而设计和开发的软件系统。应用软件的运行建立在系统软件的支持之上,与系统软件相比,应用软件的种类和数量更为繁多。由于所解决问题的复杂性不同,应用软件的规模也呈现出差异,范围从简易的几行代码编写的一元二次方程求解器,到包含数十万行代码的复杂天气预测系统。应用软件覆盖了广泛领域,包括初等教育辅助软件、办公自动化工具、薪资管理系统、卫星图像分析工具等。为了避免不必要的重复工作并提升工作效率,许多针对特定领域的应用程序被整合,形成了综合的应用软件包,这些软件包为用户提供了如绘图、教学辅助、数学计算、机械设计等功能。随着计算机技术的不断深化与普及,新型的应用软件持续涌现。

然而,所有软件的运行都离不开硬件资源的支持。软件和硬件是计算机系统不可分割的组成部分,它们彼此依赖,共同构成了一个完整的计算机系统。硬件为计算机提供了必要的计算和存储资源,而软件则负责控制和管理这些资源,以执行各项任务和操作。软件与基础硬件之间的关系可以通过以下几个方面来理解。

(1) 依赖性:软件依存于硬件提供的计算能力与执行环境。应用软件需要利用硬件的处理能力和存储容量来进行数据处理和指令执行。例如,应用程序依赖 CPU 执行指令,依赖内存存储数据,依赖硬盘进行数据的读写操作。

(2) 兼容性:软件与硬件之间必须保持兼容性以确保系统的正常运行。软件开发者通常会针对特定的硬件平台开展软件的开发和测试工作,以确保软件在特定的硬件上能够正常执行。同时,硬件生产商提供必要的驱动程序和兼容性支持,确保操作系统和应用程序能够与硬件设备进行有效通信。

(3) 优化与性能:软件的性能可以通过与硬件的紧密配合得到优化。软件开发者可以根据特定硬件平台的特性来进行优化,发挥硬件的性能,从而提高软件的运行速度、效率和响应时间。例如,图形处理软件可能会利用显卡提供的专门图形处理能力来实现图像的快速渲染。

(4) 抽象与接口:软件提供了将用户和开发者从硬件细节中抽象出来的界面和应用程序接口(API)。通过这些接口和标准化方法,软件实现了对硬件的控制和通信,简化了硬件的操作和开发过程。例如,操作系统提供了统一的 API,允许应用程序通过这些 API 与硬件设备交互,而无须关心硬件的具体实现细节。

1.1.3　计算机的主要性能指标

计算机性能指标对于评估计算机系统的性能至关重要。这些指标主要包括机器字长、存储容量、运算速度、系统可靠性、外部设备以及软件配置等。

1. 机器字长

机器字长定义为 CPU 能够一次性处理的二进制数字的位数。该字长与计算机的内部寄存器、算术逻辑单元以及数据总线的位数有直接关联,它对于计算机处理数据的范围、精度和速度均有影响。字长越长,其能表示的数值范围越大,相应地,运算精度和速度也越高。然而,较长的字长要求更多的硬件支持,这可能会增加硬件成本。

目前,常见计算机系统的字长通常是 8 的倍数,主要有 8 位、16 位、32 位、64 位等,如超级计算机和大型计算机通常采用 64 位字长,而个人计算机多采用 32 位或 64 位字长。在嵌入式计算机领域,常见的字长包括 8 位、16 位以及 32 位。当现有机器字长无法满足特定应用需求时,可以借助软件和硬件逻辑的等效性,通过软件手段实现字长的扩展,以支持双倍字长或更高倍数字长的运算。

2. 存储容量

存储容量指的是计算机存储系统能够容纳的二进制数位数或字节数。位(bit)，作为衡量数据的最小单位，代表一个二进制数字，一般用小写字母"b"表示。字节(byte)，作为存储容量和程序大小衡量的基本单位，由 8 个二进制位组成，通常用大写字母"B"表示。

计算机的存储容量越大，其记忆功能越强，能够存储的程序和数据越多。为了简单，在计算机技术中，表示存储容量一般采用以下缩写方式：

$$2^{10}B=1024B=1KB \qquad 2^{20}B=1024KB=1MB$$
$$2^{30}B=1024MB=1GB \qquad 2^{40}B=1024GB=1TB$$
$$2^{50}B=1024TB=1PB \qquad 2^{60}B=1024PB=1EB$$
$$2^{70}B=1024EB=1ZB \qquad 2^{80}B=1024ZB=1YB$$

计算机的存储器分为高速缓存、主存和外存三类。高速缓存集成在 CPU 中，容量最小，一般有几十千字节到几兆字节。主存的容量较大，个人计算机的主存容量可达几吉字节，而超级计算机的主存容量可达几百太字节，甚至几拍字节。

3. 运算速度

运算速度是计算机重要的性能指标，运算速度更快一直是高性能计算机追求的目标。由于不同计算机的结构差异很大，描述计算机运算速度的方法也有多种。

(1) 吞吐量和响应时间

- 吞吐量：指系统在单位时间内处理请求的数量。它取决于信息输入内存的速度、CPU 取指令的速度、数据从内存读写的速度，以及结果从内存传输到外部设备的速度。几乎每步都关系到主存，因此系统吞吐量主要取决于主存的存取周期。

- 响应时间：指从用户向计算机发送一个请求，到系统对该请求做出响应并获得所需结果的等待时间。通常包括 CPU 时间(运行一个程序所花费的时间)与等待时间(用于磁盘访问、存储器访问、I/O 操作、操作系统开销等的时间)。

(2) CPU 时钟周期和主频

- CPU 时钟周期：通常为节拍脉冲或 T 周期，即主频的倒数，它是 CPU 中最小的时间单位，执行指令的每个动作至少需要 1 个时钟周期。

- 主频(CPU 时钟频率)：机器内部主时钟的频率，是衡量机器速度的重要参数。对于同一个型号的计算机，其主频越高，完成指令的一个执行步骤所用的时间越短，执行指令的速度越快。例如，常用 CPU 的主频有 1.8GHz、2.4GHz、2.8GHz 等。

注意：CPU 时钟周期=1/主频，主频通常以 Hz(赫兹)为单位，10Hz 表示每秒 10 个 CPU 时钟周期。

(3) CPI(Clock cycle Per Instruction)，即执行一条指令所需的时钟周期数。

不同指令的时钟周期数可能不同，因此对于一个程序或一台机器来说，其 CPI 指该程序或该机器指令集中的所有指令执行所需的平均时钟周期数，此时 CPI 是一个平均值。

(4) CPU 执行时间，指运行一个程序所花费的时间。

CPU 执行时间=执行程序所需的 CPU 时钟周期数/主频=(指令条数×CPI)/主频

上式表明，CPU 的性能(CPU 执行时间)取决于三个要素：①主频(时钟频率)；②每条指令执行所用的时钟周期数(CPI)；③指令条数。

主频、CPI 和指令条数是相互制约的。例如，更改指令集可以减少程序所含指令的条数,但同时可能引起 CPU 结构的调整,从而可能会增加时钟周期的宽度(降低主频)。

（5）MIPS(Million Instructions Per Second),即每秒执行多少百万条指令。

$$\text{MIPS}=\text{指令条数}/(\text{执行时间}\times10^{6})=\text{主频}/(\text{CPI}\times10^{6})$$

MIPS 对不同机器进行性能比较是有缺陷的,因为不同机器的指令集不同,指令的功能也就不同,比如在机器 M1 上某条指令的功能也许在机器 M2 上要用多条指令来完成;不同机器的 CPI 和时钟周期也不同,因而同一条指令在不同机器上所用的时间也不同。

（6）MFLOPS、GFLOPS、TFLOPS、PFLOPS、EFLOPS 和 ZFLOPS。

- MFLOPS(Mega Floating-point Operations Per Second),即每秒执行多少百万次浮点运算。MFLOPS = 浮点操作次数/(执行时间$\times10^{6}$)。
- GFLOPS(Giga Floating-point Operations Per Second),即每秒执行多少十亿次浮点运算。GFLOPS = 浮点操作次数/(执行时间$\times10^{9}$)。
- TFLOPS(Tera Floating-point Operations Per Second),即每秒执行多少万亿次浮点运算。TFLOPS = 浮点操作次数/(执行时间$\times10^{12}$)。
- 此外,还有 PFLOPS = 浮点操作次数/(执行时间$\times10^{15}$);EFLOPS = 浮点操作次数/(执行时间$\times10^{18}$);ZFLOPS = 浮点操作次数/(执行时间$\times10^{21}$)。

注意:在描述存储容量、文件大小等时,K、M、G、T 通常用 2 的幂次表示,如 1Kb = 2^{10}b;在描述速率、频率等时,k、M、G、T 通常用 10 的幂次表示,如 1kb/s = 10^{3}b/s。通常前者用大写的 K,后者用小写的 k,但其他前缀均为大写,表示的含义取决于所用的场景。

4. 系统可靠性

系统可靠性是衡量计算机系统是否具有实际应用价值的一个关键指标,通常使用平均无故障时间(Mean Time Between Failures,MTBF)来衡量。平均无故障时间越长,系统的可靠性越高。在军事计算机、实时控制计算机等要求极高可靠性的应用领域中,系统必须能在恶劣环境下可靠运行,因此需要对抗高温、低温、振动以及各种干扰信号。

随着现代电子技术的进步,计算机的可靠性已经得到提升。为了进一步增强系统的可靠性,当前计算机系统还采用了纠错技术和容错结构。

5. 外部设备和软件配置

计算机的外部设备和软件配置是从另一个角度反映计算机性能的要素。外部设备配置涉及计算机系统所配备的外部设备种类及其性能。不同的外部设备配置影响计算机的整体性能。对于微型计算机而言,基本的外部设备配置包括显示器、键盘、鼠标、扬声器、硬盘驱动器以及 I/O 接口电路。微型计算机通常采用总线结构,主板上设有多个扩展槽,便于扩充外部设备,如音箱、打印机、扫描仪、摄像头、光盘驱动器、移动硬盘等。对于超级计算机系统,通常具备较好的可扩展性,能够支持更多种类和数量的外部设备,如磁盘阵列存储器、磁带存储器、高性能打印机等。

软件配置指的是计算机中安装的软件集合,这些软件可以根据需求逐步扩展。计算机系统首先应安装功能完备、用户友好并与硬件兼容的操作系统,然后根据用户需求安装数据库管理、语言处理、办公自动化等各类软件。缺乏适当的软件配置,即使硬件性能出色,也无法发挥其应有的效能,因此也难以获得用户的青睐。

综上所述,衡量一台计算机的性能需要综合考虑多种性能指标和系统配置。在选购计算机时,应当从实际用途出发,确保在满足应用需求的基础上,尽可能获取最优的性能价格比。

1.1.4　计算机的工作原理

现代计算机的设计理念基于存储程序概念,其核心工作过程便是对预存储于存储器中的程序代码的执行。在控制单元的指挥下,计算机能够自动、顺序地执行这些代码,从而实现程序所定义的特定功能。如图1.5所示是计算机的基本结构,可用来说明计算机的工作原理。

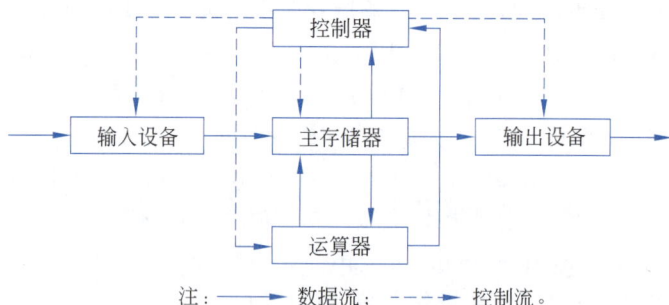

注:　——→ 数据流;　---→ 控制流。

图1.5　计算机的基本结构

1. 编制程序

要使计算机解决特定问题,必须首先确定解决该问题的算法,即解题步骤与方法。鉴于同一问题可能存在多种解决算法,选择高效的算法至关重要。选定算法后,需进一步将其转换为计算机能够理解与执行的形式——计算机程序。程序本质上是指令的有序集合,按照特定算法组织指令形成的计算机任务执行序列。

2. 存储程序

存储程序是现代计算机的特征之一,它将计算机与既往的计算工具区分开来。过去的计算工具在每一步运算中都需人工介入,而计算机则通过将程序代码存储于内存中,克服了人脑和手部反应速度的局限,从而提升了运算速度。

用户编写的程序通常使用高级程序设计语言表示,这些以字符形式呈现的代码需要通过输入设备转换为二进制形式并存储于内存中。然而,这种二进制形式的代码尚不能直接执行,必须通过语言处理程序(例如编译器或解释器)将其转换为机器能够执行的指令代码,并将其存储于内存以备执行。

3. 计算机自动、连续地执行程序

计算机在执行预设程序的过程中,可自动化地、连续性地工作,直到程序执行完毕,无须人工干预,除非采用人机交互的方式。这种独立运行的特性,确保了计算机能够以高速度进行处理。

程序由指令集组成,而每条指令的执行可细分为三个基本阶段:取指、译码与执行。分析单条指令的执行流程有助于深入理解计算机的工作机制。

(1)取指阶段:中央处理器(CPU)执行取指操作,根据程序计数器(PC)所指定的地址从存储器中读取指令,并将其放入指令寄存器(IR)。同时,程序计数器更新为下一条指令的地址。

(2)译码阶段:指令寄存器中的指令被送至指令译码器进行分析,以确定指令的功能和操作数的位置。

(3)执行阶段:根据译码结果,控制单元(CU)产生相应的控制信号以执行指令的功能。若指令为算术运算,则控制信号会控制运算器进行计算并将结果写回;若为访存指令,则控制存储器的读取或写入操作。当前指令执行完毕后,根据程序计数器的更新值取出下一条指令进行处理。

在现代计算机体系中,由于采纳了超标量和流水线技术,多条指令可能在同一时刻处于不同的执行阶段。一些指令可能正处于取指阶段,而其他指令可能已进入译码或执行阶段。此外,指令间的执行并不一定遵循顺序,现代计算机支持指令的动态执行,即某些后续指令能够在前置指令完成之前执行。

在内存中,指令与数据均以二进制代码形式存储,计算机需通过适当机制区分二者。特定的时序部件在计算机中发挥作用,确保按正确的顺序执行指令。借助于指令执行各阶段的时序信号,计算机能够区分何时从存储器中取指令,何时取操作数或其地址。

图 1.6 展示了计算机的层次结构,其中不同用户处在不同层次,不同层次具有不同属性,不同层次使用不同工具,不同层次代码效率不同。

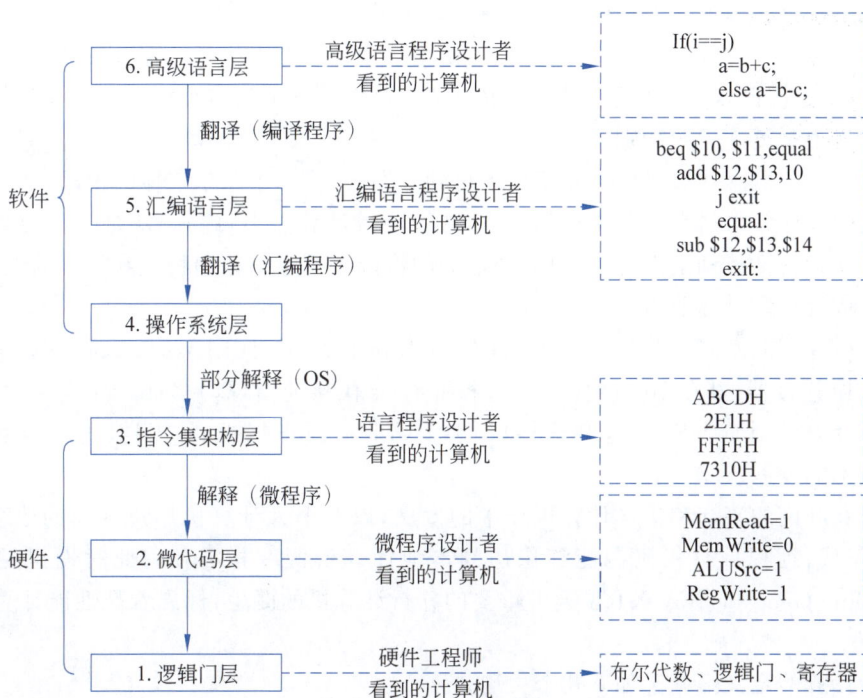

图 1.6 计算机的层次结构

1.2 交互计算的基本概念和特点

1.2.1 交互计算的概念

交互计算(Interactive Computing)指的是人机交互的过程中,计算机系统能够响应用户的输入,并即时提供输出或反馈的一种计算模式。这种计算模式强调的是实时性和交互性,使用户能够与计算机系统进行对话式的沟通,调整指令,以及即时获得结果。

在交互计算中,用户通常通过键盘、鼠标、触摸屏、语音输入等输入设备向计算机发送指令。计算机系统通过图形用户界面(Graphical User Interface,GUI)、文本界面或语音输出等方式来响应这些指令。这种计算方式可以应用于软件编程、数据分析、数字媒体编辑、游戏娱乐、教育学习、虚拟现实等广泛的领域。

交互计算与批处理计算形成对比。在批处理计算中,用户事先给计算机一批处理指令,然后计算机在没有进一步用户交互的情况下完成这些任务。由于缺乏实时的交互,批处理计算不适用于需要即时用户输入和反馈的场景。

随着技术的发展,交互计算现在不仅限于传统的个人计算机和移动设备,还包括了物联网(Internet of Things,IoT)、智能家居设备、交互式机器人等各种智能设备。这些设备通过感知用户的行为并做出智能响应,提供了更加自然和直观的交互体验。

1.2.2　并行计算的发展

并行计算(Parallel Computing)是指同时使用多种计算资源解决计算问题的过程,是提高计算机系统计算速度和处理能力的一种有效手段。

并行计算是一种计算范式,它通过同时使用多个处理器来执行计算任务,以此来提高计算效率和缩短处理时间。这种方法对于解决那些可以被分解为多个相互独立或部分独立子任务的大规模和复杂问题特别有效。

并行计算的概念在 20 世纪 60 年代末得到了发展,受到了摩尔定律的推动,即集成电路上可容纳的晶体管数量大约每两年翻一番,从而使得计算能力每隔一定时间就会翻倍。尽管计算机处理速度得到了提升,但单一处理器的性能提升逐渐遭遇物理和技术的限制,因此并行计算成为提升计算能力的有效途径。

在并行计算的发展过程中,一些早期的技术和系统,如 ILLIAC-IV、Cray X/MP、IBM 的大型 I/O 连接器,都在 20 世纪 70 年代末和 80 年代初期出现,并为后续的进展奠定了基础。并行计算模型如 MPI(消息传递接口)和 PVM(并行虚拟机)的出现,进一步推动了并行计算技术的发展。

随着互联网的兴起和集群计算机技术的发展,以及个人计算机用户界面的改善,在 20 世纪 90 年代,远程计算机资源能够像访问本地计算资源一样方便。此时期也见证了如 IBM 的 Blue Gene 和 Cray XT 系列等重要的并行计算机的诞生,标志着高性能计算新时代的来临。

并行计算的定义强调了如下几个关键要素。

(1) 并行硬件:至少包含两个或更多个处理器,这些处理器通过互联网络进行连接和通信。

(2) 并行度:所处理的应用问题必须含有可以并行处理的部分,这些部分可以被分解为多个子任务,由不同的处理器并发执行。

(3) 并行软件:在并行硬件提供的环境中,设计并行算法,实现并行程序,以并行方式求解问题。

并行计算通常适用于以下类型的任务。

(1) 计算密集型:如大规模科学计算和数值模拟。

(2) 数据密集型:如数据仓库、数据挖掘和计算可视化。

(3) 网络密集型:如分布式协同计算和网络服务。

并行计算的目标是通过任务分解和资源并行使用，实现比单一计算资源更快的处理速度。这通常意味着多个计算子任务可以在相同的时间内被多个执行单元同时处理，从而减少整体的解决方案时间。

1.2.3 交互计算典型应用领域

计算机组成是指计算机系统的物理构成，包括硬件和基础软件，而交互计算关注的是人与计算机系统之间的动态交互。当两者结合时，产生了各种创新的应用和服务，这些服务在教育技术、健康医疗、金融服务、电子商务与零售、媒体与娱乐、社交网络、设计和制造、科学研究、交通管理、智能家居和物联网（IoT）、客户服务和支持等领域得到广泛应用。以下是一些关键领域。

1. 教育技术

交互式学习平台、虚拟实验室、在线课堂和模拟软件结合了高性能计算机、多媒体技术和通信技术，实现了虚拟教室环境，让学生和教师不受地理限制地进行实时交流和协作。

2. 健康医疗

电子健康记录系统和远程监控设备依赖于可靠的计算机硬件和高速网络，使患者的医疗信息可以实时传输给医疗专业人员。虚拟诊疗和医学影像处理软件则需要强大的计算能力来处理和分析大量数据。

3. 金融服务

在线银行和交易平台需要高速的数据处理能力和高安全性的计算机系统来保证实时市场数据的准确性和交易的安全性。个人财务管理软件则需要用户友好的交互界面。

4. 电子商务与零售

网上商店和拍卖平台依赖于健壮的服务器和数据库管理系统来处理大量的商品信息和交易数据。定制购物体验需要智能算法来分析用户行为和偏好。

5. 媒体与娱乐

流媒体服务和互动电视需要高带宽网络和高性能计算机系统来支持高清视频内容的实时传输。在线游戏则需要快速的处理器和高速图形卡来保证游戏体验。

6. 社交网络

即时消息和视频通话功能需要稳定的网络连接和高效的数据压缩算法来保证通信质量。社交媒体更新则依赖于大数据分析和内容推荐算法。

7. 设计和制造

CAD 和 CAM 软件需要高性能的计算平台来处理复杂的设计和制造任务，同时也需要精确地控制接口来与硬件设备进行通信。

8. 科学研究

数据分析软件、计算模拟和远程实验设施都需要强大的计算能力来处理和模拟大规模的数据集。

9. 交通管理

智能交通系统和航空交通控制依赖于实时的数据处理和分析，而车辆导航系统则需要实时更新的地图信息和交通状况。

10. 智能家居和物联网（IoT）

智能家居设备和 IoT 设备需要能够实时响应用户指令的系统，这通常需要在本地或云端进行数据处理。

11. 客户服务和支持

帮助台软件和在线聊天工具需要能够快速响应用户问题的系统，通常依赖于自然语言处理和机器学习算法来提高效率。

在所有这些应用中，计算机组成提供了必要的物理基础，而交互计算则提高了应用的可用性和用户体验。交互计算关注的是用户界面设计、用户体验和实时响应，这使得用户能够更直观、更自然地与计算机系统进行交流。

结合计算机组成和交互计算，我们可以创造出强大而又易于使用的系统，这些系统不仅能够处理大量数据和复杂运算，还能够提供简单直观的用户界面，让不同背景和技能水平的用户都能够轻松使用。随着技术的不断进步，我们可以期待这些系统将变得更加智能、更加个性化，从而更好地服务于人类社会的各个领域。

1.2.4　人机交互与智能计算

计算能力是智能计算不可或缺的重要支柱。当前，中国在智能与计算领域获得进展，尽管如此，该领域存在的挑战亦不容忽视，具体表现在以下两个方面。

（1）智能领域挑战：当前采用深度学习技术的人工智能系统在可解释性、通用性、可演化性以及自主性方面遭遇诸多挑战。与人类智能相比，现行人工智能技术尚显不足，通常仅在特定领域或任务中有效。创建具备广泛应用能力的强人工智能系统仍是一个长远目标。此外，人工智能从基于数据驱动的智能向感知智能、认知智能、自主智能及人机融合智能等多样化智能形态的转变，这一进程同样面临重大理论与技术挑战。

（2）计算领域挑战：数字化转型引发了应用、连接、终端及用户数量的剧增，以及由此产生的数据量激增，对计算能力提出了更高要求。摩尔定律的增长放缓使得跟上这种快速增长的计算能力需求变得更加困难。在智能化社会中，完成大量任务依赖于多种特定计算资源的有效整合；现有的硬件模式难以适应智能化算法的需求，这限制了软件发展的潜力。

智能计算是数字文明时代新计算理论、架构系统与技术能力的集合。智能计算根据具体的应用需求，以最低成本完成任务，配备适量的计算能力，采用最优算法，并达到最佳效果。智能计算的核心宗旨是以人为中心，提供高性能、高能效、智能化及安全的计算服务。其目标是达成普遍化、电子化、安全、自主、可靠且透明的计算服务，以支撑大规模和复杂的计算需求。

智能计算并不是取代现有计算机、云计算、边缘计算或其他计算技术如神经形态计算、光电计算和量子计算，而是在系统地、整体地优化现有计算方法和资源的基础上，适应具体任务需求以解决实际问题的一种先进计算形态。

在此背景下，当前的主要计算学科如超级计算、云计算和边缘计算分别归属于不同的研究领域。超级计算专注于提升计算能力；云计算着重于跨平台/设备的资源共享与便利性；边缘计算则关注服务质量和数据传输的高效性。智能计算负责动态调整这些计算形态之间的数据存储、通信和处理过程，建立起支持端到端云计算协同、云服务间的协作以及与超级计算互联的多域智能计算系统。智能计算的发展不仅应充分利用现有计算技术，更应推动新的智能计算理论、架构、算法和系统的创新。

智能计算的提出是为了应对未来人类—物理—信息空间融合发展中面临的问题。大数据时代信息技术的广泛应用导致物理空间、数字空间和人类社会之间的界限逐渐模糊,形成了一个特征为人、机器和事物紧密融合的新空间。社会系统、信息系统和物理环境构成了一个动态耦合的宏大系统,在此系统中,人、机器和物质以高度复杂的方式相互整合和互动,促进了新计算技术和应用场景的发展与创新。

当前,智能计算面临大规模场景、海量数据处理、复杂问题解决以及全面普及化的挑战。随着算法模型的不断增长和复杂化,模型训练对超级计算能力的需求不断上升。计算资源的限制已成为提升计算机智能研究水平的瓶颈。

为了增强基础计算能力,最直接且有效的策略包括实施垂直提升(Vertical Lifting)和横向扩展(Horizontal Expansion)两种方法。垂直提升指通过提高单个计算单元的性能来增加计算密度,如通过升级处理器架构、提高晶体管密度或采用更高效的计算方法。横向扩展则涉及增加计算单元的数量,扩展系统的规模以实现更大的并行处理能力和提升整体计算能力。

异构集成(Heterogeneous Integration)是一种关键技术,涵盖异质结构集成和异质材料集成两个方面:异质结构集成主要涉及将不同加工节点制造的多个芯片进行封装,目的是通过结合不同工艺、功能和制造商生产的组件来增强功能和性能;异质材料集成则关注于不同材料的协同使用,以优化组件的功能和性能。

面对广域协作(Wide-Area Collaboration)中人机物一体化场景的挑战,其中的数据特点体现为地理分布广泛、场景覆盖全面和集体价值卓越。这要求能够实时采集、感知、处理和智能分析数据,进而需要分布式并行计算能力的强力支持。因此,实施广域协作对于智能计算系统是不可或缺的。

智能计算具有以下特点:理论技术方面,展现出自我学习和可进化的能力。架构上,具备高计算性能和高能效。系统方法上,保证了安全性和可靠性。运行机制上,实现自动化和精准度。服务性上,提供了良好的协作性和广泛的泛在性。智能计算融合了智能与计算两个基本领域,互为增强。智能驱动了计算技术的演进,而计算则构成了智能发展的基石。这两大范式在五个关键方面实现了创新,通过提升计算能力、能效、数据利用效率、知识表述及算法性能,以实现无处不在、透明、可靠、实时且自动化的服务体系。

1. 数据智能

数据智能对于智能计算的全面性至关重要。现实世界问题的解决,如模拟和图形处理,需要多样化的计算模式。此外,提升计算的认知层次是智能计算的另一关键。从实践视角出发,向自然界中的智能生物借鉴是必不可少的步骤,计算领域同样如此。经典的计算智能方法如下。

(1) 模拟计算:模拟计算模型具有复杂性,在某些方面优于传统的数字计算。模拟计算能够实时进行计算与分析,并同时处理多个变量;其硬件设计简洁,并不依赖于复杂的传感器,能够将模拟信号转换为数字格式,且具有较低的带宽需求。然而,模拟计算的通用性较弱,通常只适用于解决预定类型的问题。计算精确度往往受限于环境变量,因此获得精确解决方案颇具挑战。

(2) 图计算:图论作为数学的一个分支,研究的是图结构,即用来表示对象之间成对关系的数学模型。图处理器以图为数据模型来表示和解决问题,能够准确刻画事物间的关联性。近年来,图处理技术集中在处理大规模图形数据,来实现大规模图形数据的存储和管理。随着图形数据规模的不断扩大,研究重点转向将图处理与大数据技术(如分布式计算、并行计算、流计算、增量计算)相结合。伴随着数据库技术的演进,图数据库凭借其全面的应用场景及灵活的模型推导能力,已成为新兴 NoSQL 数据库家族中的关键成员之一。

(3)人工神经网络:自20世纪80年代起,工程学领域开始借鉴人脑神经系统的结构与功能,进而发展出人工神经网络技术。人工神经网络由大量的非线性处理元素组成,来模拟大脑神经元之间的连接模式。这些网络通过计算各节点间的输入与输出关系,以此模拟神经突触间的信号传递机制。近年来,众多经典的神经网络模型,如卷积神经网络(Convolutional Neural Networks,CNN)、循环神经网络(Recurrent Neural Networks,RNN)及长短期记忆(Long Short-Term Memory,LSTM)网络,已被广泛应用于图像、语音、文本及图形等领域的分类与预测任务中。

(4)模糊系统:模糊系统采用基于“真度”的模糊逻辑进行计算,这一逻辑系统与现代计算机所使用的典型的“真或假”(1 或 0)布尔逻辑有所不同。模糊逻辑被认为更加接近于人类的思维方式,而二进制或布尔逻辑则可视为其子集。在传统集合论与二进制逻辑难以适用或实施困难的情况下,模糊逻辑提供了一种有效的信息处理架构。在缺少全面数学描述的情境下,或当使用精确(非模糊)模型的成本过高或实施困难时,模糊系统便显示出其实际应用价值。模糊系统已成为处理不完全信息的一种关键工具,广泛应用于信号与图像处理、系统辨识、决策支持及控制过程等领域。

(5)进化计算:进化计算是受自然选择和遗传学原理启发的一类算法,它在解决问题的方法上借鉴了生物进化中的“变异-选择”机制。早在20世纪40年代,即计算机诞生之前,学者们便提出了利用达尔文进化理论来自动化解决问题的构想。1948 年,艾伦·图灵提出了“基因或进化搜索”的概念,到 1962 年,布雷曼进行了有关“进化和重组操作”的计算机模拟实验。20 世纪 60 年代,Holland 提出了遗传算法的概念;同时,Fogel、Owens 和 Walsh 在美国发展了进化编程,而 Rechenberg 和 Schwefel 在德国创立了进化策略。这些方法分别成为进化计算的主要分支。

2. 感知智能

感知智能侧重于多模态感知、数据融合、智能信号提取以及处理技术。在智能城市管理、自动潜水器、智能防御系统和自主机器人等领域,感知智能发挥了重要作用,如图 1.7所示。

随着模式识别和深度学习技术的广泛应用,机器在感知能力上的智能已超越人类,特别是在语音、视觉与触觉识别方面取得了进步。智能传感器由于其重要性及广泛的应用潜力,成了研究的热点。这些传感器已经演化为具备检测功能和自我感知能力的设备,配备了信号调制、嵌入式算法和数字接口。它们作为物联网的组成部分,能够将实时数据转换为可由网关传输的数字信息。

智能传感器的主要职责包括原始数据的采集、灵敏度调节、过滤、运动检测、分析与通信。例如,在无线传感器网络中,智能传感器可以与其他传感器和集线器结合,形成通信网络;同时,多个传感器的数据可被综合利用,以识别潜在的问题,如温度和压力传感器数据的综合分析,可能预示着机械故障的初期信号。

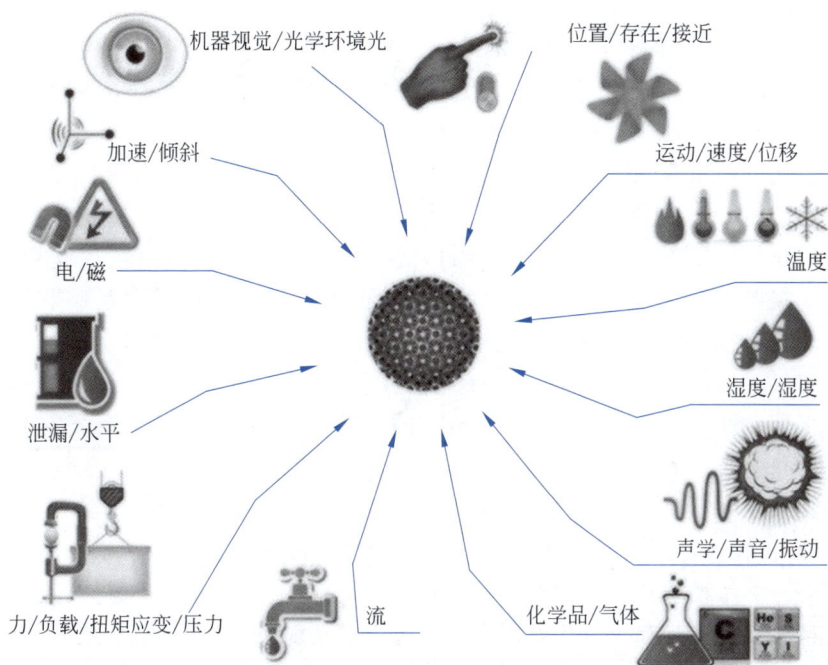

图 1.7　行业中使用的各种传感器类型（需要连接到物联网）

3. 认知智能

认知智能是指机器具备类似人类的逻辑理解和认知能力,尤其是思考、理解、概括以及主动应用知识的能力。它涉及机器处理复杂事实和环境情境的能力与技巧,如情境解释和计划制订。感知智能的核心在于数据的识别,需要对图像、视频、声音等多种数据类型进行大规模的数据采集和特征提取,进而执行结构化处理;而认知智能则进一步要求理解数据元素间的相互关系,分析结构化数据中的逻辑,并根据提取的知识做出响应。

认知智能计算主要关注于机器的自然语言处理、因果推理和知识推理。借鉴人脑神经生物学过程和认知机制的启发式研究,机器能够提升自身的认知水平,以辅助决策、增进理解、获取洞察力以及发掘新知。

4. 自主智能

机器从被动的输出转向主动创造,主要由两个关键因素推动:强大的通用化模型以及与外部环境的持续互动。自主智能的发展轨迹起始于学习单一任务,随后通过举一反三的学习方式,结合与环境的动态互动,逐步实现主动学习,最终目标是达到自我进化的高级智能阶段。

5. 人机集成智能

在复杂的情境中,人类在问题解决和决策制定中的作用仍然至关重要。探究人类认知过程中所涉及的元素,并将其与机器智能相结合,是未来发展的重要方向。

(1) 人机交互。计算机在日常生活和工业操作中广泛存在,人机交互技术的发展极大地释放了计算机的潜能,提升了用户的工作效率。人机交互经历了从手动操作、命令语言、图形用户界面(GUI)、网络用户界面的适应阶段。

随着互联网技术和无线通信技术的不断发展,人机交互领域迎来了巨大挑战和机遇。用户需要更便捷的交互模式,界面设计则着力于美学与形态的创新。当前,人机交互已进入多模态和不精确交互的新阶段,并持续向以人为中心的自然交互方向演进。

在此阶段,人机交互采用多个通信渠道。这些模态包括用户通过各种通信方式表达意图、执行动作或感知反馈信息。多媒体交互系统结合了多种人类感官通道和动作通道(例如语音、手写、姿势、视觉、表情、触摸、嗅觉、味觉等输入方式),实现与计算机环境的并行且不精确的交互。这一进步解放了人们从传统交互方式的束缚,迈入了一个更为自然和谐的人机交互新时期。

(2)人机集成。人机集成是以人和机器协同指导集成学习过程,直至达成共识,以交互和协作的形式实现,并非是静态独立的。它依赖于两个组件之间通过交互式平台进行的直观通信。因此,自我进化的综合智能对于处理动态场景至关重要,以便任务和数据能够适应快速变化。

人机共生是一种先进的模式,通过结合人和机器的能力。人机共生系统应更有效地理解人类在互动和合作方面的意图。例如,可穿戴设备可以连接到衣物和鞋类,实现人机共生;在软件层面,元宇宙技术的发展将提供完全沉浸式的人机共生体验。

未来,计算机技术将继续在服务我们的同时,交互界面和任务将变得更自然、更智能。云端分布式交互协作系统将以虚拟与现实结合的方式构建,实现在信息感知、建模、模拟、推导、预测、决策、呈现、交互和控制等循环中融入人类的功能;提供平台支持能力,服务于重要应用领域,如在未知环境中的远程探索与操作、复杂系统的协同指挥与操作、人机协同驾驶环境,以及结合虚拟与现实进行社会问题的研究和治理。

(3)脑机接口。脑机接口(BCI)构建了一个通过分析人脑(或动物脑)电信号的交互系统,它打破了传统神经反射弧结构的局限,使得脑神经信号能够通过有线或无线方式与计算机直接通信,实现对外部电子设备的控制和通信。

根据信号采集的技术,脑机接口可分为非侵入性、半侵入性和侵入性三类。非侵入性脑机接口采用表面脑电图(EEG)、脑磁图(MEG)、功能性磁共振成像(fMRI)及功能性近红外光谱(fNIRS)等信号源。半侵入性脑机接口利用皮层电图(ECoG),而侵入性脑机接口则利用皮质内脑电图。鉴于设备的简易性、操作便捷性、安全性及临床应用的易行性等优势,脑电技术受到极大关注。

人机交互(Human-Computer Interaction,HCI)或人机互动(Human-Machine Interaction,HMI)是一门研究用户与系统之间交互关系的学科。该系统可能包括各种机械设备、计算机化系统以及软件。人机交互界面,即用户与系统交流和操作的可视接口,是用户交互体验的关键组成部分。有效的人机交互界面设计需考虑用户对系统的理解,以增强系统的易用性和用户满意度。

人机交互所涉及的信息交换过程,是用户通过特定的对话语言与计算机之间为完成一项特定任务而进行的互动。当前,多家知名企业和学术机构正进行 HCI 领域的研究。尽管计算机的易用性在历史上未受到充分重视,但现今用户日益增长的易用性需求促使计算机制造商和系统开发者加大在用户友好性方面的研究与开发投入。

HCI 领域的研究面临的挑战之一是计算机用户的多样性——不同的用户可能因教育背景、理解能力、学习方式和技能等方面的差异而展现出不同的使用风格。例如,左撇子与右撇子的操作习惯可能迥异。此外,研究还需考量文化和民族差异。用户界面技术的迅猛发展也为 HCI 研究带来了挑战,新兴的交互技术可能不适应旧有研究成果。随着用户对接口的熟悉,他们的需求也可能随之变化。

操作系统中的人机交互功能是衡量计算机系统友善程度的关键指标。这些功能主要通过 I/O 设备及相关软件实现,如键盘、显示器、鼠标和各种模式识别设备。操作系统通过这些设备控制命令的执行,确保命令的准确解释和即时反馈。随着计算机技术的进步,命令功能日益增强,模式识别技术,如语音和汉字识别的发展,使得用户能够通过更自然的语言与计算机交互。

随着计算机技术的持续进步,操作命令的数量和功能均呈现出增长趋势。模式识别技术,如语音和汉字识别,正逐渐使得操作者得以通过类似自然语言或是在受限制的自然语言环境中与计算机进行交互。同时,图形界面的人机交互亦成为研究领域的热点,推动了智能化人机交互的发展。目前,相关研究工作正在积极地推进。

人机交互技术的热点应用很多,如智能手机内置的地理空间跟踪技术,以及在可穿戴设备、隐身技术和沉浸式游戏中应用的动作识别技术。触觉交互技术已应用于虚拟现实、遥控机器人和远程医疗领域。语音识别技术则应用于呼叫路由、家庭自动化和语音拨号等环境。针对语言障碍者的无声语音识别技术,以及在广告、网站、产品目录和杂志效果测试中应用的眼动跟踪技术,也在不断取得进展。此外,基于脑电波的人机交互技术已被应用于开发"意念轮椅"等辅助设备,服务于有语言和行动障碍的人群。

人机交互解决方案供应商正不断推出创新技术,如指纹识别、侧边滑动指纹识别、全屏显示指纹识别(TDDI)技术和压力触控技术。这些热点技术的应用开发既是机遇也是挑战。例如,基于视觉的手势识别存在识别率低和实时性差的问题,亟须通过研究不同算法来提高识别的精确性和速度。眼睛虹膜、掌纹、笔迹、步态、语音、唇读、人脸和 DNA 等人体特征的研究与应用正受到广泛关注。

1.2.5　智能计算系统

传统以通用 CPU 为核心的计算系统在速度和能效方面已远远不能满足智能应用的需求。例如,在 2012 年,Google 大脑项目为了训练识别猫脸的深度学习模型,使用了 16000 个 CPU 核运行了三天时间,这一事例展示了传统计算系统速度上的局限性。到了 2016 年,AlphaGo 在与李世石的围棋对战中,使用了 1202 个 CPU 和 176 个 GPU,每局棋的电力消耗成本高达数千美元,相较之下,人类选手李世石的能耗仅为 20 瓦,由此可见,传统计算系统在能效方面的不足。

鉴于上述情况,人工智能的发展显然不能仅依赖于传统的计算系统,而必须构建专属的核心载体——智能计算系统。一个完备的智能体必须能够从外界获取输入,并能解决具体问题——无论是特定领域的问题(即弱人工智能),还是广泛的问题(即强人工智能)。AI 算法或代码本身无法独立构成智能体,它们必须部署在一个具体的物质载体上才能发挥作用。因此,智能计算系统是智能的必要物质基础。

目前阶段的智能计算系统在硬件上通常采用集成通用 CPU 与智能芯片的异构架构,在软件上则包括为开发者设计的智能计算编程环境,该环境涵盖编程框架和编程语言。

从历史发展角度来看,现有的智能计算系统大体上可以分为两代:第一代智能计算系统大约于 20 世纪 80 年代出现,主要针对符号主义设计的专用计算系统;第二代智能计算系统则是在 2010 年左右出现,主要针对联结主义的专用计算系统。未来,预计将出现新一代的智能计算系统,作为强人工智能或通用人工智能的物质载体,这将可能标志着第三代智能计算系统的到来。

1. 第一代智能计算系统

第一代智能计算系统的发展背景起源于 20 世纪 50 年代和 60 年代的第一次人工智能浪潮,研究重点集中在推理、知识表示和问题解决等方面。尽管这一时期的研究激发了对人工智能的广泛期望,但由于技术限制和理论难题,这股热潮最终逐渐衰退,并在 20 世纪 70 年代初步入了一段低迷期。随后,在 20 世纪 80 年代,人工智能迎来第二次发展高潮,伴随而来的是第一代面向符号逻辑处理的智能计算系统。这些系统主要执行编写于智能编程语言 Prolog 或 LISP 中的程序。

1975 年,麻省理工学院人工智能实验室的 Richard Greenblatt 开发了一款专为 LISP 语言设计的计算机——CONS,它是最早期的智能计算系统之一。随后在 1978 年,该实验室又推出了 CONS 的进化型号 CADR。到了 1982 年,日本政府启动了富有雄心的"五代机"计划,该计划宣称将开发出能够理解人类问题并自动求解的人工智能计算机,从而超越了以真空管、晶体管、集成电路和超大规模集成电路为代表的前四代计算机。五代机计划的核心是开发能够高效执行 Prolog 语言的计算机系统。同一时期,美国成立了微电子与计算机技术公司(Microelectronics and Computer Technology Corporation,MCC),专注于智能计算系统的研发。在整个 20 世纪 80 年代,美国和日本的高校、研究机构和企业开发了大量的 Prolog 机和 LISP 机。

然而,在 20 世纪 80 年代末至 90 年代初,人工智能领域进入了一个被称为"AI 冬天"的时期。第一代智能计算系统未能找到切实的应用场景,市场需求崩溃,政府资助项目减少,许多创业公司倒闭。技术层面上,第一代智能计算系统是针对高层次语言设计的计算机体系结构,其编程语言与硬件高度一体化,如 LISP 和 Prolog。这些系统的淘汰主要由两个因素导致:一方面,与当前人工智能领域中广泛应用的语音识别、图像识别、自动翻译等技术相比,当时的符号智能语言并未产生大量实际的应用需求;另一方面,通用 CPU 的发展进步迅猛,其迭代速度远超专用计算系统。在 20 世纪摩尔定律的推动下,CPU 性能每隔约一年半便可翻倍,而在过去十年中,专用智能计算系统的性能提升通常需要数年时间,并且需要大量资金投入以进行迭代更新。几年后,专用智能计算系统的速度可能与通用 CPU 相差无几。因此,第一代智能计算系统最终逐步退出了历史舞台。

2. 第二代智能计算系统(2010 年至今)

第二代智能计算系统(2010 年起至今)的研究集中于面向联结主义(即深度学习)的计算机或处理器。中国科学院计算技术研究所自 2008 年起开展人工智能与芯片设计的交叉领域研究,并与法国国家信息与自动化研究所(Inria)合作,于 2013 年共同设计了首个国际上公认的深度学习处理器架构——DianNao。基于这一架构,中国科学院计算技术研究所进一步开发了国际上首款深度学习处理器芯片——"寒武纪 1 号"。在此基础上,全球 30 个国家/地区的 200 余个机构(包括哈佛大学、斯坦福大学、麻省理工学院、Google、NVIDIA 等),以及两位图灵奖得主、多位中美科学院院士、30 位 ACM 会士、70 位 IEEE 会士等,纷纷引用中国科学院计算技术研究所的相关论文,开展了广泛的研究工作。*Science* 杂志称赞寒武纪在深度学习处理器领域取得了"开创性进展",并将寒武纪团队视为该领域公认的领导者之一。表 1.1 列出了一些第二代智能计算系统的代表性工作。

表 1.1　代表性深度学习处理器/计算机

时间	深度学习处理器/计算机	特　　点
2013 年	DianNao	国际上首个深度学习处理器架构
2014 年	DaDianNao	国际上首个多核深度学习处理器架构
2015 年	PuDianNao	国际上首个通用机器学习处理器
2016 年	Cambricon	国际上首个深度学习指令集
	Cambricon-X	国际上首个稀疏神经网络处理器
2017 年	NVIDIA Volta 架构	Volta 架构首次引入了张量核心
2018 年	NVIDIA Turing 架构	Turing 架构在深度学习计算方面进行了优化,引入了 RT Cores 和 Tensor Cores
2019 年	Google Tensor Processing Unit（TPU）v3	Google 的 TPU v3 是一种专为深度学习任务而设计的定制芯片
2020 年	AMD Radeon Instinct MI100	采用 AMD 的 CDNA 架构
2021 年	NVIDIA GeForce RTX 30 系列	采用 NVIDIA 的 Ampere 架构
2022 年	Google Tensor Processing Unit（TPU）v4	Google 的 TPU v4 是一种专为加速深度学习任务而设计的定制芯片
2023 年	Intel Ponte Vecchio	面向 AI 加速的 GPU 架构,与 Intel 的 Xe 架构相结合

　　与第一代智能计算系统相比,第二代智能计算系统具有两大优势:首先,深度学习技术在工业应用中的广泛使用催生了一个成熟的产业链,这为相关研究提供了政府与企业的长期资金支持;其次,由于 21 世纪摩尔定律的放缓,通用 CPU 的性能增长趋缓,而专用智能计算系统在性能上得到了提升。因此,在可预见的未来,第二代智能计算系统将持续稳健地发展,并不断进行迭代优化。

　　在当今社会,从超级计算机到数据中心,从智能手机到汽车电子,再到各种智能终端,都在处理大量的深度学习类应用,逐步向智能计算系统演进。例如,在计算机视觉领域,生成对抗网络(GAN)的应用不断拓展,2022 年在图像合成、风格转换等任务上取得了成就。自动驾驶技术方面,深度学习的发展提高了自动驾驶汽车的可靠性和安全性,加速了其商业化进程。在医疗诊断领域,深度学习技术正在辅助医生进行疾病诊断和预测,提高了早期检测和个性化治疗的准确性。深度学习的普及也促进了智能家居设备的智能化,比如智能音箱和智能摄像头能进行更精确的语音识别和行为分析。至 2023 年,语音识别和自然语言处理领域均实现了突破性进展,系统准确性和模型质量大大提升。

　　因此,假设未来人类社会真正进入智能时代,那么绝大多数计算机都可能被视为智能计算系统。

3. 第三代智能计算系统展望

　　第三代智能计算系统关注于超越纯粹算法加速的范畴,通过几乎无限的计算资源,促进机器智能的飞跃性进展。区别于第一代以符号主义智能(如 Prolog 和 LISP 语言)为核心,以及第二代侧重于联结主义智能(即深度学习)的系统,第三代智能计算系统的设计理念不仅仅是为了提高特定智能算法的效率和能效。

　　这一代的核心挑战在于,如何利用高计算能力实际提升机器智能的广度和深度。若只是简单地扩大深度学习模型的规模和复杂度,可能仅能在模式识别等领域取得边际性的精度提升,而无法触及智能的深层次本质。

因此,预期的第三代智能计算系统,将构建为一个通用人工智能(AGI)或强人工智能(StrongAI)的发展平台,形似一个沙盒式的虚拟世界。这样的系统将利用其庞大的计算力模拟一个近乎真实的虚拟环境,以及在其中生长、进化和繁衍的大量智能实体(人工生命)。这些智能实体将能在模拟环境中成长,通过与环境的持续互动,逐步发展出感知、认知和逻辑能力,并最终能够理解,甚至改造其虚拟生存空间,从而有潜力达到通用智能的水平。

尽管实现这样的系统可能需要几十年至几个世纪的时间跨度,鉴于其对人类进步的潜在贡献,这一目标被认为是值得长期追求的。

1.3 计算机组成与人工智能

计算机组成与人工智能(AI)之间的关系是建立在相互促进与依赖的基础上的。计算机组成为硬件和系统的构建提供了理论基础,而人工智能则在这些硬件和系统上实施智能化任务。以下是这两个领域之间关系的详细阐述。

1. 硬件支持

计算机组成涉及计算机硬件及其体系结构的设计,包括 CPU,存储器,I/O 设备等。这些硬件组件为 AI 算法提供必要的计算力和存储能力,构成了 AI 算法执行和训练的基本平台。例如,在深度学习中,复杂的神经网络模型要求进行大量浮点运算,这些运算可以通过高性能计算硬件,比如图形处理器(GPU)和专用 AI 处理器,得到加速。此外,高速存储设备(如固态硬盘)能够加快数据存取速度,提升模型训练和推理的效率。因此,计算机组成为 AI 算法的高效执行和训练提供了强有力的硬件支撑。

2. 性能和优化

AI 任务特别是深度学习等复杂模型,需要大量的计算资源。在计算机组成中关注的性能提升和优化对于确保 AI 算法有足够的计算能力和提升执行速度至关重要。性能优化可以提升计算机系统的性能,加快 AI 算法的执行和训练过程。这包括对处理器、存储器和网络等硬件组件的设计优化,以及对算法和软件的优化。通过高效的硬件设计、算法优化和系统调优,可以提高运算速度和降低能耗,从而提升 AI 算法的性能。计算机组成在通过性能优化支持 AI 算法的执行和训练方面起到了至关重要的作用,这对于推进 AI 技术的发展和应用具有重要意义。

3. 并行计算

在计算机组成中,多处理器和并行计算的概念对 AI 领域极为重要。多核 CPU 和 GPU 等并行计算硬件在 AI 中的应用非常广泛,因为许多 AI 任务可以通过在多个处理器上并行运算来提高效率。AI 算法常常需要处理大量计算和数据,通过并行计算技术,可以将任务分解为若干子任务,并在多个处理器上同时进行,以此提高计算速度。计算机组成的设计和优化工作可以提高并行计算的效率,如采用多核处理器架构、分布式计算系统和并行计算框架等。并行计算技术的应用使得 AI 算法能够充分利用现有的计算资源,提升计算效率和吞吐量,这对于执行大规模的深度学习模型训练和处理复杂的数据任务显得尤为关键。并行计算在计算机组成和 AI 之间的互动中发挥了关键作用,能够有效加速 AI 算法的执行和训练,并提高整体的性能和效率。

4. 存储和内存

AI 算法通常需要处理大规模的数据集和复杂的模型,因此需要具备足够的存储容量和高速的数据读写能力。

(1) 快速内存访问:存取速度快的内存,如高速缓存(Cache)和随机存取存储器(RAM),能够提供快速的数据访问能力,这对于 AI 算法来说尤其重要。这些算法通常需要频繁地访问和更新大量的参数,因此,低延迟的内存访问可以提升 AI 任务的执行速度。

(2) 大容量存储:存储设备如硬盘驱动器(HDD)和固态硬盘(SSD)为 AI 应用提供了大量的数据存储空间。这对于存储庞大的数据集、模型参数和训练结果至关重要。随着数据集的不断扩大和模型复杂性的增加,对存储容量的需求也在不断增长。

(3) 存储和内存的优化:为了提高 AI 算法的训练和推理效率,存储和内存系统必须进行优化以减少数据传输和加载的时间。例如,通过使用更先进的内存技术(如 DDR4、DDR5)、非易失性内存(如 3D XPoint)和存储协议(如 NVMe),可以实现更快的数据传输速率和更低的访问延迟。

5. 指令集架构

计算机组成原理中的指令集架构影响着计算机的指令执行过程,这直接影响到 AI 算法的执行效率。对于深度学习等计算密集型任务,对指令执行效率的优化尤为重要。

(1) 专用指令:指令集架构(ISA)可以包括专门针对 AI 任务优化的指令,比如针对矩阵计算和神经网络操作的专用指令。这些指令可以大大提高深度学习等计算密集型任务的执行效率。

(2) 并行处理能力:SIMD(单指令多数据)技术允许一条指令同时操作多个数据点,这对于深度学习中的向量和矩阵运算特别有用。这样的并行处理能力可以加速 AI 算法的计算过程。

(3) 优化数据传输:指令集架构的优化也包括改善内存访问模式和数据传输效率,这对于减少 AI 算法的瓶颈至关重要。

6. 特定硬件的应用

(1) GPU 和 TPU:GPU 由于其并行处理能力,已成为深度学习训练的首选硬件。TPU 是由 Google 开发的专为 AI 运算而设计的处理器,优化了特定类型的计算,如张量运算。

(2) AI 专用芯片:随着 AI 应用的增长,许多公司开始设计专用的 AI 芯片,这些芯片针对特定的 AI 任务进行优化,以提供更高的性能和能效。

(3) 高速存储设备:为了提供更快的数据访问速度,高速存储设备如 SSD 在 AI 模型的训练和推理过程中变得越来越重要。

综合而言,计算机组成原理和技术为 AI 提供了基础设施和支持,使得 AI 算法能够高效地在硬件层面上运行。而 AI 的发展又不断推动计算机组成原理的创新,以满足日益复杂的智能计算需求。这两个领域的交叉互动促进了彼此的发展和进步,从而推动了整个技术领域的前进。

1.4   本 章 小 结

在这一章中,我们讨论了计算机组成原理与交互计算(AI)之间的关系,并分析它们如何相互作用以及相互推动对方的发展。以下是本章的主要小节内容概述。

1.4.1   内容总结

1. 计算机组成原理的基础

计算机硬件主要由处理器(CPU)、内存(RAM)、存储设备(如 HDD 和 SSD)和 I/O 系统(如键盘、鼠标、显示器和打印机)组成。CPU 执行程序和处理数据,RAM 提供快速数据访问,存储设备保存数据和程序,I/O 系统实现用户交互。

计算机通过内存处理数据,CPU 从内存读取指令进行计算,并将结果存回内存或存储设备,其中控制单元协调数据流,ALU 执行算术和逻辑运算。

计算机性能取决于处理速度(CPU 时钟频率)、存储容量(内存和存储设备的存储能力)和 I/O 吞吐量(数据传输速率),这些因素共同影响计算机的工作效率和用户体验。

2. 存储和内存

计算机的内存层次结构包括缓存、主存(RAM)和辅助存储(如 HDD 和 SSD),它们按访问速度和成本排列。缓存提供最快的数据访问,主存用于当前程序和数据,辅助存储用于长期保存。

AI 算法需要快速的内存来处理大量数据,高速缓存和优化的 RAM 能减少延迟,加快数据处理。例如,DDR5 内存支持 AI 模型的快速执行。

随着 AI 模型变得复杂,它们需要更多存储空间来保存参数和计算结果。大模型性能受参数数量影响,1TB 存储空间对 AI 工作负载更理想。

系统优化,如采用 CXL 技术和优化的 SSD 缓存,能提升数据中心的 AI 处理能力和成本效益,如美光 CZ120 内存扩展模块,满足 AI 对内存容量的需求。

3. 指令集架构

指令集架构(ISA)是计算机处理器与软件之间的桥梁,定义了处理器能够执行的指令集合,是软硬件交互的基础。

AI 任务的专用指令,如 SIMD 指令集,通过并行处理数据来加速 AI 运算,这对于执行大规模并行计算的 AI 算法尤为重要,能够显著提升性能。

并行计算技术,尤其是 SIMD,通过同时处理多个数据项来增强 AI 算法的并行处理能力,这对于提高 AI 算法的效率至关重要。

为了减少 AI 算法执行中的数据传输瓶颈,可以采取数据传输优化措施,如使用高速缓存和 DMA 技术,以及优化数据存储和访问模式,从而提高算法的整体执行效率。

4. 特定硬件的应用

GPU 和 TPU 是 AI 任务中的关键并行处理器。GPU 因其并行处理能力,在 AI 模型训练和推理中表现出色,而 TPU 作为专为 AI 设计的芯片,在执行深度学习任务时效率更高。

AI 专用芯片如 TPU,通过优化硬件设计,减少计算精度和晶体管数量,提高了操作速度,降低了能耗,特别适合处理复杂的 AI 模型。

高速存储设备对 AI 模型训练至关重要,它们能够快速读取和处理大规模数据集,提高训练效率,降低成本,并缩短 AI 模型的开发周期。

5. 交互计算的挑战与机遇

硬件对 AI 的支持主要体现在提供高效的计算能力,如 GPU 和 TPU 等并行处理器,它们分别在图形渲染、并行计算和深度学习张量计算中提升 AI 算法的执行效率。

AI 的发展推动了硬件设计的创新,对高性能计算、大规模内存和高带宽互联的需求促使制造商开发更高性能、更节能的解决方案,以满足自动驾驶、物联网、医疗健康等领域的应用需求。

硬件和 AI 的发展趋势是相互促进的。随着 AI 应用的扩展,未来的 AI 硬件将更快、更智能,涉及自适应计算、边缘计算等领域,推动硬件性能提升。

硬件进步为 AI 提供发展平台,AI 需求又推动硬件创新。这种互动关系随着 AI 算法和应用的演进,不断推动硬件技术的发展,如 AI 大模型对算力的提升需求催生新的计算设备。

1.4.2　常见问题

1. 翻译程序、解释程序、汇编程序、编译程序的区别和联系是什么?

翻译程序主要有两种方式:编译和解释。

编译程序将高级语言编写的源代码一次性转换成目标程序。只要源代码不变,就无须重复编译。而解释程序则是逐条将源代码翻译成机器代码并立即执行,然后继续翻译下一条指令,直到整个程序执行完毕。因此,解释程序的特点是边翻译边执行,不生成独立的可执行文件。

汇编程序也是一种翻译工具,它将汇编语言代码转换成机器语言。编译程序与汇编程序的主要区别在于它们的输入和输出语言级别。如果输入是高级语言(如 C、C++ 、Java)而输出是低级语言(如汇编语言或机器代码),这样的翻译工具称为编译器。相反,如果输入是汇编语言而输出是机器代码,这样的工具则称为汇编器。

2. 什么是透明性? 透明是指什么都能看见吗?

在计算机科学中,"透明性"是指用户在使用系统时不需要关心的某些特性或细节。这与日常用语中的"透明"(意指清晰可见)相反。例如,高级语言程序员通常不需要了解底层的浮点数格式或乘法指令的具体实现细节,这些对他们来说是透明的。而使用机器语言或汇编语言的程序员则需要直接处理这些底层细节,因此对他们而言,这些不是透明的。

在 CPU 的设计中,指令寄存器(IR)、存储器地址寄存器(MAR)和存储器数据寄存器(MDR)等组件对所有级别的程序员来说都是透明的,意味着他们不需要关心这些寄存器的具体操作和实现方式。

1.4.3　思考题

(1) 请解释计算机系统中的存储和内存之间的区别。

(2) 计算机内存层次结构中的哪一层最快? 它是如何提高计算效率的?

(3) 描述现代计算机系统中 CPU 和 GPU 在处理 AI 任务时的不同角色和能力。

（4）如何通过优化存储和内存系统来提高 AI 模型训练的效率？

（5）什么是指令集架构（ISA）？它在 AI 计算中扮演怎样的角色？

（6）讨论 SIMD 指令如何加速 AI 算法的执行。

（7）解释 TPU 是如何专门为 AI 任务设计的，并与传统的 CPU 和 GPU 比较。

（8）AI 专用芯片与通用处理器相比，在性能和效率方面有哪些优势？

（9）描述 SSD 如何改善 AI 模型训练和推理的数据访问速度。

（10）AI 对计算机组成原理的创新有哪些具体要求？

（11）讨论并行处理对于深度学习模型训练的重要性。

（12）为什么大容量存储对于处理大数据集的 AI 应用来说至关重要？

（13）如何利用高速缓存来降低 AI 算法的内存访问延迟？

（14）阐述未来计算机组成可能会如何演进以更好地支持 AI 技术的需求。

（15）讨论非易失性内存技术（如 3D XPoint）对 AI 和计算机性能可能带来的影响。

第 2 章

计算系统的发展历程

2.1 计算机的发展历程和特点

自计算机诞生以来,其技术发展之迅速,已超越其他任何科学领域。计算机技术的演进可以视为一连串革新的历程,它极大地改变了人类的学习、工作与生活方式,并已成为现代信息社会的基石,持续创造科技发展的辉煌篇章。

2.1.1 计算机的发展历史

几千年来,计算一直是人类生产劳动和日常生活中的重要智能活动。从原始社会到今天科技高度发展的现代,计算始终是不可或缺的。

1. 早期计算工具

人类最初依赖小石块、木棍和手指进行基本计算。随着时间的推进,人们开始使用纸笔、算盘以及各种机械计算设备。如图 2.1 所示,据历史记载,中国人基于长期使用算筹的经验,在汉朝末期发明了珠算,即现代所说的算盘。算盘是中国古代重大的发明之一,在阿拉伯数字普及之前,它已在世界范围内被广泛使用,标志着计算工具发展的重大进步。1620年,英国数学家埃德蒙·甘特利用对数制作出世界上第一把能进行乘除等运算的计算尺。在发明计算机之前,计算尺成为科学研究、工程设计和生产实践中使用最广泛、应用最便捷、最有价值的计算工具。在三百余年的辉煌历史时间内,计算尺为人类进步、世界文明做出了无法估量的伟大贡献。

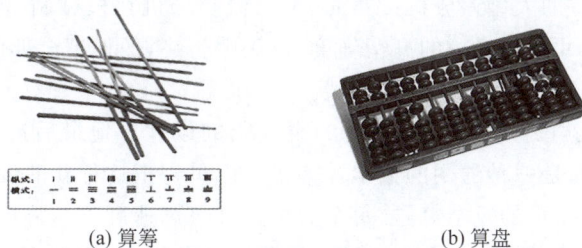

(a) 算筹　　　　　　　　　　(b) 算盘

图 2.1　中国早期计算工具

2. 机械计算机

1642 年,法国哲学家兼数学家布莱斯·帕斯卡(Blaise Pascal)发明了第一台真正的机械计算器——加法器(Pascaline)。当初发明它的目的是帮助父亲解决税务上的计算。其外观上有 6 个轮子,分别代表着个、十、百、千、万、十万等。只需要顺时针拨动轮子,就可以进行加法,而逆时针则进行减法。帕斯卡加法器是手摇计算器的雏形,是由齿轮组成、以发条

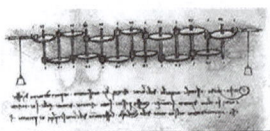

(a) 1500年达·芬奇手稿关于
机械式计算工具的描述

(b) 后人根据达·芬奇手稿仿制的
机械式计算机

图 2.2 达·芬奇机械式计算机

为动力、通过转动齿轮来实现加减运算、用连杆实现进位的计算装置。它是一个半米长、拳头般粗的黄铜材质的方盒子,内部有一系列齿轮,面板上有一列显示数字的小窗口。这是世界上第一款不需要知道原理、口诀等就能直接使用的计算工具,虽然只能做加减法,但计算过程不再依赖人的大脑,是人类历史上第一台真正的计算机。

1671 年,德国数学家戈特弗里德·莱布尼茨(Gottfried Leibniz)设计了一架可以进行乘法,最终答案可以最大达到 16 位的计算器。莱布尼茨是现代机器数学的先驱,他在帕斯卡加、减法机械计算机的基础上进行改进,使这种机械计算机能进行乘法、除法、自乘的演算。他造出的计算器样机达到了可以进行四则运算的水平。这款计算器设有一个镶有 9 个不同长度齿轮的圆柱。它比帕斯卡的计算器先进之处在于:能够计算加减乘除,还有一系列加减后的平方根算法。不管他的发明多成功,还是没有赢得大家的好评。因为他的计算方式和牛顿发明的微积分学产生了一定争论,所以在他去世后长达 50 年中都未被人提起。

英国科学家巴贝奇的贡献之一是制作了第一台"差分机"。所谓差分,是把函数表的复杂算式转换为差分运算,用简单的加法代替平方运算。1812 年,20 岁的巴贝奇从法国人杰卡德发明的提花编织机上获得了灵感,差分机的设计闪烁出了程序控制的灵光——它能够按照设计者的意愿,自动处理不同函数的计算过程。巴贝奇耗费了整整十年光阴,于 1822 年完成了第一台差分机,它可以处理 3 个不同的 5 位数,计算精度达到 6 位小数,并成功演算出多种函数表。

由于当时工业技术水平极低,第一台差分机从设计绘图到机械零件加工,都是巴贝奇亲自动手完成。成功的喜悦激励着巴贝奇,他连夜奋笔上书皇家学会,要求政府资助他建造第二台运算精度为 20 位的大型差分机。然而,第二台差分机在机械制造过程中,因为主要零件的误差达不到每英寸千分之一的高精确度,以失败告终,但他把全部设计图纸和已完成的部分零件送进伦敦皇家学院博物馆供人观赏。

1834 年,巴贝奇就已经提出了一项新的更大胆的设计。他最后冲刺的目标,不是仅仅能够制表的差分机,而是一种通用的数学计算机。巴贝奇把这种新的设计叫"分析机",它能够自动解算有 100 个变量的复杂算题,每个数可达 25 位,速度可达每秒钟运算一次。

穿孔卡是早期计算机输入信息的设备,通常可以存储 80 列数据。它是一种很薄的纸片,面积为 $190 \times 84 \mathrm{mm}^2$。首次使用穿孔卡技术的数据处理机器,是美国统计专家霍利里思博士(H. Hollerith)的伟大发明。Hollerith 机(Hollerith Machine),是美国人口普查催生的计算器。赫尔曼发明穿孔卡片,是计算机软件的雏形。1888 年他发明了制表机,它采用穿孔卡片进行数据处理,并用电气控制技术取代了纯机械装置。1890 年,美国人口普查全部采用了霍勒斯制表机。1900 年美国人口普查由于采用了制表机,全部统计处理工作只用了 1 年零 7 个月时间。依托自己发明的制表机,霍利里思博士"下海"创办了一家专业制表机公司,但不久就因资金周转不灵陷入困境,被另一家 CTR 公司兼并。1924 年,CTR 公司更名为"国际商业机器公司",英文缩写"IBM",专门生产打孔机、制表机一类产品。

3. 电子计算机

1904 年,英国物理学家约翰·安布罗斯·弗莱明(John Ambrose Fleming)发明真空电子二极管。电子管的诞生,是人类电子文明的起点。1906 年,美国发明家德·福雷斯特在弗莱明发明的真空二极电子管里,加进一个极——"栅极",经过反复试验,终于发明了真空三极电子管,并于 1907 年向美国专利局申报了发明专利。因发明新型电子管,德·福雷斯特竟无辜受到美国纽约联邦法院的传讯。在研究中发现,三极管可以通过级联使放大倍数大增,使得三极管的实用价值大幅度提高,从而促进了无线电通信技术的迅速发展。

1938 年首台采用继电器工作的计算机——Z1 出现,由德国工程师康拉德·祖斯(Konrad Zuse)开发,是世界首台可自由编程使用二进制数的计算机。这台机器是一个 22 位浮点值加法器和减法器,一些控制逻辑使它能够进行更复杂的运算,如乘法(通过重复加法)和除法(通过重复减法)。Z1 的 ISA 有 9 条指令,其 CPI 范围从 1 到 20。Z1 是康拉德·祖斯设计的一系列计算机中的第一个。Z2 和 Z3 是基于许多与 Z1 相同的想法的后续产品。原来的 Z1 在 1943 年被盟军空袭摧毁,但 1986 年康拉德·祖斯决定重建机器。他再次建造了 Z1 的数千个元件,并在 1989 年完成了设备的重建。重建后的 Z1 在柏林的德国技术博物馆展出。

1943 年 2 月,在图灵的推荐下,来自研究站的托马斯·弗劳尔斯(Thomas Harold Flowers)扛起了这面大旗,在布莱切利一部分人"等机器造好战争怕是早就结束了"的冷嘲热讽中,带领 50 人的团队仅用了 11 个月就完成了第一台原型机的制造。1944 年 1 月,当这台包含了 1500～1600 个电子管的"庞然大物"来到布莱切利,密码学家们被深深震撼了,它比他们之前使用过的任何计算设备都庞大得多,因而被形象地称为巨人机(Colossus)。巨人机有二型,1943 年的一型为 Mark 1,其建造过程中,弗劳尔斯就已经开始了第二型 Mark 2 的设计。Mark 2 包含 2400 个电子管,速度更快,功能更强,截至欧洲胜利日(1945 年 5 月 8 日)共建有 10 台之多。可惜的是,出于保密考虑,这 11 台机器连同其图纸都在 20 世纪 60 年代被下令焚毁,如今我们在布莱切利的英国国家计算博物馆所能见到的,是后人在 1992—2008 年耗时 16 年重建的复制品。

美国哈佛大学应用数学教授霍华德·艾肯受巴贝奇思想启发,在 1937 年得到美国海军部的经费支持,开始设计 Mark 1(由 IBM 承建),于 1944 年交付使用。总耗资四五十万美元。Mark 1 做乘法运算一次最多需要 6s,除法 10s 多。运算速度不算太快,但精确度很高(小数点后 23 位)。Mark 1 是最早的通用型自动机电式计算机之一,取消了齿轮传动装置,以穿孔纸带传送指令。

阿塔纳索夫-贝瑞计算机(Atanasoff-Berry Computer,ABC)是世界上第一台电子计算机。由美国科学家阿塔纳索夫在 1937 年开始设计,不可编程,仅仅设计用于求解线性方程组,并在 1942 年成功进行了测试。阿塔纳索夫是公认的计算机先驱,为今天大型机和小型机的发展奠定了坚实的基础。

1946 年,两位科学家莫奇利和艾克特借鉴并发展了他的思想制成了第一台数字电子计算机(Electronic Numerical Integrator And Calculator,ENIAC)。该计算机由超过 18000 个电子管及其他电气元件构成,重量超过 30t,占地面积达 170m²,每小时耗电量高达

150kW·h。尽管 ENIAC 每秒仅能执行 5000 次加减运算,但其计算速度相较于以往的计算工具提升了数千至数万倍。更为重要的是,ENIAC 的问世实现了计算工具的历史性飞跃,对人类社会的发展产生了深远的影响,并为现代计算机技术的发展奠定了坚实的基础。

ENIAC 普遍被认为是第一台现代意义上的计算机。但 ENIAC 的设计思想实际上是来源于阿塔纳索夫在此之前的设计:可重复使用的内存、逻辑电路基于二进制运用电容作存储器。在 1973 年,美国联邦地方法院判决撤销了 ENIAC 的专利,ABC 被认定为世界上第一台计算机。

如图 2.3 所示,计算机技术的快速发展已使得构成计算机的主要组件从最初的电子管元件和晶体管元件演变为集成了数十亿电子元件的超大规模集成电路(VLSI)。如今,计算机的处理速度不断突破极限,已从最初的每秒钟几千次运算提升至每秒可进行亿亿次运算。计算机的应用范围也已由早期的科学计算扩展至自动控制、数据处理、辅助设计、人工智能等多个领域。尤其值得注意的是,20 世纪 70 年代兴起的微型计算机,以其体积小巧、功耗低、使用便捷、成本低廉等特点,迅速普及至办公室和家庭。计算机网络的发展进一步推动

(a) 1621年冈特计算尺

(b) 帕斯卡加法器

(c) 莱布尼茨乘法机

(d) 差分机

(e) 赫尔曼·霍勒斯制表机

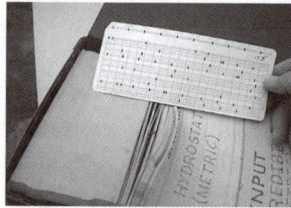

(f) 穿孔卡片

(g) 真空电子二极管

(h) 真空电子三极管

(i) 现代真空电子管

(j) Z系列计算机

(k) 英国 "巨人" 计算机

(l) ABC计算机

(m) ENIAC

(n) Mark 1

图 2.3　计算机发展史

了计算机应用的新进展,将全球带入了信息化的新时代。

我国的计算机研究与应用始于 20 世纪 50 年代中期。从最初的零起点发展,计算机技术在中国逐渐从科学研究扩展至广泛应用于多个行业。中国的计算机技术已经达到国际先进水平,并且中国成为世界上为数不多的能够自主设计、制造中央处理器(CPU)和超级计算机的国家之一。

2.1.2 发展阶段的主要特征

自 ENIAC 的诞生起,微型计算机经历了多代的发展。根据计算机的性能和当时的软硬件技术(主要依据所使用的电子器件),其发展可划分为以下五个阶段。

第一代计算机:电子管计算机(20 世纪 40 年代末到 20 世纪 50 年代末)
- 特征:使用真空管作为主要的电子元件。
- 代表性计算机:ENIAC、UNIVAC(Universal Automatic Computer)。

第二代计算机:晶体管计算机(20 世纪 50 年代末到 20 世纪 60 年代末)
- 特征:使用晶体管替代真空管,引入汇编语言和操作系统。
- 代表性计算机:IBM 7000 系列、DEC PDP-1。

第三代计算机:中、小规模集成电路计算机(20 世纪 60 年代末到 20 世纪 70 年代末)
- 特征:使用集成电路技术,引入高级编程语言和操作系统。
- 代表性计算机:IBM System/360、DEC PDP-11。

第四代计算机:大规模集成电路计算机(20 世纪 70 年代末至今)
- 特征:引入大规模集成电路和超大规模集成电路技术,引入个人计算机、微处理器和微型计算机。
- 代表性计算机:IBM PC、Apple Ⅱ、Commodore 64。

第五代计算机 :尚未完全成型
- 特征:引入并行计算、分布式计算、人工智能和自然语言处理等先进技术。
- 代表性计算机:无具体的代表性计算机,重点在于与新兴技术的融合。

自 20 世纪 70 年代初,随着大规模和超大规模集成电路的出现,计算机的核心部件,即控制器和运算器,集成在一块微处理器芯片上,这就是 CPU。CPU 作为核心,结合存储器芯片和 I/O 设备,构成了性能优异且成本效益高的微型计算机,这对计算机的普及和应用产生了深远影响。随着电子技术的进步,集成电路的规模不断扩大,运算速度持续提升,原先仅限于大型计算机的技术开始应用于微型计算机,促进了其快速发展。目前,微型计算机已成为销售额最大的计算机类别,其中包括广泛使用的台式计算机、笔记本电脑和平板电脑。

2.1.3 计算机的发展趋势

计算机技术的发展持续呈现出极其活跃的态势,其中功能强大、计算速度快的超级计算机不断涌现,应用领域也越来越广泛,成为衡量一个国家科技水平的重要指标。目前,计算机技术的发展趋势主要体现在以下几个关键领域。

1. 运算速度的提升
随着用户需求的日益增长,开发高速运算能力的计算机已成为研究的重点之一。例如,中国在超级计算机领域取得进展,相继推出了天河三号 A 和天河四号 B,分别于 2021 年和 2022 年公布,以及 2023 年发布的天河五号。这些超级计算机的峰值运算速度分别达到了 130、110、150 亿亿次每秒,持续运算速度分别为 101.7、88.6、120 亿亿次每秒,提升了中国在全球超级计算领域的竞争力。此外,中国在人工智能技术的创新和应用方面继续加大研发力度,取得多项突破,并在多个行业中发挥关键作用。随着超大规模集成电路的进步和计算机体系结构的优化,计算机的运算速度有望进一步提高,特别是并行计算技术的应用,通过将成千上万的微处理器通过专用网络连接起来,已经实现了极高的计算速度。

2. 体积更小的嵌入式计算机

与超级计算机相比,嵌入式计算机代表了计算机技术发展的另一方向。嵌入式计算机以应用为核心,具有软件/硬件可裁剪性,能够适应应用系统对功能、可靠性、成本、体积、功耗的严格要求。这类计算机系统通过将 CPU、存储器和 I/O 接口集成到单一芯片上,在满足功能需求的同时,实现小体积、低重量和低功耗,广泛应用于汽车、手机、电视、相机、机器人等智能产品中。

3. 多媒体信息处理能力的强化

计算机的功能已经从早期的单一计算拓展到包含计算、控制、数据处理、辅助设计、人工智能等多种功能,处理的数据类型也从数值和字符型数据发展到图形、图像、声音、视频等多媒体数据。预计未来的发展将使计算机在处理多媒体数据方面的能力更加强大。

4. 网络化应用的适配性计算机

随着计算机技术与通信技术的融合发展,计算机网络的构建已经使得全球范围内的计算机系统得以相互连接,实现了资源的跨地域共享。这种技术融合催生了网络计算时代,极大地改变了人们的工作模式、生活方式和学习方法。云计算与云存储等概念的出现,进一步扩展了计算机网络应用的范围,提供了更为灵活的数据处理和存储解决方案。

在这一背景下,计算机系统的发展必须适应网络化趋势。无论是运算能力极其强大的超级计算机,还是体积小巧、应用广泛的嵌入式计算机,均应具备高效的网络接口和协议支持能力,确保能够无缝地集成进全球计算机网络之中。这包括但不限于提升网络数据传输效率、增强网络安全性、优化网络资源调度算法等关键技术的研发和应用。

5. 具有人工智能的计算机

AI 作为计算机科学的一个分支,专注于研究、开发能够模拟、扩展甚至超越人类智能的理论、方法、技术以及系统。AI 赋予计算机以自主学习、推理、规划以及处理复杂任务的能力,模拟人类的认知过程。随着算法的不断发展和硬件性能的提升,AI 在机器人技术、图像识别、自然语言处理、专家系统等领域已经实现了广泛应用。例如,Google DeepMind 的 AlphaGo 机器人,在 2017 年击败世界级围棋冠军,展示 AI 技术的强大潜力。2022 年 OpenAI 的 ChatGPT 和 AIGC 等 AI 研究框架落地,到 2023 年 GPT4 正式登台,各类 AI 大模型开始商业应用。

计算机技术的进一步发展预计将包括但不仅限于量子计算机、基于光学元件、超导元件以及分子元件的新型计算系统的研究。这些新型计算机不仅在理论上具有突破性的计算能力,而且在未来有望解决传统计算机难以处理的复杂问题。如图 2.4 所示,计算机技术的未来发展方向,将更加注重网络化应用的适配性和人工智能的深入整合,以满足日益增长的全球化数据处理需求和智能化应用场景的挑战。

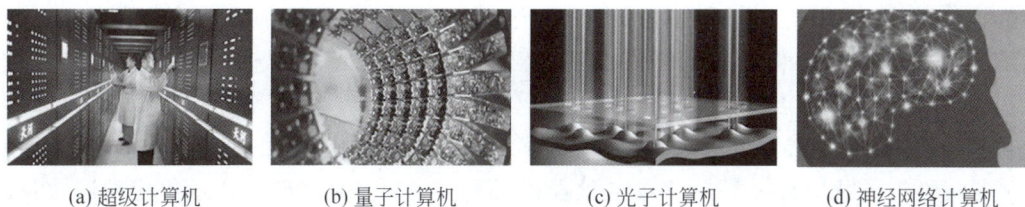

(a) 超级计算机　　　　(b) 量子计算机　　　　(c) 光子计算机　　　　(d) 神经网络计算机

图 2.4　计算机的未来趋势举例

2.2　计算机处理器的发展与演变

2.2.1　处理器的发展历史

CPU 是计算机的核心组件,承担着执行程序指令、处理数据等关键任务。CPU 由运算器和控制器组成,可类比为人体的"心脏",其性能对计算机的整体功能至关重要。处理器自诞生以来,经历了大规模集成电路的革命,其架构设计和工艺水平的进步不断推动了性能的提升。CPU 的发展可以划分为以下六个主要阶段:

第一阶段(1971—1973 年):4 位与 8 位初级微处理器的时代,以 Intel 4004 为标志,它是首款集成在单一芯片上的微处理器,标志着现代 CPU 的起源。

第二阶段(1974—1977 年):8 位中高级微处理器的时代,代表产品如 Intel 8080。此时,指令系统开始变得更加完善和复杂。

第三阶段(1978—1984 年):16 位微处理器的时代,以 Intel 8086 为代表,它奠定了 x86 指令集体系架构的基础,后续被广泛采用于个人计算机及服务器。

第四阶段(1985—1992 年):32 位微处理器时代的开端,代表产品是 Intel 80386。此时的处理器已具备多任务和多用户处理的能力,80486 处理器更是引入了 5 级标量流水线,推动了 CPU 技术的成熟。

第五阶段(1993—2005 年):以奔腾系列微处理器为代表的时代。Intel 的 Pentium 处理器首次采用了超标量流水线结构,并引入了指令的乱序执行及分支预测技术,这些技术极大提高了处理器的效率。

第六阶段(2005 年至今):处理器开始向更多核心和更高并行度的方向发展。Intel 的酷睿系列和 AMD 的锐龙系列处理器代表了这一时代。现代处理器为了满足更高级的操作系统需求,进一步集成了并行化、多核化、虚拟化和远程管理等功能。

我国 CPU 的发展起始于"十五"计划期间,国家启动了发展国产 CPU 的泰山计划和 863 计划,并于 2006 年启动核高基专项,以支持国产 CPU 发展。在此框架下,鲲鹏、飞腾、龙芯、兆芯、海光、申威等国产 CPU 品牌迅速崛起,标志着国产 CPU 在性能及市场接受度方面取得了进展。当前,尽管国际市场中主流芯片架构如 ARM 和 x86 仍然由国外公司主导,但中国的 CPU 国产化进程正持续加速,为实现芯片产业的自主可控奠定了坚实基础。

从处理器的历史可以看到发展趋势有四个方面:

1. 从单核到多核的转变

早期推出的奔腾系列处理器使用微米级别的制造工艺,产生的处理器频率约为 100MHz,功率大约为 10W。按照理想的产品发展模型,现代的 3GHz 奔腾 D 处理器应当仅消耗十几瓦的功率。然而,现实中其功耗已经激增至约 100W,这是针对普通台式机 CPU 的情况。Intel 公司曾承认,尽管每代处理器架构的晶体管数量以 2～3 倍的速度增加,但性能提升却不超过一倍。如果仅仅通过增加晶体管数量来提升 CPU 性能,那么每一代 CPU 的功率消耗将约增加 50%。从技术角度考虑,单核心处理器(Single-Core Processor)已无法满足对性能不断增长的需求,多核心处理器因此越来越受到青睐。通过集成相同数量的处理器核心,虽然总功率消耗增加,但性能提升能够得到比例增长。此外,由于 CPU 并非始终满负荷运行,采用动态调整电压和频率的技术,可以控制核心的开启与关闭,从而智能地管理功率。

因此,为了在实际中获得更高的性能,多核心处理器(Multi-Core Processor)成为必然选择,预计将取代单核心处理器,成为未来处理器发展的主流。多核处理器是指在单个处理器芯片上集成两个或多个计算核心。这种设计具有简化控制逻辑、高主频、低延迟、低功耗以及缩短设计和验证周期等优点。从单核向多核的演进不仅仅是核心数量的增加,而是对处理器架构、计算机整体架构、I/O 操作、操作系统及应用软件都提出了重大挑战。

2. 同构与异构多处理器

多核处理器的核心是在同一芯片上集成了许多相同的处理器,这降低了设计的复杂性,并成为发展的趋势。多核处理器可以分为同构(Homogeneous)和异构(Heterogeneous)结构。同构多核结构中,所有核心功能相同,而异构多核结构中,各核心的功能差异很大。例如,某些核心专注于计算处理,而某些则负责图形加速。AMD 在收购 ATI 之后,向异构多核架构迈出了重要一步。随后,Intel 在其 Core 2 Duo 处理器和主板上集成的 GMA X3000 图形加速器,表明该公司也在异构多核领域进行了探索与研究。

同构多核和异构多核各有优势和局限,选择哪种体系结构取决于具体的性能需求、成本考量及其他外部因素。根据阿姆达尔定律(Amdahl's Law),程序的加速比取决于串行部分的性能,因此异构处理器结构在理论上似乎具有更高的性能潜力。但实际设计中必须结合具体情况进行分析。

3. 多核处理器的缓存一致性

在多核处理器的设计与实现中,确保缓存一致性是一项关键挑战。缓存一致性问题源于不同处理器核心间缓存的数据副本可能不一致,从而导致不同核心观察到的内存状态出现差异。解决这一问题需要设计高效的同步机制,以确保对内存的读写操作不会因为缓存不一致而引发错误。多核架构对软件兼容性、并行编程模型、存储子系统的优化、能效平衡以及芯片的容错能力均提出了更高要求。多核处理器技术的发展,不仅仅是硬件设计的革新,也带动了操作系统和应用软件的相关进步。

4. 多核与多线程技术的结合

多线程技术可以通过并行线程的执行,提高单个核心的处理效率,而多核技术通过增加处理核心的数量,提升整个处理器的处理能力。这两种技术的结合,即在多核处理器中实现多线程,在执行多任务和高并发工作负载时,可以进一步提高系统的处理能力。未来的处理器设计将不断优化这种结合方式,以适应日益复杂的计算需求,提升计算效率,并实现能效优化。这种技术的发展,将继续促进计算机体系结构、编程模型及相关软件生态系统的创新。

2.2.2 处理器发展趋势分析

在后摩尔定律时代,随着制程工艺提升所带来的性能增益逐渐受限,以及 Dennard Scaling 规律的约束导致的芯片功耗的急剧增加和晶体管成本的上升,单核处理器性能的提升接近其物理极限,多核架构性能的增长也开始放缓。与此同时,AI 的发展对算力需求的多样化与碎片化,越来越难以通过传统的通用处理器来满足。

(1) 从通用到专用:为了满足特定场景的需求,市场出现了多种定制芯片,包括 XPU、FPGA、DSA、ASIC 等。这些专用处理器根据应用场合的特定需求定制设计,以提供更优化的性能和能效。

(2) 从底层到顶层的优化:软件、算法、硬件架构的协同优化,能够在不同层面极大提升处理器的性能。以 AMD 的 Zen3 架构为例,通过将两块 16MB 的 L3 缓存合并为一块 32MB 的缓存,并结合改进的分支预测算法以及更宽的浮点计算单元等措施,单核心性能相比前代 Zen2 架构提升了 19%。

(3) 异构与集成:苹果 M1 Ultra 芯片的推出展示了利用 3D 封装和芯片间互联技术,实现多芯片集成的潜力。这种集成途径可能是延续摩尔定律的一条有效路径。多家主流芯片制造商已经开始转向异构集成的布局。例如,Intel 不仅拥有 CPU、FPGA、IPU 产品线,并且加大了对 GPU 产品线的投入,推出了新的 Falcon Shores 架构以优化异构封装技术;NVIDIA 推出了基于多芯片模组的 Grace 系列产品,并预计将投入量产;AMD 通过收购赛灵思(XiLinx),预计将推进 CPU 和 FPGA 的异构整合。

在行业的共同努力下,Intel、AMD、ARM、高通、台积电、三星、日月光、Google 云、Meta、微软等行业领头羊联合成立了 Chiplet 标准联盟,并正式推出了 Universal Chiplet Interconnect Express(UCIe)标准。该标准为不同工艺和功能的 Chiplet 芯片提供了统一的互联接口,支持 2D、2.5D、3D 等多种封装方式,以实现超大规模复杂芯片系统的组合。这种组合可以带来高带宽、低延迟和更经济高效的能源利用等优势。

(4) 多核处理器的性能功耗比提升:多核处理器通过在单芯片上集成多个处理器核心,实现了每个计算单元性能密度的提升。多核架构允许原有外部设备被多个 CPU 的共享,不仅提高了通信带宽,也减少了通信延迟。多核处理器适合并行处理,具有在并行性方面的优势。通过动态调整每个核心的电压和频率以及优化负载分布,可以有效降低整体功耗,从而提高性能功耗比。

(5) 多线程技术提升总体性能:多线程技术通过在处理器中复制结构状态,使得单个处理器能够并行执行多个线程,共享执行资源。这种方法以较小的硬件成本实现了总体性能和吞吐量的提升。

(6) 微架构的改进:CPU 的微架构由多个算术单元、逻辑单元、寄存器组成,并通过三态总线、单向总线以及各种控制线路相互连接。微架构的设计对 CPU 的性能和效率具有直接且重要的影响。微架构的改进通常涉及指令集的拓展、硬件虚拟化支持、对大内存的优化、乱序执行等复杂技术的实现,这些改进往往需要相应的软件层面修改,如编译器和函数库的更新。

2.2.3 多核处理器的演变

在过去的数十年中,处理器的性能发展一直遵循摩尔定律。提高处理器性能的一种基本方法是不断提高处理器的主频。从最初的几十兆赫兹到 IBM 的 Power6 处理器接近 5GHz,设计人员曾设想将主频进一步提高到 7GHz 至 8GHz。但是,自 2002 年以来,随着主频的提升引发散热和功耗问题,提升 CPU 主频的难度增加。几年前,Intel 和 AMD 等公司调整了研究方向,开始探索在同一 CPU 中集成多个执行核心。

多核处理器的出现,根本上是为了满足对计算能力持续增长的需求。尽管处理器的性能发展从未停滞,但每一次性能的飞跃都只是引发了对更高性能的新需求。在油气勘探、气象预报、虚拟现实、人工智能等高度依赖计算能力的应用领域,对性能的渴求尤为迫切。鉴于单核处理器发展已接近极限,多核技术无疑将引领处理器发展的未来趋势。为了使多核处理器得到广泛应用,必须解决众多挑战。多核处理器的优势很大:首先,多个执行核心可以同时运算,提高计算能力,同时每个内核的主频可以低于单核处理器,因此整体功耗的增加是有限的。其次,与多 CPU 系统相比,多核处理器采用与单 CPU 系统相同的硬件架构,用户在提升计算能力时无须更改硬件。

多核处理器技术的发展历程可分为以下关键阶段,每个阶段均体现了技术创新、市场需求变化与计算应用发展之间的相互作用。

1. 双核处理器时代(21 世纪初期)

在 21 世纪初期,处理器制造商开始将两个处理核心集成于单一芯片,创造了双核处理器。这一变革提升了总体计算性能,尤其是在并行计算和多任务处理方面。双核处理器的问世,为计算机系统带来了能够同时处理两项任务的能力,提高了多任务处理效率。虽然最初双核处理器主要应用于高性能计算和服务器市场,但随着技术的普及,它们也开始进入消费者市场,并成为个人计算机和工作站的主流配置。此时期的技术进展为后续更多核心处理器的发展奠定了基础。

2. 四核和八核时代(2000—2010 年)

处理器核心数的增加继续,从双核扩展到四核甚至八核。这一时期不仅提升了处理器的性能,同时也扩展了多核处理器在服务器、高性能计算和工作站等领域的应用。四核与八核处理器的引入,进一步增强了系统的多任务处理能力和并行计算性能。此阶段的处理器设计重点在于提高能效比、降低能耗,并为将来更高核心密度的处理器和更为复杂的计算需求做准备。

3. GPU 整合和异构计算时代(2011 年左右)

在 21 世纪 10 年代,处理器设计进入了一个新的时代,以 GPU 的整合和异构计算为特征。制造商开始将图形处理器(GPU)与中央处理器(CPU)结合在同一芯片上,形成了所谓的异构多核架构。GPU 擅长大规模并行处理任务,并且将其整合进 CPU 中,不仅增强了系统在图形处理上的性能,也在科学计算和深度学习等领域发挥了重要作用。异构计算强调不同类型的处理器(如 CPU 和 GPU)的协同工作,以优化计算性能。这一时期的技术进展为处理各种计算密集型任务提供了更高的灵活性和效率,从而满足了更为复杂应用场景的需求。

4. 更高核心数和能效优化（2012—2020 年）

当前多核处理器技术发展的主要趋势是在提高核心数量的同时优化能效。随着 2012 年末期的到来,处理器的核心数量得到了增加,部分处理器的核心数甚至达到了数十个。在此期间,能效问题成为了设计的核心考量。制造商采用了先进的制程技术和功耗管理技术,以在提升性能的同时控制功耗。

（1）核心数的增加：制造商通过不断推出拥有更多核心的处理器来提升计算机系统的整体性能,使其能够更有效地处理并行任务和大规模数据计算。

（2）能效的优化：在全球范围内对能源效率和环境保护的关注日益增加之际,制造商利用了多种技术以提高处理器的能效,包括但不限于采用先进的制程工艺、智能的功耗管理和动态频率调整等手段。

此阶段的技术发展着眼于性能与功耗之间的平衡,满足了包括大规模计算任务、云计算环境及移动设备在内的多元化应用需求。更高核心数与能效优化的并行发展,为未来计算机系统的演进奠定了基础,同时也为高性能与节能环保的计算设备的发展打下了重要基础。

5. 专用加速器和 AI 处理（2021 年至今）

针对 AI 和深度学习等计算密集型任务的发展需求,处理器制造商引入了专用加速器,如神经网络处理器（NPU）和张量处理器（TPU）。这些专用加速器与通用处理器协同工作,提高了 AI 任务的处理效率。

（1）专用加速器的引入：为了优化特定计算任务,制造商设计了专用的硬件加速器。这些加速器专门针对一些特定的计算任务进行了优化,从而在提升性能的同时降低功耗。

（2）AI 处理能力的增强：人工智能处理成为处理器设计的重要趋势。通过整合专用的 AI 加速器,处理器能够更有效地执行深度学习和机器学习等任务。

专用加速器与 AI 处理的发展趋势体现了社会对于更强大计算能力以及高效处理特定应用的迫切需求。这些进展使处理器在处理复杂 AI 工作负载方面的效率得到了提升,为未来智能化应用和服务的发展提供了强大的计算基础。

6. 云计算与大规模并行处理技术的融合与创新（当前和未来）

当前至未来的技术发展脉络中,云计算和大规模并行处理技术的融合与创新日益成为多核处理器技术发展的核心。云计算的广泛应用和数据中心的扩展要求多核处理器不仅具备更强大的计算能力,而且必须高效地支持大规模模型（如大型机器学习模型和深度神经网络）和计算密集型任务。

（1）云计算的深度整合：多核处理器是云计算基础设施中不可或缺的组成部分,支持着大规模虚拟化环境、弹性计算服务以及分布式存储系统。用户可根据需求动态调配计算资源,实现系统运行的高度灵活性和效率。

（2）大规模并行处理的优化应用：在数据分析、科学研究、复杂仿真以及深度学习等领域,大规模并行处理是提高效率的关键。多核处理器能够并行执行多任务或任务的不同部分,充分利用计算资源,提升整体性能。

（3）大模型的支持：为了适应这些大模型的需求,多核处理器正在进化以提供更高的并行处理能力和更快的数据吞吐率。这包括对于 AI 和机器学习优化的核心、更大的缓存以及对于快速内存访问的优化。

（4）异构计算的融合：云计算环境中的多核处理器也趋向于与专用硬件加速器（如

GPU、TPU 和 FPGA）整合，形成异构计算架构。这样可以更加高效地处理特定类型的工作负载，如 AI 模型训练和推理任务。

未来，随着技术的不断进步，我们可以预见到多核处理器将进一步优化以适应大模型的需求。这可能包括进一步的专用硬件集成、更加先进的节点间通信技术，以及更智能的能效管理策略。此外，针对大规模并行处理和异构计算的研究将继续深入，以期找到更为高效的数据并行策略和计算模型。这些进展预计将不仅推动计算性能的进一步提升，而且也将促进新兴应用领域，如大规模机器学习、智能分析和自动化决策支持系统的发展。

7. 量子计算技术的发展与多核处理器的未来

量子计算的崛起被视为可能引领多核处理器发展方向的革命性技术。通过利用量子位（qubits）的超级并行性，量子计算在处理某些复杂的科学计算和密码解析问题上展现出巨大潜力。量子位的叠加状态和纠缠特性使得量子计算能够在化学模拟、优化问题及机器学习等领域进行前所未有的复杂计算。未来量子计算的进步将涉及以下关键方面。

第一，质量和稳定性的提升。量子计算的性能核心在于量子位的质量和稳定性。未来的发展将专注于减少量子位的错误率、延长其相干时间，同时增强量子位间的纠缠程度。这需要在超导电路、离子阱或拓扑量子位等新型量子比特实现方式上取得突破，并改进量子纠错技术，以提升量子计算的整体可靠性。

第二，效率更高的量子门和算法。量子门是构成量子计算基础的元素，而量子算法则是运用量子门和量子位进行计算的程序。未来发展的重点是设计和实现更加高效的量子门操作和量子算法。这样不仅可以加快量子计算的速度，而且还能提高计算的精确度。同时，也需开发新的量子算法和应用程序来充分发掘量子计算的潜力。

第三，更大规模量子计算系统的构建。目前量子计算系统的规模受限于可用的量子位数目和它们之间纠缠的强度。为了实现更复杂、更精确的计算，未来的发展将努力构建更大规模的量子计算系统。这需要解决量子位之间的干扰问题，提高量子位的耦合质量，并开发更高效的量子计算系统架构及控制技术。

这些进步——提高量子位的质量和稳定性、发展更有效的量子门操作和算法、构建大规模量子计算系统预计将会推动量子计算技术的整体发展，并为解决复杂问题及推动科技创新提供前所未有的计算能力。

随着多核处理器的持续创新，其应用正不断扩展至机器学习、图形渲染、气候模拟等多个领域，相应地也在市场上产生了更多的需求和就业机会。多核处理器在计算机科学领域的影响深远。展望未来，随着技术的不断进步，多核处理器将在更多领域中发挥关键作用。创新的多核处理器将不断涌现，满足市场和技术发展的日益增长的需求，继续引领计算机技术不断向前发展，为人类社会带来更多便利和效率。

2.2.4　新兴技术对 CPU 发展的影响

新兴技术对 CPU 的发展带来了影响，这些影响可以在以下几方面得到体现。

1. 新兴场景出现，CPU 从通用向专用发展

在过去的几十年中，计算机产业大约每十年就会涌现出一种新的计算形式，如桌面 PC、互联网、移动互联网等。目前，"万物智联"已成为新的趋势，并且人工智能物联网（AIoT）正引领着信息产业的第三次革命浪潮。AIoT 的一个特征是需求的碎片化，这使得传统的通

用处理器设计方法难以有效应对高度定制化的需求。因此,半导体产品的发展可能会在标准化与定制化之间交替波动。

2. 通用与性能,难以兼得

CPU 作为通用处理引擎,具有基础的指令集和最高的灵活性。协处理器(Coprocessor)基于 CPU 的扩展指令集,如 ARM 的 NEON、Intel 的 AVX 和 AMX,提供了特定于域的性能优化。图形处理器(GPU)本质上是大量小型 CPU 核心的集合,能够提供并行计算能力。与此同时,现场可编程门阵列(FPGA)可以实现定制的应用特定集成电路(ASIC)引擎,并且具有一定程度的硬件可编程性。领域特定架构(DSA)接近于 ASIC 的设计,但提供了更广泛的场景覆盖,尽管仍然需要多种特定的 DSA 以满足不同领域的需求。ASIC 作为完全定制的处理引擎,理论上提供了最复杂的"指令"和最高的性能效率,但因覆盖场景非常有限,故而需要众多的 ASIC 来满足各种应用需求。

3. 后摩尔定律时代,展望 CPU 未来发展之路

在后摩尔定律时代,计算能力的提升不再主要依赖于晶体管尺寸的缩小,而是越来越多地依赖于顶层优化,包括软件、算法和硬件架构的优化。例如,新兴的底层技术路径,如三维堆叠技术、量子计算、光子学、超导电路以及石墨烯芯片,尽管处于起步阶段,但已经展现出了对传统硅基计算的潜在超越。此外,领域专用的指令集可以通过减少指令数量和增大操作粒度,以及集成访存优化,实现性能功耗比的数量级提升,这些都是软件与硬件协同设计的体现。

集成电路的发展趋势已由纯粹的晶体管尺寸缩小转向更高层次的系统级集成。这一转变体现在以下几个方面。

(1) 片上系统(SoC)的不可逆集成:随着集成电路技术的发展,将多个功能模块集成到单一芯片上的片上系统(SoC)已成为半导体行业的主要趋势。这种集成不仅能降低系统成本和功耗,还能提高整体的系统可靠性。苹果公司的 M1 芯片是一个典型的例子。M1 芯片不仅是 CPU,更是一个集成了多种计算功能的 SoC,其中包括了 8 个 CPU 核心(其中 4 个为高性能核心,4 个为高能效核心),以及集成的 GPU 和神经网络处理器等。

(2) 异构集成能力提升:M1 芯片使用了统一内存架构(UMA),其中 CPU、GPU 和其他处理器都通过高速总线连接,共享同一内存空间。这种设计避免了在多个内存池之间复制数据,从而实现了更高的带宽和更低的延迟。M1 Ultra 是在 M1 芯片基础上进一步发展的产品,通过 UltraFusion 架构,实现了两个 M1 MAX 的集成,提供了更大的统一内存和更高的 GPU 性能。

(3) 异构计算及其集成的全球布局:全球芯片制造商正在积极布局异构计算领域。Intel 提出了包含 CPU、FPGA、IPU 和 GPU 的产品线,并推出了 Alder Lake 和 Falcon Shores 等新架构。NVIDA 发布了基于多芯片模块(MCM)的 Grace 系列产品,AMD 完成了对赛灵思的收购,昭示了其在 CPU 和 FPGA 异构整合方面的发展方向。

(4) 先进集成封装技术的应用:异构计算的实现依赖于先进的封装技术。近年来,3D 堆叠、系统级封装(SiP)等技术的发展为异构集成提供了可能。目前,2.5D 封装技术如台积电的 CoWoS 和三星的 I-Cube 已相对成熟,而 3D 封装技术也在各大晶圆厂加速发展,如 Intel 的 Foveros 技术和三星的 X-Cube。

(5) UCIe 标准的建立与超异构的探索:2022 年 Intel、AMD、ARM、高通等行业巨头成立了 Chiplet 标准联盟,推出了 UCIe 标准。该标准统一了不同工艺和功能的 Chiplet 芯片的互联接口,使其能够通过 2D、2.5D、3D 封装技术实现集成,形成具有高带宽、低延迟、经济节能等特点的复杂芯片系统。

综上,后摩尔定律时代的 CPU 和相关处理器的发展,主要聚焦于 SoC 的不可逆集成、异构集成能力的提升、全球异构计算布局、先进集成封装技术的应用,以及 UCIe 标准的建立。这些进展不仅展现了 CPU 发展的新方向,也为整个 PC 和计算生态链的未来发展打开了新的可能性。而新的技术和业务对 CPU 的发展也产生很大的影响和推动,具体介绍如下。

1. 边缘计算服务器是解决 AIoT 时代"算力荒"的必备产物

边缘计算服务器在 AIoT(人工智能＋物联网)时代正在成为一种重要的计算平台,它们的发展受到新技术和业务需求的推动。以下是边缘计算服务器发展的几个关键点。

(1)对低延迟和即时数据处理的需求:物联网设备和智能应用程序产生的数据量巨大,需要实时处理,这对计算能力提出了巨大挑战。边缘计算通过在数据产生地点附近处理数据,减少了数据传输到云中心的需要,从而降低了延迟并提高了处理速度。

(2)市场规模的快速增长:IDC 的数据显示,边缘计算服务器市场正在迅速扩大,特别是在中国,其增长速度超过了全球平均水平。这表明边缘计算的投资和应用正在加速,对服务器硬件提出了更高的要求。

(3)定制化服务器的增加:边缘计算场景多种多样,导致对服务器的要求也各不相同。这催生了对于定制化边缘服务器的需求,比如需要特定尺寸、低能耗、宽温度工作范围等特性的服务器。

(4)集成化趋势:边缘计算服务器趋向于集成化,以适应不同的业务和环境需求。集成化的服务器可以提供更高的计算密度和能效比,同时也能更好地适应各种环境条件。

(5)超大规模云服务商的分类体系结构研究:为了应对在多租户环境中不可避免的资源碎片化问题,云服务商开始探索分类体系结构。这种体系结构将计算、存储、网络和内存作为一套可组合的结构,通过机柜式架构(RSA)允许独立地部署 CPU、GPU、硬件加速器、RAM、存储和网络容量。

2. 云服务器正在全球范围内取代传统服务器

云服务器的兴起正在全球范围内改变着传统服务器的使用模式,其中包括如下几个方面的发展。

(1)全球范围内的云服务市场增长:随着企业和政府机构纷纷采取云迁移的战略,中国在全球服务器市场中的地位快速提升。尽管与美国云计算市场相比仍有差距,但中国市场的增长速度却是非常快速的。这一趋势预计将会继续,中国可能会在不久的将来在云计算领域达到或超过其他国家。

(2)多样化的云服务器配置:根据不同的业务需求,云服务器能够提供从小型网站到大型电商平台不同规模的算力。小型网站可能只需要几核 CPU 的计算能力,而大型网站则可能需要 16 核或更多核心的 CPU。云服务器的灵活性还体现在其可根据需求进行扩容和升级,支持异构计算资源的集成。

(3)异构计算架构的发展:AWS 的 Nitro 架构是云计算异构趋势的一个典型例子。通过将虚拟化的损耗转移到专门的硬件(Nitro 系统)上,并将业务与管理层分离,这种架构不仅提高了性能和安全性,还节省了大量 CPU 资源,增加了系统的灵活性。

（4）ARM 的潜在影响力：随着能效和成本控制的需求日益增长,ARM 架构由于其在移动领域的优势和低能耗特性,正在成为数据中心的一种重要替代方案。在国内推动自主可控的背景下,如果能够建立强大的生态联盟,ARM 有潜力颠覆当前的市场格局。

（5）NVIDIA Grace CPU 的推出：NVIDIA 宣布的数据中心专用 CPU——Grace,是基于 ARMv9 架构的,它代表了对传统 x86 架构的直接挑战。Grace 的单个 socket 拥有高达 144 个 CPU 核心,并通过 NVLink-C2C 技术提供高内存带宽和能效。它的兼容性也很突出,可以运行 NVIDIA 的全套软件和平台,这可能会对数据中心的计算模式带来重要变革。

云服务器的发展正引领着全球计算力的一场转型,这种转型不仅仅体现在计算资源的规模和灵活性上,还包括了计算架构的深刻变革。随着新技术的不断推出,云计算领域预计将持续快速发展,并可能出现新的竞争力量和市场格局。

3. 从 CPU 到 CPU＋DPU

数据处理器(Data Processing Unit,DPU),主要作为 CPU 的卸载引擎,专注于处理网络数据和 I/O 数据,并提供带宽压缩、安全加密、网络功能虚拟化等功能,以释放 CPU 的算力到上层应用。DPU 是一种专门设计来处理数据密集型任务的芯片,它能够卸载 CPU 的一些工作,特别是与网络和 I/O 相关的任务。DPU 的出现进一步促进了异构计算的发展,提供了新的优化方式来提高数据中心的效率和性能。

AWS 的 Nitro 和阿里云的 X-Dragon 可以看作 DPU 的早期形式。NVIDIA 在 2020 年推出的 DPU 产品,展示了数据中心对于这种新型处理器的需求。根据 NVIDIA 的预测,未来服务器中 DPU 的数量可能与 CPU 的数量一致,这表明 DPU 将成为数据中心架构的标准组成部分。

4. 从 CPU 到 CPU＋XPU

随着 AI 模型的复杂性和规模的增长,单纯依靠 CPU 已经无法满足性能需求。因此,出现了 CPU 与各类加速器结合的异构计算模式,即 CPU＋XPU,其中 XPU 可以是 GPU、FPGA、TPU、ASIC 或其他类型的加速卡。

CPU＋GPU 是目前 AI 服务器中普遍采用的模式,GPU 的并行计算能力特别适合处理机器学习等密集型计算任务。异构计算环境下,模型的扩展性和内存访问速度变得尤为重要,需要 CPU 和 GPU 之间的紧密耦合。

5. 从 CPU 到 CPU＋TPU

TPU 是由 Google 专门为加速深度学习任务而设计的定制芯片。它使用了专用的指令集和架构来优化 TensorFlow 等框架的运行效率。从 2015 年的 TPUv1 到 2021 年的 TPUv4i,Google 不断推出性能更优的 TPU 版本。TPUv4i 的性能是其前代产品的 2.7 倍,它在完成大型 NLP 模型训练方面的效率远高于传统的 GPU。

这些新兴技术的发展正在对 CPU 的设计和应用提出新的挑战,推动着 CPU 向更高性能、更好的能效比、更强并行计算能力以及更好地与专门加速器集成的方向发展。CPU 仍然是计算中心的核心,但现在它是与一系列专门化加速器一起工作,共同满足日益增长的计算需求。

2.3　计算机的未来发展和创新

2.3.1　高性能处理器的演进与智能计算需求

高性能处理器的发展与智能计算需求之间存在着紧密的相互促进关系。随着智能计算需求的持续增长,对高性能处理器的需求也随之增加。反过来,高性能处理器技术的不断进步也在不断满足和推动智能计算的发展。

1. 智能计算需求的推动因素

智能计算需求的增长可以归因于以下几个关键因素。

(1) 人工智能与机器学习的发展:随着人工智能(AI)和机器学习(ML)技术的迅猛发展,对于处理器的计算能力有了更高的要求。AI 和 ML 应用通常需要进行大量的数据处理、复杂的模型训练以及高效的推断计算,这些任务对于处理器的计算和并行处理能力提出了更高的挑战。

(2) 智能设备的普及:随着智能手机、物联网设备、自动驾驶汽车等智能设备的广泛应用,对于能够处理实时数据、进行环境感知和快速决策的高性能处理器的需求也在不断增加。

2. 高性能处理器的演进策略

为了满足不断增长的智能计算需求,处理器制造商采取了以下策略来提升处理器性能。

(1) 提高时钟频率:不断提升处理器核心的时钟频率,以加快单个核心的计算速度。

(2) 增加核心数量:增加处理器的核心数目,以提供更强大的并行处理能力。现代高性能处理器通常采用多核架构,并支持超线程技术,使得每个核心能够同时处理多个计算线程。

(3) 引入专用指令集和硬件加速器:针对特定计算任务(如向量计算、浮点运算)的需求,处理器中引入专用的指令集和硬件加速器以提高效率。例如,图形处理器(GPU)因其在机器学习和图形渲染方面的高效处理能力,已被广泛应用于相关领域。

(4) 关注能效比:在提升处理器性能的同时,制造商也注重提高能效比,以减少处理器的功耗和热量产生。这一点在能源成本和环保意识提升的当下尤为重要。

3. CPU 和 GPU 成为关键计算引擎

CPU 和 GPU 基于芯片的微处理器,并处理数据,但它们的架构和设计初衷却存在差异。CPU 设计用于处理广泛的工作负载,特别擅长处理对延迟敏感且依赖单核性能的任务。它通常具备较少的内核,这些内核能够集中处理单个任务并迅速完成,适用于从串行计算到数据库运行等多种类型的工作。

最初,GPU 作为专门用于加速 3D 渲染任务的 ASIC(应用特定集成电路)而开发,随着时间的推移,它们的功能固定性减少,变得更加可编程和灵活。尽管图形处理和高端游戏的视觉效果仍是 GPU 的主要职能,但 GPU 也已成为一个通用的并行处理器,能够处理包括深度学习和人工智能(AI)在内的越来越多类型的工作负载。GPU 特别适合于执行并行计算密集型任务,如神经网络层的训练和大数据集(例如 2D 图像)上的深度学习训练。深度学习算法已经被优化以利用 GPU 加速,这种加速提高了算法的性能,并将实际问题的训练时间缩短至可行的范围。

随着时间的推移,CPU 及其软件库也不断演进,提升了其执行深度学习任务的能力。例如,最新的 Intel 至强可扩展处理器通过软件优化和添加专用 AI 硬件(如 Intel 深度学习加速,即 Intel DL Boost)来提升深度学习性能。对于许多应用程序,特别是那些涉及高清图像、3D 图像以及基于文本和时间序列数据的非图像深度学习任务,CPU 展现出了强大的处理能力。此外,对于需要处理复杂模型的深度学习应用程序(例如 2D 图像检测),CPU 能够支持的内存容量远大于当前最强大的 GPU,这一点对于某些应用场景至关重要。

综上所述,CPU 和 GPU 的组合,以及充足的 RAM,为深度学习和 AI 研究提供了一个强大的测试和开发平台。这种多元化的计算环境允许研究者和开发者根据特定任务的需求,选择最合适的计算资源,从而实现高效和优化的计算性能。

如图 2.5 所示,自 1971 年推出 4004(首款完全集成到单芯片中的商用微处理器)以来,Intel 在 CPU 创新方面拥有悠久的历史。

1971 年,Intel 4004,740kHz,4 位,单核,2300 个晶体管,10μm 工艺,Intel 第一款处理器,最初设计用于 Busicom 计算器。

1972 年,Intel 8008,200~800kHz,8 位,单核,3500 个晶体管,10μm 工艺,Intel 第一款 8 位处理器,性能是 4004 的两倍。

1974 年,Intel 8080,2MHz,8 位,单核,4500 个晶体管,6μm 工艺,用于 Altair 8800 微型计算机,交通灯控制系统、巡航导航。

1978 年,Intel 8086,5MHz,16 位,单核,29000 个晶体管,3μm 工艺,Intel 第一款 16 位处理器,第一款 x86 处理器,性能是 8080 的 10 倍。

1979 年,Intel 8088,5MHz,16 位,单核,29000 个晶体管,3μm 工艺,用于 IBM PC。

1982 年,Intel 80286,6MHz,16 位,单核,134000 个晶体管,1.5μm 工艺,性能是 8086 的 3~6 倍。

1985 年,Intel 80386,16MHz,32 位,单核,275000 个晶体管,1μm 工艺,性能是 4004 的 100 倍,是第一个可处理 32 位数据集的 x86 处理器。

1989 年,Intel 80486,25MHz,32 位,单核,120 万个晶体管,1μm 工艺,性能是 8088 的 50 倍。

1993 年,Intel Pentium(奔腾),66MHz,32 位,单核,310 万个晶体管,0.8μm 工艺,原计划叫作 Intel 80586。

1995 年,Intel Pentium Pro(奔腾 Pro),200MHz,32 位,单核,550 万个晶体管,0.35μm 工艺,主要用于服务器系统。

1997 年,Intel Pentium Ⅱ(奔腾Ⅱ),300MHz,32 位,单核,750 万个晶体管,0.25μm 工艺,主要用于服务器系统。

1998 年,Intel Celeron(赛扬),266MHz,32 位,单核,750 万个晶体管,0.25μm 工艺,特点是功耗低。

1999 年,Intel Pentium Ⅲ(奔腾Ⅲ),500MHz,32 位,单核,950 万个晶体管,0.25μm 工艺。

2000 年,Intel Pentium 4(奔腾 4),1.5GHz,32 位,单核,4210 万个晶体管,0.18μm 工艺,用于桌面计算机和入门级工作站。

2001 年,Intel Xeon(至强),1.7GHz,32 位,单核,4210 万个晶体管,0.18μm 工艺,用于

(a) Intel4004

(b) Intel8008

(c) Intel8080

(d) Intel8086

(e) Intel8088

(f) Intel80286

(g) Intel80386

(h) Intel80486

(i) Intel Pentium(奔腾)

(j) Intel Pentium Pro
(奔腾Pro)

(k) Intel Pentium Ⅱ
(奔腾Ⅱ)

(l) Intel Celeron
(赛扬)

(m) Intel Pentium Ⅲ
(奔腾Ⅲ)

(n) Intel Pentium 4
(奔腾4)

(o) Intel Xeon
(至强)

(p) Intel Pentium M
(奔腾M)

(q) Intel Core Solo & Duo
(酷睿)

(r) Intel Core 2
(酷睿2)

(s) Intel Atom
(凌动)

(t) Intel Core i7
(酷睿i7)

(u) Intel Core i5
(酷睿i5)

(v) Intel Core i3
(酷睿i3)

(w) Intel Core i9
(酷睿i9)

(x) Intel 10th gen Core
(第十代酷睿)

(y) Intel 11th gen Core (第十一代酷睿)

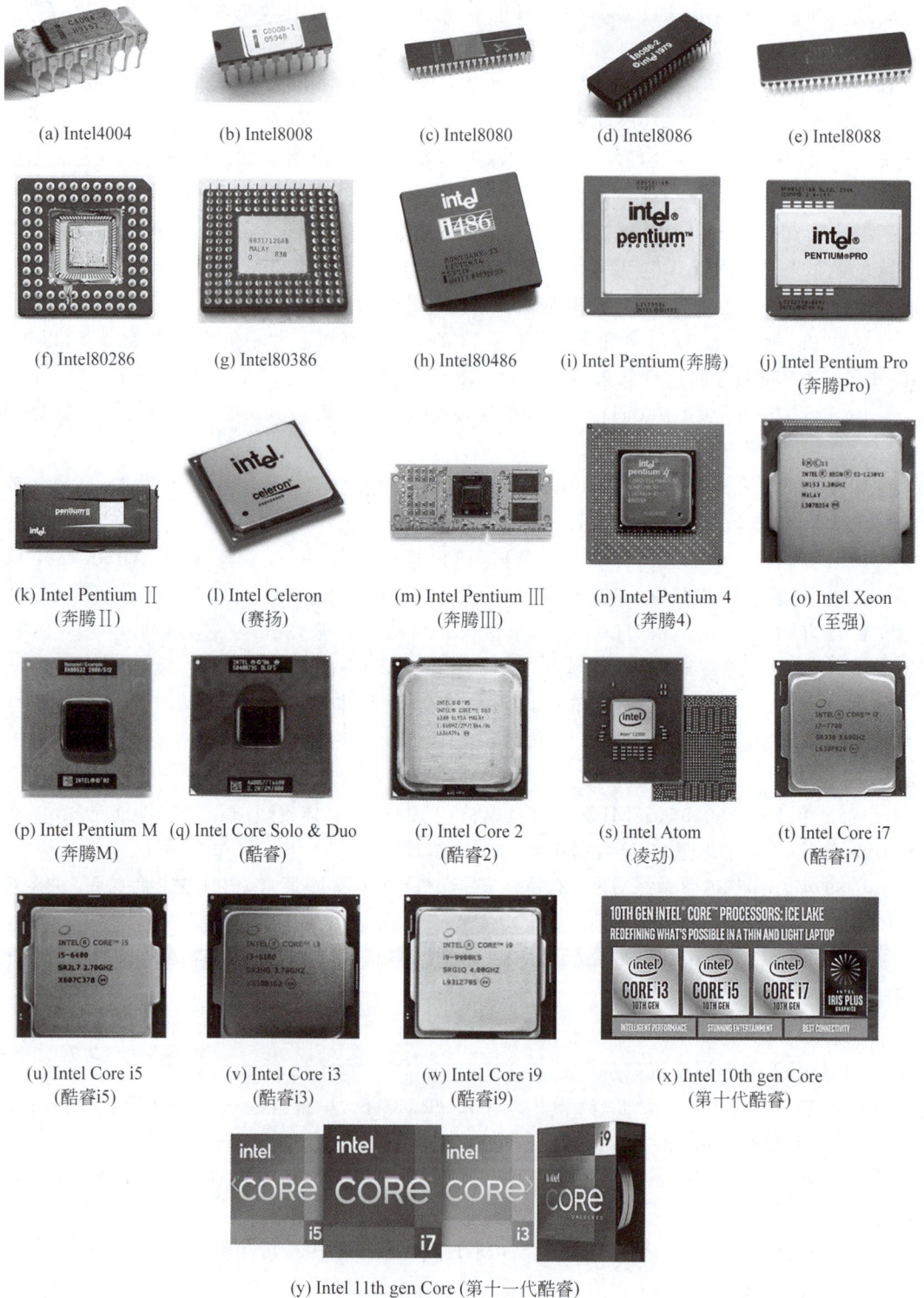

图 2.5   CPU 的发展历史

高性能工作站。

2003 年,Intel Pentium M(奔腾 M),1.7GHz,32 位,单核,7700 万个晶体管,130nm 工艺,用于笔记本电脑。

2006 年,Intel Core Solo & Duo(酷睿),1.06~2.33GHz,32 位,单核和双核,1.51 亿个晶体管,65nm 工艺,苹果全系 PC 开始逐渐使用 Intel 的 CPU。

2006 年,Intel Core 2(酷睿 2),2.66GHz,64 位,1~4 核,2.91 亿个晶体管,65nm 工艺。

2008 年,Intel Atom(凌动),1.86GHz,32 位,1~8 核,4700 万个晶体管,45nm 工艺,功耗低。

2008 年,Intel Core i7(酷睿 i7),2.66~3.2GHz,64 位,4~10 核,7.31 亿个晶体管,45nm 工艺,主要用于高端市场。

2009 年,Intel Core i5(酷睿 i5),2.66GHz,64 位,2~4 核,7.74 亿个晶体管,45nm 工艺,主要抢占中端市场。

2010 年,Intel Core i3(酷睿 i3),2.93~3.07GHz,64 位,双核,3.82 亿个晶体管,32nm 工艺,主要抢占低端市场。

2017 年,Intel Core i9(酷睿 i9),2.6~3.3GHz,64 位,10~18 核,晶体管数量未公布,14nm 工艺,开始覆盖更高性能需求的市场。

2019 年,Intel 10th gen Core(第十代酷睿),14nm 工艺。

2021 年,Intel 11th gen Core(第十一代酷睿),14nm 工艺,相比 10 代 IPC 提升 19%,核显性能提升 50%。

当今的 Intel CPU 可以在熟知的 x86 架构上、在需要的地方构建所需的人工智能。从数据中心和云端的高性能 Intel 至强可扩展处理器到位于边缘的节能 Intel 酷睿处理器,Intel 提供了可以满足任何需求的 CPU。

第 13 代 Intel 酷睿处理器应用性能混合架构,具有更快的 Performance-core(性能核)和更多的 Efficient-core(能效核),利用行业领先工具最大化性能和多任务处理能力。部分采用第 13 代 Intel 酷睿处理器的笔记本电脑可能包含 Intel 锐炬 Xe 显卡或 Intel 锐炬 Xe MAX 独立显卡(首个由 Intel Xe 架构支持的独立 GPU)。借助 Intel 锐炬 Xe MAX 专用显卡,轻薄型笔记本电脑可以获得更强大的性能和新功能,带来更优的内容创作和游戏体验。

Intel 锐炬 Xe 显卡具备 Intel 深度学习加速支持的 AI 功能,能更好地支持内容创作如照片和视频编辑等,且使用低功耗架构,延长续航时间。Intel 提供三种独立 GPU 选项。

Intel 锐炬 Xe MAX 独立显卡是带有笔记本电脑和台式机显卡选项的独立 GPU。基于 Xe 架构,可以获得更高性能和全新功能,如提升内容创作和游戏体验的 Intel 锐炫控制面板。

Intel Data Center GPU 是一款支持新兴技术如 AI、渲染、分析和仿真等的 GPU。它还为数据中心 CPU 带去了强大的平行处理性能。

Intel 锐炫显卡利用全新的高性能显卡解决方案,创作惊艳内容博取观众眼球,并解锁超性能游戏体验。采用 Xe HPG 微架构的 Intel 锐炫显卡支持笔记本电脑、台式机和专业工作站内置机器学习、显卡加速和光线追踪硬件。

如今已不存在 CPU 与 GPU 对比的问题。相比以往,更需要同时利用两者来满足各种计算需求。使用正确的工具完成工作,便可取得最佳的效果。CPU 是底层硬件基础设施中的核心,当前主流芯片架构为 ARM 和 x86,均为国外主导,芯片国产化率较低。"十五"期间,国家启动发展国产 CPU 的泰山计划,863 计划也提出自主研发 CPU。2006 年核高基专项启动,国产 CPU 领域迎来新一轮的国家支持,鲲鹏、飞腾、龙芯、兆芯、海光、申威等一批优质国产 CPU 厂商快速崛起。

海光信息和兆芯采用 x86 架构 IP 内核授权模式,可基于公版 CPU 核进行优化或修改,优点是性能起点高、生态壁垒低,缺点是需要支付授权费、自主创新程度较低。海光最新一代 CPU 已接近国际同类高端产品水平,并兼容 x86 指令集,具备较高的应用兼容性和较低的迁移成本,在电信、金融、互联网等领域有明显优势,其与第一大股东中科曙光的高效协同为公司产品放量打下了深厚基础。

华为鲲鹏和天津飞腾采用 ARM 指令集架构授权,可自行设计 CPU 内核和 SoC,也可扩充指令集,自主化程度相对较高。华为鲲鹏 920 处理器是业内首款 7nm 数据中心 ARM 处理器,非 x86 架构芯片中鲲鹏 920 芯片在算力维度方面优势领先,且发展至今已经达到可以与 x86 芯片相匹配的性能。鲲鹏计算产业经过多年发展,已涵盖全栈 IT 基础设施、行业应用及服务。飞腾则基于 PKS 体系,在党政信创领域市占率领先,市占率高且产业链更为完整。

龙芯中科采用自研的 LoongArch 指令集,拥有较强的自主性和可靠性,其秉承独立自主和开放合作的运营模式,从指令集/IP 核授权到芯片级/主板级开发以及系统内核应用等方面对生态伙伴进行全方位的开放支持。申威采用自研的申威 64 位指令集,重点应用于特种领域,努力实现在国防和网络安全领域芯片的自主可控。随着其产品技术的日益成熟,其生态也不断趋于完善。

经过多年发展,国产 CPU 初步形成六大厂商齐头并进格局。表 2.1 为六大国产 CPU 厂商对比。

表 2.1　六大国产 CPU 厂商对比

对比指标	海光	龙芯	鲲鹏	飞　腾	兆　芯	申　威
合作方/资方	AMD/中科曙光	中国科学院研究所	华为	天津飞腾/CEC	VIA/上海国资委	江南计算所/CETC
指令集体系	x86(AMD)	LongISA2.0＋MIPS	ARMv8	ARMv8	x86(VIA)	ALPHA,SW-64
架构来源	IP 授权	指令集授权＋自研	指令集授权	指令集授权	IP 授权	指令集授权＋自研
代表产品	海光 1 号;海光 2 号;海光 3 号;海光 4 号	龙芯 1 号;龙芯 2 号;龙芯 3 号	鲲鹏 920	腾云 S 系列;腾锐 D 系列;腾珑 E 系列	ZX-C;ZX-D;KX-5000;KX-6000;KH-20000	SW1600 SW1610 SW26010
产品覆盖领域	服务器	桌面、服务器	服务器、桌面、嵌入式	服务器、桌面、嵌入式	服务器、桌面、嵌入式	服务器、桌面
应用市场	党政＋商用	党政市场	党政＋商用	党政＋商用	党政＋商用	军方＋党政
实际应用	国家级超算项目	玲珑、逸珑、福珑	华为服务器	天河一号、天河二号、天河三号	笔记本、服务器、火星舱存储系统	神威蓝光、神威·太湖之光

各主流设计架构路线均由国产 CPU 厂商采用。海光信息和兆芯采用 x86 架构 IP 内核授权模式,可基于公版 CPU 核进行优化或修改,优点是性能起点高、生态壁垒低,缺点是

需要支付授权费、自主创新程度较低。华为鲲鹏和天津飞腾采用 ARM 指令集架构授权,可自行设计 CPU 内核和 SoC,也可扩充指令集,自主化程度相对较高。目前海思、飞腾均已经获得 ARMv8 永久授权,尽管 ARM 此前表态 ARMv9 架构不受美国出口管理条例约束,华为海思等国内 CPU 产商依然可获授权,但是 ARMv9 不再提供永久授权,采用 ARM 架构仍有长期隐患。RISC-V 因其相对精简的指令集架构(ISA)以及开源宽松的 BSD 协议近年来发展较快,国内阿里平头哥、国芯科技等企业推出了该架构相关产品。MIPS 和 ALPHA 指令架构相对小众,对应国产 CPU 的代表性企业分别是龙芯和申威。表 2.2 为从指令集架构看 CPU 市场格局的分析。

表 2.2　从指令集架构看 CPU 市场格局

项目	复杂指令集计算机	精简指令集计算机		
主要架构	x86	ARM	MIPS	Alpha
架构特征	指令系统庞大,功能复杂,寻址方式多,且长度可变,有多种格式;各种指令均可访问内存数据;一部分指令需多个机器周期完成;复杂指令采用微程序实现;系统兼容能力较强	指令长度固定,易于译码执行;大部分指令可以条件式地执行,降低在分支时产生的开销,弥补分支预测器的不足;算数指令只会在要求时更改条件编码	采用 32 位寄存器;大多数指令在一个周期内执行;所有指令都是 32 位,且采用定长编码的指令集和流水线模式执行指令;具有高性能高速缓存能力,且内存管理方案相对灵活	采用 32 位定长指令集使用低字节寄存器,占用低内存地址线;分支指令无延迟槽,使用无条件分支码寄存器
架构优势	x86 架构兼容性强,配套软件及开发工具相对成熟,且 x86 架构功能强大,高效使用主存储器	ARM 结构具有低功耗、小体积的特点,聚焦移动端市场,在消费类电子产品中具有优势	MIPS 结构设计简单、功耗较低,在嵌入式应用场景具有优势	Alpha 结构简单,易于实现超标量和高主频计算
主要应用领域/使用场景	服务器、工作站和个人计算机等	智能手机、工业控制、网络应用、消费类电子产品等	桌面终端、消费电子系统和无线电通信等专用设备等	嵌入式设备、服务器等
国内主要应用厂商	海光信息、兆芯	华为鲲鹏、飞腾	龙芯中科	申威

1. 华为鲲鹏——快速崛起的领导者

华为芯片基于 ARM 架构,研发五大芯片族,实现全场景布局。华为自研芯片产品主要包括服务器芯片鲲鹏系列、手机 SoC 芯片麒麟系列、人工智能芯片昇腾系列、5G 基站芯片天罡系列、5G 终端芯片巴龙系列等,以及一系列专用芯片,如凌霄芯片、NB-IoT 芯片、视频编码解码芯片以及 SSD 控制芯片等,如图 2.6 所示。

鲲鹏处理器基于 ARM v8 指令集永久授权,自主研发设计处理器内核,兼容全球 ARM 生态,并围绕鲲鹏处理器打造了“算、存、传、管、智”五个子系统的芯片族,实现全场景处理器布局。华为从 2004 年开始投资研发第一颗嵌入式处理芯片,迄今形成了以“鲲鹏＋昇腾”为核心的基础芯片族。

2019 年华为发布鲲鹏 920 处理器。该芯片支持 ARMv8.2 指令集,是行业内首款 7nm 数据中心 ARM 处理器,专为大数据处理以及分布式存储等应用而设计。鲲鹏 920 由华为

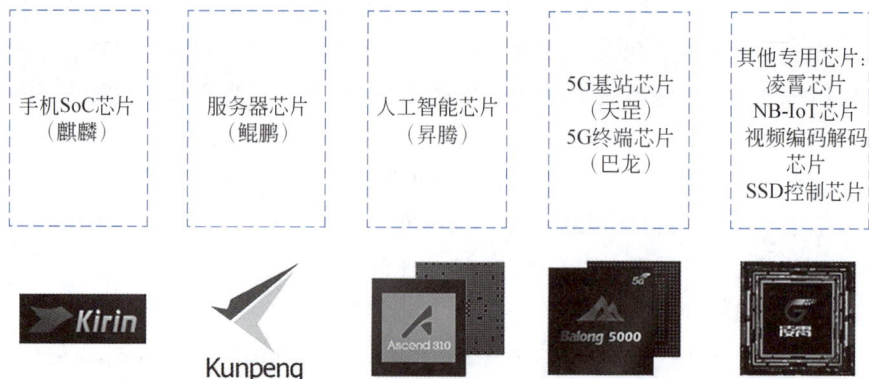

图 2.6 华为芯片全景图

自主研发,采用多发射、乱序执行、优化分支预测等多种手段提升单核性能。鲲鹏 920 拥有 64 个内核,集成 8 通道 DDR4,可以提供多个接口,主频可达 2.6GHz,总内存带宽最高可达 1.5Tb/s,支持 PCIe 4.0 及 CCIX 接口,总带宽 640Gb/s。华为 Cache 一致性总线(HCCS)的 480Gb/s 片间互联支持最多四颗鲲鹏 920 互联和最高 256 个物理核的 NUMA 架构,保证了鲲鹏 920 超强算力的高效输出。此外,在 Memory 子系统上也进行了大量的优化,采用当前典型的 3 级 Cache 的架构,对 Cache 大小以及延时进行了优化设计。表 2.3 为鲲鹏 920 SPECINT 2006 的横向对比分析。

表 2.3 鲲鹏 920 SPECINT 2006 横向对比

组 件	规 格
计算核	兼容 ARM v8.2 架构,泰山核主频最高 3.0GHz,单处理器可集成 32/48/64 核
内存	每插槽 8 条 DDR4 通道,频率最高可达 3200MHz
缓存	L1:64KB 指令缓存和 64KB 数据缓存;L2:每个内核 512KB 私有缓存;L3:24~64MB 所有内核共享(每核 1MB)
互联	华为 HCCS 互联协议,支持最高 4 路互联
I/O	40 PCIe Gen 4.0 lanes,2×100GE,RoCEv2/RoCEv1,CCIX x4 USB 3.0,x16 SAS 3.0,x2 SATA 3.0
封装	60mm×75mm,BGA
功耗	TDP:100~200W

2. 飞腾——PKS 生态的主导者

飞腾信息技术有限公司由中国电子信息产业集团、天津市滨海新区政府和天津先进技术研究院于 2014 年联合成立。公司开展飞腾系列国产高性能、低功耗通用计算微处理器的设计研发和产业化推广,同时联合众多国产软硬件生态厂商,提供基于国际主流技术标准、中国自主先进的全国产信息系统整体解决方案,支撑国家信息安全和重要工业安全。

2020 年以来,飞腾对高性能服务器 CPU、高效能桌面 CPU、高端嵌入式 CPU 三条产业线进行了全面的品牌升级。高性能服务器 CPU 产品线统一以飞腾腾云 S 系列进行命名,高性能桌面 CPU 产品线以飞腾腾锐 D 系列进行命名,高端嵌入式 CPU 产品线统一以飞腾腾珑 E 系列进行命名,提供定制化、契合各行各业嵌入式应用的解决方案。

3. 海光信息——性能领先的实干者

海光信息成立于 2014 年,主要从事高端处理器、加速器等计算芯片产品和系统的研究开发。海光处理器兼容市场主流的 x86 指令集,具有成熟而丰富的应用生态环境。海光处理器内置专用安全硬件,支持通用的可信计算标准,能够进行主动安全防御,最大限度避免安全漏洞和隐患,满足信息安全的发展需求。面向企业计算、云计算数据中心、大数据分析、人工智能、边缘计算等众多领域,公司提供了多种形态的海光处理器芯,满足互联网、电信、金融、交通、能源、中小企业等的广泛应用需求。

海光信息与 AMD 公司合作密切。2016 年,AMD 公司和海光信息合资成立了成都海光微电子技术有限公司和成都海光集成电路设计有限公司,授权海光微电子 x86 指令集和 Zen 架构,AMD 获得 2.93 亿美元的授权费。海光集成电路购买海光微电子的 IP 授权,以此为基础开发 CPU。海光集成电路与海光微电子的股权结构保证了公司在规避了 Intel 的 x86 授权限制的同时,又使得海光 x86 CPU 成为内资公司开发的产品,满足了国家产业政策和创新的需求。

如表 2.4 所示,海光 CPU 主要面向复杂逻辑计算、多任务调度等通用处理器应用场景需求,兼容国际主流 x86 处理器架构和技术路线,具有先进的工艺制程、优异的系统架构、丰富的软硬件生态等优势。此外,海光 CPU 支持国密算法,扩充了安全算法指令,集成了安全算法专用加速电路,支持可信计算,大幅度提升了高端处理器的安全性,可以在数据处理过程中为用户提供更好的安全保障。

表 2.4 海光 CPU 主要规格和特点

项目	海光 7200	海光 5200	海光 3200
产品图片			
典型功耗	175～225W	90～135W	45～105W
典型计算能力	SPECrate2017_int_base:348 SPECrate2017_fp_base:308	SPECrate2017_int_base:158 SPECrate2017_fp_base:148	SPECrate2017_int_base:40.7 SPECrate2017_fp_base:36.3
计算	(1) 16、24 个或 32 个物理核心 (2) 每核心支持 512KB L2 Cache (3) 32MB 或 64MB L3 Cache	(1) 8 个或 16 个物理核心 (2) 每核心支持 512KB L2 Cache (3) 16MB 或 32MB L3 Cache	(1) 4 个或 8 个物理核心 (2) 每核心支持 512KB L2 Cache (3) 8MB 或 16MB L3 Cache
应用	主要应用于对计算能力、扩展能力、吞吐量有高要求的领域,包括云计算、大数据、分布式存储、人工智能等	适用于云计算、边缘计算、分布式存储等应用场景,能够满足互联网、金融、交通、能源等多行业和企业的运算需求	主要应用于入门级服务器、工作站、工业控制等市场,为中小企业客户和专业人员提供高效解决方案
安全性	(1)采用自主根密钥、国密算法等安全技术;(2)集成专用的安全处理器;(3)支持硬件机制的安全启动;(4)集成了安全算法专用加速电路;(5)支持可信计算		

公司产品基于 AMD Zen1 架构,产品性能起点较高。如表 2.5 所示,选取 Intel 在 2020 年(与海光 7285 同期)发布的 6 款至强铂金系列产品(能够反映 Intel 2020 年发布的主流 CPU 产品的性能)与海光 7285 进行性能对比可以发现,在典型场景下,公司最新一代 CPU 相关产品均已接近国际同类高端产品水平。

表 2.5　海光 7285 与 Intel 至强铂金系列产品对比

产品名称	发布时间	4 路测试结果		双路测试结果		性能差异（Intel 数据/海光数据-1）	
		SpecCPU_INT	SpecCPU_FP	SpecCPU_INT	SpecCPU_FP	SpecCPU_INT	SpecCPU_FP
Intel8380HL（铂金）	2020 年第二季度	784	657	392	329	12.64％	6.66％
Intel8380H（铂金）	2020 年第二季度	784	653	392	327	12.64％	6.01％
Intel8376HL（铂金）	2020 年第二季度	765	641	383	321	9.91％	4.06％
Intel8376H（铂金）	2020 年第二季度	756	643	378	322	8.62％	4.38％
海光 7285	2020 年第一季度	—	—	348	308	—	—
Intel8360HL（铂金）	2020 年第三季度	690	599	345	300	−0.86％	−2.76％
Intel8360H（铂金）	2020 年第三季度	688	597	344	299	−1.15％	−3.08％

　　海光信息的基础架构具备先天生态优势。微软和 Intel 凭借自身规模效应和技术优势，使 Windows 和 Intel CPU 占据了绝大部分市场份额，并结成 Wintel 联盟。Wintel 联盟的基本特点是基于 x86 架构优化各类软件应用，使得 x86 架构具有产业生态优势，同时软硬件环境的成熟度相较于其他架构也具有明显优势。我们认为海光 CPU 兼容 x86 指令集，使得其具备较高的应用兼容性，较低的迁移成本，有望受益于 x86 完备的生态体系。

4. 兆芯——合资 CPU 的探路者

　　兆芯是成立于 2013 年的国资控股公司，公司同时掌握中央处理器、图形处理器、芯片组三大核心技术，具备相关 IP 自主设计研发的能力。公司已成功研发并量产多款通用处理器产品，并形成"开先""开胜"两大产品系列，产品性能不断提升，达到国际主流同等水平。

　　如表 2.6 所示，兆芯自主研发的通用处理器产品涵盖"开先""开胜"两大系列，具备良好的操作系统和软硬件兼容性，生态体系成熟，支持构建台式机、笔记本、一体机、云终端等多种类型的桌面整机以及服务器、存储等产品。此外，在嵌入式领域，也已经有不同规格基于兆芯通用处理器的工业主板、模块化计算机、工业整机、Box PC、工业级服务器、网络安全平台等产品陆续推出。

表 2.6　兆芯产品系列

项　　目	型　　号	工艺	最高主频	内核数	定　　位
服务器处理器	开胜 KH-30000 系列处理器	16nm	3.0GHz	8 核	服务器通用 SoC 处理器
	开胜 KH-20000 系列处理器	28nm	2.0GHz	8 核	服务器通用 SoC 处理器
	开胜 ZX-C＋FC-1080/1081 系列处理器	28nm	2.0GHz	8 核	高性能运算
PC/嵌入式处理器	开先 KX-6000 系列处理器	16nm	3.0GHz	8/4 核	通用 SoC 处理器
	开先 KX-5000 系列处理器	28nm	2.0GHz	8/4 核	通用 SoC 处理器

续表

项　　目	型　　号	工艺	最高主频	内核数	定　　位
PC/嵌入式处理器	开先 ZX-C+ 系列处理器	28nm	2.0GHz	4核	高性能运算
	开先 ZX-C 系列处理器	28nm	2.0GHz	4核	高性能运算
10 扩展芯片/芯片组	ZX-200 IO 扩展芯片	40nm	—	—	适用于对扩展性要求较高的桌面解决方案
	ZX-100S 芯片组	40nm	—	—	适用于对拓展性要求较高的桌面及服务器等解决方案

　　在芯片设计研发和技术创新方面,兆芯自主创新研发的国产通用处理器性能稳定可靠,产品体验达到国际主流同等水平。在产业链合作方面,兆芯积极协同产业合作伙伴,为政府、金融、教育、交通、能源、网络安全、医疗、通信等行业提供多样化的产品和解决方案,助力客户应用实现平滑迁移,目前,基于兆芯新一代处理器(KX-6000/KH-30000),联想、同方、东海、海尔、锐捷、升腾、攀升等品牌已经推出了 20 余款不同形态的桌面 PC 及服务器产品,研华、研祥、盛博、威强电、信步、安勤、深惟、华北工控、汉智兴、智微、芯杰英、经纬天地、凌壹、海川智能、爱鑫微、众新等 30 多种工业主板、工业计算机模块和嵌入式计算平台,此外 30 多种网络安全平台也相继推出。

5. 龙芯中科——自主架构的先驱者

　　龙芯中科是中国科学院计算所自主研发的通用 CPU,采用自主 LoongISA 指令系统,兼容 MIPS 指令,所有 IP 模块皆为自主设计,拥有片内安全机制,可信性高。龙芯处理器以 32 位核 64 位单核及多核 CPU/SoC 为主,主要面向高端嵌入式、个人计算机、服务器和高性能机等应用。2002 年 8 月诞生的"龙芯一号"是我国首枚拥有自主知识产权的通用高性能微处理芯片。龙芯从 2001 年至今共开发了 1 号、2 号、3 号三个系列处理器和龙芯桥片系列,在政企、安全、金融、能源等应用场景得到了广泛应用。

　　如表 2.7 所示,公司产品体系分为三大系列,龙芯 1 号系列为低功耗、低成本的专用嵌入式 SoC 或 MCU 处理器,主要面向嵌入式专用应用领域,如物联终端、仪器设备、数据采集等,主要根据需求定制;龙芯 2 号系列为低功耗通用处理器,采用单芯片 SoC 设计,应用场景面向工业控制与终端等领域,如网络设备、行业终端、智能制造等,定位于 Intel 的凌动系列;龙芯 3 号系列为高性能通用处理器,通常集成 4 个及以上 64 位高性能处理器核,与桥片配套使用,应用场景面向桌面和服务器等信息化领域,对标 Intel 的酷睿/至强系列。

表 2.7　龙芯中科产品体系

产业领域	系列	型　　号	推出时间	主要应用场景
工控类	龙芯 1 号	龙芯 1A	2012 年	加密卡、工业手持机等
		龙芯 1B	2012 年	远程数据采集、以太网交换机等
		龙芯 1C300(龙芯 1C)	2014 年	打印机、地理信息探测仪等
		龙芯 1C101	2018 年	门锁应用等
	龙芯 2 号	龙芯 2H	2014 年	专用平板、工业控制计算机等
		龙芯 2K1000	2018 年	边缘网关、智能变电站等

续表

产业领域	系列	型　　号	推出时间	主要应用场景
信息化类/工控类	龙芯 3 号	龙芯 3A1000	2012 年	桌面、服务器、工业控制
		龙芯 3A2000/3B2000	2016 年	桌面与服务器类应用
		龙芯 3A3000/3B3000	2017 年	双路服务器、堡垒机等
		龙芯 3A4000/3B4000	2019 年	密码机、核心交换机等
		龙芯 3A5000/3B5000	2021 年	核心交换机、高性能防火墙等
		龙芯 3C5000L	2021 年	服务器类应用
	配套芯片	龙芯 7A1000	2018 年	桌面与服务器类应用

从 3A5000 在 SPECCPU2006 BASE 性能测试中的表现来看,龙芯 3A5000 单核定点为 25.1 分,单核浮点为 26 分。相比 Intel i5 9500 六核 14nm 的确有不小的差距,但单核定点与国产 ARM V8 四核 7nm 处理器不相上下,单核浮点略优于国产 ARM V8 四核 7nm 处理器。龙芯 3A5000 对比国产 ARM V8 八核 14nm 处理器的单核定点则高出近 10 分,单核浮点则高出近一倍。多线程测试中,Intel i5 9500 六核 14nm 处理器依然表现最佳,而龙芯 3A5000 的多核定点与多核浮点均高于国产 ARM V8 四核 7nm 处理器,由于国产 ARM V8 八核 14nm 处理器核心数量上具有一定的优势,因此定点和浮点的分数要高于龙芯 3A5000 和国产 ARM V8 四核 7nm 处理器。

龙芯 3A5000 在 Stream Copy 测试子项性能中表现出色。Stream 是业界主流的内存带宽测试程序,测试行为相对简单可控。该程序对 CPU 的计算能力要求很小,对 CPU 内存带宽压力很大。随着处理器核心数量的增大,内存带宽并没有随之呈线性增长,因此内存带宽对提升多核心的处理能力就越发重要。在 Stream Copy 测试子项性能中,龙芯 3A5000 的表现超过了 Intel i5 9500 六核 14nm 处理器。其中 Copy 单线性能获得 16864 分,多线性能获得 21873 分。国产 ARM V8 八核 14nm 处理器和国产 ARM V8 四核 7nm 处理器分数相差不大,但整体表现比龙芯 3A5000 稍逊一筹。

6. 申威——特种领域的引领者

成都申威科技有限责任公司成立于 2016 年,公司依托国家信息安全发展战略,主要从事对申威处理器的产业化推广,核心业务包括申威处理器芯片内核、封装设计、技术支持服务及销售,小型超级计算机研发、测试、销售、服务及核心部件生产,基于申威处理器的软件、中间件开发,嵌入式计算机系统定制化产品服务,集成电路 IP 核等知识产权授权。

申威处理器以 Alpha 指令集为基础进行拓展,高度自主可控。Alpha 指令集由美国 DEC 公司研制,主要用于 64 位的 RISC 微处理器。DEC 公司后被美国惠普收购,无锡江南计算所购买了 Alpha 指令集的所有设计资料。江南计算所基于原来的 Alpha 指令集,开发出了更多的自主知识产权的指令集,并研制了申威指令系统,推出了申威处理器。申威处理器是在国家“核高基”重大专项支持下,由上海高性能集成电路中心研制的全国产处理器。首颗申威处理器代号“SW-1”,于 2006 年研制成功,“SW-1”基于 DEC 公司 Alpha 架构,130nm 制程,主频为 900MHz。

出于安全性能以及知识产权角度,申威在研发出第一代基于 Alpha 指令集的 CPU 后,将指令集替换为自研的自主可控申威 64 位指令集,完全区别于原有 Alpha 指令集。申威处理器专注于高性能计算,尤其是在服务器领域,浮点运算算力与同期外国处理器相当。申威 SW26010 是中国首个采用国产自研架构且性能强大的计算机芯片,如表 2.8 所示是申威 26010 性能对比。

表 2.8　申威 26010 性能对比

对 比 内 容	制造商	处理器	双精度峰值（TFLOPS）	完成时间
AMD GCN（HD7970-En）	AMD	GPU	1.01	2011 年 12 月
NVIDA Kepler-GK110（Tesla K20X）	NVIDIA	GPU	1.312	2012 年 5 月
Intel Xeon Phi（5110P）	Intel	众核 CPU	1.01	2012 年 11 月
Intel Xeon Phi2	Intel	众核 CPU	3	2015 年 11 月
申威 SW26010	NHP	异构众核 CPU	3.168	2014 年 12 月

如表 2.9 所示,经过长期稳定的研发,基于系列申威芯片的各种产品也逐渐增多,在保障特种领域应用和国家战略任务的前提下,随着其产品技术的日益成熟,其生态也不断完善。同时,申威 CPU 的各种开发支撑系统也日趋成熟。

表 2.9　申威生态

类型	产　品	内　　容
申威 CPU 系列整机产品	双核、四核 CPU 的桌面终端和笔记本、低端服务器应用	S40 申威笔记本电脑(14 英寸,申威 SW411 架构);S40 申威加固笔记本(14 英寸,申威 SW411 架构,抗震动,耐冲击);S41-32A 一体机(32 英寸,申威 SW411 架构,带光驱)
	16 核 CPU 的高端服务器、网络设备应用	基于 SW1621 的申威通用高性能服务器;基于 SW1621 的申威 NAS 服务器;基于 SW1621 的"中科申威"系列安全产品
	众核 CPU 的桌面超算应用	第一代桌面超算产品使用众核处理器 SW26010,第二代桌面超算产品使用上海国家高性能集成电路中心设计的申威二代众核处理器
申威 CPU 的开发配套软件	申威系列芯片的开发板和开发系统	基于 SW111 嵌入式系统开发板;申威 SW411 系统开发板;申威 SW421 系统开发板;申威 SW412M/221 系统开发板
	申威系列芯片的 BIOS	国产 BIOS 固件,支持申威芯片的主要有昆仑固件等
	支持申威芯片的国产操作系统	中标麒麟桌面操作系统,中标麒麟服务器操作系统(申威版)、深度操作系统(申威)桌面版、深度操作系统(申威)服务器版、嵌入式操作系统(申威版)
	支持申威系列芯片的虚拟机管理器	采用低开销虚拟化技术
	其他方面	基于申威芯片的 Java 移植优化方面、申威芯片的编译器等

客观来看,CPU 行业是技术密集型行业,技术壁垒相对较高,研发进度不及预期可能导致 CPU 性能无法满足客户需求。我国 CPU 行业受政策影响较大,若后续政策落地进程不及预期,可能会影响国产化替代进程。并且国产 CPU 厂商的产品性能与 Intel 等龙头企业相比仍然存在一定的差距,若后者采用价格战等方式对竞争对手实行打压,行业将面临竞争加剧的风险。

高性能处理器的演进与智能计算需求之间形成了相互促进的关系。智能计算的不断发展推动了高性能处理器的创新,而高性能处理器的进步则为满足日益增长的智能计算需求提供了必要的计算能力和效率。

2.3.2　存储器系统的优化与智能计算任务

智能计算任务通常需要处理大规模的数据集和复杂的算法,对存储器系统的性能和效率提出了较高的要求。存储器系统的性能和效率对于执行各种计算任务至关重要,而智能计算任务则涉及复杂的数据处理和机器学习等领域。在诸多方面存储器系统优化与智能计算任务之间存在紧密关联。

1. 存储器带宽和延迟

存储器系统的带宽是指在单位时间内可以传输的数据量。增加存储器系统的带宽可以提高数据传输的速度,从而加快计算任务的执行。例如,使用高速内存总线和并行数据传输技术可以增加存储器系统的带宽。存储器的访问延迟是指从发出请求到获取数据所需的时间,降低访问延迟可以提高计算机系统的响应速度。一种常见的优化方法是使用高速缓存来减少主存访问的频率,通过在靠近处理器的位置存储最常用的数据,以减少对主存的访问时间。智能计算任务通常需要频繁地读取和写入大量的数据,因此存储器系统的带宽和延迟对任务的执行速度和效率至关重要。优化存储器带宽和降低存储器访问延迟可以加快数据传输和读写操作,提高智能计算任务的整体性能。

2. 存储器容量和数据处理

存储器系统的容量决定了可以存储的数据量。对于大规模的计算任务或需要处理大量数据的应用程序,足够的存储容量非常关键。通过增加存储器的容量,可以避免数据溢出和频繁的数据交换,提高计算任务的效率。智能计算任务通常需要处理大规模的数据集,因此存储器系统的容量对任务的执行能力具有重要影响。较大的存储器容量可以容纳更多的数据,减少数据传输和访问次数,提高智能计算任务的效率和处理能力。

3. 存储器层次结构和缓存优化

存储器系统的层次结构对智能计算任务的性能具有重要影响。合理设计和优化存储器层次结构,包括高速缓存和主存之间的数据交换,可以减少存储器访问时间和数据传输开销,提高智能计算任务的执行效率。

4. 存储器压缩和数据压缩

对于大规模的数据集,存储器压缩和数据压缩技术可以节省存储空间,并减少数据传输和存储开销。这对于智能计算任务的数据处理和存储具有重要意义,可以提高系统的容量和效率。

5. 存储器访问模式和预取技术

智能计算任务中的数据访问模式对存储器系统的性能有很大影响。通过分析和预测数据访问模式,可以采用合适的预取技术,提前将数据从存储器中加载到高速缓存中,减少存储器访问延迟,提高智能计算任务的执行效率。

存储器系统的优化对于智能计算任务的性能和效率至关重要。通过合理的存储器设计、层次结构优化、压缩技术和预取技术等手段,可以提高存储器系统的性能,从而加速智能计算任务的执行。

2.3.3　I/O 设备的改进与智能交互需求

随着智能技术的发展和智能设备的普及,对于更自然、高效和智能的交互方式的需求也越来越高。I/O 设备的改进与智能交互需求之间密切相关,通过不断改进和创新 I/O 设备的技术,可以提供更自然、高效、便捷和个性化的智能交互方式,满足用户对智能设备交互的需求。I/O 设备的改进与智能交互需求之间的关联方面如下。

1. 触摸屏和手势识别

触摸屏和手势识别是一种交互技术,用于与电子设备进行直接的触摸和手势控制。触摸屏是一种显示屏,可以感知用户的触摸输入,并将其转换为相应的指令或操作。用户可以通过触摸屏直接点击、滑动或缩放来与设备进行交互。手势识别是指通过分析用户的手部动作和姿势来识别和解释用户的意图和指令。手势识别技术可以感知用户的手势动作,如挥动、滑动、捏合等,将其转换为特定的命令或操作。这种技术使得用户可以更自然地与设备进行交互,无需物理接触或额外的输入设备。

如图 2.7 所示,触摸屏和手势识别技术广泛应用于智能手机、平板电脑、计算机、智能电视等设备中。它们提供了直观、便捷和交互性强的用户体验,使用户能够轻松地浏览内容、进行操作和控制设备。触摸屏和手势识别技术的发展不断推动了设备界面的创新和用户交互方式的改进,为智能化生活带来了更多可能性。

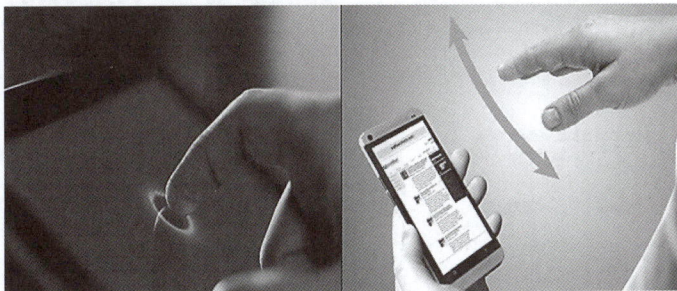

图 2.7　触摸屏和手势识别

2. 语音识别和语音交互

语音识别和语音交互是一种通过语音输入和输出进行人机交互的技术。语音识别技术可以将人类的语音输入转换为可理解的文字或命令。它通过分析和解析语音信号的声音特征和语言内容,将其转换为计算机可以理解的形式。语音交互技术则是通过语音输出与用户进行对话和交流,向用户提供信息、回答问题、执行命令等。

如图 2.8 所示,语音识别和语音交互技术广泛应用于智能助理、智能音箱、车载系统、客服机器人等场景。通过语音识别,用户可以使用自然语言与设备进行交互,无须键盘输入或触摸操作。语音交互使得用户能够通过语音命令获取所需信息、控制设备、进行搜索等,提供了更便捷和人性化的交互方式。

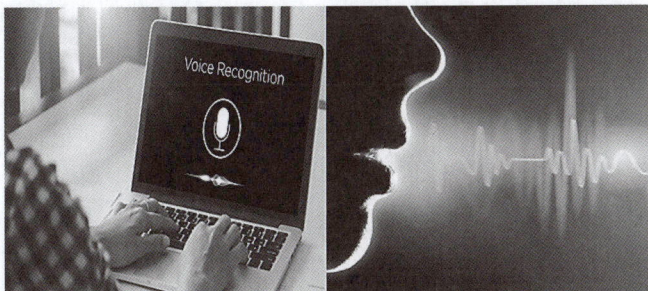

图 2.8　语音识别和语音交互

随着语音识别和语音交互技术的不断发展,其准确性和响应速度也得到了极大的提升。这使得语音成为一种越来越受欢迎的交互方式,为用户提供了更智能、便捷和自然的人机交互体验。语音识别和语音交互的进一步发展将在多个领域推动技术的创新和应用的扩展。

3. 虚拟现实和增强现实

虚拟现实(Virtual Reality,VR)和增强现实(Augmented Reality,AR)是一种利用计算机技术创造出与真实世界或虚构世界交互的体验的技术。如图 2.9 所示,虚拟现实通过头戴式显示器等设备,将用户完全沉浸在一个虚拟的环境中,使其感觉好像身临其境。增强现实则在现实世界中叠加数字内容,通过智能手机、AR 眼镜等设备,将虚拟信息与真实场景进行交互。

图 2.9　头戴式显示器

虚拟现实和增强现实技术已经应用于游戏、娱乐、教育、医疗等各个领域。在虚拟现实中,用户可以探索虚拟环境、与虚拟对象互动,提供了一种沉浸式的体验。而增强现实则可以将数字信息叠加到现实场景中,提供实时的导航、增强教育体验、辅助手术等功能。

虚拟现实和增强现实的发展为人们带来了更丰富、交互性更强的体验。它们推动了人机界面的创新,使用户能够更直观、身临其境地与数字世界进行互动。随着技术的不断进步,虚拟现实和增强现实将为人们创造出更多奇妙的体验和应用。

4. 生物识别技术

生物识别技术是一种利用个体的生物特征进行身份验证和识别的技术。它通过采集和分析个体的生理特征(如指纹、面部、虹膜等)或行为特征(如声音、步态等),将其转换为独特的生物信息,并与预先存储的模板进行比对。生物识别技术具有高度准确性和安全性,因为每个人的生物特征都是独一无二的。通过生物识别技术,个人无须记忆复杂的密码或携带身份证件,只需使用自身的生物特征即可进行身份验证和识别。如图 2.10 所示,生物识别技术在个人设备(如智能手机、平板电脑)、门禁系统、支付系统和边境安检等领域得到广泛应用。例如,指纹识别技术已经成为手机解锁和支付的常见方式;面部识别技术被用于人脸解锁和身份验证;虹膜识别技术被用于高安全级别的访问控制。

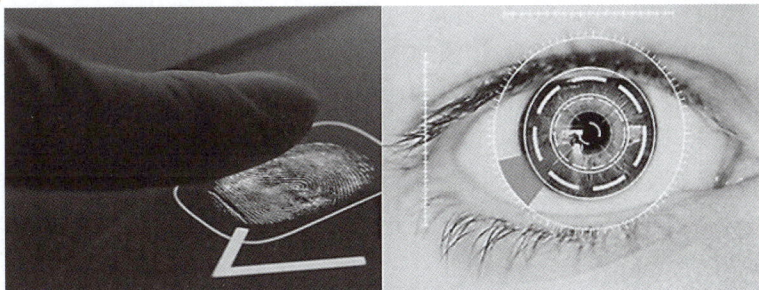

图 2.10 指纹识别和虹膜识别

生物识别技术的发展为个人和组织提供了更方便、高效和安全的身份验证和识别方式,促进了智能化社会的进一步智能化和便捷化。然而,隐私和数据安全问题也需要得到重视和保护,确保生物信息的合法使用和保密性。这些技术的改进提高了识别的准确性和速度,为用户提供了更安全和个性化的交互方式。

5. 智能穿戴设备和可穿戴技术

智能穿戴设备和可穿戴技术是一种融合了计算、通信和传感技术的创新产品和技术。如图 2.11 所示,智能穿戴设备可以直接佩戴在身体上,如手腕上的智能手表、戴在头部的智能眼镜等。这些设备通过内置的传感器和处理器,能够获取、分析和传输用户的生理数据、运动数据等信息。可穿戴技术的发展使得人们能够更方便地监测健康状况、进行运动追踪、接收通知和信息等。智能穿戴设备可以记录用户的步数、心率、睡眠等数据,并通过与智能手机或其他设备的连接,将这些数据传输给用户或相关的应用程序进行分析和展示。此外,智能穿戴设备还可以提供实时的通知、提醒和导航等功能,增强用户的日常生活体验。

图 2.11 智能手表和智能眼镜

智能穿戴设备和可穿戴技术在健康管理、运动追踪、智能家居、虚拟现实等领域有广泛的应用。它们为人们提供了更便捷、个性化的信息和服务,促进了健康生活方式的养成和智能化生活的实现。

智能穿戴设备和可穿戴技术通过将计算和传感技术集成到佩戴式设备中,为用户提供了便捷的数据监测、通知和交互体验,推动了健康管理和智能生活的发展。

6. 智能反馈和触觉技术

智能反馈和触觉技术是一种利用传感器和反馈机制来模拟人类触觉感知的技术。通过将传感器嵌入到设备或系统中,智能反馈技术可以感知用户的触摸、压力、运动等动作,并将这些信息转换为电信号或其他形式的反馈信号。这些反馈信号可以通过触觉界面(如触摸屏、触觉手套)传递给用户,使用户能够感受到虚拟世界或远程环境中的触觉体验。

　　智能反馈和触觉技术在许多领域有广泛的应用。在虚拟现实和增强现实中,智能反馈技术可以提供触觉反馈,增强用户对虚拟环境的沉浸感。在医疗领域,智能触觉技术可以用于手术模拟、康复训练等应用,帮助医生和患者获得更准确和真实的触觉反馈。在工业自动化领域,智能反馈技术可以提供操作员与机器人或自动化系统之间的触觉交互,提高操作的精确性和效率。智能反馈和触觉技术的发展为人机交互提供了更丰富和真实的体验。通过模拟触觉感知,智能反馈技术为用户提供了更直观、身临其境的交互方式,推动了技术与人类之间的更紧密融合。

　　为了提供更直观、自然和个性化的交互体验,I/O设备的改进和智能交互需求持续发力,不断进步。随着技术的不断进步,我们可以期待更多创新的I/O设备和智能交互方式的出现,以满足不断变化的用户需求。

2.4　本章小结

　　这一章全面回顾了计算机技术从最初的机械计算设备到现代智能计算的发展历程。以下是各个小节的总结。

2.4.1　内容总结

1. 计算机的变化

　　计算机的发展历史:介绍了从早期的算盘到巴贝奇机器,再到电子管、晶体管和集成电路的革命性变革,这些变革逐步塑造了现代计算机的基础。

　　微型计算机的发展:阐述了微型计算机如何从简单的家用计算机转变为强大的个人工作站,以及它们在商业、教育和家庭中的普及。

　　计算机的发展趋势:分析了计算机技术发展的当前趋势,包括移动计算、云计算、物联网以及人工智能等领域的创新。

2. 计算机处理器的发展与演变

　　处理器的发展历史:追溯了CPU从最初的微处理器到现代复杂多核处理器的转变。

　　处理器的发展趋势:探讨了处理器设计中性能、能效比和多核架构的优化。

　　多核处理器的演变:解释了多核处理器的兴起及其对计算能力的影响。

　　多核处理器的未来发展:展望了多核处理器技术的未来,包括系统级集成和异构计算。

　　新兴技术对CPU发展的影响:讨论了量子计算、光子学和纳米技术等新兴技术对未来CPU发展可能产生的影响。

　　介绍了高性能计算(HPC)的概念及其对科学研究和工业应用的重要性,以及云计算如何为HPC提供弹性和可伸缩性。

3. 计算机的未来发展和创新

　　高性能处理器的演进与智能计算需求:分析了处理器技术必须如何发展以满足日益增长的智能计算需求。

　　存储系统的优化与智能计算任务:探讨了存储技术的进步如何提高数据密集型任务的效率。

I/O 设备的改进与智能交互需求：讨论了 I/O 技术的创新如何使用户与计算机系统之间的交互更加直观和高效。

2.4.2 常见问题

1. 早期计算系统为什么效率低下？

早期计算系统效率低下主要是因为使用真空管和机械部件，这些部件体积大、耗能高、速度慢。

2. 为什么计算系统需要考虑能效比？

能效比是衡量计算系统性能与能耗的重要指标，对于降低运营成本和环境影响至关重要。

3. 多核处理器与单核处理器相比有哪些优势？

多核处理器相较于单核处理器的主要优势在于其能够同时执行多个任务或指令，这显著提高了并行处理能力、性能和响应速度。此外，多核设计还有助于提升能效比、实现更好的负载均衡、增强系统的可扩展性和容错性，以及提供对未来软件优化的兼容性。这些特点使得多核处理器在多任务处理和高性能计算应用中更为有效。

2.4.3 思考题

（1）早期计算设备：算盘被认为是最早的计算工具之一。请问它是如何工作的，以及它对后来计算机发展的影响是什么？

（2）巴贝奇机器：查尔斯·巴贝奇设计的分析机为何被认为是现代计算机的先驱？

（3）ENIAC：第一台电子计算机 ENIAC 的设计和功能有哪些突破性的特点？

（4）晶体管与电子管：晶体管相比于电子管在计算机发展中起到了哪些关键作用？

（5）集成电路：集成电路如何促进了计算机由大型机向微型计算机的转变？

（6）微型计算机的普及：个人计算机的普及对社会和工作方式有哪些影响？

（7）多核处理器：多核处理器与单核处理器相比有哪些优势？

（8）处理器发展趋势：CPU 的发展趋势中，能效比为什么变得越来越重要？

（9）什么是异构计算？它如何提高计算效率？

（10）量子计算机与传统计算机相比有哪些根本的不同？

（11）光子学与 CPU：光子学技术如何可能影响未来 CPU 的设计？

（12）高性能计算（HPC）：高性能计算在哪些领域中变得尤为重要？

（13）存储技术优化：为什么存储技术的优化对智能计算任务至关重要？

（14）智能交互需求：现代计算机如何适应用户对智能交互的需求？

（15）未来计算机发展：根据本章内容，你认为未来计算机的哪些创新技术将对我们的生活产生最大影响？

第 3 章

数据的表示

计算机作为现代科技的重要产物,已经成为人类社会发展的引擎之一。其独特之处在于其高效的运算能力,使得人们能够在瞬息万变的信息时代中处理和分析大量的数据。计算机的运算方法是支撑其强大性能的核心,涵盖了从基本的算术运算到复杂的数值计算、逻辑运算以及各种算法和模型的运用。本章主要介绍参与运算的各类数据,以及它们在计算机中的算术运算方法,使读者进一步认识到计算机在自动解题过程中数据信息的加工处理流程,从而进一步加深对计算机硬件组成及整体工作原理的理解。

3.1 数据表示的作用

数据表示的作用是将数据按照某种方式组织起来,以便计算机硬件能直接识别和使用。在设计和选择计算机内的数据表示方式时,一般需要综合考虑以下几方面因素。

- 数据的类型:满足应用对数据类型的要求,一般要支持数值数据和非数值数据,前者如小数、整数、实数等,后者如 ASCII 码和汉字等。
- 表示的范围和精度:满足应用对数据范围和精确度的要求,这要通过选择适当的数据类型与字长来实现。
- 存储和处理的代价:应尽量使设计出的数据格式易于表示、存储和处理;易于设计处理数据的硬件,如运算器设计等需要综合考虑性能需求和硬件开销。
- 软件的可移植性:从保护用户的软件投资的角度看,应使设计的数据格式在满足应用需求的前提下,符合相应的规范,方便软件在不同计算机之间的移植。

二进制由于数码最少、容易与简单的物理状态对应、算术逻辑运算电路更容易实现等优势成为现代计算机中数据表示的不二之选,采用二进制可以表示任何数据信息。

3.2 无符号数和有符号数

根据数据的表示,二进制包括有符号数(signed)和无符号数(unsigned)。因为计算机无法区分一个二进制数是有符号数还是无符号数,因此在定义时要明确数值是有符号数还是无符号数。无符号类型需要通过 unsigned 关键字指定,否则默认为有符号类型。

3.2.1 无符号数

计算机中的数均放在寄存器中,通常称寄存器的位数为机器字长。所谓无符号数,即没有符号的数,在寄存器中的每一位均可用来存放数值。当存放有符号数时,则需留出位置存放符号。

在机器字长相同时,无符号数与有符号数所对应的数值范围是不同的。无符号数在寄存器中的每一位均可用来存放数值。当存放有符号数时,则需留出位置存放符号。机器字长 8 位时,无符号数的表示范围为:0~255。机器字长 16 位时,无符号数的表示范围为:0~65535。

3.2.2 有符号数

1. 机器数与真值

对有符号数而言,符号的"正""负"机器是无法识别的,但由于"正""负"恰好是两种截然不同的状态,如果用"0"表示"正",用"1"表示"负",这样符号也被数字化了,并且规定将它放在有效数字的前面,即组成了有符号数。

把符号"数字化"的数称为机器数,而把带"+"或"−"符号的数称为真值。一旦符号数字化后,符号和数值就形成了一种新的编码。在运算过程中,符号位能否和数值部分一起参加运算? 如果参加运算,符号位又需作哪些处理? 这些问题都与符号位和数值位所构成的编码有关,这些编码就是原码、补码、反码和移码。

2. 原码表示法

原码是机器数中最简单的一种表示形式,符号位为 0 表示正数,符号位为 1 表示负数,数值位即真值的绝对值,故原码表示又称为带符号的绝对值表示。为了书写方便以及区别整数和小数,约定整数的符号位与数值位之间用逗号隔开;小数的符号位与数值位之间用小数点隔开。

原码整数表示:

$$[x]_{原} = \begin{cases} 0,x, & 2^n > x \geq 0 \\ 2^n - x, & 0 \geq x > -2^n \end{cases}$$

式中,x 为真值;n 为整数的位数。

例如:

当 $x = +1110$ 时,$[x]_{原} = 0,1110$。

当 $x = -1110$ 时,$[x]_{原} = 2^4 - (-1110) = 1,1110$,其中用逗号将符号位和数值部分隔开。

小数原码表示:

$$[x]_{原} = \begin{cases} x, & 1 > x \geq 0 \\ 1-x, & 0 \geq x > -1 \end{cases}$$

式中,x 为真值。例如:当 $x = 0.1101$ 时,$[x]_{原} = 0.1101$。

当 $x = -0.1101$ 时,$[x]_{原} = 1 - (-0.1101) = 1.1101$。

根据定义,已知真值可求原码,反之已知原码也可求真值。例如:

当 $[x]_{原} = 1.0011$ 时,由定义得,

$$x = 1 - [x]_{原} = 1 - 1.0011 = -0.0011$$

当 $[x]_{原} = 1,1101$ 时,由定义得,

$$x = 2^n - [x]_{原} = 2^4 - 1,1100 = 10000 - 11100 = -1100$$

当 $[x]_{原} = 0.1101$ 时,$x = 0.1101$

当 $x=0$ 时，

$$[+0.0000]_原=0.0000$$
$$[-0.0000]_原=1-(0.0000)=1.0000$$

可见 $[+0]_原$ 不等于 $[-0]_原$，即原码中的"零"有两种表示形式。但用原码进行加减运算时，却带来了许多麻烦。例如，当两个操作数符号不同且要作加法运算时，先要判断两数绝对值大小，然后将绝对值大的数减去绝对值小的数，结果的符号以绝对值大的数为准。运算步骤既复杂又费时，而且本来是加法运算却要用减法器实现。原码作加法时，会出现如表 3.1 所示的问题。

表 3.1 原码作加法时出现的问题

要　　求	数 1	数 2	实 际 操 作	结 果 符 号
加法	正	正	加	正
加法	正	负	减	可正可负
加法	负	正	减	可正可负
加法	负	负	加	负

那么能否在计算机中只设加法器，只作加法操作呢？如果能找到一个与负数等价的正数来代替该负数，就可把减法操作用加法代替。而机器数采用补码时，就能满足此要求。

3. 补码表示法

在日常生活中，常会遇到"补数"的概念。例如，时钟指示 6 点，欲使它指示 3 点，既可按顺时针方向将分针转 9 圈，又可按逆时针方向将分针转 3 圈，结果是一致的。假设顺时针方向转为正，逆时针方向转为负，则有：

$$\begin{matrix} 6 & 6 \\ -3 & +9 \\ \hline 3 & 15 \end{matrix}$$

由于时钟的时针转一圈能指示 12 个小时，这个"12"在时钟里是不被显示而自动丢失的，即 $15-12=3$，故 15 点和 3 点均显示 3 点。这样 -3 和 $+9$ 对时钟而言其作用是一致的。在数学上称 12 为模，写作 mod 12，而称 $+9$ 是 -3 以 12 为模的补数。记作：

$$-3 \equiv +9 \quad (\mathrm{mod}\ 12)$$

或者说，对模 12 而言，-3 和 $+9$ 是互为补数的。同理有：

$$-4 \equiv +8 \quad (\mathrm{mod}\ 12)$$
$$-5 \equiv +7 \quad (\mathrm{mod}\ 12)$$

即对模 12 而言，$+8$ 和 $+7$ 分别是 -4 和 -5 的补数。可见，只要确定了"模"，就可找到一个与负数等价的正数(该正数即为负数的补数)来代替此负数，这样就可以把减法运算用加法实现。由此可得如下结论：

- 一个负数可用它的正补数来代替，而这个正补数可以用模加上负数本身求得。
- 一个正数和一个负数互为补数时，它们绝对值之和即为模数。
- 正数的补数即该正数本身。

(1) 整数补码表示：

$$[x]_补=\begin{cases} 0,x, & 2^n>x\geq0 \\ 2^{n+1}+x, & 0>x\geq-2^n \end{cases} \quad (\mathrm{mod}\ 2^{n+1})$$

式中,x 为真值;n 为整数的位数。

例如:

当 $x=+1010$ 时,$[x]_补=0,1010$,其中用逗号将符号位和数值部分隔开。

当 $x=-1101$ 时,$[x]_补=2^{n+1}+x=100000-1101=1,0011$,其中用逗号将符号位和数值部分隔开。

(2) 小数补码表示:

$$[x]_补=\begin{cases}x, & 1>x\geqslant0\\2+x, & 0>x\geqslant-1\end{cases}\quad(\bmod\ 2)$$

式中,x 为真值。

例如:当 $x=0.1001$ 时,

$$[x]_补=0.1001$$

当 $x=-0.0110$ 时,

$$[x]_补=2+x=10.0000-0.0110=1.1010$$

当 $x=0$ 时,

$$[+0.0000]_补=0.0000$$
$$[-0.0000]_补=2+(-0.0000)=10.0000-0.0000=0.0000$$

显然 $[+0]_补=[-0]_补=0.0000$,即补码中的“零”只有一种表示形式。

(3) 求补码的快捷方式。例如:当 $x=-1010$ 时,求 x 的补码。

按照定义来说,$[x]_补=2^{4+1}-1010$,则 $\frac{100000}{-1010}$,按照传统方法,要进行错位计算。如果把 100000 拆成 $11111+1$,计算 $11111+1-1010$,$\frac{11111+1}{-1010}$,这样计算 $11111-1010$ 就无须

$\frac{-1010}{10101+1}$
$=10110$

错位,然后再加上 1,得到的结果是一样的。所以当真值为负时,补码可用原码除符号位外每位取反末位加 1 求得。

【例 3.1】　已知 $[x]_补=0.0001$,求 x。

解:由定义得,

$$x=+0.0001$$

【例 3.2】　已知 $[x]_补=1.0001$,求 x。

解:由定义得,

$$x=[x]_补-2=1.0001-10.0000=-0.1111$$

【例 3.3】　已知 $[x]_补=1,1110$,求 x。

解:由定义得,

$$x=[x]_补-2^{4+1}=1,1110-100000=-0010$$

当真值为负时,原码可用补码除符号位外每位取反,末位加 1 求得。

4. 反码表示法

反码通常用来作为由原码求补码或者由补码求原码的中间过渡。反码的定义如下:

(1) 整数反码的定义为

$$[x]_{反} = \begin{cases} 0,x, & 2^n > x \geq 0 \\ (2^{n+1}-1)+x, & 0 \geq x > -2^n \end{cases} \pmod{2^{n+1}-1}$$

式中,x 为真值;n 为整数的位数。

例如:$x=+1101$,则 $[x]_{反}=0,1101$;$x=-1101$,则 $[x]_{反}=1,0010$。

(2) 小数反码的定义为

$$[x]_{反} = \begin{cases} x, & 1 > x \geq 0 \\ (2-2^{-n})+x, & 0 \geq x > -1 \end{cases} \pmod{2-2^{-n}}$$

若定点整数 x 的反码形式为 $x_0.x_1x_2\cdots x_n$,其中 x_0 为符号位,则反码公式为

$$[x]_{反} = \begin{cases} 0,x, & 2^n > x \geq 0 \\ (2^{n+1}-1)+x, & 0 \geq x > -2^n \end{cases} \pmod{2^{n+1}-1}$$

对于数据 0,反码也有"+0"和"−0"的两个编码,以定点整数为例:

$$[+0]_{反}=0,0000 \qquad [-0]_{反}=1,1111$$

反码的符号位和原码相同,当真值为负数时,数值位需要逐位取反。同样反码也存在 +0 和 −0 两个 0。反码的加减运算较原码略简单,其符号位可以直接参与运算,加法运算直接将反码相加即可,但最高位进位要从运算结果最低位相加(循环进位)。减法运算只需要将被减数的反码加上被减数负数的反码即可,同样也要采用循环进位的运算方法。

综上所述,三种机器数的特点归纳如下。

(1) 三种机器数的最高位均为符号位。符号位和数值部分之间可用"."(对于小数)或","(对于整数)隔开。

(2) 当真值为正时,原码、补码和反码的表示形式均相同,即符号位用"0"表示,数值部分与真值相同。

(3) 当真值为负时,原码、补码和反码的表示形式不同,但其符号位都用"1"表示,而数值部分有这样的关系,即补码是原码的"求反加 1",反码是原码的"每位求反"。

5. 移码表示法

当真值用补码表示时,由于符号位和数值部分一起编码,与习惯上的表示法不同,因此人们很难从补码的形式上直接判断其真值的大小,例如:

十进制 $x=21$,对应的二进制数为 $+10101$,则 $[x]_{补}=0,10101$。

十进制 $x=-21$,对应的二进制数为 -10101,则 $[x]_{补}=1,01011$。

十进制 $x=31$,对应的二进制数为 $+11111$,则 $[x]_{补}=0,11111$。

十进制 $x=-31$,对应的二进制数为 -11111,则 $[x]_{补}=1,00001$。

上述补码表示中的","在计算机内部是不存在的,因此,从代码形式看,符号位也是一位二进制数。按这 6 位二进制代码比较大小的话,会得出 $101011 > 010101$,$100001 > 011111$,其实恰恰相反。

如果对每个真值加上一个 2^n(n 为整数的位数),情况就发生了变化。例如:

$x=10101$ 加上 2^5 可得 $10101+100000=110101$。

$x=-10101$ 加上 2^5 可得 $-10101+100000=001011$。

$x=11111$ 加上 2^5 可得 $11111+100000=111111$。

$x=-11111$ 加上 2^5 可得 $-11111+100000=000001$。

比较它们的结果可见,$110101 > 001011$,$111111 > 000001$。这样一来,从 6 位代码本身就可看出真值的实际大小。由此可得移码的定义:

$$[x]_{移} = 2^n + x \quad (2^n \geqslant x \geqslant -2^n)$$

式中,x 为真值;n 为整数的位数。

其实移码就是在真值上加一个常数 $2n$。在数轴上移码所表示的范围恰好对应于真值在数轴上的范围向轴的正方向移动 $2n$ 个单元,如图 3.1 所示,由此而得移码之称。

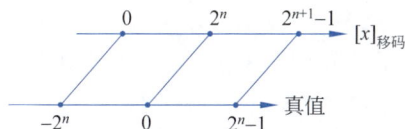

图 3.1　移码在数轴上的表示

例如,当 $x = 10100$ 时,$[x]_{移} = 2^5 = +10100 = 1,10100$,其中用逗号将符号位和数值部分隔开。

当 $x = -10100$ 时,$[x]_{移} = 2^5 - 10100 = 0,01100$,其中用逗号将符号位和数值部分隔开。

当 $x = 0$ 时,$[+0]_{移} = 2^5 + 0 = 1,00000$

$$[-0]_{移} = 2^5 - 0 = 1,00000$$

可见 $[+0]_{移}$ 等于 $[-0]_{移}$,即移码表示中零也是唯一的。

此外,由移码的定义可见,当 $n = 5$ 时,其最小的真值为 $x = -2^5 = -100000$,则 $[-100000]_{移} = 2^5 + x = 100000 - 100000 = 0,00000$,即最小真值的移码为全 0,这符合人们的习惯。利用移码的这一特点,当浮点数的阶码用移码表示时,就能很方便地判断阶码的大小。进一步观察发现,同一个真值的移码和补码仅差一个符号位,若将补码的符号位由"0"改为"1",或从"1"改为"0",即可得该真值的移码。

3.3　数的定点表示和浮点表示

在计算机中,小数点不用专门的器件表示,而是按约定的方式标出,共有两种方法表示小数点的存在,即定点表示和浮点表示。定点表示的数称为定点数,浮点表示的数称为浮点数。

3.3.1　定点表示

小数点固定在某一位置的数为定点数,有如图 3.2 所示的两种格式。

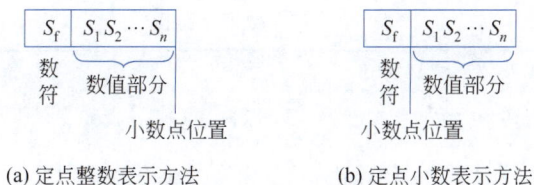

(a) 定点整数表示方法　　　(b) 定点小数表示方法

图 3.2　定点数格式表示

当小数点位于数符和第一数值位之间时,机器内的数为纯小数;当小数点位于数值位之后时,机器内的数为纯整数。采用定点数的机器称为定点机。数值部分的位数 n 决定了定点机中数的表示范围。若机器数采用原码,小数定点机中数的表示范围是 $-(1-2^{-n})\sim(1-2^{-n})$,整数定点机中数的表示范围是 $-(2^n-1)\sim(2^n-1)$。

若机器数采用补码,小数定点机中数的表示范围是 $-1\sim+(1-2^{-n})$,整数定点机中数的表示范围是 $-2^n\sim+(2^n-1)$。

若机器数采用反码,小数定点机中数的表示范围是 $-(1-2^{-n})\sim+(1-2^{-n})$,整数定点机中数的表示范围是 $-(2^n-1)\sim+(2^n-1)$。

在定点机中,由于小数点的位置固定不变,故当机器处理的数不是纯小数或纯整数时,必须乘上一个比例因子,否则会产生“溢出”。

1. 定点整数

设定点整数 $S=S_fS_1S_2\cdots S_n$,则其在计算机中的表示形式如图 3.2(a)所示。在 C 语言中 char、short、int、long 型都属于定点整数。

定点数能表示的数据范围与下列因素有关。

(1) 机器字长。字长越长,其表示的数据范围就越大。

(2) 所采用的机器数表示方法。通过前面对几种不同机器数的分析可知,补码和移码所能表示的数据范围比原码和反码所能表示的数据范围要多一个数。

2. 定点小数

设定点小数 $S=S_fS_1S_2\cdots S_n$,则其在计算机中的表示形式如图 3.2(b)所示。

符号位 S_f 用来表示数的正负,小数点的位置是固定的,在计算机中并不用去表示它。$S_1\sim S_n$ 是数值的有效部分,也称尾数;S_1 为最高有效位。在计算机中定点小数主要用于表示浮点数的尾数,并没有高级语言数据类型与之相对应。

3. 定点数表示范围

定点数的数据表示范围与机器字长以及机器码有直接关系,在计算机中,字长通常指的是一次可以处理的二进制位数,包括数据位和可能的符号位。如果机器字长为 $n+1$(其中 n 位用于数据,1 位用于符号),那么它可以表示的不同数据状态的数量是 2^{n+1}。这是因为每个二进制位都有两种状态(0 或 1),而字长决定了可以组合这些状态的方式。其中一个状态通常被用作符号位,表示正数或负数,而剩余的 n 位则用于表示数据。因此,对于定点数,字长为 $n+1$ 的机器可以表示 2^{n+1} 个不同的数据状态,其中一个状态表示零,剩余的 2^n 个状态分别用于表示正数和负数的不同值。这意味着定点数的数据范围受到字长的限制,而不同的字长将导致不同的数据表示精度和范围。采用不同机器码进行数据表示时,对应的数据表示范围如表 3.2 所示。

表 3.2　定点数表示范围

项目	定 点 小 数			定 点 整 数			
	原码	反码	补码	原码	反码	补码	移码
最大正数	$0.111\cdots11$ $(1-2^{-n})$	$0.111\cdots11$ $(1-2^{-n})$	$0.111\cdots11$ $(1-2^{-n})$	$0111\cdots11$ (2^n-1)	$0111\cdots11$ (2^n-1)	$0111\cdots11$ (2^n-1)	$1111\cdots11$ (2^n-1)
最小正数	$0.000\cdots01$ (2^{-n})	$0.000\cdots01$ (2^{-n})	$0.000\cdots01$ (2^{-n})	$0000\cdots01$ (1)	$0000\cdots01$ (1)	$0000\cdots01$ (1)	$1000\cdots01$ (1)

续表

项目	定点小数			定点整数			
	原码	反码	补码	原码	反码	补码	移码
0	0.000…00 1.000…00	0.000…00 1.111…11	0.000…00	0000…00 1000…00	0000…00 1111…11	0000…00	1000…00
最大负数	1.000…01 (-2^{-n})	1.111…10 (-2^{-n})	1.111…11 (-2^{-n})	1000…01 (-1)	1111…10 (-1)	1111…11 (-1)	0111…11 (-1)
最小负数	1.111…11 $-(1-2^{-n})$	1.000…00 $-(1-2^{-n})$	1.000…00 -1	1111…11 $-(2^{n}-1)$	1000…00 $-(2^{n}-1)$	1000…00 (-2^{n})	0000…00 (-2^{n})

定点数表示范围中的每一个数都可以对应数轴上的一个刻度,刻度在数轴上是均匀分布的,对应定点整数,最小刻度间距是 1,而定点小数则为 2^{-n}。当数据超出计算机所能表示的数据范围时称为溢出。当数据大于最大正数时,发生正上溢;当数据小于最小负数时,发生负上溢。

而定点小数还存在精度的问题,所有不在数轴刻度上的纯小数都超出了定点小数所能表示的精度,无法表示,此时定点小数发生精度溢出,只能采用舍入的方式近似表示。

3.3.2　浮点表示

浮点数是一种可以在小数点位置浮动的数,通常以科学记数法 $N = S \times r^{j}$ 表示,其中 S 为尾数(可为正或负);j 为阶码(可为正或负);r 是基数,而在计算机中,基数 r 通常为 2、4、8 或 16 等。

为了提高数据精度并便于浮点数比较,计算机中规定浮点数的尾数采用纯小数形式。例如,0.110101×2^{10} 和 $0.00110101 \times 2^{100}$ 都是合法的表示形式。特别地,尾数最高位为 1 的浮点数被称为规格化数,即 $N = 0.110101 \times 2^{10}$,其精度最高。

1. 浮点数的表示形式

浮点数在机器中的形式如图 3.3 所示。采用这种数据格式的机器称为浮点机。

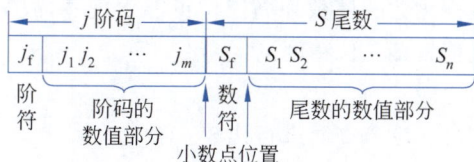

图 3.3　浮点数在机器中的形式

浮点数由阶码 j 和尾数 S 两部分组成。尾数的符号 S_{f} 代表浮点数的正负。尾数是小数,其位数 n 反映了浮点数的精度;阶码是整数,阶符和阶码的位数 m 合起来反映浮点数的表示范围及小数点的实际位置。

2. 浮点数的表示范围

以通式 $N = S \times r^{j}$ 为例,设浮点数阶码的数值位取 m 位,尾数的数值位取 n 位,当浮点数为非规格化数时,它在数轴上的表示范围如图 3.4 所示。

由图中可见,最小负数为 $-2^{(2^{m}-1)} \times (1-2^{-n})$;最大负数为 $-2^{-(2^{m}-1)} \times 2^{-n}$;最小正数为 $2^{-(2^{m}-1)} \times 2^{-n}$;最大正数为 $2^{(2^{m}-1)} \times (1-2^{-n})$。

当浮点数阶码大于最大阶码时,称为上溢,此时机器停止运算,进行中断溢出处理;当浮

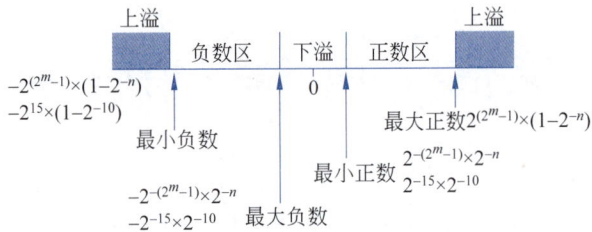

图 3.4　浮点数在数轴上的表示范围

点数阶码小于最小阶码时,称为下溢,此时溢出的数绝对值很小,通常将尾数各位强置为零,按机器零处理,此时机器可以继续运行。

一旦浮点数的位数确定后,合理分配阶码和尾数的位数,直接影响浮点数的表示范围和精度。通常对于短实数(总位数为 32 位),阶码取 8 位(含阶符 1 位),尾数取 24 位(含数符 1 位);对于长实数(总位数为 64 位),阶码取 11 位(含阶符 1 位),尾数取 53 位(含数符 1 位);对于临时实数(总位数为 80 位),阶码取 15 位(含阶符 1 位),尾数取 65 位(含数符 1 位)。

3. 浮点数的规格化

为了提高浮点数的精度,其尾数必须为规格化数。如果不是规格化数,就要通过修改阶码并同时左右移尾数的办法,使其变成规格化数。将非规格化数转换成规格化数的过程称为规格化。对于基数不同的浮点数,因其规格化数的形式不同,规格化过程不同。

当基数为 2 时,尾数最高位为 1 的数为规格化数。规格化时,尾数左移一位,阶码减 1(这种规格化称为向左规格化,简称"左规");尾数右移一位,阶码加 1(这种规格化称为向右规格化,简称"右规")。当基数为 4 时,尾数的最高两位不全为零的数为规格化数。规格化时,尾数左移两位,阶码减 1;尾数右移两位,阶码加 1。当基数为 8 时,尾数的最高三位不全为零的数为规格化数。规格化时,尾数左移三位,阶码减 1;尾数右移三位,阶码加 1。

浮点机中一旦基数确定后就不再变了,而且基数是隐含的,故不同基数的浮点数表示形式完全相同。但基数不同,对数的表示范围和精度等都有影响。一般来说,基数 r 越大,可表示的浮点数范围越大,而且所表示的数的个数越多。但 r 越大,浮点数的精度反而下降。如 $r=16$ 的浮点数,因其规格化数的尾数最高三位可能出现零,故与其尾数位数相同的 $r=2$ 的浮点数相比,后者可能比前者多三位精度。

4. 定点数和浮点数的比较

定点数和浮点数可从如下几个方面进行比较:

(1) 当浮点机和定点机中数的位数相同时,浮点数的表示范围比定点数的大很多。

(2) 当浮点数为规格化数时,其相对精度远比定点数高。

(3) 浮点数运算要分阶码部分和尾数部分,而且运算结果都要求规格化,故浮点运算步骤比定点运算步骤多,运算速度比定点运算的低,运算线路比定点运算的复杂。

(4) 在溢出的判断方法上,浮点数是对规格化数的阶码进行判断,而定点数是对数值本身进行判断。例如,小数定点机的数,其绝对值必须小于 1,否则"溢出",此时要求机器停止运算,进行处理。为了防止溢出,上机前必须选择比例因子,这个工作比较麻烦,给编程带来不便。而浮点数的表示范围远比定点数大,仅当"上溢"时机器才停止运算,故一般不必考虑比例因子的选择。

【例 3.4】　将 $+\dfrac{19}{128}$ 写成二进制定点数、浮点数及在定点机和浮点机中的机器数形式。其中数值部分均取 10 位,数符取 1 位,浮点数阶码取 5 位(含 1 位阶符)。

解:设 $x=+\dfrac{19}{128}$

二进制形式 $x=0.0010011$

定点表示 $x=0.0010011000$

浮点规格化形式 $x=0.1001100000\times 2^{-10}$

定点机中 $[x]_原=[x]_补=[x]_反=0.0010011000$

浮点机中 $[x]_原=1,0010;0.1001100000$

$\qquad\quad [x]_补=1,1110;0.1001100000$

$\qquad\quad [x]_反=1,1101;0.1001100000$

【例 3.5】　将 -58 表示成二进制定点数和浮点数,并写出它在定点机和浮点机中的三种机器数及阶码为移码、尾数为补码的形式(其他要求同上例)。

解:设 $x=-58$

二进制形式 $x=-111010$

定点表示 $x=-0000111010$

浮点规格化形式 $x=-(0.1110100000)\times 2^{110}$

定点机中 $[x]_原=1,0000111010$　$[x]_补=1,1111000110$　$[x]_反=1,1111000101$

浮点机中 $[x]_原=0,0110;1.1110100000$

$[x]_补=0,0110;1.1110100000$

$[x]_反=0,0110;1.0001011111$

$[x]_{阶移,尾补}=1,0110;1.0001100000$

【例 3.6】　写出对应图 3.5 所示的浮点数的补码形式。设 $n=10,m=4$,阶符、数符各取 1 位。

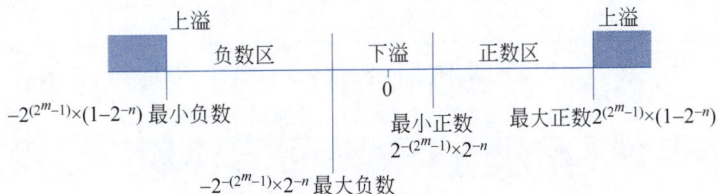

图 3.5　一种浮点数的补码形式

解:真值补码如表 3.3 所示。

表 3.3　例 3.6 的解

项　目	真　值	补　码
最大正数	$2^{15}\times(1-2^{-10})$	0,1111;0.1111111111
最小正数	$2^{-15}\times 2^{-10}$	1,0001;0.0000000001
最大负数	$-2^{-15}\times 2^{-10}$	1,0001;1.1111111111
最小负数	$-2^{15}\times(1-2^{-10})$	0,1111;1.0000000001

5. 机器零

值得注意的是,当一个浮点数尾数为 0 时,不论其阶码为何值,或阶码等于或小于它所能表示的最小数时,不管其尾数为何值,机器都把该浮点数作为零看待,并称之为"机器零"。

如果浮点数的阶码用移码表示,尾数用补码表示,则当阶码为它所能表示的最小数 2^{-m}(式中 m 为阶码的位数)且尾数为 0 时,其阶码(移码)全为 0,尾数(补码)也全为 0,这样的机器零为 00…0000,全零表示有利于简化机器中判"0"电路。

6. 浮点数标准 IEEE 754

现代计算机中,浮点数一般采用 IEEE 制定的国际标准,这种标准形式如图 3.6 所示。

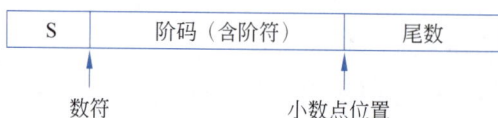

S	阶码(含阶符)	尾数

数符　　　　　　　　　　小数点位置

图 3.6　浮点数标准形式

按 IEEE 标准,常用的浮点数有三种,分别为短实数、长实数和临时实数。其中临时实数不采用隐含位方案。

如表 3.4 所示,S 为数符,它表示浮点数的正负,但与其有效位(尾数)是分开的。阶码用移码表示,阶码的真值都被加上一个常数(偏移量),如短实数、长实数和临时实数的偏移量用十六进制数表示分别为 7FH、3FFH 和 3FFFH。尾数部分通常都是规格化表示,即非"0"的有效位最高位总是"1",但在 IEEE 标准中,有效位呈如下形式:

$$1 \blacktriangle ffff\cdots\cdots fff$$

其中▲表示假想的二进制小数点。在实际表示中,对短实数和长实数,这个整数位的 1 省略,称隐藏位。

表 3.4　常用浮点数表示

项　目	符号位 S	阶　码	尾　数	总　位　数
短实数	1	8	23	32
长实数	1	11	52	64
临时实数	1	15	64	80

例如,表 3.5 为实数 178.125 的几种不同实数表示,其中包括浮点表示。

表 3.5　实数 178.125 的几种不同实数表示

实数表示	数　值		
原始十进制数	178.125		
二进制数	10110010.001		
二进制浮点表示	$1.0110010001 \times 2^{111}$		
短实数表示	符号	偏移的阶码	有效值
	0	00000111+01111111=10000110	0110010001000000000000000 1▲(隐含的)

IEEE 754 标准主要包括 32 位单精度浮点数和 64 位双精度浮点数,分别对应 C 语言中的 float 型和 double 型数据。

7. C 语言浮点数

浮点数在计算机中以 float 和 double 分别对应 IEEE 754 标准的单精度和双精度表示。

然而,浮点数在数轴上分布不均匀,右侧更为稀疏。此外,浮点数运算不满足结合律,例如,$(d+f)-d$ 不等于 f。

在数据类型转换方面,32 位整数和 32 位浮点数在整数区域仅有部分重叠,因此 $I==(int)(float)i$ 并不一定成立。然而,32 位整数和 64 位双精度浮点数在整数区域可以完全重叠,即 $I==(int)(double)i$ 成立。

float 数据集是 double 数据集的子集,因为 double 具有更高的精度。在浮点数的表示中,尾数采用原码表示。此外,浮点数存在两个零,即正零和负零,但在 C 语言中并不关注这个区别,而浮点运算指令的实现必须考虑这个因素。最后,一个浮点数 f 等于其负数的负数,即 $f==-(-f)$ 成立。

定点数和浮点数的比较:当浮点机和定点机中数的位数相同时,浮点数的表示范围比定点数的大得多;当浮点数为规格化数时,其相对精度远比定点数高;浮点数运算要分阶码部分和尾数部分,而且运算结果都要求规格化,故浮点运算步骤比定点运算步骤多,运算速度比定点运算的低,运算线路比定点运算的复杂。

在溢出的判断方法上,浮点数是对规格化数的阶码进行判断,而定点数是对数值本身进行判断。例如,小数定点机中的数,其绝对值必须小于 1,否则"溢出",此时要求机器停止运算,进行处理。为了防止溢出,上机前必须选择比例因子,这个工作比较麻烦,给编程带来不便。而浮点数的表示范围远比定点数大,仅当"上溢"时机器才停止运算,故一般不必考虑比例因子的选择。

总之,浮点数在数的表示范围、数的精度、溢出处理和程序编程方面(不取比例因子)均优于定点数。但在运算规则、运算速度及硬件成本方面又不如定点数。因此,究竟选用定点数还是浮点数,应根据具体应用综合考虑。一般来说,通用的大型计算机大多采用浮点数,或同时采用定、浮点数;小型、微型及某些专用机、控制机则大多采用定点数。当需要做浮点运算时,可通过软件实现,也可外加浮点扩展硬件(如协处理器)来实现。

3.4　计算机中的数据类型

了解了定点数和浮点数的表示规范,下面介绍一下计算机中的实际数据表示和存储格式。计算机中的数据以二进制的形式存储在寄存器或存储器中,这些数据到底是定点数还是浮点数？如果是定点数,到底是有符号数还是无符号数呢？

3.4.1　汇编语言中的数据类型

首先从汇编语言的角度去看数据表示问题,汇编语言中的变量就是寄存器和存储器中的操作数。这些操作数只是由 0 和 1 构成的二进制串,本身并没有特别的意义。这些操作数到底是定点数还是浮点数,是有符号数还是无符号数完全取决于指令操作符。

学习汇编语言时大家首先接触的都是整型指令,使用这些指令处理寄存器和存储器中的操作数时按定点整数进行处理,如 x86 指令集中常见的 ADD、SUB、MOV 等指令;如果是浮点指令,如 FADD、FSUB、FMUL、FDIV 分别表示浮点加、减、乘、除,则指令处理的操作数是浮点数据。由于补码的符号位也可以参与运算,因此定点数的加法和减法并不区分无符号和有符号数,x86 中采用了相同的指令。但乘法和除法在运算方法上有较大的区别,所以 x86 中无符号乘除法用 MUL、DIV 指令实现，而有符号乘除法用 IMUL、IDIV 指令实现。

同样，在 MIPS32 和 RISC-V32 指令集中定点、浮点运算，有符号、无符号运算也是由指令操作码决定的。不同指令集中的数据运算类型如表 3.6 所示，需要注意的是 MIPS32 中虽然有符号加减法和无符号加减法分别使用了不同的指令，但实际在实现相应运算时只是溢出处理方式不同而已，有符号加减法运算溢出时会产生溢出自陷，而无符号加减法运算不会产生溢出信号。另外 MIPS32 和 RISC-V32 中的浮点运算指令区分了单精度和双精度。

表 3.6　汇编语言中不同指令集的数据运算类型

ISA	无符号运算	有符号运算	浮点运算
x86	ADD/SUB 加减		FADD/FSUB 加减
	MUL/DIV 乘除	IMUL/IDIV 乘除	FMUL/FDIV 乘除
MIPS32	ADDU/SUBU 加减	ADD/SUB 加减	ADD.S ADD.D/SUB.S SUB.D 加减
	MULTU/DIVU 乘除	MULT/DIV 乘除	MUL.S MUL.D/DIV.S DIV.D 乘除
RISC-V32	ADD/SUB 加减		FADD.S FADD.D/FSUB.S FSUB.D 加减
	MULHU/DIVU 乘除	MULH/DIV 乘除	FMUL.S FMUL.D/FDIV.S FDIV.D 乘除

综上所述，汇编语言中的数据类型取决于指令操作码。存储在寄存器、存储器中的操作数本身没有数据类型，对该数进行何种数据类型的操作完全取决于指令。同一个操作数，既可以当作有符号数，也可以当作无符号数；既可以是定点数，也可以是浮点数。

3.4.2　高级语言中的数据类型

以 C 语言为例，常见的整型数据类型有 char、short、long、long long 4 种，浮点数据类型有 float、double 两种。4 种整型数据的数据宽度分别为 8 位、16 位、32 位、64 位，默认为有符号整数，在整型数据之前加上"unsigned"声明就可以表示无符号数据。

有符号整数采用补码表示和存储，无符号数据多一个符号位，可用于表示数据。不同数据类型的运算会在编译器的翻译下变成不同类型的汇编指令，如有符号乘法和无符号乘法对应不同的汇编指令，整数加法和浮点加法的汇编指令也是不一样的。

1. C 语言整型数据表示范围

为方便描述有符号和无符号整型数据，如图 3.7 所示，给出了 4 位整数表示的循环圈，其他位宽的整型数据表示原理也完全相同。图 3.7(a)所示为无符号数循环圈，从图中可以看出，真值和二进制机器码相等，当两个数相加结果大于 $2^4-1=15$ 时，结果将在循环圈顶部沿顺时针方向循环，运算结果将小于相加数，产生无符号溢出。同理，当两个数据相减结果小于 0 时，结果将在循环圈顶部沿逆时针方向循环，运算结果将大于被减数，也会产生无符号溢出。

图 3.7(b)所示是采用补码表示的 4 位有符号数循环圈，当真值为正数时，二进制数的机器码和十进制数的真值相同，−1 的机器码是全 1，补码公式为 $2^4-1=1111$（模为 2^4），−2 的机器码为 $2^4-2=1110$。最大正数是 $2^4-1=7$，两个正数相加如果大于这个数值，则会在循环圈底部沿顺时针方向进入负数区域，运算结果不正确，产生正上溢。最小负数是 $-2^3=-8$，两个负数相加结果如果小于最小负数，则会在循环圈顶部沿逆时针方向进入正数区域，结果会变成正数，运算结果也不正确，产生负上溢。

无论是无符号数还是有符号数，实际上 C 语言程序并不检测数据在加、减、乘等运算中

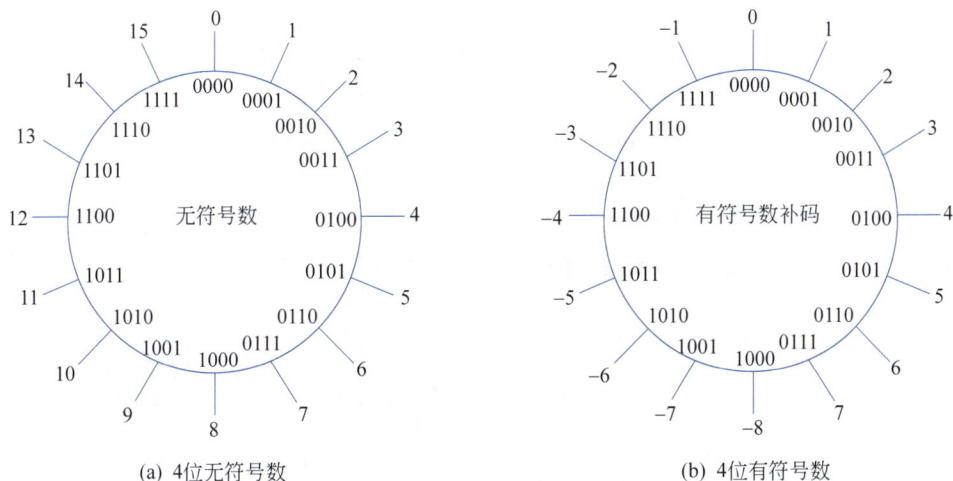

(a) 4位无符号数　　　　　(b) 4位有符号数

图 3.7　4 位整数表示的循环圈

产生的溢出现象。程序员应尽量避免出现这种情况,对溢出应通过程序进行判断。

8 位、16 位、32 位、64 位的整型变量的数据表示原理和溢出机制与 4 位整数表示完全一样,其对应取值范围如表 3.7 所示,程序员应该掌握这些常用数据类型的表示范围,以避免程序在运行过程中出现运算溢出导致无法预料的结果。

表 3.7　整型变量的取值范围

值		char(8 位)	short(16 位)	int(32 位)	long(64 位)
无符号 最大值	机器码	0xFF	0x FFFF	0x FFFF FFFF	0x FFFF FFFF FFFF FFFF
	真值	255	65 535	4,294,967,295	18,446,744,073,709,551,615
有符号 最大值	机器码	0x7F	0x 7FFF	0x 7FFF FFFF	0x 7FFF FFFF FFFF FFFF
	真值	127	32 767	2,147,483,647	9,223,372,036,854,775,807
有符号 最小值	机器码	0x80	0x 8000	0x 8000 0000	0x 8000 0000 0000 0000
	真值	−128	−32 768	−2,147,483,648	−9,223,372,036,854,775,808
−1	机器码	0xFF	0x FFFF	0x FFFF FFFF	0x FFFF FFFF FFFF FFFF
0	机器码	0x00	0x 0000	0x 0000 0000	0x 0000 0000 0000 0000

2. C 语言中的浮点数据类型

C 语言中的浮点数据类型主要有 float、double 两种,分别对应 IEEE 754 标准中的单精度和双精度浮点数标准。部分 C 语言编译器还支持 IEEE 754-2008 中新增的半精度浮点数 _Float16、4 精度浮点数 long double,还有的 C 语言编译器可以支持十进制浮点数据类型 _Decimal32、_Decimal64、_Decimal128。

int、float、double 之间也可以进行强制类型转换,这 3 种类型数据的机器码并不相同,而且它们变量的表示范围和精度不一样,所以在轮换过程中编译器只能保证数值尽量相等,很多时候只是近似值,下面分几种情况进行讨论。

(1) float→double:由于 double 型数据的尾数、阶码宽度都比 float 型大,因此其表示范围更大、精度更高,转换后的 double 型数据与原 float 型数据完全相等。

(2) double→float:大数转换时可能发生溢出,高精度数转换时会发生舍入。

(3) float/double→int:小数部分会舍入,大数转换时可能会溢出。

（4）int→float：两种类型都是 32 位，所表示的状态数是一样的，二者在数轴上表示的数据并不完全重叠，float 型用其中一部分状态表示了更大的整数和小数；int 型中一些比较大的整数无法用 float 型精确表示。浮点数尾数连隐藏位在内一共 24 位，当 int 型数据的 24～31 位数据非 0 时，无法精确转换成 24 位浮点数的尾数，此时会发生精度溢出，需要进行舍入处理。

（5）int→double：浮点数尾数字段为 53 段，可以精确表示所有 32 位整数。

基于以上分析，可以对表 3.8 所示的 C 语言表达式进行逻辑判断。

表 3.8　数据类型转换实例

C 语言表达式	恒成立	原　　因
i＝(int)(float)i	否	int→float 会发生精度溢出
i＝(int)(double)i	是	int 是 double 型的子集
f＝(float)(int)f	否	小数会舍入
f＝(float)(double)f	是	float 型是 double 型的子集
d＝(float)d	否	double→float 会发生溢出或舍入
f＝−(−f)	是	浮点数采用原码表示
(d＋f)−d＝f	否	浮点数不满足结合律

3.4.3　非数值数据表示

非数值数据没有数值大小之分，也称字符数据，如符号和文字等。

1. 字符表示

国际上广泛采用 ASCII 码（American Standard Code for Information Interchange）表示字符。它选用了常用的 128 个符号，其中包括 33 个控制字符、10 个十进制数码、52 个英文大写和小写字母、33 个专用符号。目前广泛采用键盘输入方式实现信息输入。当通过键盘输入字符时，编码电路按字符键的要求给出与字符相应的二进制数码串。计算机处理输出结果时，则把二进制数码串按同一标准转换成字符，由显示器显示或打印机打印出来。表 3.9 所示为 ASCII 字符编码表。

表 3.9　ASCII 字符编码表

位　数				$W_{7\sim5}$	000	001	010	011	100	101	110	111
W_4	W_3	W_2	W_1	行列	0	1	2	3	4	5	6	7
0	0	0	0	0	(NUL)	(DLE)	空格	0	@	P	`	p
0	0	0	1	1	(SOH)	(DC1)	!	1	A	Q	a	q
0	0	1	0	2	(STX)	(DC2)	"	2	B	R	b	r
0	0	1	1	3	(ETX)	(DC3)	#	3	C	S	c	s
0	1	0	0	4	(EOT)	(DC4)	$	4	D	T	d	t
0	1	0	1	5	(ENQ)	(NAK)	%	5	E	U	e	u
0	1	1	0	6	(ACK)	(SYN)	&	6	F	V	f	v
0	1	1	1	7	(BEL)	(ETB)	'	7	G	W	g	w
1	0	0	0	8	(BS)	(CAN)	(	8	H	X	h	x
1	0	0	1	9	(HT)	(EM)	)	9	I	Y	i	y

位		数		$W_{7\sim5}$	000	001	010	011	100	101	110	111
1	0	1	0	A	(LF)	(SUB)	*	:	J	Z	j	z
1	0	1	1	B	(VT)	(ESC)	+	;	K	[	k	{
1	1	0	0	C	(FF)	(FS)	,	<	L	\	l	|
1	1	0	1	D	(CR)	(GS)	—	=	M	]	m	}
1	1	1	0	E	(SO)	(RS)	.	>	N	^	n	~
1	1	1	1	F	(SI)	(US)	/	?	O	_	o	DEL

这 128 个字符正好使用 7 位表示,由于计算机中数据存储以字节为单位,故字节最高位 (Most Significant Bit,MSB)为 0。

从表 3.9 中看出,0100000(20H)开始是空格等可打印字符,0~9 这 10 个数字是从 0110000(30H)开始的一个连续区域,大写英文字母是从 1000001(41H)开始的一个连续区域,小写英文字母是从 1000001(61H)开始的一个连续区域。在数码转换时,可以利用上述连续编码的特性,从一个 ASCII 的编码求出另一个 ASCII 的编码。例如,将 5 转换成 ASCII 码时,只需将 0 的 ASCII 字符 30H 加上 5 即可。同理,计算英文字符的 ASCII 编码也只需要记住“A”和“a”的 ASCII 编码即可。

2. 汉字编码

随着计算机的发展,一些非英语国家也开始使用计算机,此时 128 个字符就不够用了,如法国就将 ASCII 编码扩展为 8 位用于表示法语,称为扩展 ASCII 编码。汉字数量众多,为此汉字编码采用了双字节编码,为与 ASCII 编码兼容并区分,汉字编码双字节的最高位 MSB 都为 1,也就是实际使用了 14 位来表示汉字。这就是 1980 年颁布的国家标准 GB 2312,也称国标码。

GB 2312 标准中包含的汉字较少,很多生僻字无法表示,很快 GB 2312 标准中没有使用的一些码位也开始用于表示汉字,但后来还是不够用,为此直接不再要求低字节最高位必须是 1,扩展之后的标准称为 GBK 标准(1995)。该标准兼容了 GB 2312 标准,同时新增了近 20000 个新的汉字和符号,包括繁体字。后来少数民族文字也被列入该标准中,新增了 4 字节的汉字编码,也就是 GB 18030 标准(2005)。该标准兼容 GB 2312 标准,基本兼容 GBK 标准,共包括 70244 个汉字,支持少数民族文字。国际上还有 UTF 编码、Unicode 两个汉字标准,目前这两个编码标准已经统一为 Unicode。该标准力图为世界上所有的语言提供统一编码标准,包括 UTF-8、UTF-16、UTF-32 等多个标准。

1)汉字处理流程

计算机要对汉字信息进行处理,首先要解决汉字输入的问题,这是由汉字输入码完成的;汉字输入计算机后,会被转换成汉字机内码,汉字机内码是计算机内部存储、处理加工和传输汉字时所用的统一编码。前面介绍的 GB 系列标准、Unicode 标准都属于汉字机内码。相对于汉字机内码,汉字输入码称为外码。如果需要显示和打印汉字,还可能要将汉字的机内码转换成字形码。

2)汉字输入码

汉字输入码就是使用英文键盘输入汉字时的编码。到目前为止,国内外提出的汉字输入编码达上百种,可归为以下 4 类。

- 流水码：用数字组成的等长编码，如国标码、区位码。
- 音码：根据汉字读音组成的编码，如拼音码，常见的有全拼、简拼、双拼等。
- 形码：根据汉字的形状、结构特征组成的编码，如五笔字型码。
- 音形码：将汉字的读音与其结构特征综合而成的编码，如自然码、钱码等。

拼音码易学易用，无须学习复杂的规则，是目前应用最广泛的输入法，其中双拼输入法的输入速度已经可以和以速度著称的五笔字型码媲美，如小鹤双拼。

3）汉字字形编码

字形码是汉字的输出码，也称字型码。最初计算机输出汉字时都采用图形点阵的方式，所谓点阵就是将字符（包括汉字图形）看成一个矩形框内一些横竖排列的点的集合，有笔画的位置用黑点表示，无笔画的位置用白点表示。在计算机中可用一组二进制数表示点阵，用 0 表示白点，用 1 表示黑点。常见汉字字形点阵有 16×16、24×24、32×32、48×48，点阵越大，汉字显示和输出质量越高。一个 32×32 点阵的汉字字形码需要使用 1024 位＝128 字节表示，这 128 字节中的信息是汉字的数字化信息，即汉字字模，相比机内码，其占用较大的存储空间。图 3.8 所示为 32×32 点阵的"华"字的字模。

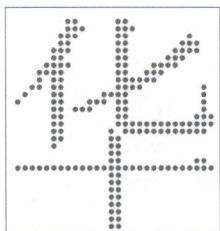

图 3.8   汉字"华"32×32 点阵信息

每一个汉字都有相应的字形码，甚至不同字体汉字的字形码也不同。汉字字形码按区位码的顺序排列，以二进制文件形式存放在存储器中，构成汉字字模字库，简称汉字库。最早的计算机中还有专门存放汉字库的扩展卡，称为汉卡；针式打印机中也有专门存放汉字字形码的字库。早期计算机中显示、打印汉字均采用字形码，图形界面普及后光栅矢量字体逐渐替代了字形码，不同字体、不同字形汉字的输出依靠数学公式绘制，但字形码输出在一些 LED 广告屏、针式打印机产品中仍然比较常见。

3.4.4 数据信息的校验

受元器件质量、电路故障、噪声干扰等因素的影响，计算机在对数据进行处理、传输和存储过程中难免出现错误。如何发现并纠正上述过程中的数据错误，是计算机系统设计者必须面临的考验。为此人们提出了校验码解决方案。

校验码是具有发现错误或纠正错误能力的数据编码。校验码是用于提升数据在时间（存储）和空间两个维度上的传输可靠性的机制，其主要原理是在被校验数据（原始数据）中引入部分冗余信息（校验数据），使得最终的校验码（原始数据＋校验数据）符合某种编码规则；当校验码中某些位发生错误时，会破坏预定规则，从而使得错误可以被检测，甚至可以被纠正。校验码在生活中有很多的应用，如身份证号、银行卡号、商品条形码、ISBN 等，如表 3.10 所示。

表 3.10   身份证编码格式

#	行政区划编码						出生年月日								顺序码			?
A	2	1	0	3	0	2	1	9	7	2	0	3	0	4	2	7	2	X
W	7	9	10	5	8	4	2	1	6	3	7	9	10	5	8	4	2	1

1. 码距和校验

在信息编码中，两个编码对应二进制位不同的个数称为码距，又称汉明距离。如 10101

和 00110 从第一位开始依次有第 1 位、第 4 位、第 5 位等 3 位不同,则码距为 3。一个有效编码集中,任意两个码字的最小码距称为该编码集的码距。校验码的目的就是扩大码距,从而通过编码规则来识别错误代码。码距越大,抗干扰能力、纠错能力越强,数据冗余越大,编码效率越低,选择码距时应考虑信息出错概率、系统容错率以及硬件开销等因素。

现有两种编码体系,分别分析它们各自的码距。

(1) 使用 4 位二进制数表示 16 种状态,为 0000~1111。根据码距定义,4 位二进制数表示 16 种状态时的小码距为 1,任何一个合法编码发生一位错误时,就会变成另外一个合法编码,所以这种编码不具备检测错误的能力。

(2) 4 位二进制数可表示 0000、0001、0010、0011、0100、0101、0110、0111、1000、1001、1010、1011、1100、1101、1110、1111 共 16 种状态。第二种编码方式的最小码距为 2。8 个编码中的任何一个编码中发生一位错误时,如 0000 变成 1000,就会从合法编码变成无效编码,所以这种编码可以识别一位错误。但发生两位错误时合法编码可能变成另外一个合法编码,如 0000 变成 0011,所以它对两位错误无法检测。

码距是编码体系中的重要概念,从上例不难看出,增大码距能把一个不具备检错能力的编码变成具有检错能力的编码。校验码就是利用这一原理,在正常编码的基础上,通过增加冗余校验信息来达到增大码距的目的,使其具有检错功能,甚至具有纠错的能力。

根据信息论原理,码距 d 与校验码的检错和纠错能力的关系如表 3.11 所示。

表 3.11　码距与检错、纠错能力

	码　距	检错、纠错能力
1	$d \geq e+1$	可检测 e 个错误
2	$d \geq 2t+1$	可纠正 t 个错误
3	$d \geq e+t+1 \&\& e \geq t$	可检测 e 个错误并纠正 t 个错误

2. 奇偶校验

奇偶校验是一种常见的简单校验码,通过检测二进制代码中 1 的个数的奇偶性(分别对应奇校验和偶校验)进行数据校验。

1) 简单奇偶校验

奇偶校验的编码规则是增加一位校验位 P,使得最终的校验码中数字 1 的个数为奇数或偶数,其最小码距为 2。奇校验的编码规则是让整个校验码(包含原始数据和校验位)中 1 的个数为奇数,而偶校验则是偶数。那么,如何使用逻辑电路自动产生奇、偶校验位,设被校验信息 $D=D_1 D_2 \cdots D_n$,校验位为 P,根据定义,很容易得出奇偶校验编码电路的逻辑表达式:

$$偶校验位 P=D_1 \oplus D_2 \oplus D_3 \oplus \cdots \oplus D_n$$
$$奇校验位 P=\overline{D_1 \oplus D_2 \oplus D_3 \oplus \cdots \oplus D_n}$$

显然电路中用异或门计算了编码中 1 值个数的奇偶性,最终生成的校验码为 $D_1 D_2 \cdots D_n P$,接收方收到发送方传输的校验码 $D'_1 D'_2 \cdots D'_n P'$ 后,利用如下公式生成检错位 G:

$$偶校验检错位:G=D'_1 \oplus D'_2 \oplus D'_3 \oplus \cdots \oplus D'_n \oplus P'$$
$$奇校验检错位:G=\overline{D'_1 \oplus D'_2 \oplus D'_3 \oplus \cdots \oplus D'_n \oplus P'}$$

这里检错位也是采用异或门计算了校验码中 1 的个数的奇偶性,若 G=1,表示编码不符合奇偶性,则表示接收的信息一定有错,数据应丢弃。若 G=0,则表示传送没有出错,严格地说是没有出现奇数位错。奇偶校验能够检测出任意奇数位的错误,但无法检测偶数位的错误。

　　2）交叉奇偶检验

　　简单奇偶校验只有一个校验组、一个校验位，故只能提供一位检错信息进行错误检查，无法纠错。如果将原始数据信息按某种规律分成若干个校验组，每个数据位至少位于两个以上的校验组，当校验码中的某一位发生错误时，能在多个检错位中被指出，使得偶数位错误也可以被检查出，甚至还可以指出最大可能是哪位出错，从而将其纠正，这就是多重奇偶校验的原理。

　　多重奇偶校验最典型的例子是交叉奇偶校验，其基本原理是将待编码的原始数据信息构造成行列矩阵式结构，同时进行行和列两个方向的奇偶校验。表 3.12 所示是一个 4 行 7 列的传输数据组，$R_3 \sim R_0$ 每行产生一个偶校验位 P_r，$C_6 \sim C_0$ 每列产生一个偶校验位 P_c，所有行校验数据 P_r 和列校验数据 P_c 还有一个公共的校验位，这里将生成 G_{r3}、G_{r2}、G_{r1}、G_{r0}、G_{pc} 共 5 个行检错位，从而构成行检错码，G_{C6}、G_{C5}、G_{C4}、G_{C3}、G_{C2}、G_{C1}、G_{C0}、G_{pr} 共 8 个列检错位构成列检错码。

表 3.12　交叉偶校验

	C_6	C_5	C_4	C_3	C_2	C_1	C_0	P_r
R_3	1	0	1	0	1	1	0	0
R_2	1	1	1	0	1	1	0	1
R_1	0	0	1	0	0	0	1	0
R_0	1	1	0	0	1	0	0	1
P_c	1	0	1	0	1	0	1	0

　　当 R_1 的 C_3 出错时，行、列两个检错码都会报错，如果能假定是 1 位错，则可以直接通过行、列检错码的值定位出错位。当 R_1 的 C_3 和 C_4 同时出错时，R_1 的行校验组的检错码不会发生变化因此检测不到这种错误；但此时 C_3、C_4 的列检错码会发生变化，可以检测双位错。交叉校验编码可以检测出所有奇数位错、所有双位错和所有 3 位错，可以检测出大多数 4 位错（4 个出错位正好位于矩形 4 个顶点除外）。

　　综上，交叉奇偶校验能检测出所有 3 位或 3 位以下的错误、奇数位错误、大部分偶数位错误，能纠正 1 位错误和部分多位错误，大大降低了误码率，适用于中、低速传输系统和反馈重传系统，被广泛用于通信和某些计算机外部设备中。

　　3. 汉明校验

　　简单奇偶校验将整个被校验的信息分成一组，且只设置 1 位校验位，因此检错能力弱，无纠错能力。1950 年，理查德·汉明提出了汉明校验，汉明校验本质上是一种多重奇偶校验，它是一种既能检错也能纠错的校验码。其编码规则如下。

　　（1）原始数据信息被分成若干个偶校验组，每组设置一位偶校验位，每个数据位都会位于两个以上的校验组以提高检错率，所有校验组的检错位的值构成检错码。

　　（2）检错码值为 0 表示大概率无错误，不为 0 时检错码的值表示出错位的位置。有很多类型的汉明校验，本书只介绍能纠正一位错误的汉明码，这种编码又称为 SEC 码，其最小码距为 3。

　　1）校验位的位数

　　设汉明校验码 $H_n \cdots H_2 H_1$ 共 n 位，包含原始信息 $D_k \cdots D_2 D_1$ 共 k 位，称为 (n, k) 码，校

验位分别为 $P_r \cdots P_2 P_1$，包含 r 个偶校验组，$n=k+r$。每个原始数据位至少位于两个以上的校验组。r 个校验组的 r 为检错信息构成一个检错码 $G_r \cdots G_2 G_1$，假定 0 值表示无错，其他值表示汉明码 1 位错的出错位置，则检验码可指出 2^r-1 种一位错。为了能指出 n 位汉明编码中的所有的 1 位错，n、k、r 间应满足如下关系：

$$n=k+r\leqslant 2^r-1$$

如果 $r=3$，根据上式可推导出 $k\leqslant 4$，即 4 位数据信息应包含 3 位校验位才能构成汉明码。同理可以推算出 k 与 r 的不同组合关系，如表 3.13 所示。由表可知，数据位为 8 位时，校验位为 4 位，数据位每增加一位，校验位只增加一位，k 值越大，编码效率越高。这种特性使得汉明码在内存和磁盘存储中的应用非常广泛，也就是常见的 ECC 纠错码。

表 3.13　k 与 r 的不同组合关系

k	1	2～4	5～11	12～26	27～57	58～120	…
r	2	3	4	5	6	7	…
编码效率	33%	40%～57%	56%～73%	71%～84%	82%～90%	89%～95%	…

2）编码分组规则

假设 $k=4$，根据规则 $r=3$，对应编码为 (7，4) 码，最小码距为 3。根据表格中各校验组的信息可知汉明码校验组分组为：$G_1(P_1, D_1, D_2, D_4)$、$G_2(P_2, D_1, D_3, D_4)$、$G_3(P_3, D_2, D_3, D_4)$，具体如图 3.9 所示。从图中可知 D_1、D_2、D_3 都参加了两个校验组的校验，而 D_4 则参加了 3 个校验组的校验。

根据校验分组规则以及偶校验编码定义，可得各校验位和检错位的逻辑表达式（注：加撇的信息位为接收端数据）：

$$P_1=D_1\oplus D_2\oplus D_4 \qquad G_1=P'_1\oplus D'_1\oplus D'_2\oplus D'_4$$
$$P_2=D_1\oplus D_3\oplus D_4 \qquad G_2=P'_2\oplus D'_1\oplus D'_3\oplus D'_4$$
$$P_3=D_2\oplus D_3\oplus D_4 \qquad G_3=P'_3\oplus D'_2\oplus D'_3\oplus D'_4$$

3）检错与纠错

当检错码 $G_r \cdots G_2 G_1=0$ 时表示汉明码大概率正确，之所以不是 100% 正确的原因是当出错位数大于或等于最小码距时，检错码也可以为 0，图 3.9 所示的 D_1、D_2、D_3 同时发生错误时，3 个校验组同时发生了偶数位错，检错码值为 0，无法检错。

当检错码 $G_r \cdots G_2 G_1\neq 0$ 时表示汉明码发生错误，在假设 1 位错的前提下，可以利用检错码的值找到编码中的出错位置并取反纠正错误。具体实现时可以将检错码的值利用译码器生成为多路出错信号，未出错的位线输出为 0，出错的位线输出为 1，与汉明码进行异或后就可以得到正确的编码。

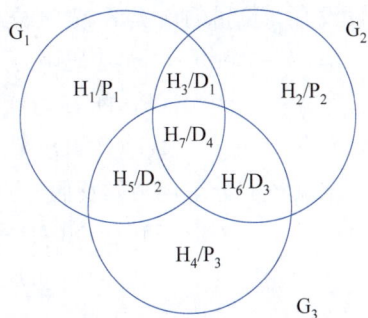

图 3.9　(7，3)汉明码分组示意图

以上编码只有在假定 1 位错时才能进行纠错，当出现两位错时，假设图 3.8 所示的 H_3、H_5 同时发生错误，由于 H_3 参与了 G_1、G_2 组的校验，H_5 参与了 G_1、G_3 组的检验，G_1 组发生了两位错，检错位为 0，而 G_2、G_3 组均发生了 1 位错，故对应的检错码应该是 110，和 H_6 出错的检错码重叠，此时无法区分是 1 位错还是两位错。造成这种问题的根本原因是码距有限,检错码的状态不足以区分两种错误模式,因此汉明码的纠错是有假设前提的。

4) 扩展汉明码

为解决传统汉明码无法区分 1 位错和两位错的问题,人们又发明了 SECDED 码,也称为扩展汉明码。扩展汉明码的最小码距为 4,这种编码可以同时检测两位错,并能纠正 1 位错,也就是该编码能区分 1 位错和两位错。具体实现方法是为汉明码再增加一个总偶校验位 P_{all},用于区分 1 位错和两位错,总偶校验位 P_{all} 和总偶校验检错码 G_{all} 的公式如下:

$$P_{all} = (D_1 \oplus D_2 \oplus \cdots \oplus D_k) \oplus (P_1 \oplus P_2 \oplus \cdots \oplus P_r)$$

$$G_{all} = P_{all} \oplus (D'_1 \oplus D'_2 \oplus \cdots \oplus D'_k) \oplus (P'_1 \oplus P'_2 \oplus \cdots \oplus P'_r)$$

假设无 3 位以上错,如果总偶校验检错码值 G_{all} 为 1,表示出现奇数位错,此时就是 1 位错,此时如果汉明检错码 $G=0$,则表示总校验位 P_{all} 发生错误,数据部分正确。如 $G \neq 0$,则表示数据位发生 1 位错,可以根据检错码的值进行纠错;如 G_{all} 值为 0,且汉明检错码 $G=0$,则表示无错误发生;如 $G \neq 0$,则表示发生两位错,具体如图 3.10 所示。当然这种方法也仅仅适用于信道相对可靠、无 3 位以上错发生的情况。

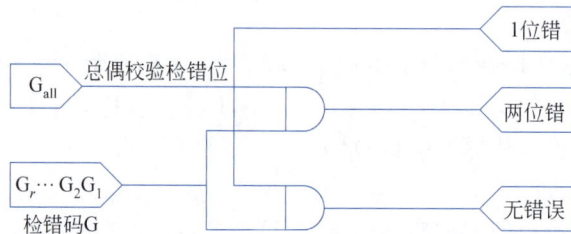

图 3.10　SECDED 码检错附加电路

由于计算机内存中实际发生 3 位错的概率非常低,因此服务器中常用的 ECC 校验内存就采用了 SECDED 码,它可以检测内存条的两位错并纠正 1 位错。数据宽度为 64 位的内存会引入 7 位的汉明校验位以及一位总校验位,所以称 16GB 的 ECC 实际内容应该为 18GB。

【例 3.7】　设 7 位 ASCII 信息 $D_7 \cdots D_2 D_1 = 1101010$,给出能纠 1 位错的汉明码方案;在假设没有 3 位错的前提下,尝试分析该编码能否区分 1 位错和两位错。

解:$k=7$,则 $r=4$,最小码距为 4。根据表 3.22 所示可以得到对应汉明码的分组方案如下:

$$G_1(P_1, D_1, D_2, D_4, D_3, D_7) \qquad G_2(P_2, D_1, D_3, D_4, D_6, D_7)$$

$$G_3(P_3, D_2, D_3, D_4) \qquad G_4(P_4, D_5, D_6, D_7)$$

根据校验分组规则以及偶校验编码定义,可得各校验的逻辑表达式:

$$P_1 = D_1 \oplus D_2 \oplus D_4 \oplus D_5 \oplus D_7 = 0 \oplus 1 \oplus 1 \oplus 0 \oplus 1 = 1$$

$$P_2 = D_1 \oplus D_3 \oplus D_4 \oplus D_6 \oplus D_7 = 0 \oplus 0 \oplus 1 \oplus 1 \oplus 1 = 1$$

$$P_3 = D_2 \oplus D_3 \oplus D_4 = 1 \oplus 0 \oplus 1 = 0$$

$$P_4 = D_5 \oplus D_6 \oplus D_r = 0 \oplus 1 \oplus 1 = 0$$

最终得到汉明码 $H_{11} \cdots H_2 H_1 = D_7 D_6 D_5 P_4 D_4 D_3 D_2 P_3 D_1 P_2 P_1 = 11001010011$。

如果 D_6、D_7 同时出错,根据分组情况,G_4 组发生偶数位数、G_3 组无错误、G_2 组发生偶数位错、G_1 组发生 1 位错,所以最终的检错码 $G_4 G_3 G_2 G_1 = 0001$。这个编码和 G_1 组中的校验位 P_1 出错时的校验码一致,因此该编码也不能区分 1 位错和两位错,可以通过引入总偶校验位的方式来解决这个问题。

4. 循环冗余校验

循环冗余校验是一种基于模 2 运算建立编码规则的校验码,在磁盘存储和计算机通信方面应用广泛。

1) 模 2 运算

- 模 2 加、减法运算:模 2 加、减运算就是没有进位和借位的二进制加法和减法运算。

$$0\pm0=0, \quad 0\pm1=1, \quad 1\pm0=1, \quad 1\pm1=0$$

相同的两个二进制数的模 2 加法与模 2 减法的结果相同,采用异或门即可实现。

- 模 2 乘法运算:模 2 乘法运算即根据模 2 加法运算求部分积之和,运算过程中不考虑进位。

- 模 2 除法运算:模 2 除法运算即根据模 2 减法求部分余数。上商原则是:

(1) 部分余数首位为 1 时,商上 1,按模 2 运算减除数;

(2) 部分余数首位为 0 时,商上 0,减 0;

(3) 部分余数位数小于除数的位数时,该余数为最后余数。

2) 编码规则

设 CRC 码长度共 n 位,其中原始数据信息为 $C_{k-1}C_{k-2}\cdots C_1C_0$ 共 k 位,校验位 $P_{r-1}P_{r-2}\cdots P_0$ 共 r 位,称为 (n,k) 码。则 CRC 码为 $C_{k-1}C_{k-2}\cdots C_1C_0P_{r-1}P_{r-2}\cdots P_0$。和汉明码一样,CRC 码也需要满足如下关系式:

$$n=k+r\leqslant 2^r-1$$

对于一个给定的 (n,k) 码,假设待发送的 k 位二进制数据用信息多项式 $M(x)$ 表示,有:

$$M(x)=C_{k-1}x^{k-1}+C_{k-2}x^{k-2}+\cdots+C_1x+C_0$$

将 $M(x)$ 左移 r 位,可表示成 $M(x)\cdot 2^r$,右侧空出的 r 位用来放置校验位。选择一个 $r+1$ 位的生成多项式 $G(x)$,其最高次幂等于 r,最低次幂等于 0。用 $M(x)\cdot 2^r$ 按模 2 的运算规则除以生成多项式 $G(x)$ 所得的余数 $R(x)$ 作为校验码。设商为 $Q(x)$,将余数 $R(x)$ 放置到 $M(x)\cdot 2^r$ 右侧空出的 r 位上,就形成了 CRC 校验码。其多项式为:

$$M(x)\cdot 2^r+R(x)=[Q(x)G(x)+R(x)]+R(x)=Q(x)G(x)+[R(x)+R(x)]$$

按模 2 的运算规则 $R(x)+R(x)=0$,所以:

$$M(x)\cdot 2^r+R(x)=Q(x)G(x)$$

上式表明,CRC 码一定能被生成多项式 $G(x)$ 整除,这就是 CRC 的编码规则。

3) CRC 编码、解码电路

模 2 除法逻辑既可以用硬件实现,也可以用软件实现。图 3.11 所示为一种 CRC 串行编码、解码电路的实现原理图。该电路的核心功能就是求 CRC 码的余数。待编码的 n 位数据从右侧 D_{in} 端串行输入,经过 $n-1$ 个时钟周期后可以计算出最终的余数 $R_3R_2R_1R_0$。

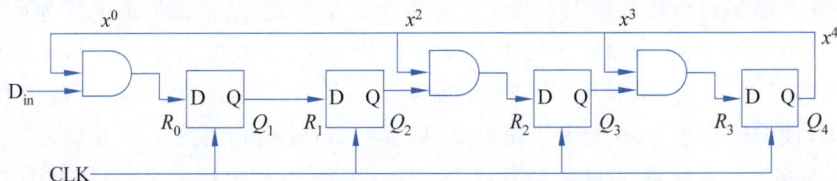

图 3.11　CRC 串行编码、解码电路

电路中 D 触发器的初始状态均为 0,所有异或门与 Q_4 进行异或,最开始 $Q_4=0$,所有异或门异或 0 相当于数据直通,整体电路变成一个同步右移电路。模 2 运算中首位为 0,不够减,直接左移 1 位;当串行输入中第一个为 1 的数字传输到 Q_4 时,此时所有异或门异或上 1,这个操作就是模 2 除法中首位为 1,商上 1,够除,被除数与除数进行模 2 的减法——异或操作。这里有异或门的位置相当于生成多项式对应位为 1 的位置,无异或门的位置相当于生成多项式对应位置为 0 的位置。注意图中 x 幂次方的标记,首位运算结果一定是 0,不存在异或门,所以图中的生成多项式为 11101。

不同生成多项式的 CRC 编码、解码电路的区别只是 D 触发器数目的多少、异或门数目以及位置的不同而已。串行 CRC 编码、解码电路结构简单,但时间复杂度较高,需要 $n-1$ 个时钟周期才能完成 n 位数据的 CRC 编码、解码运算。在高速通信领域应用中,串行编码结构无法胜任,现在普遍采用快递的并行 CRC 编码、解码电路。

4) CRC 编码、解码流程

图 3.12 所示的发送方将原始数据信息 $a_k \cdots a_2 a_1$ 左移 r 位后送入 CRC 编码电路中,根据模 2 运算除以 $r+1$ 位多项式 $g_r \cdots g_1 g_0$,将 r 位余数 $b_r \cdots b_1$ 与原始数据 $a_k \cdots a_2 a_1$ 拼接成 CRC 校验码,再经过不可靠链路传输到接收方;接收方将接收到的可能出错的 CRC 码 $C_k \cdots C_2 C_1 d_r \cdots d_1$ 传送至 CRC 解码电路中,同样根据模 2 运算除以 $r+1$ 位的生成多项式 $g_r \cdots g_1 g_0$,将 r 位余数 $S_r \cdots S_1$ 送入决策逻辑,决策逻辑根据余数值判断是否有错。若余数为 0,表明传输无误接收该数据;若余数不为 0,表示数据出错,再由决策逻辑根据余数的值决定是否纠错或者直接丢弃该数据,或者要求发送方重传。

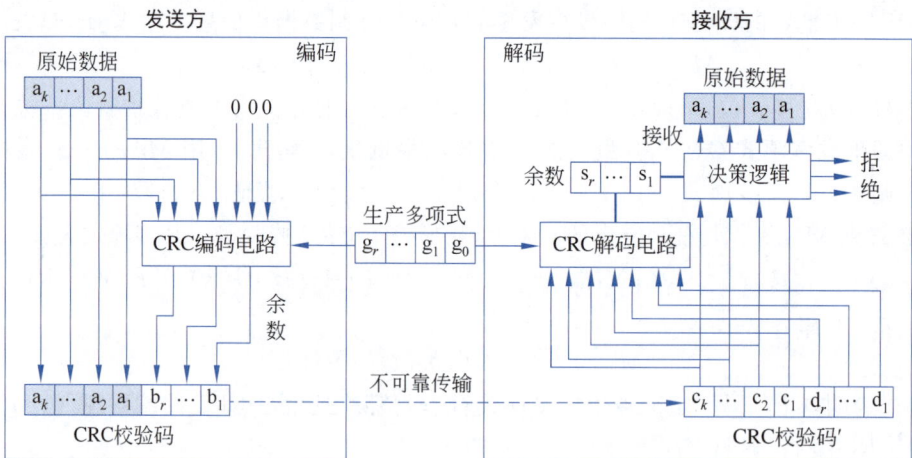

图 3.12   CRC 码传输

5) CRC 编码特性

CRC 编码的非 0 余数具有循环特性。即将余数左移 1 位除以生成多项式,将得到下一个余数,继续重复在新余数基础上左移 1 位除以生成多项式,余数最后能循环为最开始的余数。以(7,3)码为例,生成多项式为 11101,数据位为 3 位,校验位为 4 位,7 位编码中不同位出错时余数如表 3.14 所示,表中第一行数据为 $x_7 x_6 \cdots x_2 x_1 = 0000000$,前 3 位为数据,后 4 位为校验码,该编码余数为 0,为无错误码编码。第二行编码相对第一行数据 x_1 为出错,余数为 0001;左移 1 位继续除 11101,余数将为 0010,这是 x_2 位出错的余数;将 0010 左移 1 位继续除 11101,余数为 0100,这是 x_3 位出错的余数;持续左移做除法,计算到第 8 行的余数时,余数将回滚为 0001,这就是循环冗余校验码名称的由来。

表 3.14 (7,3)码的出错格式

#	x_7	x_6	x_5	x_4	x_3	x_2	x_1	余		数		余数值	出错位
1	0	0	0	0	0	0	0	0	0	0	0	0	无
2	0	0	0	0	0	0	1	0	0	0	1	1	1
3	0	0	0	0	0	1	0	0	0	1	0	2	2
4	0	0	0	0	1	0	0	0	1	0	0	4	3
5	0	0	0	1	0	0	0	1	0	0	0	8	4
6	0	0	1	0	0	0	0	1	1	0	1	13	5
7	0	1	0	0	0	0	0	1	1	1	1	7	6
8	1	0	0	0	0	0	0	1	1	1	0	14	7
9	0	0	0	0	0	1	1	0	0	1	1	3	1+2
10	0	0	0	0	1	1	0	0	1	1	0	6	2+3
11	0	0	0	1	1	0	0	1	1	0	0	12	3+4
12	1	1	1	0	0	0	0	0	1	0	0	4	5+6+7

表 3.14 中所有 1 位错的余数均不同,且都具有可循环的特性。如果能确定是 1 位错,则可利用该特性设计相应的组合逻辑电路进行纠错。

6)生成多项式

生成多项式是由发送方和接收方共同约定的。在发送方利用生成多项式对信息多项式做模 2 除法生成校验码时,接收方利用生成多项式对收到的编码做模 2 除法以检测和确定错误位置。注意不是任何一个多项式都可以作为生成多项式,CRC 校验中的生成多项式有如下特殊要求:

生成多项式的最高位和最低位必须为 1;当 CRC 校验码任何一位发生错误时,被生成多项式进行模 2 除后余数应不为 0;不同位发生的错误,余数不同;对于余数继续做模 2 除法,应使余数循环。

7)CRC 检错性能

在数据通信与网络中,通常 k 值相当大,一千甚至数千个数据位构成一帧。采用 CRC 码产生 r 位的校验位,具有的检错能力:所有突发长度小于或等于 r 的突发错误;$(1-2^{-(r-1)})$比例的突发长度为 $r+1$ 的突发错误$(1-2^{-r})$比例的突发长度大于 $r+1$ 的突发错误;小于最小码距的任意位数为错误;如果生成多项式中 1 的个数为偶数,可以检测出所有奇数位错误。

这里突发错误是指几乎是连续发生的一串错,突发长度就是指从出错的第一位到出错的最后一位的长度(中间不一定每一位都错)。如果 $r=16$,就能检测出所有突发长度小于或等于 16 的突发错误,以及 99.997%的突发长度为 17 的突发错误和 99.998%的突发长度大于 17 的突发错误。所以 CRC 码的检错能力还是非常强的,在实际应用中 CRC 码主要作为检错码来使用。

CRC 检错能力强,开销小,易于用编码器及检测电路实现。在数据存储和数据通信领域,CRC 无处不在;著名的通信协议 X.25 的 FCS(检错序列)采用的是 CRC-CCITT,

WinRAR、ARJ、LHA 等压缩工具软件采用的是 CRC32，磁盘驱动器的读写采用的是 CRC16，通用的图像存储格式 GIF、TIFF 等也都用 CRC 作为检错手段。

3.5   本 章 小 结

在计算机系统中，数据的表示和运算是基础性的概念，它们对于程序的执行和数据的处理至关重要。以下是关于这些概念的小结。

3.5.1   内容总结

1. 数据表示

计算机使用二进制（由 0 和 1 组成）来表示所有类型的数据。这包括数字、字符、图像和声音等。在数字数据表示方面，有两种基本的格式：无符号数和有符号数。无符号数仅用于表示非负整数。在这种格式中，所有的位（bits）都用于表示数值大小，没有位用于表示正负。有符号数用于表示既可以为正也可以为负的整数。在这种格式中，通常最左边的一位被用作符号位，0 表示正数，1 表示负数。有多种方法可以表示有符号数，其中最常见的是二进制补码。

2. 数的定点表示和浮点表示

数值在计算机中可以以定点或浮点的格式存储。定点数是一种简单的表示方法，它将数字中的小数点固定在某个位置。这种表示法适用于小数点位置不变的应用场景，如货币计算。但是，定点表示的数值范围和精度有限，不适合需要非常大或非常小数值的场景。浮点数能够表示非常大或非常小的数值，并且具有相对较高的精度。它类似于科学记数法，由符号位、指数部分和尾数部分组成。浮点数的标准化表示（如 IEEE 754 标准）允许跨不同平台和语言进行一致的数值计算。

3. 计算机中的数据类型

为了方便处理不同类型的数据，计算机语言提供了多种数据类型，常见的数据类型包括：整型（Integers）：用于存储整数，可以是有符号的或无符号的。浮点型（Floating-point numbers）：用于存储实数，包括小数部分。字符型（Characters）：用于存储单个字符，如 ASCII 或 Unicode 字符。布尔型（Booleans）用于存储真（True）或假（False）。字符串（Strings）用于存储一系列字符。数组（Arrays）用于存储相同类型数据的有序集合。结构体（Structs）用于存储各种类型数据的组合。每种数据类型都有其特定的表示方式和内存占用大小，它们会根据使用的编程语言和计算机系统而有所不同。

3.5.2   常见问题

1. 如何表示一个数值数据？计算机中的数值数据都是二进制数吗？

在计算机内部，数值数据的表示方法有以下两大类：

（1）直接用二进制数表示。分为有符号数和无符号数，有符号数又分为定点数表示和浮点数表示。无符号数用来表示无符号整数（如地址等信息）。

（2）二进制编码的十进制数，一般采用 BCD 码表示，用来表示整数。

所以，计算机中的数值数据虽然都用二进制表示，但不全是二进制，也有用十进制表示的。后面一章有关指令类型的内容中,就分别有二进制加法指令和十进制加法指令。

2. 如何判断一个浮点数是否是规格化数?

为了确保浮点数能够表示尽可能多的有效数字,通常要求计算结果以规格化形式呈现,这意味着规格化浮点数的小数点后第一位必须是非零数字。对于原码表示的尾数,我们只需检查尾数的首位是否为 1;对于补码表示的尾数,我们则需要检查符号位与尾数的最高位是否不同。重要的是,根据 IEEE 754 标准,浮点数的尾数部分是使用原码来编码的。

3.5.3　思考题

(1) 解释为什么计算机中采用二进制进行数据表示和运算。

(2) 描述无符号数和有符号数的概念,它们在计算机系统中是如何被区分的?

(3) 对比无符号数和有符号数的表示范围,解释为什么有符号数在表示时需要考虑符号位。

(4) 什么是数的定点表示和浮点表示? 它们各自的使用场景有哪些?

(5) 解释浮点数的表示范围和精度是如何被其结构中的不同部分所决定的。

(6) 在程序设计中,为什么要区分汇编语言和高级语言中的数据类型?

(7) 数据在计算机中如何进行校验? 简述奇偶校验与 CRC 校验的基本原理及应用场景。

(8) 讨论补码表示法在计算机中的优势,尤其是在进行算术运算时。

(9) 解释汉字输入码、机内码和字形码在汉字处理过程中各自的作用。

(10) 讨论在现代处理器中支持十进制浮点数运算的原因。

(11) 浮点数的正负是怎样被识别的? 它能表示的数值范围和精度受什么因素影响?

(12) 浮点数表示中的两个 0(正 0 和负 0)可能会导致哪些问题?

(13) 高级语言中的非数值数据是如何表示的? 请举例说明。

(14) 解释在机内码中如何区分 ASCII 字符和汉字字符。

(15) 计算机表示数据时会使用不同的编码方法。举例说明几种常用编码方法及其适用场景。

第 4 章

计算机的"四则运算"

在我们的日常生活中,四则运算——加、减、乘、除是解决数学问题的基础。对于计算机而言,这些运算同样构成了其处理数据的核心。本章将深入探讨计算机如何在其数字世界中执行这些基本的运算操作。通过本章的学习,读者将能够深刻理解计算机在执行简单到复杂的算术运算时的工作原理,以及设计者如何通过巧妙的算法和硬件设计来优化这些过程。

4.1 定 点 运 算

在计算机系统中,数据的表示遵循特定的编码规则。常见的编码方式包括原码、反码、补码以及移码。每种编码在进行算术运算时会遵循其特有的运算法则。特别地,当使用补码进行数据表示时,数据的符号位可以与数值位共同参与运算。此外,补码的一个优势是能够将减法运算转换为加法运算。在定点数的运算中,采用补码进行加减运算,不仅规则简单,而且便于在数字电路中实现。

4.1.1 移位运算

移位运算是一种在计算机运算中广泛使用的操作,其在日常生活中也有直观的对应。例如,将长度单位从米转换为厘米,即 15 米等于 1500 厘米,可以视作将数值 15 相对于小数点右移两位,并在末尾添加两个零实现的。类似地,当我们将 1500 厘米转换回米时,相当于是将数值 1500 相对于小数点左移两位,并去除末尾的两个零。在十进制中,一个数相对于小数点的右移 n 位操作,等效于该数乘以 10^n;左移 n 位时,相当于该数除以 10^n。

在计算机中,由于小数点的位置是固定的,二进制数相对于小数点的左移或右移操作实际上是该数乘以或除以 2^n(其中 $n=1,2,\cdots,n$)。这是因为计算机中的二进制数位移动一位,数值上就是乘以或除以 2 的操作。这一性质使得移位运算成为实现乘除运算的一种高效手段。

1. 移位运算的意义

移位运算,亦称为移位操作,在计算机科学中具有应用价值。特别是在某些计算机硬件不支持乘法或除法运算的情况下,可以通过组合移位运算与加法运算来实现乘除的效果。

由于计算机中的机器数具有固定的字长,当执行左移或右移操作时,会在数值的低位或高位产生空位。填补这些空位时,我们应根据机器数是有符号数还是无符号数来决定是填补 0 还是 1。对有符号数的移位操作称为算术移位。

2. 算术移位的规则

算术移位需要区分机器数是正数还是负数：

（1）对于正数，无论是左移还是右移，出现的空位都应填补为 0，因为正数的符号位为 0，且保持其值的正性。

（2）对于负数，由于在原码、反码及补码三种表示方式中其表示形式不同，移位后空位的填补规则也随之不同。

在进行算术移位时，不管是正数还是负数，其符号位必须保持不变，这是算术移位的基本原则。

以下是具体的规则：

（1）对于正数的移位，无论左移还是右移，添补的码总是 0。

（2）对于负数的原码，在移位时保持符号位不变，其余空位填补为 0。

（3）对于负数的反码，除符号位外，其他各位在移位后应填补为 1，因为反码表示中除符号位外其他位与原码相反。

（4）对于负数的补码，左移操作时由于空位出现在低位，应填补为 0；右移操作时由于空位出现在高位，应填补为 1。这是因为在补码表示中，从低位数起首个出现的 1 及其右侧的位与原码相同，而 1 左侧的位则与反码相同。

应注意的是，添补规则需要与具体的编码系统和硬件实现相匹配。这些细节在计算机体系结构的设计中至关重要，以确保数据的一致性和运算的正确性。具体的算术移位规则应参考表 4.1，表中详细列出了各种码制和对应的移位后添补规则。

表 4.1　算术移位规则

真　　值	码　　制	0
正数	原码、补码、反码	0
负数	原码	左移添 0
	补码	右移添 1
	反码	1

3. 算术移位的硬件实现

如图 4.1 所示为机器中实现算术左移和右移操作的硬件框图。其中，图 4.1(a)为真值为正的三种机器数的移位操作；图 4.1(b)为负数原码的移位操作；4.1 图(c)为负数补码的移位操作；图 4.1(d)为负数反码的移位操作。

4. 算术移位和逻辑移位的区别

有符号数的移位称为算术移位，无符号数的移位称为逻辑移位。逻辑移位的规则是：逻辑左移时，高位移丢，低位添 0；逻辑右移时，低位移丢，高位添 0。例如，寄存器内容为 01010011，逻辑左移为 10100110，算术左移为 00100110（最高数位"1"移丢）。又如，寄存器内容为 1010010，逻辑右移为 0101001，若将其视为补码，算术右移为 11011001。

显然，两种移位的结果是不同的。上例中为了避免算术左移时最高数位丢 1，可采用带进位方法。C_y 的移位，其示意图如图 4.2 所示。算术左移时，符号位移至 C_y，最高数位就可避免移丢。

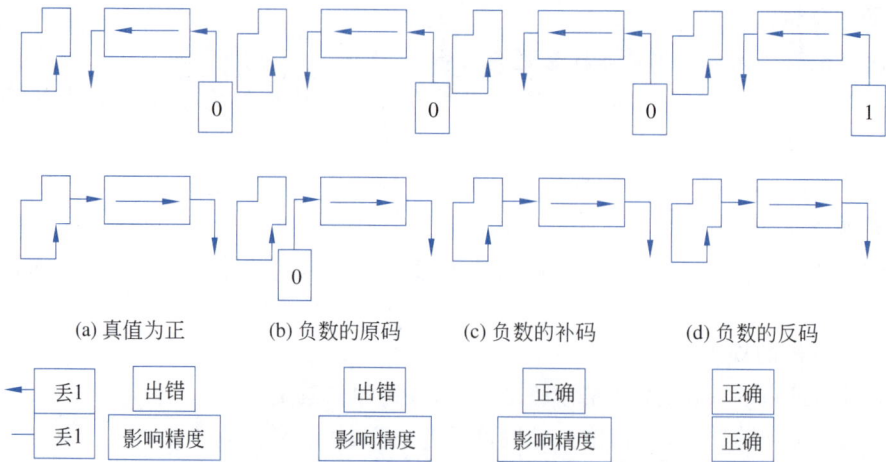

(a) 真值为正　(b) 负数的原码　(c) 负数的补码　(d) 负数的反码

| 丢1 | 出错 | | 出错 | 正确 | 正确 |
| 丢1 | 影响精度 | | 影响精度 | 影响精度 | 正确 |

图 4.1　机器中实现算术左移和右移操作的硬件框图

图 4.2　带进位示意图

4.1.2　加减法运算

在计算机科学中,加减法运算是最基本且核心的运算之一。由于在补码系统中,减法运算可以被转换为加法运算,即一个数 A 减去另一个数 B 可以表示为 A 加上 B 的补码,即 $A-B=A+(-B)$。因此,在讨论计算机中的算术运算时,我们通常将加法和减法运算合并讨论。

当使用补码表示法时,两个数进行加法运算可以将符号位和数值位一视同仁地进行处理。在加法运算过程中,只要所得结果没有超出计算机表示数值范围的限制,那么我们可以对结果进行模 2^n 的运算(对于整数)或模 2 的运算(对于小数),以得到正确的运算结果。

补码不但简化了计算机的算术运算处理,而且提高了运算的效率。然而,设计计算机系统时,必须确保足够的位宽以防止溢出,同时也要实现溢出检测和异常处理机制。

1. 补码加减运算公式

在加减法运算中,连同符号位一起相加,符号位产生的进位自然丢掉。公式如表 4.2 所示。

表 4.2　补码加减运算公式

求补公式	$[-Y]_补=[[Y]_补]_补$
加法	$[A+B]_补=[A]_补+[B]_补$
加法整数	$[A]_补+[B]_补=[A+B]_补(\mod 2^{n+1})$
加法小数	$[A]_补+[B]_补=[A+B]_补(\mod 2)$
减法	$A-B=A+(-B)$
减法整数	$[A-B]_补=[A+(-B)]_补=[A]_补+[-B]_补(\mod 2^{n+1})$
减法小数	$[A-B]_补=[A+(-B)]_补=[A]_补+[-B]_补(\mod 2)$

2. 溢出判断

在补码定点加减运算中，判断溢出的情况可以通过以下两种方法实现：

(1) 基于符号位的判断方法。在加法运算中，溢出仅可能发生在两个正数相加或两个负数相加的场合；而两个符号不同的数相加不会产生溢出。对于减法运算，溢出可能发生在一个正数减一个负数或一个负数减一个正数的情况下；符号相同的两个数相减不会产生溢出。

在计算机中，由于减法是通过加法器实现的(即被减数加上减数的补码)，可以得出以下结论：不论是加法还是补码减法，如果两个操作数符号相同且结果的符号与操作数的符号不同，则判断为溢出。

计算机在实施符号位判断时，为了节约处理时间，通常会采用符号位产生的进位与最高有效位产生的进位进行异或操作(XOR)，根据异或结果来判断是否溢出。若异或结果为1，则判定为溢出；若异或结果为0，则判定为无溢出。具体来说，如果符号位有进位而最高有效位没有进位(即 $1\oplus 0=1$)，则为溢出；如果符号位有进位且最高有效位也有进位(即 $1\oplus 1=0$)，则为无溢出。

因此，在补码运算中，溢出判断是一个关键步骤，它确保了运算结果的有效性。溢出检测的准确实现对于保证计算机系统稳定运行和提供可靠的数据处理至关重要。在设计计算机硬件和编写低级软件时，必须妥善处理溢出情况，以防止可能由于数值溢出造成的错误和系统异常。

(2)“2位符号位判溢出”。2位符号位的补码，即变形补码，它是以4为模的，其定义为

$$[x]_{补}=\begin{cases}x, & 1>x\geqslant 0\\ 4+x, & 0>x\geqslant -1 \pmod 4\end{cases}$$

$$[x]_{补'}+[y]_{补'}=[x+y]_{补'}\quad(\text{mod } 4)$$

$$[x-y]_{补'}=[x]_{补'}+[-y]_{补'}\quad(\text{mod } 4)$$

在用变形补码作加法时，2位符号位要连同数值部分一起参加运算，而且高位符号位产生进位自动丢失，便可得正确结果。

变形补码判断溢出原则：当2位符号位不同时，表示溢出，否则，无溢出。不论是否发生溢出，高位(第1位)符号位永远代表真正的符号。如图4.3所示是补码加法的几种情况。

```
            0.10101             1.10101
          + 0.01000           + 1.11000   模数舍去
正常结果    0.11101           [1]1.01101  正常结果

            0.10101             1.00101
正正得负  + 0.11000           + 1.11000   负负得正
正溢出      1.01101           [1]0.11101  负溢出
```

图4.3　补码加法的几种情况

3. 补码加减法的硬件配置

如图4.4所示，寄存器A、X、加法器的位数相等，其中A存放被加数(或被减数)的补码，X存放加数(或减数)的补码。当作减法时，由“求补控制逻辑”将 $\overline{x}$ 送至加法器，并使加法器的最末位外来进位为1，以达到对减数求补的目的。运算结果溢出时，通过溢出判断电路置“1”溢出标记V。G_A 为加法标记，G_S 为减法标记。

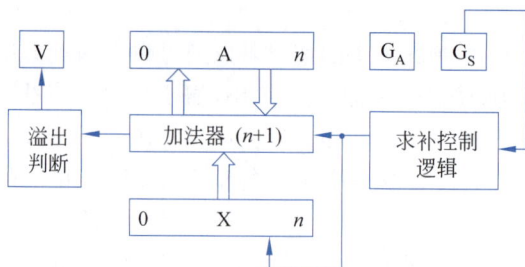

图 4.4   补码加减法的硬件配置图

标志寄存器是存放运算标志的寄存器,每个标志对应标志寄存器的一个标志位。

如图 4.5 所示为 IA-32 中的 EFLAGS 寄存器(MIPS 无标志寄存器)。其中 ZF 表示结果为零,SF 表示结果为负数,CF 表示进位/借位,OF 表示有符号溢出,OF 表示 $C_{n-1} \oplus C_{out}$ 的结果。

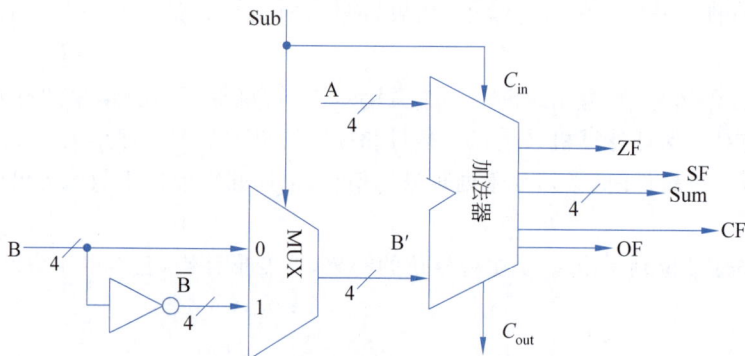

图 4.5   标志寄存器-整数加/减法运算部件图

4.1.3   乘法运算

定点乘法运算是用于执行定点数乘法的一种基础操作,其中定点数可表示为整数或固定小数点数。此运算在计算机处理器中非常关键,广泛应用于数字信号处理、图像处理、音频处理等领域。在定点乘法运算中,涉及两个定点数的相乘,以产生一个结果。定点数采用固定小数点位置的二进制表示形式,在进行乘法运算时,需采取适当的方法来处理小数点位置的确定以及溢出问题。

1. 笔算乘法的分析

传统的手工乘法运算(笔算乘法)具有以下特点。

(1) 符号位的处理是独立的,乘积的符号是通过运算的两个数的符号来确定的。具体规则为:同号得正,异号得负。

(2) 乘数的每一位都会决定是否需要将被乘数相应地加到乘积中。当乘数的某一位为 1 时,相应的被乘数被加入到中间结果中;当乘数的某一位为 0 时,则不加。

(3) 在乘数的每一位处理过程中,产生的部分乘积需要累加,以形成最终的乘积。

(4) 乘积的位数是被乘数和乘数位数之和的最大可能长度,也就是说,乘积的位数至多扩大为参与乘法的两个数的位数之和。

在计算机中实现定点乘法运算时,符号位的确定和位数的处理都需要在算法设计中仔细考虑。对于符号位,通常会先忽略符号进行乘法运算,然后根据原始数值的符号来确定结果的符号。对于位数处理,由于乘积的位数可能会超出原有位数,因此需要考虑如何在有限的位宽内表示结果,或者对结果进行舍入处理以适应位宽限制。此外,还需要考虑当乘积超出计算机可表示的范围时,如何检测和处理溢出。

在数字电路设计中,定点乘法运算通常由专门的硬件电路(如乘法器)来执行,以提高运算速度和效率。在软件实现中,定点乘法运算可能需要模拟硬件电路的行为,通过编程技术来确保乘法运算的正确性和高效性。

例如,求 $A \times B$,设 $A = 0.1101$,$B = 0.1011$,数学竖式如下:

$$
\begin{array}{r}
0.1101 \\
\times 0.1011 \\
\hline
1101 \\
1101 \\
0000 \\
1101 \\
\hline
0.10001111
\end{array}
$$

若计算机完全模仿笔算乘法步骤,将会有两大困难:其一,将 4 个位积一次相加,机器难以实现;其二,乘积位数增长了一倍,这将造成器材的浪费和运算时间的增加。为此,对笔算乘法进行改进。

2. 笔算乘法的改进步骤

两数相乘的过程,可视为加法和移位(乘 2 相当于做一位右移)两种运算,这对计算机来说是非常容易实现的。从初始值为 0 开始,对式子作分步运算,则

第一步:被乘数加零 $A + 0 = 0.1101 + 0.0000 = 0.1101$;

第二步:右移一位,得新的部分 $2^{-1}(A+0) = 0.01101$;

第三步:被乘数加部分积 $A + 2^{-1}(A+0) = 0.1101 + 0.01101 = 1.0011$;

第四步:右移一位,得新的部分积 $2^{-1}[A + 2^{-1}(A+0)] = 0.100111$;

第五步:$0 \cdot A + 2[A + 2^{-1}(A+0)] = 0.10011$;

第六步:$2^{-1}\{0 \cdot A + 2^{-1}[A + 2^{-1}(A+0)]\} = 0.010011$;

第七步:$A + 2^{-1}\{0 \cdot A + 2^{-1}[A + 2^{-1}(A+0)]\} = 1.000111$;

第八步:$2^{-1}\{A + 2^{-1}[0 \cdot A + 2^{-1}(A + 2^{-1}(A+0))]\} = 0.1000111$。

3. 改进的手工乘法运算过程

在改进的手工乘法过程中,乘法运算可以通过移位操作和加法操作来实现。具体地,当两个四位数进行乘法运算时,该过程总共涉及四次加法运算和四次移位操作。在每一步中,乘数的最低有效位(Least Significant Bit, LSB)决定是否将被乘数加到当前的部分积上。完成加法后,部分积向右移动一位,形成新的部分积;乘数也相应地右移一位,最低位由其次低位取代,而最高位则腾出空间以便存放部分积的最低位。在执行加法时,被乘数仅与部分积的高位进行运算,而其低位则移至乘数原本的高位位置。

此种乘法运算规则可以被计算机系统轻松实现。通常使用一个寄存器来存储被乘数,另一个寄存器来存储乘积的高位,以及第三个寄存器来同时存储乘数和乘积的低位。结合一个加法器和其他相关电路,即可构成一个乘法器。由于加法操作仅在部分积的高位进行,

这样的设计不仅节约了硬件资源,还有效地缩短了运算时间。

　　在实际的计算机架构设计中,通过这种方法实现的乘法器可以有效地提高定点数乘法运算的效率。同时,这种设计也有助于减少计算机执行乘法所需的时钟周期数,进一步优化了性能。由于运算过程中涉及的数据宽度可能会增加,设计时还需考虑如何处理可能出现的溢出问题,确保乘法运算的结果正确性。笔算乘法计算规则如表 4.3 所示。

表 4.3　笔算乘法计算规则

部 分 积	乘　　数	说　　明
0.0000 ＋0.1101	101<u>1</u>	初态,部分积＝0 乘数为1,加被乘数
0.1101 0.0110 ＋0.1101	110<u>1</u>	→1,形成新的部分积 乘数为1,加被乘数
1.0011 0.1001 ＋0.0000	1 111<u>0</u>	→1,形成新的部分积 乘数为0,加0
0.1001 0.0100 ＋0.1101	11 111<u>1</u>	→1,形成新的部分积 乘数为1,加被乘数
1.0001 ＋0.1000	111 1111	→1,得结果

4. 原码乘法

1) 运算规则

乘积的符号位由两原码符号位异或运算结果决定。乘积的数值部分由两数绝对值相乘,以小数为例,设 $[x]_原＝x_0 \cdot x_1 \cdot x_2 \cdot \cdots \cdot x_n$,$[y]_原＝y_0 \cdot y_1 \cdot y_2 \cdot \cdots \cdot y_n$,通式为

$$[x \cdot y]_原 = (x_0 \oplus y_0) \cdot (0 \cdot x_1 \cdot x_2 \cdots \cdot x_n) \cdot (0 \cdot y_1 \cdot y_2 \cdots \cdot y_n)$$
$$= (x_0 \oplus y_0) \cdot x^* \cdot y^*$$

式中,$x^* = 0 \cdot x_1 \cdot x_2 \cdots \cdot x_n$ 为 x 的绝对值;$y^* = 0 \cdot y_1 \cdot y_2 \cdots \cdot y_n$ 是 y 的绝对值。乘积的符号位单独处理 $x_0 \oplus y_0$,数值部分为绝对值相乘 $x^* \cdot y^*$。

原码一位乘的通式为

$$x^* \cdot y^* = x^*(0 \cdot y_1 \cdot y_2 \cdots \cdot y_n)$$
$$= x^*(y_1 2^{-1} + y_2 2^{-2} + \cdots + y_n 2^{-n})$$
$$= 2^{-1}(y_1 x^* + 2^{-1}(y_2 x^* + \cdots + 2^{-1}(y_n x^* + 0)\cdots))$$

再令 z 表示第 i 次部分积,式子可写成如下递推公式

$$z_0 = 0$$
$$z_1 = 2^{-1}(y_n x^* + z_0)$$
$$z_2 = 2^{-1}(y_{n-1} x^* + z_1)$$
$$z_n = 2^{-1}(y_1 x^* + z_{n-1})$$

原码一位乘的硬件配置如图 4.6 所示。图中 A、X、Q 均为 $n+1$ 位的寄存器,其中 X 存放被乘数的原码,Q 存放乘数的原码。移位和加控制电路受末位乘数 Q 的控制(当 $Q_n = 1$ 时,A 和 X 内容相加后,A、Q 右移一位;当 $Q_n = 0$ 时,只作 A、Q 右移一位的操作)。计数器

C 用于控制逐位相乘的次数。S 存放乘积的符号。G_M 为乘法标记。

原码两位乘与原码一位乘一样,符号位的运算和数值部分是分开进行的,但原码两位乘是用两位乘数的状态来决定新的部分积如何形成,因此可提高运算速度。

两位乘数共有四种状态,对应这四种状态如表 4.4 所示。

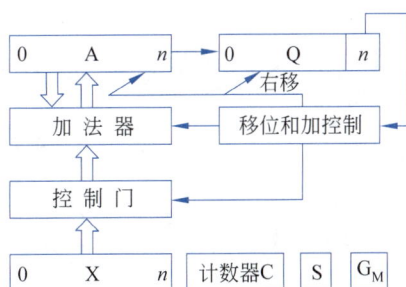

图 4.6 原码一位乘的硬件配置

表 4.4 两位乘数的四种状态

乘　　数	新的部分积
0 0	加"0"→2
0 1	加 1 倍的被乘数→2
1 0	加 2 倍的被乘数→2
1 1	加 3 倍的被乘数→2

表 4.4 中 2 倍被乘数可通过将被乘数左移一位实现,但 3 倍被乘数的获得较难。此刻可将 3 视为 4−1(11＝100−1),即把乘以 3 分两步完成,第一步先完成减 1 倍被乘数的操作,第二步完成加 4 倍被乘数的操作。而加 4 倍被乘数的操作实际上是由比"11"高的两位乘数代替完成的,可看作在高两位乘数上加"1"。这个"1"可暂存在 C_j 触发器中。机器完成 C_j 置"1",即意味着对高两位乘数加 1,也即要求高两位乘数代替本两位乘数"11"来完成加 4 倍被乘数的操作。

如表 4.5 所示,z 表示原有部分积,x^* 表示被乘数的绝对值,y^* 表示乘数的绝对值,→2 表示右移两位,当进行 $-x^*$ 运算时,一般都采用加 $[-x^*]_补$ 来实现。这样,参与原码两位乘运算的操作数是绝对值的补码,因此运算中右移两位的操作也必须按补码右移规则完成。尤其应注意的是,乘法过程中可能要加 2 倍被乘数,即 $+[2x^*]_补$,使部分积的绝对值大于 2。为此,只有对部分积取 3 位符号位,且以最高符号位作为真正的符号位,才能保证运算过程正确无误。如表 4.6 所示,给出原码两位乘和原码一位乘的比较。

表 4.5 原码两位乘运算规则

乘数判断位 $y_{n-1}y_n$	标志位 C_j	操 作 内 容
0 0	0	$z→2,y^*→2,C_j$ 保持"0"
0 1	0	$z+x^*→2,y^*→2,C_j$ 保持"0"
1 0	0	$z+2x^*→2,y^*→2,C_j$ 保持"0"
1 1	0	$z-x^*→2,y^*→2,C_j$ 置"1"
0 0	1	$z+x^*→2,y^*→2,C_j$ 置"0"
0 1	1	$z+2x^*→2,y^*→2,C_j$ 置"0"
1 0	1	$z-x^*→2,y^*→2,C_j$ 保持"1"
1 1	1	$z→2,y^*→2,C_j$ 保持"1"

表 4.6　原码两位乘和原码一位乘的比较

	原码一位乘	原码两位乘
符号位	$x_0 \oplus y_0$	$x_0 \oplus y_0$
操作数	绝对值	绝对值的补码
移位	逻辑右移	算术右移
移位次数	n	$\dfrac{n}{2}$（n 为偶数）
最多加法次数	n	$\dfrac{n}{2}+1$（n 为偶数）

对比横向进位阵列乘法器和斜向阵列乘法器,两个电路硬件成本都是 $n*n-1$ 个全加器,只不过一个是 4 行 5 列,一个是 5 行 4 列。但由于内部进位信号传递方式不同,直接导致性能差异加大,大约是 1.5 倍的差异,不同结构硬件实现方式就和软件的算法一样,好的算法可以得到优秀的性能。图 4.7 所示为阵列乘法器示意图。

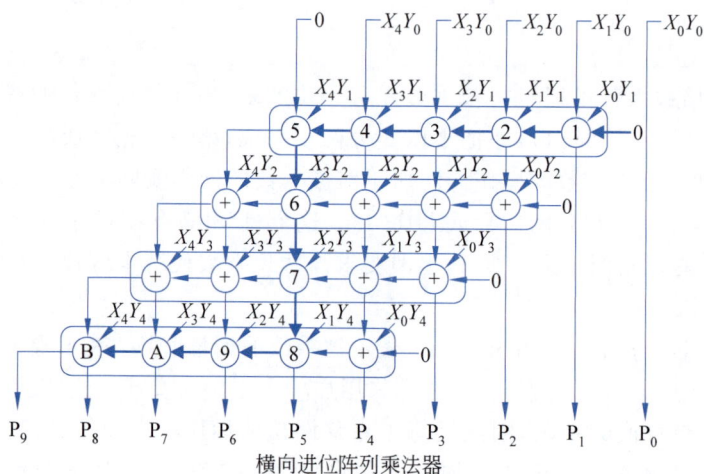

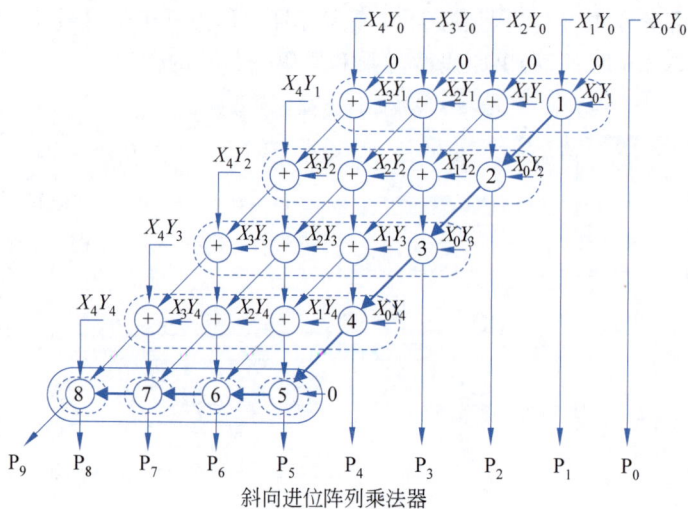

横向进位阵列乘法器

斜向进位阵列乘法器

图 4.7　阵列乘法器示意图

2）计算机中的流水线

流水线技术通过将复杂的运算过程分解为更细粒度的子任务,并行执行这些子任务来提高整体处理效率。在计算机体系结构中,这一概念被广泛采用,尤其在执行诸如乘法和浮点数运算这类比定点加法更为复杂的操作时。流水线技术的核心是实现任务的并发执行,本书将着重探讨乘法流水线,以便深入了解计算机是如何利用流水线技术来提升运算效率的。

在之前的编码流水传输实验中,我们已经介绍了流水线的基本原理,即通过一系列寄存器和组合逻辑单元的交替排列来构建数据通路。流水线接口的本质是由多个寄存器组成,前一阶段的处理结果通过这些接口传递给下一阶段。每经过一个时钟周期,各流水段的组合逻辑处理后的结果就会被锁存到下一阶段的寄存器中,作为下一个阶段处理的输入数据。时钟的作用是推动数据在各个阶段之间的传递,类似于生产线上的传送带。

需要强调的是,流水线的高效性在于任务分解后的并行处理能力。如图 4.8 所示,由于寄存器的存在,各个流水段可以并行地工作。当流水线完全充满时,每过一个时钟周期就能得到一个处理结果。流水线的时钟频率受限于组合逻辑的关键路径长度,因此,为了性能提升,设计者通常会尽量缩短各个阶段中组合逻辑的时延。分解任务的粒度越细,各阶段的组合逻辑时延就越短,从而使得流水线的时钟频率可以更高,流水线的性能也随之提高。

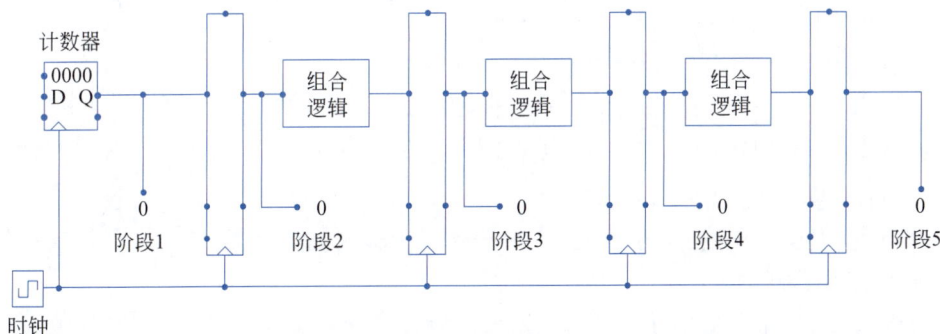

图 4.8 计算机中的流水线

回到阵列乘法器上,如果简单地将 5×5 阵列乘法器看作 4 个 5 位串行加法器的级联,我们可以将运算过程细分为 4 个步骤:第 1 步计算得到部分积,为了简化设计,我们这里可以直接采用 10 位的加法器进行运算,不足的位补零即可;第 2 步将第 1 步运算的结果累加上 $Y_2 X * 4$,$* 4$ 是考虑权值对齐的问题;第 3 步和第 4 步同理,完成第 4 步运算后,10 位加法器的运算结果就是最终的成绩,示意图如图 4.9 所示。如果把这里绿色的横线当作流水接口,实际上就可以演变成一个乘法流水线,这里流水接口本质上就是一堆寄存器,用于锁存当前步骤运算的部分积,以及后续步骤运算所需要的 $Y_i * X$。

5. 补码乘法

以小数为例介绍补码一位乘运算规则,设被乘数 $[x]_补 = x_0 \cdot x_1 \cdot x_2 \cdot \cdots \cdot x_n$,乘数为 $[y]_补 = y_0 \cdot y_1 \cdot y_2 \cdot \cdots \cdot y_n$。

当被乘数任意,乘数为正时,同原码乘,但加和移位按补码规则运算,乘积的符号自然形成。当被乘数任意,乘数为负时,乘数 $[y]_补$,去掉符号位,操作与乘数为正时相同。最后加 $[-x]_补$,校正。

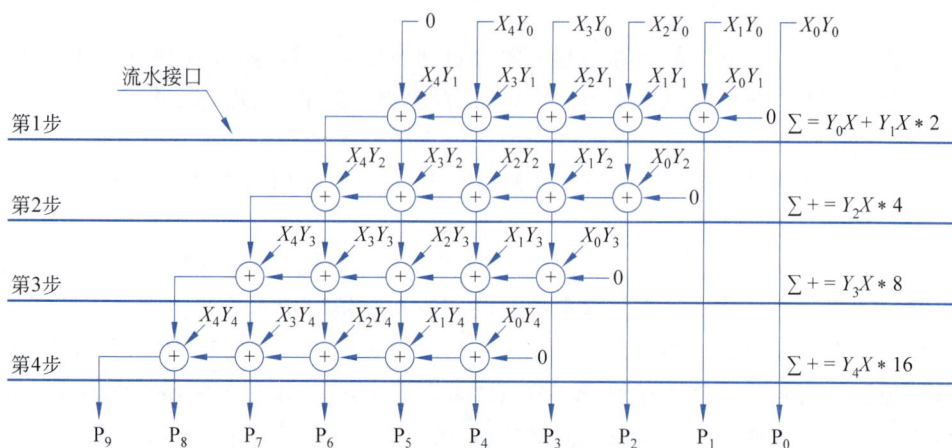

图 4.9　阵列乘法器流水优化方法

比较法用于被乘数、乘数符号任意时。该方法是 Booth 夫妇首先提出来的,故又称 Booth 算法。它的运算规则可由校正法导出。

设 $[x]_补 = x_0 \cdot x_1 \cdot x_2 \cdots \cdot x_n$,$[y]_补 = y_0 \cdot y_1 \cdot y_2 \cdots y_n$,

$$[x \cdot y]_补$$

$$= [x]_补 (0 \cdot y_1 \cdots \cdot y_n) - [x]_补 \cdot y_0$$

$$= [x]_补 (y_1^{-1} + y_2 2^{-2} + \cdots + y_n 2^{-n}) - [x]_补 \cdot y_0$$

$$= [x]_补 (-y_0 + y_1 2^{-1} + y_2 2^{-2} + \cdots + y_n 2^{-n})$$

$$= [x]_补 [-y_0 + (y_1 - y_1 2^{-1}) + (y_2 2^{-1} - y_2 2^{-2}) + \cdots + (y_n 2^{-(n-1)} - y_n 2^{-n})]$$

$$= [x]_补 [(y_1 - y_0) + (y_2 - y_1) 2^{-1} + \cdots + (y_n - y_{n-1}) 2^{-(n-1)} + (0 - y_n) 2^{-n}]$$

$$= [x]_补 [(y_1 - y_0) + (y_2 - y_1) 2^{-1} + \cdots + (y_{n+1} - y_n) 2^{-n}]$$

比较法递推公式为

$$[z_0]_补 = 0$$

$$[z_1]_补 = 2^{-1} \{(y_{n+1} - y_n)[x]_补 + [z_0]_补\}, y_{n+1} = 0$$

$$\vdots$$

$$[z_n]_补 = 2^{-1} \{(y_2 - y_1)[x]_补 + [z_{n-1}]_补\}$$

$$[x \cdot y]_补 = [z_n]_补 + (y_1 - y_0)[x]_补$$

其中,实现 $y_{i+1} - y_i$ 的方式如表 4.7 所示。

表 4.7　实现 $y_{i+1} - y_i$ 的方式

$y_i y_{i+1}$	$y_{i+1} - y_i$	操　作
0　0	0	$\rightarrow 1$
0　1	1	$+[x]_补 \rightarrow 1$
1　0	-1	$+[-x]_补 \rightarrow 1$
1　1	0	$\rightarrow 1$

由此可见,开始时 $y_{n+1} = 0$,部分积初值 $[z_0]_补$ 为 0,每一步乘法由 $(y_{n+1} - y_n)(i = 1, 2, \cdots, n)$ 决定原部分积加 $[x]_补$ 或加 $[-x]_补$ 或加 0,再右移一位得新的部分积,以此重复 n 步。第 $n+1$ 步由 $(y_1 - y_0)$ 决定原部分积加 $[x]_补$ 或加 $[x]_补$ 或加 0,但不移位,即得 $[x \cdot y]_补$。

这里的$(y_{i+1}-y_i)$之差值恰恰与乘数末两位 y_i 及 y_{i+1} 的状态对应,对应的操作如表 4.7 所示。$y_i=0$,$y_{i+1}=0$,$y_{i+1}-y_i=0$,操作是部分积右移一位。当运算至最后一步时,乘积不再右移。这样的运算规则计算机很容易实现。

Booth 算法的硬件配置如图 4.10 所示,图中 A、X、Q 均为 $n+2$ 位寄存器,其中 X 存放被乘数的补码(含两位符号位),Q 存放乘数的补码(含最高 1 位符号位和最末 1 位附加位),移位和加控制逻辑受 Q 寄存器末 2 位乘数控制。当其为 01 时,A、X 内容相加后 A、Q 右移一位;当其为 10 时,A、X 内容相减后 A、Q 右移一位。计数器 C 用于控制逐位相乘的次数,G_M 为乘法标记。

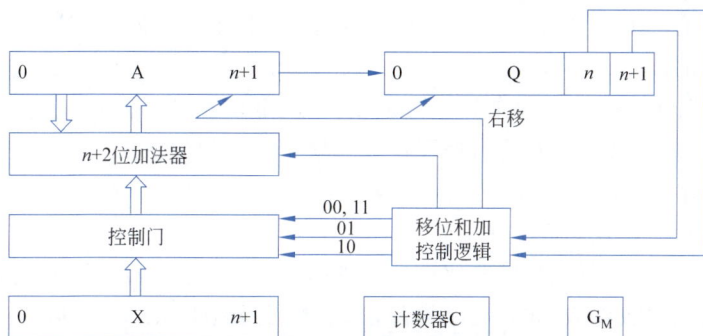

图 4.10　Booth 算法的硬件配置

4.1.4　除法运算

定点除法运算是计算机处理器中实现的一种基本运算,它专门用于执行定点数的除法操作。定点数可以表示整数或固定小数点数,这类数在各种应用领域,如数字信号处理、图像处理和音频处理中都极为常见。该运算涉及两个定点数的相除并产生一个结果。与定点乘法运算相比,定点除法运算在实现上更加复杂,原因在于它不仅需要处理可能产生的小数部分,还必须对结果的精度进行严格控制。

定点除法通常需要重复的减法、比较和位移操作,以逐步逼近最终结果。在实现过程中,常见的算法包括恢复余数除法、非恢复余数除法和 SRT 除法等。这些算法在不同的处理器架构和应用需求下会有所不同,但它们的共同目标都是在保证计算精度的同时,尽可能提高除法运算的效率。

在数值计算的过程中,定点除法运算的精度尤其重要,因为除法结果的误差可能会在后续的计算中被放大。因此,在设计定点除法运算的实现时,工程师们必须综合考虑算法的精度、运算速度以及硬件成本等多个因素,以实现最优的运算性能。

笔算除法时,其数值部分的运算如下面的竖式所示:

设 $x=-0.1011$,$y=0.1101$,则

```
                0.1101
0.1101 ) 0.10110
          0.01101
          0.010010
          0.001101
          0.00010100
          0.00001101
          0.00000111
```

故 $x \div y = -0.1101$，余数为 0.00000111。

在手工进行定点除法运算时，商的符号可以通过简单的规则来确定：若被除数和除数符号相异，则商为负；符号相同，则商为正。这一过程在计算中被单独处理。手工计算除法时，每次确定商的一个位数，通常是通过估算余数（即当前的被除数）与除数的大小关系来判断该位商是"1"或是"0"。在每一步的减法操作之后，余数保持不变，低位补"0"，然后从中减去右移后的除数。在这个过程中，上商的具体位置并不是固定的。

若尝试将这些手工除法的规则直接应用于计算机中，会面临一些实现上的困难。主要问题包括：

（1）计算机无法像人类一样通过"心算"直接得出商的每一位。计算机必须通过算法来逐步确定每一位的商。

（2）为了遵循在每次减法操作后保持余数不变、低位补"0"，然后减去右移后的除数的规则，计算机中的加法器需要有能力处理长度为除数两倍的数字。

（3）在手工计算中，求商通常是从高位至低位逐位进行的，而要求计算机将每位的商直接写入寄存器的相应位置同样存在实际难度。

在计算机中实现定点除法时，需要设计特定的算法来模拟手工计算的过程，并克服上述难题。常见的定点除法算法，如恢复余数除法、非恢复余数除法、SRT 除法等，都是在保证精度的同时为了提高效率而设计的。这些算法通过精心设计的迭代过程和位操作来实现高效的除法计算。此外，计算机体系结构中通常会引入专门的硬件单元，如除法器，来优化这些操作，从而在硬件级别提高除法运算的速度和效率。

笔算除法和机器除法的比较如表 4.8 所示。

表 4.8　笔算除法和机器除法的比较

笔 算 除 法	机 器 除 法
商符单独处理	符号位异或形成
心算上商	$\lvert x \rvert - \lvert y \rvert > 0$ 上商 1 $\lvert x \rvert - \lvert y \rvert < 0$ 上商 0
余数不动，低位补"0" 减右移一位的除数	余数左移一位，低位补"0" 减除数
2 倍字长加法器	1 倍字长加法器
上商位置不固定	在寄存器最末位上商

原码除法中，商符由两数符号位进行异或运算求得，商值由两数绝对值相除（x^* / y^*）求得。小数定点除法对被除数和除数有一定的约束，即必须满足下列条件：

（1）$0 < \lvert 被除数 \rvert \leqslant \lvert 除数 \rvert$。

（2）实现除法运算时，还应避免除数为 0 或被除数为 0。

（3）前者结果为无限大，不能用机器的有限位数表示；后者结果总是 0，这个除法操作没有意义，浪费了机器时间。

（4）商的位数一般与操作数的位数相同。

以小数为例，

设 $[x]_原 = x_0 \cdot x_1 \cdot x_2 \cdots x_n$，$[y]_原 = y_0 \cdot y_1 \cdot y_2 \cdots y_n$，则

$$\left[\frac{x}{y} \right]_原 = (x_0 \oplus y_0) \cdot \frac{x^*}{y^*}$$

式中，$x^* = x_0 \cdot x_1 \cdot x_2 \cdots \cdot x_n$ 为 x 的绝对值，$y^* = y_0 \cdot y_1 \cdot y_2 \cdots \cdot y_n$ 为 y 的绝对值。商的符号位单独处理 $x_0 \oplus y_0$。数值部分为绝对值相除 $\dfrac{x^*}{y^*}$。此处约定小数定点除法 $x^* < y^*$，整数定点除法 $x^* > y^*$，被除数不等于 0，除数不能为 0。

原码加减法交替除法硬件配置如图 4.11 所示。

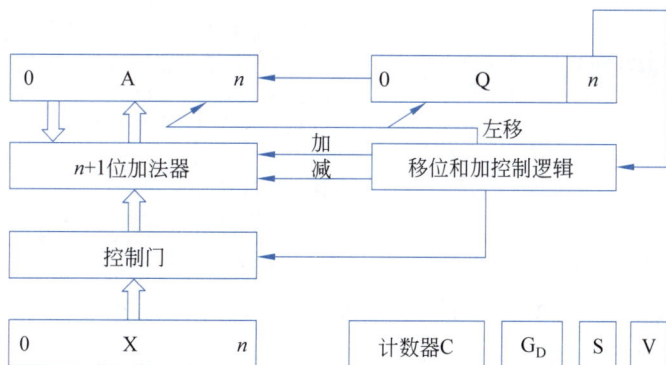

图 4.11　原码加减法交替除法硬件配置

图 4.11 中，A、X、Q 均为 $n+1$ 位寄存器，其中 A 存放被除数的原码，X 存放除数的原码。移位和加控制逻辑受 Q 的末位控制（$Q_n = 1$ 作减法，$Q_n = 0$ 作加法），计数器 C 用于控制逐位相除的次数 n，G_D 为除法标记，V 为溢出标记，S 为商符。

补码除法中，商值的确定需要比较被除数和除数绝对值的大小，设 $x = 0.1011$，$[x]_{补} = 0.1011$，$y = 0.0011$，$[y]_{补} = 0.0011$，则

$$[x]_{补} = 0.1011$$
$$\underline{+[-y]_{补} = 1.1101}$$
$$[R_i]_{补} = 0.1000$$

设 $x = -0.0011$，$[x]_{补} = 1.1101$，$y = -0.1011$，$[y]_{补} = 1.0101$，则

$$[x]_{补} = 1.1101$$
$$\underline{+[-y]_{补} = 0.1011}$$
$$[R_i]_{补} = 0.1000$$

当 x 与 y 异号，$x = 0.1011$，$[x]_{补} = 0.1011$，$y = -0.0011$，$[y]_{补} = 1.1101$，则

$$[x]_{补} = 0.1011$$
$$\underline{+[y]_{补} = 1.1101}$$
$$[R_i]_{补} = 0.1000$$

设 $x = -0.0011$，$[x]_{补} = 1.1101$，$y = 0.1011$，$[y]_{补} = 0.1011$，则

$$[x]_{补} = 1.1101$$
$$\underline{+[y]_{补} = 0.1011}$$
$$[R_i]_{补} = 0.1000$$

当被除数与除数同号时，做减法，若得到的余数与除数同号，表示"够减"，否则表示"不够减"。当被除数与除数异号时，做加法，若得到的余数与除数异号，表示"够减"，否则表示"不够减"。可总结如表 4.9 所示。

表 4.9   补码除法规则总结

$[x]_{补}$和$[y]_{补}$	求$[R_i]_{补}$	$[R_i]_{补}$与$[y]_{补}$
同号	$[x]_{补}-[y]_{补}$	同号,"够减"
异号	$[x]_{补}+[y]_{补}$	异号,"够减"

商值的确定可以使用末位恒置"1"法,操作如表 4.10 所示。

表 4.10   商的确定方法总结

$[x]_{补}$和$[y]_{补}$	商	$[R_i]_{补}$与$[y]_{补}$	商 值	
同号	正	够减(同号) 不够减(异号)	1 0	原码上商
异号	负	够减(异号) 不够减(同号)	0 1	反码上商

在补码除法中,商符是在求商的过程中自动形成的。在小数定点除法中,被除数的绝对值必须小于除数的绝对值,否则商大于 1 而溢出。因此,当$[x]_{补}$与$[y]_{补}$同号时,$[x]_{补}-[y]_{补}$所得的余数$[R_0]_{补}$必与$[y]_{补}$异号,上商"0",恰好与商的符号(正)一致;当$[x]_{补}$与$[y]_{补}$异号时,$[x]_{补}+[y]_{补}$所得的余数$[R_0]_{补}$必与$[y]_{补}$同号,上商"1",这也与商的符号(负)一致,可见,商符是在求商值过程中自动形成的。

此外,商的符号还可用来判断商是否溢出。例如,当$[x]_{补}$与$[y]_{补}$同号时,若$[R_0]_{补}$与$[y]_{补}$同号,上商"1",即溢出。当$[x]_{补}$与$[y]_{补}$异号时,若$[R_0]_{补}$与$[y]_{补}$异号,上商"0",即溢出。当然,对于小数补码运算,商等于"-1"应该是允许的,但这需要特殊处理,为简化问题,这里不予考虑,如图 4.12 所示。

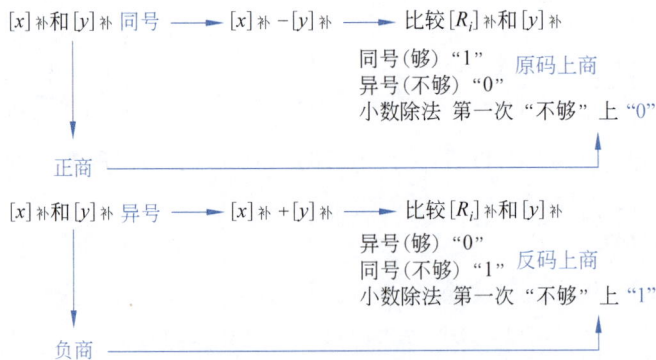

图 4.12   商符在除法过程中自然形成

新余数$[R_i+1]_{补}$的获得方法与原码加减交替法极相似,其算法规则如表 4.11 所示。当$[R]_{补}$与$[y]_{补}$同号时,商上 1,新余数$[R_{i+1}]_{补}=2[R_i]_{补}-[y]_{补}=2[R_i]_{补}+[-y]_{补}$,当$[R]_{补}$与$[y]_{补}$异号时,商上 0,新余数$[R_{i+1}]_{补}=2[R_i]_{补}+[y]_{补}$。

表 4.11   新余数的获得方法

$[R_i]_{补}$与$[y]_{补}$	商	新 余 数
同号	1	$2[R_i]_{补}+[-y]_{补}$
异号	0	$2[R_i]_{补}+[y]_{补}$

补码除和原码除(加减交替法)比较如表 4.12 所示。

表 4.12　补码除和原码除的比较

比 较 项 目	原 码 除	补 码 除
商符	$x_0 \oplus y_0$	自然形成
操作数	绝对值补码	补码
上商原则	余数的正负	比较余数和除数的符号
上商次数	$n+1$	$n+1$
加法次数	$n+1$	n
移位	逻辑左移	逻辑左移
移位次数	n	n
第一步操作	$[x^*]_补 - [y^*]_补$	同号 $[x]_补 - [y]_补$ 异号 $[x]_补 + [y]_补$

4.2　浮点四则运算

浮点四则运算是指对浮点数执行的加法、减法、乘法和除法等基本数学运算。浮点数是一种用于近似表示实数的数据类型,它由符号位、尾数部分(表示精度)和指数部分(表示数值的大小范围)组成。这种表示法允许计算机处理具有非常大或非常小数值的实数。

在进行浮点四则运算时,首先需要对操作数的指数部分进行对齐,使得尾数的小数点位置相同。随后进行尾数的算术运算:加法或减法操作时,直接对齐后的尾数进行相加或相减;乘法或除法时,执行尾数的相乘或相除,并调整结果的指数部分。

在尾数的运算过程之后,通常需要执行规范化操作以确保结果的格式正确。规范化可能涉及尾数的左移或右移,同时相应调整指数,以保证尾数的最高位存在有效数字。

最终,计算结果可能需要进行舍入操作以适应目标数据格式的精度限制,并处理可能发生的溢出或下溢情况。溢出指的是结果超出了浮点数表示范围的上限,而下溢则是结果小于可以表示的最小非零数。

浮点四则运算在处理科学计算、图形处理、模拟仿真等应用时至关重要。为了满足这些应用对计算精度和性能的要求,通常在硬件层面集成有专门的浮点数处理器(FPU)。此外,为了提高计算效率并减少舍入误差,会采用多种算法优化浮点运算过程。

在设计浮点运算系统时,工程师必须考虑到诸多因素,包括指数和尾数的位数、舍入模式的选择、异常情况的处理机制等。这些设计决策将直接影响到浮点运算的精度、速度以及整体计算系统的可靠性和稳定性。

4.2.1　浮点加减运算

设两个浮点数 $x = S_x \cdot 2^{j_x}$,$y = S_y \cdot 2^{j_y}$。由于浮点数尾数的小数点均固定在第一数值位前,所以尾数的加减运算规则与定点数的完全相同。但由于其阶码的大小又直接反映尾数有效值小数点的实际位置,因此当两浮点数阶码不等时,因两尾数小数点的实际位置不一样,尾数部分无法直接进行加减运算。为此,浮点数加减运算必须按以下几步进行。

第 1 步:对阶,使两数的小数点位置对齐。

第 2 步:尾数求和,将对阶后的两尾数按定点加减运算规则求和(差)。

第 3 步：规格化，为增加有效数字的位数，提高运算精度，必须将求和（差）后的尾数规格化。

第 4 步：舍入，为提高精度，要考虑尾数右移时丢失的数值位。

第 5 步：溢出判断，即判断结果是否溢出。

对阶的目的是使两操作数的小数点位置对齐，即使两数的阶码相等。为此，首先要求出阶差，再按小阶向大阶看齐的原则，使阶小的尾数向右移位，每右移一位，阶码加 1，直到两数的阶码相等为止。右移的次数正好等于阶差。尾数右移时可能会发生数码丢失，影响精度。操作如下：

$$\Delta j = j_x - j_y = \begin{cases} =0 & j_x = j_y \quad \text{已对齐} \\ >0 & j_x > j_y \begin{cases} x \text{向} y \text{看齐} & S_x \leftarrow 1, j_x - 1 \\ y \text{向} x \text{看齐} & S_y \rightarrow 1, j_y + 1 \end{cases} \\ <0 & j_x < j_y \begin{cases} x \text{向} y \text{看齐} & S_x \rightarrow 1, j_x + 1 \\ y \text{向} x \text{看齐} & S_y \leftarrow 1, j_y - 1 \end{cases} \end{cases}$$

尾数求和是将对阶后的两个尾数按定点加（减）运算规则进行运算。

规格化的判断方法如表 4.13 所示，规格化中，当基值 $r=2$ 时，尾数 S 的规格化形式为 $\frac{1}{2} \leq |S| < 1$。如果采用双符号位的补码，规格化数判断见下表。需要注意的是，原码不论正数、负数，第一位为 1，补码符号位和第一数位不同。

表 4.13　规格化的判断方法

$S>0$	规格化形式	$S<0$	规格化形式
真值	$0.1xx\cdots x$	真值	$-0.1xx\cdots x$
原码	$0.1xx\cdots x$	原码	$1.1xx\cdots x$
补码	$0.1xx\cdots x$	补码	$1.0xx\cdots x$
反码	$0.1xx\cdots x$	反码	$1.0xx\cdots$

规格化中有一个特例。对于真值 $-\frac{1}{2}$ 而言，它满足式 $\frac{1}{2} \leq |S| < 1$，对于补码 $[S]_补$ 而言，它不满足于式 $[S]_补 = 11.0xx\cdots x$。为了便于硬件判断，特规定 $-\frac{1}{2}$ 不是对补码规格化的数。当 $S=-1$，则 $[S]_补 = 11.00\cdots 0$，因小数补码允许表示 -1，故 -1 视为规格化的数。

当尾数求和（差）结果不满足式 $[S]_补 = 00.1xx\cdots x$ 或式 $[S]_补 = 11.0xx\cdots x$ 时，则需规格化。规格化又分左规和右规两种。

当尾数出现 $00.0xx\cdots x$ 或 $11.1xx\cdots x$ 时，需左规。左规时尾数左移一位，阶码减 1，直到数符和第一数位不同为止。

上例 $[x+y]_补 = 00,11;11.1001$，左规后 $[x+y]_补 = 00,10;11.0010$，所以 $x+y = (-0.1110) \times 2^{10}$。

当尾数出现 $01.xx\cdots x$ 或 $10.xx\cdots x$ 时，表示尾数溢出，这在定点加减运算中是不允许的，但在浮点运算中这不算溢出，可通过右规处理。右规时尾数右移一位，阶码加 1。

设 $[x+y]_补 = 00,010;01.001010$，右规后为 $[x+y]_补 = 00,011;00.100101$，所以 $x+y = 0.100101 \times 2^{11}$。

在对阶和右规的过程中,可能会将尾数的低位丢失,引起误差,影响精度。为此可用舍入法来提高尾数的精度。常用的舍入方法有以下两种。

"0 舍 1 入"法:该方法类似于十进制数运算中的"四舍五入"法,即在尾数右移时,被移去的最高数值位为 0,则舍去;被移去的最高数值位为 1,则在尾数的末位加 1。这样做可能使尾数又溢出,此时需再做一次右规。

"恒置 1"法:尾数右移时,不论丢掉的最高数值位是"1"还是"0",都使右移后的尾数末位恒置"1"。这种方法同样有使尾数变大和变小的两种可能。

与定点加减法一样,浮点加减运算最后一步也需判断溢出。在浮点规格化中已指出,当尾数之和(差)出现 $01.xx\cdots x$ 或 $10.xx\cdots x$ 时,并不表示溢出,只有将此数右规后,再根据阶码来判断浮点运算结果是否溢出。

设机器数为补码,尾数为规格化形式,并假设阶符取 2 位,阶码的数值部分取 7 位,数符取 2 位,尾数的数值部分取 n 位,则它们能表示的补码在数轴上的表示范围如图 4.13 所示。

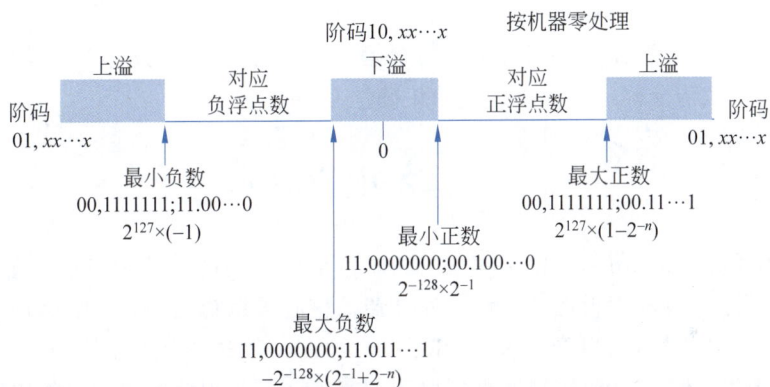

图 4.13　数轴上的表示图

图 4.13 中的坐标均为补码表示,分别对应最小负数、最大正数、最大负数和最小正数。它们所对应的真值如下:最小负数为 $2^{127}\times(-1)$,最大正数为 $2^{127}\times(1-2^{-n})$,最大负数为 $2^{-128}\times(-2^{-1}-2^{-n})$,最小正数为 $2^{-128}\times2^{-1}$。

当阶码 $=01.xx\cdots x$ 为上溢。$[阶码]_{补}=10.xx\cdots x$ 为下溢,下溢时,浮点数值趋于零,故机器不作溢出处理,仅把它作为机器零。

4.2.2　浮点乘除运算

两个浮点数相乘,乘积的阶码应为相乘两数的阶码之和,乘积的尾数应为相乘两数的尾数之积。两个浮点数相除,商的阶码为被除数的阶码减去除数的阶码,尾数为被除数的尾数除以除数的尾数所得的商,可用下式描述。

设两浮点数 $x=S_x\cdot2^{j_x}$,$y=S_y\cdot2^{j_y}$,则

$$x\cdot y=(S_x\cdot S_y)\times2^{j_x+j_y}$$

$$\frac{x}{y}=\frac{S_x}{S_y}\times2^{j_x-j_y}$$

乘除运算的具体步骤如下。

(1) 对于阶码的运算,使用移码表示,即在运算前将阶码的符号位取反(变为补码),然

后执行加减运算。这样可以得到阶码的和或差的移码表示。

（2）在执行尾数的除法运算之前，应首先检查被除数是否为零。如果被除数为零，则商为零。接着检查除数是否为零，若除数为零，则商为无穷大，此时应进行特殊处理。

（3）若两数均非零，可进行除法运算。尾数的除法可采用任何合适的定点小数除法算法完成。为了防止除法结果溢出，应先比较被除数和除数尾数的绝对值。若被除数尾数的绝对值大，则先将被除数尾数右移一位，并将其阶码相应地增加 1，然后进行尾数除法。这样得到的结果将是规格化的。

（4）浮点乘除运算完成后，还必须检查尾数是否需要规范化，并执行舍入操作。

由于浮点运算涉及阶码和尾数的不同处理，浮点运算器的硬件设计相对于定点运算器来说更为复杂。阶码部分主要进行加减运算，尾数部分则涉及加、减、乘、除四种运算。浮点运算器通常包含两个主要部件：一个是阶码运算部件，用于执行阶码的加减、控制对阶和规格化过程中的阶码调整；另一个是尾数运算部件，负责执行尾数的四则运算并判断尾数是否规格化。

除此之外，浮点运算器还需配备用于判断运算结果是否溢出的电路，以及相关的异常处理机制。这些组成部分确保了浮点运算的正确性和稳定性。

4.3 算术逻辑单元

算术逻辑单元（Arithmetic Logic Unit，ALU）是计算机体系结构中至关重要的组成部分，执行基本算术运算和逻辑运算。作为处理器的核心子系统之一，ALU 负责实施加法、减法、乘法、除法等算术操作，以及 AND、OR、NOT、XOR 等逻辑操作。ALU 的构造通常涵盖一系列专用的算术运算器、逻辑运算器以及控制单元。它根据输入的操作码和操作数，通过控制信号来决定执行特定的运算任务。

ALU 的设计是计算机处理能力的关键因素。它不仅参与基本的数据处理任务，还与寄存器文件、控制单元、内存等计算机组件协同工作，以实现复杂的数据处理和决策逻辑。ALU 的性能对整个计算机系统的运算速度和效率有着直接影响。

为了提升计算机的性能，ALU 的设计可以通过扩展其位宽，即可以处理的数据位数来实现。同时，引入流水线技术可以允许多个运算操作并行执行，从而增加吞吐量。此外，通过设计高度优化的指令集，可以减少 ALU 操作的复杂性，进一步提高处理速度。

在现代计算机架构中，ALU 的高效运作对于满足各类应用程序对处理速度和逻辑处理能力的需求至关重要。随着技术的不断进步，ALU 的设计和实现也在不断优化，以适应不断增长的计算需求。

4.3.1 ALU 电路

针对每一种算术运算，都必须有一个相对应的基本硬件配置，其核心部件是加法器和寄存器。当需要完成逻辑运算时，势必需要配置相应的逻辑电路，而 ALU 电路是既能完成算术运算又能完成逻辑运算的部件。

如图 4.14 所示是 ALU 框图。图中 A_i 和 B_i 为输入变量，k_i 为控制信号，k_i 的不同取值可决定该电路作哪一种算术运算或哪一种逻辑运算，F_i 是输出函数。组合逻辑电路 k_i

不同取值时 F_i 不同。

现在 ALU 电路已制成集成电路芯片,如 74181 是能完成 4 位二进制代码的逻辑运算部件。74181 有两种工作方式,即正逻辑和负逻辑。

运算器使用运算电路进行算术运算和逻辑运算,使用累加寄存器,通用寄存器暂存运算数据及中间结果,使用多路选择、数据通路选取数据参与运算,使用程序状态字反映运算处理的状态。运算器结构如图 4.15 所示。

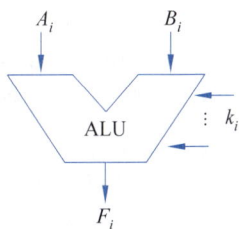

图 4.14 ALU 框图

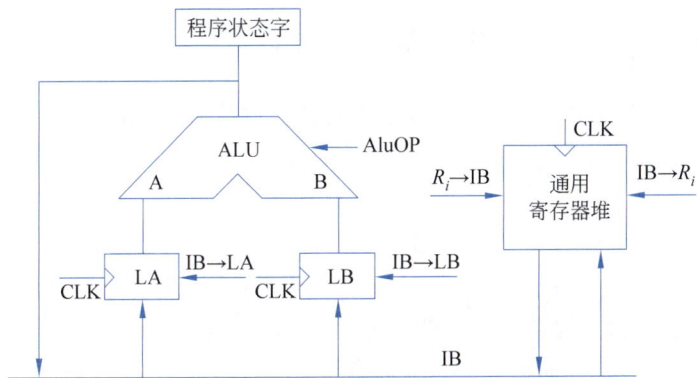

图 4.15 ALU 构建示意图

4.3.2 快速进位链

随着操作数位数的增加,电路中进位的速度对运算时间的影响也越来越大,为了提高运算速度,本节将通过对进位过程的分析设计快速进位链。

1. 并行加法器

并行加法器由若干个全加器组成,如图 4.16 所示。$n+1$ 个全加器级联就组成了一个 $n+1$ 位的并行加法器。由于每位全加器的进位输出是高一位全加器的进位输入,因此当全加器有进位时,这种一级一级传递进位的过程将会大大影响运算速度。

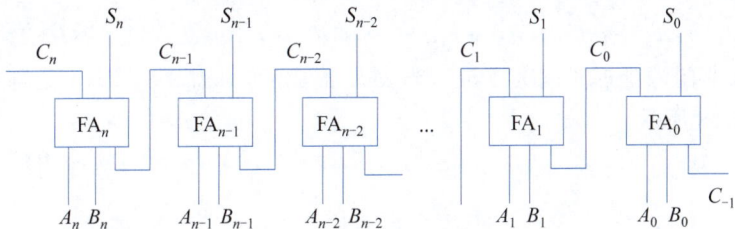

图 4.16 并行加法器结构图

由全加器的逻辑表达式可知:

$$S_i = \overline{A}_i \overline{B}_i C_{i-1} + \overline{A}_i B_i \overline{C}_{i-1} + A_i \overline{B}_i \overline{C}_{i-1} + A_i B_i C_{i-1}$$

$$C_i = \overline{A}_i \overline{B}_i C_{i-1} + \overline{A}_i B_i \overline{C}_{i-1} + A_i \overline{B}_i \overline{C}_{i-1} + A_i B_i C_{i-1}$$

$$= A_i B_i + (A_i + B_i) C_{i-1}$$

可见,C_i 进位由两部分组成:本地进位 $A_i B_i$ 可记作 d_i,与低位无关;传递进位($A_i +$

B_i)C_{i-1} 与低位有关,可称 $A_i + B_i$ 为传递条件,记作 t,则 $C_i = d_i + t_i C_{i-1}$。

由 C_i 的组成可以将逐级传递进位的结构转换为以进位链的方式实现快速进位。目前进位链通常采用串行和并行两种。

2. 串行进位链

串行进位链是指并行加法器中的进位信号采用串行传递。以 4 位全加器为例,每一位的进位表达式为

$$C_0 = d_0 + t_0 C_{-1} = \overline{\overline{d_0} \cdot \overline{t_0 C_{-1}}}$$

$$C_1 = d_1 + t_1 C_0$$

$$C_2 = d_2 + t_2 C_1$$

$$C_3 = d_3 + t_3 C_2$$

由上式可见,采用与非逻辑电路可方便地实现进位传递,如图 4.17 所示。

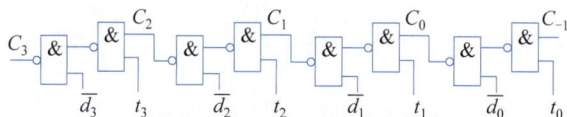

图 4.17　与非逻辑电路实现进位传递

若设与非门的级延迟时间为 t_y,那么当 d_i、t_i 形成后,共需 $8t_y$,便可产生最高位的进位。实际上每增加一位全加器,进位时间就会增加 $2t_y$。n 位全加器的最长进位时间为 $2nt_y$。

3. 并行进位链

- 并行进位链是指并行加法器中的进位信号是同时产生的,又称先行进位、跳跃进位等。

  理想的并行进位链是 n 位全加器的 n 位进位同时产生,但实际实现有困难。

- 以 4 位加法器为例,可得下式:

$$C_0 = d_0 + t_0 C_{-1}$$

$$C_1 = d_1 + t_1 C_0 = d_1 + t_1 d_0 + t_1 t_0 C_{-1}$$

$$C_2 = d_2 + t_2 C_1 = d_2 + t_2 d_1 + t_2 t_1 d_0 + t_2 t_1 t_0 C_{-1}$$

$$C_3 = d_3 + t_3 C_2 = d_3 + t_3 d_2 + t_3 t_2 d_1 + t_3 t_2 t_1 d_0 + t_3 t_2 t_1 t_0 C_{-1}$$

- 设与或非门的延迟时间为 $1.5t_y$,当 $d_i t_i$ 形成后,只需 $2.5t_y$ 产生全部进位。电路图如图 4.18 所示。

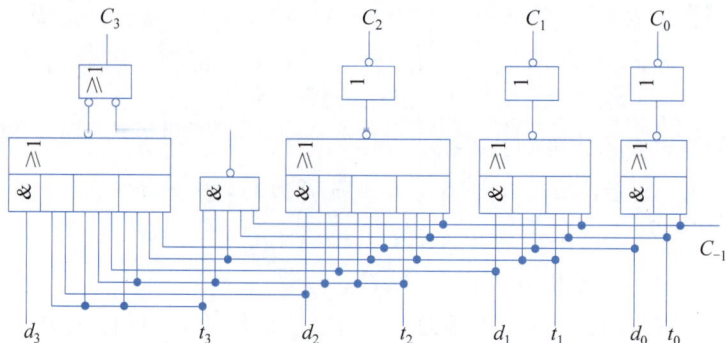

图 4.18　并行进位链

- 通常并行进位链有单重分组和双重分组两种实现方案。
- 单重分组中,设与或非门的级延迟时间为 $1.5t_y$,与非门的级延迟时间仍为 $1t_y$,则 d_i、t_i 形成后,只需 $2.5t_y$ 就可产生全部进位。
- 如果将 16 位的全加器按 4 位一组分组,便可得单重分组跳跃进位链框图,如图 4.19 所示。

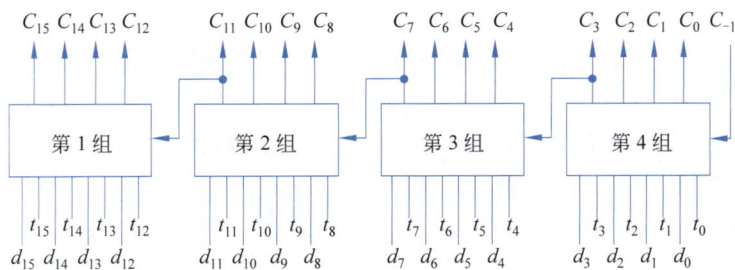

图 4.19 单重分组跳跃进位链

不难理解在 d_i、t_i 形成后,经 $2.5t_y$ 可产生 C_3、C_2、C_1、C_0 这 4 个进位信息,经 $10t_y$ 就可产生全部进位,而 $n=16$ 的串行进位链的全部进位时间为 $32t_y$,可见单重分组方案进位时间仅为串行进位链的 1/3。但随着 n 的增大,其优势便很快减弱。例如,当 $n=64$ 时,按 4 位分组,共为 16 组,组间有 16 位串行进位,在 d_i、t_i 形成后,还需经 $40t_y$ 才能产生全部进位,显然进位时间太长。如果能使组间进位也同时产生,必然会更大地提高进位速度,这就是组内、组间均为并行进位的方案。

双重分组跳跃进位就是将 n 位全加器分成若干大组,每个大组中又包含若干小组,而每个大组内所包含的各个小组的最高位进位是同时产生的,大组与大组间采用串行进位。

因各小组最高位进位是同时形成的,小组内的其他进位也是同时形成的(注意:小组内的其他进位与小组的最高位进位并不是同时产生的),故又有组(小组)内并行、组(小组)间并行之称。如图 4.20 是一个 32 位并行加法器双重分组跳跃进位链的框图。

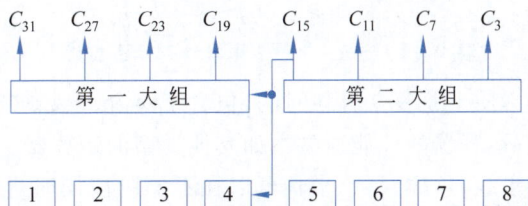

图 4.20 双重分组跳跃进位链

图 4.20 中共分两大组,每个大组内包含 4 个小组,第一大组内的 4 个小组的最高位进位 C_{31}、C_{27}、C_{23}、C_{19} 是同时产生的;第二大组内 4 个小组的最高位进位 C_{15}、C_{11}、C_7、C_3 也是同时产生的,而第二大组向第一大组的进位 C,采用串行进位方式。

以第八小组为例,有

$$C_3 = d_3 + t_3 C_2 = \underbrace{d_3 + t_3 d_2 + t_3 t_2 d_1 + t_3 t_2 t_1 d_0}_{D_8} + \underbrace{t_3 t_2 t_1 t_0 C_{-1}}_{T_8}$$

$$= D_8 + T_8 C_{-1}$$

式中,$d_3 + t_3 d_2 + t_3 t_2 d_1 + t_3 t_2 t_1 d_0$ 仅与本小组内的 d_i、t_i 有关,不依赖外来进位 C_{-1},故称

D_8 为第八小组的本地进位；$T_8 = t_3 t_2 t_1 t_0$ 是将低位进位 C_{-1} 传到高位小组的条件，故称 T_8 为第八小组的传送条件。

同理，第七小组 $C_7 = D_7 + T_7 C_3$，第六组 $C_{11} = D_6 + T_6 C_7$，第五组 $C_{15} = D_5 + T_5 C_{11}$，进一步展开得

$$C_3 = D_8 + T_8 C_{-1}$$

$$C_7 = D_7 + T_7 C_3 = D_7 + T_7 D_8 + T_7 T_8 C_{-1}$$

$$C_{11} = D_6 + T_6 C_7 = D_6 + T_6 D_7 + T_6 T_7 D_8 + T_6 T_7 T_8 C_{-1}$$

$$C_{15} = D_5 + T_5 C_{11} = D_5 + T_5 D_6 + T_5 T_6 D_7 + T_5 T_6 T_7 D_8 + T_5 T_6 T_7 T_8 C_{-1}$$

每小组可产生本小组的本地进位 D_i 和传送条件 T_i 以及组内的各低位进位，但不能产生组内最高位进位，即第五组形成 D_5、T_5、C_{14}、C_{13}、C_{12}，不产生 C_{15}；第六组形成 D_6、T_6、C_{10}、C_9、C_8，不产生 C_{11}；第七组形成 D_7、T_7、C_6、C_5、C_4，不产生 C_7；第八组形成 D_8、T_8、C_2、C_1、C_0，不产生 C_3。

在 $n = 32$ 双重分组跳跃进位链中，当 $d_i t_i$ 形成后，经 $d_i t_i$，经 $2.5t_y$ 产生 C_2、C_1、C_0、$D_1 \sim D_8$、$T_1 \sim T_8$；经 $5t_y$，产生 C_{15}、C_{11}、C_7、C_3；经 $7.5t_y$，产生 $C_{18} \sim C_{16}$、$C_{14} \sim C_{12}$、$C_{10} \sim C_8$、$C_6 \sim C_4$、$C_{31} \sim C_{27}$、$C_{23} \sim C_{19}$；经 $10t_y$，产生 $C_{30} \sim C_{28}$、$C_{26} \sim C_{24}$、$C_{22} \sim C_{20}$。按其逻辑表达式可画出相应的电路，如图 4.21 所示。

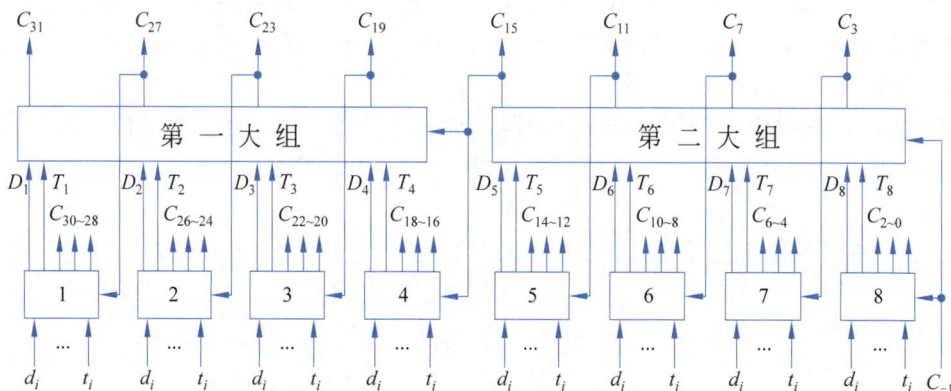

图 4.21　当 $n = 3$ 时 2 重分组跳跃进位链

由于浮点运算过程本质上是复杂且耗时的，包含了对阶、尾数求和、规格化、舍入以及溢出判断等多个步骤，浮点运算器的性能通常不如其他类型的运算器。为了提升性能，可以将这些步骤改造成浮点流水线，这样，每个步骤可以在不同阶段同时进行，类似于工厂生产线上的连续作业。这样的转变可以提高浮点运算器的效率和吞吐量，如图 4.22 所示。

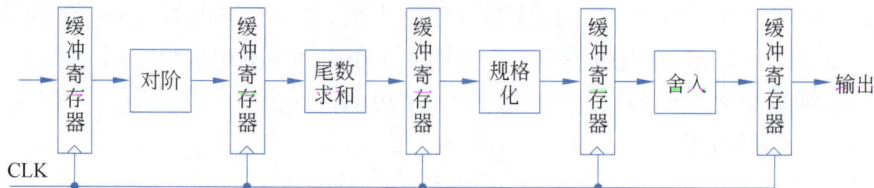

图 4.22　浮点流水线示意图

4.4　本 章 小 结

本章节详细介绍了计算机执行各类复杂计算任务时所依赖的基本运算原理及其典型的实现方式。这些基础运算的设计与优化直接关联到计算机性能的提升。

4.4.1　内容总结

1. 定点运算

（1）移位运算：移位运算是一种基于二进制位的操作，它涉及将数字的所有二进制位统一向左或向右移动指定的位数。这种运算在数学上等同于把原数乘以或除以 2 的相应次方：具体来说，向左移动 n 位等价于乘以 2 的 n 次方，而向右移动 n 位则相当于除以 2 的 n 次方。对于有符号数的算术移位，必须要考虑到符号位的正确处理，而逻辑移位则适用于无符号数的场景。由于移位运算在硬件层面上比实际的乘除法运算要高效得多，它常被用来替代乘法或除法运算，同时也是实现这些算术操作的重要手段之一。

（2）定点加减法：定点加减法运算通常采用补码形式来执行，这样做的优势在于可以将减法运算简化为加法运算。在进行这些运算时，必须对结果进行溢出判断，以确保得到的结果没有超出机器数能够表示的范围。在硬件层面，这类运算一般是通过加法器和寄存器等部件来实现的。

（3）定点乘法：定点乘法是一种改进后的笔算乘法，它通过结合移位和加法的操作来实现乘法过程。在进行原码乘法时，乘积的符号位是通过对两个数符号位进行异或（XOR）运算得到的，而其数值部分则是两个数绝对值的乘积。而对于补码乘法，通常采用的是 Booth 算法，该算法通过比较部分积和除数的符号来决定是进行加法还是减法运算。在硬件层面，定点乘法通常是由移位器、加法器和乘数寄存器等部件共同完成的。

（4）定点除法：定点除法运算可以通过加减交替法来实现，这种方法涉及对结果的正负进行判断，以确定是执行加法还是减法操作。在硬件层面，实现这一运算的除法器通常由移位器、加法器和被除数寄存器等关键部件组成。

2. 浮点四则运算

（1）浮点加减法：浮点加减法的运算过程包括多个步骤。首先是对阶，即调整参与运算的数使它们的指数相等，这可能涉及尾数的右移。随后进行尾数的求和操作。求和完成后，需要对结果进行规格化处理，以确保其格式符合浮点数的表示标准。接下来是舍入处理，根据一定的规则对尾数进行舍入。最后，还需要判断结果是否溢出，以确保得到的数值是可表示的。

（2）浮点乘除法：在执行浮点乘除法时，乘法涉及将参与运算的数的指数进行加和，并计算其尾数的乘积。对于除法，则需要计算指数的差值，同时得到尾数的商。在这两种运算过程中，可能需要适当调整运算的顺序以防止溢出，确保计算结果的准确性和数值的有效表示。

3. 算术逻辑单元

ALU 是计算机的核心部件，由算术运算单元、逻辑运算单元和控制单元组成。ALU 的主要任务是执行各种算术和逻辑运算。为加快运算速度，ALU 常集成快速进位链技术，通过并行进位方法减少进位传递延时。优化 ALU 设计提升了计算机的整体运算性能。

4.4.2　常见问题

1. 现代计算机中是否要考虑原码加减运算？又是如何实现的？

在现代计算机中,浮点数运算遵循 IEEE 754 标准,该标准规定浮点数的尾数部分以原码形式表示。因此,在进行浮点数的加减运算时,需要考虑原码的运算规则。实现原码加减运算主要有两种方法:

补码转换法:先将原码转换为补码,使用补码进行加减运算,然后将结果转换回原码。

直接原码运算:直接对原码进行加减运算,将符号和数值部分分开处理(具体过程见原码加减运算部分)。

2. 计算机是如何处理加减法运算中的溢出问题的？

计算机处理加减法运算中的溢出问题通常依赖于硬件和软件的结合。在硬件层面,处理器在执行算术运算时会设置状态标志,如溢出标志(OF)、进位标志(CF)和零标志(ZF)等,以指示运算过程中是否发生溢出或进位。当运算结果超出了数据类型所能表示的范围时,就会触发溢出。软件层面上,程序员可以通过检查这些状态标志来确定是否发生了溢出,并据此采取相应的处理措施,如发出警告、调整数值范围或执行异常处理程序。此外,某些编程语言和编译器提供了内置的溢出检测和处理机制,以帮助开发者管理溢出问题。

4.4.3　思考题

(1) 解释定点表示法与浮点表示法的主要区别是什么,以及它们各自的适用场景。

(2) 描述移位运算在计算机中的具体应用,为什么它比传统的乘除法运算效率更高？

(3) 比较定点乘法与浮点乘法在实现上的差异,以及它们在硬件上的不同表现。

(4) 描述 Booth 算法在定点乘法中的作用及其优点。

(5) 讨论计算机如何通过加减交替法实现定点除法运算。

(6) 解释浮点加减法运算中阶码对齐的重要性及其对结果精度的影响。

(7) 描述浮点数的规格化过程,以及为何这一步骤对于保持数值精度至关重要。

(8) 思考浮点乘除法中指数的处理方式,以及它们如何影响运算的准确性和溢出的可能性。

(9) 详述 ALU 在计算机中的作用,以及它是如何处理不同类型的运算的。

(10) 说明快速进位链技术如何提升计算机的运算速度。

(11) 在设计 ALU 时,有哪些关键因素必须考虑以确保运算效率和准确性？

(12) 探讨计算机如何实现浮点数的舍入处理,以及不同舍入方式对计算结果的影响。

(13) 将计算机四则运算与人类手工执行这些运算的相似之处和不同之处进行比较。

(14) 思考未来的计算机硬件,特别是 ALU 的设计,可能采取哪些新技术或方法来进一步提升性能和准确性？

第 5 章

数据的读写——存储系统

在人工智能时代,随着数据规模的爆炸式增长和计算任务的日益复杂,主存储器的分类、工作原理及其与系统中其他组件(如 CPU)之间的高效协作显得尤为重要。高性能计算对存储系统提出了更高的需求,高速缓冲存储器、磁表面存储器等存储设备的结构与机制也在不断进化,以适应深度学习、大数据分析等场景对存储性能和效率的要求。本章旨在帮助读者深刻理解现代存储设备的工作原理以及如何构建层次化的存储系统,从而应对人工智能时代对计算机系统性能的全新挑战。

5.1 存储器的分类和层次结构

存储器(图 5.1)是计算机系统的记忆组件,负责存储程序指令和数据。随着计算机技术的发展,存储器在系统中的作用日益突显。特别是随着超大规模集成电路技术的进步,中央处理器(CPU)的处理速度已达到惊人的水平。然而,存储器的数据读写速度与 CPU 的处理速度之间存在差异,这种速度不匹配在很大程度上限制了计算机系统的整体性能。

图 5.1 多样的存储器

随着 I/O 设备的数量不断增加,如果所有的信息交换都必须通过 CPU 来进行,那么 CPU 的工作效率将受到严重影响。因此,出现了 I/O 设备与存储器之间的直接存取方式(DMA),这进一步提升了存储器在计算机系统中的地位。特别是在多处理器系统中,各个处理器都需要与主存储器进行信息交换,并且在处理器之间的通信过程中,也需要共享存储在存储器中的数据。因此,存储器的作用变得尤为重要。可以说,在某种程度上,存储器的性能已经成为衡量计算机系统性能的一个核心指标。

5.1.1　存储器的分类

当今,存储器的种类繁多,从不同的角度对存储器可作不同的分类。

1. 按存储介质分类

存储介质是指能寄存"0""1"两种代码并能区别两种状态的物质或元器件。存储介质主要有半导体器件、磁性材料和光盘等。

1）半导体存储器

半导体存储器是由半导体器件构成的记忆设备。凭借超大规模集成电路技术,现代半导体存储器制成芯片,具备小尺寸、低功耗和快速存取的特点。它的主要缺陷是易失性,即在断电后信息会丢失。但最新研发的非挥发性半导体存储器已克服了这一缺点。根据材料类型的不同,半导体存储器可以进一步分为双极型(TTL)存储器和MOS存储器。双极型存储器特点是速度快,而MOS存储器则以高集成度、制造简便、成本低和低功耗著称,因此MOS存储器得到了广泛应用。

2）磁表面存储器

磁表面存储器使用金属或塑料基底涂覆磁性材料作为记录介质。在使用时,磁层随载磁体高速旋转,磁头在其上执行读写操作。根据载磁体的形状不同,磁表面存储器可分为磁盘、磁带和磁鼓,而磁鼓已在现代计算机中较少使用。由于采用具有矩形磁滞回线的材料,这些存储器能够通过剩磁状态区分"0"和"1",并且信息不易丢失,因此它们是非易失性的存储设备。

3）磁芯存储器

磁芯存储器由硬磁材料制成的环状元件组成,其内部穿有用于激活的电流线和读出线,实现读写操作。由于磁芯是磁性材料,它是一种永久的非易失性存储器。然而,由于其体积庞大、制造工艺复杂和高功耗,磁芯存储器在20世纪70年代之后被半导体存储器所取代,目前已基本不再使用。

4）光盘存储器

光盘存储器利用激光技术在磁光材料上执行读写操作。它们因高记录密度、耐用性、高可靠性和良好的互换性而日益流行于计算机系统中,是一种非易失性存储介质。

以上所述,半导体存储器属于易失性存储介质,而磁表面存储器、磁芯存储器和光盘存储器属于非易失性存储介质。

2. 按存取方式分类

存储器按照存取方式可分为以下几类:

(1) 随机存储器(Random Access Memory,RAM)。随机存储器允许在几乎相同的时间内访问存储单元中的任意位置,其访问时间与存储单元的物理位置无关。这种存储器通常用作计算机系统的主存储器。RAM根据信息存储原理的不同,分为两大类:

- 静态RAM(SRAM):利用触发器存储信息,具有较快的存取速度,但成本较高,功耗较大。

- 动态RAM(DRAM):通过电容的充放电来存储信息,存取速度较慢,但成本较低,密度高,功耗较小。

(2) 只读存储器(Read Only Memory,ROM)。只读存储器是预先编程的存储器,在正常操作下只允许读取数据,不允许写入新数据。它适合存放不经常变动的数据和程序,如启动固件(BIOS)或系统库。ROM 的多种形式包括:

- 掩模型只读存储器(Masked ROM,MROM):在生产过程中将数据永久性地编入存储器。
- 可编程只读存储器(Programmable ROM,PROM):允许用户写入一次数据,之后变为只读。
- 可擦除可编程只读存储器(Erasable Programmable ROM,EPROM):可以使用紫外线照射来擦除数据,重新编程。
- 电可擦除可编程只读存储器(Electrically Erasable Programmable ROM,EEPROM):可以通过电信号擦除和重新编程数据,操作较为方便。
- 闪存(Flash Memory):结合了 EEPROM 的电擦除特点和高速读写性能,适用于大量数据存储。

(3)串行访问存储器。串行访问存储器要求按照存储单元物理位置的先后顺序访问数据。这种存储器读/写操作的时间依赖于数据所在的位置,常见的串行访问存储器如下:

- 磁带存储器:必须从介质的开始处依次寻找数据,因此也称为顺序存取存储器。
- 磁盘存储器:属于半随机存储器,访问数据首先直接跳到一个大致区域(磁道),随后再在该区域内顺序查找数据。这类存储器结合了直接访问和串行访问的特点,因此也被称为直接存取存储器(Direct Access Storage Devices,DASD)。

3. 按读/写功能分类

存储器按照读/写功能可分为以下两类。

(1)只读存储器(Read-Only Memory,ROM)。只读存储器是一种预先编程的非易失性存储器,其内容在生产过程中设定,并且在使用过程中不可被修改。ROM 是理想的存储介质,用于存储不需要改变的程序和数据,如计算机的引导程序(Bootloader)和固件(Firmware)。ROM 的内容通常由制造商在生产时编程,用户在正常使用条件下无法对其进行改写。

(2)读/写存储器(Random Access Memory,RAM)。读/写存储器允许数据被反复读取和写入,是一种易失性存储器。在计算机运行过程中,RAM 提供了临时数据存取的平台,允许系统快速访问和修改存储的信息。随机存储器是最常见的读/写存储器类型。

4. 按信息的可保存性分类

存储器按照信息的保存性质可分为易失性和非易失性两大类。

(1)易失性存储器(Volatile Memory)。易失性存储器指的是存储器在断电后不能保持数据的类型。典型的易失性存储器包括:

- 静态随机存储器(Static RAM,SRAM):基于触发器技术,具有快速存取能力,普遍应用于高速缓存(Cache)。
- 动态随机存储器(Dynamic RAM,DRAM):依赖电容存储数据,容量大但存取速度较慢,是计算机主存储器的主要构成。

(2)非易失性存储器(Non-Volatile Memory)。非易失性存储器指的是即使在断电情况下也能保持数据的存储器。常见的非易失性存储器包括:

- 磁存储器:使用磁性材料进行数据的长期存储,如硬盘驱动器(Hard Disk Drive,

HDD)和磁带(Magnetic Tape)。

- 光存储器：通过激光技术在光敏介质上进行数据存取，如光盘(CD)和蓝光光盘(Blu-ray Disc)。
- 非易失性随机存储器(Non-Volatile RAM，NVRAM)：结合了 RAM 的快速存取特性与数据持久保存的能力，即使在断电后也能保持信息。

5.1.2　存储器层次结构

存储器层次结构是一套设计用于协调存储容量、访问速度和成本之间关系的分层体系。此结构包含多个不同层级的存储器，主要如下。

(1) 高速缓存(Cache)：提供最快的数据访问速度，位于层次结构的顶层，距离中央处理器(CPU)最近。

(2) 主存储器(Main Memory)：通常指随机存取存储器(RAM)，在速度和容量上均衡，位于层次结构的中间。

(3) 辅助存储器(Secondary Storage)：如硬盘驱动器和固态驱动器，提供最大的存储容量但访问速度最慢，位于层次结构的底层。

1. 存储器三个主要特性的关系

存储器的性能可通过三个主要指标评估：速度、容量和成本(通常以每位价格，即位价表示)。这三个指标呈现出以下关系：

(1) 速度与位价：速度越快，存储器制造和设计的复杂性越高，因此位价也越高。

(2) 容量与位价：容量越大，单位存储成本越低，从而位价也越低。

(3) 容量与速度：一般而言，容量越大，存储器的数据访问速度越慢。

尽管理想的存储器是容量大、速度快且位价低，但这三个指标之间的技术限制使得达到这一理想状态极具挑战性。图 5.2 提供了一个直观的说明，展示了这三个特性之间的相互关系和权衡。

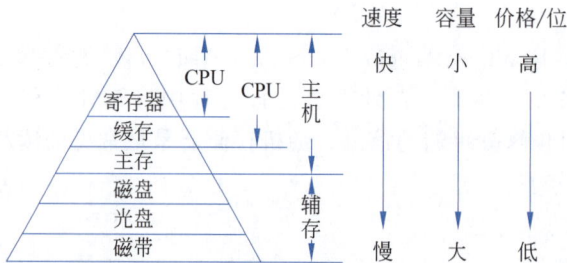

图 5.2　存储器三个主要特性的关系

如图 5.2 所示，存储器层次结构中不同层级的存储器以其速度、容量、位价和 CPU 访问频率的差异而有所区分。在这个层次结构中，从上到下，位价降低，访问速度减慢，容量增加，而 CPU 的访问频率也相应降低。

最顶层是寄存器，通常集成于 CPU 芯片内部，直接参与 CPU 的运算过程。寄存器数量有限，从几十到上百个不等，它们具有最高的访问速度和位价，但容量有限。

次一层级是主存储器(主存)，它存储即将被处理器执行的程序和数据。主存的访问速度低于寄存器，且与 CPU 的速度有较大差距。为了缓解主存与 CPU 之间速度的不匹配，引入了高速缓存(Cache)。Cache 是一种速度快于主存但容量较小的存储器,它的位价高于主存,作为 CPU 与主存之间的缓冲区域,减少了 CPU 访问主存时的延迟。

寄存器、主存和 Cache 这三类存储器均由速度不同、位价各异的半导体存储材料制成,并且通常设置于主机内。在现代计算机架构中,Cache 也可能被整合到 CPU 芯片内。

位于层次结构底层的是辅助存储器,包括磁盘和磁带等。辅助存储器具有比主存更大的容量,主要用于存储暂时不被 CPU 直接访问的程序和数据文件。

如图 5.3 所示,存储器层次结构的设计反映了存储器技术中速度、容量、成本和访问频率之间的复杂权衡。通过这种分层,计算机系统能够以相对较低的成本提供足够的速度和容量,以满足不同的应用需求。

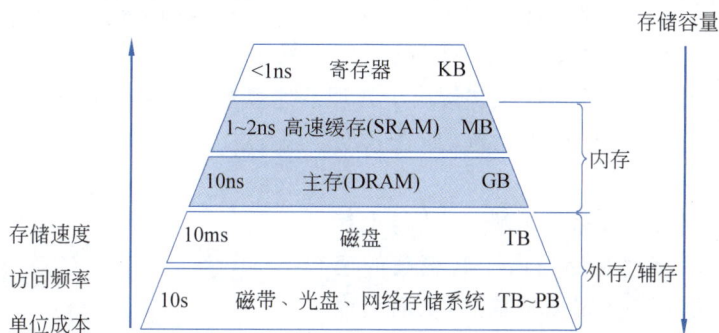

图 5.3　存储系统分层结构

在计算机架构中,主存是由半导体 MOS 存储器组成的关键组件,它负责存储和提供 CPU 执行所需的数据和指令。每个存储单元的大小通常与机器字长对应,这意味着在 32 位计算机中,主存的存储单元是 32 位宽,而在 64 位计算机中,则是 64 位宽。

当给出一个内存地址时,通过一个存储周期可以访问到对应的存储单元。值得注意的是,存储单元的大小与机器字长密切相关。以 32 位计算机为例,32 位宽的主存单元可以按照不同的粒度进行访问:可以是字节(8 位)、半字(16 位)或整字(32 位)。无论访问的数据大小如何,所需的时间都是一个存储周期,但访问的地址会根据字节、半字或整字进行相应的对齐。

具体来说,当以字节为单位访问时,可以直接使用字节地址。然而,当以半字为单位访问时,必须屏蔽掉字节地址的最低位,确保半字地址是按 2 对齐的。类似地,以整字为单位访问时,需要屏蔽掉字节地址的最低两位,以确保字地址是按 4 对齐的。这种对齐要求是因为非对齐的数据访问可能会跨越两个存储单元,导致需要两个存储周期来完成数据的读取,这在设计上是不被允许的。因此,如果出现非对齐访问的情况,计算机会产生数据未对齐异常,并中断当前的指令执行。

主存的设计和访问模式必须确保数据访问的对齐,以保证存取效率和处理器运行的正确性。这种设计原则在计算机架构的学术讨论和设计实践中都是至关重要的。32 位计算机主存示意图如图 5.4 所示。

为避免这个问题,高级语言中的变量也会考虑按存储单元边界对齐在主存中存放,也就是按边界对齐的方式存储数据。对齐存放与未对齐存放方式如图 5.5 所示。

2. 缓存、主存层次和主存、辅存层次

存储系统的层次结构是现代计算机设计中的一个核心概念,它主要包括缓存—主存层

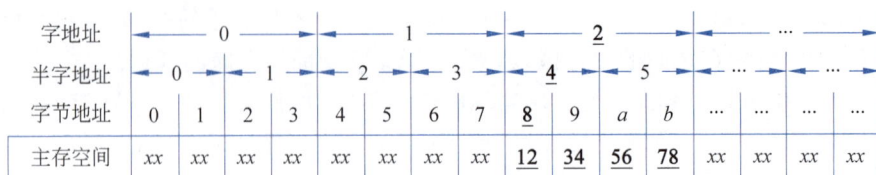

图 5.4　32 位计算机主存

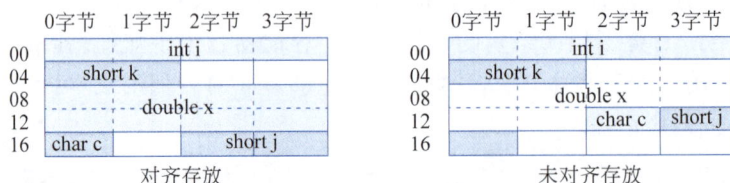

图 5.5　主存中的存放方式

次和主存—辅存层次。这种层次结构解决了处理器速度与存储器速度之间的不匹配问题，同时在成本和性能之间达到平衡，如图 5.6 所示。

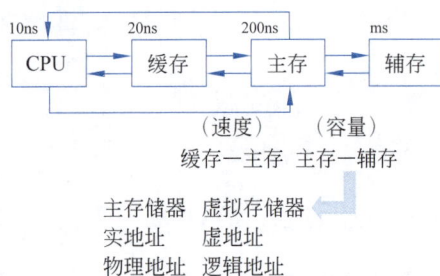

图 5.6　存储器的层次结构

　　缓存—主存层次的目标是缓解 CPU 与主存之间的速度差异。缓存存储器由于其更高的速度，可以存储 CPU 短期内需要的信息，从而允许 CPU 直接从缓存中访问数据，提高访问速度。由于缓存容量有限，主存中的数据必须定期调入缓存，同时旧的缓存数据被新数据所替换。缓存与主存之间的数据交换是由高级缓存管理硬件自动执行的，对程序员来说是不可见的，即"透明"的。

　　主存—辅存层次则是为了解决存储容量的问题。辅助存储器（辅存）速度较慢，不能直接与 CPU 交换信息，但它提供了比主存更大的存储容量，用于存放大量暂时不需要的信息。当 CPU 需要这些信息时，它们会被调入主存，以便 CPU 能够直接访问。这个过程通常由硬件和操作系统协同完成。从 CPU 的角度看，缓存—主存层次的速度类似于缓存，而容量和成本接近主存。这样就在速度与成本之间找到了平衡点。

　　在主存—辅存层次，整体上看，其速度类似于主存，容量和成本则接近辅存。这种层次结构有助于解决速度、容量和成本之间的矛盾。现代计算机系统几乎都采用这种两级存储层次结构，构成了缓存、主存、辅存的三级存储系统。随着时间的推移，主存—辅存层次的不断演进促成了虚拟存储系统的发展。

　　在虚拟存储系统中，程序员所感知的地址空间（即虚拟地址空间）远大于物理主存的实际容量。机器指令的地址码，如 24 位，定义了虚拟存储器的地址空间，使得它大于主存的实际存储单元数量。这些地址码被称为虚地址（虚存地址或虚拟地址），而将主存的实际地址称为物理地址。在程序执行过程中，物理地址是实际访问的地址，也是真实存在的主存地址。

　　对于配备虚拟存储器的计算机系统而言，程序员在编程时使用的地址空间远超过实际的主存空间，这给程序员一种错觉，似乎他们有一个非常大的主存可用。这种现象正是虚拟存储器名称的由来。虚拟存储器的逻辑地址到物理地址的转换由计算机系统的硬件和操作系统自动完成，对程序员而言同样是透明的。当虚拟地址对应的内容已存在于主存中时，机器可以立即使用该内容;如果内容不在主存中,则必须首先将其从辅存传输到主存的适当位置,之后才能供机器使用。

5.2　主　存　储　器

5.2.1　主存储器概述

主存储器(通常简称为主存)是由一系列存储单元构成的存储系统,每个存储单元均分配有一个唯一的地址。主存与 CPU 之间通过数据总线和地址总线相连。CPU 通过发送特定的地址信号到地址总线上来定位主存中的相应存储单元,并通过数据总线执行数据的读取或写入操作。主存储器的关键技术指标包括容量、访问速度和数据宽度。其中,容量指的是主存可以存储的最大数据量,访问速度衡量的是数据在 CPU 与主存之间传输的速率,而数据宽度则指的是每次可以读取或写入的数据的位数。主存的基本组成、与 CPU 的交互机制、存储单元地址的配置以及技术指标,共同定义了主存的关键特性,这些特性为计算机系统提供了高效率的数据存储及访问功能。

1. 主存的基本组成

在实际操作中,当中央处理器利用存储器地址寄存器(MAR)中的地址访问特定存储单元时,该操作涉及一系列的电路活动。首先,地址信号经过地址译码器进行解析,以确定目标存储单元的位置。然后,通过相关驱动电路激活该存储单元。在读取操作中,选中的存储单元中的数据通过读出放大器的作用,被放大并传送到存储器数据寄存器(MDR)。在写入操作中,MDR 中的数据则必须通过写入电路才能被实际写入选中的存储单元。

以上过程确保了数据能够准确地从 CPU 传输到主存储器,并且从中读取到 CPU。这个复杂的过程是通过精细设计的硬件电路自动完成的,确保了数据访问的准确性和效率。主存的设计和实现是计算机架构中的一个关键部分,对整个系统的性能有着直接的影响。主存的实际结构如图 5.7 所示。

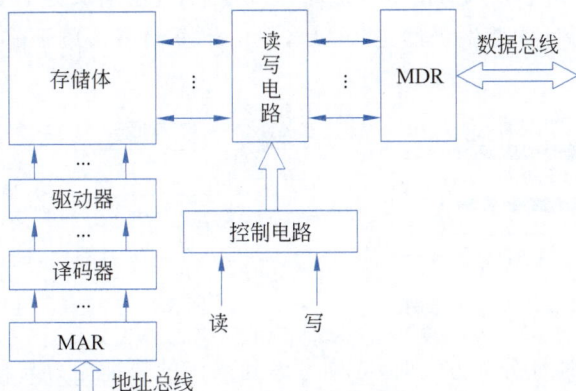

图 5.7　主存的基本组成

2. 主存与 CPU 的联系

在现代计算机系统中,主存储器通常由半导体集成电路构成,包括存储芯片内的驱动器、译码器以及读写电路。存储器地址寄存器(MAR)和存储器数据寄存器(MDR)则通常集成于 CPU 的芯片内。存储芯片与 CPU 芯片之间的连接是通过一组总线实现的,这些总线负责地址和数据的传输,如图 5.8 所示。

在从主存中读取信息时,CPU 首先将目标数据字的地址送入 MAR,然后该地址通过地址总线传送至主存。随后,CPU 发出读取指令。主存接收到读取指令后,根据指定的地址将对应存储单元的内容读出,并通过数据总线发送。此时,信息字的后续处理(即将数据送至 CPU 内部的特定位置)不再是主存的职责,而是由 CPU 根据其内部逻辑进行管理。

在向主存写入信息字的过程中,CPU 首先将目标存储单元的地址从 MAR 发送至地址总线,并将待写入的信息字放入 MDR。接着,CPU 向主存发出写入指令。一旦主存接收到写入指令,它便将数据总线上的信息写入到由地址总线指定的存储单元中。

CPU 与主存之间的通信机制不仅体现了硬件设计的复杂性,也体现了系统在执行数据读写操作时必须保持的严格同步和协调。主存与 CPU 的高效互连对于整个计算机系统的性能至关重要。

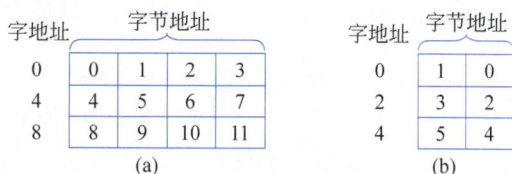

3. 主存中存储单元地址的分配

在主存储器中,每个存储单元的物理位置是由其地址号唯一标识的。地址总线的作用是指定存储单元的地址号,根据这个地址号,存储器能够完成对一个存储字的读出或写入操作。

不同类型的计算机系统中,存储字的长度可能各不相同。为了便于字符处理,通常使用 8 位二进制数表示 1 字节,因此存储字的长度通常是 8 位的整数倍。在许多计算机系统中,可以按字(word)或按字节(byte)来进行寻址。以 IBM 370 系列计算机为例,其存储字长为 32 位,支持按字节寻址,意味着每个存储字含有 4 个可独立寻址的字节。在这种系统中,字地址通常使用该字的最高位字节的地址来表示,从而字地址是 4 的整数倍,这样就可以利用地址码的末两位来区分同一个存储字中 4 字节的具体位置。与此相反,PDP-11 系列计算机的存储字长为 16 位,字地址是 2 的整数倍,且它使用最低位字节的地址来标识字地址。

如图 5.9(a)所示,对于一个具有 24 位地址线的主存储器系统,按字节寻址时,可以访问的地址范围是 16MB(兆字节),而按字寻址时,可访问的范围缩减为 4MB。对于图 5.9(b)中的系统,尽管按字节寻址的范围仍然是 16MB,但由于存储字长短于前者,按字寻址的范围则增加到了 8MB。

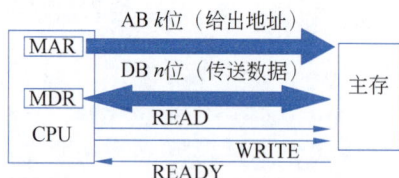

图 5.8 主存和 CPU 的关系示意图   图 5.9 存储单元地址的分配

在设计主存储器地址分配方案时,必须考虑到系统的寻址能力与存储字长度之间的关系,从而确保存储器的空间能够被有效利用,并且可以通过地址线准确地访问每个存储单元。这种设计对于优化存储器的性能和存取效率至关重要。

4. 主存储器的技术指标

主存储器的关键技术指标包括存储容量和存储速度,这两项指标决定了存储器的性能和效率。

1）存储容量

存储容量是指主存能存放二进制代码的总位数，即存储容量＝存储单元个数×存储字长。

存储容量也可用字节总数来表示，即存储容量＝存储单元个数×存储字长/8。

在当代计算机系统中，存储容量通常以字节为单位表示。例如，若一个计算机系统的主存储容量为 256MB，那么按字节寻址所需的地址线位数应为 28 位，因为 2^{28} 字节等于 256MB。

2）存储速度

存储速度指标包括存取时间和存取周期两个方面。

- 存取时间（Memory Access Time）：是指启动一次存储操作（读取或写入）到完成该操作所需的时间。它包括读出时间和写入时间：读出时间是指从存储器接收到有效地址到产生有效输出所需的时间；写入时间是指从存储器接收到有效地址到数据被成功写入选中单元所需的时间。
- 存取周期（Memory Cycle Time）：是指存储器进行连续两次独立存储操作（例如，连续两次读取操作）所需的最短时间间隔。通常，存取周期是大于存取时间的。

现代存储器的存取周期可达到不同的速度。例如，MQS 型存储器的存取周期可以是 100ns，而双极型 TTL 存储器的存取周期可能接近 10ns。

3）存储器带宽

存储器带宽是另一个与存取周期密切相关的指标，它表示单位时间内存储器能够存取的信息量。带宽可以用字/秒、字节/秒或位/秒表示。例如，若存取周期为 500ns，且每个存取周期能够访问 16 位信息，那么带宽为

$$带宽＝16 位/500ns＝32M 位/秒$$

带宽是一个衡量数据传输速率的重要指标。存储器带宽决定了以存储器为中心的系统获取信息的速度。提高存储器带宽是解决系统瓶颈问题的关键。为了增加存储器带宽，可以采取以下措施：

（1）缩短存取周期。

（2）增加存储字长，以便每个存取周期能够读取或写入更多的二进制位数。

（3）扩展存储体的数量或宽度。

这些指标对于理解和评估存储性能至关重要，并且对于存储器的设计和应用有着直接的影响。

5.2.2　半导体存储芯片概述

1. 半导体存储芯片的基本结构

半导体存储芯片的核心结构之一为控制线，主要分为读/写控制线和片选线。这些控制线在不同的存储芯片中可能呈现不同的配置。

（1）读/写控制线：这些线路负责指示芯片进行读取或写入操作。例如，2114 型芯片的读/写控制线可能只用一根线共享，而 6264 型芯片可能分别用两根线来控制读和写操作。

（2）片选线：片选线被设计用来选择或激活特定的存储芯片。一些芯片，如 2114 型，可能只需要一根片选线，而如 6264 型芯片可能需要两根片选线。

在一个半导体存储器系统中,常常需要多个芯片协同工作以提供大容量存储。这种情况下,片选信号便显得尤为重要,它确保了系统能够识别并选中正确的芯片进行数据存取。例如,一个存储器系统可能包含 32 片单位的存储芯片,如图 5.11 所示。然而,在读取一个存储字时,只有 8 片芯片被选中参与此次数据访问。

如图 5.10 和图 5.11 所示,展示半导体存储芯片的结构,包括控制线、地址线、数据线以及存储单元的布局等。

图 5.10　半导体存储芯片的基本结构

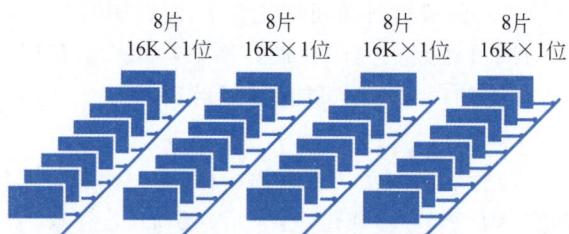

图 5.11　65K×8 位的存储器

2. 半导体存储芯片的译码驱动方式

半导体存储芯片的译码驱动方式有两种:线选法和重合法。

1) 线选法

如图 5.12 所示,是一个 16×1 字节线选法存储芯片的结构示意图。它的特点是用一根字选择线(字线),直接选中一个存储单元的各位(如 1 字节)。这种方式结构较简单,但只适于容量不大的存储芯片,如当地址 A_3、A_2、A_1、A_0 为 1111 时,则第 15 根字线被选中,对应图中的最后一行 8 位代码便可直接读出或写入。

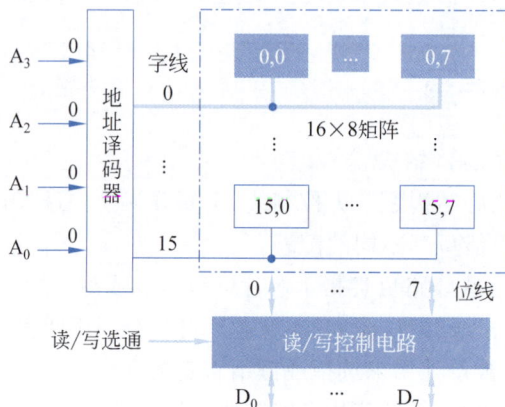

图 5.12　线选法示意图

2）重合法

如图 5.13 所示,是一个 1K×1 位重合法结构示意图。显然,只要用 64 根选择线（X、Y两个方向各 32 根）,便可选择 32×32 矩阵中的任一位。例如,当地址线为全 0 时,译码输出 X_0 和 Y_0 有效,矩阵中第 0 行、第 0 列共同选中的那位即被选中。由于被选单元是由 X、Y两个方向的地址决定的,故称为重合法。当欲构成 1K×1 字节的存储器时,只需用 8 片如图所示的芯片即可。

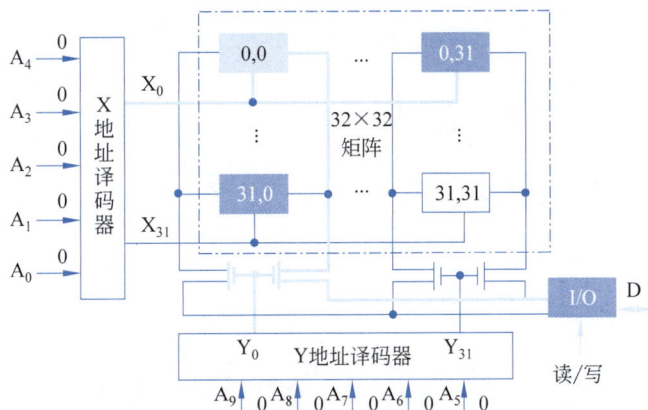

图 5.13　重合法示意图

5.2.3　随机存取存储器

1. 静态 RAM

1）静态 RAM 基本电路

存储器中用于寄存“0”和“1”代码的电路称为存储器的基本单元电路,如图 5.14 所示,是一个由 6 个 MOS 管组成的基本单元电路。图中 $T_1 \sim T_4$ 是一个由 MOS 管组成的触发器基本电路,T_5、T_6 犹如一个开关,受行地址选择信号控制。由 $T_1 \sim T_6$ 这 6 个 MOS 管共同构成一个基本单元电路。T_7、T_8 受列地址选择控制,分别与位线 A' 和 A 相连,它们并不包含在基本单元电路内,而是芯片内同一列的各个基本单元电路所共有的。

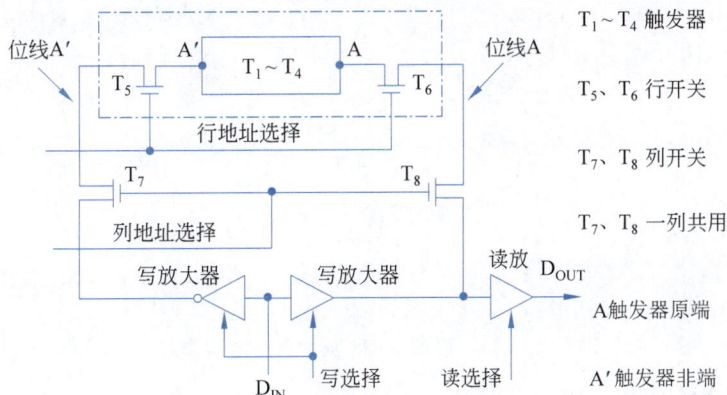

图 5.14　静态 RAM 基本电路

假设触发器已存有“1”信号,即 A 点为高电平。当需读出时,只要使行、列地址选择信号均有效,则使 T_5、T_6、T_7、T_8 均导通,A 点高电平通过 T_6 后,再由位线 A 通过 T_8 作为读出放大器的输入信号,在读选择有效时,将"1"信号读出。

如图 5.15 所示,由于静态 RAM 是用触发器工作原理存储信息,因此即使信息读出后,它仍保持其原状态,不需要再生。但电源掉电时,原存信息丢失,故它属易失性半导体存储器。

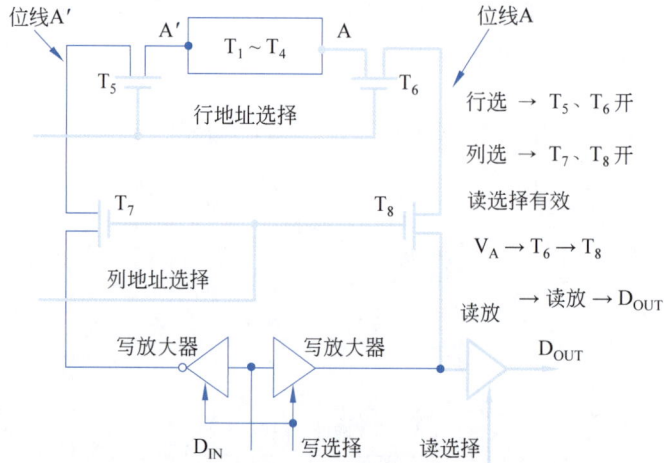

图 5.15 静态 RAM 基本电路的读操作

如图 5.16 所示,写入时不论触发器原状态如何,只要写入代码送至图的 D_{IN} 端,在写选择有效时,经两个写放大器,使两端输出为相反电平。当行、列地址选择有效时,使 T_5、T_6、T_7、T_8 导通,并将 A′ 和 A 点置成完全相反的电平。这样,就把欲写入的信息写入该基本单元电路中。如欲写入"1",即 $D_{IN}=1$,经两个写放大器使位线 A 为高电平,位线 A′ 为低电平,结果使 A 点为高,A′点为低,即写入了"1"信息。

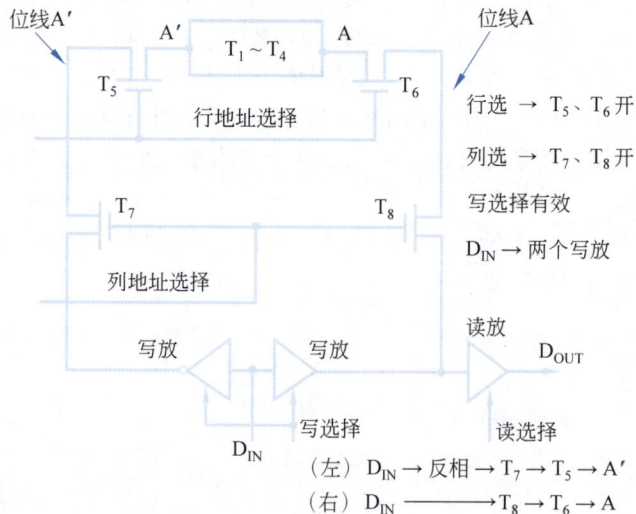

图 5.16 静态 RAM 基本电路的写作

2) 静态 RAM 芯片举例

Intel 2114 芯片的基本单元电路由 6 个 MOS 管组成,如图 5.17 所示,是一个容量为 1K×4 位的 2114 外特性示意图。图中,$A_9 \sim A_0$ 为地址输入端;$I/O_1 \sim I/O_4$ 为数据 I/O

端;$\overline{\text{CS}}$为片选信号(低电平有效);$\overline{\text{WE}}$为写允许信号(低电平为写,高电平为读);V_{CC}为电源端;GND 为接地端。

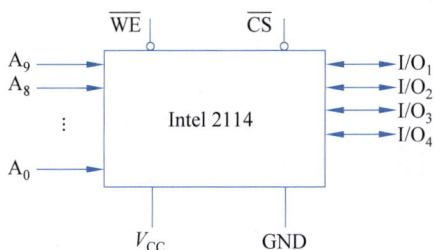

图 5.17 Intel 2114 外特性

2114 RAM 芯片内的存储矩阵结构如图 5.18 所示。其中每一个小方块均为一个由 6 个 MOS 管组成的基本单元电路,排列成 64×64 矩阵,64 列对应 64 对 T_7、T_8 管。又将 64 列分成 4 组,每组包含 16 列,并与一个读/写电路相连,读/写电路 $\overline{\text{WE}}$ 和 $\overline{\text{CS}}$ 控制,4 个读/写电路对应 4 根数据线 $\text{I/O}_1\sim\text{I/O}_4$。由图中可见,行地址经译码后可选中某一行;列地址经译码后可选中 4 组中的对应列,共 4 列。

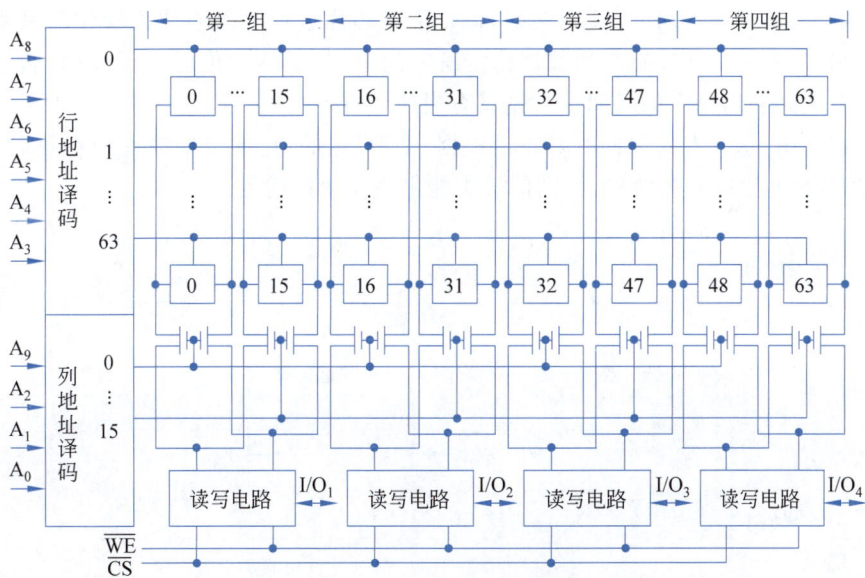

图 5.18 Intel 2114 RAM 矩阵的读操作

当对某个基本单元电路进行读/写操作时,必须被行、列地址共同选中。如图 5.19 所示,当 $\text{A}_9\sim\text{A}_0$ 为全 0 时,对应行地址 $\text{A}_8\sim\text{A}_3$ 为 000000,列地址 A_9、A_2、A_1、A_0 也为 0000,则第 0 行的第 0、16、32、48 这 4 个基本单元电路被选中。此刻,若做读操作,则 $\overline{\text{CS}}$ 为低电平,$\overline{\text{WE}}$ 为高电平,在读/写电路的输出端 $\text{I/O}_1\sim\text{I/O}_4$ 便输出第 0 行的第 0、16、32、48 这 4 个基本单元电路所存的信息。若做写操作,将写入信息送至 $\text{I/O}_1\sim\text{I/O}_4$ 端口,并且 $\overline{\text{CS}}$ 为低电平、$\overline{\text{WE}}$ 为低电平,同样这 4 个输入信息将分别写入第 0 行的第 0、16、32、48 这 4 个单元之中。

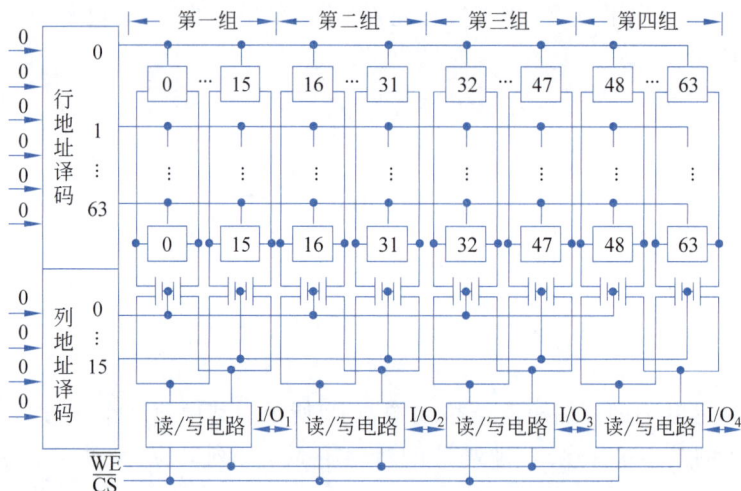

图 5.19   Intel 2114 RAM 矩阵的写操作

3）静态 RAM 读/写时序

（1）读周期时序。如图 5.20 所示，是 2114 RAM 芯片读周期时序，在整个读周期中 $\overline{\text{WE}}$ 始终为高电平（故图中省略）。读周期如 t_{RC} 是指对芯片进行两次连续读操作的最小间隔时间。读时间 t_A 表示从地址有效到数据稳定所需的时间，显然读位间小于读周期。图中 t_{CO} 是从片选有效到输出稳定的时间。可见只有当地址有效经 t_A 后，且当片选有效经 t_A 后，数据才能稳定输出，这两者必须同时具备。根据 t_A 和 t_{CO} 的值，便可知当地址有效后，经 t_A—t_{CO} 时间必须给出片选有效信号，否则信号不能出现在数据线上。

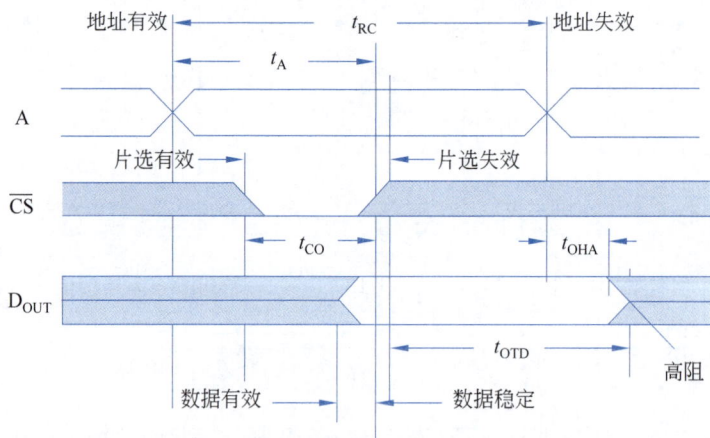

图 5.20   静态 RAM 读时序

（2）写周期时序。如图 5.21 所示，是 2114 RAM 写周期时序。写周期 t_{WC} 是对芯片进行连续两次写操作的最小间隔时间。写周期包括滞后时间 t_{AW}、写入时间 t_W 和写恢复时间 t_{WR}。在有效数据出现前，RAM 的数据线上存在着前一时刻的数据 D_{OUT}（如 2114 RAM 芯片读周期时序所示的维持时间），故在地址线发生变化后，$\overline{\text{CS}}$、$\overline{\text{WE}}$ 均需滞后 t_{AW} 再有效，以避免将无效数据写入到 RAM 的错误。但写允许 $\overline{\text{WE}}$ 失效后，地址必须保持一段时间，称为写恢复时间。此外，RAM 数据线上的有效数据（即 CPU 送至 RAM 的写入数据 D_{IN}）必须在

$\overline{\text{CS}}$、$\overline{\text{WE}}$失效前的 t_{DW} 时刻出现,并延续一段时间,如 t_{DH}(此刻地址线仍有效,$t_{DW} > t_{DH}$),以保证数据可靠写入。

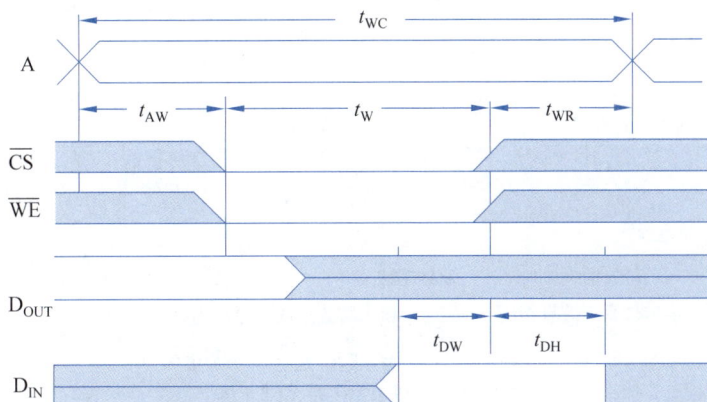

图 5.21 静态 RAM 写时序

已制成的 RAM 芯片读写时序关系已被确定,因此,将它与 CPU 连接时,必须注意它们相互间的时序匹配关系,否则 RAM 将无法正常工作。具体 RAM 芯片的读/写周期时序可查看相关资料。值得注意的是,不论是对存储器进行读操作还是写操作,在读周期和写周期内,地址线上的地址始终不变。

2. 动态 RAM(DRAM)

1) 动态 RAM 的基本单元电路

常见的动态 RAM 基本单元电路有三管式和单管式两种,它们的共同特点都是靠电容存储电荷的原理来寄存信息。若电容上存有足够多的电荷表示存"1",电容上无电荷表示存"0"。电容上的电荷一般只能维持 $1 \sim 2$ms,因此即使电源不掉电,信息也会自动消失。为此,必须在 2ms 内对其所有存储单元恢复一次原状态,这个过程称为再生或刷新。由于它与静态 RAM 相比,具有集成度更高、功耗更低等特点,目前被各类计算机广泛应用。

如图 5.22 所示,左图示意了由 T_1、T_2、T_3 这 3 个 MOS 管组成的三管 MOS 动态 RAM 基本单元电路。读出时,先对预充电管 T_4 置一预充电信号(在存储矩阵中,每一列共用一个 T_4 管),使读数据线达高电平 V_{DD}。然后由读选择线打开 T_2,若 T_1 的极间电容 C_g 存有足够多的电荷(被认为原存"1"),使 T_1 导通,则因 T_2、T_1 导通接地,使读数据线降为零电平,读出"0"信息。若 C_g 没有足够电荷(原存"0"),则 T_1 截止,读数据线为高电平不变,读出"1"信息。可见,由读出线的高低电平可区分其是读"1",还是读"0",只是它与原存信息反相。

写入时,将写入信号加到写数据线上,然后由写选择线打开 T_3,这样,C_g 便能随输入信息充电(写"1")或放电(写"0")。为了提高集成度,将三管电路进一步简化,去掉 T_1,把信息存在电容 C_g 上,将 T_2、T_3 合并成一根管子 T,便得到单舍 MOS 动态 RAM 基本单元电路,如右图所示。读出时,字线上的高电平使 T 导通,若 C_s 有电荷,经 T 管在数据线上产生电流,可视为读出"1"。若 C_s 无电荷,则数据线上无电流,可视为读出"0"。读操作结束时,C_s 的电荷已释放完毕,故是破坏性读出,必须再生。写入时,字线为高电平使 T 导通,若数据线上为高电平,经 T 管对 C_s 充电,使其存"1";若数据线为低电平,则 C_s 经 T 放电,使其无电荷而存"0"。

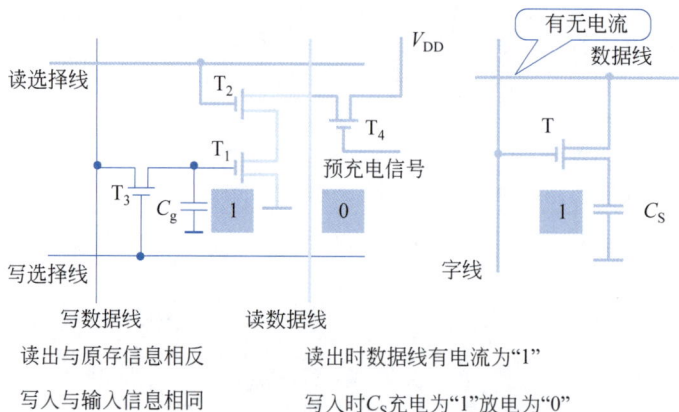

图 5.22　动态 RAM 基本单元电路

2）动态 RAM 芯片举例

三管动态 RAM 芯片结构的示意图如图 5.23 所示。这是一个 1K×1 位的存储芯片,图中每一小方块代表由 3 个 MOS 管组成的动态 RAM 基本单元电路。它们排列成 32×32 的矩阵,每列都有一个刷新放大器(用来形成再生信息)和一个预充电管(图中未画),芯片有 10 根地址线,采用重合法选择基本单元电路。读出时,先置以预充电信号,接着按行地址 $A_9 \sim A_5$ 经行译码器给出读选择信号,同时由列地址 $A_4 \sim A_0$ 经列译码器给出列选择信号。只有在行、列选择信号共同作用下的基本单元电路才能将其信息经读数据线送到读/写控制电路,并从数据线 D 输出。

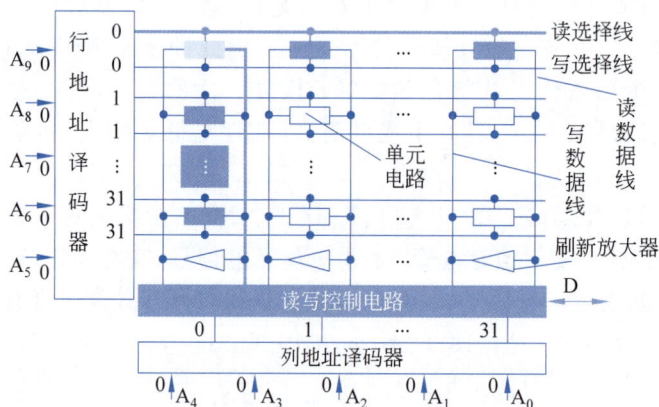

图 5.23　三管动态 RAM 芯片读操作

如图 5.24 所示,写入时,在受行地址控制的行译码器给出的写选择信号的作用下,选中芯片的某一行,并在列地址的作用下,由列译码器的输出控制读/写控制电路,只将数据线 D 的信息送到被选中列的写数据线上,信息即被写入到行列共同选中的基本单元电路中。

单管动态 RAM 芯片结构的示意图如图 5.25 所示。这是一个 16K×1 位的存储芯片,按理应有 14 根地址线,但为了减少芯片封装的引脚数,地址线只有 7 根。因此,地址信息分两次传送,先送 7 位行地址保存到芯片内的行地址缓存器内,再送 7 位列地址保存到列地址

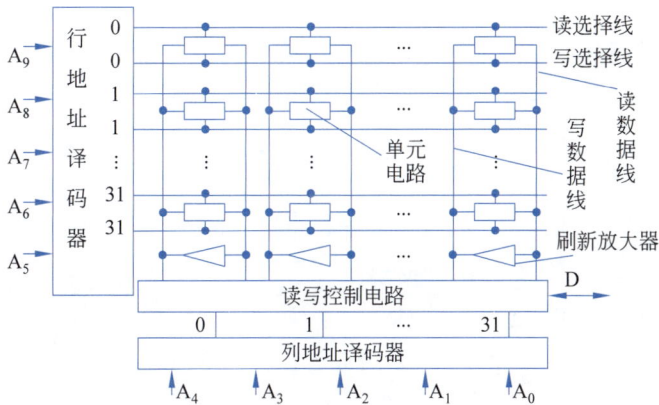

图 5.24 三管动态 RAM 芯片写操作

缓存器中。芯片内有时序电路,它受行地址选通$\overline{\text{RAS}}$、列地址选通$\overline{\text{CAS}}$以及写允许信号$\overline{\text{WE}}$控制。

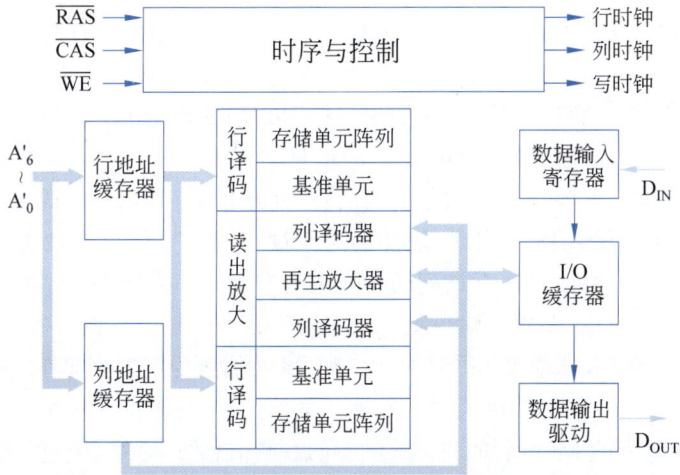

图 5.25 单管动态 RAM 4116 外特性

16K×1 位的存储芯片共有 16K 个单管 MOS 基本单元电路,它们排列成 128×128 的矩阵,如图 5.26 所示,图中的行线就是单管 MOS 动态 RAM 基本单元电路中的字线,列线就是单管 MOS 动态 RAM 基本单元电路中的数据线。128 行分布在读放大器的左、右两侧(左侧为 0～63 行,右侧为 64～127 行)。每根行选择线与 128 个 MOS 管的栅极相连。128 列共有 128 个读放大器,它的两侧又分别与 64 个 MOS 管相连,每根列线上都有一个列地址选择管。128 个列地址选择管的输出又互相并接在一起与 I/O 缓冲器相连,I/O 缓冲器的一端接输出驱动器,可输出数据;另一端接输入器,供数据输入。

读出时,行、列地址受$\overline{\text{RAS}}$和$\overline{\text{CAS}}$控制,分两次分别存入行、列地址缓存器。行地址经行译码后选中一行,使该行上所有的 MOS 管均导通,并分别将其电容 C_S 上的电荷反映到 128 个读放大器的某一侧(第 0 ～63 行反映到读放大器的左侧,第 64～127 行反映到读放大器的右侧)。读放大器的工作原理像一个跷跷板电路,类似于一个触发器,其左右两侧电平相反。此外列地址经列译码后选中某一列,该列上的列地址选择管导通,即可将读放大器右侧信号经读/写线、I/O 缓冲器输出至 D_{OUT} 端。例如,选中第 63 行、第 0 列的单管 MOS 电路,

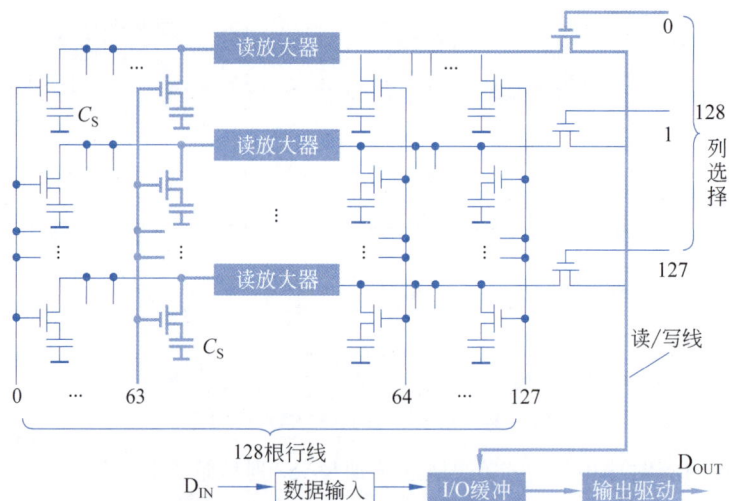

图 5.26   4116 芯片读原理

若其 C_S 有电荷为"1"状态,则反映到第 0 列读放大器的左侧为"1",右侧为"0",经列地址选择管输出至 D_{OUT} 为 0,与原存信息反相。同理,第 $0\sim62$ 行经读放大器至输出线 D_{OUT} 的信息与原存、信息均反相。而读出第 $64\sim127$ 行时,因它们的电容 C_S 上的电荷均反映到读放大器的右侧,故经列地址选择管输出至 D_{OUT} 的信息均同相。

　　写入时,行、列地址也要分别送入芯片内的行、列地址缓存器,经译码可选中某行、某列。输入信息 D_{IN} 通过数据输入器,经 I/O 缓冲器送至读/写线上,但只有被选中的列地址选择管导通,可将读/写线上的信息送至该列的读放大器右侧,破坏了读放大器的平衡,使读放大器的右侧与输入信息同相,左侧与输入信息反相,读放大器的信息便可写入到选中行的 C_S 中,如图 5.27 所示。例如,选中第 64 行、第 127 列,输入信息为"1",则第 127 列地址选择管导通,将"1"信息送至第 127 列的读放大器的右侧。虽然第 64 行上的 128 个 MOS 管均导通,但只有第 64 行、第 127 列的 MOS 管能将读放大器的右侧信息"1"对 C_S 充电,使其写入"1"。

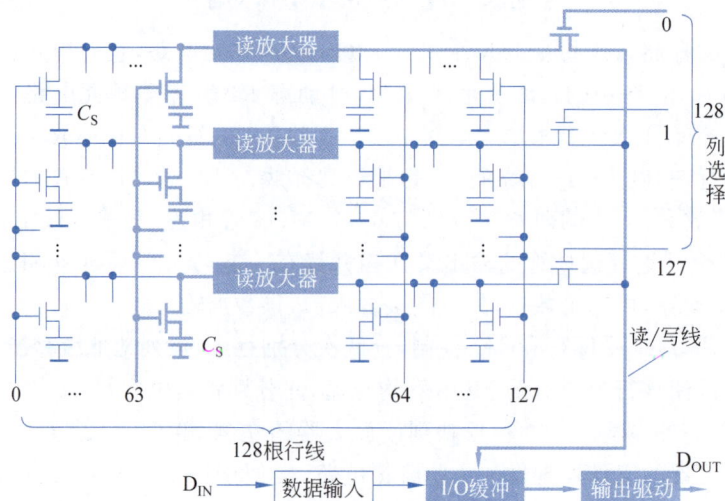

图 5.27   4116 芯片写原理

值得注意的是写入读放大器，左侧行的信息与输入信息都是反相的，而由读出过程分析又知，对读放大器左侧行进行读操作时，读出的信息也是反相的，故最终结果是正确的。

3）动态 RAM 时序

由单管动态 RAM 芯片可知，动态 RAM 的行、列地址是分别传送的，因此分析其时序时，应特别注意 $\overline{RAS}$、$\overline{CAS}$ 与地址的关系，即先由 $\overline{RAS}$ 将行地址送入行地址缓存器，再由 $\overline{CAS}$ 将列地址送入列地址缓存器，因此，$\overline{CAS}$ 滞后于 $\overline{RAS}$ 的时间必须要超过其规定值。$\overline{RAS}$ 和 $\overline{CAS}$ 正、负电平的宽度应大于规定值，以保证芯片内部正常工作。行地址对 $\overline{RAS}$ 的下降沿以及列地址对 $\overline{CAS}$ 的下降沿应有足够的地址建立时间和地址保持时间，以确定行、列地址均能准确写入芯片。

（1）读时序：行地址 $\overline{RAS}$ 有效、写允许 $\overline{WE}$ 有效（高）、列地址 $\overline{CAS}$ 有效、数据 D_{OUT} 有效。

（2）写时序：行地址 $\overline{RAS}$ 有效、写允许 $\overline{WE}$ 有效（低）、数据 D_{IN} 有效、列地址 $\overline{CAS}$ 有效。

4）动态 RAM 的刷新

刷新的过程实质上是先将原存信息读出，再由刷新放大器形成原信息并重新写入的再生过程（前面的刷新放大器及读放大器均起此作用）。由于存储单元被访问是随机的，有可能某些存储单元长期得不到访问，不进行存储器的读/写操作，其存储单元内的原信息将会慢慢消失。为此，必须采用定时刷新的方法，它规定在一定的时间内，对动态 RAM 的全部基本单元电路必作一次刷新，一般取 2ms，这个时间称为刷新周期，又称再生周期。刷新是一行行进行的，必须在刷新周期内，由专用的刷新电路来完成对基本单元电路的逐行刷新，才能保证动态 RAM 内的信息不丢失。

3. 动态 RAM 和静态 RAM 的比较

在现代计算机存储技术中，动态随机存取存储器（Dynamic Random Access Memory，DRAM）与静态随机存取存储器（Static Random Access Memory，SRAM）是两种主流的 RAM 技术。它们各自具有不同的特性和应用领域。以下是对两者进行比较的详细分析：

（1）集成度与存储密度：DRAM 单元存储信息的基本组成部分只需一个金属氧化物半导体（MOS）晶体管和一个电容，这使得其集成度高于 SRAM。相对地，SRAM 的基本存储单元通常由 4 到 6 个 MOS 晶体管构成。因此，在相同尺寸的芯片上，DRAM 能够提供比 SRAM 更高的存储密度。

（2）地址输送与封装尺寸：DRAM 通过分时复用的方式传输行和列地址，这样减少了对芯片引脚的需求，并允许更小的封装尺寸。而 SRAM 通常需要更多的引脚来独立接收行和列地址。

（3）功耗：在功耗方面，DRAM 由于其动态刷新的特性，相较于 SRAM 来说，具有较低的静态功耗。然而，动态刷新操作也会导致额外的功耗。

（4）成本和容量：DRAM 的制造成本较低，且在使用相同制造工艺的条件下，DRAM 的存储容量是 SRAM 的 4～8 倍。这使得 DRAM 在成本和容量方面更具优势。

（5）存取速度和周期：尽管 DRAM 的存储容量大，但其存取速度和周期通常不如 SRAM。SRAM 的存取周期比 DRAM 快 8～16 倍，这使得 SRAM 特别适合作为高速缓存存储器，尤其在容量需求不是特别大的情况下。

（6）应用领域：由于 DRAM 具有较高的存储密度和较低的成本，在计算机的主存储器中得到了广泛应用。然而，DRAM 的存取速度较慢，且需要定期刷新来维持数据，这增加了复杂性。在高速缓冲存储器的应用中,由于需要快速的读写操作,通常选用 SRAM。

两种类型的 RAM 因其各自的特性而适合不同的应用场景。DRAM 以较低的成本和较高的存储密度占据了大容量存储市场,而 SRAM 则以其快速的存取速度占据了高速缓存市场。在设计计算机存储系统时,工程师需要根据应用的具体需求,在两者之间做出选择。DRAM 与 SRAM 的比较如表 5.1 所示。

表 5.1   DRAM 与 SRAM 的比较

比 较 项 目	DRAM(主存)	SRAM(缓存)
存储原理	电容	触发器
集成度	高	低
芯片引脚	少	多
功耗	小	大
价格	低	高
速度	慢	快
刷新	有	无

5.2.4　只读存储器

只读存储器(ROM)是一种非易失性存储设备,它用于永久存储数据。按照 ROM 的初始定义,数据一经写入便不可更改。然而,随着技术的发展和用户需求的增加,出现了可编程只读存储器(PROM)、可擦写可编程只读存储器(EPROM)和电可擦写可编程只读存储器(EEPROM)等类型,它们允许用户修改存储的数据。

在半导体 ROM 中,主要采用的基本器件类型有两种:金属氧化物半导体(MOS)型和晶体管-晶体管逻辑(TTL)型。

1. 掩模 ROM

掩模 ROM 是一种预先编程的 ROM,其数据在制造过程中通过掩模操作固定写入,之后不可更改。在掩模 ROM 中,行选择线与列选择线的交叉点可能存在耦合元件,即 MOS 晶体管,也可能不存在。

当选定地址为全"0"时,对应的第 0 行和第 0 列被选中。如果在该行列交叉点存在耦合元件 MOS 晶体管,并且其导通,那么列线上的输出将是低电平。此低电平经过读取放大器反相后,输出为高电平,表示存储的是"1"。

因此,通过检测行和列的交叉点是否有耦合元件(MOS 晶体管),可以确定存储单元是存储"1"还是"0"。由于掩模 ROM 在制造后无法改变原先行和列交叉点的 MOS 晶体管配置,所以用户无法更改其中存储的数据。

2. 可编程只读存储器

可编程只读存储器(PROM)是一种用户可以单次编程的非易失性存储器。如图 5.28 所示,其基本单元电路通常由双极型晶体管和熔丝构成。

在该电路中,晶体管的基极通过行线获得控制信号,而其发射极与列线之间则通过一条熔断式的铝或镍铬合金薄膜熔丝连接,集

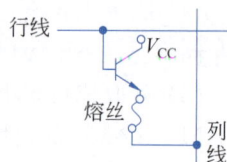

图 5.28　只读存储器

电极则连接至电源 V_{CC}。这种熔丝通常采用光刻技术制作,可以通过电流过载来永久性地熔断。

存储信息的逻辑状态取决于熔丝的完整性。如果熔丝保持完整未断,则表示存储了"1";如果熔丝被熔断,则表示存储了"0"。通过编程设备施加高电压,可以选择性地熔断熔丝,从而将数据永久地编写进 PROM。

3. 可擦除可编程只读存储器

可擦除可编程只读存储器(EPROM)是一种用户可以多次擦除和重新编程的非易失性存储器。当前广泛使用的 EPROM 通常是基于浮动栅雪崩注入型 MOS(Metal-Oxide-Semiconductor)技术制造,亦称为 FAMOS 型 EPROM,如图 5.29 所示。在图中展示的 N 型沟道浮动栅 MOS 电路中,若在漏端 D 施加一个正电压(例如 25V,持续50ms 的正脉冲),将导致浮动栅的形成。这个浮动栅将阻断源 S 和漏端 D 之间的电流流动,使得 MOS 晶体管呈现"0"状态。

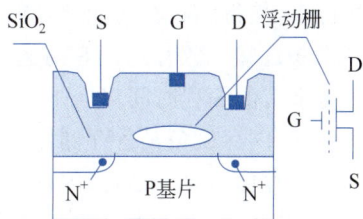

图 5.29　N 型沟道浮动栅 MOS 电路

反之,如果不对 D 端施加正电压,浮动栅不会形成,从而使 MOS 晶体管能够正常导通,处于"1"状态。因此,用户可以根据需求对 MOS 管的漏端 D 施加或不施加正电压,从而创建所需的数据模式。当需要更改存储数据时,可以使用紫外线照射 EPROM 芯片以消除浮动栅中的电荷,从而擦除存储的数据。随后,用户可以通过再次对漏端施加正电压来重新编程,形成新的数据状态,这就是 EPROM 得名的原因。

图 5.30 所示为 2716 型 EPROM 的逻辑图和引脚图。这类芯片的外引脚除地址线、数据线外,还有两个电源引出头 V_{CC} 和 V_{PP}。其中 V_{CC} 接 +5V;V_{PP} 平时接 +5V,当其接 +25V 时用来完成编程。V_{SS} 为地。$\overline{CS}$ 为片选端,读出时为低电平,编程写入时为高电平。PD/Progr 是功率下降/编程输入端,在读出时为低电平;当此端为高电平时,可以使 EPROM 功耗由 525mW 降至 132mW;当需编程时,此端需加宽度为 50~55ms、+5V 的脉冲。

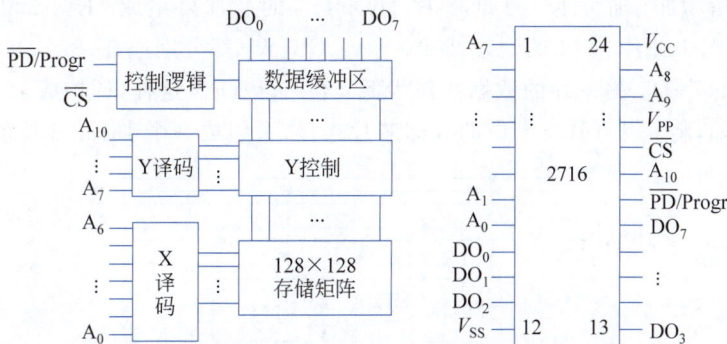

图 5.30　2716EPROM 的逻辑图和引脚

4. 电可擦除可编程只读存储器(EEPROM)

电可擦除可编程只读存储器(EEPROM)提供了一种与 EPROM 不同的改写方式。针对 EPROM,用户可通过紫外线照射的方法进行数据擦除,但这种方法擦除时间较长,并且无法实现对单独数据单元的选择性擦除。EEPROM 则通过电气擦除方法解决了这一限制,允许对存储内容进行电气擦除和重写。这项技术支持在联机状态下进行字擦除或页擦除,使得用户既可以局部擦除和编程,也可以进行全片擦除,因此更加灵活。

5. 闪存

自 20 世纪 80 年代起,闪存(Flash Memory)作为一种新型的非易失性存储器被开发出来,它基于 EPROM 和 EEPROM 的工艺,但提供了更好的性能价格比和更高的可靠性。与 EPROM 相比,闪存具有成本低廉和集成度高的优势;与 EEPROM 相比,它具备电可擦除和重写的特性,且能够执行整片擦除操作,擦除和编程速度快。

例如,一块 1Mb 的闪存芯片的擦除和编程时间可以小于 $5\mu s$,这比传统 EEPROM 的速度快得多,使得闪存在功能上类似于随机存取存储器(RAM),并且可以直接与中央处理器(CPU)相连接。闪存还具有高速编程的特性,如使用快速脉冲编程算法,对 28F256 型闪存芯片每字节的编程时间仅需 $100\mu s$。

此外,闪存设备具备存储器访问周期短、功耗低、与计算机接口简单等优点。在需要周期性修改存储信息的场合,闪存是理想的存储解决方案,因为它至少可以承受 10000 次的擦写/编程循环,满足了大多数应用的要求。闪存适用于高密度和非易失的数据存储需求,已广泛应用于便携式计算机、工业控制系统及单片机系统等,且在微型计算机中用于存放 I/O 驱动程序和参数。

与传统磁盘存储相比,大容量的闪存可以作为固态驱动器(Solid State Drive,SSD)使用,在笔记本电脑和掌上型计算机中取代机械硬盘。这种替代提高了计算机的平均无故障运行时间,降低了功耗,减小了体积,并消除了机械硬盘所造成的数据传输瓶颈。

5.2.5　存储器与 CPU 的连接

1. 存储器容量的扩展

由于单片存储芯片的容量总是有限的,很难满足实际的需要,因此,必须将若干存储芯片连在一起才能组成足够容量的存储器,称为存储容量的扩展,通常有位扩展和字扩展。

1) 位扩展

位扩展是指增加存储字长,例如,2 片 1K×4 位的芯片可组成 1K×8 位的存储器,如图 5.31 所示。图中 2 片 2114 的地址线 $A_9 \sim A_0$、$\overline{CS}$、$\overline{WE}$ 都分别连在一起,其中一片的数据线作为高 4 位 $D_7 \sim D_4$,另一片的数据线作为低 4 位 $D_3 \sim D_0$。这样,便构成了一个 1K×8 位的存储器。又如,将 8 片 16K×1 位的存储芯片连接,可组成一个 16K×8 位的存储器。

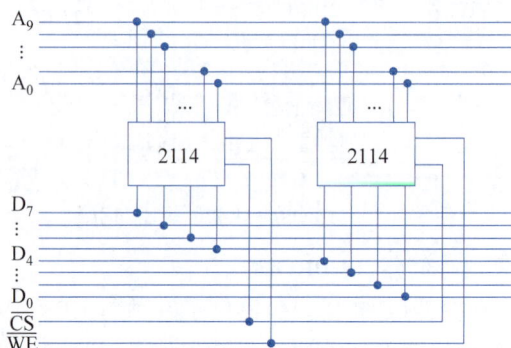

图 5.31　位扩展图

2）字扩展

字扩展是指增加存储器字的数量。例如，用 2 片 $1K \times 8$ 位的存储芯片可组成一个 $2K \times 8$ 位的存储器，即存储字增加了一倍，如图 5.32 所示。

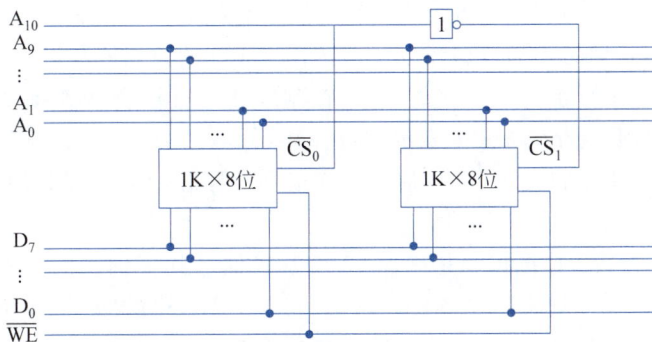

图 5.32　字扩展图

在此，将 A_{10} 用作片选信号。由于存储芯片的片选输入端要求低电平有效，故当为低电平时，CS_0 有效，选中左边的 $1K \times 8$ 位芯片；当 A_{10} 为高电平时，反相后 CS_1 有效，选中右边的 $1K \times 8$ 位芯片。

3）字、位扩展

字、位扩展是指既增加存储字的数量，又增加存储字长。如图 5.33 所示为用 8 片 $1K \times 4$ 位的芯片组成的 $4K \times 8$ 位存储器。

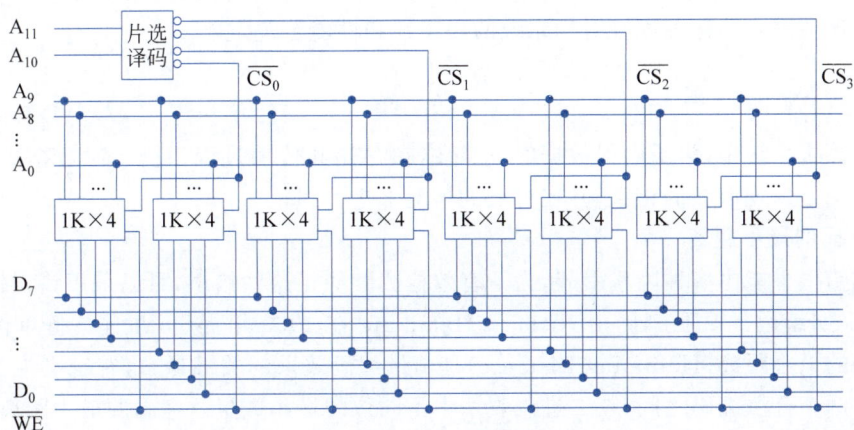

图 5.33　字、位扩展图

由图中可见，每 2 片构成一组 $1K \times 8$ 位的存储器，4 组便构成 $4K \times 8$ 位的存储器。地址线 A_{11}、A_{10} 经片选译码器得到 4 个片选信号 CS_0、CS_1、CS_2、CS_3，分别选择其中 $1K \times 8$ 位的存储芯片。$\overline{WE}$ 为读/写控制信号。

2. 存储器与 CPU 的连接

在构建计算机系统时，存储器与 CPU 之间的连接十分重要。

（1）地址线的连接：存储芯片的地址线数目取决于其容量大小，通常少于 CPU 的地址线数目。在连接时，应将 CPU 的低位地址线与存储芯片的地址线直接相连。CPU 地址线的高位可以用于扩展存储芯片，或作为其他功能，比如生成片选信号。例如，若 CPU 具有

16 位地址线,而存储芯片只有 10 位地址线,则 CPU 的地址线 A_0 至 A_9 应与存储芯片的地址线直接相连。若使用一个 14 位地址线的存储芯片,则 CPU 的地址线 A_0 至 A_{13} 应与存储芯片的地址线相连。

(2) 数据线的连接:CPU 的数据线数目可能与存储芯片的不同。在这种情况下,应通过扩位技术来调整存储芯片的数据线数目,以匹配 CPU 的数据线数目。

(3) 读/写命令线的连接:CPU 的读/写控制线通常可以直接连接到存储芯片的相应读/写控制端。一般情况下,高电平表示读取操作,低电平表示写入操作。如果 CPU 的读写控制线是分开的,则应将 CPU 的读控制线连接到存储芯片的读控制端,将写控制线连接到写控制端。

(4) 片选线的连接:片选控制是确保 CPU 与存储芯片正确协同工作的关键。片选信号通常与 CPU 的存储器请求信号(Memory Request,MREQ)相关,且 MREQ 低电平有效。当 CPU 发起访问存储器请求时,片选信号会被激活以选择相应的存储芯片。如果 CPU 访问 I/O,则不需要激活存储器,MREQ 信号将保持高电平。此外,片选信号还与地址线相关,因为 CPU 的高位地址线数目通常多于存储芯片,未连接的高位地址线需要与 MREQ 信号一起生成片选信号。产生片选信号通常需要使用逻辑电路,如译码器和逻辑门电路。

(5) 合理选择存储芯片:存储芯片的选择应考虑类型(RAM 或 ROM)和数量。通常,ROM 用于存储系统程序、标准子程序和常数等,而 RAM 提供用户编程使用。选择存储芯片的数量时,应考虑到连线的简洁性和方便性。

在实际连接 CPU 与存储芯片时,还需考虑两者之间的时序配合、速度匹配和负载匹配等问题。这些因素的正确配置对于系统的稳定性和性能至关重要。

5.2.6　存储器的校验

在计算机系统中,为了确保数据的可靠性,在存储和传输过程中需要对数据进行校验。校验的目的是发现潜在的错误,并在可能的情况下进行纠正。

1. 编码的最小距离

数据错误可能由多种因素引起,为了有效检测和纠正这些错误,可以采用错误控制编码方案,如汉明编码。汉明编码由 Richard Hamming 在 1950 年提出,并且具备单位纠错能力。编码的最小距离(Hamming Distance)是衡量编码效果的关键参数,它定义为在编码体系中任意两个合法编码之间,在二进制表示中不同位的最小数量。编码的最小距离越大,编码系统检测和纠正错误的能力就越强。

$$L-1=D+C(D\geqslant C)$$

根据编码理论,编码最小距离 L 与编码的检测能力和纠错能力直接相关。纠错能力 C 通常小于或等于检测能力。具体地,若编码的最小距离 $L=3$,则该编码体系最多可以检测 2 位错误,或者检测 1 位并纠正 1 位错误。因此,通过在信息编码中增加检测位,可以提升编码的最小距离,从而增强检测和纠错的能力。汉明编码就是利用这一理论构建的,其设计实现了单位纠错。

在设计校验编码时,必须考虑到编码的冗余度、计算复杂性,以及纠错效率等因素,以实现在保证数据完整性的同时,最小化额外资源消耗。汉明编码因其简单有效的错误检测与纠正能力,被广泛应用于计算机内存和通信系统中。

2. 汉明码的组成

汉明码是一种经典的错误检测和纠正编码,它能够在数据传输过程中识别和修正单个错误。汉明码的构成需要满足三个重要条件:检测位的计算、校验位的位置和取值、小组位的划分和特点。

设欲检测的二进制代码为 n 位,为使其具有纠错能力,需增添左位检测位,组成 $n+k$ 位的代码。为了能准确地对错误定位以及指出代码没错,新增添的检测位数应满足:

$$2^k \geqslant n+k+1$$

由此关系可求得不同代码长度 n 所需检测位的位数。k 的位数确定后,便可由它们所承担的检测任务设定它们在被传送代码中的位置及它们的取值。

其余检测位的小组所包含的位也可类推。这种小组的划分有如下特点:

(1) 每个小组 g_i 有一位且仅有一位为它所独占,这一位是其他小组所没有的,即 g_i 小组独占第 2 的 $i-1$ 次位($i=1,2,3,\cdots$)。

(2) 每两个小组 g_i 和 g_j 共同占有一位是其他小组没有的,即每两小组 g_i 和 g_j 共同占有第 2 的 $i-1$ 次位 $+2$ 的 $j-1$ 次位(i 和 $j=1,2,3,\cdots$)。

(3) g_i、g_j 和 g_l 小组共同占第 $2^{i-1}+2^{j-1}+2^{l-1}$ 位,是其他小组所没有的。依此类推,便可确定每组所包含的各位。

对于汉明码的校验位,其值设置的原则是使得整个编码的每个位置要么是某一校验位独占,要么是由几个校验位共同监控的位置。通过这种设置,当出现单个位错误时,错误位的位置可以通过校验位的错误模式直接指出,因为错误会影响到所有监控该错误位的校验位。如果校验位的模式与某个数据位或校验位的位置匹配,便可准确地指出错误位置。

总结而言,汉明码通过特定的校验位位置和取值设计,能够有效地定位和纠正单比特错误。它的设计平衡了编码的冗余度和纠错能力,是计算机内存和数据通信中常用的一种错误控制编码。

3. 汉明码的纠错过程

汉明码的纠错过程实际上是对传送后的汉明码形成新的检测位 P_i,根据 P_i 的状态,便可直接指出错误的位置。P_i 的状态是由原检测位 C_i 及其所在小组内"1"的个数确定的。

倘若按配偶原则配置的汉明码,其传送后形成新的检测位 P_i 应为 0,否则说明传送有错,并且还可直接指出出错的位置。由于 P_i 与 C_i 有对应关系,故 P_i 可确定。

5.2.7 提高访存速度的措施

为了提高访存速度以适应计算机应用领域对存储器工作速度和容量不断增长的需求,并缓解由于 CPU 性能提升和 I/O 设备数量增加导致的存储器访问速度成为系统瓶颈的问题,实施了一系列措施。这些措施通过优化存储器的结构和使用高速元件以及采用存储器层次结构来提升存取速率。以下是提高访存速度的具体措施。

1. 单体多字系统

在单体多字系统中,考虑到程序和数据在存储器中的存放通常是连续的,可以利用这一特性来提高访存效率。通过在一个存取周期内从同一地址读取多个字的信息,然后依次将这些信息送往 CPU 执行,可以提高存储器的带宽。例如,在图 5.34 所示的单体四字结构存储器中,每个字包含多个位(W 位)。在一个存取周期内可以读取 $4 \times W$ 位的指令或数据,实现了主存带宽的四倍提升。

需要注意的是,这种方法的有效性基于一个前提条件:指令和数据在主存中是连续存放的。如果遇到跳转指令或操作数无法连续存放的情况,单体多字系统的效益将受到影响。因此,在遇到这种情况时,可能需要其他措施来保持存储器性能。

该方法的优势在于,通过并行读取连续的存储单元,能够在不降低存储器存取时间的前提下,增加每次访存操作的数据量,从而增加数据吞吐量。然而,这种设计要求存储器的内部结构能够支持多字并行读取,且CPU的内部结构也需能够处理连续的数据流,如图 5.34所示。

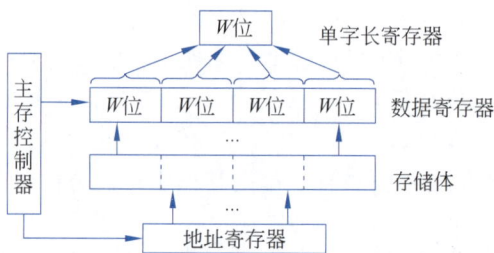

图 5.34 单体多字系统

此外,为了进一步提高访存速度,可以采取以下几种措施。

(1) 使用更快的存储技术,如静态随机存取存储器(SRAM)相比动态随机存取存储器(DRAM)具有更快的访问速度。

(2) 引入缓存机制,在CPU和主存之间设置多级缓存,以减少对主存的直接访问次数。

(3) 采用预取技术,根据程序的访问模式预先从主存中取出数据到缓存中。

(4) 优化存储器总线,提高总线速度和宽度,以支持更快的数据传输。

(5) 使用并行处理技术,如多通道存储器,允许同时对多个存储单元进行操作,提高并发性。

2. 多体并行系统

多体并行系统是由具有相同容量和访问速度的多个存储模块构成的存储器架构。在这种系统中,每个存储模块均配备了独立的地址寄存器(MAR)、数据寄存器(MDR)、地址译码器、驱动电路以及读/写电路,允许各模块同时并行工作,也支持交叉工作。并行工作模式意味着可以同时对 N 个模块进行访问,实现同步启动和数据读取,从而在操作上实现真正的并行性。

如图 5.35 所示的多体存储器架构示意图中,采用了高位交叉编址的方式,以适应并行工作需求。该编址方式的特点是程序按照模块内地址的顺序存放,即当一个模块存满后,数据才会被存入下一个模块,因此这种存储方式也被称为顺序存储方式。

多体并行系统的设计允许同时对多个存储模块进行操作,这样可以提高系统的存取速度和数据吞吐量。这一点对于提高处理器和存储器之间数据交换的效率至关重要,尤其是在处理大量数据或执行大规模并行计算时。

为了确保系统的正确性和有效性,以下几个方面需要得到重视:

(1) 模块独立性:每个存储模块都应具备完整的硬件支持,确保其能够独立运行而不互相干扰。

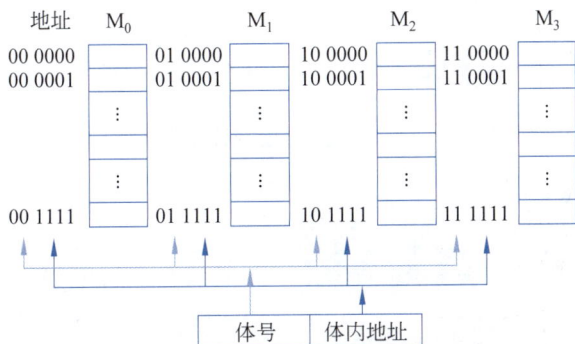

图 5.35　并行工作的高位交叉编址的多体存储器结构示意图

（2）编址策略：高位交叉编址策略能够有效地分散存储访问，减少模块间的访问冲突，提高存取效率。

（3）同步机制：并行操作要求严格的同步机制，以确保数据的一致性和访问的准确性。

（4）存储管理：操作系统或存储控制器需要有效地管理存储请求，以充分利用多体并行系统的优势。

多体模块结构的存储器采用交叉编址后，可以在不改变每个模块存取周期的前提下，提高存储器的带宽。如图 5.36 所示，CPU 交叉访问 4 个存储体的时间关系，负脉冲为启动每个体的工作信号。虽然对每个体而言，存取周期均未缩短，但由于 CPU 交叉访问各个存储体，使 4 个存储体的读/写过程重叠进行，最终在一个存取周期的时间内，存储器实际上向 CPU 提供了 4 个存储字。如果每个模块存储字长为 32 位，则在一个存取周期内（除第一个存取周期外），存储器向 CPU 提供了 $32 \times 4 = 128$ 位二进制代码，大大增加了存储器的带宽。

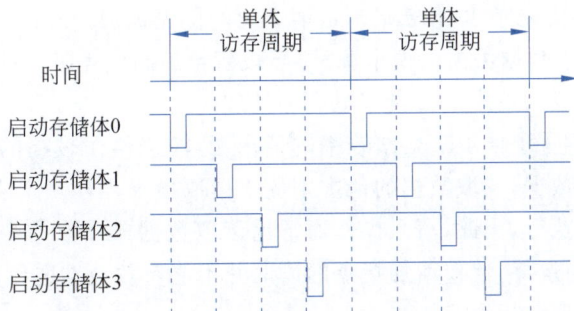

图 5.36　CPU 交叉访问 4 个存储体的时间关系

假设每个体的存储字长和数据总线的宽度一致，并假设低位交叉的存储器模块数为 n，存取周期为 T，总线传输周期为 τ，那么当采用流水线方式存取时，应满足 $T = n\tau$。为了保证启动某体后，经 $n\tau$ 时间再次启动该体时，它的上次存取操作已完成，要求低位交叉存储器的模块数大于或等于 n。以四体低位交叉编址的存储器为例，采用流水方式存取的示意图如图 5.37 所示。可见，对于低位交叉的存储器，连续读取几个字所需的时间 t_1 为 $t_1 = T + (4-1)\tau$，若采用高位交叉编址，则连续读取 n 个字所需的时间为 $t_2 = nT$。

3. 存储器控制部件（简称"存控"）

在多体模块存储器系统中，存储器控制部件负责协调 CPU、辅助存储器、I/O 设备，以及 I/O 处理机之间的信息交换。存控的功能在于确立主存与上述各部件之间信息交换的

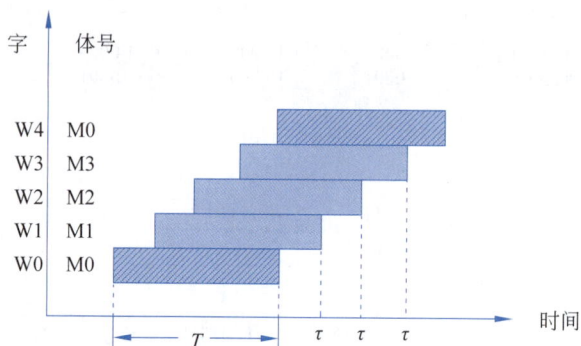

图 5.37   四体低位交叉编址的存储器采用流水方式存取的示意图

顺序,并控制主存的读/写操作。存控的设计不仅要考虑各部件访问请求的合理排序,还要确保主存的读写操作得以正确执行。

如图 5.38 所示存控基本结构框图中,存控由排队器、控制线路、节拍发生器及标记触发器等关键组件构成。排队器的作用是决定各请求源的优先级,从而协调可能出现的存储体并发访问请求。控制线路负责指挥存储体的具体读/写操作,节拍发生器用于同步存储操作,而标记触发器则是为了标记当前操作状态。

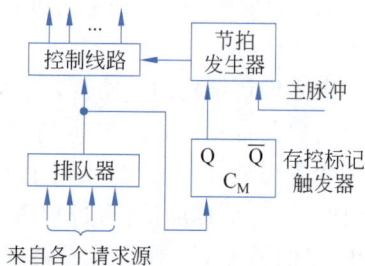

图 5.38   存储器控制部件

由于可能存在多个请求源同时随机地请求访问相同的存储体,存控必须能够有效地处理这些并发请求,以预防多个请求源同时占用同一存储体和其他潜在错误的发生。为此,排队器按照以下原则确定请求源的优先级别:

(1) 对于容易发生数据丢失的请求源,应当被赋予最高优先级。例如,外部设备信息极易丢失,因此,来自外设的请求通常具有最高的处理优先级。

(2) 对于可能严重影响 CPU 工作效率的请求源,应当给予较高的优先级,如写入数据的请求应当优于读取数据,读取数据的请求则优于读取指令。若计算结果无法及时写出,将严重阻碍后续指令的执行,因此,写入操作通常比读取数据或读取指令具有更高的优先级。此外,若没有数据参与运算,仅仅增加指令的读取并不能有效地推进计算过程,因此,读取数据的优先级应当高于读取指令。

存控确保了系统的稳定性和效率。合理地设计和实现存控机制,是提高多体模块存储器性能的关键之一。通过精确控制和调度存储操作,存控有助于最大限度地减少存储冲突和提高存储器的整体吞吐量。

4. 高性能存储芯片对主存速度的提升

在计算机体系结构中,主存储器的速度是系统性能优化的关键因素之一。高性能存储芯片的应用能提升主存的速度。其中,动态随机存取内存(DRAM)因其高集成度和较低成本而被广泛采用于主存。DRAM 技术的发展进展迅速,其容量每三年约增长两倍。为了进一步提高 DRAM 的性能,研发者们推出了多种增强型 DRAM,包括同步 DRAM(SDRAM)、Rambus DRAM(RDRAM)和带 Cache 的 DRAM(CDRAM)。

(1) 同步动态随机存取内存(SDRAM):SDRAM 的主要特点是其数据交换过程与系

统时钟信号同步,这与传统的异步 DRAM 形成对比。SDRAM 能够以处理器—存储器总线的最高速度运行,消除了异步 DRAM 中的等待状态,从而提高了数据传输效率。

(2) Rambus 动态随机存取内存(RDRAM):RDRAM 是由 Rambus 公司开发的一种 DRAM 技术。其核心创新在于采用了专门设计的 DRAM 及其高性能芯片接口,以取代传统存储器接口。RDRAM 的设计重点在于解决存储器带宽瓶颈问题。它通过高速总线接收存储器请求(包含地址、操作类型和数据字节大小),该总线地址能够多达 320 个 RDRAM 芯片,实现高达 1.6GB/s 的数据传输速率。

(3) 带 Cache 的动态随机存取内存(CDRAM)CDRAM 在传统 DRAM 芯片的基础上集成了一个小型的静态随机存取内存(SRAM),这种结构也称为增强型 DRAM(EDRAM)。集成的 SRAM 充当缓存,有利于提高突发式读取操作的性能。

为了确保上述描述的准确性和完整性,应注意几点:确认 SDRAM、RDRAM 和 CDRAM 的定义和功能描述与最新研究和产品规格保持一致。在提及数据传输速率等技术参数时,确保使用了最新和准确的数据。考虑到技术的发展迅速,应提供一个时间戳或版本号,以指示所述信息的时效性。

5.3 高速缓冲存储器(Cache)

5.3.1 概述

高速缓冲存储器(Cache)是计算机架构中的关键组件,它位于中央处理器(CPU)与主存储器(Main Memory)之间。Cache 的设计目的是通过其较快的访问速度和较小的存储容量来提升计算机系统的性能及效率。它依据局部性原理(Principle of Locality)工作,缓存了 CPU 频繁访问的数据和指令,以减少对慢速主存的访问次数和延迟。Cache 的应用可以提高数据访问速度和系统响应时间,进而有效提升整体计算机性能。

1. 问题的提出

在多层次的并行存储系统中,I/O 设备对主存储器的访问请求可能优先级高于 CPU,导致 CPU 在访问主存时不得不等待 I/O 操作的完成。这种情况下,CPU 可能会空闲等待数个主存周期,从而降低 CPU 的效率。解决这一问题的策略之一是在 CPU 与主存之间加入一级 Cache。主存可以将 CPU 即将需要的信息预先加载到 Cache 中,当主存忙于处理 I/O 设备的数据交换时,CPU 可以直接从 Cache 读取信息,避免了无效的等待,提高了效率。

另一个问题是主存的速度提升跟不上 CPU 速度的快速发展。据数据统计,CPU 速度的年均提升率约为 60%,而动态随机存取内存(DRAM,主要组成主存的一种)的速度年均提升率仅为 7%。这导致了 CPU 与 DRAM 之间的速度差距每年扩大约 50%。例如,一个运行频率为 100MHz 的 Pentium 处理器每 10 纳秒就可执行一条指令,而 DRAM 的典型访问时间在 60~120 纳秒之间。Cache 的引入正是为了解决 CPU 与主存速度不匹配的问题。

Cache 的设计基于程序访问的局部性原理。大量典型程序分析显示,CPU 在执行指令或访问数据时,往往集中于主存中的局部区域。这是因为指令和数据在内存中是连续存放的,并且某些指令和数据会被多次重复使用(例如,子程序、循环结构和某些常量)。因此,程序的访存行为呈现出高度的局部性,这也是 Cache 设计的理论基础。

通过将 CPU 短期内即将用到的数据和指令从主存预先加载到 Cache 中,可以实现 CPU 在一定时间内仅访问 Cache 的目标。由于 Cache 一般采用高速静态随机存取内存 (SRAM)制造,虽然它的成本相对于 DRAM 较高,但由于其容量远小于主存,这种设计在速度和成本之间实现了有效的平衡。

2. Cache 的工作原理

1) 主存和缓存的编址

如图 5.39 所示是 Cache—主存存储空间的基本结构示意图。主存由 2^n 个可编址的字组成,每个字有唯一的 n 位地址。为了与 Cache 映射,将主存与缓存都分成若干块,每块内又包含若干个字,并使它们的块大小相同。这就将主存的地址分成两段:高 m 位表示主存的块地址,低 b 位表示块内地址,则 $2^m = M$ 表示主存的块数。同样,缓存的地址也分为两段:高 c 位表示缓存的块号,低 6 位表示块内地址,则 $2^c = C$ 表示缓存块数,且 C 远小于 M。主存与缓存地址中都用 b 位表示其块内字数,即 $B = 2^b$ 反映了块的大小,称 B 为块长。

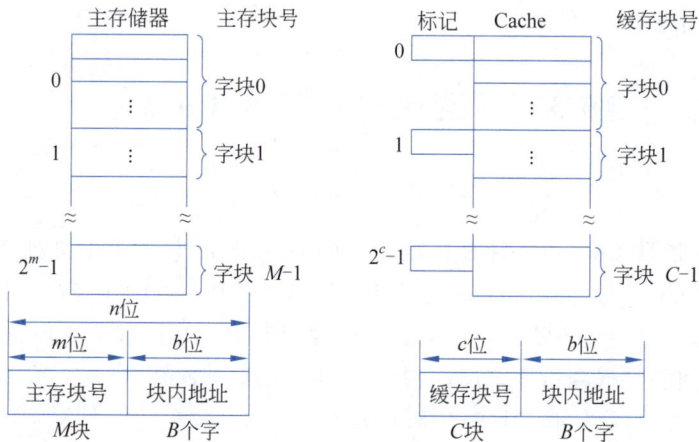

图 5.39　主存和缓存的编址

2) 命中与未命中

任何时刻都有一些主存块处在缓存块中。CPU 欲读取主存某字时,有两种可能:一种是所需要的字已在缓存中,即可直接访问 Cache(CPU 与 Cache 之间通常一次传送一个字);另一种是所需的字不在 Cache 内,此时需将该字所在的主存整个字块一次调入 Cache 中(Cache 与主存之间是字块传送)。

如果主存块已调入缓存块,则称该主存块与缓存块建立了对应关系。上述第一种情况为 CPU 访问 Cache 命中,第二种情况为 CPU 访问 Cache 不命中。由于缓存的块数远小于主存的块数,因此,一个缓存块不能唯一地、永久地只对应一个主存块,故每个缓存块需设一个标记,用来表示当前存放的是哪一个主存块,该标记的内容相当于主存块的编号。CPU 读信息时,要将主存地址的高 m 位(或 m 位中的一部分)与缓存块的标记进行比较,以判断所读的信息是否已在缓存中。

3) Cache 的命中率

Cache 的容量与块长是影响 Cache 效率的重要因素,通常用“命中率”来衡量 Cache 的效率。命中率是指 CPU 要访问的信息已在 Cache 内的比率。

4）Cache 的效率。

效率 e 与命中率有关，公式如下：

$$e = \frac{\text{访问 Cache 的时间}}{\text{平均访问时间}} \times 100\%$$

设 Cache 命中率为 h，访问 Cache 的时间为 t_c，访问主存的时间为 t_m，则

$$e = \frac{t_c}{h \times t_c + (1-h) \times t_m} \times 100\%$$

3. Cache 的基本结构

Cache 的基本结构原理框图如图 5.40 所示，它主要由 Cache 存储体、地址映射变换机构、Cache 替换机构几大模块组成。

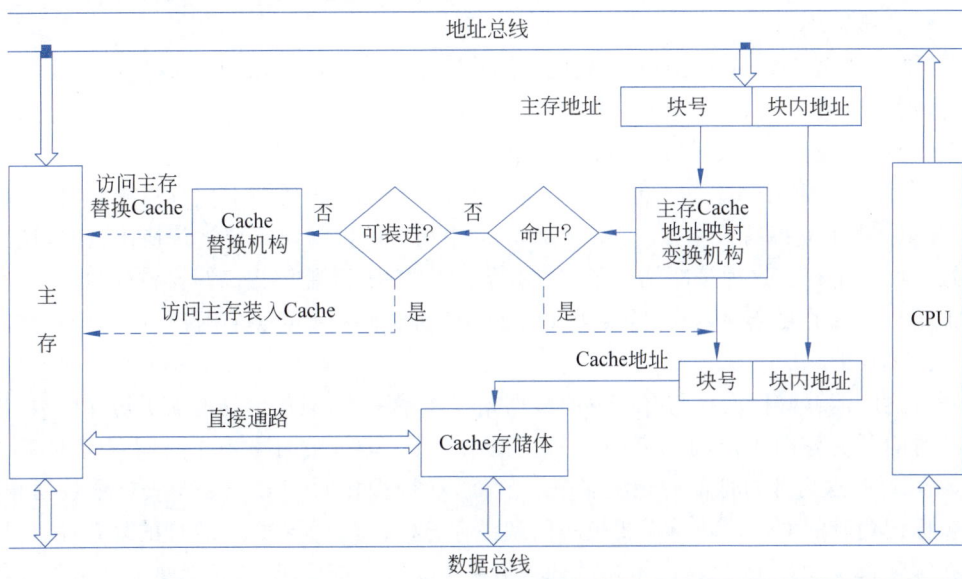

图 5.40 Cache 的基本结构原理框图

1）Cache 存储体

Cache 存储体以块为单位与主存交换信息，为加速 Cache 与主存之间的调动，主存大多采用多体结构，且 Cache 访存的优先级最高。

2）地址映射变换机构

地址映射变换机构是将 CPU 送来的主存地址转换为 Cache 地址。由于主存和 Cache 的块大小相同，块内地址都是相对于块的起始地址的偏移量（即低位地址相同），因此地址变换主要是主存的块号（高位地址）与 Cache 块号间的转换。而地址变换又与主存地址以什么样的函数关系映射到 Cache 中（称为地址映射）有关。

如果转换后的 Cache 块已与 CPU 欲访问的主存块建立了对应关系，即已命中，则 CPU 可直接访问 Cache 存储体。如果转换后的 Cache 块与 CPU 欲访问的主存块未建立对应关系，即不命中，此刻 CPU 在访问主存时，不仅将该字从主存取出，同时将它所在的主存块一并调入 Cache，供 CPU 使用。当然，此刻能将主存块调入 Cache 内，也是由于 Cache 原来处于未被装满的状态。反之，倘若 Cache 原来已被装满，即已无法将主存块调入 Cache 内时，就得采用替换策略。

3）Cache 替换机构

当 Cache 内容已满，无法接收来自主存块的信息时，就由 Cache 内的替换机构按一定的替换算法来确定应从 Cache 内移出哪个块返回主存，而把新的主存块调入 Cache。

特别需指出的是，Cache 对用户是透明的，即用户编程时所用到的地址是主存地址，用户根本不知道这些主存块是否已调入 Cache 内。因为，将主存块调入 Cache 的任务全由机器硬件自动完成。

4. Cache 的读写操作

Cache 的写操作相对于读操作来说较为复杂，原因在于必须确保 Cache 中的数据与它所映射的主存储器（Main Memory）中的数据保持一致性。在程序执行过程中，当需要对某个内存单元执行写操作时，便涉及如何同步更新 Cache 和主存内容的问题。目前，主要采用以下几种同步策略。

（1）写直达法（Write-through）：也称为存直达法（Store-through），该策略下执行写操作时，数据不仅写入 Cache，同时也写入主存。这种方法可以确保每次写操作时主存的数据都是最新的，但这会增加访存的次数，从而可能降低系统性能。

（2）写回法（Write-back）：也称为拷回法（Copy-back），该策略下执行写操作时，数据仅写入 Cache，而不立即写入主存。只有当 Cache 中相应的数据块需要被替换出去时，该数据块才被写回到主存。这种策略减少了与主存的同步写操作，能够提高写操作的效率，但同时也增加了 Cache 的复杂性，因为需要额外的逻辑来标记哪些 Cache 行是脏的（即已被修改但未同步到主存的）。

写直达法能够确保主存与 Cache 的数据始终保持一致，但代价是增加了访存次数，且写操作的时间延迟等同于访问主存的时间。相比之下，写回法的写操作时间仅等同于访问 Cache 的时间，这可能对性能有积极影响。然而，在读操作时若 Cache 失效导致数据替换，那些被标记为脏的 Cache 块就需要被写回到主存，这就增加了 Cache 管理的复杂性。

在实际系统设计中，这两种策略的选择取决于系统性能要求、成本考量以及工作负载特性。有时还会采用这两种策略的混合形式，以达到最优的性能和成本效益平衡。

5. Cache 的改进

随着计算机系统的发展，Cache 的设计也经历了新演进。最初，典型的计算机系统中仅包含一个缓存层次，但近年来多层级 Cache 的配置已变得普遍。这种发展趋势具有双重含义：一是增加了 Cache 的层级数；二是将原本统一的 Cache 分化为独立的多个 Cache。

1）单一缓存与多级缓存

单一缓存（Single-Level Cache）指的是在中央处理器（CPU）和主存储器（Main Memory）之间仅设置一个缓存层次。随着集成电路技术的进步，这个缓存层次通常与 CPU 集成于同一芯片中，因此也被称为片内缓存（On-Chip Cache）。片内缓存的引入提升了外部总线的利用率，因为 CPU 可以直接访问片内 Cache 而无须占用芯片外的总线（System Bus）。此外，由于片内缓存与 CPU 之间的数据通路非常短，存取速度得到了极大的提高。同时，外部总线可以更多地支持 I/O 设备与主存之间的信息传输，从而增强了系统的整体效率。例如，Intel 80486 CPU 芯片便集成了 8KB 的片内缓存。

2）统一缓存与分立缓存

统一缓存（Unified Cache）指的是将指令和数据存储在同一个 Cache 中。而分立缓存

(Split Cache)则将指令和数据分别放置在两个不同的 Cache 中,分别命名为指令 Cache (Instruction Cache)和数据 Cache(Data Cache)。

选择统一缓存或分立缓存主要考虑以下两个因素。

(1)主存结构:若计算机主存是统一的(即指令和数据共同存储在同一主存中),则相应的 Cache 通常也采用统一缓存。相对地,如果主存采用指令和数据分开存储的架构,则 Cache 更倾向采用分立结构。

(2)指令执行的控制方式:在采用超前控制(Look-ahead Control)或流水线控制 (Pipeline Control)的处理器架构中,一般采用分立缓存,以优化指令和数据的并行处理能力。

这些改进措施均适应不断变化的技术和应用需求,以优化 Cache 的性能,减少访存延迟,提高处理器的执行效率。随着计算机架构的不断演化,Cache 的设计也在不断地向更加高效和复杂的方向发展。

5.3.2　Cache—主存的地址映射

1. 直接映射

由主存地址映射到 Cache 地址称为地址映射。地址映射方式很多,有直接映射(固定的映射关系)、全相联映射(灵活性大的映射关系)、组相联映射(上述两种映射的折中)。图 5.41 所示为直接映射方式主存与缓存中字块的对应关系。图中每个主存块只与一个缓存块相对应,映射关系式为 $i=j \bmod C$。其中 i 为缓存块号,j 为主存块号,C 为缓存块数。映射结果表明每个缓存块对应若干个主存块。

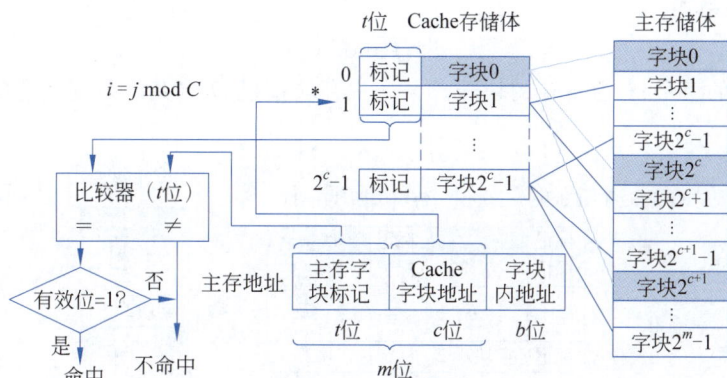

图 5.41　直接映射

这种方式的优点是实现简单,只需利用主存地址的某些位直接判断,即可确定所需字块是否在缓存中。由图 5.41 可见,主存地址高 m 位被分成两部分:低 c 位是指 Cache 的字块地址,高 t 位是指主存字块标记,它被记录在建立了对应关系的缓存块的"标记"位中。当缓存接到 CPU 送来的主存地址后,只需根据中间 c 位字段(假设为 00…01)找到 Cache 字块 1,然后根据字块 1 的"标记"是否与主存地址的高 m 位相符来判断,若符合则为有效位。有效位用来识别 Cache 存储块中的数据是否有效,因为有时 Cache 中的数据是无效的。

直接映射方式的缺点是不够灵活,因每个主存块只能固定地对应某个缓存块,即使缓存内还空着许多位置也不能占用,使缓存的存储空间得不到充分的利用。此外,如果程序恰好要重复访问对应同一缓存位置的不同主存块，就要不停地进行替换，从而降低命中率。

2. 全相联映射

全相联映射允许主存中每一字块映射到 Cache 中的任何一块位置上，如图 5.42 所示。这种映射方式可以从已被占满的 Cache 中替换出任一旧字块。显然，这种方式灵活，命中率也更高，缩小了块冲突率。

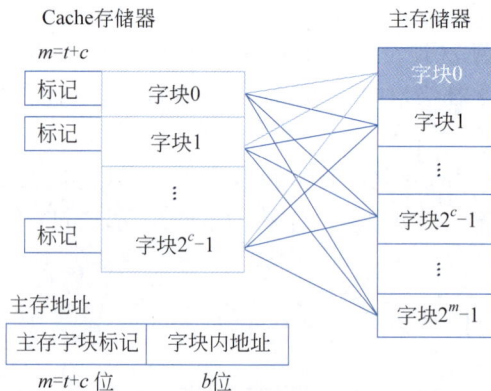

图 5.42　全相联映射

总之，这种方式所需的逻辑电路甚多，成本较高，实际的 Cache 还要采用各种措施来减少地址的比较次数。主存中的任一块可以映射到缓存中的任一块。

3. 组相联映射

组相联映射是对直接映射和全相联映射的一种折中。它把 Cache 分为 Q 组，每组有 R 块，并有以下关系：

$$i = j \bmod Q$$

其中，i 为缓存的组号；j 为主存的块号。某一主存块按模 Q 将其映射到缓存的第 i 组内，如图 5.43 所示。

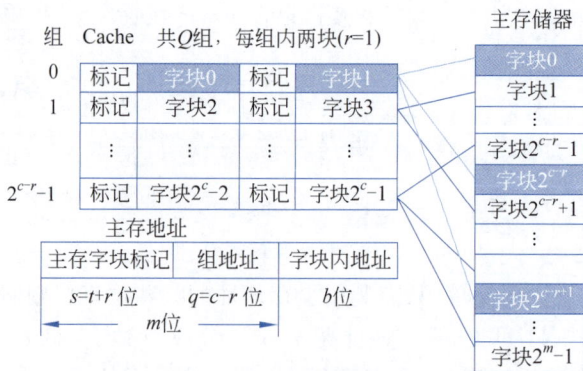

图 5.43　组相联映射

组相联映射的主存地址各段与直接映射相比，还是有区别的。组相联映射的含义是：主存的某一字块可以按模 16 映射到 Cache 某组的任一字块中。即主存的第 $0,16,32,\cdots$ 字块可以映射到 Cache 第 0 组 2 个字块中的任一字块；主存的第 $15,31,47,\cdots$ 字块可以映射到 Cache 第 15 组中的任一字块。显然，主存的第 j 块会映射到 Cache 的第 i 组内，两者之间一一对应，属直接映射关系；另一方面，主存的第 j 块可以映射到 Cache 的第 i 组内中的任一块,这又体现出全相联映射关系。可见,组相联映射的性能及其复杂性介于直接映射和全相联映射两者之间,当 $r=0$ 时是直接映射方式,当 $r=c$ 时是全相联映射方式。

全相联映射的具体逻辑实现中,若假设 Cache 有 8 行,每个数据块包括四个字,相联存储器(也就是查找表)同样需要 8 个存储单元来描述 8 行的数据,查找表包括 valid 和主存块地址标记字段,当然还有 dirty、淘汰计数等信息,这里没有显示。给出一个主存地址,可细分为标记和字偏移地址两部分,其中 tag 就是主存块地址。

Cache 首先需要实现数据查找的功能,对于全相联映射,由于主存块可能存在于 Cache 的任意块,所以我们需要将当前主存块地址也就是标记字段部分和查找表中所有行的标记字段进行标记,注意比较时应该考虑有效位,也就是比较的时候增加一个 valid=1 的逻辑,所以我们可以给出一个多路并发比较逻辑,将查找表中的所有行的有效位和 tag 字段与主存块地址进行并发比较,这里并发比较实际上就是有 8 个比较器同时工作,比较结果为 L0～L7,高电平表示相等,所有比较结果的逻辑或就是命中信号。

这里 8 路比较的信号正好可以作为数据块副本的行选择信号,控制数据块副本的输出,将所有数据块副本都通过三态门输出到数据总线 SlotData 上,三态门的控制端就是这里的比较结果,当命中时,命中行的数据输出到 SlotData,当命中时,具体选择数据块中的哪一个字由主存地址中的 offset 进行选择,可以利用一个多路选择器进行选择,命中信号直接连接多路选择器的使能端,缺失时输出高阻态。

假设主存地址字段如图 5.44 所示,块地址为 666,多路并发比较的结果是第 0 行符合,L0 位高电平,第 0 行命中,L0 控制对应的三态门将第 0 行的块数据输出到 SlotData,再利用主存地址中的字偏移地址 2 选择当前块中的第 2 个字输出,就完成了 Cache 的读操作。

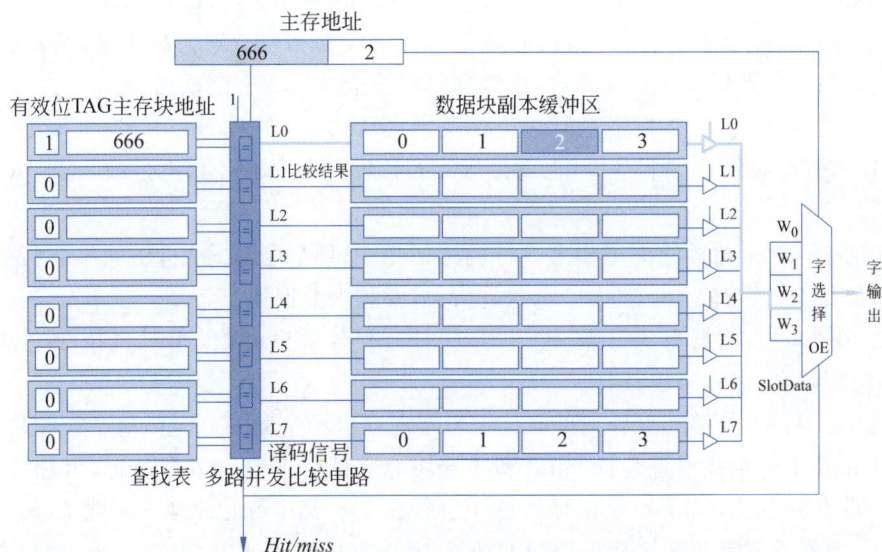

图 5.44 全相联映射的逻辑实现

Cache 读命中时间最短,现代 CPU 中取指令取操作数都是从 Cache 得到,通常在一个时钟周期内完成,所以 Cache 性能直接决定了 CPU 性能。

下面我们来进一步看看全相联映射的数据载入逻辑。假设 Cache 8 行,块大小 $4w$,主存 2^9 个字单元,地址线 9 根。Cache 总容量=Cache 行数×行容量,Cache 行中包括 valid、标记位、标志位,以及数据副本。Cache 初始化为冷 Cache,无任何数据,所有有效位都是 0。图 5.45 给出了实际的主存访问序列。

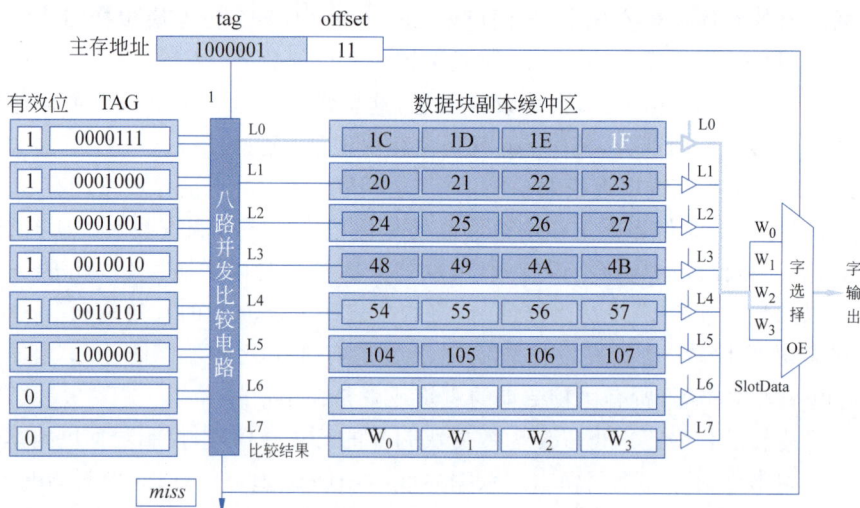

图 5.45　全相联映射动态载入过程

CPU 首先访问 1F,地址分解为 000011111,此时系统将主存块地址 111 加上有效位 1 与查找表中所有标记字段和有效位进行并发比较,比较结果为 8 路均不相同,L0~L7 信号都为 0,数据缺失,此时需要从二级存储器内存中 1F 地址所在的数据块,CPU 死锁等待数据块载入,注意此时 CPU 不能进行任何操作,数据载入的过程需要若干时钟周期,数据块会加载到 Cache 第一个空行,载入后第 0 行中的数据分别是 1C、1D、1E、1F 地址对应的数据,第 0 行的有效位变成了 10000111,此时第 0 行比较会相符,L0 为高电平,数据命中,L0 会控制三态门输出数据到 SlotData,再由字选择模块选择第 3 个字输出。

第二个地址是 20,显然根据先前的查找逻辑,数据并不在 Cache 中,发生缺失,需要载入 20 所在的数据块到第一个空行,也就是第一行。同理再访问 24,也是缺失,载入数据块到第 2 行。

再访问 1E,这个地址的标记和第 0 行的标记相同,所以数据命中,访问第 0 行的数据,即可获得数据,后续访问 48、54、107 都是缺失,需要载入数据块。

总之,在 Cache 还没有满之前,全相联 Cache 不会发生淘汰,相对直接相联映射,其 Cache 利用率较高,命中率也较好。

如图 5.46 所示,直接相联映射的具体逻辑实现,假设 Cache 有 8 行,每个数据块包括四个字,Cache 行中的查找信息包括 valid 和主存块地址标记字段。主存地址,可细分为标记字段 tag、行索引字段 index 和字偏移地址 offset 3 部分,其中标记字段 tag 就是区地址。

Cache 逻辑首先需要实现数据查找的功能,对于直接相联映射,由于一个主存块只能对应到 Cache 中的特定行,所以查找算法比较简单,我们只需要到指定 Cache 行中查看 valid 和标记位即可知道数据是否命中。从硬件逻辑的角度,只需要将行索引字段 index 送入到一个行索引译码器,得到 8 个行译码输出 L0~L7。其中输出为高电平的那一行就是指定的 Cache 行,利用 8 个行译码输出信号控制 8 个三态门将所有行的有效位和标记字段输出到比较器,根据译码器的定义,只有当前主存地址对应的那一行的数据才会输出,将 valid 位和

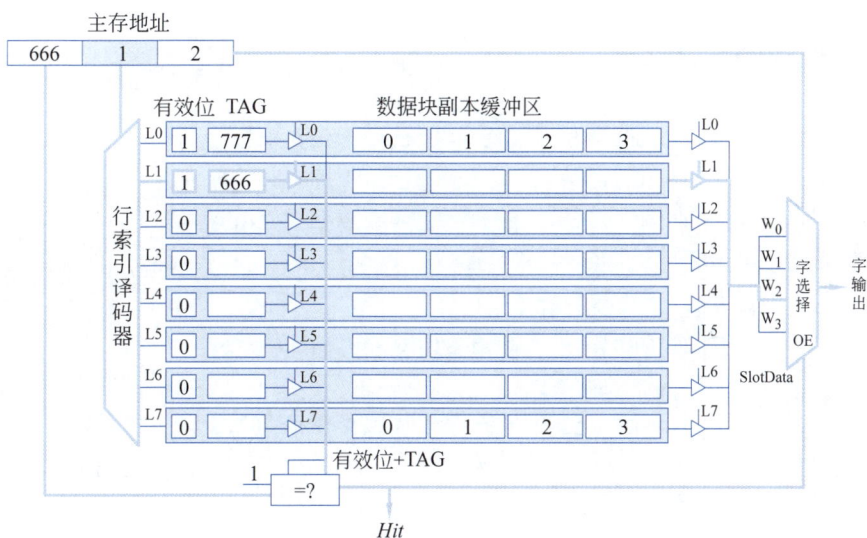

图 5.46　直接相联映射逻辑实现

1 进行比较,将 tag 位和主存地址中的 tag 进行比较,如果相等表示命中,否则表示缺失,对于直接相连映射的查找逻辑,这里只需要一个行译码器和一个比较器。

另外还可以用这 8 路译码信号控制 Cache 块数据的输出,将所有 Cache 行的数据块都通过三态门输出到数据总线 SlotData 上,三态门的控制端就是这 8 个译码信号,命中时,命中行的数据会输出到 SlotData,具体选择数据块中的哪一个字由主存地址中的 offset 字段进行选择,这里可以利用一个多路选择器进行选择,注意命中信号直接连接多路选择器的使能端,缺失时输出高阻态。

Cache 的读取流程,给出一个主存地址,经过行索引译码器,假设 L1 译码输出,则第 1 行的数据,L0 位高电平,第 0 行命中,L0 控制对应的三态门将第 0 行的块数据输出到 SlotData,再利用主存地址中的字偏移地址 2 选择当前块中的第 2 个字输出,就完成了 Cache 的读操作。

Cache 读命中时间最短,现代 CPU 中取指令取操作数都是从 Cache 得到,通常在一个时钟周期内完成,所以 Cache 性能直接决定了 CPU 性能。直接相连映射载入过程如图 5.47 所示。

如图 5.48 所示为组相联映射的具体逻辑实现,假设 Cache 有 8 行,每个数据块包括 4 个字,采用 2 路组相联,查找表共 8 项,查找表包括 valid 和主存块地址标记字段、dirty 等。给出一个主存地址,可细分为标记、组索引、字偏移地址 3 部分。

Cache 首先需要实现数据查找的功能,对于组相联映射,由于一个主存块只能对应到 Cache 中的特定组。从硬件逻辑的角度,只需要将组索引字段 index 送入到一个组索引译码器,这里可以用 24 译码器,得到 4 个组译码输出 G0~G3,其中输出为高电平的那一组就是指定的组,利用 4 个组译码信号控制 4 组三态门将对应组所有行的有效位和标记字段输出到多路比较器,注意这里几路组相联就有几个比较器,注意比较时除了比较标记字段还要比较 valid 字段是否为 1,2 路比较的结果送入行译码信号逻辑,与 4 个组译码输出组合逻辑后得到行命中信号 L0~L7,同时生成命中信号。L0、L7 信号会控制对应的三态门输出命中行的数据,有字偏移选中具体的字进行输出。这部分逻辑和其他映射方式相同。

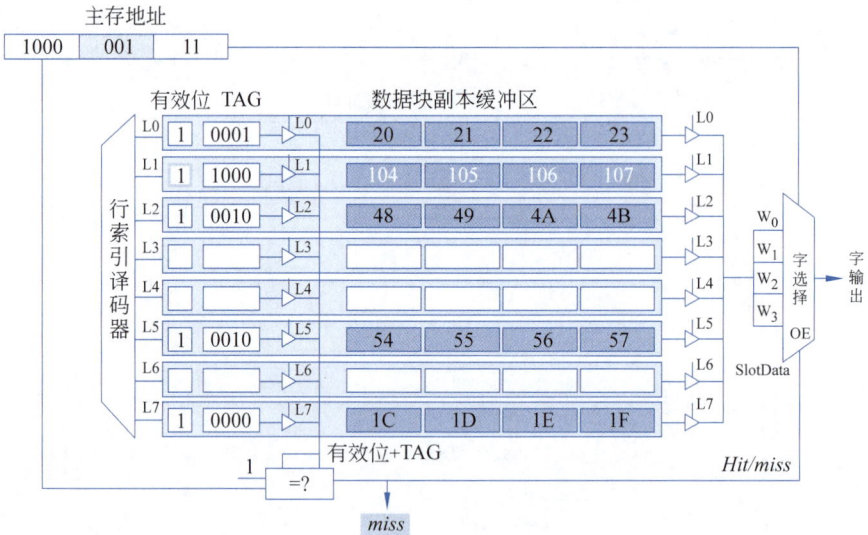

图 5.47 直接相联映射载入过程

假设主存地址字段如图 5.48 所示,块地址为 666,多路并发比较的结果是第 0 行符合,L0 位高电平,第 0 行命中,L0 控制对应的三态门将第 0 行的块数据输出到 SlotData,再利用主存地址中的字偏移地址 2 选择当前块中的第 2 个字输出,就完成了 Cache 的读操作。Cache 读命中时间最短,现代 CPU 中取指令取操作数都是从 Cache 得到,通常在一个时钟周期内完成,所以 Cache 性能直接决定了 CPU 性能。

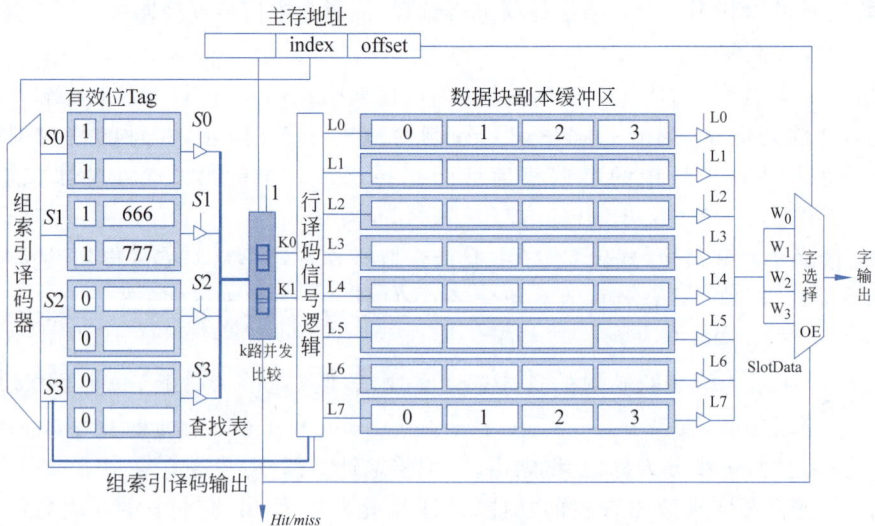

图 5.48 组相联映射逻辑实现

组相联映射的数据载入逻辑如图 5.49 所示。假设 Cache 8 行,块大小 $4w$,主存 2^9 个字单元,地址线 9 根,块大小 4 字,所以主存地址中字偏移为 2 位,Cache 4 组,组索引字段 2 位,剩余 5 位为区地址,Cache 总容量=Cache 行数×行容量,Cache 行中包括 valid、标记位、标志位,以及数据副本,Cache 初始化为冷 Cache,无任何数据,所有有效位都为 0。

左侧给出了实际的主存访问序列,CPU 首先访问 1F,二进制为 000011111,此时系统将

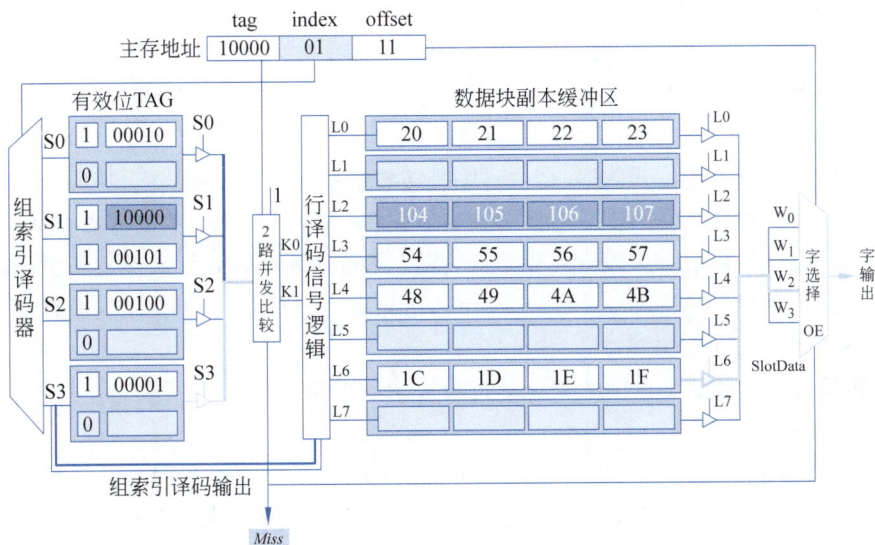

图 5.49　组相联映射动态载入过程

组索引 011 送组索引译码器，选中第 3 组，S3 信号为高电平，控制第 3 组的所有行的有效位和标记位通过三态门输出到 k 路比较器，与主存地址中的标记字段和有效位 1 进行并发比较，比较结果如果都不相等，数据缺失，此时需要从二级存储器内存中载入 1F 地址所在的数据块到当前组。CPU 死锁等待数据块载入，注意此时 CPU 不能进行任何操作，数据载入的过程需要若干时钟周期，数据块会加载到当前 Cache 组的第一个空行，这里有两个空行，所以会载入到第 3 组第 0 行，其中数据分别是 1C、1D、1E、1F 地址对应的数据，同时需要设置对应行的有效位为 1，标记位为 00001，此时 S3＝1，k 路并发比较的第一个比较信号 K0 输出为 1，经过行译码信号逻辑后 L6＝1，第 6 行数据 L6 会控制三态门将第 6 行数据输出到 SlotData，再由字选择模块选择第 3 个字输出。

第二个地址是 20，组索引字段位 00，显然根据先前的查找逻辑，第 0 组两行数据有效位都是 0，数据缺失，需要载入 20 号单元所在的数据块到第一个空行，也就是第 0 行。同理再访问 24，也是缺失，载入数据块第一组第 0 行。再访问 1E，根据组索引地址输出第 3 组的所有有效位和标记位与主要地址标记位进行比较，发现数据命中，访问第 3 组第 0 行的数据，也就是整个 Cache 的第 6 行即可获得数据，后续访问 48，缺失，载入第 2 组第 0 行 54，缺失，载入第 1 组第 1 行。

最后访问 107 都是缺失，107 的组索引页是 01，将第一组所有有效位和标记位送到 k 路比较器比较，发现都不相符，当前组没有空行，需要进行数据淘汰，这里数据载入后淘汰了第 0 行的数据。将会发现，组相连映射在 Cache 没有满之前，也是有可能会发生淘汰的。

5.3.3　替换算法

1. 随机算法

随机替换算法（Random Replacement Algorithm）是一种用于管理计算机高速缓存（Cache）内容的方法。当 Cache 行需要被替换时，这种算法随机选择一个 Cache 行并用新的内容替换它。随机替换是处理 Cache 替换决策的一种简单策略，它不考虑每个 Cache 行的使用频率、使用时间或者任何其他历史信息。

随机替换算法的工作流程如下：

（1）查找数据：当 CPU 尝试访问数据时，Cache 控制器会查找 Cache 中是否存在该数据。

（2）命中处理：如果找到数据（命中），则直接将数据传输给 CPU。

（3）未命中处理：如果 Cache 中没有找到数据（未命中），Cache 控制器需要从主存中将数据调入 Cache。如果 Cache 没有空闲空间，需要选择一条 Cache 行来存放新调入的数据。随机替换算法此时会随机选择一条 Cache 行。这通常通过生成一个随机数来完成，该随机数的范围从 0 到 Cache 行数减 1。

（4）替换数据：被随机选中的 Cache 行会被新数据替换掉。

2. 先进先出算法

如图 5.50 所示，先进先出（First-In First-Out，FIFO）算法是一种简单的缓存（或者更一般的队列）管理策略，它基于"先到先服务"的原则。在缓存管理上，FIFO 用于确定当缓存满时哪个缓存块应该被替换。该算法假定最早进入缓存的数据，在所有数据中应该是第一个被替换出去的。

t	22	11	22	19	7	16	4	3
0	22^0	22^1	22^2	22^3	22^4	16^0	16^1	16^2
1		11^0	11^1	11^2	11^3	11^4	4^0	4^1
2				19^0	19^1	19^2	19^3	3^0
3					7^0	7^1	7^2	7^3
	载入	载入	命中	载入	载入	替换	替换	替换

图 5.50　先进先出算法

FIFO 算法的工作原理相对简单。

（1）缓存数据：当数据被加载到缓存中时，它会按照到达的顺序存储。

（2）维护顺序：缓存会保持一个队列，以记录数据被缓存的顺序。

（3）处理缓存命中：当所请求的数据在缓存中被找到时（缓存命中），数据被直接传输给 CPU。

（4）处理缓存未命中：若所请求的数据不在缓存中（缓存未命中），如果缓存未满，新数据被加载到缓存并添加到队列的末尾。如果缓存已满，队列头部（即最早进入的数据）的缓存块被新数据替换，并且该新缓存块加入到队列末尾。

3. 最不经常使用算法

如图 5.51 所示，缓存最不经常使用（Least Frequently Used，LFU）算法是一种用于管理缓存数据的算法，它的目标是在缓存空间有限的情况下，优先移除那些使用频率最低的数据项。

LFU 算法维护了一个计数器来记录每个数据项在一定时间内的访问频率。具体来说，每当一个数据项被访问时，它的计数器就会增加。当缓存达到容量上限时，具有最小访问频率计数的数据项将被移除,以便为新的数据项腾出空间。

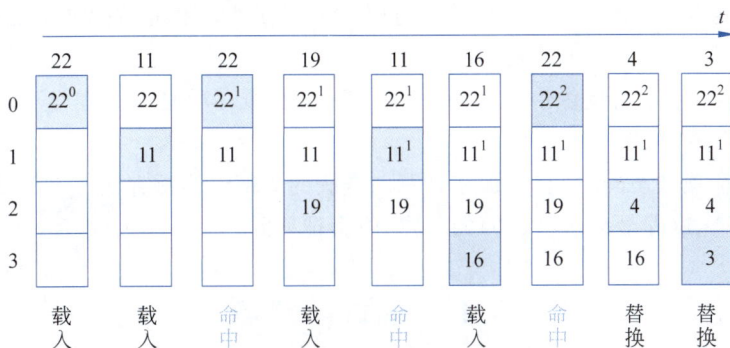

图 5.51 最不经常使用算法

实现 LFU 算法通常涉及以下几个关键组件:

(1) 频率列表:缓存项根据它们的访问频率被分组,每个频率都对应一个列表,存储所有具有该访问频率的缓存项。

(2) 查找表:为了快速访问缓存项,通常使用一个哈希表来存储键和值,以及与之相关的访问频率信息。

(3) 最小频率记录:为了在需要移除项时能快速找到最小频率的项,LFU 算法维护了一个记录当前最小频率的变量。

4. 近期最少使用算法

如图 5.52 所示,近期最少使用(Least Recently Used,LRU)算法是一种常用的缓存替换策略,实现保留最近或频繁使用的数据项,并在需要时替换掉那些最久未被使用的数据项。在内存管理、数据库缓存、页面置换等多种计算场景中,LRU 算法是提高缓存命中率的有效方式。

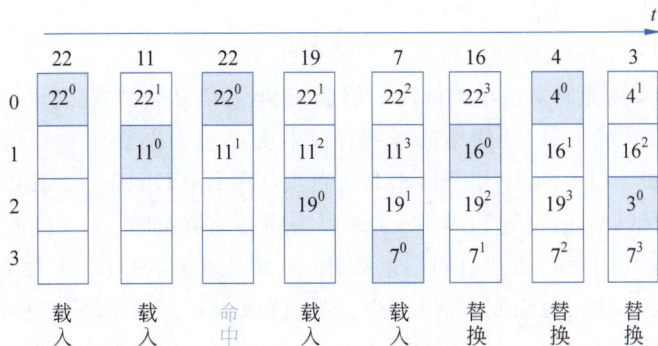

图 5.52 近期最少使用算法

LRU 算法的基本假设:如果数据在最近一段时间内被访问过,那么它在未来也很可能被再次访问。因此,当缓存的大小固定时,LRU 算法会优先淘汰那些最长时间没有被访问的数据。

一个典型的 LRU 缓存系统会维护如下数据结构:

(1) 缓存空间:存储实际的数据项(可能是内存页、文件片段等)。

(2) 访问记录:记录每个数据项最后访问的时间或顺序。

为实现 LRU 缓存替换策略,可以使用以下两种主要的数据结构组合:

(1) 双向链表:链表中的每一个节点对应一个缓存项。最近访问的节点被移到链表头部,而最久未访问的节点位于链表尾部。

(2) 哈希表:哈希表提供快速的访问路径,以查找缓存项是否存在,以及它在链表中的位置。

当一个缓存项被访问时,它会被移到双向链表的头部。当缓存满了并且需要替换时,位于链表尾部的节点(即最久未被访问的节点)将会被移除。

5.4 辅助存储器

5.4.1 概述

1. 辅助存储器的特点

辅助存储器(Auxiliary Memory),亦称作外部存储器(External Memory)或二级存储器(Secondary Storage),在存储器层次结构中充当主存储器(Primary Memory)的补充设备。辅存与主存共同构成计算机系统中存储资源的主要层次,有着截然不同的特性。

与主存储器相比,辅助存储器具备以下特征:

(1) 容量大:辅存能够提供比主存更大的存储空间,适用于存储大量数据。

(2) 速度较慢:访问辅存的速度远不如访问主存储器快。

(3) 成本低:辅存的价格相对于主存要低廉。

(4) 信息保持性:辅存能脱机保存信息,是一种"非易失性"存储器。

相对地,主存储器的特点为:

(1) 速度快:主存访问速度快,适合高速读写操作。

(2) 成本高:相对于辅存,主存的成本较高。

(3) 容量有限:主存的容量通常远小于辅存。

(4) 信息保存:主存通常由半导体芯片组成,断电后信息会丢失,属于"易失性"存储器。

在现代计算机系统中,广泛使用的辅助存储器类型包括硬盘驱动器(Hard Disk Drive,HDD)、固态驱动器(Solid State Drive,SSD)、光盘(Optical Disk)等。其中,硬磁盘、软磁盘(Floppy Disk)、磁带(Magnetic Tape)归属于磁表面存储器范畴。

磁表面存储器利用涂有磁性材料层的载体(如盘状或带状介质)来存储信息。在读写操作中,载磁体会高速旋转,磁头则在磁性材料层上读取或写入信息。信息存储在磁层的磁道上,磁道是记录信息的物理轨迹。由于其成本效益比较高,磁表面存储器一直是辅助存储器领域的主力。

随着技术的持续进步,固态存储技术逐渐成为新的主流,以其更快的数据访问速度、更低的功耗和更高的抗震性,为计算机存储系统带来了革命性的变化。然而,传统的磁表面存储器仍在很多应用领域中保持着其重要地位,特别是在成本和大容量存储方面。

2. 磁表面存储器的主要技术指标

1) 记录密度

记录密度是指在单位长度内所能存储的二进制信息的量。对于磁盘存储器,记录密度通过道密度(Track Density)和位密度(Bit Density)来表示。磁带存储器主要通过位密度来表示。磁盘的道密度指的是沿半径方向单位长度内的磁道数量。为了减少相互干扰,磁道之间必须保留一定距离,这个距离称为道距(Track Pitch),因此道密度 D 可以定义为道距 P 的倒数,即 $D=1/P$。

2) 存储容量

存储容量是指外部存储器能够存储的二进制信息的总量,通常以字节为单位衡量。以磁盘存储器为例,其存储容量 C 可由下式计算:

$$C=n \times k \times s$$

式中,n 表示盘面数;k 表示每个盘面上的磁道数;s 表示每条磁道上记录的二进制信息数。磁盘存储器有格式化容量和非格式化容量两种指标。非格式化容量是指磁表面可以利用的全部磁化单元的总数。格式化容量是指按照特定记录格式所能存储的信息总量,即用户实际可用的存储容量,通常是非格式化容量的 $60\% \sim 70\%$。

3) 平均寻址时间

磁盘存储器采用直接存取方式,其寻址时间可以分为:寻道时间(Seek Time)和旋转延迟(Rotational Latency)。寻道时间是磁头定位到目标磁道所需的时间,旋转延迟是磁头等待所需磁道区段旋转到读写位置所需的时间。由于到达不同磁道的时间不同,并且磁头等待不同区段的时间也不同,因此,平均寻址时间是平均寻道时间与平均旋转延迟的和。硬磁盘的平均寻址时间通常短于软磁盘,由此硬磁盘的存取速度更快。

磁带存储器以顺序存取方式工作,不需寻找磁道,但需要考虑磁带移动到指定记录区段的时间,因此磁带的寻址时间指的是磁带移动到磁头应访问的记录区段所需的时间。

4) 数据传输速率

数据传输速率表示磁表面存储器每单位时间向主机传送的数据量,可以用位数或字节数表示。数据传输速率与记录密度和介质的运动速度密切相关。存储设备与主机之间的接口逻辑也必须支持足够快的传输速度,以保证数据能够准确无误地传送。

5) 误码率

误码率是衡量磁表面存储器数据错误概率的重要参数,定义为读出操作中出现错误的信息位数与读出的总位数之比。为了降低误码率,磁表面存储器通常采用诸如循环冗余校验(Cyclic Redundancy Check,CRC)等错误检测和纠正技术来提高数据的可靠性。

5.4.2 磁记录原理和记录方式

1. 磁记录原理

磁表面存储器的工作原理基于磁头与记录介质之间的相对运动,通过这种运动来实现数据的读/写操作。在写入操作中,如图 5.53 所示,记录介质在磁头下以匀速通过。根据待写入数据的要求,会有一定方向和强度的电流流经写入线圈,这使得磁头的导磁体部分被磁化,从而产生相应方向和强度的磁场。由于磁头与磁层表面的距离极小,磁力线能够直接穿过磁层表面,对磁头下方的微小区域(即磁化单元)进行磁化。通过控制写入电流的方向,可以使得磁层表面的磁化方向发生改变,这允许系统区分记录的二进制"0"或"1"。

在读出操作过程中,如图 5.54 所示,记录介质仍旧在磁头下以匀速通过。磁头在经过每一个被读取的磁化单元时,会切割磁力线,导致在读取线圈中产生感应电势 e。该感应电

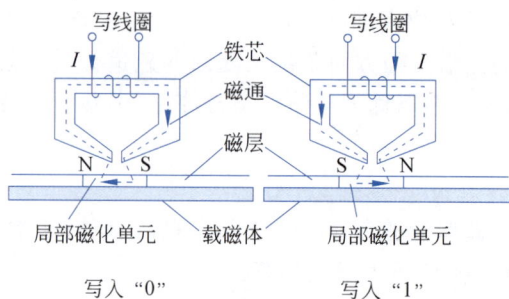

图 5.53　磁记录写原理

势的方向与磁通量变化的方向相反。由于磁化单元的磁通量方向不同,因此产生的感应电势的方向也会相应不同,使得系统能区分读出的是二进制"1"还是"0"。

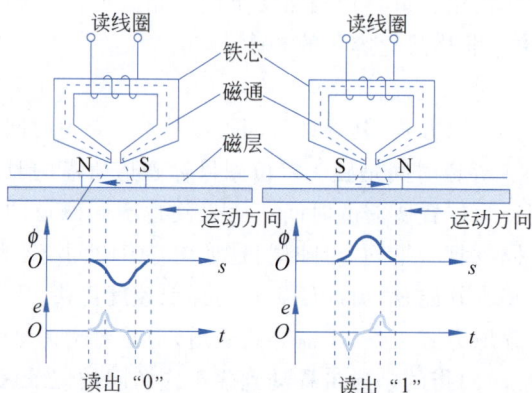

图 5.54　磁记录读原理

　　磁记录原理的核心在于利用电磁感应现象,将电信号转换为磁信号(在写入过程中),以及将磁信号转换回电信号(在读取过程中),完成数据的非易失性存储。通过精密地控制电流方向和大小,磁表面存储器能够以极高的密度和速度记录和读取数据,而这一切都建立在精确的物理原理和精密的工程技术之上。

2. 磁表面存储器的记录方式

　　磁记录方式,也被称为编码方式,涉及将一串二进制数字信息依照特定的规则转换为磁介质表面上对应的磁化状态。磁记录方式对存储的记录密度与数据可靠性具有重要影响。常见的磁记录方式主要有六种,它们的特点如图 5.55 所示。

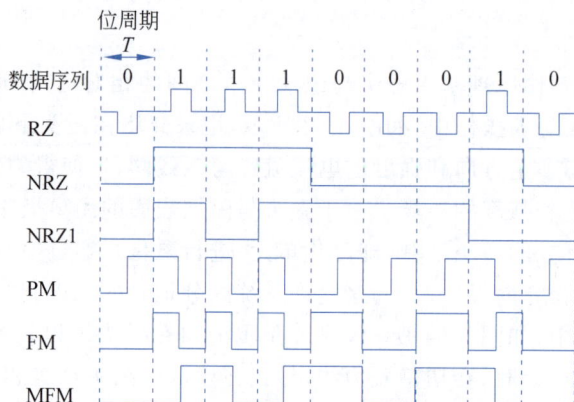

图 5.55　磁表面存储器的记录方式

在图 5.55 中,波形表示磁头线圈中的写入电流波形,同时反映了磁层上相应位置理想的磁通变化状态。

1) 归零制(RZ)

在归零制中,记录"1"通过施加正向脉冲电流,而记录"0"则通过施加反向脉冲电流。这种方式在磁介质表面生成两种不同极性的磁饱和状态,分别对应二进制的"1"和"0"。在每一位信息之后,驱动电流返回到零点,因此得名归零制。

2) 不归零制(NRZ)

不归零制记录时,磁头线圈中始终存在驱动电流,该电流要么为正,要么为负,不出现无电流状态。因此,磁表面要么持续处于正向磁化状态,要么持续处于反向磁化状态。在连续记录相同的"1"或"0"时,写入电流的方向保持不变。只有在相邻位的信息不同时,写入电流的方向才会改变。因此,这种方式被称为"见变就翻"的不归零制。

3)"见 1 就翻"的不归零制(NRZ1)

在"见 1 就翻"的不归零制中,磁头线圈同样始终通有电流。但是,只有在记录"1"时电流方向才会改变,导致磁层的磁化方向发生翻转;在记录"0"时,电流方向保持不变,磁层的磁化方向亦保持。这种记录方式因此被称为"见 1 就翻"的不归零制。

4) 调相制(PM)

调相制,亦称为相位编码(PE),是一种记录方式,其中记录"1"时,写入电流在位元记录时间的中间时刻由负变正;记录"0"时,写入电流在中间时刻由正变负。通过这种方式,以 180°的相位差表示磁化翻转方向来区分"1"和"0"。

5) 调频制(FM)

调频制依据驱动电流变化的频率来区分记录的"1"或"0"。记录"0"时,位元的记录时间内电流保持不变;记录"1"时,则在位元记录时间的中间时刻使电流方向发生一次变化。无论记录"0"还是"1",在相邻信息的交界处,线圈电流都会发生一次变化。因此,当记录"1"时,位元的起始和中间位置都会出现磁通翻转;而在记录"0"时,只在位元起始位置观察到磁通翻转。

6) 改进型调频制(MFM)

改进型调频制与调频制在基本原理上相似。记录"0"时,位元记录时间内电流保持不变;记录"1"时,在位元记录时间的中间时刻电流发生一次变化。不同之处在于,改进型调频制仅在连续记录两个或更多个"0"时,在每个位的起始处改变一次电流方向,不必在每个位元起始处都改变电流方向。

以上介绍了六种磁表面存储器的记录方式,每种方式都有其独特的编码规则和电流变化特征,这些特征直接影响了磁介质的磁化状态,并最终决定了记录密度和数据的可靠性。在设计和使用磁存储设备时,选择合适的记录方式至关重要,以确保数据的有效存储和快速、准确地读取。

5.5 本 章 小 结

本章全面讨论了计算机存储系统,包括不同类型的存储器及其层次结构、主存储器、高速缓冲存储器、辅助存储器等。每个部分都详细地介绍了存储器的工作原理、特点和它们在计算机系统中的作用。

5.5.1　内容总结

1. 存储器分类和层次结构

存储器的分类：存储器被分为主存储器、辅助存储器和高速缓冲存储器（Cache）。主存储器通常包括随机存取存储器（RAM）和只读存储器（ROM）。辅助存储器指的是磁盘、固态硬盘等。Cache 是一种高速存储器，位于 CPU 和主存之间，用于减少 CPU 访问主存时的延迟。

存储器的层次结构：存储器的层次结构从上至下依次是寄存器、Cache、主存、固态硬盘、磁盘存储。每级存储器的速度、成本和容量之间存在权衡。系统将频繁使用的数据存放在更高级的存储器中以提高效率。

2. 主存储器

主存概述：主存储器是 CPU 能够直接访问的存储器，通常由半导体材料构成，包括 RAM 和 ROM。

半导体存储芯片：半导体存储芯片是构成主存储器的基本单元，它们的性能直接影响计算机的速度和效率。

随机存取存储器：描述了动态 RAM(DRAM)和静态 RAM(SRAM)的工作原理以及它们的优缺点。

只读存储器：讨论了各种类型的 ROM，如可编程 ROM(PROM)、可擦除可编程 ROM(EPROM)和电可擦除可编程 ROM(EEPROM)。

存储器与 CPU 的连接：说明了存储器与 CPU 之间的接口，如地址总线、数据总线和控制总线。

存储器的校验：讲述了错误检测与纠正（EDAC）机制，如奇偶校验和循环冗余校验(CRC)。

提高访存速度的措施：包括内存交织、Cache 使用、多级 Cache 架构等技术。

3. 高速缓冲存储器

概述：Cache 是介于 CPU 和主存之间的一种快速小容量存储器，用以缓存最近或经常访问的数据。

Cache—主存的地址映射：介绍了直接映射、全相联映射和组相联映射三种 Cache 映射技术。

替换算法：讨论了几种常用的 Cache 替换算法，如最近最少使用(LRU)、随机替换和先进先出(FIFO)。

4. 辅助存储器

概述：辅助存储器用于存储大量的数据，提供长期存储，如硬盘驱动器和固态驱动器。

磁记录原理和记录方式：描述了磁存储设备如何使用磁化的方法来保存数据，以及数据的编码和读取技术。

本章深入地讨论了存储系统的不同层次，以及每个层次的组成、工作原理和它们在整个计算机系统中的作用。从 CPU 内部的寄存器到外部的磁盘存储，每种存储器在速度、成本和容量上的不同特点构成了一个多层次、高效能的存储结构。通过优化这些存储器的使用，可以提高计算机系统的性能。

5.5.2 常见问题

1. 存取时间 T_a 就是存储周期 T_m 吗?

不是。存取时间 T_a 是执行一次读操作或写操作的时间,分为读出时间和写入时间。读出时间是从主存接收到有效地址开始到数据稳定为止的时间,写入时间是从主存接收到有效地址开始到数据写入被写单元为止的时间。

存储周期 T_m 是指存储器进行连续两次独立地读或写操作所需的最小时间间隔,所以存取时间 T_a 不等于存储周期 T_m。通常存储周期 T_m 大于存取时间 T_a。

2. Cache 行的大小和命中率之间有什么关系?

较大的行长度可以有效利用程序访问的空间局部性,将更大的连续内存区域调入 Cache,从而提高命中率。然而,行长度过大也会带来以下两个问题:

失效开销增加:行长度过大时,若发生未命中,需从主存读取更大的数据块,导致读入时间延长,从而增加失效损失。

Cache 容量利用率下降:行长度过大会减少 Cache 中可容纳的行数,使有效项数量减少,从而降低命中概率。

5.5.3 思考题

(1) 为什么计算机系统需要不同层次的存储器?

(2) 描述 SRAM 和 DRAM 的主要区别及各自的应用场景。

(3) 如何理解存储器的随机存取特性? 它与顺序存取有何不同?

(4) Cache 的存在是基于什么理论? 为什么它能够提高系统性能?

(5) 解释直接映射、全相联映射和组相联映射这三种 Cache 映射技术的不同点及优缺点。

(6) 什么是 Cache 一致性问题? 在多核处理器系统中,它如何被处理?

(7) 主存储器与 CPU 之间存在哪些类型的总线? 它们各自承担什么样的数据传输任务?

(8) 描述奇偶校验和循环冗余校验(CRC)的基本原理,它们如何帮助检测和纠正存储器错误?

(9) 什么是内存交织技术? 它是如何提高访存速度的?

(10) 解释多级 Cache 架构如何工作,以及它为什么能提高计算机性能。

(11) 为什么会有多种不同的 Cache 替换算法? 最近最少使用(LRU)算法是如何确定替换哪个 Cache 条目的?

(12) 辅助存储器与主存储器相比有哪些不同? 为什么辅助存储器通常有更大的存储容量和更低的访问速度?

(13) 描述磁盘存储器的工作原理,它如何组织数据的存储和访问?

(14) 固态硬盘(SSD)和传统硬盘驱动器(HDD)在性能和使用上有什么主要差异?

(15) 考虑到持续的技术进步,未来存储器的发展趋势可能是什么?

第 6 章

指令系统与智能交互

指令系统是人与机器之间进行信息传递的核心桥梁,通过指令的设计和执行,使机器能够按需完成特定任务。而智能交互是在此基础上,融入人工智能技术与交互设计,使机器不仅能够接收和执行指令,还能通过感知、学习和推理,更加智能地理解人类的意图并做出灵活响应。二者的关系在于,指令系统为智能交互提供了操作基础和语义框架,而智能交互则通过增强指令系统的适应性和智能化水平,使人机交流更加自然高效。本章将深入探讨指令系统与交互计算系统的基本原理、关键技术及其在各领域的应用,通过梳理二者的发展脉络与内在联系,帮助读者更好地理解这一领域的机遇与挑战,并为未来技术创新与用户体验优化提供启发。

6.1 机器指令

6.1.1 指令系统概述

计算机的工作就是反复执行指令,指令是用户使用计算机与计算机本身运行的基本功能单位。计算机系统不同层次的用户使用不同的程序设计工具,如微程序设计级用户使用微指令、一般机器级用户使用机器指令、汇编语言级用户使用汇编语言指令、高级语言级用户则使用高级语言指令。

高级语言指令和汇编语言指令属于软件层次,而机器语言指令和微指令则属于硬件层次。软件层次的指令需要"翻译"成机器语言指令后才能被计算机硬件识别并执行。机器指令是计算机硬件与软件的界面,也是用户操作和使用计算机硬件的接口。图 6.1 所示为机器级指令与其他级指令之间的关系。

从图 6.1 可以看出:

(1)一条高级语言指令被"翻译"(编译或解释)成多条机器指令。

(2)一条汇编语言级指令(不包括伪指令)往往被"翻译"(汇编)成一条机器指令。

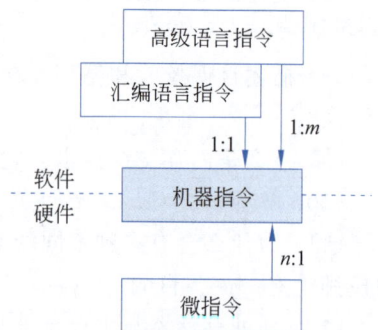

图 6.1 不同级别指令之间的关系

(3)一条机器指令功能的实现依赖于多条微指令的执行。

指令系统是计算机系统性能的集中体现,是计算机软、硬件系统的设计基础。图 6.2 所示为计算机指令系统层次。一方面,硬件设计者要根据指令系统进行硬件的逻辑设计;另一方面,软件设计者要根据指令系统来建立计算机的系统软件。如何表示指令,怎样组成一台计算机的指令系统,将直接影响计算机系统的硬件和软件功能。一个完善的指令系统应该满足下面的要求。

（1）完备性。完备性即要求所设计的指令系统种类齐全、功能完备,能够编写任何可计算的程序,但指令系统的功能复杂度与硬件设计复杂度直接相关,实际设计指令系统时还需要进行折中考虑。

（2）规整性。规整性主要包括对称性、均齐性。对称性是指寄存器和存储单元都可被同等对待,所有指令都可以使用各种寻址方式。均齐性是指指令系统应提供不同数据类型的支持,方便程序设计,如算术运算指令能支持字节、字和双字整数运算,也能支持十进制和单、双精度浮点运算等。

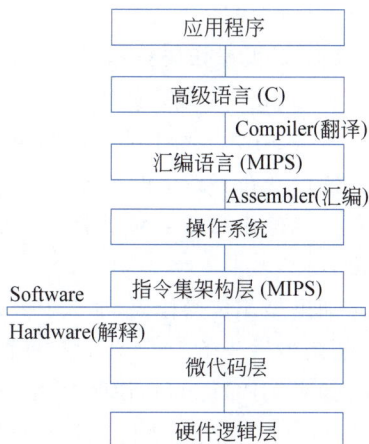

图 6.2　计算机指令系统层次

（3）有效性。有效性是指利用指令编写的程序能高效率地运行,方便硬件实现和编译器实现,程序占用的存储资源少,运行效率高。

（4）兼容性。系列计算机中新一代计算机的指令系统应该能兼容旧的指令系统,这使得在旧一代计算机上开发运行的软件无须修改就可以在新一代计算机上正确运行。

（5）可扩展性。指令格式中的操作码要预留一定的编码空间,以便扩展指令功能。

6.1.2　指令的一般格式

指令是由操作码和地址码两部分组成的,其基本格式如图 6.3 所示。

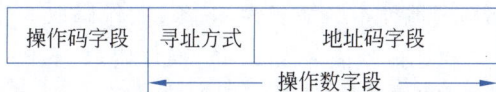

图 6.3　指令的一般格式

1. 操作码

机器码是一种与计算机硬件直接相关的低级编码形式,它是由二进制数字表示的一系列指令,用于执行计算机上的基本操作。机器码是计算机可以直接执行的唯一一种指令形式,它对应于特定的硬件体系结构。

操作码用来指明该指令所要完成的操作或是对数据进行什么样的操作,如加法、减法、传送、移位、转移等。通常,其位数反映了机器的操作种类,也即机器允许的指令条数。

（1）当长度固定时,用于指令字长较长的情况,将操作码集中放在指令字的一个字段内,这种格式便于硬件设计,指令译码时间段,广泛用于字长较长的、大中型计算机和超级小型计算机以及 RISC 中,如 IBM370 固定为 8 位。

（2）当长度可变时,其操作码分散在指令字的不同字段中。这种格式可有效地压缩操作码的平均长度,在字长较短的微型计算机中被广泛采用。操作码长度不固定会增加指令译码和分析的难度,使得控制器的设计复杂。通常采用扩展操作码技术,使操作码的长度随地址数的减少而增加,不同地址数的指令可以具有不同长度的操作码,从而在满足需要的前提下,有效地缩短指令字长。

（3）扩展操作码技术。

- 保留一种编码的码点作为扩展标志。
- 利用操作码中某一位作为扩展标志。

假设现在有如下的一种指令,OP 代表操作码,$A_1A_2A_3$ 为地址码,并且它们的长度均为 4 位,4 位操作码若全部用于三地址指令,则有 16 条。下面通过扩展操作码技术来增加指令长度。

如果是 4 位操作码,那么 OP 是 0000～1111 共 16 个点,那么从 0000～1110 就是前 15 条,剩余最后一条 1111 作为扩展标志。

如果 OP 为 1111,说明这条指令操作码长度至少为 8 位,且减少了一个地址字段 A_1,剩余 11111111 作为扩展标志。可见操作码的位数随地址数的减少而增加。

操作码取 4 位时,三地址指令最多为 15 条;操作码取 8 位时,两地址指令最多为 15 条;操作码取 12 位时,一地址指令最多为 15 条;操作码取 16 位时,零地址指令为 16 条,共 61 条。

除了这种安排以外,还有其他多种扩展方法。例如,形成 15 条三地址指令、12 条二地址指令、31 条一地址指令和 16 条零地址指令,共 74 条指令,读者可自行安排。这种扩展方式要注意,短操作码一定不能是长操作码的前缀,一般我们将高频出现的用作操作码,不常出现的用作长操作码,这样可以缩短经常使用的指令的译码时间。三地址指令操作码,每减少一种最多可多构成 2^4 种二地址指令。二地址指令操作码,每减少一种最多可多构成 2^4 种一地址指令。

如图 6.4 所示指令字长为 16 位,其中 4 位为基本操作码字段 OP,另有 3 个 4 位长的地址字段为 A_1、A_2、A_3,4 位基本操作码若全部用于三地址指令,则有 16 条。若采用扩展操作码技术,当操作码取 4 位时,三地址指令最多为 15 条;操作码取 8 位时,二地址指令最多为 15 条;操作码取 12 位时,一地址指令最多为 15 条;操作码取 16 位时,零地址指令为 16 条,共 61 条。可见操作码的位数随地址数的减少而增加。

OP	A_1	A_2	A_3

4 位操作码
0000	A_1	A_2	A_3
0001	A_1	A_2	A_3
⋮	⋮	⋮	⋮
1110	A_1	A_2	A_3

最多15条三地址指令

8 位操作码
1111	0000	A_2	A_3
1111	0001	A_2	A_3
⋮	⋮	⋮	⋮
1111	1110	A_2	A_3

最多15条二地址指令

12 位操作码
1111	1111	0000	A_3
1111	1111	0001	A_3
⋮	⋮	⋮	⋮
1111	1111	1110	A_3

最多15条一地址指令

16 位操作码
1111	1111	1111	0000
1111	1111	1111	0001
⋮	⋮	⋮	⋮
1111	1111	1111	1111

16条零地址指令

图 6.4　一种扩展操作码的安排示意图

操作码长度不固定会增加指令译码和分析的难度,使控制器的设计复杂。通常采用扩展操作码技术,使操作码的长度随地址数的减少而增加,不同地址数的指令可以具有不同长度的操作码,从而在满足需要的前提下,有效地缩短指令字长。

2. 地址码

地址码用来指出该指令的源操作数的地址(一个或两个)、结果的地址以及下一条指令的地址。这里的"地址"可以是主存的地址,也可以是寄存器的地址,甚至可以是 I/O 设备的地址。

1) 四地址

它完成 $(A_1)OP(A_2)$——A_3 的操作,A_1A_2 进行操作,将结果保存在 A_3 中,A_4 中存的是下一条指令的地址。如图 6.5 所示为四地址指令格式。

假设此时有 32 位的指令字长,其中操作码固定为 8 位,剩下的 24 位分给了这 4 位操作数,每个地址码字段都是相同的,均为 6 位,即寻址范围为 $2^6 = 64$,完成一条四地址指令,共需访问 4 次存储器(取指令一次,取两个操作数两次,存放结果一次)。64 的寻址范围实际上是非常小的,通过减少地址码的个数可以扩大寻址范围。

2) 三地址

它完成 $(A_1)OP(A_2)$——A_3 的操作,因为程序计数器(PC)既能存放当前欲执行指令的地址,又有计数功能,因此它能自动形成下一条指令的地址。这样,指令字中的第四地址字段 A_4 便可省去,即得三地址指令格式。将 A_4 字段用 PC 代替,32 位的指令字长,其中操作码固定为 8 位,剩下的 24 位分给了这 3 位操作数,寻址范围扩大到 $2^8 = 256$。如图 6.6 所示为三地址指令格式。

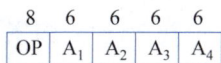

8	6	6	6	6
OP	A_1	A_2	A_3	A_4

图 6.5　四地址指令格式

8	8	8	8
OP	A_1	A_2	A_3

图 6.6　三地址指令格式

还可以用 A_1 或 A_2 代替 A_3,将运算结果不保存在 A_3 中而是某一个参加运算的元操作数,比如暂放在 CPU 的寄存器(如 ACC)中,这样又可省去一个地址字段 A_3,从而得出二地址指令。

3) 二地址

它完成 $(A_1)OP(A_2)$——A_1 的操作,或者也可以表示 $(A_1)OP(A_2)$——A_2 的操作,此时 A_2 除了代表源操作数的地址外,还代表中间结果的存放地址。这两种情况完成一条指令仍需访问 4 次存储器,如果将中间结果暂存于累加器(ACC)中,使其完成 $(A_1)OP(A_2)$——ACC 操作,此时,它完成一条指令只需 3 次访存,寻址范围为 $2^{12} = 4K$。如图 6.7 所示为二地址指令格式。

4) 一地址

它可完成 $(ACC)OP(A_1) \rightarrow ACC$ 的操作,ACC 既存放参与运算的操作数,又存放运算的中间结果,这样,完成一条一地址指令只需两次访存(取指令一次,取操作数一次)。在指令字长仍为 32 位、操作码位数仍固定为 8 位时,一地址指令操作数的直接寻址范围达 $2^{24} = 16M$。如图 6.8 所示为一地址指令格式。

8	12	12
OP	A_1	A_2

图 6.7　二地址指令格式

8	24
OP	A_1

图 6.8　一地址指令格式

在指令系统中,还有一种指令可以不设地址字段,即所谓零地址指令。

5）零地址

在指令字中无地址码,对 ACC 里的数据进行操作,比如清零、取反、判断是否为全 0 或全 1,堆栈型的指令,空操作（NOP）、停机（HLT）这类指令只有操作码。而子程序返回（RET）、中断返回（IRET）这类指令没有地址码,其操作数的地址隐含在堆栈指针（SP）中。

用一些硬件资源（如 PC、ACC)承担指令字中需指明的地址码,可在不改变指令字长的前提下,扩大指令操作数的直接寻址范围。此外,用 PC、ACC 等硬件代替指令字中的某些地址字段,还可缩短指令字长,并可减少访存次数。

地址字段表示寄存器时,也可有三地址、二地址、一地址之分。它们的共同点是,在指令的执行阶段都不必访问存储器,直接访问寄存器,使机器运行速度得到提高（因为寄存器类型的指令只需在取值阶段访问一次存储器）。

6.1.3　指令字长

指令字长取决于操作码的长度、操作数地址的长度和操作数地址的个数。不同机器的指令字长是不相同的。

早期的计算机指令字长、机器字长和存储字长均相等,因此访问某个存储单元,便可取出一条完整的指令或一个完整的数据。这种机器的指令字长是固定的,控制方式比较简单。

随着计算机的发展,存储容量增大,要求处理的数据类型增多,计算机的指令字长也发生了很大的变化。一台机器的指令系统可以采用位数不相同的指令,即指令字长是可变的,如单字长指令、多字长指令。控制这类指令的电路比较复杂,而且多字长指令要多次访问存储器才能取出一条完整的指令,因此导致 CPU 速度下降。为了提高指令的运行速度和节省存储空间,通常尽可能把常用的指令（如数据传送指令、算术运算指令等)设计成单字长或短字长格式的指令。例如,PDP-8 指令字长固定取 12 位；NOVA 指令字长固定取 16位；IBM370 指令字长可变,可以是 16 位（半个字）、32 位（一个字）、48 位（一字半）；Intel 8086 的指令字长可以为 8、16、24、32、40 位和 48 位六种。通常指令字长取 8 的整数倍。

6.2　操作数类型和操作类型

6.2.1　操作数类型

机器中常见的操作数类型有地址、数字、字符、逻辑数据等。

（1）地址：地址实际上也可看作一种数据,在许多情况下要计算操作数的地址。这时,地址可被认为是一个无符号的整数。

（2）数字：计算机中常见的数字有定点数、浮点数和十进制数。

（3）字符：在应用计算机时,文本或者字符串也是一种常见的数据类型。由于计算机在处理信息过程中不能以简单的字符形式存储和传送,因此普遍采用 ASCII 码,它是很重要的一种字符编码。

（4）逻辑数据：计算机除了作算术运算外,有时还需作逻辑运算,此时 n 个 0 和 1 的组合不是被看作算术数字,而是被看作逻辑数据。例如,在 ASCII 码中的 0110101,它表示十进制数 5,若要将它转换为 NB-CD 短十进制码,只需通过它与逻辑数 000111 完成逻辑与运算,抽取低 4 位,即可获得 0101。

6.2.2 数据在存储器中的存放方式

通常计算机中的数据存放在存储器或寄存器中,而寄存器的位数便可反映机器字长。一般机器字长可取字节的 1、2、4、8 倍,这样便于字符处理。在大、中型机器中字长为 32 位和 64 位,在微型计算机中字长从 4 位、8 位逐渐发展到目前的 16 位、32 位和 64 位。

而字节的次序有两种,如图 6.9 所示,其中图 6.9(a)表示低字节为低地址,图 6.9(b)表示高字节为低地址。

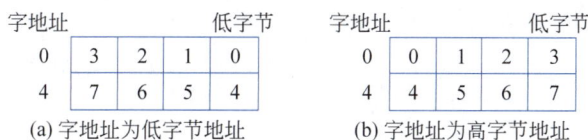

字地址			低字节		字地址			低字节	
0	3	2	1	0	0	0	1	2	3
4	7	6	5	4	4	4	5	6	7

(a) 字地址为低字节地址　　　(b) 字地址为高字节地址

图 6.9　两种字节次序

数据的存放方式如下。

1) 边界对准

如果我们有一个数据,当其存储的时候跨过了两个机器字,那么读取数据要多次访存,地址的分配也不明确。数据对齐存储实际就是让数据地址按照其数据类型大小的整数倍进行存储,目的在于使得数据能以最少的次数连续读取。假如 32 位的系统读取数据时一个字是 32 位或者 4 字节,当数据存储时,会尽量按照数据类型大小的整数倍进行地址分配。比如数据中:int 为 4 字节;long long 是 8 字节;char 为 1 字节。

那么在内存地址分配上:int 只能放在首地址为 0、4、8 的位置上;long long 放在首地址为 0、8、16 的位置上;char 可以放在任意位置上。

当计算机进行读操作时,对于 int 类型数据只需要一个周期,long long 两个周期。但如果按照自然顺序存放,int 类型就可能需要两个周期,此时的 int 类型数据横跨了两个字的存储空间,相当于一个仓库里有若干房间(字),每个房间里有 4 个按顺序编号(地址)的箱子(字节),每进一次房间相当于一个周期。当所存数据不足一个字长时,可以加入空白字节填补。

2) 字节序

字节序,顾名思义字节的顺序,再多说两句就是大于 1 字节类型的数据在内存中的存放顺序(1 字节的数据当然就无须谈顺序的问题了)。

其实大部分人在实际的开发中都很少会直接和字节序打交道。唯有在跨平台以及网络程序中字节序才是一个应该被考虑的问题。在所有的介绍字节序的文章中都会提到字节序分为两类:Big-Endian 和 Little-Endian。引用标准的 Big-Endian 和 Little-Endian 的定义如下:

- Little-Endian 就是低位字节排放在内存的低地址端,高位字节排放在内存的高地址端。
- Big-Endian 就是高位字节排放在内存的低地址端,低位字节排放在内存的高地址端。

- 网络字节序。

对于低字节低地址和高字节低地址,通俗地说就是从左往右读这个数字,还是从右往左读。

num_real = 123456

Little-Endian = 1 2 3 4 5 6

Big-Endian = 6 5 4 3 2 1 高位反而存的是我们真实数据中的低位数字

由于不同的机器数据字长不同,每台机器处理的数据字长也不统一,如奔腾处理器可处理 8(字节)、16(字)、32(双字)、64(四字);PowerPC 可处理 8(字节)、16(半字)、32(字)、64(双字)。因此,为了便于硬件实现,通常要求多字节的数据在存储器的存放方式能满足"边界对准"的要求,如图 6.10 所示。

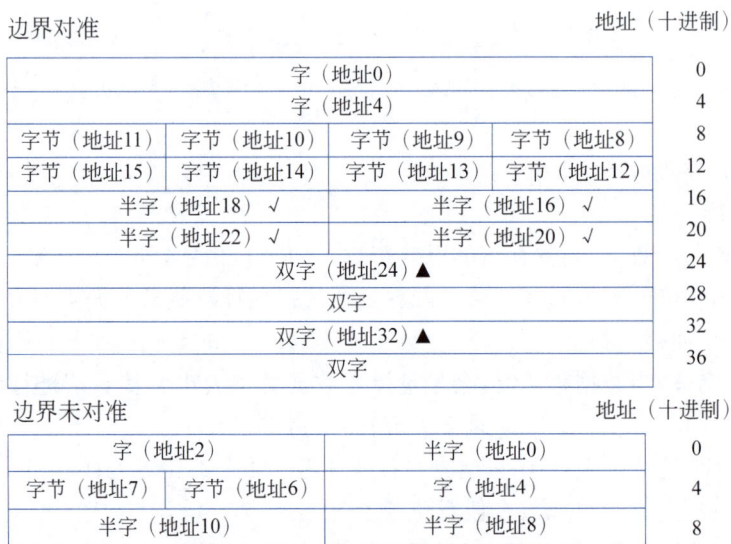

边界对准 地址(十进制)

字(地址0)				0
字(地址4)				4
字节(地址11)	字节(地址10)	字节(地址9)	字节(地址8)	8
字节(地址15)	字节(地址14)	字节(地址13)	字节(地址12)	12
半字(地址18)√		半字(地址16)√		16
半字(地址22)√		半字(地址20)√		20
双字(地址24)▲				24
双字				28
双字(地址32)▲				32
双字				36

边界未对准 地址(十进制)

字(地址2)		半字(地址0)	0
字节(地址7)	字节(地址6)	字(地址4)	4
半字(地址10)		半字(地址8)	8

图 6.10　存储器中的数据存放(存储字长为 32 位)

图 6.10 所示的存储器存储字长为 32 位,可按字节、半字、字、双字访问。在对准边界的 32 位字长的计算机中,半字地址是 2 的整数倍,字地址是 4 的整数倍,双字地址是 8 的整数倍。当所存数据不能满足此要求时,可填充一个至多个空白字节。

在数据不对准边界的计算机中,数据(例如一个字)可能在两个存储单元中,此时需要访问两次存储器,并对高低字节的位置进行调整后,才能取得一个字,图中的阴影部分即属于这种情况。

6.2.3　指令分类方法

1. 按计算机系统的层次结构分类

(1) 微指令:微操作级别的指令,用于控制计算机硬件的微操作。

(2) 机器指令:直接由计算机硬件执行的指令,通常由操作码和操作数组成。

(3) 宏指令:一条宏指令可以由多条机器指令组成,用于完成一系列常见操作。

2. 按操作数物理位置分类

(1) 存储器—存储器(SS)型指令:操作数从存储器中读取,并将结果存回存储器。

（2）寄存器—寄存器（RR）型指令：操作数直接从寄存器中读取，并将结果存回寄存器。

（3）寄存器—存储器（RS）型指令：其中一个操作数从寄存器中读取，另一个操作数从存储器中读取，并将结果存回寄存器。

3. 按指令长度分类

（1）定长指令：所有指令的长度相同，不考虑指令的具体操作。

（2）变长指令：指令的长度根据指令的具体操作而变化。

4. 按操作数个数分类

（1）四地址指令：指令包含四个操作数。

（2）三地址指令：指令包含三个操作数。

（3）二地址指令：指令包含两个操作数。

（4）单地址指令：指令包含一个操作数。

（5）零地址指令：指令不包含操作数。

5. 按指令功能分类

x86 和 MIPS 指令集是两种常见的指令集架构，它们在指令功能上有些许不同。x86 指令集主要用于个人计算机和通用计算机系统，而 MIPS 指令集则常用于嵌入式系统和学术研究。

x86 指令集涵盖了多种功能，其中包括数据传送、算术运算、逻辑运算、程序控制、输入输出等。例如，数据传送指令如 MOV 用于在寄存器和存储器之间传输数据；算术运算指令如 ADD 和 SUB 执行加法和减法操作；逻辑运算指令如 AND 和 OR 执行位操作；程序控制指令如 JMP 用于无条件转移，而条件转移指令如 JZ 和 JC 用于根据条件执行跳转；I/O 指令如 IN 和 OUT 用于与外部设备进行数据交换。此外，还有一些指令用于操作标志位，如 CLC 和 CLI 用于清除进位和中断使能标志。

相比之下，MIPS 指令集更加精简，主要分为运算指令、分支指令、访存指令和系统指令。运算指令包括了各种算术、逻辑和移位操作，例如 ADD、AND、SLL 等；分支指令用于实现条件跳转或无条件跳转，如 BEQ、BNE 和 JAL；访存指令用于从内存中读取或写入数据，如 LW 和 SW；系统指令则包括了一些特殊的操作，例如 SYSCALL 用于执行系统调用，BREAK 用于产生断点异常，以及 SYNC 和 CACHE 用于处理与缓存和内存相关的操作。

6.2.4　操作类型

不同的机器，操作类型也是不同的，但几乎所有的机器都有以下几类通用的操作。

1. 数据传送

数据传送包括寄存器与寄存器、寄存器与存储单元、存储单元与存储单元、存储器与存储器之间的传送。还有些特殊类型的数据传送指令，如将指定的寄存器置 1 或清 0。如从源到目的之间的传送、对存储器读（LOAD）和写（STORE）、交换源和目的的内容、置 1、清零、进栈、出栈等。

2. 算术逻辑操作

这类操作可实现算术运算（加、减、乘、除、增 1、减 1、取负数即求补）和逻辑运算（与、或、非、异或）。对于低档机而言，一般算术运算只支持最基本的二进制加减、比较、求补等，高档机还能支持浮点运算和十进制运算。

有些机器还具有位操作功能,如位测试(测试指定位的值)、位清除(清除指定位)、位求反(对指定位求反)等。

3. 移位操作

移位可分为算术移位、逻辑移位和循环移位三种。算术移位和逻辑移位分别可实现对有符号数和无符号数乘以 2(左移)或整除以 2(右移)的运算,并且移位操作所需时间远比乘除操作执行时间短,因此,移位操作经常被用来代替简单的乘法和除法运算。

4. 转移

在多数情况下,计算机是按顺序执行程序的每条指令的,但有时需要改变这种顺序,此刻可采用转移类指令来完成。转移指令按其转移特征又可分为无条件转移、条件转移、跳转、过程调用与返回、陷阱(Trap)等几种。

1) 无条件转移

无条件转移不受任何条件约束,可直接把程序转移到下一条需执行指令的地址。无条件转移不受任何条件约束,可直接把程序转移到下一条需执行指令的地址。例如"MPX",其功能是将指令地址无条件转至 X。

2) 条件转移

条件转移是根据当前指令的执行结果来决定是否需要转移。若条件满足,则转移;若条件不满足,则继续按顺序执行。一般机器都能提供一些条件码,这些条件码是某些操作的结果。例如,零标志位(Z):结果为 0,Z=1;负标志位(N):结果为负,N=1;溢出标志位(V):结果有溢出,V=1;进位标志位(C):最高位有进位,C=1;奇偶标志位(P):结果呈偶数,P=1 等。

还有一种特殊的条件转移指令 SKP(跳过指令),它表示如果条件满足,处理器会跳过其后的一条指令,直接执行下一条指令。这种指令隐含的条件转移目标地址是 SKP 指令后两条指令的地址。这种机制可以简化程序逻辑,如避免显式的跳转指令。

3) 调用与返回

在编写程序时,有些具有特定功能的程序段会被反复使用。为避免重复编写,可将这些程序段设定为独立子程序,当需要执行某子程序时,只需用子程序调用指令即可。此外,计算机系统还提供了通用子程序,如申请资源、读写文件、控制外设等。需要时均可由用户直接调用,不必重新编写。

通常调用指令包括过程调用、系统调用、子程序调用。它可实现从一个程序转移到另一个程序的操作。调用指令(CALL)一般与返回指令(RETURN)配合使用。CALL 用于从当前的程序位置转至子程序的入口;RETURN 用于子程序执行后重新返回到原程序的断点。图 6.11 示意了调用(CALL)和返回(RETURN)指令在程序执行中的流程。

图 6.11 左图示意了主程序和子程序在主存所占空间。主程序从 2000 地址单元开始,并在 2100 处有一个调用指令,当执行到 2100 处指令时,CPU 停止下

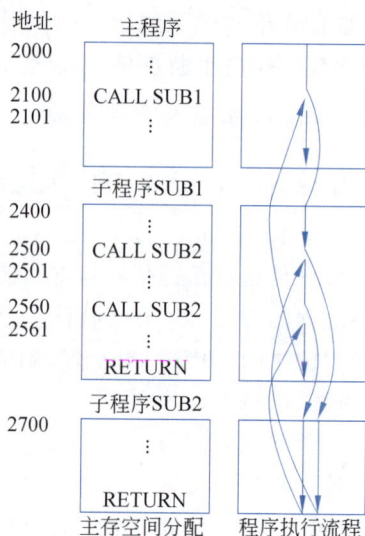

图 6.11　调用和返回指令示意图

一条顺序号为 2101 的指令,而转至 2400 执行 SUB1 子程序。在 SUB1 中又有两次(2500 和 2560 处)调用子程序 SUB2。每一次都将 SUB1 挂起,而执行 SUB2。子程序末尾的 RETURN 指令可使 CPU 返回调用点。图 6.11 右图示意了主程序→SUB1→SUB2→SUB1→SUB2→SUB1→主程序的执行流程。

需注意以下三点。

(1) 子程序可在多处被调用。

(2) 子程序调用可出现在子程序中,即允许子程序嵌套。

(3) 每个 CALL 指令都对应一条 RETURN 指令。

返回地址可存放在以下三处。

(1) 寄存器内。机器内设有专用寄存器,专门用于存放返回地址。

(2) 子程序的入口地址内。

(3) 栈顶内。现代计算机都设有堆栈,执行 RETURN 指令后,便可自动从栈顶内取出应返回的地址。

4) 陷阱与陷阱指令

陷阱其实是一种意外事故的中断。例如,机器在运行中,可能会出现电源电压不稳定、存储器校验出差错、I/O 设备出现了故障、用户使用未被定义的指令、除数出现为 0、运算结果溢出以及特权指令等种种意外事件,致使计算机不能正常工作。此刻必须及时采取措施,否则将影响整个系统的正常运行。因此,一旦出现意外故障,计算机就发出陷阱信号,暂停当前程序的执行,转入故障处理程序进行相应的故障处理。

计算机的陷阱指令一般不提供给用户直接使用,而作为隐指令(即指令系统中不提供的指令),在出现意外故障时,由 CPU 自动产生并执行。也有的机器设置供用户使用的陷阱指令或"访管"指令,利用它完成系统调用和程序请求。

例如,IBM PC(Intel 8086)的软中断 INT TYPE(TYPE 是 8 位常数,表示中断类型),其实就是直接提供给用户使用的陷阱指令,用来完成系统。

5. 输入输出

通常设有 I/O 指令,它完成从外设中的寄存器读入一个数据到 CPU 的寄存器内,或将数据从 CPU 的寄存器输出至某外设的寄存器中。

对于 I/O 单独编址的计算机而言,通常设有 I/O 指令,它完成从外设中的寄存器读入一个数据到 CPU 的寄存器内,或将数据从 CPU 的寄存器输出至某外设的寄存器中。

6. 其他

其他包括等待指令、停机指令、空操作指令、开中断指令、关中断指令、置条件码指令等。为了适应计算机的信息管理、数据处理及办公自动化等领域的应用,有的计算机还设有非数值处理指令。如字符串传送、字符串比较、字符串查询及字符串转换等。在多用户、多任务的计算机系统中,还设有特权指令,这类指令只能用于操作系统或其他系统软件,用户是不能使用的。在有些大型或巨型机中,还设有向量指令,可对整个向量或矩阵进行求和、求积运算。在多处理器系统中还配有专门的多处理机指令。

6.3　寻　址　方　式

寻址方式是指确定本条指令的数据地址以及下一条将要执行的指令地址的方法,它与硬件结构紧密相关,而且直接影响指令格式和指令功能。寻址方式分为指令寻址和数据寻址两大类。

6.3.1　指令寻址

指令寻址比较简单,它分为顺序寻址和跳跃寻址两种。顺序寻址可通过程序计数器(PC)加1,自动形成下一条指令的地址;跳跃寻址则通过转移类指令实现。如图6.12所示为指令寻址过程。

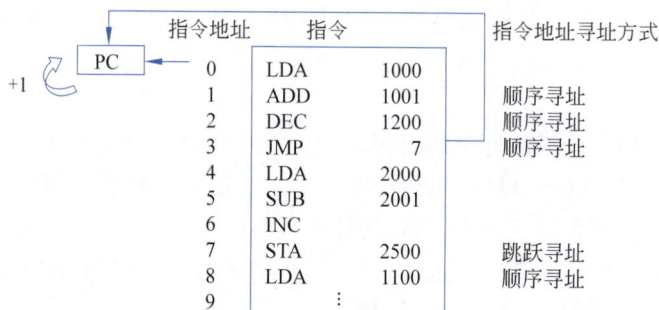

图 6.12　指令寻址过程

如果程序的首地址为0,只要先将0送至程序计数器(PC)中,启动机器运行后,程序便按0、1、2、3、7、8、9、…顺序执行。其中第1、2、3号指令地址均由PC自动形成。因第3号地址指令为"JMP7",故执行完第3号指令后,便无条件将7送至PC,因此,此刻指令地址跳过4、5、6三条,直接执行第7条指令,接着又顺序执行第8条、第9条等指令。

6.3.2　数据寻址

数据寻址的方式很多,需要在指令字中设立一字段来说明类型。而地址码字段也不一定是真实地址,一般称为形式地址,记作A。对于真实地址,记作EA,它是由寻址方式和形式地址共同来确定的。由此可得指令的格式如图6.13所示。

1. 立即寻址

直接指令本身就带了数据,也就是说,形式地址A中的内容不再是地址,而是直接是操作数。如图6.14所示,图中的"♯"表示立即寻址特征标记。

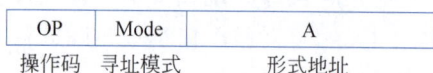

图 6.13　一种一地址指令的格式　　图 6.14　立即寻址示意图

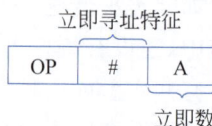

操作数就在指令中,紧跟在操作码后面,作为指令一部分存放在内存的代码段中,该操作数为立即数,这种寻址方式称为立即寻址方式。数据通常采用补码的形式存放。常用于

给寄存器赋初值(作用)。

(1) 立即数可以送到寄存器、一个存储单元(8 位)、两个连续的存储单元(16 位)中去。

(2) 立即数只能作源操作数,不能作目的操作数。

(3) 以 A～F 打头的数字,前面必须加数字 0。

优点:指令已经提供操作数,无须再次访问存储器。提供操作数最快。

缺点:①操作数为指令的一部分,不能修改,适用于给某一寄存器或存储单元赋初值等操作;②指令中 A 的位数限制了这类指令所表述的立即数的范围。

2. 直接寻址

直接寻址的特点是,指令字中的形式地址 A 就是操作数的真实地址 EA,即

$$EA = A$$

它的优点是寻找操作数比较简单,也不需要专门计算操作数的地址,在指令执行阶段对主存只访问一次。它的缺点在于 A 的位数限制了操作数的寻址范围,而且必须修改 A 的值,才能修改操作数的地址。图 6.15 所示为直接寻址。

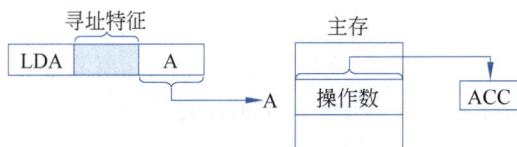

图 6.15　直接寻址示意图

3. 隐含寻址

隐含寻址是指指令字中不明显地给出操作数的地址,其操作数的地址隐含在操作码或某个寄存器中。例如,一地址格式的加法指令只给出一个操作数的地址,另一个操作数隐含在累加器 ACC 中,这样累加器 ACC 成了另一个数的地址。

如 IBM PC(Intel 8086)中的乘法指令,被乘数隐含在寄存器 AX(16 位)或寄存器 AL(8 位)中,可见 AX(或 AL)就是被乘数的地址。又如字符串传送指令 MOVS,其源操作数的地址隐含在 SI 寄存器中(即操作数在 SI 指明的存储单元中),目的操作数的地址隐含在 DI 寄存器中。由于隐含寻址在指令字中少了一个地址,因此,这种寻址方式的指令有利于缩短指令字长。如图 6.16 所示为隐含寻址。

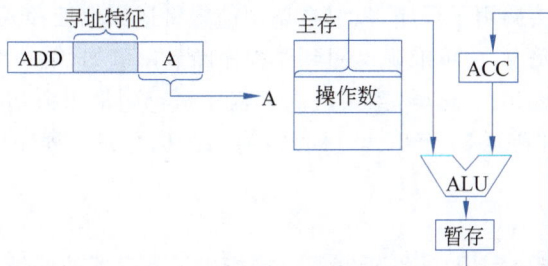

图 6.16　隐含寻址示意图

4. 间接寻址

倘若指令字中的形式地址不直接指出操作数的地址,而是指出操作数有效地址所在的存储单元地址,也就是说,有效地址是由形式地址间接提供的,即为间接寻址,即 EA=(A)。

如图 6.17 为一次间接寻址,即 A 地址单元的内容 EA 是操作数的有效地址;这种寻址

方式与直接寻址相比,它扩大了操作数的寻址范围,因为 A 的位数通常小于指令字长,而存储字长可与指令字长相等。

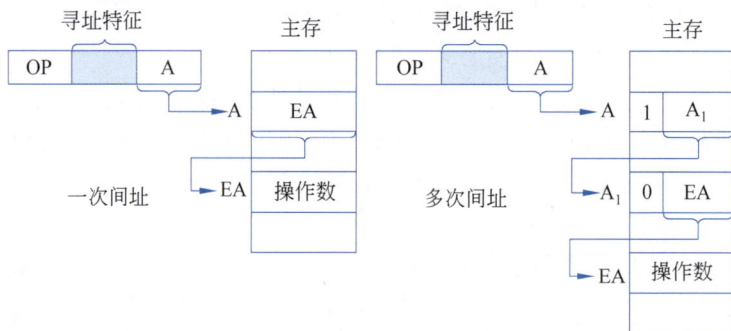

图 6.17　间接寻址示意图

当多次间接寻址时,可用存储字的首位来标志间接寻址是否结束;当存储字首位为"1"时,标明还需继续访存寻址;当存储字首位为"0"时,标明该存储字即为 EA。由此可见,存储字首位不能作为 EA 的组成部分,因此,它的寻址范围为"2"。

间接寻址的第二个优点在于它便于编制程序。例如,用间接寻址可以很方便地完成子程序返回,如图 6.18 示意了用于子程序返回的间址过程。

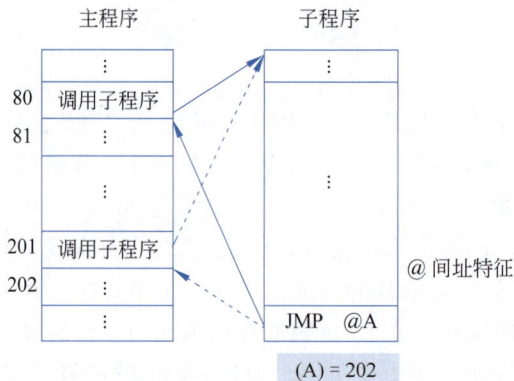

图 6.18　用于子程序返回的间址过程的示意图

图 6.18 中表示两次调用子程序,只要在调用前先将返回地址存入子程序最末条指令的形式地址 A 的存储单元内,便可准确返回到原程序断点。例如,第一次调用前,使[A]＝81,第二次调用前,使[A]＝202。这样,当第一次子程序执行到最末条指令"JMP@A"(@为间址特征位),便可无条件转至 81 号单元。同理,第二次执行完子程序后,便可返回到 202 号单元。

5. 寄存器寻址

在寄存器寻址的指令字中,地址码字段直接指出了寄存器的编号,即 EA＝R,如图 6.19 所示。其操作数是由 R_i 所指的寄存器内。由于操作数不在主存中,故寄存器寻址在指令执行阶段无须访存,减少了执行时间。由于地址字段只需指明寄存器编号(计算机中寄存器数有限),故指令字较短,节省了存储空间,因此寄存器寻址在计算机中得到广泛应用。

6. 寄存器间接寻址

图 6.20 中 R_i 中的内容不是操作数,而是操作数所在主存单元的地址号,即有效地址

EA＝(R)。与寄存器寻址相比,指令的执行阶段还需访问主存。与间接寻址相比,因有效地址不是存放在存储单元中,而是存放在寄存器中,故称其为寄存器间接寻址,它比间接寻址少访存一次。

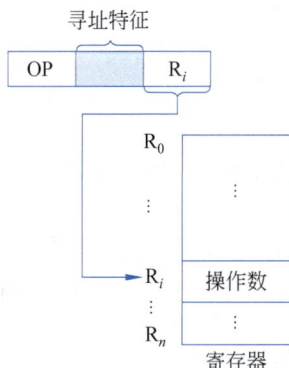

图 6.19　寄存器寻址示意图　　　　　图 6.20　寄存器间接寻址示意图

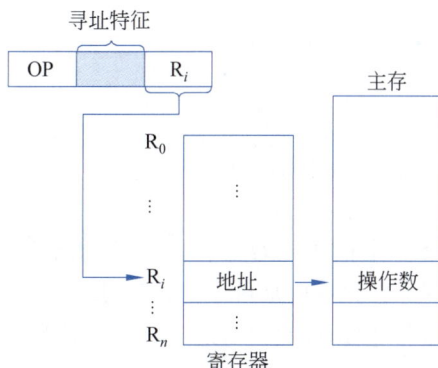

7. 基址寻址

定义:指令中给出一个寄存器号和一个形式地址,寄存器的内容为基准地址,形式地址是作为偏移量。基准地址加上偏移量作为操作数的有效地址。

基址寻址中的基址寄存器内容通常由操作系统或管理程序确定,程序执行过程中值不可变,其偏移量可变,主要是面向系统的。基址寻址典型应用是程序重定位。目标程序由操作系统调入内存,用户并不知道放在了内存哪里。用户编程使用的地址实际是逻辑地址,在将来运行时才转换成实际的物理地址。基址寻址方式下,程序重定位时由操作系统给用户分配一个基准地址(在基准寄存器中),在程序执行时就可以映射成物理地址了。

而且基准寻址能扩大寻址范围(基址寄存器位数大于形式地址位数)。举个例子:主存16MB,基址寄存器 24 位(不是寄存器地址 24 位)。指令中地址段使用 16 位,2 位用来寻址寄存器(假设有 4 个寄存器,则需两位地址),剩余 14 位给出位移量,可访问 16KB 连续存储空间。每次修改基址寄存器的值,那么基址加变址每次可以寻找连续 16KB 的空间,提高寻址性能。

显式基址寻址是在一组通用寄存器里,由用户明确指出哪个寄存器用作基址寄存器,存放基地址。用户可不必考虑自己的程序存于主存的哪一空间区域,完全可由操作系统或管理程序根据主存的使用状况,赋予基址寄存器内一个初始值(即基地址),便可将用户程序的逻辑地址转换为主存的物理地址(实际地址),把用户程序安置于主存的某一空间区域。例如,对于一个具有多个寄存器的机器来说,用户只需指出哪一个寄存器作为基址寄存器即可,至于这个基址寄存器应赋予何值,完全由操作系统或管理程序根据主存空间状况来确定。在程序执行过程中,用户不知道自己的程序在主存的哪个空间,用户也不可修改基址寄存器的内容,以确保系统安全可靠地运行。如图 6.21 所示为基址寻址。

8. 变址寻址

定义:指令给出一个寄存器号和形式地址,寄存器的内容作为偏移量,形式地址作为基准地址。基准地址加上偏移量得到有效地址。

变址寻址是面向用户的,变址寄存器的内容可以由用户进行改变,形式地址不变(直接

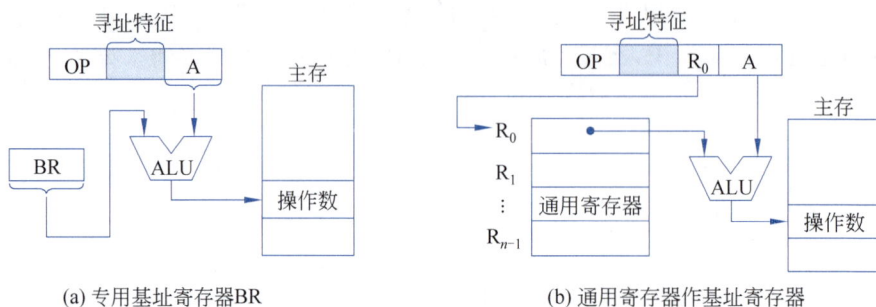

(a) 专用基址寄存器BR　　　　　(b) 通用寄存器作基址寄存器

图 6.21　基址寻址示意图

写在了指令中），常用于数组。可设定形式地址位数组首址，每次通过改变变址寄存器的值实现数组的操作。也就是可以通过变址的内容修改，使得同一段代码可以访问到不同内容。变址寻址与基址寻址极为相似。其有效地址（EA）等于指令字中的形式地址（A）与变址寄存器（IX）的内容相加之和，即

$$EA=A+(IX)$$

显然只要变址寄存器位数足够，也可扩大操作数的寻址范围，其寻址过程如图 6.22 所示。

9. 相对寻址

相对寻址的有效地址是将程序计数器（PC）的内容（即当前指令的地址）与指令字中的形式地址（A）相加而成，即 $EA=(PC)+A$。如图 6.23 示意了相对寻址的过程，操作数的位置与当前指令的位置有一段距离 A。

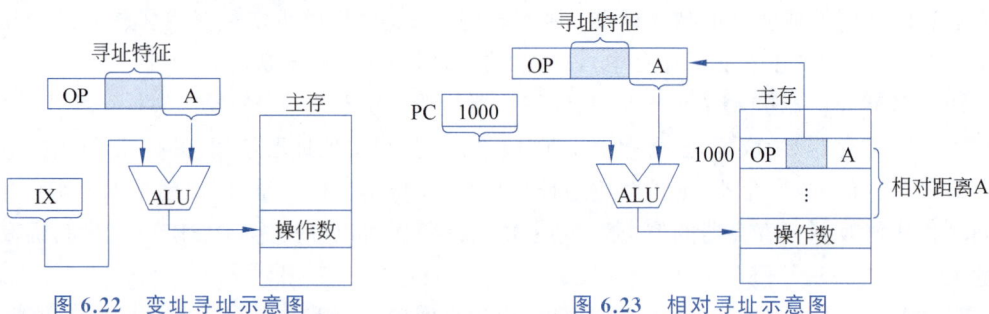

图 6.22　变址寻址示意图　　　　图 6.23　相对寻址示意图

相对寻址常被用于转移类指令，转移后的目标地址与当前指令有一段距离，称为相对位移量，它由指令字的形式地址 A 给出，故 A 又称位移量。位移量 A 可正可负，通常用补码表示。倘若位移量为 8 位，则指令的寻址范围在(PC)+127～(PC)−128 之间。

相对寻址的最大特点是转移地址不固定，它可随 PC 值的变化而变，因此，无论程序在主存的哪段区域，都可正确运行，对于编写浮动程序特别有利。

显然，随程序首地址改变，M 也改变，M 随程序所在存储空间的位置不同而不同。如果采用相对寻址，将"BNE M"改写为"BNE ＊−3"（＊为相对寻址特征），就可使该程序浮动至任一地址空间都能正常运行。因为从第 M+3 条指令转至第 M 条指令，其相对位移量为−3，故当执行第 M+3 条指令"BNE·−3"时，其有效地址为 EA=(PC)+(−3)=M+3−3=M 直接指向了转移后的目标地址。相对寻址也可与间接寻址配合使用。如图 6.24 所示为 BNE M 转移指令的示意图。

```
          LDA    #0
          LDX    #0
    ┌─ M   ADD    X, D
    │  M+1 INX
    │  M+2 CPX    #N            *相对寻址特征
    └─ M+3 BNE   [M] ──→ *-3
          DIV    #N
          STA    ANS
```

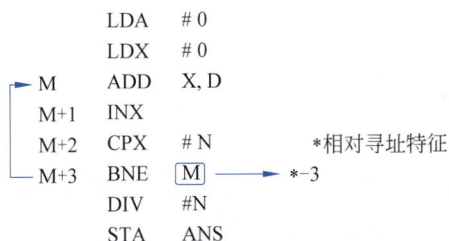

图 6.24　BNE M 转移指令的示意图

10. 堆栈寻址

堆栈寻址要求计算机中设有堆栈。堆栈既可用寄存器组(称为硬堆栈)来实现,也可利用主存的一部分空间作堆栈(称为软堆栈)。

堆栈的运行方式为先进后出或先进先出两种,先进后出型堆栈的操作数只能从一个口进行读或写。以软堆栈为例,可用堆栈指针(Stack Point,SP)指出栈顶地址,也可用 CPU 中一个或两个寄存器作为 SP。操作数只能从栈顶地址指示的存储单元存或取。可见堆栈寻址也可视为一种隐含寻址,其操作数的地址总被隐含在 SP 中。堆栈寻址就其本质也可视为寄存器间接寻址,因 SP 可视为寄存器,它存放着操作数的有效地址。图 6.25 示意了堆栈寻址过程。

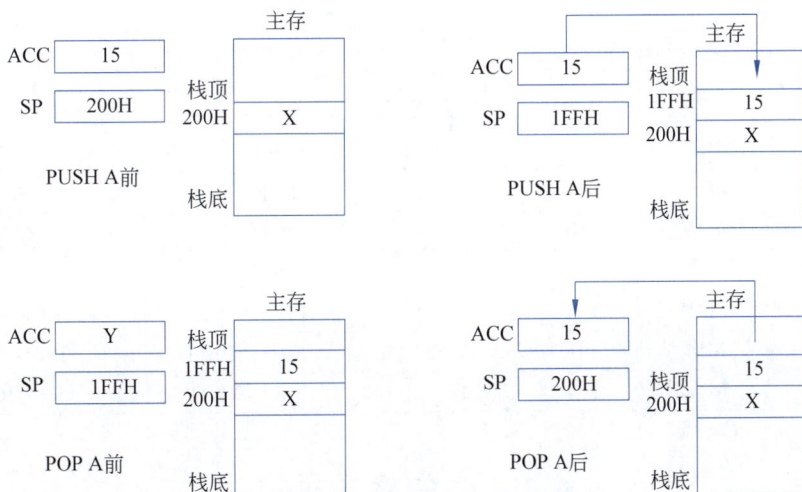

图 6.25　堆栈寻址示意图

由于 SP 始终指示着栈顶地址,因此不论是执行进栈(PUSH),还是出栈(POP),SP 的内容都需发生变化。若栈底地址大于栈顶地址,则每次进栈(SP)$-\Delta \to$ SP;每次出栈(SP)$+\Delta \to$ SP。Δ 取值与主存编址方式有关。若按字编址,则 Δ 取 1(如图 6.25 所示);若按字节编址,则需根据存储字长是几字节构成才能确定 Δ,如字长为 16 位,则 $\Delta=2$,字长为 132 位,$\Delta=4$。

堆栈寻址方式如下。

(1) 硬件堆栈(寄存器串联堆栈)。

- CPU 内部一组串联的寄存器。
- 数据的传送在栈顶和通用寄存器之间进行。

- 栈顶不动,数据移动,进出栈所有数据都需移动。
- 栈容量有限。

(2)软件堆栈(内存堆栈)。

- 内存区间做堆栈。
- SP——堆栈指示器(栈指针),改变 SP 即可移动栈顶位置。
- 栈顶移动,数据不动,非破坏性读出。
- 栈容量大,栈数目容量均可自定义。

11. 不同寻址方式对比

在计算机体系结构中,数据和指令的寻址方式对计算机系统的性能和灵活性都具有重要影响。不同的寻址方式可以影响程序的编写方式、指令的执行速度以及内存的使用效率。因此,了解和比较不同的寻找方式对于理解计算机系统的工作原理至关重要。

在本部分中,我们将探讨几种常见的寻址方式,包括立即寻址、寄存器寻址、直接寻址、间接寻址、寄存器间接寻址、相对寻址、变址寻址。将通过表 6.1 进行分析操作码、寻址模式、形式地址、实地址、寻址范围这些方面,通过深入研究不同的寻址方式,读者将能够更好地理解计算机程序的执行过程,并为计算机系统的设计和优化提供参考。不同寻址方式各有优缺点,通过根据计算机体系结构的需求和设计目标选择合适的寻址方式。

表 6.1　七种寻址方式对比

	5 位	3 位	8 位			
	操作码	寻址模式	形式地址 D		实地址 E	寻址范围
立即寻址	MOV	000	38H		S=D	0~255　-128~127
寄存器寻址	MOV	001	00		E=R	0~255♯Reg
直接寻址	MOV	010	200		E=D	0~255 RAM Cell
间接寻址	MOV	011	200		E=(D)	$0\sim2^{16}-1$ RAM Cell
寄存器间接寻址	MOV	100	01		E=(R)	$0\sim2^{16}-1$ RAM Cell
相对寻址	JMP	101	20		E=(PC)+D	PC-128~PC+127
变址寻址	MOV	110	20	100	E=(R)+D	$0\sim2^{16}-1$ RAM Cell

6.4　指令格式举例

6.4.1　设计指令格式时应考虑的各种因素

指令系统集中反映了机器的性能,又是程序员编程的依据。用户在编程时既希望指令系统很丰富,便于用户选择,同时还要求机器执行程序时速度快、占用主存空间少,实现高效运行。此外,为了继承已有的软件,必须考虑新机器的指令系统与同一系列机器指令系统的兼容性,即高档机必须能兼容低档机的程序运行,称之为"向上兼容"。

指令格式集中体现了指令系统的功能,为此,在确定指令格式时,必须从以下几个方面综合考虑。

(1)操作类型:包括指令个数及操作的难易程度。

(2)数据类型:确定哪些数据类型可参与操作。

（3）指令格式：指令字长是否固定；操作码位数、是否采用扩展操作码技术，地址码位数、地址个数、寻址方式类型。

（4）寻址方式：指令寻址、操作数寻址。

（5）寄存器个数：寄存器的多少直接影响指令的执行时间。

6.4.2　指令格式举例

1. PDP-8

PDP-8（图 6.26）的指令字长统一为 12 位，CPU 内只设一个通用寄存器，即累加器（ACC），其主存被划分为若干个容量相等的存储空间（每个相同的空间被称为一页）。该机的指令格式可分为三大类。

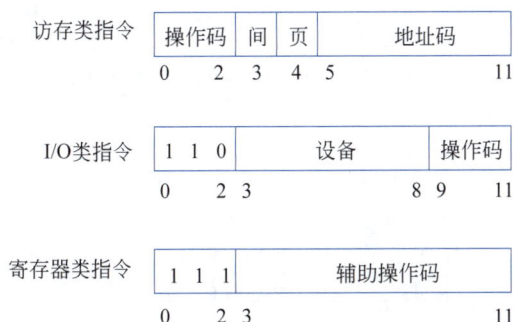

图 6.26　PDP-8 指令格式

访存类指令属于一地址指令。0～2 位为操作码（只定义了 000～101 六种基本操作）；3、4 两位为寻址特征位，其中 3 位表示是否间接寻址，4 位表示是当前页面（即 PC 指示的页面）还是 0 页面；5～11 位为地址码。

第二类指令是 I/O 类，用 0～2 位为 110 作标志，其具体操作内容由 9～11 位反映，3～8 位表示设备号，总共可选 64 种设备。

为了扩大操作种类，对应操作码“11”又配置了辅助操作码，构成了寄存器类指令，这类指令主要对 ACC 进行各种操作，如消 A、对 A 取反、对 A 移位、对 A 加 1、根据 A 的结果是否跳转等。辅助操作码的每一位都有一个明确的操作。

PDP-8 指令格式支持间接寻址、变址寻址、相对寻址。加上操作码扩展技术，共有 35 条指令。

2. PDP-11

PDP-11 机器字长为 16 位，CPU 内设 8 个 16 位通用寄存器，其中两个通用寄存器有特殊作用，一个用作堆栈指针（SP），一个用作程序计数器（PC）。

PDP-11 指令字长有 16 位、32 位和 48 位三种，采用操作码扩展技术，使操作码位数不固定，指令字的地址格式有零地址、一地址、二地址等共有 13 类指令格式，如图 6.27 所示列出了其中五种。

一地址格式中 6 位目的地址码中的 3 位为寻址特征位，另外 3 位表示 8 个寄存器中的任一个；二地址格式指令，因操作数来源不同，可分为寄存器—寄存器型、寄存器—存储器型和存储器—存储器型。另外如表 6.2 所示介绍了 PDP-11 的寻址方式。

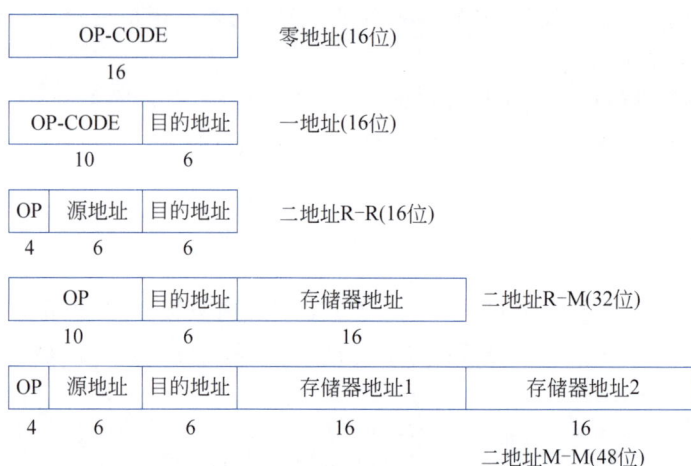

图 6.27　PDP-11 五种指令格式

表 6.2　PDP-11 寻址方式

Mode	寻址方式	汇编语法	有效地址 EA/操作数 S	指 令 实 例
0	寄存器寻址	R_i	$S=(R_i)$	MOV R0,R1
1	寄存器间接寻址	(R_i)	$EA=(R_i)$	MOV R0,(R1)
2	自增寻址	$(R_i)+$	$EA=(R_i),R_i++$	MOV R0,(SP)+
3	自增间接寻址	$@(R_i)+$	$EA=((R_i)),R_i++$	INC @(R2)+
4	自减寻址	$-(R_i)$	$EA=(R_i),R_i--$	MOV -(SP),R0
5	自减间接寻址	$@-(R_i)$	$EA=((R_i)),R_i--$	INC @-(R2)
6	变址寻址	$index(R_i)$	$EA=(R_i)+index$	ADD R0,200(R1)
7	变址间址寻址	$@index(R_i)$	$EA=((R_i)+index)$	ADD R0,@300(R2)

3. IBM 360

IBM 360 属于系列机。所谓系列机,是指其基本指令系统相同,基本体系结构相同的一系列计算机。IBM 370 对 IBM 360 是完全向上兼容的。所以 IBM 370 可看作 IBM 360 的扩展、延伸或改进。

IBM 360 是 32 位机器,按字节寻址,并可支持多种数据类型,如字节、半字、字、双字(双精度实数)、压缩十进制数、字符串等。在 CPU 中有 16 个 32 位通用寄存器(用户可选定任一个寄存器作为基址寄存器 BR 或变址寄存器 IX),4 个双精度(64 位)浮点寄存器。

4. Intel 8086

Intel 8086/80486 系列微型计算机的指令字长为 1~6 字节,即不定长。

(1)指令字长 1~6 字节。

INC AX:1 字节

MOV WORD PTR[0204],0138H:6 字节。

(2)地址格式。

零地址 NOP　　　　　　　　1 字节

一地址 CALL 段间调用　　　5 字节

　　　　CALL 段内调用　　　3 字节

```
二地址 ADD AX,BX          2 字节 寄存器—寄存器
        ADD AX,3048H       3 字节 寄存器—立即数
        ADD AX,[3048H]     4 字节 寄存器—存储器
```

例如,零地址格式的空操作指令 NOP 只占 1 字节;一地址格式的 CALL 指令可以是 3 字节(段内调用)或 5 字节(段间调用);二地址格式指令中的两个操作数既可以是寄存器—寄存器型、寄存器—存储器型,也可以是寄存器—立即数型或存储器—立即数型,它们所占的字节数分别为 2 字节、2～4 字节、2～3 字节、3～6 字节。

6.5　RISC　技　术

6.5.1　RISC 的产生和发展

RISC 即精简指令集计算机(Reduced Instruction Set Computer),与其对应的是 CISC,即复杂指令集计算机(Complex Instruction Set Computer)。

计算机发展至今,机器的功能越来越强,硬件结构越来越复杂。在系列机的发展过程中,致使同一系列计算机指令系统变得越来越复杂,某些机器的指令系统竟可包含几百条指令。这类机器被称为复杂指令集计算机,简称 CISC。

CISC 包括一个丰富的微指令集,这些微指令简化了在处理器上运行的程序的创建。指令由汇编语言所组成,把一些原来由软件实现的常用的功能改用硬件的指令系统实现,编程者的工作因而减少许多,在每个指令期同时处理一些低阶的操作或运算,以提高计算机的执行速度,这种系统就被称为复杂指令系统。

20 世纪 70 年代中期,人们开始进一步分析研究 CISC,发现一个 80-20 规律,即典型程序中 80% 的语句仅仅使用处理机中 20% 的指令,而且这些指令都是属于简单指令,如取数、加、转移等。这一点告诫人们,付出再大的代价增添复杂指令,也仅有 20% 的使用概率。

当执行频度高的简单指令时,因复杂指令的存在,致使执行速度也无法提高。人们从 80-20 规律中得到启示:能否仅仅用最常用的 20% 的简单指令,重新组合不常用的 80% 的指令功能呢? 这便引发出 RISC 技术。

RISC 的指令条数少,只保留使用频率最高的简单指令,指令定长,便于硬件实现,用软件实现复杂指令功能。

Load/Store 架构,只有存/取数指令才能访问存储器,其余指令的操作都在寄存器之间进行,便于硬件实现。指令长度固定,指令格式简单、寻址方式简单,便于硬件实现。CPU 设置大量寄存器(32～192),便于编译器实现。一个机器周期完成一条机器指令,RISC 采用硬布线控制,CISC 采用微程序。

6.5.2　RISC 的主要特征

精简指令集计算机(RISC)的中心思想是要求指令系统简化,尽量使用寄存器—寄存器操作指令,指令格式力求一致。

RISC 的主要特点如下。

(1) 选取使用频率最高的一些简单指令,复杂指令的功能由简单指令的组合来实现。

（2）指令长度固定，指令格式种类少，寻址方式少。

（3）只有 Load/Store（取数/存数）指令访存，其余指令的操作都在寄存器之间进行。

（4）CPU 中通用寄存器的数量相当多。

（5）RISC 一定采用指令流水线技术，大部分指令在一个时钟周期内完成。

（6）以硬布线控制为主，不用或少用微程序控制。

（7）特别重视编译优化工作，以减少程序执行时间。

值得注意的是，从指令系统兼容性看，CISC 大多能实现软件兼容，即高档机包含了低档机的全部指令，并可加以扩充。但 RISC 简化了指令系统，指令条数少，格式也不同于老机器，因此大多数 RISC 不能与老机器兼容。由于 RISC 具有更强的实用性，因此应该是未来处理器的发展方向。但事实上，当今时代 Intel 几乎一统江湖，且早期很多软件都是根据 CISC 设计的，单纯的 RISC 将无法兼容。此外，现代 CISC 结构的 CPU 已经融合了很多 RISC 的成分，其性能差距已经越来越小。CISC 可以提供更多的功能，这是程序设计所需要的。

6.5.3　CISC 的主要特征

随着 VLSI 技术的发展，硬件成本不断下降，软件成本不断上升，促使人们在指令系统中增加更多、更复杂的指令，以适应不同的应用领域，这样就构成了 CISC。

CISC 的主要特点如下。

（1）指令系统复杂庞大，指令数目一般为 200 条以上。

（2）指令的长度不固定，指令格式多，寻址方式多。

（3）可以访存的指令不受限制。

（4）各种指令使用频度相差很大。

（5）各种指令执行时间相差很大，大多数指令需多个时钟周期才能完成。

（6）控制器大多数采用微程序控制。有些指令非常复杂，以至于无法采用硬连线控制。

（7）难以用优化编译生成高效的目标代码程序。

如此庞大的指令系统，对指令的设计提出来了极高的要求，研制周期变得很长。后来人们发现，一味地追求指令系统的复杂和完备程度不是提高计算机性能的唯一途径。对传统 CISC 指令系统的测试表明，各种指令的使用频率相差悬殊，大概只有 20% 的比较简单的指令被反复使用，约占整个程序的 80%；而 80% 左右的指令则很少使用，约占整个程序的 20%。从这一事实出发，人们开始了对指令系统合理性的研究，于是 RISC 随之诞生。

6.5.4　RISC 和 CISC 的比较

（1）RISC 更能充分利用 VLSI 芯片的面积。CISC 机的控制器大多采用微程序控制，其控制存储器在 CPU 芯片内所占的面积为 50% 以上（如 Motorola 公司的 MC68020 占 68%）。而 RISC 控制器采用组合逻辑控制，其硬布线逻辑只占 CPU 芯片面积的 10% 左右。可见它可将空出的面积供其他功能部件用，例如用于增加大量的通用寄存器（如 Sun 微系统公司的 SPARC 有 100 多个通用寄存器），或将存储管理部件也集成到 CPU 芯片内（如 MIPS 公司的 R2000/R3000）。以上两种芯片的集成度分别小于 10 万个和 20 万个晶体管。

（2）提高计算机运算速度。RISC 能提高运算速度，主要反映在以下 5 个方面。

• RISC 的指令数、寻址方式和指令格式种类较少，而且指令的编码很有规律，因此

RISC 的指令译码比 CISC 的指令译码快。

- RISC 内通用寄存器多,减少了访存次数,可加快运行速度。
- RISC 采用寄存器窗口重叠技术,程序嵌套时不必将寄存器内容保存到存储器中,故又提高了执行速度。
- RISC 采用组合逻辑控制,比采用微程序控制的 CISC 机的延迟小,缩短了 CPU 的周期。
- RISC 选用精简指令系统,适合于流水线工作,大多数指令在一个时钟周期内完成。

（3）便于设计,可降低成本,提高可靠性。RISC 指令系统简单,故机器设计周期短,如美国加州伯克莱大学的 RISC-1 从设计到芯片试制成功只用了十几个月,而 Intel 80386 处理器(CISC)的开发花了三年半时间。RISC 逻辑简单,设计出错可能性小,有错时也容易发现,可靠性高。

（4）有效支持高级语言程序。RISC 机靠优化编译来更有效地支持高级语言程序,由于 RISC 指令少,寻址方式少,使编译程序容易选择更有效的指令和寻址方式,而且由于 RISC 的通用寄存器多,可尽量安排寄存器的操作,使编译程序的代码优化效率提高。例如,IBM 的研究人员发现,IBM 801(RISC)产生的代码大小是 IBM S/370(CISC)的 90%。

（5）从指令系统兼容性看,CISC 大多能实现软件兼容,即高档机包含了低档机的全部指令,并可加以扩充。但 RISC 简化了指令系统,指令数量少,格式也不同于老机器,因此大多数 RISC 不能与老机器兼容。具体 CISC 与 RISC 的对比如表 6.3 所示。

表 6.3　CISC 与 RISC 的对比

对比项目	类别	
	CISC	**RISC**
指令系统	复杂、庞大	简单、精简
指令数目	一般大于 200 条	一般小于 100 条
指令字长	不固定	定长
可访存指令	不加限制	只有 Load/Store 指令
各种指令执行时间	相差较大	绝大多数在一个周期内完成
各种指令使用频度	相差很大	都比较常用
通用寄存器数量	较少	多
目标代码	难以用优化编译生成高效的目标代码程序	采用优化的编译程序,生成代码较为高效
控制方式	绝大多数为微程序控制	绝大多数为组合逻辑控制
指令流水线	可以通过一定方式实现	必须实现

6.6　MIPS 技术

6.6.1　MIPS 指令概述

MIPS 体系结构是 20 世纪 80 年代初发明的一款 RISC 体系结构。MIPS 是一个双关语,它既是 Microcomputer without Interlocked Pipeline Stages 的缩写,同时又是 Millions of Instructions Per Second 的缩写。相比 Intel x86 的 CISC 架构,MIPS 是一种非常优雅、

简洁、高效的 RISC 体系结构,非常适合于教学研究,我国龙芯处理器就是基于 MIPS 指令系统的。最初 MIPS 是为 32 位系统设计的,后来又发展了 64 位 MIPS,但依然对 32 位模式向下兼容。

6.6.2 MIPS 体系结构中的寄存器

汇编语言的变量是寄存器。

(1) 汇编语言不能使用变量(C、Java 可以使用变量)。

- int a;float b。
- 寄存器变量没有数据类型。

(2) 汇编语言的操作对象是寄存器。

- 好处:寄存器是最快的数据单元。
- 缺陷:寄存器数量有限,需仔细高效地使用各寄存器。

(3) MIPS 包括 32 个通用寄存器,如表 6.4 所示。

表 6.4 MIPS 寄存器功能说明

寄存器#	助 记 符	释 义
0	$ zero	固定值为 0 硬件置位
1	$ at	汇编器保留,临时变量
2～3	$ v0～$ v1	函数调用返回值
4～7	$ a0～$ a3	4 个函数调用参数
8～15	$ t0～$ t7	暂存寄存器,被调用者按需保存
16～23	$ s0～$ s7	save 寄存器,调用者按需保存
24～25	$ t8～$ t9	暂存寄存器,被调用者按需保存
26～27	$ k0～$ k1	操作系统保留,中断异常处理
28	$ gp	全局指针(Global Pointer)
29	$ sp	堆栈指针(Stack Pointer)
30	$ fp	帧指针(Frame Pointer)
31	$ ra	函数返回地址(Return Address)

除上述通用寄存器外,MIPS 还提供了 32 个 32 位单精度浮点寄存器,用符号 f0～f31 表示,它们还可以配对成 16 个 64 位的浮点数寄存器。

另外,MIPS 还包括两个特殊的寄存器 $ hi、$ lo,用于保存乘、除法的运算结果,注意这两个寄存器必须通过两条特殊的指令 mfhi(move from hi)及 mflo(move from lo)进行访问。

6.6.3 MIPS 指令格式

MIPS32 中所有指令都是 32 位的定长指令,指令格式非常规整,分为 R 型、I 型、J 型 3 种不同的指令格式,具体如表 6.5 所示。

表 6.5　MIPS 指令格式

指令格式	31~26	25~21	20~16	15~11	10~06	05~00
R 型指令	OP(6)=0	rs(5)	rt(5)	rd(5)	shamt(5)	funct(6)
I 型指令	OP(6)	rs(5)	rt(5)	Imm(16)		
J 型指令	OP(6)	Address(26)				

表中操作码 OP 字段固定为 6 位,注意 R 型指令采用扩展操作码形式,其 OP 字段值为 0,具体指令功能由低 6 位的 funct 字段决定,这里 funct 字段就是扩展操作码。MIPS 将寻址方式与指令的操作码相关联,指令字中没有独立的寻址方式字段。

rs、rt、rd 为寄存器操作数字段,用 5 位表示,可以访问 32 个通用寄存器,R 型指令最多可以有 3 个寄存器操作数,I 型指令最多可以有 2 个寄存器操作数。

R 型指令中的 5 位的 shamt 字段是移位变量,用于移位指令,其他指令无效;I 型指令的 Imm 字段为 16 位立即数字段,其有符号,立即数范围为[−32768,32767];J 型指令的 Address 字段为 26 位。

6.6.4　MIPS 指令寻址方式

MIPS 指令寻找方式较少,只有 5 种寻址方式,如表 6.6 所示。MIPS 指令格式的寻址方式分别是:R 型指令的寻找方式只有寄存器寻址;I 型指令的寻址方式有寄存器寻址、立即数寻址、基址寻址(偏移寻址)、相对寻址;J 型指令只有一种寻址方式,就是伪直接寻址。

表 6.6　MIPS 指令寻找方式

序号	寻址方式	有效地址 EA/操作数 S	指令示例
1	立即数寻址	S=imm	addi rt,rs,imm
2	寄存器寻址	EA=R[rt]	add rd,rs,rt
3	寄存器相对寻址/基址寻址	EA=R[rs]+imm	lw rt,imm(rs)
4	相对寻址	EA=PC+4+Disp	beq rs,rt,imm
5	伪直接寻址	EA={(PC+4)$_{31,28}$,address,00}	j address

6.7　交互计算系统

6.7.1　计算: AI 算力载体与核心

1. 服务器: AI 算力的重要载体

服务器通常是指那些具有较高计算能力,能够提供给多个用户使用的计算机。服务器与 PC 的不同点很多,例如 PC 在一个时刻通常只为一个用户服务。服务器与主机不同,主机是通过终端给用户使用的,服务器是通过网络给客户端用户使用的,所以除了要拥有终端设备,还要利用网络才能使用服务器计算机,但用户连上线后就能使用服务器上的特定服务了。服务器的分类如图 6.28 所示;对于 CPU 指令集类型来说,区分了最主流的 x86 服务器、注重能效的 ARM 服务器、主要用于嵌入式领域的 MIPS 服务器以及包含如 POWER 等的其他 CPU 服务器;依据产品形态可分为常见的塔式服务器、数据中心主力的机架式服务器、追求高密度的刀片服务器以及更高密度的高密服务器;根据处理器插槽数量区分为单路服务器、双路服务器和多路服务器；在用途方面，列举了如专注于人工智能的 AI 加速服务器、运行各类应用的应用服务器、部署在边缘侧的边缘计算服务器等特定应用场景类型。

图 6.28　服务器的主要分类

AI 服务器是一种能够提供人工智能（AI）计算的服务器。它既可以用来支持本地应用程序和网页，也可以为云和本地服务器提供复杂的 AI 模型和服务。AI 服务器有助于为各种实时 AI 应用提供实时计算服务。AI 服务器按应用场景可分为训练和推理两种，其中训练对芯片算力要求更高，推理对算力的要求偏低。

2. GPU：AI 算力的核心

AI 芯片是算力的核心。AI 芯片也被称为 AI 加速器或计算卡，即专门用于处理人工智能应用中的大量计算任务的模块（其他非计算任务仍由 CPU 负责），AI 芯片的分类如图 6.29 所示。

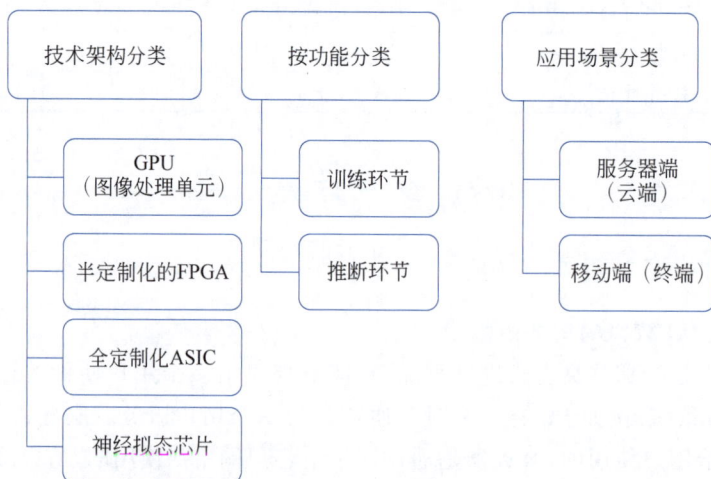

图 6.29　AI 芯片的分类

伴随数据海量增长，算法模型趋向复杂，处理对象异构，计算性能要求高，AI 芯片在人工智能的算法和应用上做针对性设计，可高效处理人工智能应用中日渐多样繁杂的计算任务。AI 芯片的特点总结如表 6.7 所示。

表 6.7 AI 芯片特点

特点	GPU	FPGA	ASIC
类型	通用型	半定制化	专用型
芯片架构	叠加大量计算单元和高速内存,逻辑控制单元简单	具备可重构数字门电路和存储器,根据应用定制	电路结构可根据特定领域应用和特定算法定制
擅长领域	3D 图像处理,密集型并行运算	算法更新频繁或者市场规模较小的专用领域	市场需求量大的专用领域
优点	计算能力强,通用性强,开发周期短,难度小,风险低	功能可修改,高性能、功耗远低于 GPU,一次性成本低	专业性强、性能高于FPGA、功耗低、量产成本低
缺点	价格贵、功耗高	编程门槛高、量产成本高	开发周期长、难度大、风险高、一次性成本高

GPU 是 NVIDIA 公司在 1999 年 8 月发表 NVIDIA GeForce 256 绘图处理芯片时首先提出的概念。在此之前,计算机中处理影像输出的显示芯片,通常很少被视为一个独立的运算单元。

图形处理器(GPU),又称显示核心(display core)、视觉处理器(video processor)、显示芯片(display chip)或图形芯片(graphics chip),是一种专门执行绘图运算工作的微处理器。

GPU 具有数百或数千个内核,经过优化,可并行运行大量计算。虽然 GPU 在游戏中以 3D 渲染而闻名,但它们对运行分析、深度学习和机器学习算法尤其有用。GPU 允许某些计算比传统 CPU 上运行相同的计算速度快 10 倍至 100 倍。GPGPU,即将 GPU 的图形处理能力用于通用计算领域的处理器。

CUDA 是 NVIDIA 2007 年推出的一种并行计算平台和应用程序编程接口(API),允许软件使用某些类型的 GPU 进行通用计算机处理。CUDA 与 NVIDIA GPU 无缝协作,加速跨多个领域的应用程序开发和部署。

6.7.2 网络:核心器件突破算力瓶颈

1. 网络:算力的瓶颈之一,NVIDIA 布局 InfiniBand

数据通信设备(网络设备、ICT 设备)泛指实现 IP 网络接入终端、局域网、广域网间连接、数据交换及相关安全防护等功能的通信设备,主要大类包括交换机、路由器、WLAN。其中主要的是交换机和路由器。网络设备是互联网基本的物理设施层,属于信息化建设所需的基础架构产品。网络设备的分类如图 6.30 所示。

网络设备制造服务行业,上游主要为芯片、PCB、电源、各类电子元器件等生产商,直接下游为各网络设备品牌商,终端下游包括运营商、政府、金融、教育、能源、电力、交通、中小企业、医院等各个行业。详细的上下游情况如图 6.31 所示。

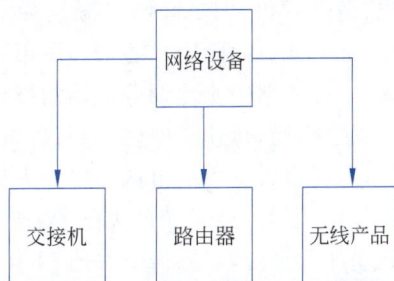

图 6.30 网络设备分类及介绍

网络设备根据应用领域分为电信级、企业级和消费级。电信级网络设备主要应用于电信运营商市场,用于搭建核心骨干互联网;企业级网络设备主要应用于非运营商的各种企业级应用市场,包括政府、金融、电力、医疗、教育、制造业、中小企业等市场;消费级网络设备主

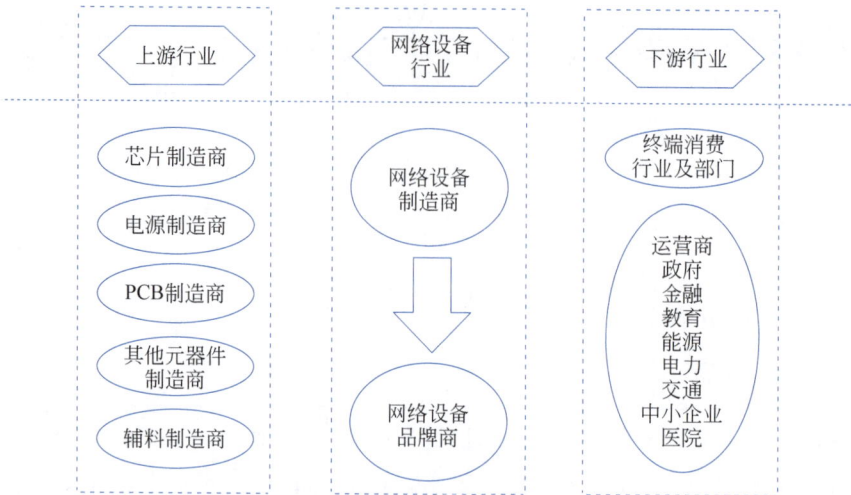

图 6.31　网络设备上下游情况

要针对家庭及个人消费市场。网络设备按照应用领域分类情况如图 6.32 所示。

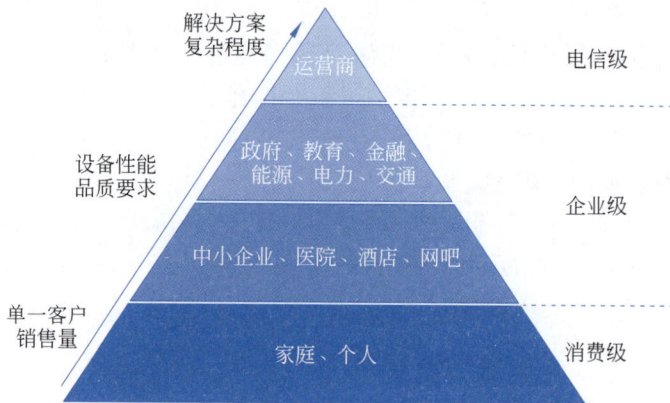

图 6.32　网络设备按照应用领域分类情况

根据 IDC 报告,2021 年全球网络市场规模为 542.4 亿美元,同比增长 10.1%。其中交换机、路由器和 WLAN 增速分别为 9.7%、6.5% 和 20.4%。2021 年中国网络市场规模为 102.4 亿美元(约 677.89 亿元人民币),同比增长 12.1%。数字经济、5G、云计算、网络设备升级、大型数据中心建设等驱动网络设备行业需求持续提升。

竞争格局,行业集中度较高,思科、华为、新华三等少数几家企业占据着绝大部分的市场份额,呈现寡头竞争的市场格局。人工智能和高性能计算(HPC)日益增长的计算需求推动了多节点、多 GPU 系统的无缝、高速通信的需求,为了构建最强大的、能够满足业务速度的端到端计算平台,需要一个快速、可扩展的互连网络。

通信成为算力的瓶颈。AI 加速器通常会简化或删除其他部分,以提高硬件的峰值计算能力,但是,却难以解决在内存和通信上的难题。无论是芯片内部、芯片间,还是 AI 加速器之间的通信,都已成为 AI 训练的瓶颈。

扩展带宽的技术难题还尚未被攻克。过去 20 年间,运算设备的算力提高了 90000 倍,虽然存储器从 DDR 发展到 GDDR6x,接口标准从 PCIe1.0a 升级到 NVLink3.0,但是通信带宽的增长只有 30 倍。

NVIDIA NVLink。NVLink 是 NVIDIA 的高带宽、高能效、低延迟、无损的 GPU 到 GPU 互联技术,其中包含诸如链路级错误检查和数据包回放机制等弹性特性,可保证数据的成功传输。NVLink 的链接图如图 6.33 所示,有两种方式链接。

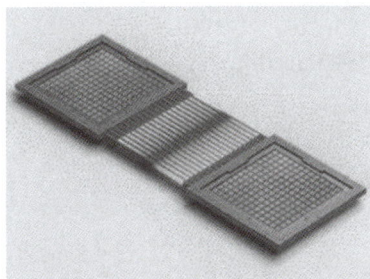

(a) 具有 NVLink GPU 到 GPU 连接的 NVIDIA H100PCIe

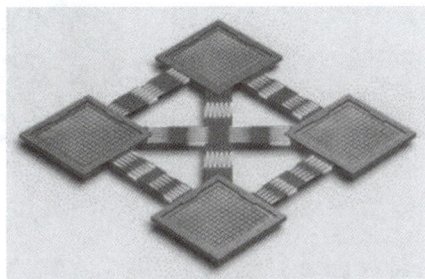

(b) 具有 NVLink GPU 到 GPU 连接的 NVIDIA H100

图 6.33　NVLink 链接图

对比上一代,第四代 NVLink 可将全局归约操作的带宽提升 3 倍,通用带宽提升 50%,单个 NVIDIA H100 Tensor Core GPU 最多支持 18 个 NVLink 连接,多 GPU IO 的总带宽为 900Gb/s,是 PCIe5.0 的 7 倍。NVLink 规格如表 6.8 所示。

表 6.8　NVLink 规格

规　　格	第　二　代	第　三　代	第　四　代
每个 GPU 的 NVLink 带宽	300Gb/s	600Gb/s	900Gb/s
每个 GPU 的最大链接数	6 个	12 个	18 个
支持的 NVIDIA 架构	NVIDIA Volta™ 架构	NVIDIA 安培架构	NVIDIA Hopper™ 架构

NVIDIA NVSwitch。第三代 NVSwitch 技术包括位于节点内部和外部的交换机,用于连接服务器、集群和数据中心环境中的多个 GPU。节点内的每个 NVSwitch 具有 64 个第四代 NVLink 链路端口,可加速多 GPU 连接。交换机总吞吐量从上一代的 7.2Tb/s 提升到 13.6Tb/s。新的第三代 NVSwitch 技术还通过组播和 NVIDIA SHARP 在网计算,为集合运算提供硬件加速。

InfiniBand 是一个用于高性能计算的计算机网络通信标准,特点是高带宽、低延迟,主要用于高性能计算(HPC)、高性能集群应用服务器和高性能存储。

NVIDIA Quantum-2 InfiniBand 交换机可提供海量吞吐、出色的网络计算能力、智能加速引擎、杰出的灵活性和健壮架构,在高性能计算(HPC)、AI 和超大规模云基础设施中发挥出色性能,并为用户降低成本和系统复杂性。表 6.9 表示 InfiniBand 与万兆以太网的比较。

表 6.9　InfiniBand 与万兆以太网的比较

比　较　项　目	InfiniBand(12x)	万兆以太网
带宽	30Gb/s、60Gb/s、120Gb/s、168Gb/s、312Gb/s	10Gb/s
延迟	小于或等于 1μs	接近 10μs
应用领域	超级计算企业存储领域	互联网、城域网、数据中心骨干等
优点	极低的延迟和高吞吐量	应用范围广、已成普遍认可的标准
缺点	在服务器硬件上需要昂贵的专用互联设备	延迟难以进一步降低

2. 光模块:网络核心器件,AI 处理提振 800G 需求

光模块(图 6.34)是光纤通信系统的核心器件之一,其为多种模块类别的统称,包括光接收模块、光发送模块、光收发一体模块和光转发模块等。

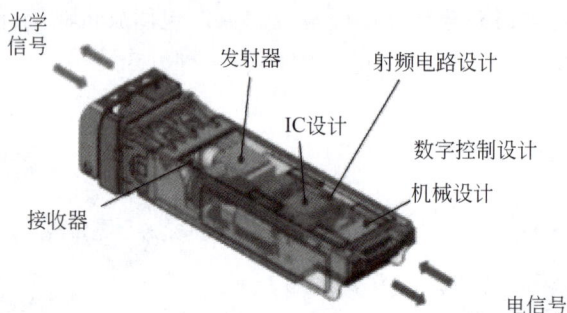

图 6.34　光模块

通常情况下,光模块由光发射器件(TOSA,含激光器)、光接收器件(ROSA,含光探测器)、驱动电路、放大器和光(电)接口等部分组成。光模块主要用于实现电—光和光—电信号的转换。光模块:光电转换示意图如图 6.35 所示。

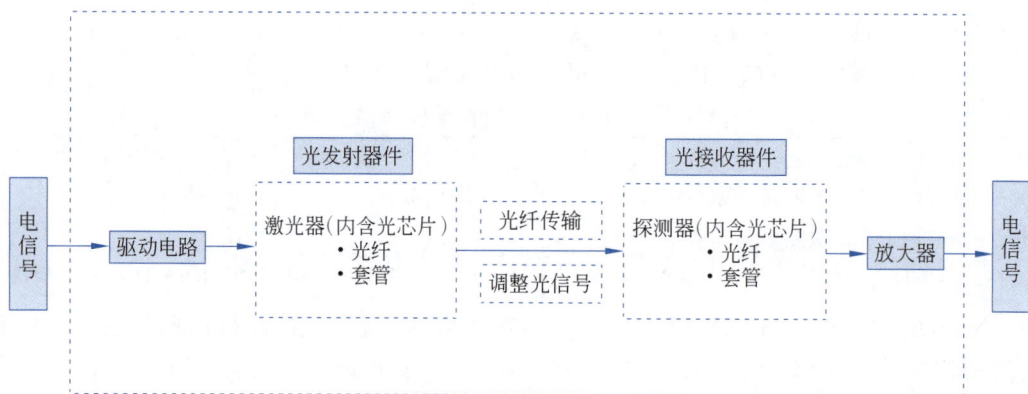

图 6.35　光模块:光电转换示意图

光模块行业的上游主要包括光芯片、电芯片、光组件企业。光组件行业的供应商较多,但高端光芯片和电芯片技术壁垒高,研发成本高昂,主要由境外企业垄断。光模块行业位于产业链的中游,属于封装环节。光模块行业下游包括互联网及云计算企业、电信运营商、数据通信和光通信设备商等。

作为信息化和互连通信系统中必需的核心器件,光通信模块的发展对 5G 通信、电子、大数据、互联网行业的影响至关重要。全球数据流量的增长,光通信模块速率的提升,光通信技术的创新等推动光模块产业规模持续增长。全球光模块市场 Lightcounting 预测,全球光模块的市场规模在未来 5 年将以 CAGR11% 保持增长,2027 年将突破 200 亿美元。另外,高算力、低功耗是未来市场的重要发展方向,CPO、硅光技术或将成为高算力场景下"降本增效"的解决方案。

光模块应用场景主要可以分为数据通信和网络通信两大领域。数据通信领域主要指互联网数据中心以及企业数据中心。网络通信主要包括光纤接入网、城域网/骨干网以及 5G 接入、承载网为代表的移动网络应用。

2010—2021 年,全球前十家光模块厂商中,中国企业增长至 5 家。Omdia 发布的全球前十大光模块厂商名单及其 2021 年市场份额变动情况显示,前十名分别为高意集团、中际旭创、朗美通、光迅科技、博通、海信宽带多媒体、Acacia、昂纳集团、住友电工、Intel。国内入围的厂商有中际旭创、光迅科技、海信宽带多媒体、昂纳集团,前四大国内光模块厂商占据全球的 26% 市场份额。

海关数据显示,2017—2021 年中国光模块行业贸易顺差额逐年增长。2017 年我国光模块行业贸易顺差额为 14.85 亿美元,其中进口额为 10.80 亿美元,出口额为 25.65 亿美元,2021 年光模块行业贸易顺差额增长至 33.23 亿美元,其中进口额为 8.77 亿美元,出口额为 42.10 亿美元。

AIGC 的高速发展将进一步促进数据流量的持续增长和包括光模块在内的 ICT 行业的发展,加速光模块向 800G 及以上产品迭代。

6.7.3 存储: 半导体产业独立自主构建生态壁垒

1. 存储: 半导体产业核心支柱,AI 算力的"内存墙"

计算机存储器是一种利用半导体、磁性介质等技术制成的存储资料的电子设备。其电子电路中的资料以二进制方式存储,不同存储器产品中基本单元的名称也不一样。

存储芯片可分为掉电易失和掉电非易失两种,其中易失存储芯片主要包含静态随机存取存储器(SRAM)和动态随机存取存储器(DRAM);非易失性存储器主要包括可编程只读存储器(PROM)、闪存存储器(Flash)和可擦除可编程只读、寄存器(EPROM/EEPROM)等。NAND Flash 和 DRAM 存储器领域合计占半导体存储器市场比例达到 95% 以上。

"内存墙"(memory wall)是制约 AI 算力提升的重要因素。

(1) Transformer 模型中的参数数量呈现出 2 年 240 倍的超指数增长,而单个 GPU 内存仅以每 2 年 2 倍的速度扩大。

(2) 训练 AI 模型的内存需求,通常是参数数量的几倍。因为训练需要存储中间激活,通常会比参数(不含嵌入)数量增加 3~4 倍。

自 Google 团队在 2017 年提出 Transformer,模型所需的内存容量开始大幅增长,存算一体的原理与优势如下。

存算一体就是存储器中叠加计算能力,以新的高效运算架构进行二维和三维矩阵计算。存算一体的优势包括:

(1) 具有更大算力(1000TOPS 以上)。

(2) 具有更高效(超过 10-100TOPS/W),超越传统 ASIC 算力芯片。

(3) 降本增效(可超过一个数量级)。

存算一体技术的技术底层特征包括:

(1) 减少数据搬运(降低能耗至 1/10~1/100)。

(2) 存储单元具备计算能力(等效于在面积不变的情况下规模化增加计算核心数,或者等效于提升工艺代)。

(3) 单个存算单元替代"计算逻辑+寄存器"更小更快。

NVIDIA DGX GH200 是一台通过 GPU 的 NVLInk 连接实现 144TB 的超级计算机。NVIDIA DGX GH200 通过 NVLink 为 GPU 共享内存编程模型提供了近 500 倍的内存,形成了一个巨大的数据中心大小的 GPU。NVIDIA DGX GH200 有 256 个 NVIDIA Grace Hopper 超级芯片,每个超级芯片都有 480GB 的 LPDDR5 CPU 内存,其每 GB 功率是

DDR5 和 96GB 快速 HBM3 的八分之一。NVIDIA Grace CPU 和 Hopper GPU 通过 NVLink 互连,每个 GPU 都可以以 900Gb/s 的速度访问其他 GPU 的内存和 NVIDIA Grace CPU 的扩展 GPU 内存。

2. NAND:大容量存储的最佳方案,3D NAND 技术持续突破

NAND 基本原理:非易失性存储,通过外部施加电压控制存储单元中的电荷量,实现电荷在内存单元中的存储。

NAND 优势:非易失、读写速度快、抗震、低功耗、体积小、价格较低等;NAND 挑战:耐久性,高密度,高容量。

NAND Flash(图 6.36)出货形态以 eMMC/UFS(主要应用在移动设备、智能手机、平板电脑等)、SSD(主要应用在服务器和 PC)产品为主。主要应用在数码相机、MP3 随身听记忆卡、体积小巧的 U 盘等。

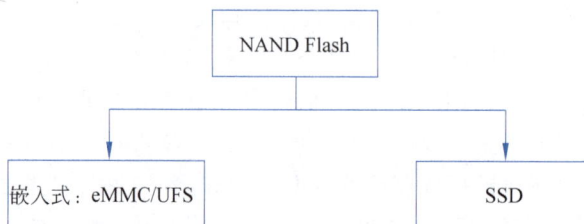

图 6.36　NAND Flash

NAND Flash 是大容量存储器当前应用最广和最有效的解决方案。据 Gartner 统计,NAND Flash 2020 年市场规模为 534.1 亿美元。随着人工智能、物联网、大数据、5G 等新兴应用场景不断落地,电子设备需要存储的数据也越来越庞大,NAND Flash 需求量巨大,市场前景广阔。

目前全球具备 NAND Flash 晶圆生产能力的主要有三星、铠侠、西部数据、美光、SK 海力士、Intel 等企业,国产厂商长江存储处于起步状态,正在市场份额与技术上奋起直追。根据 Omdia 的数据统计,2020 年六大 NAND Flash 晶圆厂占据了 98% 的市场份额。

NAND 最核心的是数据的稳定性。根据厂家测试,在做到 15、16mm 工艺之后,NAND 闪存的可靠性就会断崖性下跌。不能一味地通过先进制程,缩小晶体管体积、提高密度的方式来提升性能。全球存储巨头都在投入 3D NAND。长江存储发布独家 3D 堆叠技术 Xtacking。

3. DRAM:存储器最大细分市场,3D 成为重要方向

动态随机存取存储器(Dynamic Random Access Memory,DRAM)是一种半导体存储器,主要的作用原理是利用电容内存储电荷的多寡来代表一个二进制比特(bit)是 1 还是 0。DRAM 根据应用设备可分为计算机(DDR)、移动(LPDDR)、图形存储器 DRAM(GDDR),DDR 和 LPDDR 合计占 DRAM 应用比例约 90%。

DRAM 优势:体积容量大、成本低、高密度、结构简单。

DRAM 挑战:访问速度慢、耗电量大。DRAM 是存储器市场规模最大的芯片,根据 Trend Force 数据统计,2022 年 DRAM 市场规模预计达到 1055 亿美元。

市场格局:目前 DRAM 晶圆的市场供应主要集中在三星、SK 海力士和美光,三大厂商 2021 年市场占有率合计已达到 94.1%,其中三星市场占有率 43.6%,SK 海力士与美光分别占比 27.7% 与 22.8%。国内 DRAM 晶元厂商主要为合肥长鑫,目前尚处于起步阶段。

下游行业:根据 Gartner 统计及预测,DRAM 下游需求市场格局较为稳定,以移动端电子产品、服务器、个人计算机为主,个人计算机占比近年来呈现缓慢下降的趋势。DRAM 停滞在 10nm。DRAM 容量取决于 DRAM 的物理尺寸和其中的存储单元数量。存储单元密度受单元尺寸、用于构建芯片的层的厚度以及运行芯片所需的功率量的限制。由于多项技术挑战,DRAM 小型化的速度已经放缓。自 2016 年以来,由于电容器尺寸和低于 10nm 水平的其他电气限制,DRAM 尺寸停滞在 10nm。现有的 DRAM 技术将可能在 2026 年逼近终点。现有 6F2 结构 DRAM 单元设计下,10nm 的 D/R 可能在 2027 年或 2028 年成为 DRAM 的最后一代。

3D DRAM 视为存储器半导体市场的游戏规则改变者,它或将在未来 3~4 年内克服超精细工艺的局限性,发展 3D DRAM 架构对聊天 GPT 和人工智能(AI)的发展是必要的。

Neo Semiconductor 推出 3D X-DRAM,通过垂直堆叠存储单元以增加存储容量,而不会增加存储芯片的物理占用空间。根据公司估计,这项技术可以通过 230 层实现 128Gb 的密度——是当今 DRAM 密度的八倍。三星电子、SK 海力士和美光将 3D DRAM 视为未来将改变内存市场游戏规则的关键技术,正在根据各种路线图加速研究。

HBM(High Bandwidth Memory)高带宽存储器,是一种面向需要极高吞吐量的数据密集型应用程序的 DEAM。

HBM 特点:更高带宽、更多 I/O 数量、更低功耗、更小尺寸。

HBM 挑战:灵活性不足、容量小、访问延迟高。

超高的带宽让 HBM 成为了高性能 GPU 的核心组件。根据 TrendForce 报告,目前市场上主要的 HBM 制造商为 SK 海力士、三星、美光,市占率分别为 50%、40%、10%。

6.8 本 章 小 结

6.8.1 内容总结

指令系统和智能交互虽然是计算机科学的两个不同领域,但它们共同定义了用户与计算机之间的互动方式以及计算机如何执行任务。

1. 机器指令与操作数类型

机器指令是计算机执行的最低级别的命令,由操作码(OpCode)和操作数(Operand)组成。操作码定义了要执行的操作类型,而操作数则指定了操作所涉及的数据。操作数类型通常包括立即数(直接给出的值)、寄存器(存储在 CPU 内部的临时存储位置)和内存地址(指向主存储器中数据的位置)。

2. 操作类型和寻址方式

操作类型可以是算术运算、逻辑运算、数据传输、控制流等。与此同时,寻址方式决定了操作数的来源和目的地,如直接寻址、间接寻址、寄存器寻址、立即寻址等。寻址方式的设计影响指令的复杂性和执行效率。

3. 指令格式

指令格式定义了指令中不同部分的排列方式。一个典型的指令格式包括操作码字段、源操作数字段、目的操作数字段等。例如,RISC 架构中的指令格式通常很简洁,每条指令的长度相同,便于快速解码。

4. RISC 技术

RISC(Reduced Instruction Set Computer)技术是一种以减少每条指令的复杂性为目标,从而提高指令执行速度的技术。RISC 处理器使用固定长度的指令和较少的寻址模式,允许更高的指令执行速率。RISC 架构优化了流水线处理,实现了更高效的指令吞吐量。

5. MIPS 技术

MIPS(Microprocessor without Interlocked Pipeline Stages)是一种实现 RISC 哲学的处理器架构。它以其高效的流水线设计和较少的指令集著称,这使得 MIPS 处理器能够在较低的时钟频率下实现高性能。

6. 算力计算系统

算力计算系统强调的是硬件的计算能力,特别是在执行大量计算密集型任务时的性能,如图形处理、数据分析和机器学习。这些系统通常包括高性能的处理器,大容量的快速内存,以及专门的加速器,如 GPU 或 TPU(Tensor Processing Unit)。

6.8.2 常见问题

1. 为什么指令有不同的格式和长度?

指令的格式和长度直接影响指令系统的灵活性和效率:

(1)固定长度指令:易于实现流水线处理,但可能造成存储浪费。

(2)可变长度指令:提高存储效率,但增加解码复杂度。

此外,指令格式通常包括:

(1)操作码(Opcode):指明操作的类型。

(2)操作数(Operands):指明操作数的来源,如寄存器或内存。

(3)寻址模式(Addressing Mode):指明操作数的访问方式。

2. 一个操作数在内存可能占多个单元,怎样在指令中给出操作数的地址?

现代计算机都采用字节编址方式,即一个内存单元只能存放一字节的信息。一个操作数(如 char、int、float、double)可能是 8 位、16 位、32 位或 64 位等,因此可能占用 1 个、2 个、4 个或 8 个内存单元。也就是说,一个操作数可能有多个内存地址对应。

有两种不同的地址指定方式:大端方式和小端方式。

大端方式:指令中给出的地址是操作数最高有效字节(MSB)所在的地址。

小端方式:指令中给出的地址是操作数最低有效字节(LSB)所在的地址。

6.8.3 思考题

(1)机器指令和指令系统的区别在哪里?它们如何决定计算机的性能?

(2)指令集架构(ISA)的设计如何影响计算机程序的兼容性和性能?

(3)在计算机体系结构中,寻址方式的多样性是如何影响指令设计和执行的?

(4)如何理解 CISC 和 RISC 体系结构中指令字长的不同设计理念?

(5)在 CISC 架构中,指令的复杂性如何影响计算机的微架构设计?

(6)为什么现代处理器需要多种寻址模式,它们是如何优化程序执行的?

（7）在 RISC 架构中，寄存器到寄存器的操作如何提高计算机的执行效率？

（8）指令流水线化是如何在 RISC 架构中实现的，它对性能有何影响？

（9）多核处理器设计中的并行指令执行如何克服单个处理器的性能瓶颈？

（10）为什么现代处理器会有专门的向量和浮点运算单元？

（11）指令预取和分支预测技术是如何提高处理器性能的？

（12）超标量处理器是如何通过同时执行多条指令来提高性能的？

（13）在多线程和多任务环境下，处理器是如何管理和执行指令的？

（14）指令解码的复杂性如何影响处理器设计和指令集的选择？

（15）虚拟化技术是如何在硬件层面上实现多个操作系统并发运行的？

第 7 章

交互计算的核心——处理器

中央处理器(CPU)是计算机系统的核心,负责执行各种计算任务和指令,同时协调和控制整个系统的运行。其主要职能包括数据处理、逻辑运算、控制流程管理和内存访问等。在人工智能时代,随着计算需求的爆炸式增长和多任务处理的复杂化,CPU 的性能直接决定了系统的效率和响应速度。深入理解 CPU 的原理、架构及性能优化,不仅是提升计算资源效率的关键,更是适应技术快速演进、满足智能化计算需求的基础。

7.1 CPU 的基础组成和工作原理

7.1.1 CPU 的结构

在早期计算机系统中,CPU 的设计相对简单,核心组件主要包括运算器和控制器。随着超大规模集成电路(Ultra Large-Scale Integration,ULSI)技术的进步,许多原本位于 CPU 外部的功能组件,如浮点运算器、高速缓存(Cache)、总线仲裁器等,逐渐被集成到 CPU 芯片内部。这一集成化趋势提高了 CPU 的功能性,并使得其内部结构日益复杂化。当前的 CPU 架构,基本上可以划分为以下三大核心部分。

(1) 运算器:负责执行所有的算术和逻辑运算。在现代 CPU 中,运算器包括一系列的算术逻辑单元(ALU)以及浮点单元(FPU),它们能够处理整数和浮点数运算。

(2) 高速缓存(Cache):为了缓解 CPU 与主存之间速度的不匹配问题,CPU 内部集成了多级 Cache。Cache 是一种高速存储器,可以存储最近或频繁使用的数据和指令,从而减少 CPU 访问主存储器时的等待时间。

(3) 控制器:负责解释指令并控制其他 CPU 组件以执行这些指令。它从存储器中提取指令,解码指令,然后协调和指挥数据在各个组件间的流动以及执行过程。控制器的组成通常包括指令寄存器(IR)、程序计数器(PC)以及一系列的控制逻辑电路。

现代 CPU 的设计不仅仅局限于这些基本组件,还包括了诸多辅助的功能模块,如内存管理器(Memory Management Unit,MMU)、向量处理器(Vector Processing Unit,VPU)等,以及为提升多任务处理能力而设计的超线程技术和多核处理技术等。这些先进的设计使得 CPU 能够更加高效、稳定地执行复杂的计算任务和应用程序。

本章围绕中央处理器(CPU)执行指令的过程组织教学内容,帮助读者建立起对计算机整机工作原理的全面认识,并强调其中的主要关键部分。为此,提供了如图 7.1 所示的 CPU 模型,以便于理解。

1. 控制器

控制器由程序计数器、指令寄存器、指令译码器、时序产生器和操作控制器组成,它是发

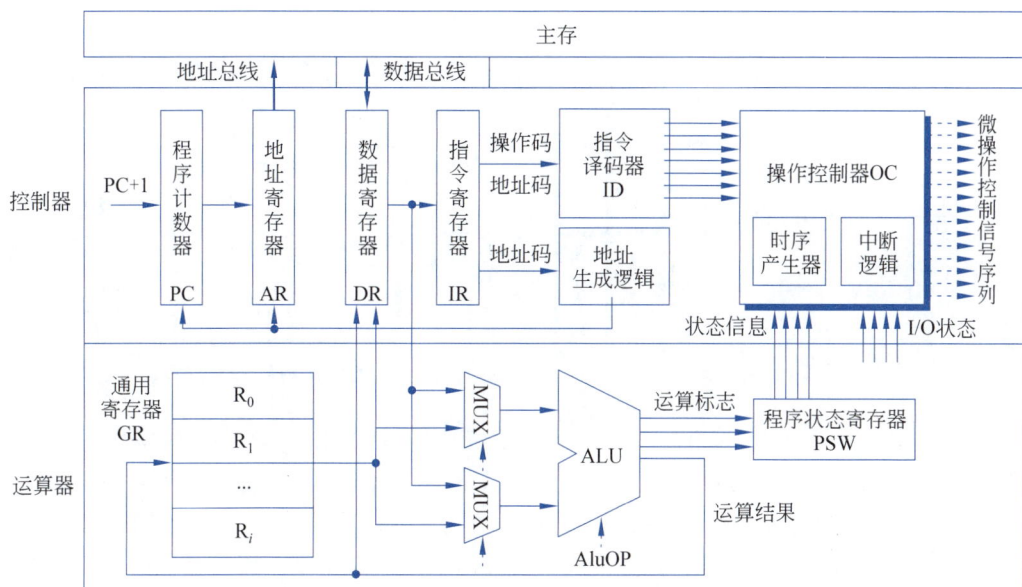

图 7.1　CPU 模型

布命令的"决策机构",即完成协调和指挥整个计算机系统的操作。控制器的主要功能如下。

(1) 从指令 Cache 中取出一条指令,并指出下一条指令在指令 Cache 中的位置。

(2) 对指令进行译码或测试,并产生相应的操作控制信号,以便启动规定的动作。比如一次数据 Cache 的读/写操作,一个算术逻辑运算操作,或一个 I/O 操作。

(3) 指挥并控制 CPU、数据 Cache 和 I/O 设备之间数据流动的方向。

2. 运算器

运算器由算术逻辑单元(ALU)、通用寄存器、数据缓冲寄存器(Data Register,DR)、程序状态字(Program Status Word,PSW)寄存器组成,它是数据加工处理部件。相对控制器而言,运算器接收控制器的命令而进行动作,即运算器所进行的全部操作都是由控制器发出的控制信号来指挥的,所以它是执行部件。运算器有如下两个主要功能。

(1) 执行所有的算术运算。

(2) 执行所有的逻辑运算,并进行逻辑测试,如零值测试或两个值的比较。

通常,一个算术操作产生一个运算结果,而一个逻辑操作则产生一个判决。

根据 CPU 的功能不难设想,要取指令,必须有一个寄存器专用于存放当前指令的地址;要分析指令,必须有存放当前指令的寄存器和对指令操作码进行译码的部件;要执行指令,必须有一个能发出各种操作命令序列的控制部件 CU;要完成算术运算和逻辑运算,必须有存放操作数的寄存器和实现算术运算的部件 ALU;为了处理异常情况和特殊请求,还必须有中断系统。可见 CPU 可由四大部分组成,如图 7.2 所示。将图 7.2 细化,又可得图 7.3。图中 ALU 部件实际上只对 CPU 内部寄存器的数据进行操作。

7.1.2　CPU 中的主要寄存器

在各种计算机的 CPU 中,尽管存在不同之处,但至少应包含六种基本类型的寄存器。这些寄存器包括:数据缓冲寄存器(DR)、指令寄存器(IR)、程序计数器(PC)、数据地址寄存

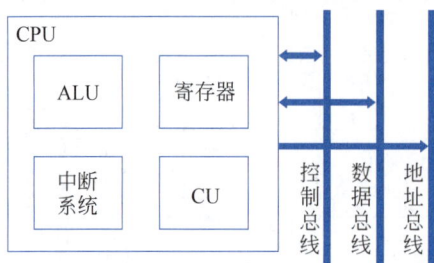

图 7.2　CPU 与系统总线

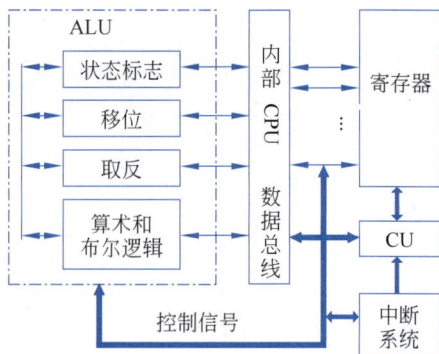

图 7.3　CPU 的内部结构

器(AR)、通用寄存器(R0～R3)以及程序状态字寄存器(PSWR)。这些建构模块用于暂存计算机字,而根据系统需求,可以扩展其数量。以下将详细介绍这些寄存器的功能与结构:

(1) 数据缓冲寄存器(DR):数据缓冲寄存器负责暂存算术逻辑单元(ALU)的运算结果,或从数据存储器中读出的数据字,抑或来自外部接口的数据字。该寄存器的功能主要包括:①在 ALU 的运算结果与通用寄存器之间提供时间上的缓冲;②弥补 CPU 与内存、外部设备在操作速度上的差异。

(2) 指令寄存器(IR):指令寄存器用于存储当前正在执行的指令。在执行过程中,首先将指令从指令存储器中读出,然后传输至指令寄存器。指令被分为操作码与地址码字段,均由二进制数字构成。为了执行任何特定的指令,必须对操作码进行测试,以识别所需的操作。指令译码器负责这项工作,它接收指令寄存器中操作码字段的输出作为输入,解码后向操作控制器发送特定操作的信号。

(3) 程序计数器(PC):程序计数器是确定下一条指令地址的关键部件,以此保障程序的连续执行,故亦称为指令计数器。在程序执行之前,必须先将起始地址,也就是程序第一条指令的存储位置,载入至 PC;因此,PC 的内容即为第一条指令的地址。执行指令时,CPU 会自动更新 PC 的内容,以保持下一条将要执行的指令的地址。对于顺序执行的指令,通常仅需对 PC 进行简单的递增操作。然而,遇到转移指令如 JMP 时,必须从指令寄存器的地址字段中获取后继指令的地址(即 PC 的新内容),从而改变指令的默认顺序执行流程。因此,程序计数器的设计应具备寄存器功能和计数功能。

(4) 数据地址寄存器(AR):数据地址寄存器的主要职能是存储 CPU 当前访问的数据存储器单元的地址。在对存储器阵列进行地址译码的过程中,地址寄存器负责维护地址信息,直至读/写操作的完成。该寄存器通常采用简单的寄存器结构,与数据缓冲寄存器和指令寄存器类似。信息的加载通常采用电位—脉冲方式进行:电位输入端接收数据信息位,而脉冲输入端接收控制信号。在控制信号的作用下,信息会被瞬间打入寄存器。

(5) 通用寄存器(R0～R3):在当前所述模型中,存在四个通用寄存器(R0～R3)。这些寄存器为算术逻辑单元(ALU)提供操作数的存储,同时作为执行算术或逻辑运算的工作区。例如,在执行加法运算时,两个操作数从各自的寄存器中取出相加,结果则存回一个寄存器(例如 R1),原先 R1 中的内容随之被新的计算结果替换。在现代 CPU 中,通用寄存器的数量可能远超过四个,数量可多达 64 个甚至更多。它们可以存储源操作数或结果操作数。此时,指令格式中需对寄存器编号进行编址。从硬件结构角度看,需要采用通用寄存器堆结构以便于选择输入信息源。通用寄存器同样承担着地址指示器、变址寄存器、堆栈指示器等多种角色。

（6）程序状态字寄存器（PSWR）：程序状态字寄存器亦称为状态条件寄存器，负责存储算术运算和逻辑运算指令产生的条件代码。例如，运算结果进位标志 C、溢出标志 V、结果为零标志 Z、结果为负标志 N 等。这些标志位通常由各自的 1 位触发器进行保存。除了条件代码，状态条件寄存器还存储中断和系统工作状态等信息，以便 CPU 和系统能及时获取机器运行状态和程序执行情况。因此，状态条件寄存器是由多种状态条件标志组成的寄存器，对于程序的控制流和异常处理具有重要意义。

在 CPU 的设计与实现中，寄存器的精确配置对于满足性能和功能的要求至关重要。上述每种寄存器均在数据处理和程序指令的执行过程中发挥着不可或缺的作用，它们共同构成了 CPU 核心运算与控制机制的基础。

7.1.3　操作控制器与时序产生器

尽管 CPU 中包含多种主要寄存器，且各自负责特定功能，但仍需一个机制来控制这些寄存器间的信息流动。数据的传输路径，通常称为数据通路，涉及信息的起点、经过的寄存器或三态门，以及终点寄存器的选择和控制。构建这些寄存器间数据通路的职责，由操作控制器来承担。其核心功能是依据指令操作码及时序信号生成适当的操作控制信号，从而确保数据通路的正确选择并将数据有效地传输至指定寄存器，完成指令的取出和执行过程。

操作控制器根据不同的设计方法分为两类：时序逻辑型和存储逻辑型。时序逻辑型控制器，亦称为硬布线控制器，其控制逻辑通过硬件的时序逻辑技术实现。而存储逻辑型控制器，通常指微程序控制器，其控制逻辑通过存储器中的微指令实现。

为了确保操作控制器产生的控制信号具有精确的时序，时序产生器的存在至关重要。计算机工作的高速性要求每个操作的执行时刻必须严格控制，既不可提前也不可延后。时序产生器负责对操作信号实行严格的时间控制，确保整个系统的同步运行。

CPU 的功能不仅仅局限于上述组件，还包括中断系统、总线接口等其他关键部件。

7.2　指 令 周 期

7.2.1　指令周期的基本概念

在 CPU 的操作中，用于取出并执行一条指令所需的全部时间被称为指令周期。具体而言，指令周期是 CPU 完成单条指令处理的总时长。如图 7.4 所示，指令周期通常包括取指阶段和执行阶段。取指阶段，负责提取和分析指令，亦称为取指周期；执行阶段则涉及指令的实际执行，相应地被称为执行周期。在典型的 CPU 运行模式中，处理指令的顺序遵循"取指—执行—取指—执行…"的循环模式。

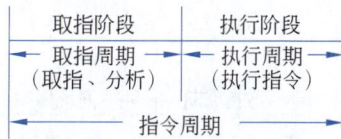

图 7.4　指令周期定义示意图

由于不同指令具有不同的操作功能，它们的指令周期自然也会有所差异。例如，无条件跳转指令"JMP X"在执行阶段无须访问主存储器，且操作相对简单。在取指阶段的后期，可以直接将跳转地址 X 送入程序计数器(PC),以实现代码流的跳转。因此,"JMP X"指令的指令周期等同于其取指周期。相对地,以单地址格式的加法指令"ADD X"为例,在执行阶段,CPU 首先从地址 X 指向的存储单元获取操作数,随后将该操作数与累加器(ACC)中的内容相加,最后将计算结果存回累加器。此类指令的指令周期包括取指和执行两个阶段,且每个阶段均涉及一次存储器访问,因此其指令周期包括两个存取周期。乘法指令的情况则更为复杂,其执行阶段涉及的操作远多于加法指令,因此其执行周期相应地也超过了加法指令的时长,如图 7.5 所示。

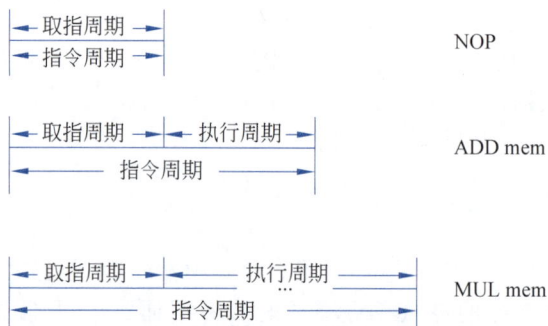

图 7.5　各种指令周期的比较

此外,当遇到间接寻址的指令时,由于指令字中只给出操作数有效地址的地址,因此,为了取出操作数,需先访问一次存储器,取出有效地址,然后再访问存储器,取出操作数。这样,间接寻址的指令周期就包括取指周期、间址周期和执行周期 3 个阶段;其中间址周期用于取操作数的有效地址,因此间址周期介于取指周期和执行周期之间,如图 7.6 所示。

当 CPU 采用中断方式实现主机与 I/O 设备交换信息时,CPU 在每条指令执行阶段结束前,都要指令周期发中断查询信号,以检测是否有某个 I/O 设备提出中断请求。如果有请求,CPU 则要进入中断响应阶段,又称中断周期。在此阶段,CPU 必须将程序断点保存到存储器中。这样,一个完整的指令周期应包括取指、间址、执行和中断 4 个子周期,如图 7.7 所示。由于间址周期和中断周期不一定包含在每个指令周期内,故图中用菱形框判断。

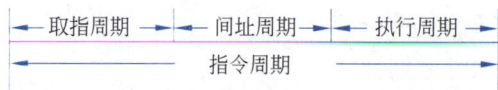

图 7.6　具有间接寻址的指令周期　　　　图 7.7　指令周期流程

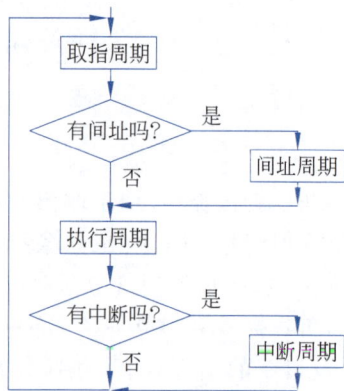

总之,上述 4 个周期都有 CPU 访存操作,只是访存的目的不同。取指周期是为了取指令,间址周期是为了取有效地址,执行周期是为了取操作数(当指令为访存指令时),中断周期是为了保存程序断点。这 4 个周期又可称为 CPU 的工作周期,为了区别它们,在 CPU 内

可设置 4 个标志触发器,如图 7.8 所示。

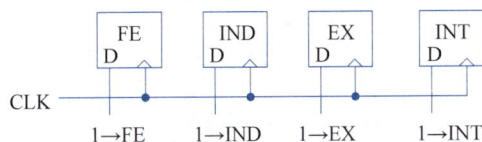

图 7.8　CPU 工作周期的标志

如图 7.8 所示的 FE、IND、EX 和 INT 分别对应取指、间址、执行和中断 4 个周期,并以"1"状态表示有效,它们分别由 1→FE、1→IND、1→EX 和 1→INT 这 4 个信号控制。

设置 CPU 工作周期标志触发器对设计控制单元十分有利。例如,在取指阶段,只要设置取指周期标志触发器 FE 为 1,由它控制取指阶段的各个操作,便获得对任何一条指令的取指命令序列。又如,在间接寻址时,间址次数可由间址周期标志触发器 IND 确定,当它为"0"状态时,表示间接寻址结束。再如,对于一些执行周期不访存的指令(如转移指令,寄存器类型指令),同样可以用它们的操作码与取指周期标志触发器的状态相"与",作为相应微操作的控制条件。

7.2.2　指令周期的数据流

为了便于分析指令周期中的数据流,假设 CPU 中有存储器地址寄存器 MAR、存储器数据寄存器 MDR、程序计数器 PC 和指令寄存器 IR。

1. 取指周期的数据流

如图 7.9 所示取指周期的数据流,PC 中存放现行指令的地址,该地址送到 MAR 并送至地址总线,然后由控制部件 CU 向存储器发读命令,使对应 MAR 所指单元的内容(指令)经数据总线送至 MDR,再送至 IR,并且 CU 控制 PC 内容加 1,形成下一条指令的地址。

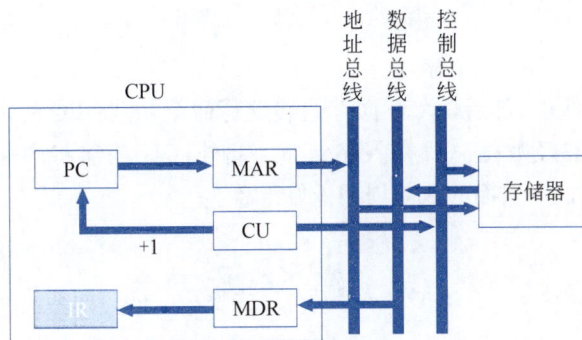

图 7.9　取指周期数据流

2. 间址周期的数据流

间址周期的数据流如图 7.10 所示。一旦取值周期结束,CU 便检查 IR 中的内容,以确定是否有间址操作,如果需要间址操作,则 MDR 中指示形式地址的右 N 位(记作 Ad(MDR))将被送到 MAR,又送至地址总线,此后 CU 向存储器发读命令,以获取有效地址并存至 MDR。

3. 执行周期的数据流

由于不同的指令在执行周期的操作不同,因此执行周期的数据流是多种多样的,可能涉及 CPU 内部寄存器间的数据传送、对存储器(或 I/O)进行读写操作或对 ALU 的操作,因

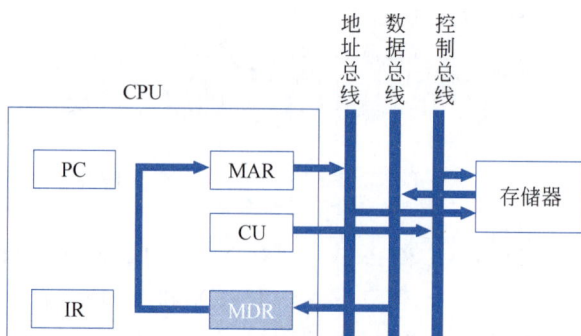

图 7.10   间址周期数据流

此,无法用统一的数据流图表示。

　　CPU 进入中断周期要完成一系列操作(详见 7.1 节),其中 PC 当前的内容必须保存起来,以待执行完中断服务程序后可以准确返回到该程序的间断处,这一操作的数据流如图 7.11 所示。

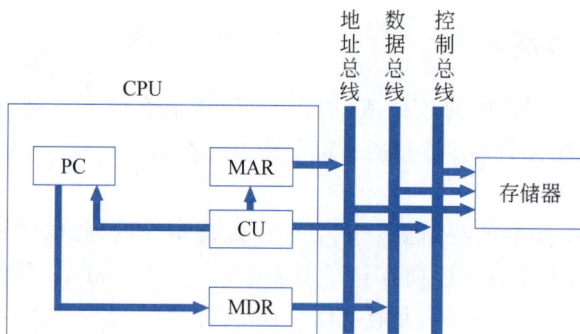

图 7.11   中断周期数据流

　　图 7.11 中由 CU 把用于保存程序断点的存储器特殊地址(如栈指针的内容)送往 MAR,并送到地址总线上,然后由 CU 向存储器发写命令,并将 PC 的内容(程序断点)送到 MDR,最终使程序断点经数据总线存入存储器。此外,CU 还需将中断服务程序的入口地址送至 PC,为下一个指令周期的取指周期做好准备。

7.3   指 令 流 水

　　为了提升存储器访问速度,我们可以从两个层面着手:一是提升存储芯片本身的性能,二是在体系结构层面采取措施,如多体存储、Cache 等分级存储系统,以提高存储器的性能与成本比。同时,为了加快主机与 I/O 设备之间的信息交换速度,可采用直接内存访问(DMA)方式或者多总线结构设计,后者允许不同速度的 I/O 设备连接至不同带宽的总线上,从而缓解总线带宽的瓶颈问题。提升运算速度不仅可以通过使用高速芯片、快速进位链和改进算法等措施实现,还可以通过提升器件性能和改进系统结构,发掘系统的并行性来进一步加快处理速度。

1. 提升器件的性能
　　提升器件性能是加快计算机整体性能的一条重要途径。计算机的发展历史可划分为几个不同的阶段,具体包括电子管、晶体管、集成电路和大规模集成电路等几代。每一代技术的革新都极大地推动了计算机软硬件技术的发展,并且实现了计算机性能质的飞跃。尤其是大规模集成电路的发展,其高集成度、小体积、低功耗、高可靠性以及低成本的特点,使得可以构建更为复杂的系统结构,从而创造出性能更强大、工作更可靠、成本更低廉的计算机系统。然而,随着半导体器件的集成度日益接近物理极限,提升器件速度的难度也在不断增加,速度提升的幅度逐渐放缓。

2. 改进系统的结构,开发系统的并行性

并行性包含了同步性和并发性两个概念。同步性指的是两个或多个事件在同一时刻同时发生,而并发性指的是两个或多个事件在同一时间段内发生。并行性的实质是在同一时刻或同一时间段内,完成两个或更多的性质相同或不同的任务,这些任务在时间上存在重叠即可视为并行。

并行性可以在不同的抽象层次上实现,通常分为四个级别:作业级或程序级、任务级或进程级、指令之间级别以及指令内部级别。其中,作业级和任务级并行性属于粗粒度并行性(Coarse-grained Parallelism),通常通过软件算法来实现。指令之间并行性和指令内部并行性则属于细粒度并行性(Fine-grained Parallelism),常通过硬件机制来实现。

在计算机体系结构层面,粗粒度并行性涉及在多个处理器上并行运行多个进程,以多处理器协作的方式共同完成一个较大的任务。细粒度并行性则关注于单个处理器内部,在操作和指令级别上实现并行处理,其中指令流水线(Instruction Pipelining)是实现指令级并行性的一种关键技术。本节内容仅讨论指令流水线相关的核心问题。

7.3.1　指令流水原理

指令流水线的原理借鉴了现代工业生产中装配线的概念。工厂的装配线通过将产品制造过程分解为多个阶段,利用装配线上每个阶段的专业化分工,实现不同产品在不同阶段的同时装配,从而提高生产效率。同样地,将装配线的原理应用于计算机指令的执行过程,便形成了指令流水线技术。

在不使用流水线技术的计算机中,完成一条指令的过程可以简化为取指令(IF)和执行指令(EX)两个基本阶段。这些指令在处理器中是按顺序串行执行的,即一条指令完成取指令和执行指令的全部操作后,下一条指令才开始执行,如图 7.12 所示指令的串行执行过程。在串行执行的模式中,指令部件负责取指令,而执行部件负责执行指令。然而,此方式存在效率问题,即在指令部件工作时,执行部件处于空闲状态,反之亦然。

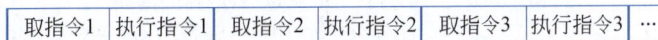

| 取指令1 | 执行指令1 | 取指令2 | 执行指令2 | 取指令3 | 执行指令3 | … |

图 7.12　指令的串行执行

为了提高各部件的利用率,如果在执行阶段不需要访问主存,我们可以在这段时间内取出下一条指令。这使得取指令和执行指令能够并行执行,如图 7.13 所示,实现了指令操作的重叠,形成了二级流水线。在这种模式中,指令部件不断取出指令并进行缓存,待执行部件空闲时再将指令传递给执行部件以供执行。同时,指令部件继续取出下一条指令。这种流水线中的指令预取机制可以有效加快指令执行速度。理论上,如果取指和执行阶段可以完全重叠,指令周期的时间将减少一半。然而,深入分析指令流水线的工作原理,我们可以发现两个主要因素阻碍了执行效率加倍的可能性。

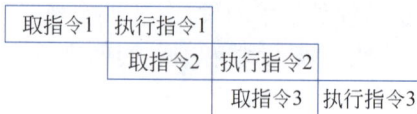

图 7.13　指令的二级流水

（1）指令的执行时间一般大于取指时间,因此,取指阶段可能要等待一段时间,也即存放在指令部件缓冲区的指令还不能立即传给执行部件,缓冲区不能空出。

（2）当遇到条件转移指令时,下一条指令是不可知的,因为必须等到执行阶段结束后,才能获知条件是否成立,从而决定下条指令的地址,造成时间损失。

通常为了减少时间损失,采用猜测法,即当条件转移指令从取指阶段进入执行阶段时,指令部件仍按顺序预取下一条指令。这样,如果条件不成立,转移没有发生,则没有时间损失;若条件成立,转移发生,则所取的指令必须丢掉,并再取新的指令。

尽管这些因素降低了两级流水线的潜在效率,但还是可以获得一定程度的加速。为了进一步提高处理速度,可将指令的处理过程分解为更细的几个阶段。

- 取指(FI):从存储器取出一条指令并暂时存入指令部件的缓冲区。
- 指令译码(DI):确定操作性质和操作数地址的形成方式。
- 计算操作数地址(CO):计算操作数的有效地址,涉及寄存器间接寻址、间接寻址、变址、基址、相对寻址等各种地址计算方式。
- 取操作数(FO):从存储器中取操作数(若操作数在寄存器中,则无须此阶段)。
- 执行指令(EI):执行指令所需的操作,并将结果存于目的位置(寄存器中)。
- 写操作数(WO):将结果存入存储器。

为了说明方便起见,假设上述各段的时间都是相等的(即每段都为一个时间单元),于是可得图 7.14 所示的指令六级流水时序。在这个流水线中,处理器有 6 个操作部件,同时对 6 条指令进行加工,加快了程序的执行速度。

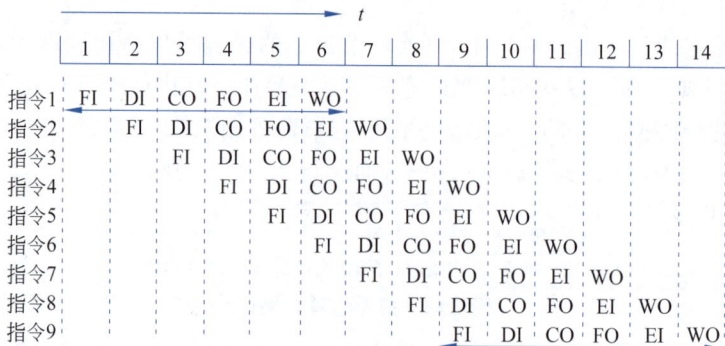

图 7.14　指令的六级流水时序

图中 9 条指令若不采用流水线技术,最终出结果需要 54 个时间单元,采用六级流水只需要 14 个时间单元就可出最后结果,大大提高了处理器速度。当然,图中假设每条指令都经过流水线的 6 个阶段,但事实并不总是这样。例如,取数指令并不需要 WO 阶段。此外,这里还假设不存在存储器访问冲突,所有阶段均并行执行。如 FI、FO 和 WO 阶段都涉及存储器访问,如果出现冲突就无法并行执行,图 7.14 示意了所有这些访问都可以同时进行,但多数存储系统做不到这点,从而影响了流水线的性能。

还有一些其他因素也会影响流水线性能,例如,6 个阶段时间不等或遇到转移指令,都会出现讨论二级流水时出现的问题。

7.3.2　影响流水线性能的因素

为了保证流水线的高效性能,需要确保流水线的连续流动性,也就是说,需要避免流水线的中断。然而,在实际的流水线操作中,由于多种类型的依赖关系,流水线的连续性很难保持,这些依赖关系通常表现为结构相关(Structural Hazards)、数据相关(Data Hazards)以及控制相关(Control Hazards)。

结构相关发生在指令进入流水线之后,由硬件资源不能满足多条指令同时执行的需求时产生。例如,当两条指令需要同一时间使用同一个硬件部件,如算术逻辑单元(ALU)或存储器,而这个部件在同一时刻只能被一条指令使用时,就会发生结构相关。

数据相关发生在流水线中指令重叠执行的情况下,后续指令需要等待前面指令的执行结果时出现。这种情况下,后续指令需要使用前一指令计算出的数据,但数据尚未准备好,导致后续指令无法继续执行。

控制相关是当流水线遇到分支指令或其他改变程序计数器(PC)的指令时产生的。这些指令可能会改变指令执行的顺序,因此流水线必须等待这些指令完成后才能确定后续指令的取指地址。

为了便于讨论,我们假设流水线由五个阶段组成,这些阶段分别是:取指令(IF)、指令译码/读寄存器(ID)、执行/访存有效地址计算(EX)、存储器访问(MEM)、结果写回寄存器(WB)。每个阶段都对应于指令执行过程中的一个具体操作。流水线设计的目标是最大化这些阶段的并行操作,但上述的相关性问题都会对这一目标造成挑战。

不同类型指令在各流水段的操作是不同的,如表 7.1 所示列出了 ALU 类指令、访存类(取数、存数)指令和转移类指令在各流水段中所进行的操作。

表 7.1　不同类型指令在各流水段中所进行的操作

流水段	指　　令		
	ALU	取/存	转　移
IF	取指	取指	取指
ID	译码读寄存器堆	译码读寄存器堆	译码读寄存器堆
EX	执行	计算访存有效地址	计算转移目标地址设置条件码
MEM	—	访存(读/写)	将转移目标地址送 PC
WB	结果写回寄存器堆	读出的数据写入寄存器堆	—

下面分析上述三种相关对流水线工作的影响。

1. 结构相关

结构相关是当指令在重叠执行过程中,不同指令争用同一功能部件产生资源冲突时产生的,故又有资源相关之称。

通常,大多数机器都是将指令和数据保存在同一存储器中,且只有一个访问口,如果在某个时钟周期内,流水线既要完成某条指令对操作数的存储器访问操作,又要完成另一条指令的取指操作,就会发生访存冲突。如表 7.2 所示,在第 4 个时钟周期,第 i 条指令(LOAD)

的 MEM 段和第 $i+3$ 条指令的 IF 段发生了访存冲突。

表 7.2   两条指令同时访存造成结构相关冲突

指　　令	时 钟 周 期							
	1	2	3	4	5	6	7	8
LOAD 指令	IF	ID	EX	MEM	WB			
指令 $i+1$		IF	ID	EX	MEM	WB		
指令 $i+2$			IF	ID	EX	MEM	WB	
指令 $i+3$				IF	ID	EX	MEM	WB
指令 $i+4$					IF	ID	EX	MEM

　　解决冲突的方法可以让流水线在完成前一条指令对数据的存储器访问时，暂停（一个时钟周期）取后一条指令的操作，如表 7.3 所示。当然，如果第 i 条指令不是 LOAD 指令，在 MEM 段不访存，也就不会发生访存冲突。

表 7.3   解决访存冲突的一种方案

指　　令	时 钟 周 期								
	1	2	3	4	5	6	7	8	9
LOAD 指令	IF	ID	EX	MEM	WB				
指令 $i+1$		IF	ID	EX	MEM	WB			
指令 $i+2$			IF	ID	EX	MEM	WB		
指令 $i+3$				停顿	IF	ID	EX	MEM	WB
指令 $i+4$						IF	ID	EX	MEM

　　解决访存冲突的另一种方法是设置两个独立的存储器分别存放操作数和指令，以免取指令和取操作数同时进行时互相冲突，使取某条指令和取另一条指令的操作数实现时间上的重叠。还可以采用指令预取技术。例如，在 CPU（8086）中设置指令队列，将指令预先取到指令队列中排队。指令预取技术的实现基于访存周期很短的情况。例如，在执行指令阶段，取数时间很短，因此在执行指令时，主存会有空闲，此时，只要指令队列空出，就可取下一条指令，并放至空出的指令队列中，从而保证在执行第 K 条指令的同时对第 $K+1$ 条指令进行译码，实现"执行 K"与"分析 $K+1$"的重叠。

2. 数据相关

　　数据相关是流水线中的各条指令因重叠操作，可能改变对操作数的读写访问顺序，从而导致了数据相关冲突。例如，流水线要执行以下两条指令：

```
ADD    R₁,R₂,R₃；(R₂)+(R₃)=R₁
SUB    R₄,R₁,R₅；(R₁)-(R₅)=R₄
```

　　这里第二条 SUB 指令中 R_1 的内容必须是第一条 ADD 指令的执行结果。可见正常的读写顺序是先由 ADD 指令写入 R_1，再由 SUB 指令来读 R_1。在非流水线时，这种先写后读的顺序是自然维持的。但在流水线时，由于重叠操作，使读写的先后顺序关系发生了变化，如表 7.4 所示。

表 7.4　ADD 和 SUB 指令发生先写后读（RAW）的数据相关冲突

指　　令	时 钟 周 期					
	1	2	3	4	5	6
ADD	IF	ID	EX	MEM	WB（写 R_1）	
SUB		IF	ID(读 R_1)	EX	MEM	WB

由表 7.4 可见，在第 5 个时钟周期，ADD 指令方可将运算结果写入 R_1，但后继 SUB 指令在第 3 个时钟周期就要从 R_1 中读数，使先写后读的顺序改变为先读后写，发生了先写后读（RAW）的数据相关冲突。如果不采取相应的措施，按上表的读写顺序，就会使操作结果出错。解决这种数据相关的方法可以采用后推法，即遇到数据相关时，就停顿后继指令的运行，直至前面指令的结果已经生成。例如，流水线要执行下列指令序列：

```
ADD R₁,R₂,R₃      ;(R₂)+ (R₃)→R₁
SUB R₄,R₁,R₅      ;(R₁)- (R₅)→R₄
AND R₆,R₁,R₇      ;(R₁) AND (R₇)→R₆
OR  R₈,R₁,R₉      ;(R₁) OR (R₉)→R₈
XOR R₁₀,R₁,R₁₁    ;(R₁) XOR (R₁₁)→R₁₀
```

其中，第一条 ADD 指令将向 R_1 寄存器写入操作结果，后继的 4 条指令都要使用 R_1 中的值作为一个源操作数，显然，这时就出现了前述的 RAW 数据相关。如表 7.5 所示列出了未对数据相关进行特殊处理的流水线，表中 ADD 指令在 WB 段才将计算结果写入寄存器 R_1 中，但 SUB 指令在其 ID 段就要从寄存器 R_1 中读取该计算结果。同样，AND 指令、OR 指令也要受到这种相关关系的影响。对于 XOR 指令，由于其 ID 段（第 6 个时钟周期）在 ADD 指令的 WB 段（第 5 个时钟周期）之后，因此可以正常操作。

表 7.5　未对数据相关进行特殊处理的流水线

指　　令	时 钟 周 期								
	1	2	3	4	5	6	7	8	9
ADD	IF	ID	EX	MEM	WB				
SUB		IF	ID	EX	MEM	WB			
AND			IF	ID	EX	MEM	WB		
OR				IF	ID	EX	MEM	WB	
XOR					IF	ID	EX	MEM	WB

如果采用后推法，即将相关指令延迟到所需操作数被写回到寄存器后再执行的方式，就可解决这种数据相关冲突，其流水线如表 7.6 所示。显然这将要使流水线停顿 3 个时钟周期。

表 7.6　对数据相关进行特殊处理的流水线

指令	时 钟 周 期											
	1	2	3	4	5	6	7	8	9	10	11	12
ADD	IF	ID	EX	MEM	WB							
SUB		IF				ID	EX	MEM	WB			
AND			IF				ID	EX	MEM	WB		
OR				IF				ID	EX	MEM	WB	
XOR					IF				ID	EX	MEM	WB

　　另一种解决方法是采用定向技术,又称为旁路技术或相关专用通路技术。其主要思想是不必待某条指令的执行结果送回到寄存器后,再从寄存器中取出该结果,作为下一条指令的源操作数,而是直接将执行结果送到其他指令所需要的地方。上述5条指令序列中,实际上要写入 R_1 的 ADD 指令在 EX 段的末尾处已形成,如果设置专用通路技术,将此时产生的结果直接送往需要它的 SUB、AND 和 OR 指令的 EX 段,就可以使流水线不发生停顿。显然,此时要对3条指令进行定向传送操作。

　　根据指令间对同一寄存器读和写操作的先后次序关系,数据相关冲突可分为写后读相关(Read After Write,RAW)、读后写相关(Write After Read,WAR)和写后写相关(Write After Write,WAW)。例如,有 i 和 j 两条指令,i 指令在前,j 指令在后,则三种不同类型的数据相关含义如下。

　　(1)写后读相关:指令 j 试图在指令 i 写入寄存器前就读出该寄存器内容,这样,指令 j 就会错误地读出该寄存器旧的内容。

　　(2)读后写相关:指令 j 试图在指令 i 读出寄存器之前就写入该寄存器,这样,指令 i 就错误地读出该寄存器新的内容。

　　(3)写后写相关:指令 j 试图在指令 i 写入寄存器之前就写入该寄存器,这样,两次写的先后次序被颠倒,就会错误地使由指令 i 写入的值成为该寄存器的内容。

　　上述三种数据相关在按序流动的流水线中,只可能出现 RAW 相关。在非按序流动的流水线中,由于允许后进入流水线的指令超过先进入流水线的指令而先流出流水线,则既可能发生 RAW 相关,还可能发生 WAR 和 WAW 相关。

3. 控制相关

　　控制相关主要是由转移指令引起的。统计表明,转移指令约占总指令的1/4左右,比起数据相关来,它会使流水线丧失更多的性能。当转移发生时,将使流水线的连续流动受到破坏。当执行转移指令时,根据是否发生转移,它可能将程序计数器(PC)内容改变成转移目标地址,也可能只是使 PC 加上一个增量,指向下一条指令的地址。如图7.15示意了条件转移的效果。

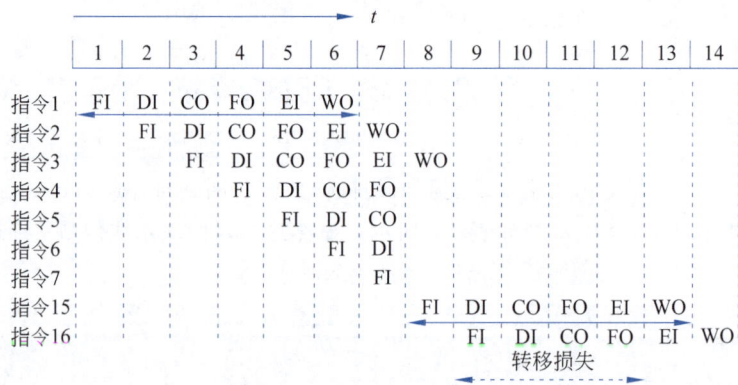

图 7.15　条件转移对指令流水操作的影响

　　这里假设指令3是一条条件转移指令,即指令3必须待指令2的结果出现后(第7个时间单元)才能决定下一条指令是4(条件不满足)还是15(条件满足)。由于结果无法预测,此流水线继续预取指令4,并向前推进。当最后结果满足条件时,发现对第4、5、6、7条指令所做的操作全部报废。在第 8 个时间单元,指令 15 进入流水线。在时间单元 9~12 之间没有指令完成,这就是由于不能预测转移条件而带来的性能损失。

为了解决控制相关,可以采用尽早判别转移是否发生,尽早生成转移目标地址;预取转移成功或不成功两个控制流方向上的目标指令;加快和提前形成条件码;提高转移方向的猜准率等方法。有关的详细内容,读者可查阅相关资料进一步了解。

7.3.3 流水线性能

1. 吞吐率

在指令级流水线中,吞吐率(Throughput Rate)是指单位时间内流水线所完成指令或输出结果的数量。吞吐率又有最大吞吐率和实际吞吐率之分。

最大吞吐率是指流水线在连续流动达到稳定状态后所获得的吞吐率。对于 m 段的指令流水线而言,若各段的时间均为 Δt,则最大吞吐率为

$$T_{p\max}=\frac{1}{\Delta t}$$

流水线仅在连续流动时才可达到最大吞吐率。实际上由于流水线在开始时有一段建立时间(第一条指令输入后到其完成的时间),结束时有一段排空时间(最后一条指令输入后到其完成的时间),以及由于各种相关因素使流水线无法连续流动,因此,实际吞吐率总是小于最大吞吐率。

实际吞吐率是指流水线完成 n 条指令的实际吞吐率。对于 m 段的指令流水线,若各段的时间均为 Δt,连续处理 n 条指令,除第一条指令需 $m \cdot \Delta t$ 外,其余 $(n-1)$ 条指令,每隔 Δt 就有一个结果输出,即总共需 $m \cdot \Delta t+(n-1)\Delta t$ 时间,故实际吞吐率为

$$T_p=\frac{n}{m \cdot \Delta t+(n-1) \cdot \Delta t}$$

仅当 $n \gg m$ 时,才会有 $T_p \approx T_{p\max}$。

2. 加速比

流水线的加速比(Speedup Ratio)是指 m 段流水线的速度与等功能的非流水线的速度之比。如果流水线各段时间均为 Δt,则完成 n 条指令在 m 段流水线上共需 $T=m \cdot \Delta t+(n-1)\Delta t$ 时间。而在等效的非流水线上所需时间为 $T'=nm\Delta t$。故加速比 S_p 为

$$S_p=\frac{nm \cdot \Delta t}{m \cdot \Delta t+(n-1) \cdot \Delta t}=\frac{nm}{m+n-1}$$

可以看出,在 $n > m$ 时,S_p 接近于 m,即当流水线各段时间相等时,其最大加速比等于流水线的段数。

3. 效率

效率(Efficiency)是指流水线中各功能段的利用率。由于流水线有建立时间和排空时间,因此各功能段的设备不可能一直处于工作状态,总有一段空闲时间。如图 7.16 所示,是 4 段($m=4$)流水线的时空图,各段时间相等,均为 Δt。图中 $mn\Delta t$ 是流水线各段处于工作时间的时空区,而流水线中各段总的时空区是 $m(m+n-1)\Delta t$。通常用流水线各段处于工作时间的时空区与流水线中各段总的时空区之比来衡量流水线的效率。用公式表示为

$$S=\frac{mn\Delta t}{m(m+n-1)\Delta t}$$

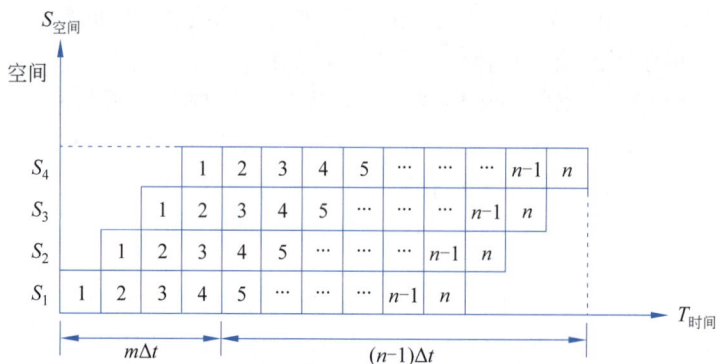

图 7.16   各段时间相等的流水线时空图

7.3.4   流水线中的多发技术

流水线技术是计算机体系结构发展中的一次革命性突破,它通过指令级并行(ILP)提高了处理器的性能。为了进一步提升流水线的效率,除了采用高效的指令调度算法、重新组织指令执行顺序来降低指令间相关性影响,以及优化编译器策略之外,还可以实施流水线中的多发技术(Multiple Issue)。该技术的目标是在每个时钟周期内发射(issue)并执行多条指令,从而提高指令吞吐率。

多发技术主要包括超标量(Super Scalar)技术、超流水线(Super Pipe Lining)技术和超长指令字(Very Long Instruction Word,VLIW)技术。

(1)超标量技术:通过在每个时钟周期内并行发射多条指令,并使用多个执行单元来处理这些指令,超标量处理器能够在一个周期内完成多条指令的执行。

(2)超流水线技术:是通过增加流水线阶段的数量,并提高时钟频率来实现的。这种技术通过细分流水线的每个阶段,使得每个阶段能够在更短的时间内完成,从而达到在一个时钟周期内可以开始执行更多指令的目的。

(3)超长指令字技术:指的是在一条指令中包含多个操作,这些操作可以被流水线并行地发射和执行。编译器会尽可能地将可以并行执行的操作打包在一起形成一条超长指令字。

1. 超标量技术

超标量(Super Scalar)技术如图 7.17 所示。它是指在每个时钟周期内可同时并发多条独立指令,即以并行操作方式将两条或两条以上(图中所示为 3 条)指令编译并执行。

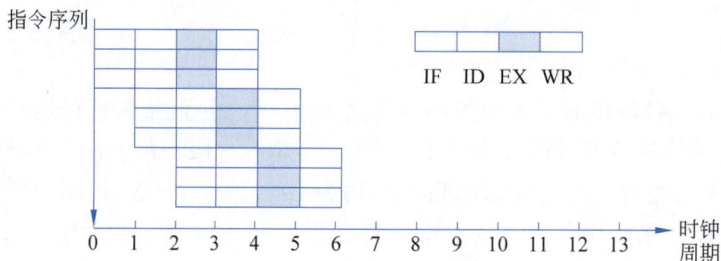

图 7.17   超标量流水

要实现超标量技术,要求处理机中配置多个功能部件和指令译码电路,以及多个寄存器

端口和总线,以便能实现同时执行多个操作,此外还要编译程序决定哪几条相邻指令可并行执行。例如,下面两个程序段:

```
程序段 1              程序段 2
MOV BL,8             INC AX
ADD AX.1756H         ADD AX.BX
ADD CL,4EH           MOV DS,AX
```

程序段 1 中的 3 条指令是互相独立的,不存在数据相关,可实现指令级并行。程序段 2 中的 3 条指令存在数据相关,不能并行执行。超标量计算机不能重新安排指令的执行顺序,但可以通过编译优化技术,在高级语言翻译成机器语言时精心安排,把能并行执行的指令搭配起来,挖掘更多的指令并行。

2. 超流水线技术

超流水线(Super Pipe Lining)技术是将一些流水线寄存器插入流水线段中,好比将流水线再分段,如图 7.18 所示。图中将原来的一个时钟周期又分成 3 段,使超流水线的处理器周期比普通流水线的处理器周期(图 7.17)短,这样,在原来的时钟周期内,功能部件被使用 3 次,使流水线以 3 倍于原来时钟频率的速度运行。与超标量计算机一样,硬件不能调整指令的执行顺序,靠编译程序解决优化问题。

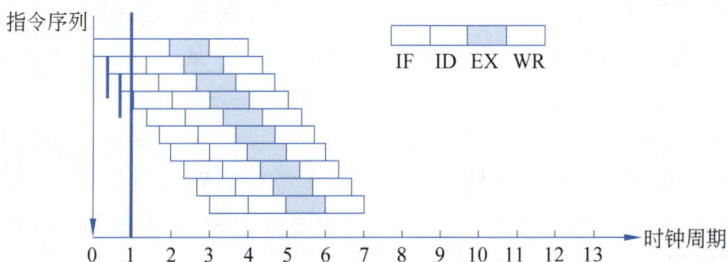

图 7.18　超流水线

3. 超长指令字技术

超长指令字(VLIW)技术和超标量技术都是采用多条指令在多个处理部件中并行处理的体系结构,在一个时钟周期内能流出多条指令。但超标量的指令来自同一标准的指令流,VLIW 则是由编译程序在编译时挖掘出指令间潜在的并行性后,把多条能并行操作的指令组合成一条具有多个操作码字段的超长指令(指令字长可达几百位),由这条超长指令控制 VLIW 机中多个独立工作的功能部件,由每一个操作码字段控制一个功能部件,相当于同时执行多条指令,如图 7.19 所示。VLIW 较超标量具有更高的并行处理能力,但对优化编译器的要求更高,对 Cache 的容量要求更大。

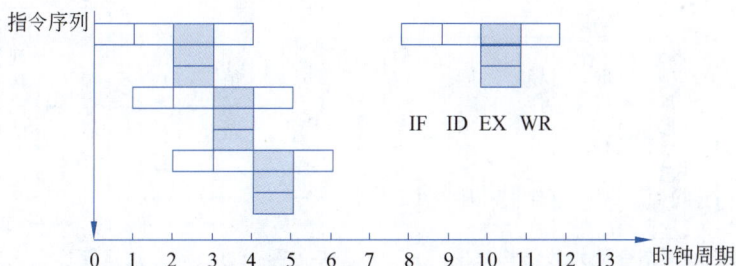

图 7.19　超长指令字

7.3.5　流水线结构

1. 指令流水线结构

指令流水线是指令执行过程的一种技术实现,它通过将指令执行过程分解为若干个子过程,并将这些子过程并行处理,从而提高指令执行效率。典型的指令执行过程可以分为以下几个阶段:取指令(Instruction Fetch,IF)、指令译码(Instruction Decode,ID)、形成地址(Effective Address Calculation,EA)、取操作数(Operand Fetch,OF)、执行指令(Execute,EX)、回写结果(Write Back,WB)以及修改指令指针(Update Instruction Pointer,UIP)。

指令流水线对计算机性能的提升,关键在于将处理过程分解为多少个时间段。假设上述过程分为七个阶段,每个阶段占用一个时钟周期。在非流水线结构中,完成一条指令需要七个时钟周期。而在流水线结构中,除了第一条指令需要七个时钟周期外,后续指令理论上每个时钟周期可以完成一条指令的处理。因此,在理想情况下,即流水线未被中断(例如,没有遇到转移指令引起的流水线暂停),该流水线的性能可以提高至七倍。

2. 运算流水线

除了指令级的流水线技术,流水线技术也可以应用于部件级别。以浮点加法运算为例,它的运算过程可以分为对阶(Alignment)、尾数加法(Mantissa Addition)和结果规格化(Normalization)等三个阶段。每个阶段都由专用的硬件逻辑电路完成,并将其结果保存在锁存器中,以便作为下一阶段的输入。如图7.20所示,一旦某一阶段的运算完成,其结果就会存入锁存器中,随后可以立即开始下一条指令的对应阶段运算。

在上述两种流水线结构中,指令流水线更多关注于指令处理的各个阶段并行,而运算流水线则侧重于单个运算操作的并行性。这两种技术都能有效提高处理器的执行效率,但它们的实际性能增益会受到多种因素的影响,诸如流水线中断、数据依赖、资源冲突等,这些都需要在流水线设计时加以考虑和优化。

在考虑采用流水线结构来执行浮点乘法运算时,将其分成阶码运算、尾数乘法以及结果规格化三个阶段是不够合理的。这是因为,尾数乘法运算的时间需求远远超过阶码运算和结果规格化阶段。更重要的是,尾数乘法可以与阶码运算并行进行,这表明尾数乘法本身可以设计成一个内部流水线结构。

对于流水线结构,为了保证流畅的数据流动和正确的操作执行,必须在流水线的各个阶段之间设置锁存器或寄存器。这些锁存器或寄存器的作用是在一个时钟周期内保持流水线输入信号的稳定性,确保数据在流水线的各个阶段之间正确传递。这一设计原则不仅适用于运算流水线,也同样适用于指令流水线。

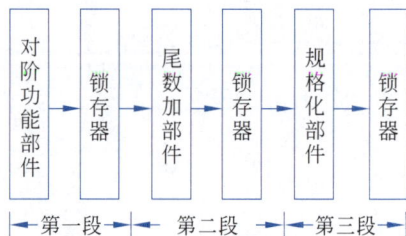

如图7.21所示浮点加运算操作流水线,流水线技术的效能最大化取决于各个阶段的持

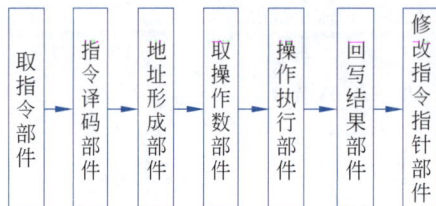

图 7.20　指令流水线结构框图　　　　图 7.21　浮点加运算操作流水线

续工作负载。如果流水线的某一阶段或所有阶段缺乏持续的数据输入,将导致流水线效率降低,甚至完全空闲,从而无法充分发挥流水线的潜力。因此,是否采用流水线技术,以及在计算机的哪一部分采用流水线技术,应根据实际情况和性能需求谨慎决定。

流水线设计应当平衡各阶段的工作负载,并考虑到流水线的并行性和数据传输的稳定性。在流水线的具体实现中,设计者应对可能出现的数据依赖、资源冲突等问题进行预测和优化,以确保流水线能够高效运行。

7.4　中断系统

中断系统是 CPU 的核心组成部分之一,它负责处理各种中断信号,并允许 CPU 响应外部和内部事件。中断是一种机制,它使得 CPU 可以暂时中止正在执行的任务,转而处理更为紧急或高优先级的事件。这种机制是计算机效率提升的关键因素,因为它使得 CPU 不必在单一任务上保持静态,而是可以动态地处理多个任务或响应突发事件。

7.4.1　概述

在计算机系统中,中断不仅仅源于 I/O 操作。实际上,中断可能由多种因素触发,这些因素包括但不限于电源故障,硬件故障,用户交互请求以及实时处理系统中的事件响应需求。例如,在过程控制系统中,异常情况(如过高的温度或过大的电压)必须迅速通报给计算机,以便计算机中断当前操作,执行中断服务程序来处理这些异常情况。此外,在多道程序设计中,通过定时器产生的时钟中断可以实现程序之间的时间片轮转,从而使多个程序能够共享 CPU 资源。在多处理器系统中,中断也被用于处理器间的同步和通信。

中断系统的设计必须确保能够快速且有效地区分和响应各类中断,维持系统运行的稳定性和可靠性。此外,中断处理过程应尽量减少对当前执行任务的干扰,并保证在中断处理完毕后能够无缝地恢复原任务。中断系统的功能和性能直接影响计算机系统的整体性能,因此设计一个高效的中断系统对于提高计算机的可用性和可靠性至关重要。

1. 引起中断的各种因素

在计算机系统中,中断的产生由多种因素引起。这些因素可以分为以下几个主要类别。

1) 人为设置的中断

这种中断一般称为自愿中断,因为它是在程序中人为设置的,故一旦机器执行这种人为中断,便自愿停止现行程序而转入中断处理,如图 7.22 所示。

图中的"转管指令"可能是转至从 I/O 设备调入一批信息到主存的管理程序,也可能是转至将一批数据送往打印机打印的管理程序。显然,当用户程序执行了"转管指令"后,便中断现行程序,转入管理程序,这种转移完全是自愿的。

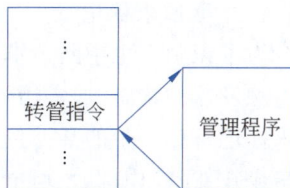

图 7.22　自愿中断示意

IBM PC(Intel 8086)的 INT TYPE 指令类似于这种自愿中断,它完成系统调用。TYPE 决定了系统调用的类型。

2) 程序性事故

这类中断由程序执行中的异常情况引起,如算数溢出(定点溢出、浮点溢出)、非法操作码、除数为零等情况,通常反映了程序设计中的错误或者运行时出现的意外情况。

3）硬件故障

硬件故障是由计算机物理组件的异常工作状态引起的中断,可能包括内存故障、电源问题、设备接口接触不良等。这类故障可能导致计算机系统的不稳定或停机。

4）I/O 设备

当 I/O 设备完成任务并准备好与 CPU 交互时,会向 CPU 发送中断请求。每个 I/O 设备都有能力发出中断请求,因此这类中断与系统中配置的 I/O 设备的数量和类型有关。

5）外部事件

外部事件,如用户通过键盘请求中断当前程序,也可以引起中断。这类中断通常由计算机外部的用户或其他系统触发。

中断源可以根据其对 CPU 响应的可屏蔽性分类为两大类:不可屏蔽中断和可屏蔽中断。不可屏蔽中断,如电源故障中断,是指 CPU 无法忽略的中断,必须立即响应。而可屏蔽中断,则是指 CPU 可以根据当前的中断屏蔽设置来决定是否立即响应的中断。如果该中断已被屏蔽,则 CPU 可以延迟响应直到合适的时机。

这些中断机制共同构成了计算机的中断系统,它们是计算机能够高效、灵活地响应多种事件和处理多任务并发的关键所在。设计高效的中断系统对于保证计算机系统的响应性和可靠性至关重要。

2. 中断系统需解决的问题

（1）各中断源如何向 CPU 提出中断请求。

（2）当多个中断源同时提出中断请求时,中断系统如何确定优先响应哪个中断源的请求。

（3）CPU 在什么条件、什么时候、以什么方式来响应中断。

（4）CPU 响应中断后如何保护现场。

（5）CPU 响应中断后,如何停止原程序的执行而转入中断服务程序的入口地址。

（6）中断处理结束后,CPU 如何恢复现场,如何返回到原程序的间断处。

（7）在中断处理过程中又出现了新的中断请求,CPU 该如何处理。

要解决上述 7 个问题,只有在中断系统中配置相应的硬件和软件,才能完成中断处理任务。

7.4.2　中断请求标记和中断判优逻辑

1. 中断请求标记

为了识别产生中断请求的具体源头,中断系统中引入了中断请求标记触发器（INTR）。这些触发器的状态,通常用一个特定的寄存器来表示,称之为中断请求标记寄存器。当中断请求标记寄存器中的某一位被置为"1",则表示对应的中断源发出了请求。该寄存器可能直接集成在 CPU 内部,也可能分布在各个中断源的控制器中。

如图 7.23 所示为中断请求标记寄存器的一个示意图,其中每个位 $1,2,3,4,5,\cdots,n-1,n$ 代表不同的中断源,如掉电、过热、主存读写校验错误、定点溢出、非法除法、打印机输出完成等。触发器的数量反映了计算机处理中断的能力范围。中断请求的标记和注册机制确保了 CPU 能够识别并处理中断请求。

1	2	3	4	5	...	n−1	n
掉电	过热	主存读写校验错	阶上溢	非法除法		键盘输入	打印机输出

图 7.23　中断请求标记寄存器

2. 中断判优逻辑

在中断系统中,由于中断请求通常是不可预测的,并且可能会有多个中断源同时请求服务,因此需要一个机制来决定哪个中断请求将被优先处理。这种机制称为中断判优逻辑。中断优先级的确定基于各中断源未得到及时响应时对计算机工作可能造成的影响程度。例如,电源掉电事件由于对计算机系统的影响最为严重,通常被赋予最高的优先级。而像定点溢出这类可能导致计算机运算失效的中断也被赋予较高的优先级。

中断判优逻辑可以通过硬件实现,如使用优先级编码器等电路;也可以通过软件实现,如在中断服务程序中通过软件算法判断优先级。实现中断判优逻辑的目的是保证在多个中断请求同时出现时,系统能够按照既定的优先级顺序依次响应,从而保持系统的稳定性和效率。

中断请求标记和中断判优逻辑共同构成了中断管理的基础,它们使得计算机能够有序地处理多个并发的中断请求,保证了计算机系统在面对多任务和突发事件时的响应能力和处理能力。

7.4.3　中断服务程序入口地址的寻找

由于不同的中断源对应不同的中断服务程序,故准确找到服务程序的入口地址是中断处理的核心问题。通常有两种方法寻找入口地址:硬件向量法和软件查询法。

1. 硬件向量法

硬件向量法就是利用硬件产生向量地址,再由向量地址找到中断服务程序的入口地址。向量地址由中断向量地址形成部件产生,这个电路可分散设置在各个接口电路中,也可设置在 CPU 内,如图 7.24 所示。

由向量地址寻找中断服务程序的入口地址通常采用两种办法。一种在向量地址内存放一条无条件转移指令,CPU 响应中断时,只要将向量地址(如 12H)送至 PC,执行这条指令,便可无条件转向打印机服务程序的入口地址 200。另一种是设置向量地址表,如图 7.25 所示。该表设在存储器内,存储单元的地址为向量地址,存储单元的内容为入口地址。例如,图 7.25 中的 12H、13H、14H 为向量地址,200、300、400 为入口地址,只要访问向量地址所指示的存储单元,便可获得入口地址。

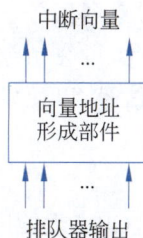

图 7.24　集中在 CPU 内的向量地址形成部件　　　　图 7.25　中断向量地址表

硬件向量法寻找入口地址速度快,在现代计算机中被普遍采用。

2. 软件查询法

用软件寻找中断服务程序入口地址的方法称为软件查询法。当查到某一中断源有中断请求时,接着安排一条转移指令,直接指向此中断源的中断服务程序入口地址,机器便能自动进入中断处理。至于各中断源对应的入口地址,则由程序员(或系统)事先确定。这种方法不涉及硬设备,但查询时间较长。计算机可具备软、硬件两种方法寻找入口地址,使用户使用更方便、灵活。

7.4.4　中断响应

1. 响应中断的条件

CPU 响应 I/O 中断的条件是允许中断触发器必须为"1",这一结论同样适合于其他中断源。在中断系统中有一个允许中断触发器 EINT,它可被开中断指令置"1",也可被关中断指令置"0"。当允许中断触发器为"1"时,意味着 CPU 允许响应中断源的请求;当其为"0"时,意味着 CPU 禁止响应中断。故当 EINT=1,且有中断请求(即中断请求标记触发器 INTR=1)时,CPU 可以响应中断。

2. 响应中断的时间

与响应 I/O 中断一样,CPU 总是在指令执行周期结束后,响应任何中断源的请求。在指令执行周期结束后,若有中断,CPU 则进入中断周期;若无中断,则进入下一条指令的取指周期。

之所以 CPU 在指令的执行周期后进入中断周期,是因为 CPU 在执行周期的结束时刻统一向所有中断源发中断查询信号,只有此时,CPU 才能获知哪个中断源有请求。如图 7.26 所示,图中 $INTR(i=1,2,\cdots)$ 是各个中断源的中断请求触发器,触发器的数据端来自各中断源,当它们有请求时,数据端为"1",而且只有当 CPU 发出的中断查询信号输入到触发器的时钟端时,才能将 INTR 置"1"。

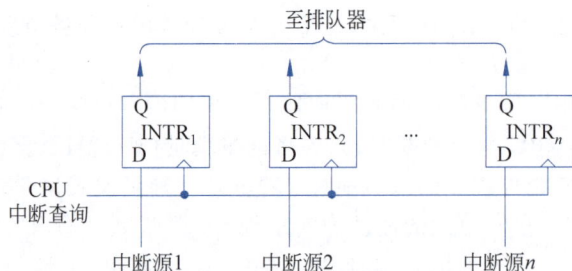

图 7.26　CPU 在统一时间发中断查询信号

在某些计算机中,有些指令执行时间很长,若 CPU 的查询信号一律安排在执行周期结束时刻,有可能因 CPU 发现中断请求过迟而出差错。为此,可在指令执行过程中设置若干个查询断点,CPU 在每个"查询断点"时刻均发中断查询信号,以便发现有中断请求便可及时响应。

3. 中断隐指令

CPU 响应中断后,即进入中断周期。在中断周期内,CPU 要自动完成一系列操作,具体如下。

1) 保护程序断点

保护程序断点就是要将当前程序计数器(PC)的内容(程序断点)保存到存储器中。它可以存在存储器的特定单元(如 0 号地址)内,也可以存入堆栈。

2) 寻找中断服务程序的入口地址

由于中断周期结束后进入下条指令(即中断服务程序的第一条指令)的取指周期,因此在中断周期内必须设法找到中断服务程序的入口地址。由于入口地址有两种方法获得,因此在中断周期内也有两种方法寻找入口地址。

其一,在中断周期内,将向量地址送至 PC(对应硬件向量法),使 CPU 执行下一条无条件转移指令,转至中断服务程序的入口地址。

其二,在中断周期内,将如图 7.26 所示的软件查询入口地址的程序(又称中断识别程序)首地址送至 PC,使 CPU 执行中断识别程序,找到入口地址(对应软件查询法)。

3) 关中断

CPU 进入中断周期,意味着 CPU 响应了某个中断源的请求,为了确保 CPU 响应后所需做的一系列操作不至于又受到新的中断请求的干扰,在中断周期内必须自动关中断,以禁止 CPU 再次响应新的中断请求。如图 7.27 所示是 CPU 自动关中断的示意图。图中允许中断触发器 EINT 和中断标记触发器 INT 可选用标准的 R-S 触发器。当进入中断周期时,INT 为"1"状态,触发器原端输出有一个正跳变,经反相后产生一个负跳变,使 EINT 置"0",即关中断。

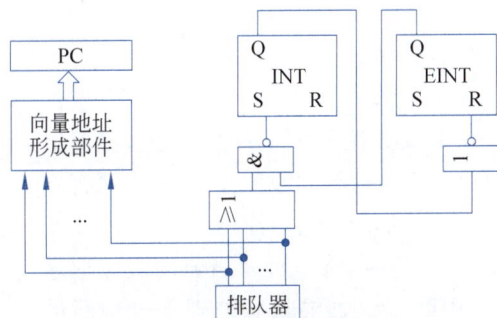

图 7.27 硬件关中断示意图

上述保护断点、寻找入口地址和关中断这些操作都是在中断周期内由一条中断隐指令完成的。所谓中断隐指令,即在机器指令系统中没有的指令,它是 CPU 在中断周期内由硬件自动完成的一条指令。

7.4.5 保护现场和恢复现场

在中断处理过程中,现场保护与现场恢复是确保程序能够在中断处理完成后无缝继续执行的关键步骤。下面对这两个概念进行详细的学术描述。

1. 现场保护

现场保护涉及两个主要方面:程序计数器(PC)即程序断点的保护,以及 CPU 内部各寄存器内容的保护。

(1)程序断点的保护:程序断点,亦称作程序计数器(PC)的内容,指向中断发生时正被执行的下一条指令的地址。在中断发生时,CPU 的内部机制会自动将程序计数器的值保存在堆栈中或者特定的寄存器里。这是由中断隐指令自动完成的,用户(或系统)无须通过程序代码干预。

(2)寄存器内容的保护:除了程序计数器外,CPU 内部的所有其他寄存器状态也需要保存,以便在中断处理完成后能够恢复到原始状态。这包括通用寄存器、状态寄存器、指令寄存器等。寄存器内容的保护通常在中断服务程序的开头部分通过堆栈操作来实现。具体的实现方式可能涉及将寄存器内容推入(PUSH)到堆栈中。

2. 现场恢复

现场恢复是在中断服务程序即将结束前进行的,其目的是将之前保存的 CPU 寄存器内容恢复到中断发生前的状态。

(1)寄存器内容恢复:这一步骤通常是通过从堆栈中弹出(POP)之前保存的寄存器内容来实现,确保所有的寄存器都恢复到中断发生前的状态。

(2)程序断点恢复:在中断服务程序结束时,之前保存的程序计数器的值(程序断点)也需要从堆栈中恢复,以便 CPU 能够继续执行中断前的程序。

现场保护和现场恢复是中断服务程序的标准结构,它们对于保证中断处理的透明性至关重要。所谓透明性,是指中断处理对于被中断的程序来说是不可见的,即该程序在中断处理完成后能够无差错地继续执行。这些机制确保了中断处理过程不会对程序的正常执行流程造成干扰。

7.4.6　中断屏蔽技术

中断屏蔽技术主要用于多重中断。

1. 多重中断的概念

当 CPU 正在执行某个中断服务程序时,另一个中断源又提出了新的中断请求,而 CPU 又响应了这个新的请求,暂时停止正在运行的服务程序,转去执行新的中断服务程序,这称为多重中断,又称中断嵌套,如图 7.28 所示。如果 CPU 对新的请求不予响应,待执行完当前的服务程序后再响应,即为单重中断。中断系统若要具有处理多重中断的功能,必须具备各项条件。

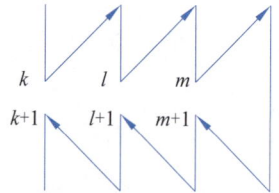

图 7.28　多重中断示意图

2. 实现多重中断的条件

1)提前设置"开中断"指令

由上述分析可知,CPU 进入中断周期后,由中断隐指令自动将 EINT 置"0",即关中断,这就意味着 CPU 在执行中断服务程序中禁止响应新的中断请求。CPU 若想再次响应中断请求,必须开中断,这一任务通常由中断服务程序中的开中断指令实现。由于开中断指令设置的位置不同,决定了 CPU 能否实现多重中断。多重中断"开中断"指令的位置前于单重中断,从而保证了多重中断允许出现中断嵌套。

2)优先级别高的中断源有权中断优先级别低的中断源

在满足(1)的前提下,只有优先级别更高的中断源请求才可以中断比其级别低的中断服务程序,反之则不然。例如,有 A、B、C、D 4 个中断源,其优先级按 A→B→C→D 由高向低次序排列。在 CPU 执行主程序期间,同时出现了 B 和 C 的中断请求,由于 B 级别高于 C,故首先执行 B 的服务程序。当 B 级中断服务程序执行完返回主程序后,由于 C 请求未撤销,故 CPU 又再去执行 C 级的中断服务程序。若此时又出现了 D 请求,因为 D 级别低于 C,故 CPU 不响应,当 C 级中断服务程序执行完返回主程序后再去执行 D 级的服务程序。若此时又出现了 A 请求,因 A 级别高于 D,故 CPU 暂停对 D 级中断服务程序的执行,转去执行 A 级中断服务程序,等 A 级中断服务程序执行完后,再去执行 D 级中断服务程序。上述的中断处理示意图如图 7.29 所示。

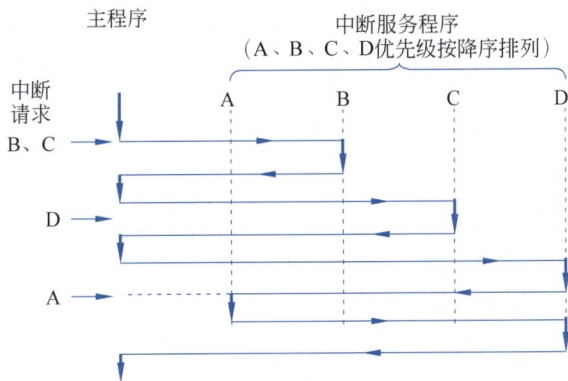

图 7.29　多重中断处理示意图

为了保证级别低的中断源不干扰比其级别高的中断源的中断处理过程,保证上述(2)的实施,可采用屏蔽技术。

3. 屏蔽技术

1) 屏蔽触发器与屏蔽字

根据程序中断接口电路中完成触发器 D、中断请求触发器 INTR 和屏蔽触发器 MASK 三者之间的关系,当该中断源被屏蔽(MASK=1)时,此时即使 D=1,中断查询信号到来时刻只能将 INTR 置"0",CPU 接收不到该中断源的中断请求,即它被屏蔽。若该中断源未被屏蔽(MASK=0),当设备工作已完成(D=1)时,中断查询信号则将 INTR 置"1",表示该中断源向 CPU 发出中断请求,该信号送至排队器进行优先级判断。

如果排队器集中设在 CPU 内,加上屏蔽条件,就可组成具有屏蔽功能的排队器,如图 7.30 所示。

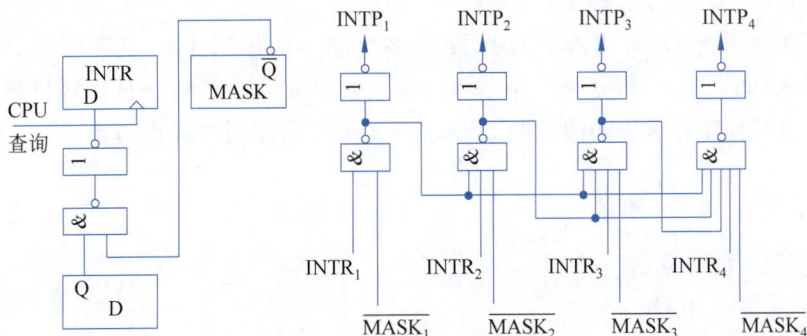

图 7.30　具有屏蔽功能的排队器

显然,对应每个中断请求触发器就有一个屏蔽触发器,将所有屏蔽触发器组合在一起,便构成一个屏蔽寄存器,屏蔽寄存器的内容称为屏蔽字。屏蔽字与中断源的优先级别是一一对应的,如表 7.7 所示。

表 7.7　中断优先级与屏蔽字的关系

优先级	屏　蔽　字															
1	1	1	1	1	1	1	1	1	1	1	1	1	1	1	1	1
2	0	1	1	1	1	1	1	1	1	1	1	1	1	1	1	1
3	0	0	1	1	1	1	1	1	1	1	1	1	1	1	1	1
4	0	0	0	1	1	1	1	1	1	1	1	1	1	1	1	1
5	0	0	0	0	1	1	1	1	1	1	1	1	1	1	1	1
6	0	0	0	0	0	1	1	1	1	1	1	1	1	1	1	1
⋮							⋮									
15	0	0	0	0	0	0	0	0	0	0	0	0	0	0	1	1
16	0	0	0	0	0	0	0	0	0	0	0	0	0	0	0	1

表 7.7 是对应 16 个中断源的屏蔽字,每个屏蔽字由左向右排序为第 1、2、3、……、16 共 16 位。不难发现,每个中断源对应的屏蔽字是不同的。1 级中断源的屏蔽字是 16 个 1;2 级中断源的屏蔽字是从第 2 位开始共 15 个 1;3 级中断源的屏蔽字是从第 3 位开始共 14 个 1,……,第 16 级中断源的屏蔽字只有第 16 位为 1,其余各位为 0。

在中断服务程序中设置适当的屏蔽字,能起到对优先级别不同的中断源的屏蔽作用。例如,1 级中断源的请求已被 CPU 响应,若在其中断服务程序中(通常在开中断指令前)设置一个全"1"的屏蔽字,便可保证在执行 1 级中断服务程序过程中,CPU 不再响应任何一个中断源(包括本级在内)的中断请求,即此刻不能实现多重中断。如果在 4 级中断源的服务程序中设置一个屏蔽字 0001111111111111,由于第 1~3 位为 0,意味着第 1~3 级的中断源未被屏蔽,因此在开中断指令后,比第 4 级中断源级别更高的 1、2、3 级中断源可以中断 4 级中断源的中断服务程序,实现多重中断。

2) 屏蔽技术可改变优先等级

严格地说,优先级包含响应优先级和处理优先级。响应优先级是指 CPU 响应各中断源请求的优先次序,这种次序往往是硬件线路已设置好的,不便于改动。处理优先级是指 CPU 实际对各中断源请求的处理优先次序。如果不采用屏蔽技术,响应的优先次序就是处理的优先次序。

采用了屏蔽技术后,可以改变 CPU 处理各中断源的优先等级,从而改变 CPU 执行程序的轨迹。例如,A、B、C、D 这 4 个中断源的优先级别按 A→B→C→D 降序排列,根据这一次序,CPU 执行程序的轨迹如图 7.31 所示。当 4 个中断源同时提出请求时,处理次序与响应次序一致。

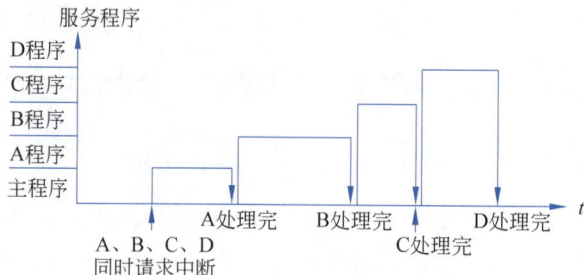

图 7.31　CPU 执行程序的轨迹

在不改变 CPU 响应中断的次序下,通过改变屏蔽字可以改变 CPU 处理中断的次序。例如,将上述 4 个中断源的处理次序改为 A→D→C→B,则每个中断源所对应的屏蔽字发生了变化,如表 7.8 所示。表中原屏蔽字对应 A→B→C→D 的响应顺序,新屏蔽字对应 A→D→C→B 的处理顺序。

表 7.8 中断处理次序与屏蔽字的关系

中 断 源	原 屏 蔽 字	新 屏 蔽 字
A	1 1 1 1	1 1 1 1
B	0 1 1 1	0 1 0 0
C	0 0 1 1	0 1 1 0
D	0 0 0 1	0 1 1 1

在同样中断请求的情况下,CPU 执行程序的轨迹发生了变化,如图 7.32 所示。

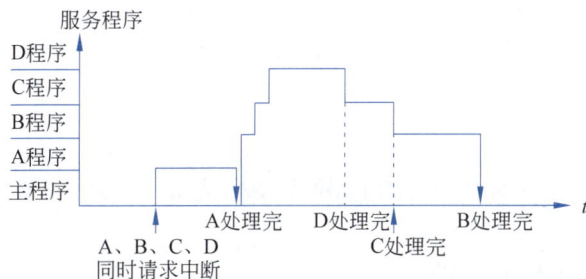

图 7.32 改变中断处理次序后 CPU 执行程序的轨迹

CPU 在运行程序的过程中,若 A、B、C、D 4 个中断源同时提出请求,按照中断级别的高低,CPU 首先响应并处理 A 中断源的请求,由于 A 的屏蔽字是 1111,屏蔽了所有的中断源,故 A 程序可以全部执行完,然后回到主程序。由于 B、C、D 的中断请求还未响应,而 B 的响应优先级高于其他,所以 CPU 响应 B 的请求,进入 B 的中断服务程序。在 B 的服务程序中,由于设置了新的屏蔽字 0100,即 A、C、D 可打断 B,而 A 程序已执行完,C 的响应优先级又高于 D,于是 CPU 响应 C,进入 C 的服务程序。在 C 的服务程序中,由于设置了新的屏蔽字 0110,即 A、D 可打断 C,由于 A 程序已执行完,于是 CPU 响应 D,执行 D 的服务程序。在 D 的服务程序中,屏蔽字变成 0111,即只有 A 可打断 D,但 A 已处理结束,所以 D 可以一直做完,然后回到 C 程序。C 程序执行完后,回到 B 程序。B 程序做完后,回到主程序。至此,A、B、C、D 均处理完毕。

采用了屏蔽技术后,在中断服务程序中需设置新的屏蔽字,流程如图 7.33 所示,为了防止在恢复现场过程中又出现新的中断,在恢复现场前又增加了关中断,恢复屏蔽字之后,必须再次开中断。

图 7.33 采用屏蔽技术的中断服务程序

3) 屏蔽技术的其他作用

屏蔽技术还能给程序控制带来更大的灵活性。例如,在浮点运算中,当程序员估计到执行某段程序时可能出现"阶上溢",但又不希望因"阶上溢"而使机

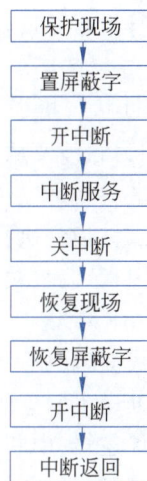

器停机,为此可设一屏蔽字,使对应"阶上溢"的屏蔽位为"1",这样,即使出现"阶上溢",机器也不停机。

4. 多重中断的断点保护

多重中断时,每次中断出现的断点都必须保存起来。中断系统对断点的保存都是在中断周期内由中断隐指令实现的,对用户是透明的。

断点可以保存在堆栈中。出栈时,按相反顺序便可准确返回到程序间断处。

断点也可保存在特定的存储单元内,例如约定一律将程序断点存至主存的 0 号地址单元内。由于保存断点是由中断隐指令自动完成的,因此 3 次中断的断点都将存入 0 地址单元,这势必造成前两次存入的断点 $k+1$ 和 $l+1$ 被冲掉。为此,在中断服务程序中的开中断指令之前,必须先将 0 地址单元的内容转存至其他地址单元中,才能真正保存每一个断点。读者可自行练习,画出将程序断点保存到 0 号地址单元的多重中断服务程序流程。

7.5　本　章　小　结

7.5.1　内容总结

第 7 章全面探讨了中央处理器(CPU)的关键组成部分、操作原理以及与 CPU 性能相关的高级概念。

1. CPU 的基础组成和工作原理

CPU 作为计算机的大脑,包括算术逻辑单元(ALU)、控制单元(CU)和一系列寄存器。ALU 负责进行算术运算和逻辑判断,CU 解释指令并指挥各部分协同工作。寄存器则提供了快速存取的临时存储空间,以支持 CPU 的操作。其中,CPU 中的主要寄存器包括程序计数器(PC)、指令寄存器(IR)、栈指针(SP)和累加器(ACC),它们分别负责追踪指令地址、存储正在执行的指令、指向栈顶以及存储运算结果。操作控制器和时序产生器是确保 CPU 正确执行指令的重要组件,前者负责生成控制信号,后者则负责同步各种操作。

2. 指令周期

CPU 执行指令的标准流程,包括取指、译码、执行和写回阶段。取指周期的数据流特别关键,因为它涉及从内存获取指令并加载到寄存器中。

3. 指令流水

通过将指令执行过程分解为多个阶段并行执行,提高了 CPU 的效率。对流水线性能的影响因素、流水线的性能评估、多发技术,以及流水线结构都是本章的讨论焦点。

4. 中断系统

现代 CPU 中不可或缺的部分——中断系统允许 CPU 响应外部或内部事件,暂停当前任务以处理更紧急的任务。章节从中断的基本概念讲起,然后细致地介绍了中断请求标记、中断判优逻辑、中断服务程序入口地址的确定、中断响应流程,以及如何在中断发生时保护和恢复现场。中断屏蔽技术也被提及,它是控制 CPU 对中断请求响应的机制。

第 7 章全面地阐述了 CPU 的核心组件和功能、指令执行的各个阶段、提高效率的流水线技术以及中断系统的详细工作机制。这些概念对于理解现代计算机的运作至关重要。

7.5.2 常见问题

1. 流水线越多,并行度就越高。是否流水段越多,指令执行越快?

错误,原因如下:

流水段之间的额外开销增大。每个流水段之间需要额外的硬件和逻辑来缓冲数据、传递信息以及准备下一阶段的操作。这些额外开销随着流水段的增加而变大,从而加长了一条指令的整体执行时间。尤其是当指令间存在逻辑依赖时(如数据冒险),流水段间的传递延迟可能显著影响性能。

流水线控制逻辑复杂性上升。随着流水段的增加,控制流水线的逻辑变得更复杂,尤其是在优化流水线性能和处理存储器(或寄存器)冲突时。这种控制逻辑的复杂性可能超越单个流水段的功能实现复杂度,增加了设计和执行的难度,从而降低流水线的实际效率。

2. 组合逻辑电路和时序逻辑电路有什么区别?

组合逻辑电路是具有一组输出和一组输入的非记忆性逻辑电路,它的基本特点是任何时刻的输出信号状态仅取决于该时刻各个输入信号状态的组合,而与电路在输入信号作用前的状态无关。组合电路不含存储信号的记忆单元,输出与输入之间无反馈通路,信号是单向传输的。

时序逻辑电路中任意时刻的输出信号不仅和当时的输入信号有关,而且与电路原来的状态有关,这是时序逻辑电路在逻辑功能上的特点。因而时序逻辑电路必然包含存储记忆单元。

此外,组合逻辑电路没有统一的时钟控制,而时序逻辑电路则必须在时钟节拍下工作。

7.5.3 思考题

(1) 描述 CPU 的主要组成部分及其各自的功能。

(2) 解释程序计数器(PC)在 CPU 中的作用及其重要性。

(3) 算术逻辑单元(ALU)和控制单元(CU)之间是如何协同工作的?

(4) 什么是寄存器,它们在 CPU 中扮演什么角色?

(5) 描述 CPU 的指令周期,并解释每个阶段的主要任务。

(6) 取指周期的数据流是怎样的? 为什么这个阶段对整个指令周期如此重要?

(7) 解释指令流水线的工作原理,它是如何提高 CPU 效率的?

(8) 列举并解释影响流水线性能的几个因素。

(9) 如何评估流水线的性能? 请说明吞吐量和延迟这两个指标。

(10) 流水线中的多发技术是什么? 它对 CPU 性能有什么影响?

(11) 描述不同类型的流水线结构及其特点。

(12) 什么是中断系统,它在 CPU 中的作用是什么?

(13) 解释中断请求标记和中断判优逻辑在中断系统中的作用。

(14) 在中断发生时,如何确定中断服务程序的入口地址?

(15) 描述中断响应过程中的"保护现场"和"恢复现场"步骤,并解释为何这一过程是必要的。

第 8 章

交互计算的链接——总线系统

在智能交互与高效计算日益融合的时代,总线系统作为计算机内部及设备间数据与信息传输的核心枢纽,承载着关键的通信与协作任务。它连接了 CPU、内存和外设等核心组件,通过数据总线、地址总线和控制总线分别实现数据传输、地址定位和控制信号的传递。这种架构类似于计算机内部的交通网络,高效组织与协调各组件的交互与协同运行,确保数据流的快速传递和功能的有序调度。总线系统不仅是计算资源整合的基础,更是支撑智能计算和复杂任务高效执行的关键环节。

8.1 总线的概念和结构

8.1.1 总线基本概念

在数字计算机系统中,多个系统功能部件的协同工作构成了一个完整的计算机系统。总线是计算机系统中的关键互联结构,它作为一个公共通路,承载着多个系统功能部件之间的数据传输。通过总线的连接,计算机能够在不同的系统功能部件间交换地址、数据和控制信息。在这一过程中,总线不仅支持资源的共享和竞争,还遵循一定的协议或标准,以便计算机系统的集成、扩展和演进得以顺利进行。

随着计算机技术的不断进步和应用领域的持续拓展,I/O 设备的种类与数量也在不断增加。这种增长带来了对系统配置灵活性的要求,即用户希望能够便捷地添加或移除设备。传统的固定或分散式连接方式已难以满足这些需求,因此,总线连接方式应运而生,它通过标准化的接口为计算机系统的扩展提供了便利。

总线系统的设计和实现,对计算机系统的性能和扩展能力有着决定性影响。因此,了解总线的结构和工作原理,对于设计和优化计算机系统架构至关重要。总线结构通常包括总线宽度、传输速率、总线协议、总线控制机制等关键因素,这些因素共同定义了总线的性能参数和工作效率。在本节中,我们将深入探讨总线结构的各个方面,以及它们如何共同作用于计算机系统的整体性能。

图 8.1 所示为总线连接与点对点分散连接结构对比。

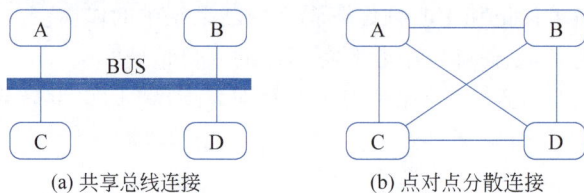

(a) 共享总线连接　　　　　(b) 点对点分散连接

图 8.1　总线连接与点对点分散连接结构对比

表 8.1 为总线连接和点对点分散连接的优势对比。

表 8.1　总线连接和点对点分散连接的优势对比

对比项目	总线连接	点对点分散连接
实现成本	使用简单的布线结构,因此成本相对较低	需要更多的布线和设备来建立点对点连接,成本相对较高
实现难易度	在小型网络中比较容易部署和管理	对于大型网络,需要更多的配置和管理,可能会增加复杂性
安全性	总线上的信息可以被其他设备轻易窃取,安全性较差	相比总线连接,点对点连接的安全性更高,因为信息不会在整个网络中传播

总线还是主板传输数据的"道路",负责 CPU 与芯片组的连接。如图 8.2 所示,总线包含 QPI 总线、PCIe 总线、USB 总线、SPI 总线和 DMI 总线等。其中,CPU 与 CPU、CPU 与 PCIe 设备分别通过 QPI 总线和 PCIe 总线连接,PCH 与 USB、SATA 硬盘、SAS 硬盘和网卡等分别通过 USB 总线、SATA 总线、SAS 总线、PCIe 总线等连接,基板管理控制器(Baseboard Management Controller,BMC)与其他设备通过 SPI 总线连接。

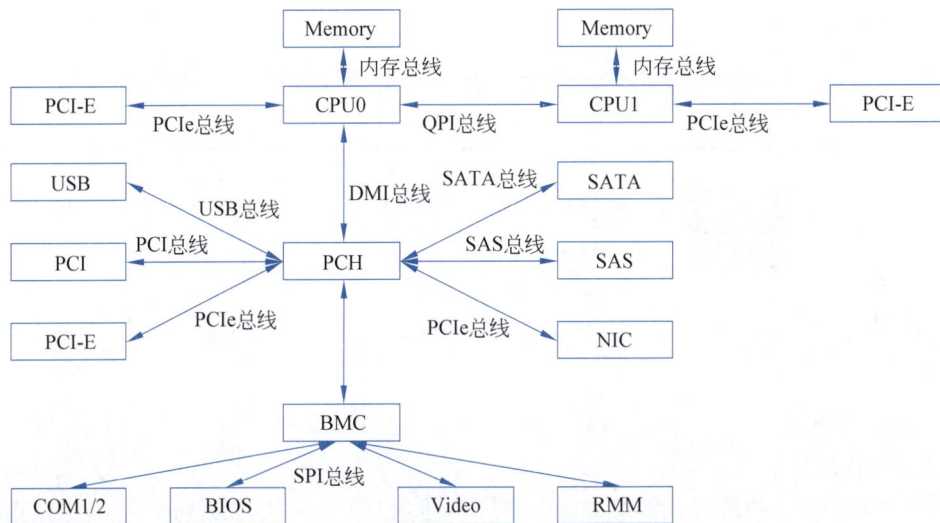

图 8.2　常规总线一览

8.1.2　总线分类

总线技术在计算机领域内具有广泛的应用,因此可根据不同的标准和角度进行分类。根据总线连接的不同部件特点,总线可被划分为以下几类。

1. 片内总线

片内总线(On-chip Bus)指的是单个集成电路内部的总线,用于该芯片内部各个功能单元之间的信息传递。这种总线通常具有很高的数据传输速率,并且是专门针对芯片内部电路设计的。

2. 系统总线

系统总线(System Bus)是连接中央处理器(CPU)、主存储器(主存)、I/O 设备(通过 I/O 接口)之间的信息传输线。系统总线根据其功能可进一步分为:

（1）数据总线（Data Bus）：负责传输数据，其宽度决定了系统的数据传输能力。

（2）地址总线（Address Bus）：用于标识源或目的地址，其宽度决定了系统能够寻址的最大内存容量。

（3）控制总线（Control Bus）：传输控制信号，以控制和协调各部件的操作。

3. 通信总线

通信总线（Communication Bus）用于计算机系统之间或计算机系统与其他系统（例如控制仪表、移动通信等）之间的信息交换。根据传输方式的不同，通信总线可以分为：

（1）串行通信总线（Serial Communication Bus）：数据按位顺序依次传输，适用于长距离或外部设备连接，如 USB 和以太网。

（2）并行通信总线（Parallel Communication Bus）：多位数据同时传输，通常用于短距离传输，如早期的打印机接口。

在设计和研究总线系统时，了解这些分类及其特点至关重要，因为不同类型的总线在数据传输速度、线路复杂性、可靠性以及成本等方面有着本质的差异。对这些差异的深入理解有助于在计算机系统设计中做出合理的选择，以满足特定的性能要求和成本约束。

总线总体分类如图 8.3 所示。

图 8.3　总线分类

8.1.3　总线的特性及性能指标

1. 总线的特性

总线的特性如下。

（1）物理特性：物理特性涉及总线的实际构造，包括但不限于总线的导线数量、连接器的形状与尺寸，以及引脚的配置方式等。

（2）功能特性：功能特性描述了总线中每条线路的具体作用。例如，地址总线宽度确定了总线可直接访问的地址空间范围。数据总线宽度决定了每次访问存储器或外设时能够交换的数据位数。控制总线负责传递 CPU 发出的各种控制命令（例如，存储器读/写、I/O 读/写）、请求信号与仲裁信号、外设与 CPU 的时序同步信号、中断信号、DMA 控制信号等。

（3）电气特性：电气特性规定了信号在总线上的传输方向和有效电平范围。信号方向通常分为输入（IN）或输出（OUT）。例如，地址总线通常是输出信号，数据总线则支持双向传输。控制总线中的信号大多是单向的，既有从 CPU 发出的，也有进入 CPU 的，其有效电平可能是高电平有效或低电平有效，且必须符合特定的电气标准。

（4）时间特性：时间特性定义了各信号在总线上有效的具体时刻，即信号的时序关系。这些时序关系的准确定义是 CPU 正确使用总线的前提。

2. 总线的性能指标

总线的性能指标如下。

（1）总线宽度：通常是指数据总线的根数，用位（bit）表示，如 8 位、16 位、32 位、64 位（即 8 根、16 根、32 根、64 根）。

（2）总线带宽：总线带宽可理解为总线的数据传输速率，即单位时间内总线上传输数据的位数，通常用每秒传输信息的字节数来衡量，单位可用 MB/s（兆字节每秒）表示。例如，总线工作频率为 33MHz，总线宽度为 32 位（4B），则总线带宽为 $33 \times (32 \div 8) = 132$MB/s。总线的实际带宽受多种因素影响，包括但不限于总线的物理长度、总线驱动和接收器的性能，以及连接到总线上的模块数量等。这些因素可能引起信号的畸变和延迟，从而限制总线的最高传输速率。

（3）时钟同步/异步：总线上的数据与时钟同步工作的总线称为同步总线，与时钟不同步工作的总线称为异步总线。

（4）总线复用：一条信号线上分时传送两种信号。例如，通常地址总线与数据总线在物理上是分开的两种总线，地址总线传输地址码，数据总线传输数据信息。为了提高总线的利用率，优化设计，特将地址总线和数据总线共用一组物理线路，在这组物理线路上分时传输地址信号和数据信号，即为总线的多路复用。

（5）信号线数：地址总线、数据总线和控制总线三种总线数的总和。

（6）总线控制方式：包括突发工作、自动配置、仲裁方式、逻辑方式、计数方式等。

（7）其他指标：如负载能力、电源电压（是采用 5V 还是 3.3V）、总线宽度能否扩展等。

（8）总线负载：总线负载即总线驱动能力，是指当总线接上负载后，总线输入输出的逻辑电平是否能保持在正常的额定范围内。例如，PC 总线的输出信号为低电平时，要吸入电流，这时的负载能力即指当它吸收电流时，仍能保持额定的逻辑低电平。总线输出为高电平时，要输出电流，这时的负载能力是指当它向负载输出电流时，仍能保持额定的逻辑高电平。由于不同的电路对总线的负载是不同的，即使同一电路板在不同的工作频率下，总线的负载也是不同的，因此，总线负载能力的指标不是太严格的。通常用可连接扩增电路板数来反映总线的负载能力。

几种微型计算机总线的性能指标如表 8.2 所示。

表 8.2 几种微型计算机总线的性能指标对比

名 称	ISA	EISA	STD	VESA	MCA	PCI
总线宽度	16 位	32 位	8 位	32 位	32 位	32 位
最大传输速率	15MB/s	33MB/s	2MB/s	266MB/s	40MB/s	133MB/s 或 266MB/s
总线工作频率	8MHz	8.33MHz	2MHz	66MHz	10MHz	33MHz 66MHz
同步方式	同步			异步	同步	
仲裁方式	集中	集中	集中	集中		
地址宽度	24	32	20			32/64
负载能力	8	6	无限制	6	无限制	3

8.1.4 总线结构

1. 单总线结构

在许多单处理器的计算机中，使用单一的系统总线来连接 CPU、主存和 I/O 设备，称为单总线结构,它是将 CPU、主存、I/O 设备(通过 I/O 接口)都挂在一组总线上,允许 I/O 设备之间、I/O 设备与 CPU 之间或 I/O 设备与主存之间直接交换信息。整体结构如图 8.4 所示。

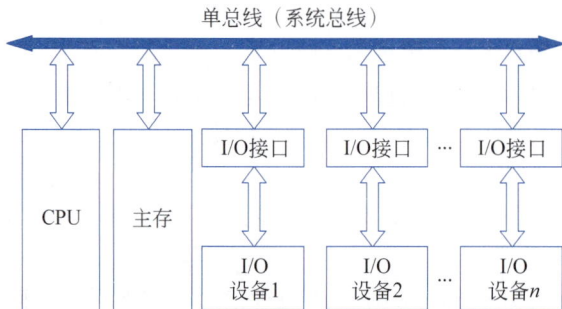

图 8.4 单总线结构

这种结构简单,也便于扩充,但所有的传送都通过这组共享总线,因此极易形成计算机系统的瓶颈。同时,它也不允许两个以上的部件在同一时刻向总线传输信息,这就必然会影响系统工作效率的提高。这类总线多数被小型计算机或微型计算机所采用。

单总线结构优缺点,如表 8.3 所示。

表 8.3 单总线结构优缺点

对比项目	优　　点	缺　　点
结构	总线结构简单,使用灵活,扩充容易	共享总线,分时使用,通信速度慢
存储	统一编址,简化指令系统,存储空间减少	高速设备的高速特性得不到发挥

2. 多总线结构

随着计算机应用领域的不断扩展,外部设备的类型与数量急剧增加,这些设备对数据传输的量和速度提出了更高的要求。若继续使用单一总线结构,在 I/O 设备数量较多的情况下,由于控制信号需要从一端按顺序传递至特定设备,传播的延迟时间可能会影响系统的工作效率。

在数据传输需求量和速度要求不极端的场景下,可能通过增加总线宽度和提升传输速率来缓解总线瓶颈问题;然而,对于那些需要处理大量数据和高速传输的设备,如高速视频显示器和网络传输接口,单一总线结构难以满足系统的性能需求。

因此,为了彻底提升数据传输速率,解决中央处理器(CPU)、主存储器与 I/O 设备之间传输速率的不匹配问题,并实现图形处理器(GPU)与其他设备的相对同步,采用多总线结构成为必要。多总线结构允许并行处理多个数据传输任务,从而提高系统的总体吞吐量和响应时间。

1)双总线结构

双总线结构的特点是将速度较低的 I/O 设备从单总线上分离出来,形成主存总线与 I/O 总线分开的结构。如图 8.5 所示,图中通道是一个具有特殊功能的处理器,CPU 将一部分功能下放给通道,使其对 I/O 设备具有统一管理的功能,以完成外部设备与主存储器之间的数据传送,其系统的吞吐能力可以相当大。这种结构大多用于大、中型计算机系统。如果将速率不同的 I/O 设备进行分类,然后将它们连接在不同的通道上,那么计算机系统的工作效率将会更高,由此发展成多总线结构。

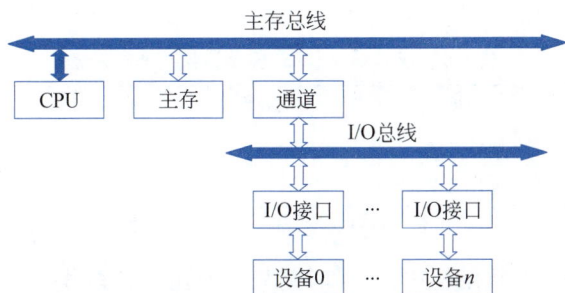

图 8.5 双总线结构

双总线结构优缺点，如表 8.4 所示。

表 8.4 双总线结构优缺点

优　点	缺　点
将低速 I/O 设备从单总线上分离出来，实现了存储器总线和 I/O 总线分离	需要增加通道等硬件设备

双总线结构主要分为两种类型，以主存为中心或桥接器架构。以主存为中心的双总线结构，如图 8.6 所示。

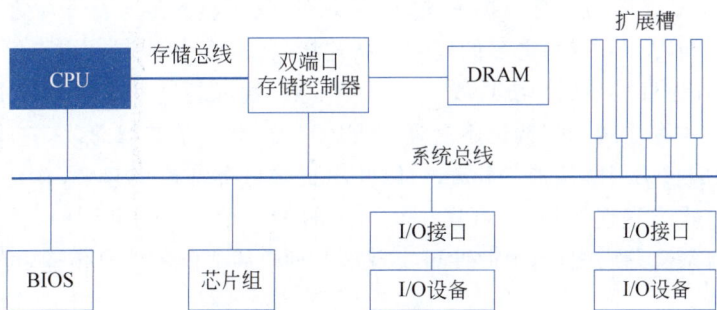

图 8.6 双总线结构 1（以主存为中心）

双总线结构 1（以主存为中心）优缺点，如表 8.5 所示。

表 8.5 双总线结构 1（以主存为中心）优缺点

优　点	缺　点
存储总线有效降低系统总线负载，提升了并行性	需增加专门的 I/O 指令，存储空间扩大
结构简单，系统扩展容易	—

双总线结构 2（桥接器架构）如图 8.7 所示。

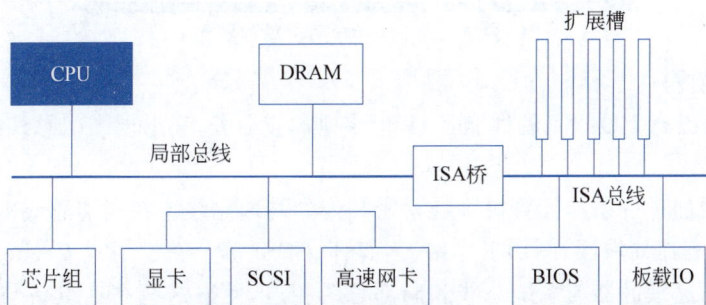

图 8.7 双总线结构 2（桥接器架构）

双总线结构 2 优缺点,如表 8.6 所示。

表 8.6　双总线结构 2(桥接器架构)优缺点

优　点	缺　点
慢速设备通过 I/O 总线相连	—
系统总线与 I/O 总线通过桥接器相连	—

2)三总线结构

如图 8.8 所示,在三总线结构中,任何时刻只能使用一种总线。主存总线与 DMA 总线不能同时对主存进行存取,I/O 总线只有在 CPU 执行 I/O 指令时才能用到。

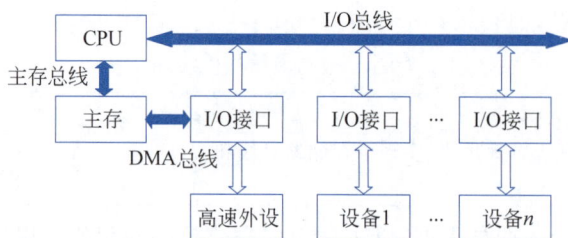

图 8.8　三总线结构

除此之外,三总线结构还有一种形式,由图 8.9 所示,处理器与 Cache 之间有一条局部总线,它将 CPU 与 Cache 或与更多的局部设备连接。Cache 的控制机构不仅将 Cache 连到局部总线上,而且还直接连到系统总线上,这样 Cache 就可通过系统总线与主存传输信息,而且 I/O 设备与主存之间的传输也不必通过 CPU。还有一条扩展总线,它将局域网、小型计算机接口(SCSI)、调制解调器(Modem)以及串行接口等都连接起来,并且通过这些接口又可与各类 I/O 设备相连,因此它可支持相当多的 I/O 设备。与此同时,扩展总线又通过扩展总线接口与系统总线相连,由此便可实现这两种总线之间的信息传递,可见其系统的工作效率明显提高。

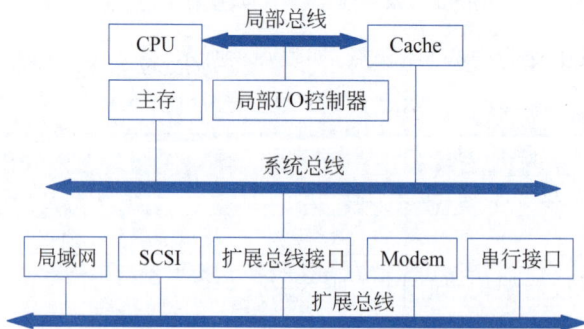

图 8.9　三总线结构(局部总线类型)

3)四总线结构

为了进一步提高 I/O 设备的性能,使其更快地响应命令,又出现了四总线结构,如图 8.10 所示。

在这里又增加了一条与计算机系统紧密相连的高速总线。在高速总线上挂接了一些高速 I/O 设备,如高速局域网、图形工作站、多媒体、SCSI 等。它们通过 Cache 控制机构中的高速总线桥或高速缓冲器与系统总线和局部总线相连,使得这些高速设备与 CPU 更密切。

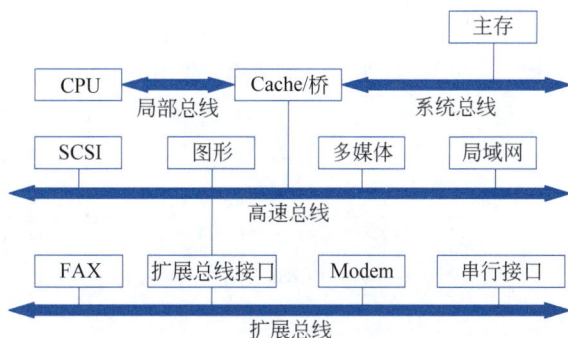

图 8.10　四总线结构

而一些较低速的设备如图文传真 FAX、调制解调器及串行接口仍然挂在扩展总线上,并由扩展总线接口与高速总线相连。

这种结构对高速设备而言,其自身的工作可以很少依赖 CPU,同时它们又比扩展总线上的设备更贴近 CPU,可见对于高性能设备与 CPU 来说,各自的效率将获得更大的提高。在这种结构中,CPU、高速总线的速度以及各自信号线的定义完全可以不同,以至各自改变其结构也不会影响高速总线的正常工作,反之亦然。

8.2　总线标准与技术

8.2.1　总线标准

1. 总线标准定义、制定原因、标准化与制定规范

标准定义:总线标准是经由国家标准化机构发布或推荐的一组规范,这些规范界定了不同计算机模块之间互联接口的技术要求。它们是构建计算机系统时必须遵循的规范,以确保系统部件之间的兼容性与互操作性。

制定原因:总线标准的制定主要是为了促进计算机系统内部模块的互换性与扩展性。通过统一的标准,不同制造商可以生产出遵循相同规范的芯片、模块和完整系统。用户可以根据自身的功能需求,选择不同制造商生产的、基于同一总线标准的模块和设备。这种标准化策略极大地促进了用户自定义功能特殊的专用模块和设备的设计,从而组建出符合特定应用需求的系统。总线标准的存在确保了从芯片到模块,再到设备级别的各类产品都享有良好的兼容性和互换性,这对于整个计算机系统的可维护性和扩展性至关重要。

标准化:总线标准化是指不同制造商生产的相同功能的部件可以互换使用,尽管它们的实现方法可能各不相同。这种互换性是因为所有部件都遵循了统一的系统总线要求。例如,在微型计算机系统中,总线标准经历了从 ISA 总线(16 位,带宽 8MB/s)的发展到 EISA总线(32 位,带宽 33.3MB/s),再到 VESA 总线(32 位,带宽 132MB/s)的演进,而 PCI 总线则标志着向 64 位和 100MHz 频率的进一步转变。

制定规范:

- 机械结构规范:模块尺寸、总线插头、总线接插件以及安装尺寸均有统一规定。
- 功能规范:总线每条信号线(引脚的名称)、功能以及工作过程要有统一规定。
- 电气规范:总线每条信号线的有效电平、动态转换时间、负载能力等。

多种总线标准，如表 8.7 所示。

表 8.7　多种总线标准

总 线 标 准	数 据 线	总 线 时 钟	带 宽
ISA	16	8MHz(独立)	16MB/s
EISA	32	8MHz(独立)	33MB/s
VESA(VL-BUS)	32	33MHz(CPU)	133MB/s
PCI	32 64	33MHz(独立) 66MHz(独立)	132MB/s 528MB/s
AGP	32	66.7MHz(独立) 133MHz(独立)	266MB/s 533MB/s
RS-232	串行通信 总线标准	数据终端设备(计算机)和数据通信设备(调制解调器)之间的标准接口	
USB(TYPE-A、B,C)	串行接口 总线标准	普通无屏蔽双绞线 带屏蔽双绞线最高	1.5MB/s(USB1.0) 12MB/s(USB1.1) 480MB/s(USB2.0) 5GB/s(USB3.2 Gen 1) 10GB/s(USB3.2 Gen 2)

2. 典型总线

典型的总线标准有 ISA、EISA、VESA、PCI、AGP、PCL-Express、USB 等。它们的主要区别是总线宽度、带宽、时钟频率、寻址能力、是否支持突发传送等。

（1）ISA(Industry Standard Architecture,工业标准体系结构)如图 8.11（图左侧）所示，是最早出现的微型计算机的系统总线,应用在 IBM 的 AT 机上。

（2）EISA(Extended Industry Standard Architecture,扩展的 ISA),是为配合 32 位 CPU 而设计的扩展总线,EISA 对 ISA 完全兼容。

（3）VESA(Video Electronics Standards Association,视频电子标准协会),是一个 32 位的局部总线,是针对多媒体 PC 要求高速传送活动图像的大量数据而推出的。

图 8.11　ISA(图左侧)与 PCI-E(图右侧)

（4）PCI(Peripheral Component Interconnect,外部设备互连),是高性能的 32 位或 64 位总线,是专为高度集成的外围部件、扩充插板和处理器/存储器系统设计的互连机制。目前常用的 PCI 适配器有显卡、声卡、网卡等。PCI 总线支持即插即用。PCI 总线是一个与处理器时钟频率无关的高速外围总线,属于局部总线。

（5）AGP(Accelerated Graphics Pot,加速图形接口),是一种视频接口标准,专用于连接主存和图形存储器,用于传输视频和三维图形数据,属于局部总线。

（6）PCI-E(PCI-Express),是新的总线接口标准,它将全面取代现行的 PCI、AGP,如图 8.11（图右侧）所示。

（7）RS-232C,是由美国电子工业协会(EIA)的一种行通信总线,是应用于行二进制交换的数据终端设备(DTE)和数据通信设备(DCE)之间的标准接口。

（8）USB(Universal Serial Bus),通用串行总线。是一种连接外部设备的 I/O 总线,属

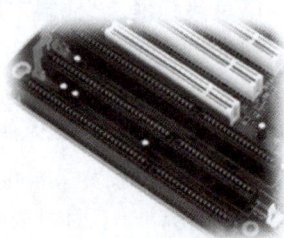

于设备总线。具有即插即用、热插拔等优点,有很强的连接能力。

(9) PCMCIA(Personal Computer Memory Card International Association),广泛应用于笔记本电脑的一种接口标准,是一个用于扩展功能的小型插槽,具有即插即用功能。

(10) IDE(Integrated Drive Electronics,集成设备电路),更准确地称为 ATA,是一种硬盘和光驱与主板连接的接口类型。

(11) SCSI(Small Computer System Interface,小型计算机系统接口),是一种用于计算机和智能设备之间(硬盘、软盘)系统级接口的独立处理器标准。

(12) SATA(Serial Advanced Technology Attachment,串行高级技术附件),是一种基于行业标准的串行硬件驱动器接口,是由 Intel、IBM、Del 等公司共同提出的硬盘接口规范。

8.2.2　新一代总线技术

新一代总线技术包括 PCI-X 局部总线、Compact PCI、PCI Express 3GIO 等。

1. PCI-X 局部总线

为解决 Intel 架构服务器中 PCI 总线的瓶颈问题,Compaq、IBM 和 HP 公司决定加快加宽 PCI 芯片组的时钟速率和数据传输速率,使其分别达到 133MHz 和 1GB/s。

利用对等 PCI 技术和 Intel 公司的快速芯片作为智能 I/O 电路的协处理器来构建系统,这种新的总线称为 PCI-X。

PCI-X 技术能通过增加计算机中央处理器与网卡、打印机、硬盘存储器等各种外部设备之间的数据流量来提高服务器的性能。与 PCI 相比,PCI-X 拥有更宽的通道、更优良的通道性能以及更好的安全性能,如图 8.12 所示。

2. Compact PCI

Compact PCI,是第一个采用无源总线底板结构的 PCI 系统,是 PCI 总线的电气和软件标准加欧式卡的工业组装标准,是当今最新的一种工业计算机标准,如图 8.13 所示。

Compact PCI 在 PCI 总线基础上改造而来,提供满足工业环境应用要求的高性能核心系统,同时还考虑利用传统的总线产品,如 ISA、STD、VME 或 PC/104 来扩充系统的功能。

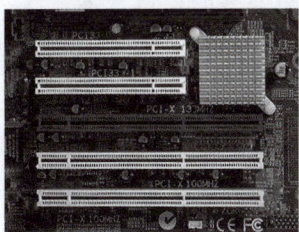

图 8.12　PCI-X 局部总线

图 8.13　Compact PCI

3. PCI Express（3GIO）

PCI Express 采用设备间的点对点串行连接。

允许每个设备都有自己的专用连接,是独占的,并不需要向整个总线请求带宽,同时利用串行的连接特点能轻松将数据传输速度提到一个很高的频率,达到远超出 PCI 总线传输速率。

串行连接能大大减少电缆间的信号干扰和电磁干扰,由于传输线条数有所减少,更能节省空间和连接更远的距离。

单个基本的 PCI Express 连接是一种单双单工连接,一个单独的基本的 PCI Express
串行连接就是两个独立的通过不同的低电压对驱动信号实现
的连接,一个接收对和一个发送对(共四组线路),如图 8.14
所示。

图 8.14   PCI Express 3GIO

4. USB 4.0

USB 4.0 是通用串行总线(Universal Serial Bus)的最新版
本,提供高速数据传输和更多的功率传输。它支持最高 40Gb/s
的数据传输速度,并向后兼容 USB 3.2 和 Thunderbolt 3。USB
4.0 的出现增加了连接外部设备时的速度和效率,如图 8.15(a)所示。

5. Thunderbolt

Thunderbolt 是由 Intel 开发的接口技术,结合了高速数据传输和视频输出功能。
Thunderbolt 4 是最新版本,提供最高 40Gb/s 的速度,支持更多的外设连接和更快的数据
传输,如图 8.15(b)所示。

(a) USB 4.0   (b) Thunderbolt

图 8.15   USB 4.0 和 Thunderbolt 4 设备一览

6. HDMI 2.1

高清多媒体接口(HDMI)的最新版本,支持更高的分辨率和帧率。HDMI 2.1 可以提
供 8K 分辨率和更高的刷新率,同时支持动态 HDR(高动态范围)和更多的音频通道,如
图 8.16(a)所示。

7. DisplayPort 2.0

DisplayPort 是另一种用于连接显示器和其他视频设备的接口标准。DisplayPort 2.0
是最新版本,提供高达 80Gb/s 的带宽,支持 8K 分辨率、HDR 和更高的刷新率,如图 8.16(b)
所示。

(a) HDMI 2.1   (b) DisplayPort 2.0

图 8.16   HDMI 2.1 和 DisplayPort 2.0 设备一览

8. SATA 3.2/3.3

Serial ATA(SATA)是用于连接存储设备的接口标准,其最新版本提供了更高的数据
传输速度。SATA 3.2 和 3.3 版本提供了更快的速度和更好的性能,适用于固态硬盘(SSD)
等存储设备。

9. NVLink

NVLink 是 NVIDIA 开发的用于连接多个图形处理器(GPU)的高速互连技术。它提高了多 GPU 系统的性能和效率,允许 GPU 之间直接共享数据,加速高性能计算和深度学习等应用。

10. Ethernet 400G

以太网是广泛用于计算机网络的标准,而 Ethernet 400G 是新一代以太网标准,提供了高达 400Gb/s 的数据传输速度。它用于数据中心和高性能计算环境,支持大规模数据传输和处理。

这些新一代总线技术的不断发展和改进为计算机和通信技术带来了更快速、更高效的数据传输和连接方式。

8.3　总线控制

由于总线上连接着多个部件,每个部件如何发送信息,如何接收信息,如何防止信息丢失等问题,都必须通过总线控制器统一管理。总线控制包括判优控制和通信控制。

8.3.1　判优控制

总线判优控制(总线裁决)定义:当多个设备需要使用总线进行通信时,在总线中引入一个或多个总线主控设备。利用总线判优控制决定哪个总线主控设备将在下次得到总线使用权。只有具有总线使用权的主控设备才能控制总线。

判优控制(裁决)有两种方式:集中式和分布式。

(1)集中式:将控制逻辑做在一个专门的总线控制器或总线裁决器中,通过将所有的总线请求集中起来利用一个特定的裁决算法进行裁决。

(2)分布式:没有专门的总线控制器,其控制逻辑分散在各个部件或设备中。

常见的集中式总线判优控制有以下三种:链式查询、计数器定时查询、独立请求查询。

(1)链式查询方式。如图 8.17(a)所示,总线上有三根线用于总线控制(BS—总线忙、BR—总线请求、BG—总线允许)。BG 从最高优先权的设备依次向最低优先权的设备串行相连。如果 BG 到达的设备有总线请求,则 BG 信号就不再往下传,该设备建立总线忙 BS 信号,表示它已获得了总线使用权。

(2)计数器定时查询方式。如图 8.17(b)所示,比链式查询多一组设备线,少一根总线允许线 BG。总线控制器接收到 BR 送来的总线请求信号后,在总线未被使用(BS=0)的情况下,由计数器开始计数,并将计数值通过设备线向各设备发出。当某个有总线请求的设备号与计数值一致时,该设备便获得总线使用权,此时终止计数查询,同时该设备建立总线忙 BS 信号。

(3)独立请求查询方式。如图 8.17(c)所示,每个设备都有一对总线请求线 BR_i 和总线允许线 BG_i。各个设备独立请求总线,当某个设备要求使用总线时,就通过对应的总线请求线将请求信号送到总线控制器。总线控制器中有一个判优电路,可根据各个设备的优先级确定选择哪个设备使用总线。控制器可以给各个请求线以固定的优先级,也可以设置可编程的优先级。

(a) 链式查询方式

(b) 计数器定时查询方式

(c) 独立请求查询方式

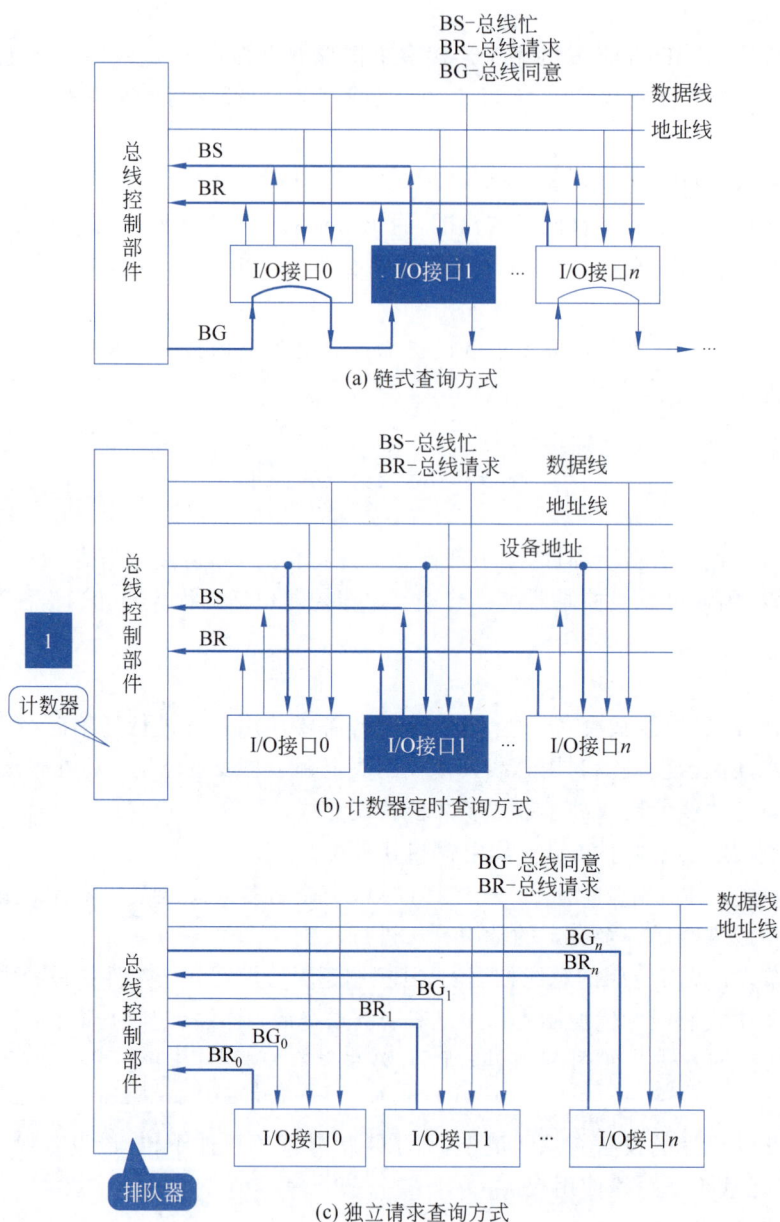

图 8.17   集中式总线判优控制三种方式

8.3.2 通信控制

总线通信控制(总线定时):取得了总线控制权的设备如何控制总线进行总线操作,也即如何定义总线事务中的每一步何时开始、何时结束以及通信双方如何协调配合。总线通信主要分同步和异步两大类。

1. 同步通信

采用公共时钟,有统一的传输周期。如图 8.18 所示为同步通信的数据输入过程。

在图 8.18 中一个总线传输周期内有 4 个时钟周期 $T_1 \sim T_4$,CPU 在第一个时钟周期

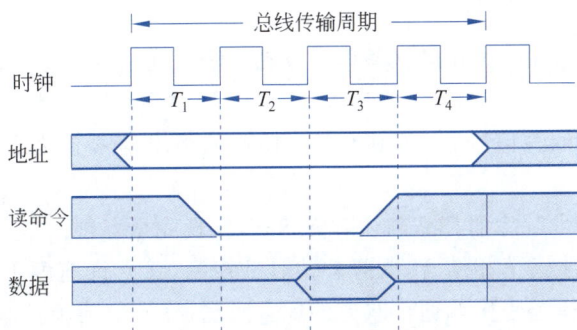

图 8.18　同步通信

T_1 的上升沿发出地址信息,在第二个时钟周期 T_2 的上升沿发出读命令。输入设备必须在第三个时钟周期 T_3 的上升沿到来之前将 CPU 所需的数据送到数据总线上,而 CPU 在第三个时钟周期 T 内可将总线上的数据信息取至其内部的寄存器中。在第四个时钟周期 T_4 的上升沿,CPU 撤销读命令,输入设备撤销数据。可见通信双方在约定的时钟周期实现通信。但由于同步通信必须按最慢的模块来设计公共时钟,当总线上各模块存取时间差异很大时,便会大大损失总线效率。

2. 异步通信

没有公共时钟,采用应答方式通信,允许总线上各模块的速度不一致,总线的传输周期不固定。异步通信具体又分不互锁、半互锁、全互锁三种方式,如图 8.19 所示。

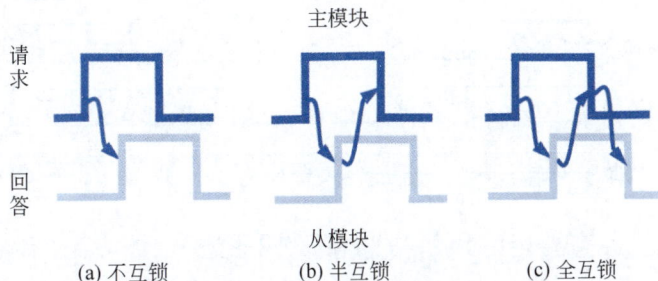

图 8.19　异步通信

1) 不互锁方式

主模块的请求信号和从模块的回答信号无相互制约关系。

* 主模块:发出请求信号后,不必等待回答信号,而是经过一段时间(确认从模块已收到请求),主动置为无效请求信号。
* 从模块:接到请求信号后,在条件允许时发出回答信号,并经过一段时间(确认主模块已收到回答),自动置为无效回答信号。

2) 半互锁方式

主模块的请求信号和从模块的回答信号存在单向制约。

* 主模块:发出请求信号后,必须等待回答信号,收到回答后才置为无效请求信号(存在互锁)。
* 从模块:发出回答信号后,不必等待请求信号撤销,隔一段时间自动置为无效回答信号(无互锁)。

3）全互锁方式

主模块的请求信号和从模块的回答信号存在完全双向制约。

- 主模块：发出请求信号后，必须等待回答信号，收到回答后才置为无效请求信号。
- 从模块：发出回答信号后，必须等待主模块的请求信号置为无效，之后才置为无效回答信号。
- 核心：双方信号解除前都需确认对方状态，实现完全互锁。

如果将同步和异步通信相结合，既有公共时钟控制，又允许速度不同的模块和谐工作，采用插入等待周期的措施来协调通信双方的配合问题，称为半同步控制。由如图 8.20 所示的同步通信数据输入可见，在 T_3 到来之时输入设备必须提供数据。如果输入设备速度较慢无法在 T_3 到来之时提供数据就必须在 T_3 之前通知 CPU 给出 $\overline{\text{WAIT}}$（低电平）信号。CPU 若测得 $\overline{\text{WAIT}}$ 为低电平，就插入一个等待周期 T_w。CPU 若在 T_w 结束前一时刻仍测得 $\overline{\text{WAIT}}$ 为低电平就再插入一个等待周期 T，直到测得 $\overline{\text{WAIT}}$ 为高电平表示数据已准备好，此时 CPU 又回到正常的时钟周期 T_3，并在 T_3 内将总线上的数据信息取至其内部的寄存器中。在 T_4 的上升沿 CPU 撤销读命令输入设备撤销数据，如图 8.20 所示。

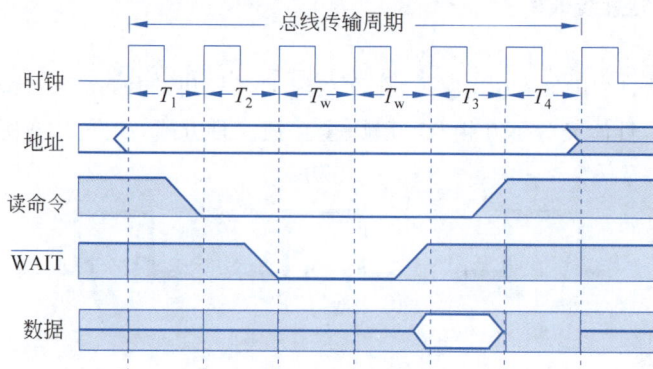

图 8.20　全互锁方式

8.4　本　章　小　结

8.4.1　内容总结

计算机总线是一组传输数据、地址和控制信号的电导线，它们贯穿整个计算机系统，允许不同的组件之间进行通信。总线是计算机硬件的基础架构之一，确保信息能够在处理器、内存、存储设备和其他外部设备之间流动。

1. 总线的定义

总线是指一组线路，它允许连接到这些线路的多个部件在不同时间点共享信息传输能力。总线的关键特征包括分时和共享。分时的概念是指在任意给定的时刻，只有一个部件被允许向总线发送信息。当有多个部件存在时，它们必须轮流使用总线发送信息。共享的概念是指，多个部件可以连接到同一组线路，并且它们之间的信息交换可以通过这组线路分时共享，实现多个部件同时接收来自总线的相同信息。

2. 总线分类

按照功能,总线可以分为以下几类:

(1) 片内总线:在单个芯片内部连接不同部件的总线。

(2) 系统总线:在计算机系统中连接主要组件(如处理器、内存和 I/O 设备)的总线。

(3) 通信总线:用于实现计算机系统之间或计算机与外部设备之间的通信。

3. 总线特性

总线特性涉及以下方面:

(1) 机械特性:包括总线的尺寸和形状。

(2) 电气特性:涉及信号的传输方向和有效电平范围。

(3) 功能特性:定义每根传输线的具体功能。

(4) 时间特性:描述信号和时序之间的关系。

4. 总线性能指标

总线性能的关键指标如下:

(1) 总线传输周期:是指完成一次总线操作所需的时间,它包含申请阶段、寻址阶段、传输阶段和结束阶段,通常由若干总线时钟周期组成。

(2) 总线时钟周期:即计算机的机器周期。计算机有一个统一的时钟信号,用以控制所有部件的操作,总线也需遵循这个时钟信号。

(3) 总线工作频率:指总线操作的频率,是总线周期的倒数。它实际上指定了每秒能进行多少次数据传输。

(4) 总线时钟频率:即机器的时钟频率,是时钟周期的倒数。

(5) 总线宽度:也称为总线位宽,指的是总线一次能够并行传输的数据位数,通常是指数据总线的位宽。

(6) 总线带宽:指总线的最大数据传输速率,即单位时间内总线能够传输的最大数据量,通常以每秒传输的字节数(B/s)为单位。总线带宽＝总线工作频率×(总线宽度/8)。

(7) 总线复用:指总线上的信号线在不同时间传输不同类型的信息,以减少线路数量并节约成本。

(8) 信号线数:地址总线、数据总线和控制总线的线数总和。

5. 总线结构

单总线结构:优点在于结构简单、成本低、易于接入新的设备;但它也有缺点,如带宽有限、负载重,并且多个部件只能竞争唯一的总线资源,不支持并发传输操作。

双总线结构:优势在于分离了高速数据传输的需求与低速 I/O 设备的通信,提升了效率;然而,它的不足之处在于需要增加通道和其他硬件设备。

三总线结构:优点体现在提高了 I/O 设备的性能,使得它们能够更快地响应命令,并提高了系统的整体吞吐量。缺点是可能导致系统工作效率降低,因为复杂度增加了。

8.4.2　常见问题

1. 同步与异步总线如何区分

同步总线:总线采用统一时钟信号,所有设备按照固定时钟周期传输数据。

优点:传输速度快,设计简单。

缺点：距离受限，易受时钟偏差影响。

异步总线：没有统一时钟信号，设备间通过握手协议确定数据传输时机。

优点：距离更远，灵活性高。

缺点：速度较慢，控制复杂。

易混淆点：同步总线是统一时钟，而异步总线是基于事件完成握手。

2. 地址总线与数据总线的区别

地址总线：用于指定内存或设备的地址，决定系统可寻址的范围。宽度越大，可寻址范围越大。

数据总线：用于传输数据本身，决定一次传输的数据量。宽度越大，传输速度越快。

易混淆点：地址总线决定寻址能力，数据总线决定传输能力。

8.4.3　思考题

(1) 什么是总线？解释它在计算机系统中扮演的角色。

(2) 总线传输的基本特点是什么？如何影响数据传输效率？

(3) 总线系统中常见的总线结构有哪些？它们各自有什么特点和优劣？

(4) 描述单总线结构与多总线结构，并比较它们对计算机性能的影响。

(5) 为何多主体系统中需要总线判优控制？它是如何工作的？

(6) 半同步通信是如何结合同步通信和异步通信的特点的？请给出实际应用的例子。

(7) 解释总线标准的重要性及其对计算机系统兼容性的影响。

(8) 列举几个当前流行的总线标准，并解释它们各自的应用场景。

(9) 什么是即插即用(Plug and Play)？为什么这一特性对用户和系统集成商很重要？

(10) 如何理解总线宽度、频率和传输速率之间的关系？通过实例进行说明。

(11) 解释总线判优控制的必要性，并讨论它如何影响系统的整体性能。

(12) 什么是总线仲裁？它在总线设计中扮演什么角色？

(13) 新一代总线技术相比于传统技术有哪些改进？请举例说明它们的优势。

(14) 通信控制在总线系统中扮演什么角色？为什么它对于系统稳定性和性能至关重要？

(15) 比较同步通信与异步通信在总线系统中的应用，并讨论它们各自的优缺点。

第 9 章

I/O 系统和交互接口

I/O 系统是智能交互的核心环节,承载着人机对话和信息交换的关键职能。作为连接计算机内部与外部环境的桥梁,I/O 系统不仅包括多样化的输入设备和输出设备,还涵盖了这些设备与主机之间实现高效信息交换的多种机制。本章将从 I/O 系统的概念与组成入手,系统性解析 I/O 设备的工作原理及其与主机的信息传递方式,重点介绍程序查询、程序中断和直接内存访问三种控制方式,并深入探讨 I/O 设备与主机的交互关系、接口类型与功能,以及人机交互接口的演进与创新。通过本章的学习,读者将全面掌握 I/O 系统的理论基础及其在智能交互中的实际应用。

9.1 I/O 系统的概念与组成

9.1.1 I/O 系统基本概念

I/O 系统的发展可分为 4 个阶段。

1. 早期阶段

早期的 I/O 设备种类较少,I/O 设备与主存交换信息都必须通过 CPU,这种交换方式延续了相当长的时间。在这个阶段中,计算机系统的价格十分昂贵,机器运行速度不高,配置的 I/O 设备不多,主机与 I/O 设备之间交换的信息量也不大,计算机应用尚未普及。

2. 接口模块和 DMA 阶段

这个阶段 I/O 设备通过接口模块与主机连接,计算机系统采用了总线结构。通常,在接口中都设有数据通路和控制通路。数据经过接口既起到缓冲作用,又可完成串-并变换。控制通路用以传送 CPU 向 I/O 设备发出的各种控制命令,或使 CPU 接收来自 I/O 设备的反馈信号。许多接口还能满足中断请求处理的要求,使 I/O 设备与 CPU 可按并行方式工作,大大地提高了 CPU 的工作效率。采用接口技术还可以使多台 I/O 设备分时占用总线,使多台 I/O 设备互相之间也可实现并行工作方式,有利于整机工作效率的提高。

虽然这个阶段实现了 CPU 和 I/O 设备并行工作,但是在主机与 I/O 设备交换信息时,CPU 要中断现行程序,即 CPU 与 I/O 设备还不能做到绝对的并行工作。为了进一步提高CPU 的工作效率,又出现了直接存储器存取(Direct Memory Access,DMA)技术,其特点是I/O 设备与主存之间有一条直接数据通路。设备可以与主存直接交换信息,使 CPU 在 I/O设备与主存交换信息时能继续完成自身的工作,故资源利用率得到了进一步提高。

3. 具有通道结构的阶段

在小型和微型计算机中,采用 DMA 方式可实现高速 I/O 设备与主机之间成组数据的交换,但在大中型计算机中,I/O 设备配置繁多,数据传送频繁,若仍采用 DMA 方式会出现一系列问题。

4. 具有 I/O 处理机的阶段

I/O 系统发展到第四阶段,出现 I/O 处理机。I/O 处理机又称为外围处理机(Peripheral Processor),它基本独立于主机工作,既可完成 I/O 通道要完成的 I/O 控制,又可完成码制变换、格式处理、数据块检错、纠错等操作。具有 I/O 处理机的 I/O 系统与 CPU 工作的并行性更高,这说明 I/O 系统对主机来说具有更大的独立性。

9.1.2   I/O 系统基本组成

I/O 系统由 I/O 软件和 I/O 硬件两部分组成。

1. I/O 软件

I/O 系统软件的主要任务如下。

- 将用户编制的程序(或数据)输入主机内。
- 将运算结果输送给用户。
- 实现 I/O 系统与主机工作的协调等。

不同结构的 I/O 系统所采用的软件技术差异很大。

1)I/O 指令

I/O 指令是机器指令的一类,其指令格式与其他指令既有相似之处,又有所不同。

I/O 指令可以和其他机器指令的字长相等,但它还应该能反映 CPU 与 I/O 设备交换信息的各种特点。例如,它必须反映出对多台 I/O 设备的选择,以及在完成信息交换过程中,对不同设备应做哪些具体操作等。如图 9.1 所示,展示了 I/O 指令的一般格式。

| 操作码 | 命令码 | 设备码 |

图 9.1   I/O 指令的一般格式

2)通道指令

通道指令是对具有通道的 I/O 系统专门设置的指令,这类指令一般用以指明参与传送(写入或读取)的数据组在主存中的首地址;指明需要传送的字节数或所传送数据组的末地址;指明所选设备的设备码以及完成某种操作的命令码。这类指令的位数一般较长,如 IBM 370 机的通道指令为 64 位。

2. I/O 硬件

I/O 系统的硬件组成是多种多样的,在带有接口的 I/O 系统中,I/O 硬件包括接口模块和 I/O 设备两大部分;在具有通道或 I/O 处理机的 I/O 系统中,I/O 硬件包括通道(或 I/O 处理机)、设备控制器和 I/O 设备几大部分。

9.2   I/O 设备基本组成

9.2.1   输入设备与其工作原理

1. 输入设备

输入设备是向计算机输入数据和信息的设备,是计算机与用户或其他设备通信的桥梁,是用户和计算机系统之间进行信息交换的主要装置之一。键盘、鼠标、摄像头、扫描仪、光笔、手写输入板、游戏杆、语音输入装置等都属于输入设备。输入设备(Input Device)是人或外部与计算机进行交互的一种装置,用于把原始数据和处理这些数据的程序输入到计算机中。

计算机能够接收各种各样的数据,既可以是数值型的数据,也可以是各种非数值型的数据,如图形、图像、声音等都可以通过不同类型的输入设备输入到计算机中,进行存储、处理和输出。对于这些信息形式,计算机往往无法直接处理,必须把它们转换成相应的数字编码后才能处理。输入信息的传输速率变化也很大,它们与计算机的工作速率不相匹配。输入设备的一个作用是使这两方面协调起来,提高计算机工作效率。输入设备的种类很多,除文字及数字输入设备外,模拟信号的输入设备有数-模、模-数转换设备;图形、图像的输入设备有模式信息 I/O 设备。

现在的计算机能够接收各种各样的数据,既可以是数值型的数据,也可以是各种非数值型的数据,如图形、图像、声音等都可以通过不同类型的输入设备输入到计算机中,进行存储、处理和输出。

如图 9.2 所示,常见的计算机的输入设备有以下几类。

图 9.2　常见的输入设备

- 字符输入设备:键盘。
- 光学阅读设备:光学标记阅读机,光学字符阅读机。
- 图形输入设备:鼠标器、操纵杆、光笔。
- 图像输入设备:摄像机、扫描仪、传真机。
- 音频输入设备:麦克风。
- 模拟输入设备:语言模数转换识别系统。
- 生物识别输入设备:指纹识别。
- 传感器输入设备:温度传感器。

2. 输入设备工作原理

信息输入时要说明信息的具体内容、信息的形式和时间。信息输入按信息的来源(称目标系统)和处理系统之间连接的不同可分为间接连接、半直接连接和直接连接。

(1) 间接连接把目标系统的信息记录在数据载体上,再通过输入设备输入处理系统。常用的载体有穿孔卡片、穿孔带、磁带、磁盘等。

（2）半直接连接利用处理系统能够处理的原始文件连接目标系统和处理系统。常用的原始文件有标记文件、磁墨水字符文件、印刷体光学字符文件和手写体光学字符文件等。

（3）直接连接通过键盘、光笔、记录设备、传感器等将信息直接输入处理系统。信息输入按照采集系统和处理系统之间控制的不同又可分为脱机输入和联机输入。脱机时输入，信息采集系统与处理系统之间通过二次数据载体相连接。联机输入时，信息采集系统将信息直接输入处理系统。

信息输入还可按输入设备的智能程度分为非智能输入和智能输入。非智能输入的信息为数据，输入设备单纯地把数据转换成处理系统能够识别的代码输入。智能输入不仅能进行数据转换，还能进行运算或直接输入声音、图像、文字标记等信息。输入方式有穿孔卡片、穿孔带、磁带、磁盘和字符阅读等多种方式。

9.2.2　输入方式

1. 常见的输入方式

输入方式主要包括穿孔卡片输入、穿孔带输入、磁带输入、磁盘输入、字符阅读等，如图 9.3 所示。

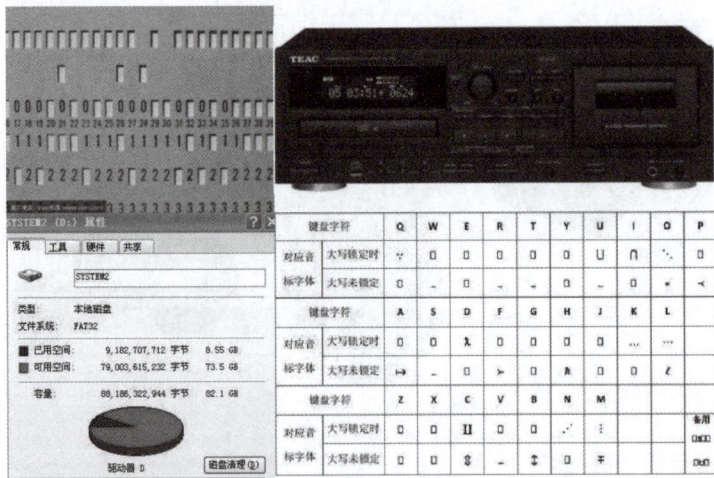

图 9.3　常见的输入方式 1

（1）穿孔卡片输入：穿孔卡片是在预定位置处穿孔的组合表示数据。

（2）穿孔带输入：穿孔带由纸、塑料或金属制成，在带上穿圆孔来记载数据。

（3）磁带输入：磁带利用表面磁层的磁化方向来记录信息。它具有密度高、经济性好、易于擦掉再用等优点，是电子数据处理系统中使用最多的 I/O 载体。

（4）磁盘输入：磁盘用不导磁的圆盘作基体，表面上涂有磁性层来记载数据，安装在一根垂直的轴上，以 2400～3600r/min 的速度旋转。

（5）字符阅读：它是直接联机输入，直接读出由打印机、打字机、现金收入记录机和印刷票据上的字符，将它转换成处理系统可读的代码。

（6）CRT 终端：它有一个类似于打字机的输入键盘和一个阴极射线管的显示屏。信息直接从键盘输入，输入的数据首先在屏幕上显示，如果发现错误，可以立即删除或修改，然后送入处理系统。CRT 终端是使用最广泛的 I/O 设备。

（7）模拟量输入：利用模数转换器可把从传感器上收集到的连续变化的信息（模拟量）转换成处理系统能够接收的数字。把模拟量转换为数字分四步进行：取样、保持、量化、编码，如图 9.4 所示。

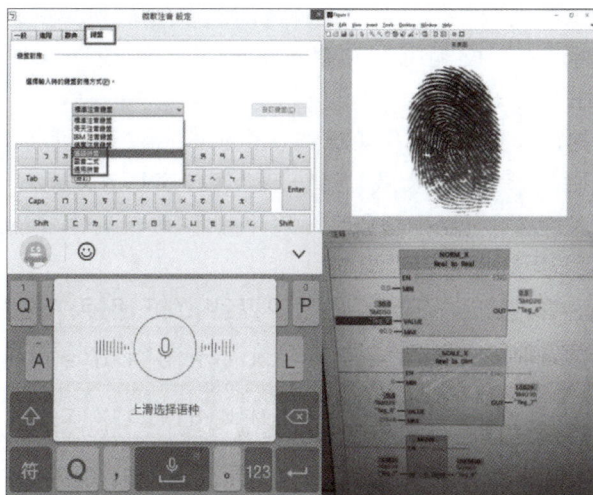

图 9.4　常见的输入方式 2

（8）文本输入：文本输入不仅限于键盘输入，还包括语音识别和手写输入等形式。语音识别技术在智能手机和智能助理中越来越普及，能够将用户的口头语言转换为文字信息。而手写输入允许用户使用笔、触控笔、手写板等设备直接书写字母、数字和符号。

（9）图形/图像输入：这种输入方式常用于图形设计、艺术创作和 CAD（计算机辅助设计）等领域。随着绘图板和数字笔的发展，用户可以更自然地表达手势和笔触，实现更精准和细致的图形输入。

（10）手势输入：手势输入已成为移动设备和虚拟现实的重要交互方式。通过识别手势，用户可以进行放大缩小、滑动、旋转等操作。手势识别技术也在智能家居和汽车界面中得到应用，使得用户与设备之间的交互更加直观和便捷。

（11）声音/音频输入：随着语音助手和语音识别技术的发展，声音输入变得越来越重要。语音输入不仅用于发送消息和指令，还扩展到语音搜索、语音导航和语音助手等领域。

（12）触摸输入：触摸输入不仅限于智能手机和平板电脑，还包括各种触摸式设备，如自动售货机、信息亭和交互式显示屏等。触摸技术的普及使得用户可以直接操作屏幕，省略了传统的物理按键，提供更直观和灵活的交互方式。

（13）运动/姿态输入：运动捕捉技术已在游戏、体育训练和医疗康复等领域得到应用。通过追踪用户的身体动作和姿态，这些技术允许用户进行虚拟现实体验、体育训练模拟等活动。

（14）生物识别输入：生物识别技术的进步提高了设备的安全性和便利性。指纹识别、虹膜扫描和面部识别等技术被广泛用于手机解锁、身份验证和金融交易等领域。

（15）传感器输入：传感器输入涉及环境感知和数据采集，如智能家居中的温度传感器、运动传感器和光线传感器，它们收集并传输数据，为智能决策和自动化提供支持。

2. 新一代的输入方式

（1）虚拟现实（VR）和增强现实（AR）输入：使用头戴式显示器和手柄等设备，用户可以通过虚拟现实或增强现实技术与计算机进行交互。这包括手势、眼神追踪、物体识别等方式,将用户的身体动作和感知融入虚拟环境中。

（2）脑机接口输入：这是一种新兴的技术,允许用户使用大脑信号来控制计算机或其他设备。通过脑电图或其他脑部信号监测设备,将大脑活动转换为控制指令。

（3）手写输入：通过手写板、触控笔或触控屏幕等设备,用户可以进行手写输入,将手写文字或图形转换为数字化数据。

（4）身体运动捕捉输入：使用摄像头或特殊传感器追踪用户身体动作,并将这些动作转换为控制指令。这种技术常用于游戏、虚拟现实、医疗康复等领域。

（5）环境感知输入：通过物联网设备和环境传感器,收集周围环境的数据,如智能家居中的温度、湿度等信息。

（6）自然语言处理输入：用户可以使用语音识别技术,通过口头命令或语音交互方式来与计算机系统进行交互。

如图 9.5 所示,这些输入方式代表了技术不断演进和创新,为用户提供更多样化和多样性的与计算机进行交互的方式。这些新型的输入方式拓展了人与计算机之间的交流方式,让交互更加便捷、自然和多样化。

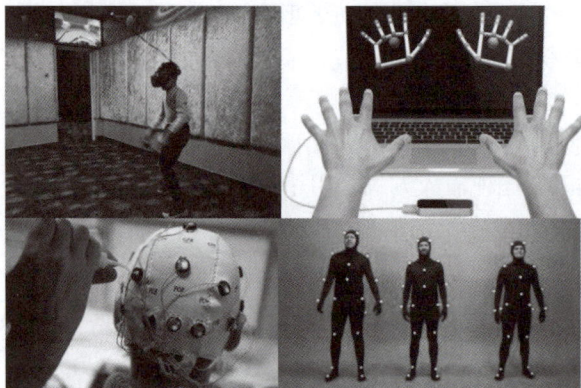

图 9.5   新一代的输入方式

9.2.3   输出设备与其工作原理

1. 输出设备

计算机的输出设备是用于将计算机处理过的信息、数据或结果转换为人类可读取或可理解的形式。这些设备将计算机内部处理的数字信息转换为可视、可听或可感知的输出形式。如图 9.6 所示,以下是常见的计算机输出设备。

1）显示器

显示器是一种输出设备,完整的名称为视频显示器或计算机显示器。它可以将计算机系统生成的数据和视觉信息以图像形式呈现给用户,不仅在计算机领域,各种电器设备的显示器也呈现广泛的应用,如智能手机、平板电脑、电视等。

2）打印机

打印机作为输出设备,是一种能够将电子文档转换成可视化的书面文件的外部设备。根据生产制造材料的不同,打印机被分为各种类型。常见的打印机类型包括：喷墨打印机、

图 9.6　常见的输出设备

激光打印机、热敏打印机等。打印机就像一台按需的印刷机,它可以对纸张和墨水进行控制和操作,将图像和文字等信息输出在实际物质上。

3) 投影仪

投影仪作为输出设备,是一种可以将图像或视频信号投射到特定的表面上的设备。它可以将计算机或其他设备的输出信号转换成光信号投射到一个大屏幕或白墙,或者一个具体的对象上,使用户可以大幅度浏览他们所需要的信息,或者演示他们需要展示的内容。

4) 摄像头

摄像头也是一种输出设备,它可以将照片和视频信号传输到计算机或其他设备上。摄像头已经很好地满足了高清视频通信、视频会议、安全监控、游戏录像、远程办公等多个领域的需求。这种设备使人们的日常工作和生活变得更加方便和高效。

5) 音箱

音箱是一种将音频信号转换为声音的设备。简单地说,音箱是把声音放大输出到我们的耳机或扬声器上的装置,为用户提供高清晰的音效,从而改善我们的听觉感受。音箱通过增加音量和发音的清晰程度来提高音质,同时它能实行低音、中音和高音的控制,从而拥有高质量的音效。

2. 输出设备工作原理

1) 显示器

显示器是计算机最常见的输出设备之一,它能将计算机内部处理的图像、文本和视频等信息以可视化的方式呈现给用户。不同类型的显示器(如液晶显示器、LED 显示器、OLED显示器等)在工作原理上略有差异,但基本工作原理可总结如下。

液晶显示器(LCD)工作原理:

- 背光源:液晶显示器背后有一种发光的光源(通常是冷阴极荧光灯或 LED),作为整个显示屏的光源。
- 液晶层:液晶屏幕中有许多像素,每个像素都包含液晶分子。这些分子可以通过电场来控制。
- 色彩滤光片:液晶层上有三种色彩滤光片(红、绿、蓝),每个像素由这三种颜色的滤光片调配形成。
- 电场控制:当液晶层的电场改变时,液晶分子的排列会发生变化,从而改变光的透过程度,控制像素的亮度和颜色。

LED 显示器工作原理:LED 显示器使用发光二极管(LED)作为背光源,而不是传统的冷阴极荧光灯。LED 作为光源提供亮度和颜色,可以是直接照射屏幕(直下式背光)或沿屏幕边缘布置(边缘式背光)。

与液晶显示器相似,LED 显示器也利用液晶层来控制每个像素的颜色和亮度。

OLED 显示器工作原理:有机发光二极管(OLED)显示器不需要背光源,而是每个像素点都是发光的。

每个像素点都包含有机化合物层,在加电后会自发发光。这使得 OLED 显示器在画质、对比度和能效方面有优势,因为它不需要背光源。

无论采用何种技术,显示器都会根据计算机发送的指令和数据来控制每个像素点的亮度、颜色和位置,从而在屏幕上呈现出用户能够识别的图像、文本和图形等内容。

2)打印机

打印机会生成已处理数据的硬拷贝。它使用户能够在纸上打印图像,文本或任何其他信息。

根据打印机制,打印机分为两种:冲击式打印机和非冲击式打印机。

- 冲击式打印机:有两种类型,即字符打印机和行式打印机。
- 非冲击式打印机:有两种类型,即激光打印机和喷墨打印机。

字符打印机一次或用打印头或锤子的单个笔触打印单个字符。点矩阵打印机和菊花轮打印机都属于字符打印机。如今,这些打印机由于速度低并且只能打印文本而使用不多。字符打印机有两种类型,如图 9.7 所示。

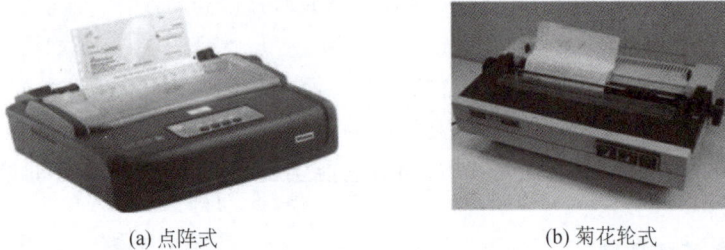

(a) 点阵式　　　　　　　(b) 菊花轮式

图 9.7　字符打印机

行式打印机(也称为条形打印机)一次只能打印一行。这是一种高速冲击式打印机,因为它每分钟可以打印 500～3000 行。行式打印机有两种类型,如图 9.8 所示。

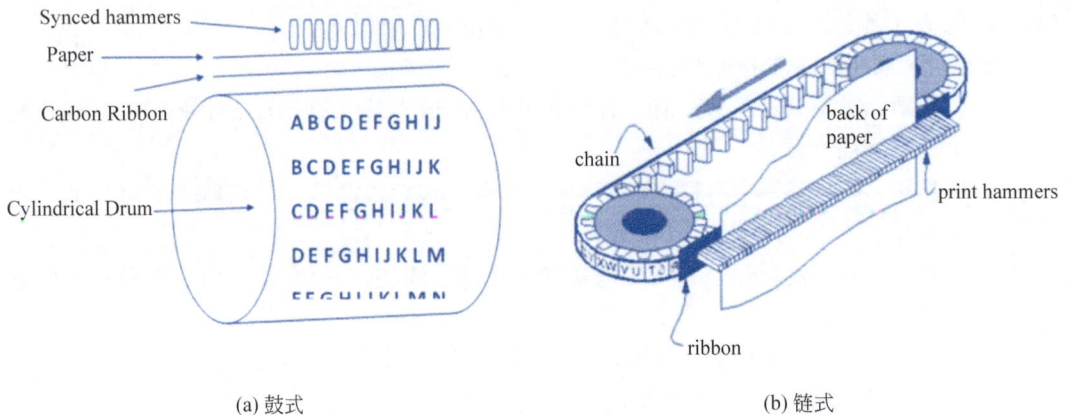

(a) 鼓式　　　　　　　　(b) 链式

图 9.8　行式打印机

非冲击式打印机不会通过敲打打印头或锤击靠在纸上的色带来打印字符或图像。它们打印字符和图像时,纸张和印刷机械之间没有直接的物理接触。这些打印机可以一次打印完整的页面,因此也称为页面打印机。非冲击式打印机的常见类型是激光打印机和喷墨打印机,如图 9.9 所示。

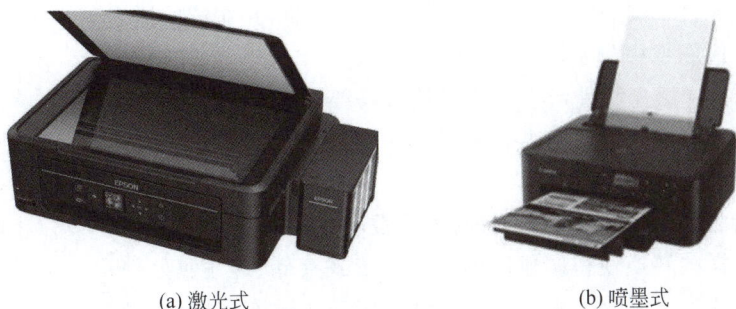

(a) 激光式　　　　　　　　　(b) 喷墨式

图 9.9　非冲击式打印机

3) 投影仪

投影仪是一种输出设备,使用户可以将输出投影到大表面(例如大屏幕或墙壁)上。它可以连接到计算机和类似设备,以将其输出投影到屏幕上。它使用光线和镜头来产生放大的文本,图像和视频。因此,它是进行演示或教导的理想输出设备。

现代项目(数字投影仪)带有多种输入源,如用于较新设备的 HDMI 端口和支持较旧设备的 VGA 端口。一些投影仪还设计为支持 Wi-Fi 和蓝牙。它们可以固定在天花板上,放在架子上等,并且经常用于课堂教学、演讲、家庭影院等。

数字投影仪可以有两种类型如图 9.10 所示。

- 液晶显示器(LCD)数字投影仪:这种类型的数字投影仪重量轻且输出清晰,因此非常受欢迎。LCD 投影仪使用透射技术来产生输出。它允许作为标准灯的光源穿过三个彩色的液晶灯面板。有些颜色会穿过面板,有些会被面板遮挡,因此图像在屏幕上。
- 数字光处理(DLP)数字投影仪:它具有一组微型镜,对于图像的每个像素都有一个单独的镜,从而可以提供高质量的图像。这些投影仪可满足高质量视频输出的要求,因此主要用于剧院。

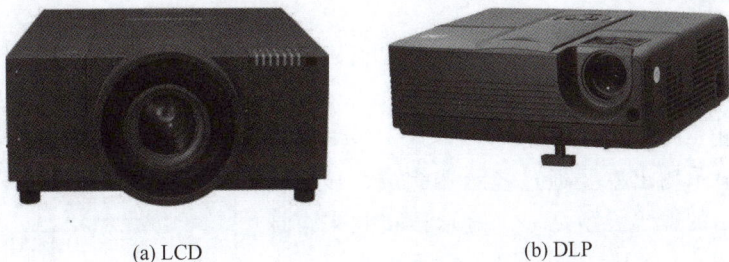

(a) LCD　　　　　　　　　(b) DLP

图 9.10　投影仪

4) 摄像头

摄像头作为一种输出设备,能够将图像和视频信号捕捉并传输到计算机或其他设备上。其工作原理基本包括以下几个步骤。

- 光学成像：摄像头通常包括一个透镜系统，用来收集来自环境的光线。这些光线通过透镜系统聚焦到摄像头内部的感光元件上。
- 感光元件：感光元件是摄像头的核心部件，通常采用 CMOS（Complementary Metal-Oxide Semiconductor）或 CCD（Charge-Coupled Device）传感器。当光线照射到感光元件上时，光子激发了传感器中的电荷，并在传感器表面产生电子信号，这些信号对应图像中的不同亮度和颜色。
- 信号转换：感光元件产生的电子信号需要经过处理和转换，以便能够被计算机或其他设备理解和处理。这些信号可能需要进行放大、去噪、调整颜色等处理步骤，以提高图像的质量和准确性。
- 模数转换：摄像头内部通常包括模数转换器（ADC），它将模拟信号转换为数字信号。这样的转换使得图像能够以数字形式存储、传输和处理。
- 输出：最终处理后的数字图像或视频信号通过连接接口（例如 USB、HDMI、Wi-Fi）输出到计算机、显示屏或其他设备上，供用户观看、存储或进一步处理。

5）音箱

音箱作为输出设备，能够将电子信号转换成可听的声音。其工作原理涉及几个关键组件和步骤。

- 信号接收：音箱通过连接电缆、无线信号或其他方式，接收来自音频源（如计算机、手机、音响系统等）的电子音频信号。
- 信号放大：输入的音频信号通常比较微弱，因此需要通过音箱内部的放大器来增强信号的强度，使其能够推动扬声器产生声音。
- 声音产生：音箱内部的扬声器是声音产生的关键组件。电子信号通过放大器被送到扬声器的驱动单元，它会根据电信号的波形变化，驱动扬声器的振动部分（如振膜、声圈），产生空气震荡并发出声音。
- 声音放大和调节：音箱通常具有控制音量、音色和均衡的功能。内置的音频处理器可以调整音频信号的音量大小、低音、中音和高音等，以调节声音的特性和质量。
- 声音输出：最终产生的声波通过音箱的扬声器部分释放到周围环境中，使人们能够听到处理后的音频内容。

9.2.4　输出方式

常见的输出方式包括显示输出、打印输出、磁盘输出、磁带输出等，如图 9.11 所示。

1. 显示输出

计算机的显示输出主要通过显示器完成。显示器是计算机最常用的输出设备之一。显示器接收来自计算机的视频信号，并将其转换为图像显示出来。常见的视频连接接口有 VGA、DVI、HDMI 等。显示器的主要参数包括分辨率、刷新率、对比度、色域等。

随着技术的发展，CRT 显示器正在被 LCD、LED 等平板显示器所取代。这些新型显示器利用液晶或发

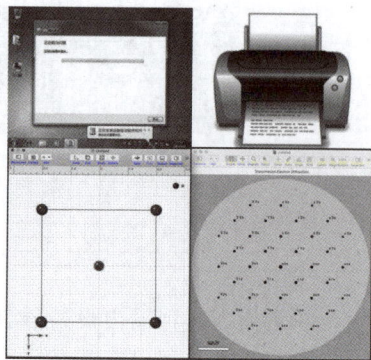

图 9.11　常见的输出方式

光二极管控制每个像素的状态,实现图像的显示。显示器为用户提供了一个直观的人机交互界面,用户可以通过显示器输出来获得计算机处理的结果、操作反馈等信息。显示器的性能直接影响用户的使用体验。高分辨率、高刷新率的显示器可以呈现更细致流畅的图像和视频效果。

2. 打印输出

打印机的工作原理是将计算机内部的数字信息转换为纸上的文字或图像。最常见的打印技术是激光打印和墨盒打印。激光打印机使用激光束通过静电吸附将带电的炭粉转移到打印纸上,再通过高温定着使印刷成像。墨盒打印机则是利用打印头上的小型喷嘴将墨水溅射到打印纸上。目前墨盒打印机分为热敏和压电两大类型。打印机通常通过并行端口、USB 接口或网络接口与计算机连接。打印机的应用十分广泛,已经成为计算机系统不可或缺的外设之一。

3. 磁盘输出

计算机的磁盘输出是指将数据输出存储到磁盘存储设备上。将数据输出到磁盘的主要目的是实现数据的持久保存,当计算机关闭后数据不会丢失。存储在磁盘上的程序和数据还可以长期保存,供用户今后读取使用。但磁盘也存在数据丢失、磁盘损坏等风险,所以需要通过备份等手段来保证存储数据的安全性。

4. 磁带输出

磁带利用磁性记录的原理来存储数据。它由薄的塑料基带涂覆铁氧体或二氧化铬磁粒组成。根据记录方式的不同,可以分为数字磁带和模拟磁带。

5. 音频输出

音频输出是将计算机或其他设备处理的数字音频信号转换为可听的声音或音乐的过程。这一输出方式通常通过扬声器或耳机等设备实现。在音频输出过程中,数字音频信号首先经过数模转换(DAC),将数字信号转换为模拟信号。模拟信号随后被发送到扬声器或耳机等音频输出设备中。扬声器包括振膜和驱动器等组件,它们将模拟信号转换成声波并产生声音。耳机也是类似原理,但是声音是直接传输到用户的耳朵中。音频输出设备通常包括音频控制器,允许用户调整音量、音色和均衡等特性,以满足个人偏好和环境需求。这些设备可以通过多种接口与计算机或其他设备连接,如音频插孔、USB、蓝牙等。

6. 存储设备输出

存储设备输出是指将计算机或其他设备中的数据、文件或信息输出到可移动或外部的存储介质中,以备份、传输或共享数据。这种输出方式包括多种设备和介质,如 USB 闪存驱动器、外部硬盘、网络存储(NAS)等。

9.3　I/O 设备与主机信息传送的控制方式

I/O 设备与主机交换信息时,共有 5 种控制方式:程序查询方式、程序中断方式、直接存储器存取方式(DMA)、I/O 通道方式、I/O 处理机方式。本节主要介绍前 3 种方式。

9.3.1　程序查询方式

1. 程序查询方式基本概念

程序查询方式是由 CPU 通过程序不断查询 I/O 设备是否已做好准备,从而控制 I/O

设备与主机交换信息。采用这种方式实现主机和 I/O 设备交换信息,要求 I/O 接口内设置一个能反映 I/O 设备是否准备就绪的状态标记,CPU 通过对此标记的检测,可得知 I/O 设备的准备情况。

如图 9.12 所示,CPU 从某一 I/O 设备读数据块(例如从磁带上读一记录块)至主存的查询方式流程。当现行程序需启动某 I/O 设备工作时,即将此程序流程插入运行的程序中。

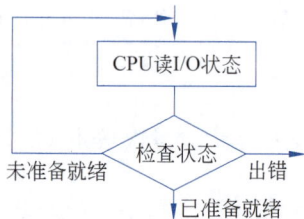

图 9.12　程序查询方式查询流程　　　　图 9.13　程序查询方式的程序流程

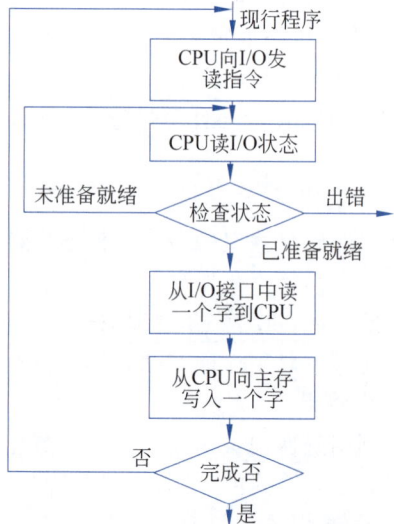

由图 9.13 可知,CPU 启动 I/O 设备后便开始对 I/O 设备的状态进行查询。若查得 I/O 设备未准备就绪,就继续查询;若查得 I/O 设备准备就绪,就将数据从 I/O 接口送至 CPU,再由 CPU 送至主存。这样一个字一个字地传送,直至这个数据块的数据全部传送结束,CPU 又重新回到原现行程序。

由这个查询过程可见,只要一启动 I/O 设备,CPU 便不断查询 I/O 设备的准备情况,从而终止了原程序的执行。CPU 在反复查询过程中,犹如就地"踏步"。另一方面,I/O 设备准备就绪后,CPU 要一个字一个字地从 I/O 设备取出,经 CPU 送至主存,此刻 CPU 也不能执行原程序,可见这种方式使 CPU 和 I/O 设备处于串行工作状态,CPU 的工作效率不高。

2. 两类查询方式

程序查询方式中 CPU 与 CPU 的交互完全通过 CPU 执行程序完成,程序查询方式分为独占查询和定时查询两种,如图 9.14 所示。

独占查询方式:假设 CPU 执行某用户程序需要访问 I/O 设备,那么用户程序中需要启动 I/O 设备,这里启动设备是通过对 I/O 接口发送命令参数实现的,设备一旦收到 CPU 发送过来的启动命令,就开始漫长的数据准备过程,当然这里的漫长是相对 CPU 的速度而言的,从启动设备到设备就绪这一段漫长的时间里面,CPU 只能反复读取设备的状态寄存器,判断设备是否就绪,如果没有就绪则继续读取状态字,这种方式称为轮询等待(busy-waiting),也就是在这段时间内 CPU 执行的是一个查询状态的循环,这个循环退出的逻辑就是设备状态字表明设备就绪,一旦设备就绪,用户程序就可以通过相应的 I/O 指令读取

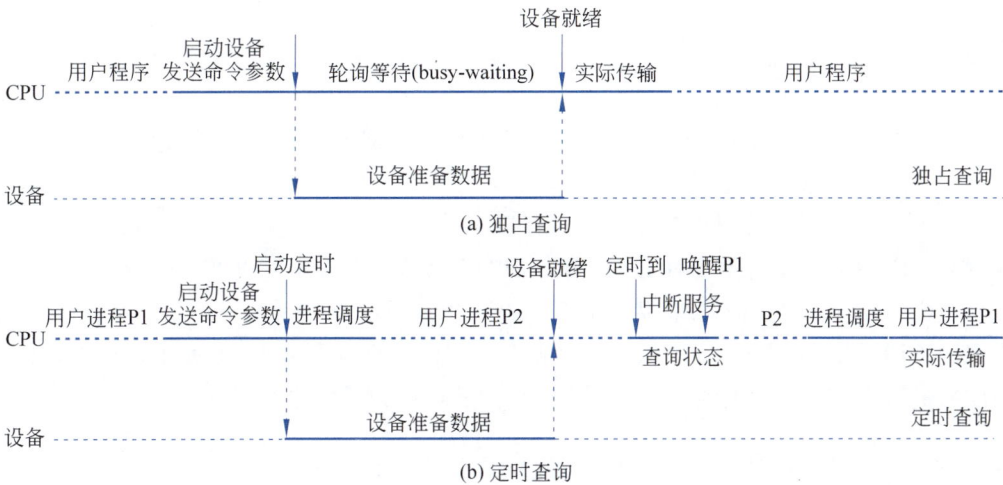

图 9.14　两种查询方式运动轨迹

特定端口中的数据,完成实际的数据传输,注意这里一次轮询只能完成一个数据单元的传输,这种独占式查询,CPU 浪费了大量的时间进行查询,对于慢速设备显然这种方式并不合适,而对于极高速设备或者简单设备,这种方式确实是合适的。

定时查询方式:这种方式应用到了定时中断技术,当 CPU 启动设备时,同时启动一个定时器,设备准备数据的过程中,CPU 不再轮询等待,而是进行进程调度,将当前进程加入 I/O 等待队列,并调度新的用户进程 P2 运行。

定时器时间到时,会产生一个定时中断,定时中断会触发 CPU 中断用户进程或者其他进程,专区执行定时中断服务程序,中断服务程序的任务就是查询设备状态,如果设备没有准备好,继续启动新的定时中断,如果设备已准备好,应该唤醒进程 P1,中断服务完毕,继续执行用户进程 P2,随着时间片的轮转,用户进程 P1 会被进程调度程序重新调度运行,该程序会完成实际数据传输。

3. 程序查询方式接口电路

由程序查询流程和接口功能及组成,得出程序查询方式接口电路的基本组成,如图 9.15 所示。图中设备选择电路用以识别本设备地址,当地址线上的设备号与本设备号相符时,SEL 有效,可以接收命令;数据缓冲寄存器用于存放欲传送的数据;D 是完成触发器,B 是工作触发器。以输入设备为例,该接口的工作过程如下:

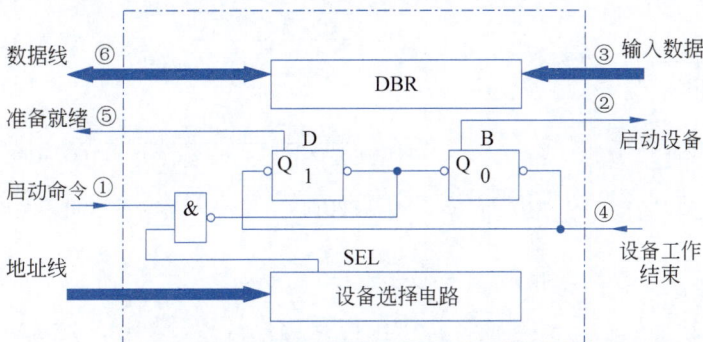

图 9.15　程序查询方式接口电路

（1）当 CPU 通过 I/O 指令启动输入设备时，指令的设备码字段通过地址线送至设备选择电路。

（2）若该接口的设备码与地址线上的代码吻合，其输出 SEL 有效。

（3）I/O 指令的启动命令经过"与非"门将工作触发器 B 置"1"，将完成触发器 D 置"0"。

（4）由 B 触发器启动设备工作。

（5）输入设备将数据送至数据缓冲寄存器。

（6）由设备发设备工作结束信号，将 D 置"1"，B 置"0"，表示外设准备就绪。

（7）D 触发器以"准备就绪"状态通知 CPU，表示"数据缓冲满"。

（8）CPU 执行输入指令，将数据缓冲寄存器中的数据送至 CPU 的通用寄存器，再存入主存相关单元。

9.3.2 程序中断方式

1. 程序中断方式基本概念

倘若 CPU 在启动 I/O 设备后，不查询设备是否已准备就绪，继续执行自身程序，只是当 I/O 设备准备就绪并向 CPU 发出中断请求后才予以响应，这将大大提高 CPU 的工作效率。图 9.16 示意了这种方式，由图中可见，CPU 启动 I/O 设备后仍继续执行原程序，在第 K 条指令执行结束后，CPU 响应了 I/O 设备的请求，中断了现行程序，转至中断服务程序，待处理完后又返回到原程序断点处，继续从第 $K+1$ 条指令往下执行。由于这种方式使原程序中断了运行，故称为程序中断方式。

如图 9.17 所示，示意采用程序中断方式从 I/O 设备读数据块到主存的程序流程。由图中可见，CPU 向 I/O 设备发读指令后，仍在处理其他事情（如继续在算题），当 I/O 设备向 CPU 发出请求后，CPU 才从 I/O 接口读一个字经 CPU 送至主存（这是通过执行中断服务程序完成的）。如果 I/O 设备的一批数据（一个数据块的全部数据）尚未传送结束时，CPU 再次启动 I/O 设备，命令 I/O 设备再做准备，一旦又接收到 I/O 设备中断请求时，CPU 重复上述中断服务过程，这样周而复始，直至一批数据传送完毕。

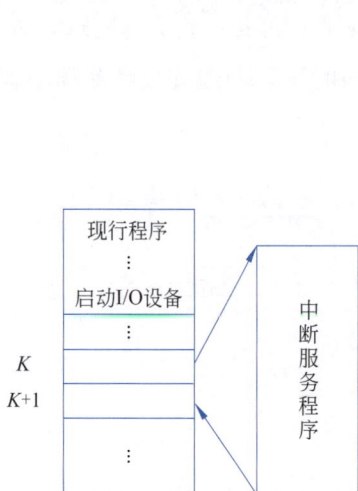

图 9.16 程序中断方式

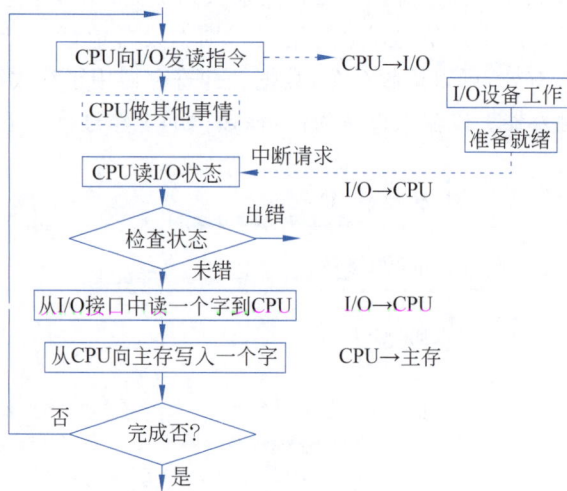

图 9.17 程序中断方式的程序流程

2. 中断方式

程序查询方式 CPU 占用率比较高,定时查询方式中如何设置定时器长度也是比较麻烦的一件事情,只适合 I/O 设备不支持中断的模式,而中断方式进一步提升了 CPU 的效率。

如图 9.18 所示,给出了独占查询与中断控制的 CPU 与设备的运行轨迹。在中断控制方式过程中,当 CPU 执行用户进程 P1 需要访问设备时,用户程序通过 read 这样一个系统调用访问设备,CPU 会进入内核态,内核态程序负责,发送命令参数,启动设备,设备开始准备数据,一旦数据准备就绪,设备会以中断请求信号的方式通知 CPU。

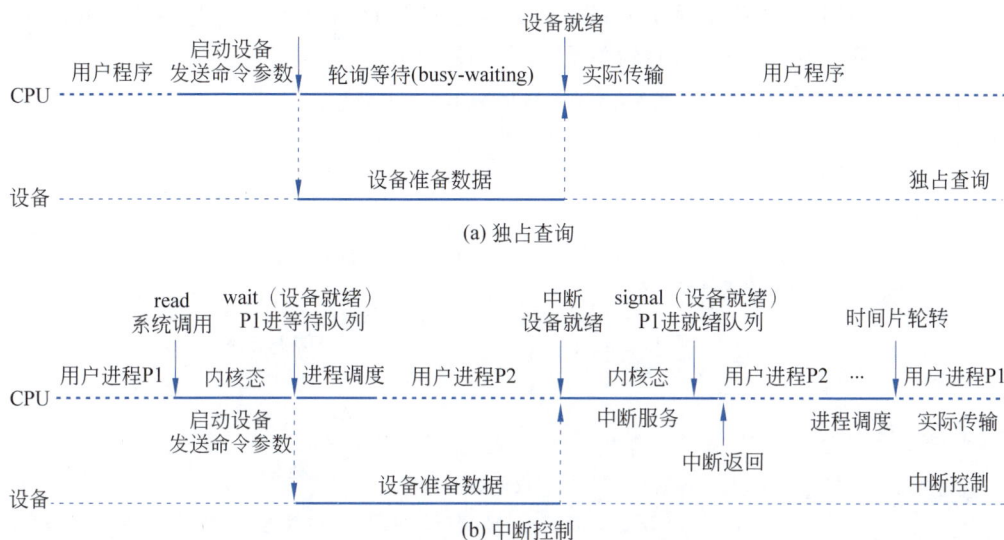

图 9.18　独占查询与中断控制方式运行轨迹图

在设备准备阶段,CPU 可以通过进程调度,将用户进程 P1 放入对应设备的等待队列,然后调度其他进程开始运行,过去用于轮询等待的时间被 CPU 用来执行其他进程,当 CPU 收到设备就绪的中断请求时,会暂时中断当前用户进程,进行中断响应,此时同样进入内核态,中断服务的主要任务就是欢迎进程等待队列中的 P1 进程,中断处理完毕后继续返回用户进程 P2 执行,后续随着时间片的轮转用户进程 P1 执行,此时用户程序通过响应的 I/O 命令完成从 I/O 设备取走数据,完成实际传输,中断方式中 I/O 操作中 CPU 的开销主要是 2 次进程调度开销和中断服务开销,如果这个开销比设备准备数据时间要长,因此不适合中断方式,如果比设备准备数据时间长,则适合中断方式。需要注意的是中断服务程序需要大量保护现场恢复现场的操作,时间开销还是比较大的。

中断控制方式避免了定时查询方式中定时不准的问题,大大提升了 CPU 的执行效率。

3. 程序中断方式的接口电路

1) 中断请求触发器和中断屏蔽触发器

每台外部设备都必须配置一个中断请求触发器 INTR,当其为"1"时,表示该设备向 CPU 提出中断请求。但是设备欲提出中断请求时,其设备本身必须准备就绪,即接口内的完成触发器 D 的状态必须为"1"。

由于计算机应用的范围越来越广泛,向 CPU 提出中断请求的原因也越来越多,除了各种 I/O 设备外,还有其他许多突发性事件都是引起中断旳因素,为此,把凡能向 CPU 提出中断请求的各种因素统称为中断源。

当多个中断源向 CPU 提交中断请求时,CPU 必须坚持一个原则,即在任何瞬间只能接收一个中断源的请求。所以,当多个中断源同时提出请求时,CPU 必须对各中断源的请求进行排队,且只能接收级别最高的中断源的请求,不允许级别低的中断源中断正在运行的中断服务程序。这样,在 I/O 接口中需设置一个屏蔽触发器 MASK,当其为"1"时,表示被屏蔽,即封锁其中断源的请求。可见中断请求触发器和中断屏蔽触发器在 I/O 接口中是成对出现"1"的。

此外,CPU 总是在统一的时间,即每条指令执行阶段的最后时刻,查询所有的设备是否有中断请求。

综合上述各因素,可得出接口电路中的完成触发器 D、中断请求触发器 INTR、中断屏蔽触发器 MASK 和中断查询信号的关系如图 9.19 所示。

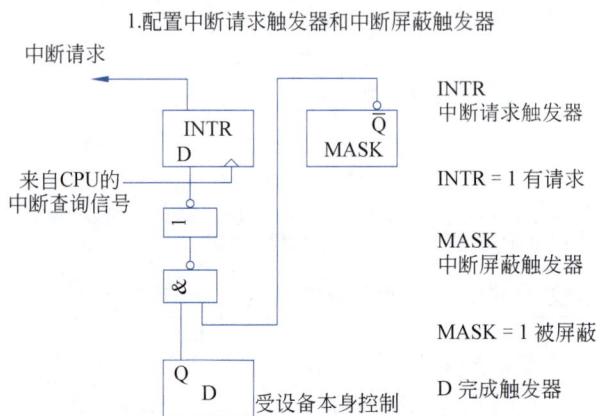

图 9.19　配置中断请求触发器和中断屏蔽触发器

可见,仅当设备准备就绪(D=1),且该设备未被屏蔽(MASK=0)时,CPU 的中断查询信号可将中断请求触发器置"1"(INTR=1)。

2) 排队器

当多个中断源同时向 CPU 提出请求时,CPU 只能按中断源的不同性质对其排队,给予不同等级的优先权,并按优先等级的高低予以响应。就 I/O 中断而言,速度越高的 I/O 设备,优先级越高,因为若 CPU 不及时响应高速 I/O 的请求,其信息可能会立即丢失。设备优先权的处理可以采用硬件方法,也可采用软件方法。硬件排队器的实现方法很多,既可在 CPU 内部设置一个统一的排队器,对所有中断源进行排队,也可在接口电路内分别设置各个设备的排队器。

如图 9.20 所示,是设在各个接口电路中的排队器电路,又称为链式排队器。图中下面的一排门电路是链式排队器的核心。每个接口中有一个反相器和一个"与非"门(如图中点画线框内所示),它们之间犹如链条一样串接在一起,故称为链式排队器。该电路中级别最高的中断源是 1 号,其次是 2 号、3 号、4 号。不论是哪个中断源(一个或多个)提出中断请求,排队器输出端 INTP,只有一个高电平。

如图 9.21 所示,当各中断源均无中断请求时,各个 INTP 为高电平。一旦某个中断源提出中断请求时,就迫使比其优先级低的中断源 INTP 变为低电平,封锁其发中断请求。例如,当 2 号和 3 号中断源同时有请求时(而 INTP2=0,INTR3=0),经分析可知 INTP 和

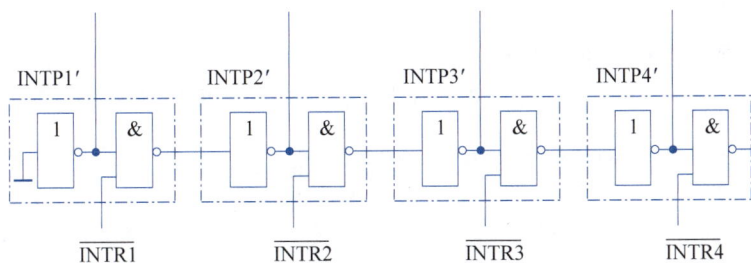

图 9.20 排队器核心门电路

INTP 均为高电平,INTP 及往后各级的 INTP 均为低电平。各个 INTP 再经图中上面一排两个输入头的"与非"门,便可保证排队器只有 INTP2 为高电平,表示 2 号中断源排队选中。

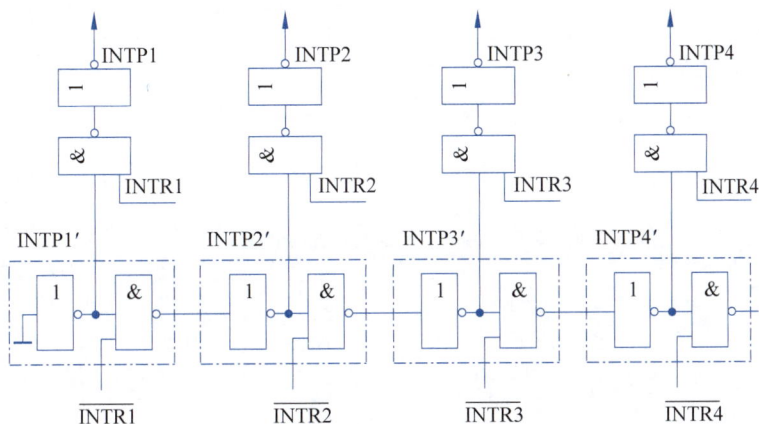

图 9.21 排队器的结构

3) 中断向量地址形成部件(设备编码器)

CPU 一旦响应了 I/O 中断,就要暂停现行程序,转去执行该设备的中断服务程序。不同的设备有不同的中断服务程序,每个服务程序都有一个入口地址,CPU 必须找到这个入口地址。

入口地址的寻找也可用硬件或软件的方法来完成,这里只介绍硬件向量法。所谓硬件向量法,就是通过向量地址来寻找设备的中断服务程序入口地址,而且向量地址是由硬件电路产生的,如图 9.22 所示。

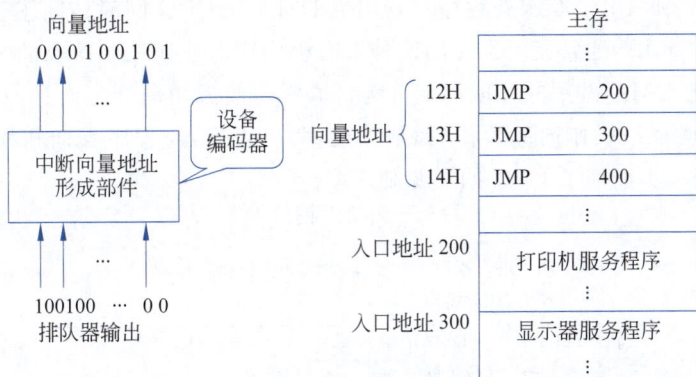

图 9.22 设备编码器

4）程序中断方式接口电路的基本组成

如图 9.23 所示为程序中断方式接口电路的基本组成,当外部设备或内部条件准备好与处理器通信时,它们可以通过生成中断信号来暂停当前的处理活动。

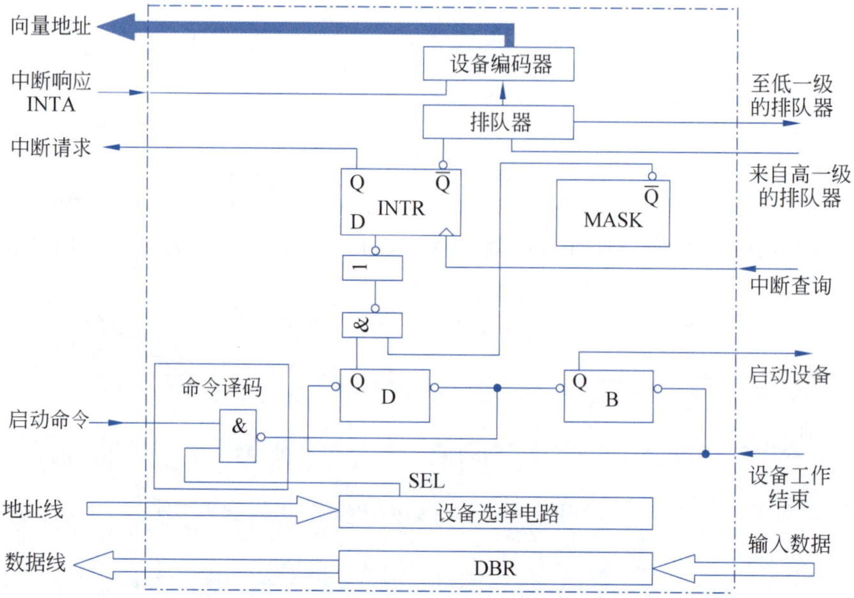

图 9.23　程序中断方式接口电路的基本组成

9.3.3　DMA 方式

1. DMA 方式基本概念

虽然程序中断方式消除了程序查询方式的"踏步"现象,提高了 CPU 资源的利用率,但是 CPU 在响应中断请求后,必须停止现行程序而转入中断服务程序,并且为了完成 I/O 设备与主存交换信息,还不得不占用 CPU 内部的一些寄存器,这同样是对 CPU 资源的消耗。

如果 I/O 设备能直接与主存交换信息而不占用 CPU,那么,CPU 的资源利用率又可进一步提高,这就出现了直接存储器存取(DMA)的方式。

如图 9.24 所示,在 DMA 方式中,主存与 I/O 设备之间有一条数据通路,主存与 I/O 设备交换信息时,无须调用中断服务程序。若出现 DMA 和 CPU 同时访问主存,CPU 总是将总线占有权让给 DMA,通常把 DMA 的这种占有称为窃取或挪用。窃取的时间一般为一个存取周期,故又把 DMA 占用的存取周期称为窃取周期或挪用周期。而且,在 DMA 窃取存取周期时,CPU 尚能继续作内部操作(如乘法运算)。可见,与程序查询和程序中断方式相比,DMA 方式进一步提高了 CPU 的资源利用率。

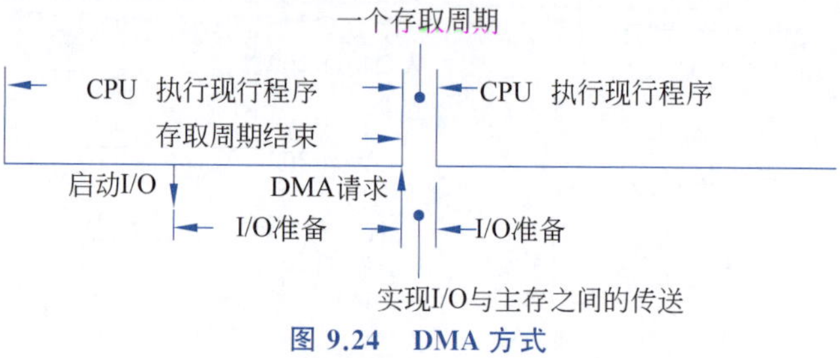

图 9.24　DMA 方式

2. DMA 与主存交换数据的三种方式

1) 停止 CPU 访问主存

停止 CPU 访问内存这种方式的优点是控制简单,适用于数据传输速率很高的 I/O 设备实现成组数据的传送。缺点是 DMA 接口在访问主存时,CPU 基本上处于不工作状态或保持原状态。而且即使 I/O 设备高速运行,两个数据之间的准备间隔时间也总大于一个存取周期,因此,CPU 对主存的利用率并没得到充分的发挥。例如,软盘读一个 8 位二进制数大约需要 $32\mu s$,而半导体存储器的存取周期远小于 $1\mu s$,可见在软盘准备数据的时间内,主存处于空闲状态,而 CPU 又暂停访问主存。

为此在 DMA 接口中,一般设有一个小容量存储器(这种存储器是用半导体芯片制作的),使 I/O 设备首先与小容量存储器交换数据,然后由小容量存储器与主存交换数据,这便可减少 DMA 传送数据时占用总线的时间,即可减少 CPU 的暂停工作时间。如图 9.25 所示为停止 CPU 访问主存的过程。

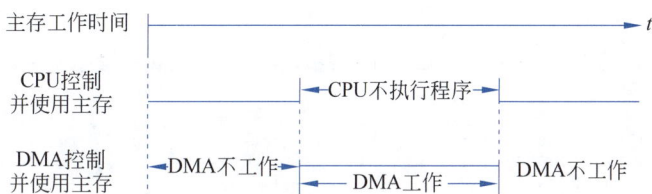

图 9.25　停止 CPU 访问主存

2) 周期挪用

这种方式当 I/O 设备没有 DMA 请求时,CPU 按程序的要求访问主存,一旦 I/O 设备有 DMA 请求,会遇到三种情况。

第一种情况是 CPU 此时不需要访问主存(如 CPU 正在执行乘法指令,由于乘法指令执行时间较长,此时 CPU 不需要访问主存),故 I/O 设备与 CPU 不发生冲突。

第二种情况是 I/O 设备请求 DMA 传送时,CPU 正在访问主存,此时必须待存取周期结束,CPU 才能将总线占有权让出。

第三种情况是 I/O 设备要求访问主存时,CPU 也要求访问主存,这就出现了访问冲突。此刻,I/O 设备访问主存优先于 CPU 访问主存,因为 I/O 设备不立即访问主存就可能丢失数据,这时 I/O 设备要窃取一两个存取周期,意味着 CPU 在执行访问主存指令过程中插入了 DMA 请求,并挪用了一两个存取周期,使 CPU 延缓了一两个存取周期再访问主存。

如图 9.26 所示为 DMA 周期挪用的时间对应关系。

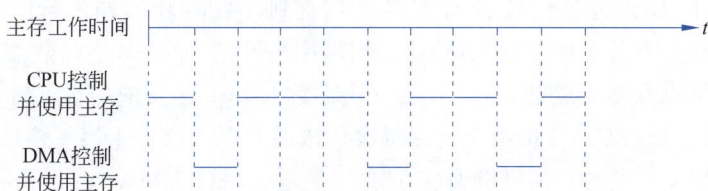

图 9.26　周期挪用

3) DMA 与 CPU 交替访问

这种方式不需要总线使用权的申请、建立和归还过程,总线使用权是分别控制的,如图 9.27 所示。CPU 与 DMA 接口各自有独立的访存地址寄存器、数据寄存器和读/写信号。

实际上总线变成了多路转换器,其总线控制权的转移几乎不需要什么时间,具有很高的 DMA 传送速率。在这种工作方式下,CPU 既不停止主程序的运行也不进入等待状态,即完成了 DMA 的数据传送。当然其相应的硬件逻辑变得更为复杂。

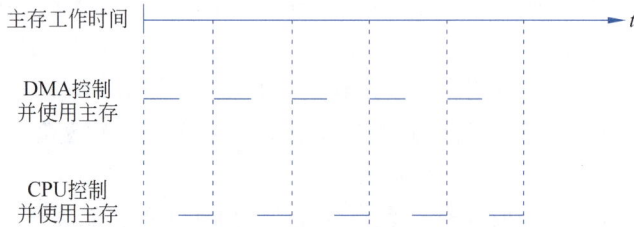

图 9.27　DMA 与 CPU 交替访问

3. DMA 接口基本组成

DMA 接口由存储器地址寄存器、字计数器、数据缓冲寄存器、设备地址寄存器等部分组成,具体组成如图 9.28 所示。

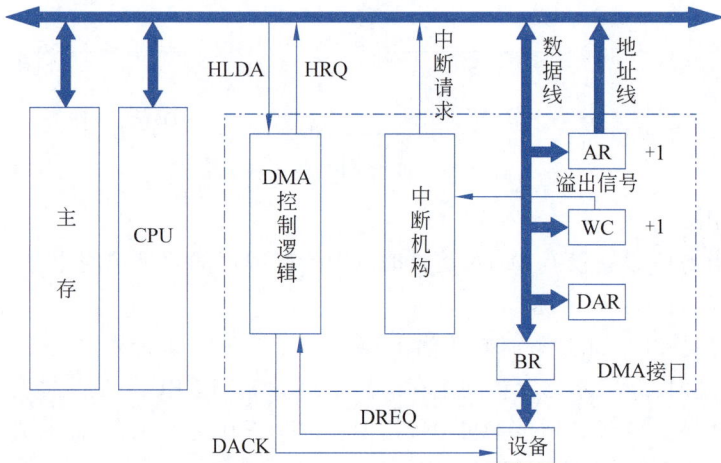

图 9.28　DMA 接口基本组成

存储器地址寄存器(AR):AR 用于存放主存中需要交换数据的地址。在 DMA 传送数据前,必须通过程序将数据在主存中的首地址送到存储器地址寄存器。在 DMA 传送过程中,每交换一次数据,将地址寄存器内容加 1,直到一批数据传送完毕为止。

字计数器(WC):WC 用于记录传送数据的总字数,通常以交换字数的补码值预置。在 DMA 传送过程中,每传送一个字,字计数器加 1,直到计数器为 0,即最高位产生进位时,表示该批数据传送完毕(若交换字数以原码值预置,则每传送一个字,字计数器减 1,直到计数器为 0 时,表示该批数据传送结束)。于是 DMA 接口向 CPU 发中断请求信号。

数据缓冲寄存器(BR):BR 用于暂存每次传送的数据。通常 DMA 接口与主存之间采用字传送,而 DMA 与设备之间可能是字节或位传送。因此 DMA 接口中还可能包括有装配或拆卸字信息的硬件逻辑,如数据移位缓冲寄存器、字节计数器等。

设备地址寄存器(DAR):DAR 存放 I/O 设备的设备码或表示设备信息存储区的寻址信息,如磁盘数据所在的区号、盘面号和柱面号。具体内容取决于设备的数据格式和地址的编址方式。

DMA 控制逻辑：DMA 控制逻辑负责管理 DMA 的传送过程，由控制电路、时序电路及命令状态控制寄存器等组成。每当设备准备好一个数据字（或一个字传送结束），就向 DMA 接口提出申请（DREQ），DMA 控制逻辑便向 CPU 请求 DMA 服务，发出总线使用权的请求信号（HRQ）。待收到 CPU 发出的响应信号 HLDA 后，DMA 控制逻辑便开始负责管理 DMA 传送的全过程，包括对存储器地址寄存器和字计数器的修改、识别总线地址、指定传送类型（输入或输出）以及通知设备已经被授予一个 DMA 周期（DACK）等。

中断机构：当字计数器溢出（全 0）时，表示一批数据交换完毕，由"溢出信号"通过中断机构向 CPU 提出中断请求，请求 CPU 作 DMA 操作的后处理。

4. DMA 与程序中断方式的比较与区别

表 9.1 所示为 DMA 与程序中断方式的比较。

表 9.1　DMA 与程序中断方式的比较

比 较 项 目	中 断 方 式	DMA 方 式
数据传送	程序	硬件
CPU 响应时间	指令执行结束	存取周期结束
处理异常情况	能	不能
中断请求	传送数据	后处理
优先级	低	高

（1）从数据传送看，程序中断方式靠程序传送，DMA 方式靠硬件传送。

（2）从 CPU 响应时间看，程序中断方式是在一条指令执行结束时响应，而 DMA 方式可在指令周期内的任一存取周期结束时响应。

（3）程序中断方式有处理异常事件的能力，DMA 方式没有这种能力，主要用于大批数据的传送，如硬盘存取、图像处理、高速数据采集系统等，可提高数据吞吐量。

（4）程序中断方式需要中断现行程序，故需保护现场；DMA 方式不中断现行程序，无须保护现场。

（5）DMA 的优先级比程序中断的优先级高。

DMA 与程序中断的区别如下。

（1）中断通过程序传送数据，DMA 靠硬件来实现。

（2）中断时机为两指令之间，DMA 响应时机为两存储周期之间。

（3）中断不仅具有数据传送能力，还能处理异常事件。DMA 只能进行数据传送。

（4）DMA 仅挪用了一个存储周期，不改变 CPU 现场。

（5）DMA 请求的优先权比中断请求高。CPU 优先响应 DMA 请求，是为了避免 DMA 所连接的高速外设丢失数据。

（6）DMA 利用了中断技术。

9.4　I/O 设备与主机的联系方式

I/O 设备与主机交换信息和 CPU 与主存交换信息相比有许多不同点。例如，CPU 如何对 I/O 设备编址；如何寻找 I/O 设备号；信息传送是逐位行还是多位并行；I/O 设备与主机以什么方式进行联络，使它们彼此都知道对方处于何种状态；I/O 设备与主机是怎么连接的等。这一系列问题统称为 I/O 设备与主机的联系方式。

9.4.1　I/O 设备编址方式

通常将 I/O 设备码看作地址码,对 I/O 地址码的编址可采用两种方式:统一编址或不统一编址。统一编址就是将 I/O 地址看作存储器地址的一部分,如图 9.29 所示。例如,在 64K 地址的存储空间中划出 8K 地址作为 I/O 设备的地址,凡是在这 8K 地址范围内的访问就是对 I/O 设备的访问,所用的指令与访存指令相似。不统一编址就是指 I/O 地址和存储器地址是分开的,所有对 I/O 设备的访问必须有专用的 I/O 指令。显然统一编址占用了存储空间,减少了主存容量,但无须专用的 I/O 指令。不统一编址由于不占用主存空间,故不影响主存容量,但需设 I/O 专用指令。因此,设计机器时,需根据实际情况考虑选取何种编址方式。

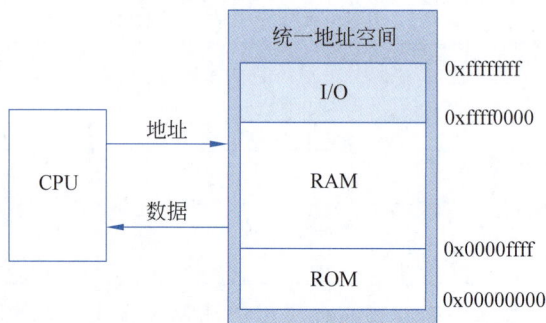

图 9.29　I/O 接口编址

1. 统一编址方式

访存指令访问外设时,具体访问什么设备取决于内存地址,如表 9.2 所示。

表 9.2　统一编址方式程序实例

lw	$ t0,	0x00000004	♯ 从 ROM 读取一个字
sw	$ t0,	0x00000004	♯ 写 ROM(会产生总线错误)
lbu	$ t0,	0x00010001	♯ 从内存读取 1 字节
sb	$ t0,	0xff000002	♯ 写 1 字节到内存
lbu	$ t0,	0xffff0000	♯ 从 I/O 设备读 1 字节
sb	$ t0,	0xffff0004	♯ 写 1 字节到 I/O 设备

- 内存映射编址(Memory-mapped)。
- 外设地址与内存地址统一编址,同一个地址空间。
- 不需要设置专用的 I/O 指令。
- 采用访存指令访问外设,具体访问什么设备取决于地址。

2. 独立编址方式

I/O 指令访问外设时,具体访问什么设备取决于端口地址,如表 9.3 所示。

表 9.3　独立编址方式程序实例

OUT　DX, AL	I/O 写:将 AL 寄存器中的字节写入 DX 寄存器对应的 I/O 端口中
IN　AL, DX	I/O 读:从 DX 寄存器对应的 I/O 端口地址读取 1 字节
MOV [BX], AL	内存写:将 AL 寄存器中的值送到 BX 寄存器对应的内存

- 端口映射编址(Port-mapped)。
- I/O 地址空间与主存地址空间相互独立。
- I/O 地址又称为 I/O 端口。
- 不同设备中的不同寄存器和存储器都有唯一的端口地址。
- 使用 I/O 指令访问外设。

9.4.2　设备寻址

由于每台设备都赋予一个设备号,因此,当要启动某一设备时,可由 I/O 指令的设备码字段直接指出该设备的设备号。通过接口电路中的设备选择电路,便可选中要交换信息的设备。

9.4.3　传送方式

在同一瞬间,n 位信息同时从 CPU 输出至 I/O 设备或由 I/O 设备输入到 CPU,这种传送方式称为并行传送。其特点是传送速度较快,但要求数据线多。例如,16 位信息并行传送需要 16 根数据线。若在同一瞬间只传送一位信息,在不同时刻连续逐位传送一串信息,这种传送方式称为串行传送。其特点是传送速度较慢,但它只需一根数据线和一根地线。当 I/O 设备与主机距离很远时,采用串行传送较为合理,如远距离数据通信。

不同的传送方式需配置不同的接口电路,如并行传送接口、串行传送接口或串并联用的传送接口等。用户可按需要选择合适的接口电路。

9.4.4　联络方式

不论是串行传送还是并行传送,I/O 设备与主机之间必须互相了解彼此当时所处的状态,如是否可以传送、传送是否已结束等。这就是 I/O 设备与主机之间的联络问题。按 I/O 设备工作速度的不同,可分为三种联络方式。

1. 立即响应方式

对于一些工作速度十分缓慢的 I/O 设备,如指示灯的亮与灭、开关的通与断、A/D 转换器级变信号的输入等,当它们与 CPU 发生联系时,通常都已使其处于某种等待状态,因此,只要 CPU 的 I/O 指令一到,它们便立即响应,故这种设备无须特殊联络信号,称为立即响应方式。

2. 异步工作

(1) 采用应答信号联络。

(2) 当 I/O 设备与主机工作速度不匹配时通常采用异步工作方式。这种方式在交换信息前 I/O 设备与 CPU 各自完成自身的任务,一旦出现联络信号,彼此才准备交换信息。如图 9.30 和图 9.31 所示,展示了并行与串行两种联络方式。

如图 9.30 所示,当 CPU 将数据输出到 I/O 接口后,接口立即向 I/O 设备发出一个 Ready(准备就绪)信号,告诉 I/O 设备可以从接口内取数据。I/O 设备收到 Ready 信号后,通常便立即从接口中取出数据,接着向接口回发一个 Strobe 信号,并让接口转告 CPU,接口中的数据已被取走,CPU 还可继续向此接口送数据。同理,倘若 I/O 设备需向 CPU 传送数据,则先由 I/O 设备向接口送数据,并向接口发 Strobe 信号,表明数据已送出。接口接到联络信号后便通知 CPU 可以取数,一旦数据被取走,接口便向 I/O 设备发 Ready 信号,通知 I/O 设备,数据已被取走,尚可继续送数据。这种一应一答的联络方式称为异步联络。

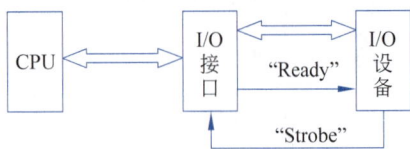

图 9.30　异步并行联络方式　　　　图 9.31　异步串行联络方式

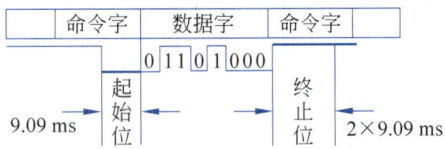

如图 9.31 异步串行联络方式,I/O 设备与 CPU 双方设定一组特殊标记,用"起始"和"终止"来建立联系。图中 9.09ms 的低电平表示"起始",又用 2×9.09ms 的高电平表示"终止"。

3. 同步工作

(1) 采用同步时标联络。

(2) 同步工作要求 I/O 设备与 CPU 的工作速度完全同步。例如,在数据采集过程中,若外部数据以 2400b/s 的速率传送至接口,则 CPU 也必须以 1/2400 的速率接收每一位数。这种联络互相之间还得配有专用电路,用以产生同步时标来控制同步工作。

9.5　I/O 接口

9.5.1　I/O 接口基本组成和主要功能

1. I/O 接口基本组成

接口可以看作两个系统或两个部件之间的交接部分,它既可以是两种硬设备之间的连接电路,也可以是两个软件之间的共同逻辑边界。I/O 接口通常是指主机与 I/O 设备之间设置的一个硬件电路及其相应的软件控制。

I/O 接口是计算机系统中用于与外部设备进行通信的接口。如表 9.4 所示,它们由多个组件组成。

表 9.4　I/O 组件

接口组件	功　　能
接口控制器(Interface Controller)	① 控制整个 I/O 设备的操作和通信 ② 负责管理数据的传输、协议转换以及与主机系统的交互
数据线(Data Lines)	① 用于在计算机和外部设备之间传输数据的通道 ② 数据线的数量和宽度决定了每次传输的数据量,通常用于传送命令、控制信息和实际数据
地址线(Address Lines)	① 用于指定和定位外部设备的地址 ② 当计算机需要和外部设备进行通信时,通过地址线传送特定的地址信息,以确定通信的目标设备
控制线(Control Lines)	① 用于控制数据传输和通信的特定信号 ② 控制线可以包括各种信号,如读/写控制信号、中断请求信号等,用于控制数据的流向和通信的时序

接口组件	功　能
状态寄存器（Status Registers）	① 用于存储 I/O 设备的状态信息 ② 这些寄存器可以提供有关设备当前状态的信息,如设备是否准备好接收数据、是否发生了错误等
命令寄存器（Command Registers）	① 存储控制设备操作的命令 ② 主机系统可以通过向命令寄存器写入特定的命令来控制外部设备的行为

这些组件共同构成了一个完整的 I/O 接口,使得计算机能够与外部设备进行可靠的数据交换和通信,如图 9.32 所示。这些接口的设计和功能会因不同的设备类型、连接方式和通信协议而有所不同。

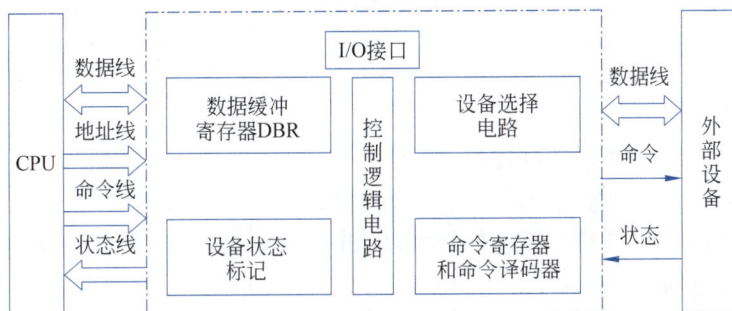

图 9.32　I/O 接口基本组成

2. I/O 接口主要功能

I/O 接口的主要功能如下。

（1）进行地址译码和设备选择。CPU 送来选择外设的地址码后,接口必须对地址进行译码以产生设备选择信息,使主机能和指定外设交换信息。

（2）实现主机和外设的通信联络控制。解决主机与外设时序配合问题,协调不同工作速度的外设和主机之间交换信息,以保证整个计算机系统能统一、协调地工作。

（3）实现数据缓冲。CPU 与外设之间的速度往往不匹配,为消除速度差异,接口必须设置数据缓冲寄存器,用于数据的暂存,以避免因速度不一致而丢失数据。

（4）信号格式的转换。外设与主机两者的电平、数据格式都可能存在差异,接口应提供计算机与外设的信号格式的转换功能,如电平转换、并/串或串/并转换、模/数或数/模转换等。

（5）传送控制命令和状态信息。CPU 要启动某一外设时,通过接口中的命令寄存器向外设发出启动命令。外设准备就绪时,则将"准备好"状态信息送回接口中的状态寄存器,并反馈给 CPU。外设向 CPU 提出中断请求时,CPU 也应有相应的响应信号反馈给外设。

9.5.2　I/O 接口类型

外部设备的 I/O 速度与 CPU 的处理速度相比慢得多。此外不同外设的信号形式,数据格式也各不相同。所以外部设备不能与 CPU 直接相连,需要相应的电路在中间完成它们之间的速度匹配、信号转换和某些控制功能。这样的电路被称为 I/O 接口电路,简称 I/O

接口。

1. I/O 接口类型

I/O(Input/Output,输入/输出)接口可以按照不同的方式进行分类,其中最常见的包括以下几种。

(1) 传输方式如下。

- 并行接口:同时传输多个比特的接口,每个时钟周期传输 1 字节以上的数据。例子包括早期的并行打印端口(如 Centronics 接口)。
- 串行接口:逐位传输数据的接口,通常用于长距离传输。例子包括串行通信接口(如 RS-232、USB、Ethernet)。

(2) 连接性质如下。

- 物理接口:直接与设备物理连接的接口,如 USB、HDMI、VGA、RJ45(以太网接口)等。
- 无线接口:通过无线信号进行通信的接口,如蓝牙、Wi-Fi、红外线传输等。

(3) 数据传输速率如下。

- 高速接口:具有较高数据传输速率的接口,适用于需要高带宽的应用,如 USB 3.0/3.1、Thunderbolt 等。
- 低速接口:传输速率相对较低的接口,如串口通信接口(RS-232)等。

(4) 应用领域如下。

- 专用接口:为特定设备或应用设计的接口,如 SATA(用于硬盘驱动器)、PCI Express(用于内部计算机连接)等。
- 通用接口:适用于多种设备和应用的通用接口,如 USB、HDMI 等。

(5) 传输控制方式如下。

- 同步接口:数据传输在时钟信号的控制下进行,时钟信号将数据进行同步。例如,PCI 总线。
- 异步接口:数据传输没有特定的时钟信号,以起始位和终止位来控制数据传输。例如,串行通信接口(RS-232)。

这些分类方式可以帮助人们更好地理解不同类型的 I/O 接口,每种接口类型在不同的情境和应用中有着各自的优势和特点。

2. 通用 I/O 标准接口

1) I/O 准口 SCSI

SCSI 是小型计算机系统接口的简称,其设计思想来源于 IBM 型机系统的 I/O 通道结构,目的是使 CPU 摆脱对各种设备的繁杂控制。它是一个高速智能接口,可以混接各种磁盘、光盘、磁带机、打印机、扫描仪、条码阅读器以及通信设备。它首先应用于 Macintosh 和 SUN 平台上,后来发展到工作站、网络服务器和 Pentium 系统中,并成为 ANSI(美国国家标准与技术研究院)标准。SCSI 有如下性能特点。

(1) SCSI 接口总线由 8 条数据线、一条奇偶校验线、9 条控制线组成,使用 50 芯电缆,规定了两种电气条件:单端驱动,电缆长 6m;差分驱动,电缆最长 25m。

(2) 总线时钟频率为 5MHz,异步方式数据传输速率是 2.5MB/s,同步方式数据传输速率是 5MB/s。

（3）SCSI 接口总线以菊花链形式最多可连接 8 台设备。在 Pentium 中通常是由一个主适配器 HBA 与最多 7 台外部设备相接，HBA 也算作一个 SCSI 设备，由 HBA 经系统总线（如 PCI）与 CPU 相连，如图 9.33 所示。

图 9.33　SCSI 接口配置实例

（4）每个 SCSI 有自己唯一的设备优先权（ID0～ID7），ID＝7 的设备具有最高优先权，ID＝0 的设备优先权最低，SCSI 用分布式总线仲裁策略。在仲裁阶段，竞争的设备以自己的设备号驱动数据线中相应的位线（如 ID7 的设备驱动 DB7 线），并与数据线上的值进行比较，因此仲裁逻辑比较简单。在 SCSI 的总线选择阶段，启动设备和目标设备的设备号能同时出现在数据线上。

（5）所谓 SCSI 设备是指连接在 SCSI 总线上的智能设备，即除适配器 HBA 外，其他SCSI 设备实际是外部设备的适配器或控制器。每个适配器或控制器通过各自的设备级 I/O线可连接一台或几台同类型的外部设备（如一个 SCSI 磁盘控制器接 2 台盘动器）。标准允许每个 SCSI 设备最多有 8 个逻辑单元，每个逻辑单元可以是物理设备也可以是虚拟设备。每个逻辑单元有一个逻辑单元号（LUN0～LUN7）。

（6）由于 SCSI 设备是智能设备，对 SCSI 总线以至主机屏蔽了实际外设的固有物理属性（如磁盘柱面数、磁头数等参数），各 SCSI 设备之间就可用一套标准的命令进行数据传送，也为设备的升级或系统的系列化提供了灵活的处理手段。

（7）SCSI 设备之间是一种对等关系，而不是主从关系。SCSI 设为启动设备（发命令的设备）和目标设备（接收并响应命令的设备）。但启动设备和目标设备是依当时总线运行状态来划分的，而不是预先规定的。

总之，SCSI 是系统级接口，是处于主适配器和智能设备控制器之间的并行 I/O 接口。一块主适配器可以接 7 台具有 SCSI 接口的设备，这些设备可以是类型完全不同的设备，主适配器却只占主机的一个槽口。这对于缓解计算机挂接外设的数量和类型越来越多、主机槽口日益紧张的状况很有吸引力。

为提高数据传输速率和改善接口的兼容性，20 世纪 90 年代又陆续推出了 SCSI-2 和SCSI-3 标准。SCSI-2 扩充了 SCSI 命令集，通过提高时钟速率和数据线宽度，最高数据传输可达 40MB/s，采用 68 芯电缆，且对电缆采用有源终端器。SCSI-3 标准允许 SCSI 总线上连接的设备由 8 个提高到 16 个，可支持 16 位数据传输。另一个变化是发展串行 SCSI，使行数据传输速率达到 640Mb/s（电缆）或 1Gb/s（光纤），从而使行 SCSI 成为 IEEE 1394 标准的基础。

2）串行 I/O 标准接口 IEEE 1394

随着 CPU 速度达到上百兆赫，存储器容量达到 GB 级，以及 PC、工作站、服务器对快速I/O 的强烈需求，工业界期望能有一种更高、连接更方便的 I/O 接口。1993 年 Apple 公司公布了一种高速串行接口，希望能取代并行的 SCSI 接口。IEEE 接管了这项工作，在此基础上制定了 IEEE 1394-FireWire 标准，它是一个通用的串行 I/O 接口，具体如图 9.35

所示。

IEEE 1394 串行接口与 SCSI 等并行接口相比,有如下三个特点。

(1) 数据传送的高速性。

IEEE 1394 的数据传输速率分为 100Mb/s、200Mb/s、400Mb/s 三档。而 SCSI-2 也只有 40MB/s(相当于 320Mb/s)。这样的高速特性特别适合于新型高速硬盘及多媒体数据传送。IEEE 1394 之所以达到高速,一是串行传送比并行传送容易提高数据传送时钟速率,二是采用了 DS-Link 编码技术,把时钟信号的变化转变为选通信号的变化,即使在高的时钟速率下也不易引起信号失真。

(2) 数据传送的实时性。

实时性可保证图像和声音不会出现时断时续的现象,因此对多媒体数据传送特别重要。

IEEE 1394 之所以做到实时性,原因有二:一是它除了异步传送外,还提供了一种等步传送方式,数据以一系列的固定长度的包规整间隔地连续发送,端到端既有最大延时限制而又有最小延时限制;二是总线仲裁除优先权仲裁之外,还有均等仲裁和紧急仲裁方式。

(3) 体积小易安装,连接方便。

IEEE 1394 使用 6 芯电缆,直径约为 6mm,插座也小。而 SCSI 使用 50 芯或 68 芯电缆,插座体积也大。在当前个人机要连接的设备越来越多,主机箱的体积越显窄小情况下,电缆细、插座小的 IEEE 1394 是很有吸引力的,尤其对笔记本电脑一类机器。

IEEE 1394 的电缆不需要与电缆阻抗匹配的终端,而且电缆上的设备随时可从插座拔出或插入,即具有热插入能力。这对用户安装和使用 IEEE 1394 设备很有利。

IEEE 1394 采用链式配置,但也允许树形结构配置。事实上,链式结构是树状结构的一种特殊情况。

IEEE 1394 接口也需要一个主适配器和系统总线相连。这个主适配器的功能逻辑在高档的 Pentium 机中是集成在主板的核心芯片组的 PCI 总线到 ISA 总线的桥芯片中。机箱的背面只看到主适配器的外接端口插座。

在这里将主适配器及其端口称为主端口。主端口是 IEEE 1394 接口树形配置结构的根节点。一个主端口最多可连接 63 台设备,这些设备称为节点,它们构成亲子关系。两个相邻节点之间的电缆最长为 4.5m,但两个节点之间进行通信时中间最多可经过 15 个节点的转接再驱动,因此通信的最大距离是 72m。电缆不需要终端器。如图 9.34 所示,给出一个 IEEE 1394 配置的实例,其中右侧是线性链接方式,左侧是亲子层次链接方式。整体是一个树形结构。

IEEE 1394 采用集中式总线仲裁方式。中央仲裁逻辑在主端口内,并以先到先服务方法来处理节点提出的总线访问请求。在 n 个节点同时提出使用总线请求时,按照优先权进行仲裁最靠近根节点的竞争节点有高的优先权;同样靠近根节点的竞争节点,其设备标识号 ID 大的有更高优先权。IEEE 1394 具有 PnP(即插即用)功能,设备标识号是系统自动指定的,而不是用户设定的。

为了保证总线设备的对等性和数据传送的实时性,IEEE 1394 的总线仲裁还增加了均等仲裁和紧急仲裁功能。均等仲裁是将总线时间分成均等的间隔,当间隔期间开始时,竞争的每个节点置位自己的仲裁允许标志,在间隔期内各节点可竞争总线的使用权。一旦某节点获得总线访问权,则它的仲裁允许标志被复位,在此期间它不能再去竞争总线,以此来防

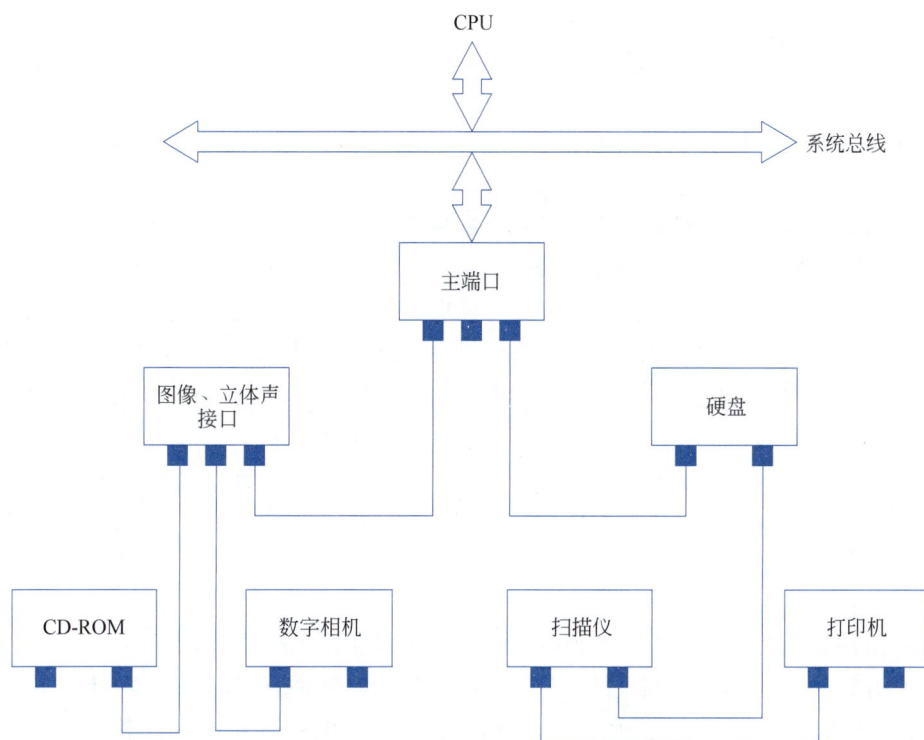

图 9.34　IEEE 1394 串行接口配置实例

止具有高优先权的设备独占总线。紧急仲裁是指对某些高优先权的节点可为其指派紧急优先权。具有紧急优先权的节点可在一个间隔期内多次获得总线控制权，允许它控制 75% 的总线可用时间。

9.6　人机交互接口

9.6.1　基础人机交互接口

人机交互界面（Human-Computer Interaction，HCI）接口指的是人与计算机之间建立联系和交换信息的媒介，它主要由 I/O 设备构成，如键盘、显示器、打印机、指针设备（如鼠标）等。人机交互接口不仅包括这些交互装置本身，还涉及实现信息传输的控制电路和相关软件。

该接口与人机交互设备共同完成以下两项核心任务。

1. 信息形式的转换

从人向计算机的转换：用户与计算机系统的交互信息通常初始以人类可理解的形式存在，比如自然语言、手势、图形图像等。人机交互接口的首要职责是将这些多样化的信息转换为计算机能够解析和处理的形式，如转换成二进制数据或者可执行的命令。这一过程涉及数据编码、信号处理等众多技术，确保用户的输入能够被计算机系统准确无误地理解。

从计算机向人的转换：计算机处理后产生的信息通常以数值数据、图形或者机器码等形式存在。人机交互接口必须将这些信息转换成用户可以轻易理解的形式，如文本、图像、声音等。这通常需要借助于显示技术、音频输出、触感反馈等多种输出设备,以便用户能够有效地接收并理解计算机系统的反馈或输出结果。

2. 信息传输的控制

双向信息传输控制:人机交互接口负责管理信息在用户与计算机系统之间的双向流动。它确保用户的输入信息能够以正确的格式高效地传递给计算机系统,并保证计算机系统的输出信息以用户可理解的形式准确无误地反馈给用户。这一过程中,信息传输控制的安全性、准确性以及效率等方面尤为关键。

交互逻辑控制:人机交互接口同样负责处理交互过程中的逻辑,这包括根据用户输入和系统当前状态,确定信息传递的时机、对用户请求的响应时机,以及结果展示的形式和方法。这通常涉及用户界面(User Interface,UI)设计的优化、交互反馈的即时性以及系统响应时间的调整。

人机交互接口的有效性和质量对用户体验和系统的易用性有着直接的影响。因此,设计和实现一个功能丰富且直观的人机交互接口对于提升用户满意度和工作效率具有至关重要的作用。随着技术的持续进步,人机交互接口必须不断地演化和改进,以适应不断变化的用户需求和技术革新的趋势。

计算机的人机交互接口有很多种类,其中一些常见的如下。

(1) 图形用户界面(GUI):这种接口通过图形元素(如图标、窗口、菜单)和用户通过鼠标、键盘等输入设备进行交互。例如,Windows、macOS 和 Linux 操作系统上的桌面界面,如图 9.35 所示。

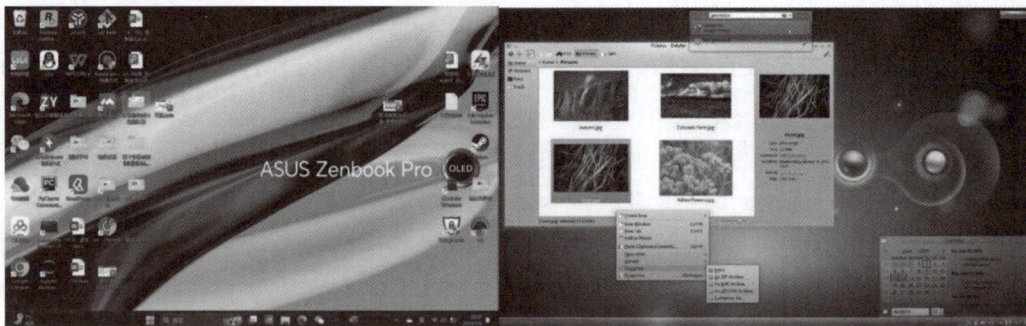

图 9.35　图形用户界面

(2) 命令行界面(CLI):CLI 允许用户通过命令行输入文本命令与计算机进行交互。例如,Windows 的命令提示符(Command Prompt)、Linux 的终端(Terminal)以及 macOS 的终端,如图 9.36 所示。

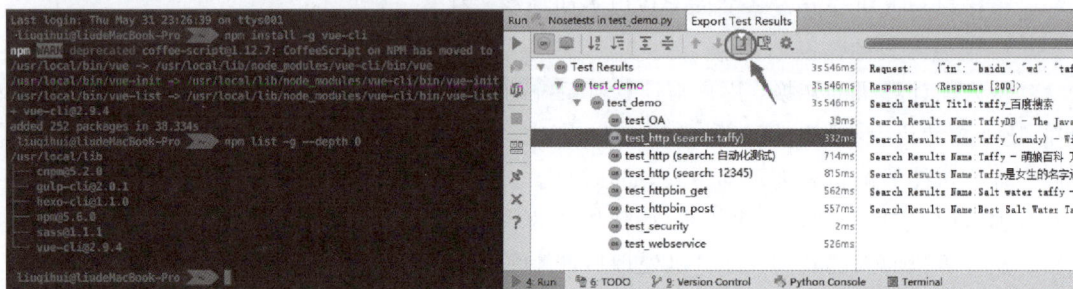

图 9.36　命令行界面

（3）触摸界面：这种接口允许用户通过触摸屏与计算机进行交互，常见于智能手机、平板电脑和一些计算机屏幕，如图 9.37 所示。

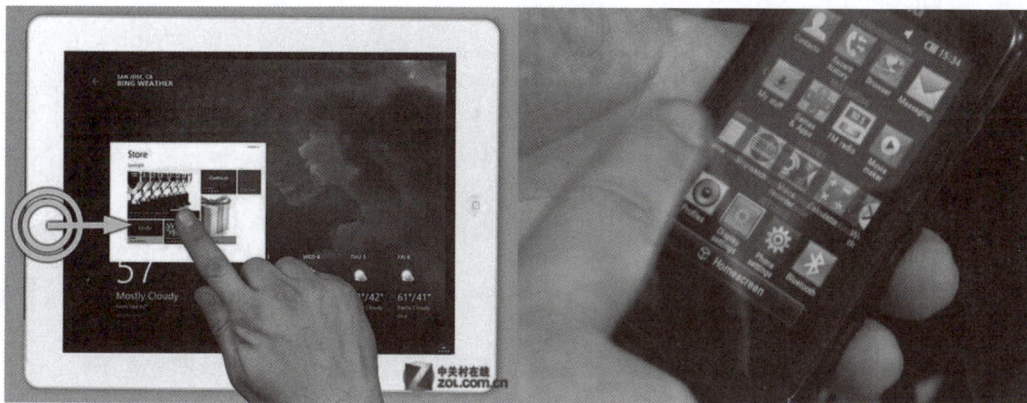

图 9.37 触摸界面

（4）声控界面：允许用户通过语音指令与计算机进行交互。例如，智能助手如 Siri、Google Assistant 和 Alexa，如图 9.38 所示。

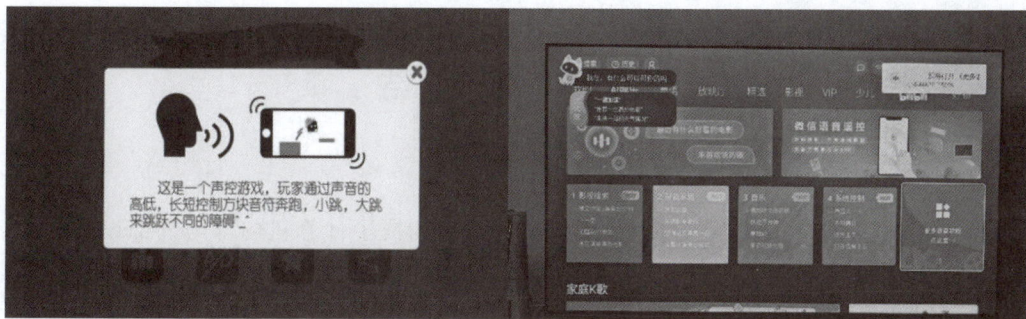

图 9.38 声控界面

这些接口种类各具特点，能够满足不同用户的需求，并且随着科技的发展，人机交互接口也在不断地演变和创新。

9.6.2 新一代人机交互接口

1. 虚拟现实（VR）和增强现实（AR）界面

通过头戴式显示器或特殊设备，用户可以沉浸式地与虚拟环境进行交互。例如，Oculus Rift、HTC VIVE 等 VR 设备，如图 9.39 所示。

(a) 虚拟现实　　　　　　　　　　　　　　(b) 增强现实

图 9.39 虚拟现实（VR）和增强现实（AR）界面

2. 手势识别界面

允许用户通过手势或身体动作与计算机进行交互。例如，Microsoft 的 Kinect 传感器，如图 9.40 所示。

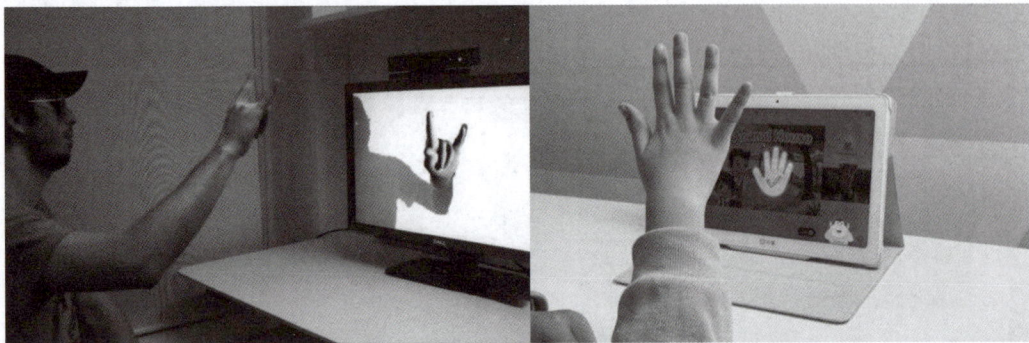

图 9.40　手势识别界面

3. Bio-signal 接口

允许用户使用生物信号（如脑电波、心电图等）与计算机进行交互，用于神经科学研究或医疗设备。

9.7　本 章 小 结

9.7.1　内容总结

I/O 系统是计算机系统的一个重要组成部分，它构成了计算机内部与外部设备之间数据传输和交换的桥梁。该系统主要由 I/O 接口和相应的控制方法组成，负责指挥和管理数据在外部设备与主存储器之间的流动。

1. I/O 接口的基本组成

（1）接口电路：起到连接计算机内部与外部设备的作用，确保两者之间能够进行物理通信。

（2）控制器：负责管理和监督数据传输过程，确保数据的正确流动。

（3）寄存器：用于暂存从设备或计算机传输过来的数据，以便于进一步处理。

主要功能涉及以下几个方面：

（1）数据传输控制：确保数据在外部设备和主存储器之间可靠且高效地传输。

（2）数据缓冲：提供临时存储区域，以便于在处理器的运算速度和外部设备的数据传输速度之间进行协调和同步。

（3）接口转换：对外部设备的信号进行必要的转换，使之能够被计算机系统正确理解，并将计算机系统的信号适配到外部设备能够识别的格式。

2. 信息传输的控制方式

（1）程序查询方式：在程序查询方式中，CPU 主动周期性地检查每个设备的状态，以确定是否需要进行数据传输。这种方式虽然实现简单，但由于需要 CPU 不断轮询设备，可能导致效率较低。

（2）程序中断方式：程序中断方式允许外部设备在需要 CPU 处理时，通过发送中断信号来引起 CPU 的注意,从而使 CPU 暂停当前操作,转而处理外设的请求。这种方式减少了 CPU 的无效查询,提高了系统的整体效率和响应速度。

(3) 直接内存访问(DMA)方式:DMA 方式允许外部设备通过 DMA 控制器直接与内存进行数据交换,无须 CPU 的直接参与。这种方式加速了数据的传输过程,尤其适合于大量数据的快速传输,从而提高了系统的数据处理能力。

9.7.2　常见问题

1. 中断响应优先级和中断处理优先级分别指什么?

中断响应优先级决定了多个中断请求同时发生时 CPU 优先响应哪个中断,通常由硬件排队线路或中断查询程序的顺序决定,优先级固定且不可动态调整(如中断号越小优先级越高)。中断处理优先级则决定了正在处理的中断是否会被新发生的高优先级中断抢占,可通过中断屏蔽字动态控制:屏蔽位为"1"时禁止抢占,屏蔽位为"0"时允许高优先级中断抢占。若新中断优先级更高且屏蔽字允许,当前处理中断会被暂停,新中断处理完成后再返回继续执行。中断响应优先级用于选择同时发生的中断请求,而中断处理优先级用于控制中断服务中的嵌套处理。

2. 存储映射 I/O 与独立 I/O

存储映射 I/O:I/O 设备地址与内存地址共享,使用普通内存指令访问设备,简单统一,但可能占用内存空间。

独立 I/O:I/O 设备有独立的地址空间,需特定指令访问,适合设备数量多的系统。

9.7.3　思考题

(1) 描述 I/O 系统的基本概念,并解释它在计算机系统中的作用。

(2) I/O 系统的组成通常包括哪些部分? 每个部分又承担着哪些功能?

(3) 输入设备的工作原理通常是如何的? 请举例说明。

(4) 输入方式有哪几种,它们各自适用于什么样的场景?

(5) 输出设备的工作原理是什么? 与输入设备有何不同?

(6) 什么是输出方式? 常见的输出方式有哪些?

(7) I/O 设备与主机信息传送的控制方式有哪些? 它们各自的特点和使用场景是什么?

(8) 程序查询方式在 I/O 操作中是如何工作的? 它有哪些优缺点?

(9) 程序中断方式相较于程序查询方式有什么优势? 在实际应用中有哪些考虑?

(10) 描述 DMA 方式在 I/O 操作中的作用,并解释它如何提高数据传输的效率。

(11) I/O 设备与主机连接的方式有哪些? 这些方式在实际应用中有何影响?

(12) I/O 接口在 I/O 系统中扮演什么角色? 常见的 I/O 接口类型有哪些?

(13) I/O 接口的基本组成和主要功能是什么?

(14) 如何理解人机交互接口? 基础人机交互接口与新一代人机交互接口有哪些区别?

(15) 新一代人机交互接口与传统接口相比有哪些进步? 如何影响用户的交互体验?

第 10 章

交互计算的决策——控制单元

控制单元是智能计算的核心决策模块,其主要功能是根据指令的要求,生成一系列微操作命令(即控制信号),以协调和驱动系统各组件完成预定任务。在程序执行过程中,控制单元通过解读指令并发出相应的微操作命令序列,确保数据流的正确性和操作顺序的严谨性。本章将围绕控制单元的功能、设计和实现展开,重点分析微操作命令的执行过程,探讨控制单元的逻辑特性及其设计方法,并结合实例解析多级时序系统和微程序控制的实际应用,为理解智能交互下复杂计算任务的调度与管理奠定基础。

10.1 微操作命令的分析

微操作命令是控制单元用以管理和指导计算机硬件执行具体操作的最基础的信号。这些操作包括数据传输、存储器访问、算术逻辑操作等。每条机器指令的执行可分解为一系列微操作,这些操作在硬件层面上相互协作,以完成指令所要求的功能。

控制单元的设计和实现对于处理器的性能有直接影响。为实现更高效的指令执行,现代处理器可能采用复杂的控制策略,如流水线控制、超标量执行、乱序执行等。这些策略使得微操作命令的生成和发放更为高效,但同时也增加了控制单元设计的复杂性。

10.1.1 取指周期

为了便于讨论,假设 CPU 内有 4 个寄存器,如图 10.1 所示。MAR 与地址总线相连,存放欲访问的存储单元地址;MDR 与数据总线相连,存放欲写入存储器的信息或最近从存储器中读出的信息;PC 存放现行指令的地址,有计数功能;IR 存放现行指令。取指令的过程可归纳为以下几个操作。

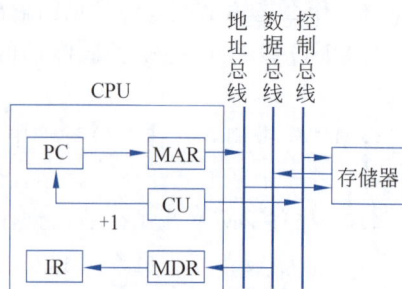

图 10.1 取指周期

- 现行指令地址送至存储器地址寄存器,记作 PC→MAR。
- 向主存发送读命令,启动主存做读操作,记作 1→R。
- MAR 经地址总线输出地址后,其指向的主存单元中存储的指令内容,经数据总线读入 MDR,记作 M(MAR)→MDR。
- 将 MDR 的内容送至 IR,记作 MDR→IR。
- 指令的操作码送至 CU 译码,记作 OP(PC)→CU。

- 形成下一条指令的地址,记作(PC)+1→PC。

10.1.2　间址周期

间址周期完成取操作数有效地址的任务,如图 10.2 所示,具体操作如下。

(1) 将指令的地址码部分(形式地址)送至存储器地址寄存器,记作 Ad(IR)→MAR。

(2) 向主存发送读命令,启动主存做读操作,记作 1→R。

(3) 将 MAR(通过地址总线)所指的主存单元中的内容(有效地址)经数据总线读至 MDR 内,记作 M(MAR)→MDR。

(4) 将有效地址送至指令寄存器的地址字段,记作 MDR→Ad(IR)。此操作在有些机器中可省略。

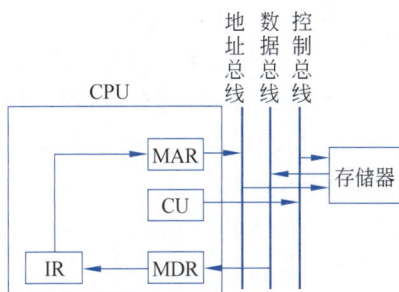

图 10.2　间址周期

10.1.3　执行周期

不同指令执行周期的微操作是不同的,下面分别讨论非访存指令、访存指令和转移类指令的微操作。

1. 非访存指令

这类指令在执行周期不访问存储器。

(1) 清除累加器指令 CLA。该指令在执行阶段只完成清除累加器操作,记作 0→ACC。

(2) 累加器取反指令 COM。该指令在执行阶段只完成累加器内容取反,结果送累加器的操作,记作 $\overline{\text{ACC}}$→ACC。

(3) 算术右移一位指令 SHR。该指令在执行阶段只完成累加器内容算术右移一位的操作,记作 L(ACC)→R(ACC),ACC_0→ACC_0(ACC 的符号位不变)。

(4) 循环左移一位指 CSL。该指令在执行阶段只完成累加器内容循环左移一位的操作,记作 R(ACC)→L(ACC),ACC_0→ACC_n(或 p^{-1}(ACC))。

(5) 停机指令 STP。计算机中有一个运行标志触发器 G,当 G=1 时,表示机器运行;当 G=0 时,表示停机。STP 指令在执行阶段只需将运行标志触发器置"0",记作 0→G。

2. 访存指令

这类指令在执行阶段都需要访问存储器。为简单起见,这里只考虑直接寻址的情况,不考虑其他寻址方式。

(1) 加法指令 ADD X。该指令在执行阶段需要完成累加器内容与对应于主存 X 地址单元的内容相加,结果送累加器的具体操作,具体如下。

① 将指令的地址码部分送至存储器地址寄存器,记作 Ad(IR)→MAR。

② 向主存发读命令,启动主存做读操作,记作 1→R。

③ 将 MAR(通过地址总线)所指的主存单元中的内容(操作数)经数据总线读至 MDR 内,记作 M(MAR)→MDR。

④ 给 ALU 发送加命令将 ACC 的内容与 MDR 的内容相加结果存入 ACC,记作 (ACC)+(MDR)→ACC。

当然,也有的加法指令指定两个寄存器的内容相加,如"ADD AX,BX",该指令在执行阶段无须访存,只需完成(AX)+(BX)→AX 的操作。

(2) 存储指令 STAX。该指令在执行阶段需将累加器 ACC 的内容存于主存的 X 地址单元中,具体操作如下。

① 将指令的地址码部分送至存储器地址寄存器,记作 Ad(IR)→MAR。

② 向主存发写命令,启动主存做写操作,记作 1→W。

③ 将累加器内容送至 MDR,记作 ACC→MDR。

④ 将 MDR 的内容(通过数据总线)写入到 MAR(通过地址总线)所指的主存单元中,记作 MDR→M(MAR)。

(3) 取数指令 LDAX。

该指令在执行阶段需将主存 X 地址单元的内容取至累加器 ACC 中,具体操作如下。

① 将指令的地址码部分送至存储器地址寄存器,记作 Ad(I)→MAR。

② 向主存发读命令,启动主存做读操作,记作 1→R。

③ 将 MAR(通过地址总线)所指的主存单元中的内容(操作数)经数据总线读至 MDR 内,记作 M(MAR)→MDR。

④ 将 MDR 的内容送至 ACC,记作 MDR→ACC。

3. 转移类指令

这类指令在执行阶段也不访问存储器。

(1) 无条件转移指令 JMP X。该指令在执行阶段完成将指令的地址码部分 X 送至 PC 的操作记作 Ad(IR)→PC。

(2) 条件转移(负则转)指令 BAN X。该指令根据上一条指令运行的结果决定下一条指令的地址,若结果为负(累加器最高位为 1,即 $A_0=1$),则指令的地址码送至 PC,否则程序按原顺序执行。由于在取指阶段已完成了(PC)+1→PC,所以当累加器结果不为负(即 $A=0$)时,就按取指阶段形成的 PC 执行,记作 $A_0 \cdot Ad(IR) + \overline{A}0 \cdot (PC) \rightarrow PC$。

由此可见,不同指令在执行阶段所完成的操作是不同的。如果将访存指令分为直接访存和间接访存两种,则上述三类指令的指令周期如图 10.3 所示。

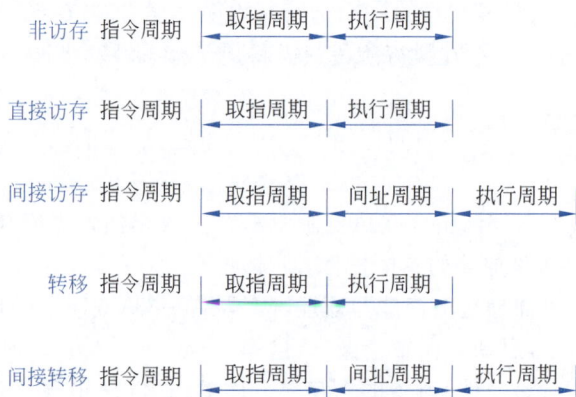

图 10.3   三类指令的指令周期

10.1.4　中断周期

在执行周期结束时刻,CPU 要查询是否有请求中断的事件发生,如果有则进入中断周期。在中断周期,由中断隐指令自动完成保护断点、寻找中断服务程序入口地址以及硬件关中断的操作。假设程序断点存至主存的 0 地址单元,且采用硬件向量法寻找入口地址则在中断周期需完成如下操作。

(1) 将特定地址"0"送至存储器地址寄存器,记作 $0 \rightarrow$ MAR。

(2) 向主存发写命令,启动存储器做写操作,记作 $1 \rightarrow$ W。

(3) 将 PC 的内容(程序断点)送至 MDR,记作 PC$\rightarrow$MDR。

(4) 将 MDR 的内容(程序断点)通过数据总线写入 MAR(通过地址总线)所指示的主存单元(0 地址单元)中,记作 MDR$\rightarrow$M(MAR)。

(5) 将向量地址形成部件的输出送至 PC,记作向量地址$\rightarrow$PC,为下一条指令的取指周期做准备。

(6) 关中断,将允许中断触发器清零,记作 $0 \rightarrow$ EINT(该操作可直接由硬件线路完成)。

如果程序断点存入堆栈,而且进栈操作是先修改栈指针,后存入数据,只需将上述(1)改为(SP)$-1 \rightarrow$SP,且 SP$\rightarrow$MAR。

上述所有操作都是在控制单元发出的控制信号(即微操作命令)控制下完成的。

10.2　控制单元的功能

10.2.1　控制单元的外特性

图 10.4 所示为反映控制单元外特性的框图。

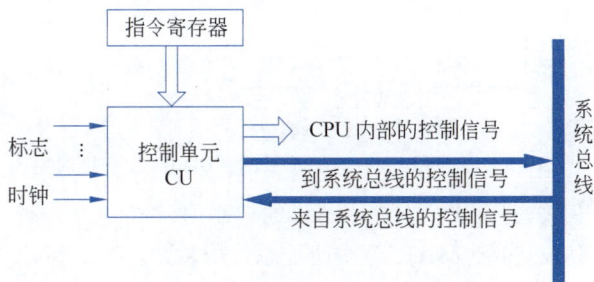

图 10.4　反映控制单元外特性的框图

1. 输入信号

(1) 时钟。时钟的各种操作有以下两点应特别注意:

• 完成每个操作都需占用一定的时间。

• 各个操作是有先后顺序的。例如,存储器读操作要用到 MAR 中的地址,故 PC$\rightarrow$MAR 应先于 M(MAR)$\rightarrow$MDR。

为了使控制单元按一定的先后顺序、一定的节奏发出各个控制信号,控制单元必须受时钟控制,即每一个时钟脉冲使控制单元发送一个操作命令,或发送一组需要同时执行的操作命令。

（2）指令寄存器。现行指令的操作码决定了不同指令在执行周期所需完成的不同操作，故指令的操作码字段是控制单元的输入信号，它与时钟配合可产生不同的控制信号。

（3）标志。控制单元有时需依赖 CPU 当前所处的状态（如 ALU 操作的结果）产生控制信号，如 BAN 指令，控制单元要根据上条指令的结果是否为负而产生不同的控制信号。因此"标志"也是控制单元的输入信号。

（4）来自系统总线（控制总线）的控制信号。例如，中断请求、DMA 请求。

2. 输出信号

（1）CPU 内的控制信号。主要用于 CPU 内的寄存器之间的传送和控制 ALU 实现不同的操作。

（2）送至系统总线（控制总线）的信号。例如，命令主存或 I/O 读/写、中断响应等。

10.2.2　控制信号举例

控制单元的主要功能就是能发出各种不同的控制信号。下面以间接寻址的加法指令"ADD @ X"为例，进一步理解控制信号在完成一条指令的过程中所起的作用。

1. 不采用 CPU 内部总线的方式

（1）取指周期。不采用 CPU 内部总线的 ADD @ X 取指周期如图 10.5 所示。

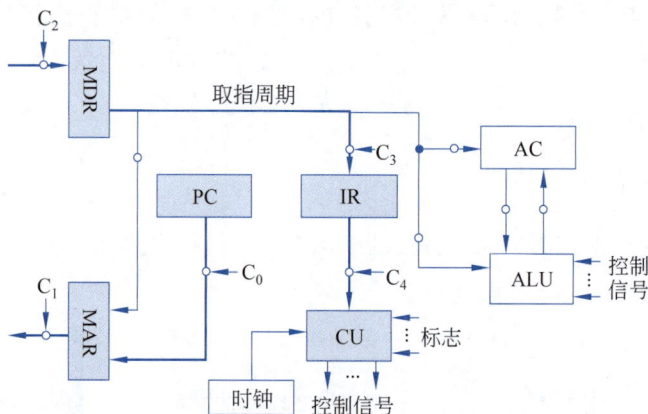

图 10.5　不采用 CPU 内部总线的 ADD @ X 取指周期

① 控制信号 C_0 有效，打开 PC 送往 MAR 的控制门。

② 控制信号 C_1 有效，打开 MAR 送往地址总线的输出门。

③ 通过控制总线向主存发读命令。

④ C_2 有效，打开数据总线送至 MDR 的输入门。

⑤ C_3 有效，打开 MDR 和 IR 之间的控制门，至此指令送至 IR。

⑥ C_4 有效，打开指令操作码送至 CU 的输出门。CU 在操作码和时钟的控制下，可产生各种控制信号。

⑦ 使 PC 内容加 1。

（2）间址周期。不采用 CPU 内部总线的 ADD @ X 间址周期如图 10.6 所示。

① C_5 有效，打开 MDR 和 MAR 之间的控制门，将指令的形式地址送至 MAR。

② C_1 有效，打开 MAR 送往地址总线的输出门。

③ 通过控制总线向主存发读命令。

④ C_2 有效,打开数据总线送至 MDR 的输入门,至此,有效地址存入 MDR。

⑤ C_3 有效,打开 MDR 和 IR 之间的控制门,将有效地址送至 IR 的地址码字段。

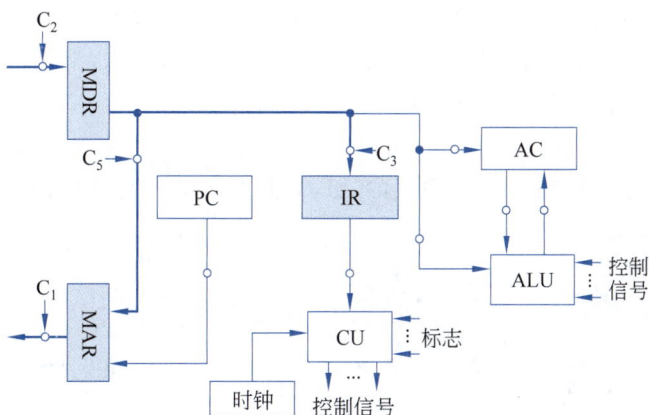

图 10.6　不采用 CPU 内部总线的 ADD @ X 间址周期

(3) 执行周期。不采用 CPU 内部总线的 ADD @ X 执行周期如图 10.7 所示。

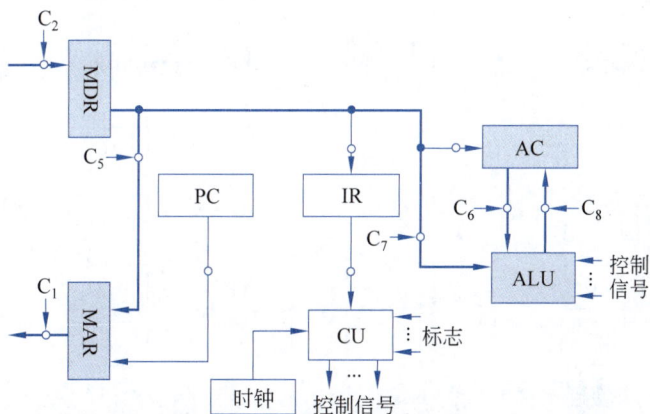

图 10.7　不采用 CPU 内部总线的 ADD @ X 执行周期

① C_5 有效,打开 MDR 和 MAR 之间的控制门,将有效地址送至 MAR。

② C_1 有效,打开 MAR 送往地址总线的输出门。

③ 通过控制总线向主存发读命令。

④ C_2 有效,打开数据总线送至 MDR 的输入门,至此,操作数存入 MDR。

⑤ C_6、C_7 同时有效,打开 AC 和 MDR 通往 ALU 的控制门。

⑥ 通过 CPU 内部控制总线对 ALU 发"ADD"加控制信号,完成 AC 的内容和 MDR 的内容相加。

⑦ C_8 有效,打开 ALU 通往 AC 的控制门,至此将求和结果存入 AC。

图中 C_9 和 C_{10} 分别是控制 PC 的输出和输入的控制信号,C_{11} 和 C_{12} 分别是控制 AC 的输出和输入的控制信号。

2. 采用 CPU 内部总线的方式

下面仍以完成间接寻址的加法指令"ADD @ X"为例,分析控制单元发出的控制信号。

(1) 取指周期。采用 CPU 内部总线的 ADD @ X 取指周期如图 10.8 所示。

① PC_0 和 MAR_i 有效,完成 PC 经内部总线送至 MAR 的操作,即 PC→MAR。

② 通过控制总线(图中未画出)向主存发读命令,即 1→R。

③ 存储器通过数据总线将 MAR 所指单元的内容(指令)送至 MDR。

④ MDR_0 和 IR_i 有效,将 MDR 的内容送至 IR,即 MDR→IR,至此,指令送至 IR,其操作码字段开始控制 CU。

⑤ 使 PC 内容加 1。

(2) 间址周期。采用 CPU 内部总线的 ADD @ X 间址周期如图 10.9 所示。

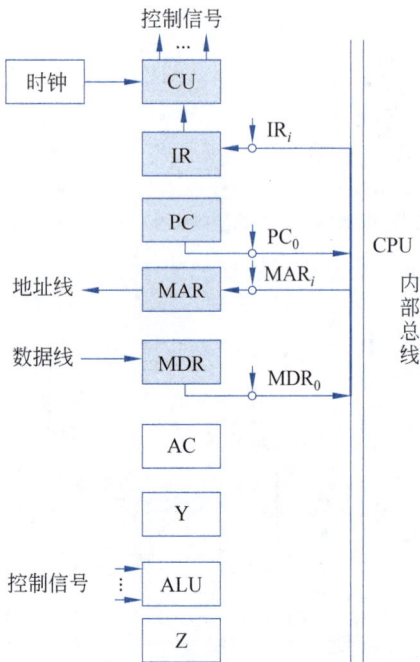

图 10.8　采用 CPU 内部总线的　　　图 10.9　采用 CPU 内部总线的
ADD @ X 取指周期　　　　　　ADD @ X 间址周期

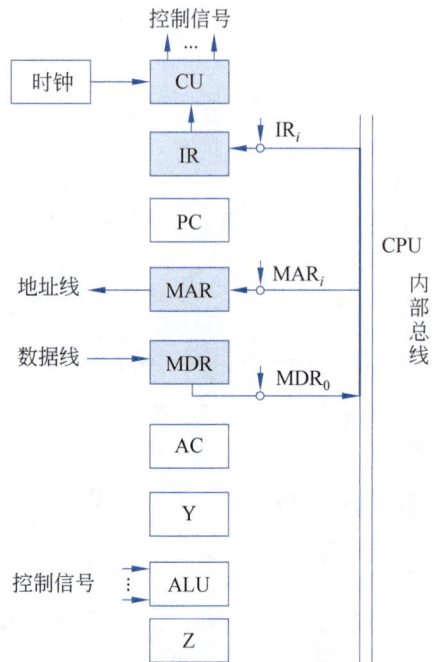

① MDR_0 和 MAR_i 有效,将指令的形式地址经内部总线送至 MAR,即 MDR→MAR。

② 通过控制总线向主存发读命令,即 1→R。

③ 存储器通过数据总线将 MAR 所指单元的内容(有效地址)送至 MDR。

④ MDR_0 和 IR_i 有效,将 MDR 中的有效地址送至 IR 的地址码字段,即 MDR→Ad(IR)。

(3) 执行周期。采用 CPU 内部总线的 ADD @ X 执行周期如图 10.10 所示。

① MDR 和 MAR 有效,将有效地址经内部总线送至 MAR,即 MDR→MAR。

② 通过控制总线向主存发读命令,即 1→R。

③ 存储器通过数据总线将 MAR 所指单元的内容(操作数)送至 MDR。

④ MDR_0 和 Y_i 有效,将操作数送至 Y,即 MDR→Y。

⑤ AC_0 和 ALU_i 有效,同时 CU 向 ALU 发"ADD"加控制信号使 AC 的内容和 Y 的内容相加(Y 的内容送至 ALU 不必通过总线),结果送寄存器 Z,即(AC)+(Y)→Z。

⑥ Z_0 和 AC_i 有效,将运算结果存入 AC,即 Z→AC。

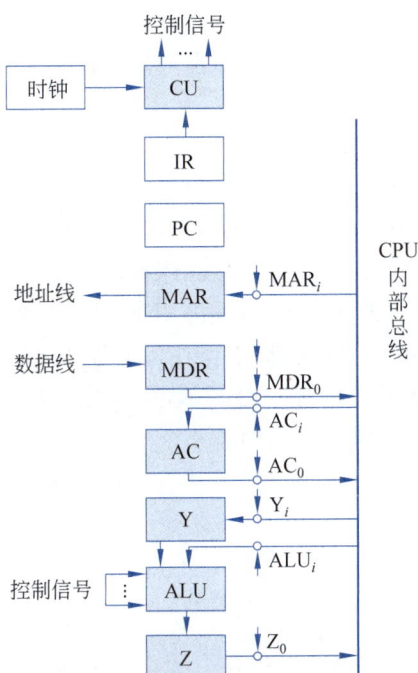

图 10.10 采用 CPU 内部总线的 ADD @ X 执行周期

现代计算机的 CPU 都集成在一个硅片内,在芯片内采用内部总线的方式可大大节省芯片内部寄存器之间的连线,使芯片内各部件布局更合理。

10.2.3 多级时序系统

1. 机器周期

在计算机体系结构中,机器周期是衡量指令执行过程中基本时间单位的一个关键概念。机器周期的长度通常取决于指令所需执行的功能类型及其所涉及的硬件设备的速度。为确定机器周期,必须综合分析指令的执行步骤以及每个步骤所需的时间。

例如,数据传输指令(如取数、存数)可以反映存储器的响应速度及其与中央处理器(CPU)的协同工作效率;而算术逻辑指令(如加法、除法等)则能体现算术逻辑单元(ALU)的速度;条件转移指令由于需要依据上一条指令的执行结果进行测试后才能决定是否跳转,所需时间相对较长。通过对指令执行步骤的详细分析,可以确定一个基准时间,在该时间内,所有指令的操作都能结束。

然而,如果将机器周期设定为执行最为复杂指令所需的最长时间,虽可保证所有指令在此周期内完成,但对于执行时间较短的简单指令来说,这显然会造成时间上的浪费。因此,机器周期的确定应兼顾效率与实用性。

综合考虑,机器内的操作可以大致分为两类:CPU 内部的操作和对主存储器的访问。由于 CPU 内部的操作速度通常较快,而访问主存储器所需的时间相对较长,故以单次存储器访问所需的时间作为基准时间是一种较为合理的方法。此基准时间即被定义为机器周期。此外,考虑到无论执行何种指令,均需访问存储器以获取指令,因此在存储字长等于指令字长的情况下,取指令周期(Fetch Cycle)也可以视为机器周期的一个实例。

机器周期的确定是一个综合各种因素考虑的结果,它通过平衡性能和资源利用率,以确保计算机系统的高效运行。在实际应用中,机器周期的设定需要精细的设计和优化,以适应不同类型的计算需求和硬件配置。

2. 时钟周期(节拍、状态)

在一个机器周期里可完成若干个微操作,每个微操作都需要一定的时间,可用时钟信号来控制产生每一个微操作命令。时钟就好比计算机的心脏,只要接通电源,计算机内就会产生时钟信号。时钟信号可由机器主振电路(如晶体振荡器)发出的脉冲信号经整形(或倍频、分频)后产生,时钟信号的频率即为 CPU 主频。用时钟信号控制节拍发生器,就可产生节拍。每个节拍的宽度正好对应一个时钟周期。在每个节拍内机器可完成一个或几个需同时执行的操作,它是控制计算机操作的最小时间单位。如图 10.11 所示,反映了机器周期、时钟周期和节拍的关系,图中一个机器周期内有 4 个节拍 T_0、T_1、T_2、T_3。

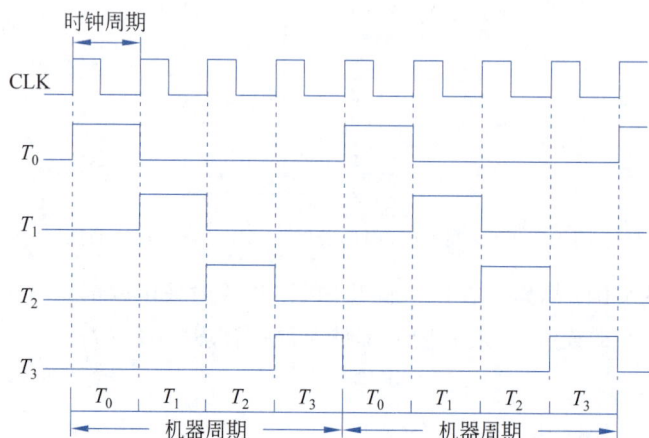

图 10.11　机器周期、时钟周期和节拍的关系

3. 多级时序系统

如图 10.12 所示,反映了指令周期、机器周期、节拍(状态)和时钟周期的关系。可见,一个指令周期包含若干个机器周期,一个机器周期又包含若干个时钟周期(节拍),每个指令周期内的机器周期数可以不等,每个机器周期内的节拍数也可以不等。其中,图 10.12(a)为定长的机器周期,每个机器周期包含 4 个节拍(4 个 7);图 10.12(b)为不定长的机器周期,每个机器周期包含的节拍数可以为 4 个,也可以为 3 个,后者适合于操作比较简单的指令,它可跳过某些时钟周期(如 T_3),从而缩短指令周期。

机器周期、节拍(状态)组成了多级时序系统。

一般来说,CPU 的主频越快,机器的运行速度也越快。在机器周期所含时钟周期数相同的前提下,两机平均指令执行速度之比等于两机主频之比。例如,CPU 的主频为 8MHz,其平均指令执行速度为 0.8MIPS。若想得到平均指令执行速度为 0.4MIPS 的机器,则只需要用主频为(8MHz×0.4MIPS)/0.8MIPS=4MHz 的 CPU 即可。

实际上机器的速度不仅与主频有关,还与机器周期中所含的时钟周期数以及指令周期中所含的机器周期数有关。同样主频的机器,由于机器周期所含时钟周期数不同,运行速度也不同。机器周期所含时钟周期数少的机器,速度更快。

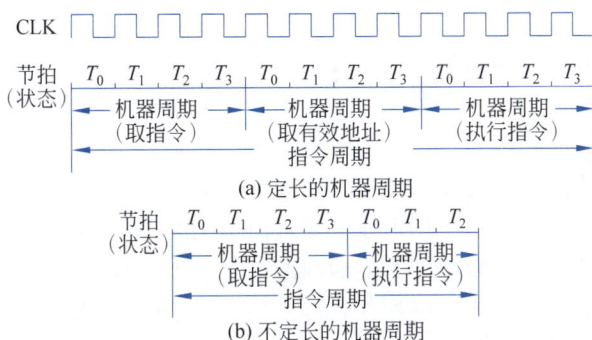

图 10.12　指令周期、机器周期、节拍(状态)和时钟周期的关系

10.2.4　控制方式

控制单元(CU)负责驱动和管理计算机中指令执行的过程,这一过程实际上是顺序执行一系列确定的微操作。鉴于不同指令对应的微操作数量及其复杂性各异,每条指令和每个微操作所需的执行时间也因此不同。控制单元实现对不同微操作序列时序控制的机制被称为控制方式。常见的控制方式包括同步控制、异步控制、联合控制,以及人工控制等。

1. 同步控制方式

同步控制方式下,任何一个指令或指令中的微操作执行都是事先确定的,并且都是受到统一基准时钟信号控制的。该方式下,指令的执行严格依赖于一个固定频率的时钟信号,每个指令周期都被划分为固定数量的时钟周期。

如图 10.13(a)所示,这种典型的同步控制方式中,每个机器周期可能会包含若干个时钟周期(节拍)。如果系统内的存储器访问周期不一致,那么为了能够实现同步控制,就必须以最长的存取周期作为机器周期的基准。这是因为不同的指令,如取指令和取数据操作,可能需要不同的时间长度,若无法用统一的基准时钟对齐,将无法实现同步控制。

在某些情况下,不需要访问存储器的指令可能只需要较少的时钟周期来完成其微操作。这意味着在同步控制下,若一个指令周期固定为四个时钟周期,那么对于那些不需要完整周期的指令,就会出现时间上的浪费。

为了提高中央处理器(CPU)的效率,在同步控制方式中又发展出了三种不同的方案:

(1) 流水线技术(Pipelining):通过将指令的不同阶段在不同周期中重叠执行,可以提高指令吞吐率,从而提高 CPU 效率。

(2) 多周期指令(Multicycle):将指令的执行分解成多个较短的步骤,每个步骤只占用一个或几个时钟周期,这样可以更灵活地利用 CPU 资源,减少浪费。

(3) 超标量架构(Superscalar):在这种架构下,CPU 可以在一个时钟周期内并行发射和完成多条指令,这样可以在不增加时钟频率的情况下提升处理性能。

每种方案都在优化同步控制方式下指令执行的时间效率,减少空闲周期,从而实现更高的性能。

在计算机体系结构中,控制单元(CU)对指令执行过程的控制可以采取不同的策略以适应指令微操作序列的多样性。以下是三种改进同步控制方式的策略,提高中央处理器(CPU)的效率和性能。

（1）定长机器周期策略。此策略规定，不论指令的微操作序列长度或复杂度如何，都将采用统一的机器周期长度，即以最长和最复杂的微操作序列为标准。这种方式保证了时序的一致性，但同时也可能造成对于微操作序列较短的指令执行过程中的时间浪费。该策略的典型表现形式如图 10.12(a) 所示。

（2）不定长机器周期策略。在这种策略下，机器周期的长度可以是变化的，即每个周期内的节拍数不必相等，如图 10.12(b) 所示。这允许处理器根据指令的实际需要调整周期长度，以此解决不同微操作执行时间不一致的问题。对于大多数简单微操作，可在一个较短的机器周期内完成；而对于复杂的微操作，则可以通过延长机器周期或增加节拍数来适应，这种情况在图 10.13 中有所示意。

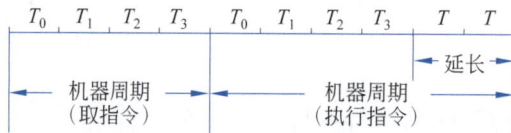

图 10.13　延长机器周期示意

（3）采用中央控制和局部控制相结合的方法。采用这种方案时，对于机器的大部分指令，仍然采用统一的、较短的机器周期来完成，这被称为中央控制。同时，对于一些运算复杂的指令（例如乘除法和浮点运算等），则采用局部控制来处理。局部控制允许这些特定操作有更灵活的时间安排，以适应其复杂性。如图 10.14 所示，展示了中央控制和局部控制的时序关系。

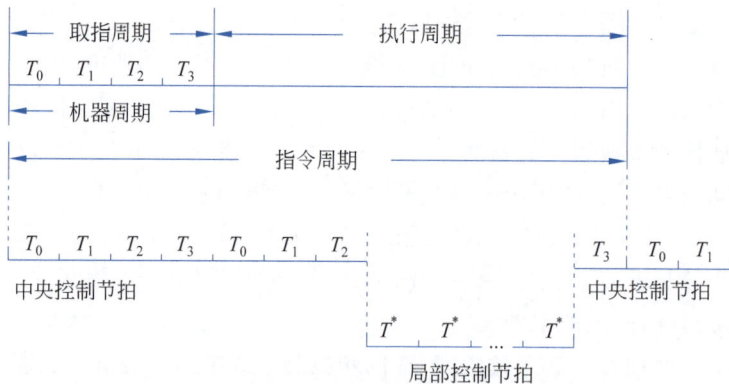

图 10.14　中央控制和局部控制的时序关系

以上策略的选择和实施，平衡严格的时序控制和指令执行效率之间的矛盾。通过灵活地调整机器周期的长度和节拍数，或通过结合中央控制与局部控制的方法，可以在保证系统稳定性和可预测性的同时，提高 CPU 的性能和资源利用率。

在设计局部控制线路时需要注意两点：其一，使局部控制的每一个节拍 T^* 的宽度与中央控制的节拍宽度相同；其二，将局部控制节拍作为中央控制中机器节拍的延续，插入中央控制的执行周期内，使机器以同样的节奏工作，保证了局部控制和中央控制的同步。T^* 的多少可根据情况而定，对于乘法，当操作数位数固定后，T^* 的个数也就确定了。而对于浮点运算的对阶操作，由于移位次数不是一个固定值，因此 T^* 的个数不能事先确定。

以乘法指令为例，第一个机器周期采用中央控制的节拍控制取指令操作，接着仍用中央控制的 T_0、T_1、T_2 节拍去完成将操作数从存储器中取出并送寄存器的操作，然后转局部控制,用局部控制节拍 T^* 完成重复加和移位的操作。

2. 异步控制方式

异步控制方式在设计上不依赖于固定的时钟信号,不具备统一的时钟周期节拍。在这种方式下,每条指令和每个微操作使用的时间严格对应于其执行的实际时间长度。微操作的时序控制依赖于专门设计的应答线路,即当控制单元(CU)发出执行某一微操作的控制信号后,它会等待执行单元完成该操作并发送回一个确认信号(通常称为"完成"或"结束"信号),然后 CU 才会触发下一个微操作。这种控制方法使得 CPU 的空闲状态最小化。然而,由于必须设计和使用各种应答电路,异步控制方式的系统结构相对于同步控制方式更为复杂。

3. 联合控制方式

联合控制方式结合了同步和异步控制的特点。在这种方式下,对指令集中的大部分微操作采用统一的处理方法,而对于少部分时间难以预测的微操作(如 I/O 操作)则采用异步控制。例如,在取指令操作中,通常使用同步控制方式,而对于执行时间不确定的微操作,则依赖于执行单元返回的确认信号来确定微操作的完成。

4. 人工控制方式

人工控制方式是为了在调试硬件或开发软件时使用的一种辅助控制手段。它通常通过机器面板上的开关或按键来实现。

(1) Reset(复位)键。复位键用于将计算机恢复到初始状态。在出现系统死锁或运行故障时使用此键可以重置系统。如果在计算机正常运行过程中按下复位键,则可能会破坏系统中的某些状态,导致错误,因此应谨慎使用。在一些微型计算机中可能没有设定复位键,在这种情况下,可以通过断电后重新上电的方式来重启计算机。

(2) 连续或单条执行转换开关。为了在系统调试时能够观察单条指令执行后的机器状态,或者检查连续执行多条指令后的结果,设计了连续或单条执行转换开关。此开关为用户提供了两种运行模式的选择。

(3) 符合停机开关。在一些计算机系统中,还配备了符合停机开关,这些开关用于指示存储器中的特定地址。当程序执行到与这些开关设置的地址匹配的位置时,计算机会自动停止运行。这被称为符合停机功能,它对于程序调试和分析非常有用。

这些控制方式的实施和应用必须考虑系统的整体设计和性能要求,以确保计算机系统能够在各种条件下高效、稳定地运行。

10.2.5   多级时序系统实例分析

为了加深对本章内容的理解,下面以 Intel 8085 为例通过对一条 I/O 写操作指令运行过程的分析,使读者进一步认识多级时序系统与控制单元发出的控制信号的关系。

1. Intel 8085 的组成

如图 10.15 所示是 Intel 8085 的组成框图,其内部有 3 个 16 位寄存器,即 SP、PC 和增减地址锁存器 IDAL,11 个 8 位寄存器,即 B、C、D、E、H、L、IR、AC、暂存器 TR 以及地址缓冲寄存器 ABR 和地址数据缓冲寄存器 ADBR,以及一个 5 位的状态标志寄存器 FR。ALU 能实现 8 位算术运算和逻辑运算。图中的定时和控制(CU)能对外发出各种控制信号。Intel 8085 内还有中断控制和 I/O 控制,内部数据总线为 8 位。图中未标出 Intel 8085 片内的控制信号。

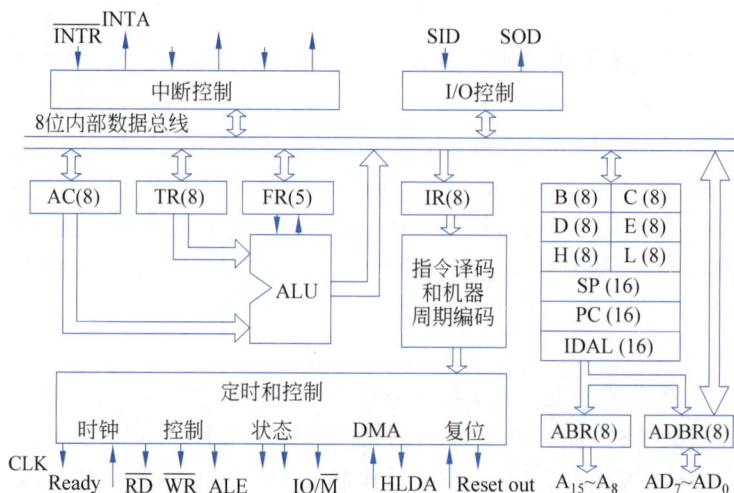

图 10.15　Intel 8085 的组成框图

2. Intel 8085 的外部信号

Intel 8085 芯片引脚图如图 10.16 所示,共 40 根引脚。外部信号分以下几类。

(1) 地址和数据信号。

① $A_{15} \sim A_8$（出）：16 位地址的高 8 位。

② $AD_7 \sim AD_0$（入/出）：16 位地址的低 8 位或 8 位数据,它们共用相同的引脚。

③ SID（入）：串行输入。

④ SOD（出）：串行输出。

(2) 定时和控制信号。

① CLK（出）：系统时钟每周期代表一个 T 状态。

② X_1、X_2（入）：来自外部晶体或其他设备,以驱动内部的时钟发生器。

③ ALE（出）：地址暂存使能信号,在机器周期的第一个时钟周期产生,使外围芯片保存地址。

④ S_0、S_1（出）：用于标识读/写操作是否发生。

⑤ IO/$\overline{M}$（出）：使 I/O 接口或存储器读/写操作使能。

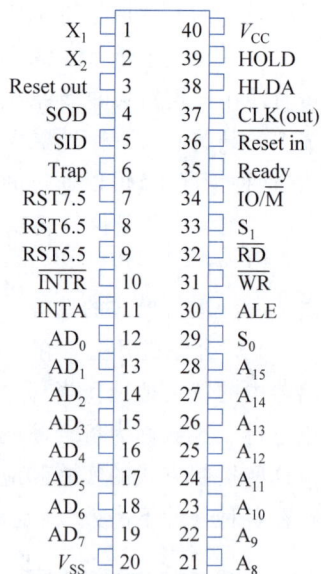

图 10.16　Intel 8085 芯片引脚图

⑥ $\overline{RD}$（出）：表示被选中的存储器或 I/O 接口将所读出的数据送至数据总线上。

⑦ $\overline{WR}$（出）：表示数据总线上的数据将写入被选中的存储器或 I/O 接口中。

(3) 存储器和 I/O 的初始化信号。

① HOLD（入）：请求 CPU 放弃系统总线的控制和使用,总线将用于 DMA 操作。

② HLDA（出）：总线响应信号,表示总线可被外部占用。

③ Ready（入）：用于 CPU 与较慢的存储器或设备同步。当某一设备准备就绪后,向 CPU 发 Ready 信号,此时 CPU 可进行输入或输出。

（4）与中断有关的信号。

① Trap（出）：重新启动中断（RST7.5、RST6.5、RST5.5）。

② $\overline{\text{INTR}}$（入）：中断请求信号。

③ INTA（出）：中断响应信号。

（5）CPU 初始化。

① Reset in（入）：PC 清"0"假设 CPU 从 0 地址开始执行。

② Reset out（出）：对 CPU 的置"0"做出响应，该信号能用于重置系统的剩余部分。

（6）电源和地。

① V_{CC}：+5V 电源。

② V_{SS}：地。

3. 机器周期和节拍（状态）与控制信号的关系

Intel 8085 芯片的一条指令可分成 $1\sim5$ 个机器周期，每个机器周期内又包含 $3\sim5$ 个节拍，每个节拍持续一个时钟周期。在每个节拍内，CPU 根据控制信号执行一个或一组同步的微操作。下面分析一条输出指令，其功能是将 AC 的内容写入所选择的设备中，执行该指令的时序图如图 10.17 所示。

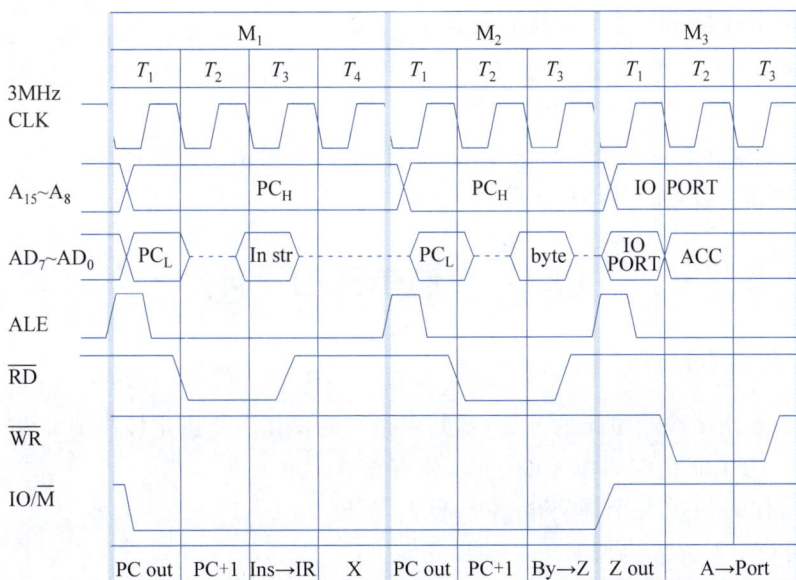

图 10.17　Intel 8085 输出指令时序图

由图可见，该指令的指令周期包含 3 个机器周期 M_1、M_2 和 M_3，每个机器周期内所包含的节拍数不同（M_1 含 4 拍，M_2 和 M_3 均含 3 拍）。该指令字长为 16 位，由于数据线只有 8 位，所以要分两次将指令取至 CPU 内。第一个机器周期取指令的操作码，第二个机器周期取被选设备的地址，第三个机器周期把 AC 的内容通过数据总线写入被选中的设备中。具体时序如下。

（1）第一个机器周期 M_1：存储器读，取指令操作码。

① T_1 状态，IO/$\overline{\text{M}}$ 低电平，表示存储器操作。CPU 将 PC 的高 8 位送至地址总线 $A_{15}\sim A_8$，PC 的低 8 位送至地址/数据总线 $AD_7\sim AD_0$，并由 ALE 的下降沿激活存储器保存

地址。

② T_2 状态，$\overline{RD}$(低)有效，表示存储器读操作，存储器将指定地址的内容送至数据总线 $AD_7 \sim AD_0$，CPU 等待数据线上的数据稳定。

③ T_3 状态，当数据线上的数据稳定后，CPU 接收数据，此数据为该指令的第一字节操作码。

④ T_4 状态，CPU 进入译码阶段，在 T_4 最后时刻 ALE(高)失效。

在 T_2 或 T_3 状态可安排(PC)$+1 \to$ PC 操作，图中未标出此控制信号。

(2) 第二个机器周期 M_2：存储器读，取被选设备的地址。

① T_1 状态，同 M_1 的 T_1 状态操作。

② T_2 状态，同 M_1 的 T_2 状态操作。

③ T_3 状态，当数据线上的数据稳定后，CPU 接收数据，此数据为被选设备的地址。

同样可以在 T_2 或 T_3 时刻完成(PC)$+1 \to$ PC 操作。这个机器周期内设有指令译码，因此 T_4 省略。在 T_3 最后时刻 ALE(高)失效。

(3) 第三个机器周期 M_3：I/O 写。

① T_1 状态，IO/$\overline{M}$ 高电平，表示 I/O 操作，CPU 将 I/O 口地址送至 $A_{15} \sim A_8$ 和 $AD_7 \sim AD_0$，并由 ALE 下降沿激活 I/O 保存地址。

② T_2 状态，$\overline{WR}$(低)有效，表示 I/O 写操作，AC 的内容通过 $AD_7 \sim AD_0$ 数据总线送至被选中的设备中。

可见，控制单元的每一个控制信号都是在指定机器周期内的指定 T 时刻发出的，反映了多级时序系统与控制信号间的关系。

10.3　控制单元的设计

10.3.1　组合逻辑设计

图 10.18 示出了控制单元的外特性，其中指令的操作码是决定控制单元发出不同控制信号的关键。为了简化控制单元的逻辑，将存放在 IR 的 n 位操作码经过一个译码电路产生 2^n 个输出，这样每对应一种操作码便有一个输出送至 CU。当然，若指令的操作码长度可变，指令译码线路将更复杂。

控制单元的时钟输入实际上是一个脉冲序列，其频率即为机器的主频，它使 CU 能按一定的节拍(T)发出各种控制信号。节拍的宽度应满足数据信息通过数据总线从源到目的所需的时间。以时钟为计数脉冲，通过一个计数器(又称节拍发生器)，便可产生一个与时钟周期等宽的节拍序列。如果将指令译码和节拍发生器从 CU 中分离出来，便可得简化的控制单元框图，如图 10.18 所示。

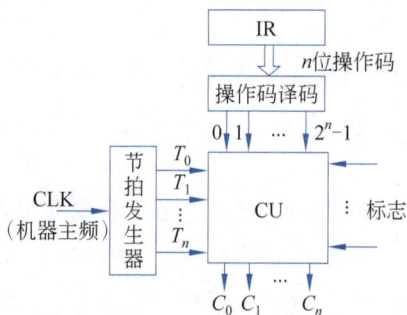

图 10.18　带译码和节拍输入的控制单元框图

10.3.2　微操作的节拍安排

在同步控制的计算机系统中,微操作的节拍安排是微指令设计的重要部分。在假设的情况下,每个机器周期被分为三个节拍,并且存在特定的 CPU 内部结构。对于微操作节拍的安排,需要考虑多个因素以确保高效执行。

假设一个计算机系统采取同步控制机制,其中每个机器周期由三个节拍组成。在该系统的 CPU 内部结构中,存储器地址寄存器(MAR)和存储器数据寄存器(MDR)分别与地址总线和数据总线直接连接。并且,指令寄存器(IR)的地址码部分与 MAR 之间存在一条通路。

在安排微操作的节拍时,必须遵循以下三个原则。

(1) 微操作的顺序性:某些微操作具有固定的执行顺序,这种顺序通常是由数据依赖性或逻辑依赖性决定的,不可更改。因此,安排微操作节拍时,必须严格按照这些微操作的固定先后顺序进行。

(2) 微操作的并行性:如果存在多个微操作,它们的控制对象各不相同,并且可以在同一个节拍内独立完成,那么应当将它们安排在同一节拍内执行。这种并行执行可以有效地节约时间,提高指令执行的效率。

(3) 微操作的紧凑性:对于那些执行时间较短的微操作,应考虑将它们组合在同一个节拍内完成,即使这些微操作之间存在先后次序。这种紧凑的安排可以最大化利用每个节拍的时间,减少指令执行过程中的空闲时间。

在实际设计中,微操作的节拍安排应当充分考虑这些原则,并结合 CPU 的具体内部结构和指令集的特点,制定出最优的微操作时序安排方案。这样的方案不仅能保障指令的正确执行,而且能提升整个系统的执行效率和性能。

10.3.3　组合逻辑设计的步骤

组合逻辑设计控制单元时,首先根据上述 10 条指令微操作的节拍安排,列出微操作命令的操作时间表,然后写出每一个微操作命令(控制信号)的逻辑表达式,最后根据逻辑表达式画出相应的组合逻辑电路图。

1. 列出微操作命令的操作时间表,写出微操作命令的最简逻辑表达式

列出每一个微操作命令的初始逻辑表达式,经化简、整理便可获得能用现成电路实现的微操作命令逻辑表达式。

例如,根据操作时间表可写出 M(MAR)→MDR 微操作命令的逻辑表达式:

$$M(MAR) \rightarrow MDR$$
$$= FE \cdot T + IND \cdot T(ADD + STA + LDA + JMP) + EX \cdot T(ADD + LDA)$$
$$= T_1\{FE + IND(ADD + STA + LDA + JMP) + EX(ADD + LDA)\}$$

式中,ADD、STA、LDA、JMP 均来自操作码译码器的输出。

2. 画出微操作命令的逻辑图

对应每一个微操作命令的逻辑表达式都可画出一个逻辑图。例如,M(MAR)→MDR 的逻辑表达式所对应的逻辑图如图 10.19 所示,图中未考虑门的扇入系数。

当然,在设计逻辑图时要考虑门的扇入系数和逻辑级数。如果采用现成芯片,还需选择

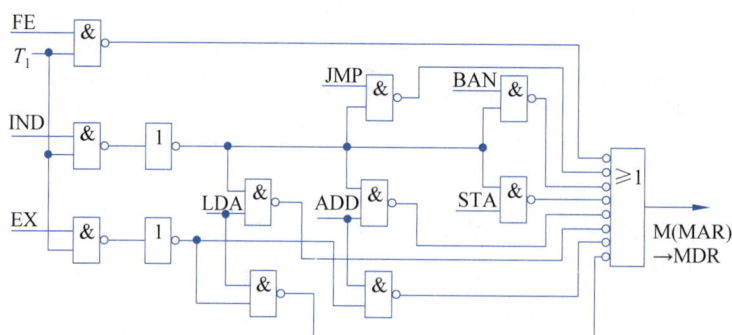

图 10.19　产生 M(MAR)→MDR 命令的逻辑图

芯片型号。

　　采用组合逻辑设计方法设计控制单元,思路清晰,简单明了,但因为每一个微操作命令都对应一个逻辑电路,因此一旦设计完毕便会发现,这种控制单元的线路结构十分庞杂,也不规范,犹如一棵大树,到处都是不规整的枝杈。而且指令系统功能越全,微操作命令就越多,线路也越复杂,调试就更困难。为了克服这些缺点,可采用微程序设计方案。但是,随着RISC 的出现,组合逻辑设计仍然是设计计算机的一种重要方法。

10.4　微程序设计

　　微程序设计是一种计算机指令集实现方法,该思想由英国剑桥大学教授 Maurice V. Wilkes 于 1951 年首次提出。该设计理念是为了解决组合逻辑控制单元线路复杂且难以维护的问题。Wilkes 采用了类似于存储程序计算机的策略,将机器指令的执行分解为一系列微操作的序列,并以微程序的形式进行编码。

　　在 Wilkes 的构想中,每条机器指令都被转换成一个微程序,该微程序由若干条微指令组成,每一条微指令代表一组微操作命令。这些微程序随后被保存在控制存储器(control store)中,当需要执行某个机器指令时,系统会检索对应的微程序并逐条执行其中的微指令。每条微指令都以二进制代码的形式出现,其中每一位代表一个控制信号,1 表示相应的控制信号有效,而 0 表示该控制信号无效。通过顺序执行这些微指令,便完成了对应机器指令的全部操作。

　　微程序设计的核心组件是控制存储器,其特点是高速度,因为执行一条机器指令需要多次访问控制存储器以取出所需的微指令。Wilkes 当时的设想由于当时电子器件的技术水平限制,并未得到实现。直到 20 世纪 60 年代半导体存储器的出现,微程序设计理念才得以实现。1964 年 4 月,第一台采用微程序设计的计算机——IBM System/360 问世。

　　微程序设计的优点在于省略了组合逻辑设计中复杂的逻辑表达式化简步骤,不必考虑逻辑门的级数限制和扇入系数,从而简化了设计过程。由于控制信号以二进制代码的形式表示,通过修改微指令的代码即可改变机器的操作内容,这便于对计算机进行调试、修改和指令集的扩展,也有利于计算机的仿真工作。

10.4.1　硬布线控制器与微程序控制器

　　如表 10.1 所示,硬布线控制器的一条指令中有多个时钟周期,每个时钟周期对应一个状态,而一个状态对应一组并发控制信号。但硬布线控制器存在一些缺陷:逻辑设计比较繁杂,而且每当需要新增或删除指令时,都需要对整个系统进行变更。因此,人们发明了微程序控制器。

表 10.1 硬布线控制器和微程序控制器对比

	对 比 项 目	
	微程序控制器	硬布线控制器
工作原理	微操作控制信号以微程序的形式存放在控制存储器中,执行指令时读出即可	微操作控制信号由组合逻辑电路根据当前的指令码、状态和时序,即时产生
执行速度	慢	快
规整性	较规整	烦琐、不规整
应用场合	CISC CPU	RISC CPU
易扩充性	易扩充修改	困难

而微程序的思想是将并发信号事先存储为微指令,而一条指令就对应多条微指令,那么每一个状态就相当于是并发信号所在的存储器地址。

10.4.2 微程序控制单元框图及工作原理

1. 机器指令对应的微程序

采用微程序设计方法设计控制单元的过程就是编写每一条机器指令的微程序,它是按执行每条机器指令所需的微操作命令的先后顺序而编写的,因此,一条机器指令对应一个微程序,如图 10.20 所示。图中每一条机器指令都与一个以操作性质命名的微程序对应。

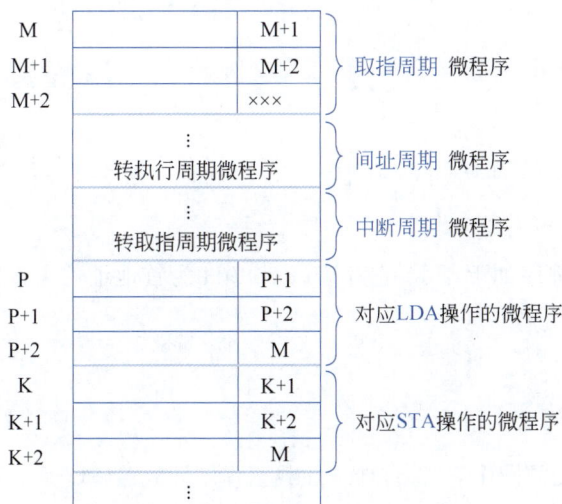

图 10.20 不同机器指令对应的微程序

由于任何一条机器指令的取指令操作是相同的,因此将取指令操作的命令统一编成一个微程序,这个微程序只负责将指令从主存单元中取出送至指令寄存器中,如图 10.20 所示的取指周期微程序。此外,如果指令是间接寻址,其操作也是可以预测的,也可先编出对应间址周期的微程序。当出现中断时,中断隐指令所需完成的操作可由一个对应中断周期的微程序控制完成。这样,控制存储器中的微程序个数应为机器指令数再加上对应取指、间接寻址和中断周期的 3 个微程序。

2. 微程序控制单元的基本框图

图 10.21 所示为微程序控制单元的基本组成,图中点画线框内为微程序控制单元,与图 10.4 相比,它们都有相同的输入,如指令寄存器、各种标志和时钟,输出也是输至 CPU 内部或系统总线的控制信号。

点画线框内的控制存储器(简称"控存")是微程序控制单元的核心部件,用来存放全部微程序;CMAR 是控存地址寄存器,用来存放欲读出的微指令地址;CMDR 是控存数据寄存器,用来存放从控存读出的微指令;顺序逻辑是用来控制微指令序列的,具体就是控制形成下一条微指令(即后续微指令)的地址,其输入与微地址形成部件(与指令寄存器相连)、微指令的下地址字段以及外来的标志有关。

微指令的基本格式如图 10.22 所示,共分两个字段,一个为操作控制字段,该字段发出各种控制信号;另一个为顺序控制字段,它可指出下条微指令的地址(简称"下地址"),以控制微指令序列的执行顺序。

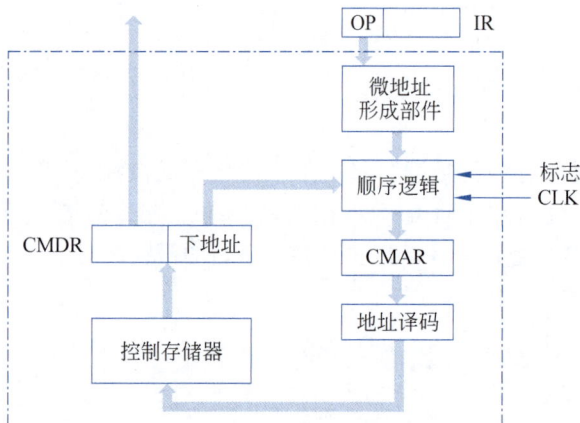

图 10.21　微程序控制单元的基本组成

图 10.22　微指令的基本格式

3. 工作原理

假设有一个用户程序如下所示,它存于以 2000H 为首地址的主存空间内。

```
LDA X
ADD Y
STA Z
STP
```

在微程序控制单元的操作下,将首地址加载至程序计数器(PC)后,开始执行取指令阶段:

(1) 取指阶段。

- 初始化微指令地址:将取指周期微程序的首地址 M 加载到控制存储器地址寄存器(CMAR)。

- 微指令提取:从控制存储器(Control Memory,CM)读取 CMAR 所指定地址的微指令到控制存储器数据寄存器(CMDR)。

- 微操作命令生成:根据 CMDR 中微指令的操作控制字段,发出相应的控制信号,如 PC→MAR,1→R,指示主存接收程序首地址并执行读取操作。

- 下一微指令地址生成：根据当前微指令的顺序控制字段，计算下一条微指令的地址并更新 CMAR，如 Ad(CMDR)→CMAR。
- 重复微指令提取与微操作命令生成过程：继续读取控制存储中的微指令并发出相应的微操作命令，直至取指周期的最后一条微指令执行完毕。此时，机器指令"LDA X"已被存入指令寄存器(IR)中。

（2）执行阶段。

- 执行指令微程序首地址生成：指令寄存器 IR 中的操作码 OP(IR)被送至微地址形成部件，其输出确定执行指令微程序的首地址 P，并将其加载至 CMAR。
- 微指令提取：从 CM 读取 CMAR 指定地址的微指令到 CMDR。
- 微操作命令生成：根据 CMDR 中微指令的操作控制字段，发出相应的控制信号，如 Ad(IR)→MAR，1→R，指示主存读取操作数。
- 下一微指令地址生成：更新 CMAR 以指向下一条微指令地址。
- 重复微指令提取与微操作命令生成过程：继续执行微指令直至执行指令微程序的最后一条微指令。至此完成了操作数从主存 X 地址单元至累加器 AC 的传输。该微指令的顺序控制字段指示 CPU 返回取指周期，控制存储重新读取取指周期微程序的微指令，并发出微操作命令，以取得并执行下一条机器指令"ADD Y"。

微程序控制单元通过逐条提取微指令并发出微操作命令，实现了从主存中依次取出、分析执行机器指令的过程，以运行程序。

对于微程序控制单元的控制存储器而言，一旦内部信息根据设计的微程序被灌注，机器运行时仅需具备读出功能，因此可采用只读存储器(ROM)。在微程序执行过程中，关键在于如何根据微指令的操作控制字段生成微操作命令，以及如何生成下一条微指令的地址。这些问题的解决与微指令的编码方式及微地址的生成方式密切相关，这是微程序设计中必须解决的技术问题。

10.4.3　微指令的编码方式、序列地址的形成及格式

微指令的编码方式又称微指令的控制方式，它是指如何对微指令的控制字段进行编码，以形成控制信号，主要有以下几种。

1. 微指令的编码方式

1）直接编码（直接控制）方式

在微指令的操作控制字段中，每一位代表一个微操作命令，这种编码方式即为直接编码方式。上面所述的用控制字段中的某位为"1"表示控制信号有效（如打开某个控制门），以及某位为"0"表示控制信号无效（如不打开某个控制门）就是直接控制方式，如图 10.23 所示。这种方式含义清晰，而且只要微指令从控存读出，即刻可由控制字段发出命令，速度快。但由于机器中微操作命令甚多，可能使微指令操作控制字段达几百位，造成控存容量极大。

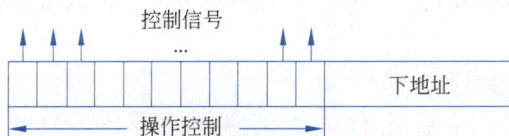

图 10.23　直接编码方式

2）字段直接编码方式

这种方式就是将微指令的操作控制字段分成若干段,将一组互斥的微操作命令放在一个字段内,通过对这个字段译码,便可对应每一个微命令,如图 10.24 所示。这种方式因靠字段直接译码发出微命令,故又有显式编码之称。

采用字段直接编码方法可用较少的二进制信息表示较多的微操作命令信号。例如,3位进制代码译码后可表示 7 个互斥的微命令,留出一种状态表示不发微命令,与直接编码用7 位表示 7 个微命令相比,减少了 4 位,缩短了微指令的长度。但由于增加了译码电路,使微程序的执行速度稍微减慢。

至于操作控制字段应分几段,与需要并行发出的微命令个数有关,若需并行发出 8 个微命令,就可分 8 段。每段的长度可以不等,与具体要求互斥的微命令个数有关,若某类操作要求互斥的微命令仅有 6 个,则字段只需安排 3 位。

3）字段间接编码方式

这种方式一个字段的某些微命令还需由另一个字段中的某些微命令来解释,如图 10.25所示。图中字段 1 译码的某些输出受字段 2 译码输出的控制,由于不是靠字段直接译码发出微命令,故称为字段间接编码,又称隐式编码。

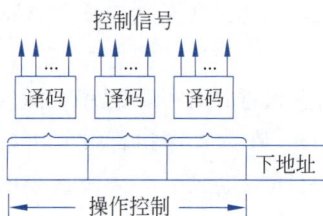

图 10.24   字段直接编码方式   图 10.25   字段间接编码方式

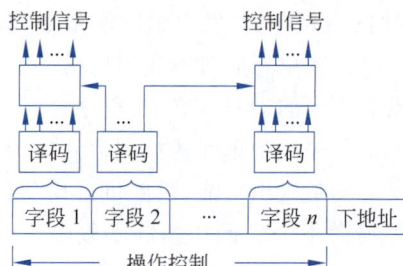

这种方法虽然可以进一步缩短微指令字长,但因削弱了微指令的并行控制能力,因此通常用做字段直接编码法的一种辅助手段。

4）混合编码

这种方法是把直接编码和字段编码(直接或间接)混合使用,以便能综合考虑微指令的字长、灵活性和执行微程序的速度等方面的要求。

5）其他

微指令还可设置常数字段,用来提供常数、计数器初值等。常数字段还可以和某些解释位配合,如解释位为 0,表示该字段提供某种命令,使微指令更灵活。

此外,微指令还可用类似机器指令操作码的方式编码。

2. 微指令序列地址的形成

1）直接由微指令的下地址字段指出

图 10.21 中大部分微指令的下地址字段直接指出了后续微指令的地址。这种方式又称为断定方式。

2）根据机器指令的操作码形成

当机器指令取至指令寄存器后,微指令的地址由操作码经微地址形成部件形成。微地址形成部件实际是一个编码器,其输入为指令操作码,输出就是对应该机器指令微程序的首地址。它可采用 PROM 实现,以指令的操作码作为 PROM 的地址,而相应的存储单元内容就是对应该指令微程序的首地址。

实际上微指令序列地址的形成方式还有以下几种。

3）增量计数器法

仔细分析发现,在很多情况下,后续微指令的地址是连续的,因此对于顺序地址,微指令可采用增量计数法,即（CMAR）+1→CMAR 来形成后续微指令的地址。

4）分支转移

当遇到条件转移指令时,微指令出现了分支,必须根据各种标志来决定下一条微指令的地址。微指令的格式如图 10.26 所示。

操作控制字段	转移方式	转移地址

图 10.26　微指令格式

其中,转移方式指明判别条件,转移地址指明转移成功后的去向,若不成功则顺序执行。也有的转移微指令中设两个转移地址,条件满足时选择其中一个转移地址;条件不满足时选择另一个转移地址。

5）通过测试网络形成

微指令的地址还可通过测试网络形成,如图 10.27 所示。图中微指令的地址分两部分,高段 h 为非测试地址,由微指令的 H 段地址码直接形成；低段 1 为测试地址,由微指令的 L 段地址码通过测试网络形成。

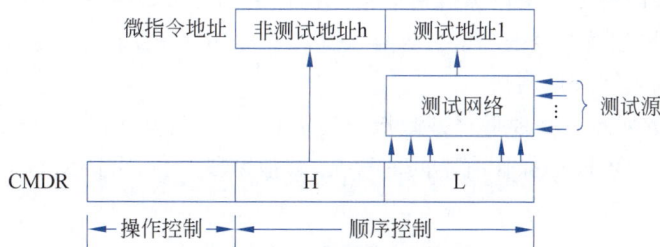

图 10.27　通过测试网络形成微指令地址

6）由硬件产生微程序入口地址

当电源加电后,第一条微指令的地址可由专门的硬件电路产生,也可由外部直接向 CMAR 输入微指令的地址,这个地址即为取指周期微程序的入口地址。

当有中断请求时,若条件满足,CPU 响应中断进入中断周期,此时需中断现行程序,转至对应中断周期的微程序。由于设计控制单元时已安排好中断周期微程序的入口地址,故响应中断时,可由硬件产生中断周期微程序的入口地址。

同理,当出现间接寻址时,也可由硬件产生间址周期微程序的入口地址。

综合上述各种方法,可得出形成后续微指令地址的原理图,如图 10.28 所示。图中多路选择器可选择以下 4 路地址。

（1）（CMAR）+1→CMAR。

（2）微指令的下地址字段。

（3）指令寄存器（通过微地址形成部件）。

（4）微程序入口地址。

3. 微指令格式

微指令格式与微指令的编码方式有关,通常分为水平型微指令和垂直型微指令两种。

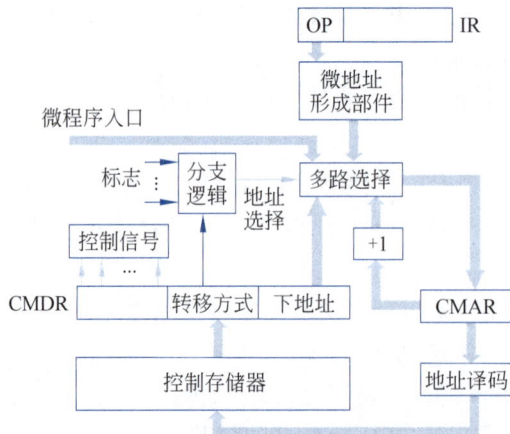

图 10.28　后续指令地址形成方式的原理图

1）水平型微指令

水平型微指令的特点是一次能定义并执行多个并行操作的微命令。从编码方式看,直接编码、字段直接编码、字段间接编码以及直接和字段混合编码都属于水平型微指令。其中,直接编码速度最快,字段编码要经过译码,故速度受影响。

2）垂直型微指令

垂直型微指令的特点是采用类似机器指令操作码的方式,在微指令字中,设置微操作码字段,由微操作码规定微指令的功能。通常一条微指令有 1～2 个微命令控制 1～2 种操作。这种微指令不强调其并行控制功能。

如表 10.2 所示列出了一种垂直型微指令的格式,其中微操作码 3 位,共分六类操作;地址码字段共 10 位,对不同的操作有不同的含义;其他字段 3 位,可协助本条微指令完成其他控制功能。

表 10.2　垂直型微指令示例

微操作码	地　址　码		其他		微指令类别及功能
0 1 2	3～7	8～12	13 15		
0 0 0	源寄存器	目的寄存器	其他控制		传送型微指令
0 0 1	ALU 左输入	ALU 右输入	ALU		运算控制型微指令 按 ALU 字段所规定的功能执行,其结果送暂存器
0 0 1	寄存器	移位次数	移位方式		移位控制型微指令 按移位方式对寄存器中的数据移位
0 1 1	寄存器	存储器	读写	其他	访存微指令 完成存储器和寄存器之间的传送
1 0 0	D			S	无条件转移微指令 D 为微指令的目的地址
1 0 1	D		测试条件		条件转移微指令 最低 4 位为测试条件
1 1 0 1 1 1					可定义 I/O 或其他操作 第 3～15 位可根据需要定义各种微指令

3）两种微指令格式的比较

（1）水平型微指令比垂直型微指令并行操作能力强、效率高、灵活性强。

（2）水平型微指令执行一条机器指令所需的微指令数目少，因此速度比垂直型微指令的速度快。

（3）水平型微指令用较短的微程序结构换取较长的微指令结构，垂直型微指令正相反，它以较长的微程序结构换取较短的微指令结构。

（4）水平型微指令与机器指令差别较大，垂直型微指令与机器指令相似。

10.4.4　静态微程序设计、动态微程序设计和毫微程序设计

在计算机体系结构领域，微程序设计是实现指令集架构的关键技术之一。根据微程序的可修改性，微程序设计可分为静态微程序设计和动态微程序设计两大类。此外，还有一种被称为毫微程序设计的方法，它采用两级微程序实现更高的控制存储器利用率和并行性。

1. 静态微程序设计和动态微程序设计

静态微程序设计是指针对每一条机器指令，微程序都由计算机设计者事先编写并固化在控制存储器中。在这种设计中，控制存储器通常使用只读存储器（ROM），因为微程序在计算机的整个使用周期内不需要更改。这种设计技术适合于指令集不变的情况，它简化了硬件设计，但同时限制了系统的灵活性。

与静态微程序设计不同，动态微程序设计允许通过更改微指令和微程序来修改机器的指令集。在这种方法中，控制存储器可以使用可擦写可编程只读存储器（EPROM），从而可以根据需要重新编程。动态微程序设计提供了更大的灵活性，允许用户根据特定的应用需求来定制指令集，这在仿真其他类型指令系统时特别有用。然而，由于动态微程序设计要求用户具备深厚的系统知识，因此在实际应用中其普及程度受限。

2. 毫微程序设计

毫微程序设计是一种两级微程序体系结构，通过少量控制存储器实现高度的操作并行性。在这种设计中，第一级微程序采用垂直型微指令，它们通常执行简单的操作并具有严格的顺序结构。第一级微程序负责确定后续微指令的地址。第二级微程序则采用水平型微指令，能够实现强大的并行操作能力，但不直接指定后续微指令的地址。在第二级微程序执行完毕之后，控制权返回到第一级微程序，以决定下一步的操作。

这两级微程序分别存储在两级控制存储器中。毫微程序设计利用了水平型微指令的高并行性，同时通过垂直型微指令的序列控制来维护执行的正确性和顺序。

如图 10.29 所示，展示了这种两级微程序控制存储器的基本组成，但在这个文本中没有附上实际图像。这种设计方法提高了存储器的使用效率，同时允许更复杂的指令实现，在保持较低控制存储器容量的同时，依然能够实现高级的控制逻辑。

静态微程序设计以其稳定性和简洁性适用于大多数固定指令集的应用，而动态微程序设计和毫微程序设计则分别提供了更高的系统灵活性和控制存储效率，适用于特殊的应用场景，需要更细致和专业的设计考虑。

图中，$CMAR_1$ 为第一级控存地址寄存器，$CMDR_1$ 存放从第一级控制存储器中读出的微指令，如果该微指令只产生一些简单的控制信号，则可以通过译码，直接形成微操作命令，不必调用第二级。如果需调用第二级控制存储器时，则将毫微程序的地址送至 $CMAR_2$，然

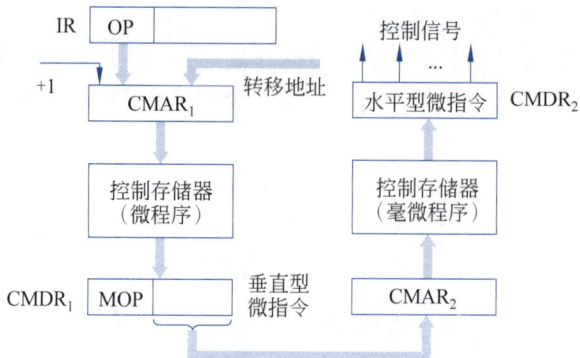

图 10.29   毫微程序控制存储器的基本组成

后由从第二级控存储器中读出的微指令去直接控制硬件。值得注意的是,垂直型微指令不是和水平型微指令一条一条地对应,而是由水平型微指令(称为壹微指令)组成的毫微程序去执行垂直型微指令的操作。毫微指令与微指令的关系就好比微指令与机器指令的关系一样。

二级控制存储器虽然能减少控制存储器的容量,但因有时一条微指令要访问两次控制存储器,影响了速度。

10.4.5   串并行微程序控制和微程序设计举例

1. 串行微程序控制和并行微程序控制

与机器指令一样,完成一条微指令也分两个阶段:取微指令和执行微指令。如果这两个阶段按图 10.30(a)所示的方式运行,则为串行微程序控制。由于取微指令和执行微指令的操作是在两个完全不同的部件中完成的,因此可将这两部分操作并行进行,以缩短微指令周期,这就是并行微程序控制,如图 10.30(b)所示,与指令二级流水相似。

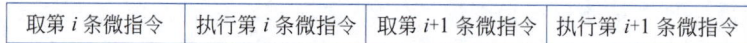

(a) 串行操作

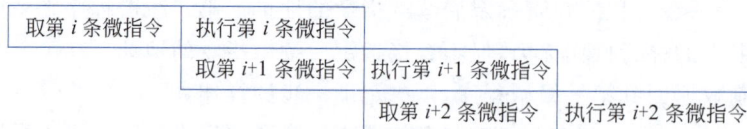

(b) 并行操作

图 10.30   串行微程序和并行微程序控制方式

当采用并行微程序控制时,为了不影响本条微指令的正确执行,需增加一个微指令寄存器来暂存下一条微指令。由于执行本条微指令与下一条微指令是同时进行的,因此当遇到需要根据本条微指令的处理结果来决定下条微指令的地址时,就不能并行操作,此时可延迟一个微指令周期再取微指令。

2. 微程序设计举例

微程序设计控制单元的主要任务是编写对应各条机器指令的微程序,具体步骤是首先写出对应机器指令的全部微操作及节拍安排,然后确定微指令格式,最后编写出每条微指令的二进制代码(称为微指令码点)。

（1）写出对应机器指令的微操作及节拍安排。为了便于与组合逻辑设计比较,仍以 10 条机器指为例,而且 CPU 结构同组合逻辑设计假设相同。此外,为了简化起见,不考虑间接寻址和中断的情况。

① 取指阶段的微操作及节拍安排。

② 执行阶段的微操作及节拍安排。

（2）确定微指令格式。微指令的格式包括微指令的编码方式、后续微指令的地址形成方式和微指令字长等 3 个方面。

① 微指令的编码方式,可采用直接编码方式,由微指令控制字段的某一位直接控制一个微操作。

② 后续微指令地址的形成方式根据上述分析,可采用由指令的操作码和微指令的下地址字段两种方式形成后续微指令的地址。

③ 微指令字长,微指令由操作控制字段和下地址字段两部分组成。根据直接编码方式,20 个微操作对应 20 位操作控制字段;根据 38 条微指令,对应 6 位下地址字段。这样,微指令字长至少取 26 位。

（3）编写微指令码点。在确定微指令格式及其字长的过程中,还可将一些微操作命令合用一位代码来控制,这样可大大压缩微指令的操作控制字段,缩短微指令字长。

10.5 本 章 小 结

10.5.1 内容总结

本章的内容涵盖了计算机控制单元的设计和功能,特别集中在微操作命令的分析和微程序设计技术上。

1. 微操作命令的分析

本章详细讨论了指令执行过程中的各个周期。

（1）取指周期:在该周期中,控制单元从内存中取出指令并存储到指令寄存器,同时计算下一条指令的地址。

（2）间址周期:如果指令需要间接寻址,则在这个周期内解析最终的操作数地址。

（3）执行周期:在执行周期,控制单元生成必要的控制信号以执行指令的操作。

（4）中断周期:处理任何中断请求,保存当前进程状态,并跳转到中断处理程序。

2. 控制单元的功能

控制单元的主要功能和特点如下。

（1）控制单元的外特性:定义了控制单元如何响应外部信号和内部状态。

（2）控制信号举例:提供了生成控制信号的具体例子,展示了这些信号如何管理微操作。

（3）多级时序系统:讨论了时序系统的层次结构,以及如何在不同的层次上同步操作。

（4）控制方式:介绍了硬布线控制和微程序控制两种主要的控制方式。

（5）多级时序系统实例分析:通过实例分析,进一步解释了多级时序系统的设计和工作原理。

3. 控制单元的设计

设计控制单元的方法和步骤如下。

（1）组合逻辑的设计：介绍了控制单元中组合逻辑部分的设计方法。

（2）微操作的节拍安排：讨论了如何在控制单元内安排微操作的节拍。

（3）组合逻辑设计的步骤：概述了设计组合逻辑控制单元的步骤。

4. 微程序设计

微程序设计的概念、方法和类型如下。

（1）硬布线控制器与微程序控制器：比较了这两种控制器的特点和应用场景。

（2）微程序控制单元框图及工作原理：展示了微程序控制单元的框架结构和基本工作原理。

（3）微指令的编码方式、序列地址的形成及格式：讨论了微指令的编码方法和如何形成序列地址。

（4）静态微程序设计、动态微程序设计和毫微程序设计：介绍了三种不同的微程序设计方法。

（5）串并行微程序控制和微程序设计举例：详细说明了串行与并行微程序控制的概念，并提供了设计示例。

本章介绍控制单元的功能和设计，包括微操作命令的不同周期、控制单元的特性、控制信号的例子、多级时序系统以及硬布线与微程序控制器的比较。特别强调了微程序设计的概念，包括静态、动态和毫微程序设计的不同方法，以及串并行微程序控制技术。通过这些知识，读者可以了解如何设计一个有效的控制单元，以便在现代计算机体系结构中准确、高效地执行指令。

10.5.2 常见问题

1. 硬布线控制和微程序控制的区别是什么？

硬布线控制通过组合逻辑电路直接生成控制信号，具有速度快的优点，适合精简指令集计算机，但其电路复杂，不易修改或扩展。相比之下，微程序控制通过存储在控制存储器中的微指令生成控制信号，具有灵活性高、便于扩展和修改的优势，更适合复杂指令集计算机，但速度较慢，受到控制存储器访问时间的限制。

2. 单周期控制与多周期控制的主要区别是什么？

单周期控制中，每条指令在一个时钟周期内完成，因此时钟周期必须足够长以覆盖最慢的指令，其优点是简单直观，易于实现，但缺点是硬件资源浪费，性能受限于最慢的指令。相比之下，多周期控制将指令分解为多个阶段，每个阶段一个时钟周期，并使用共享硬件资源，硬件资源利用率高，适合复杂指令，但控制单元设计较为复杂。

10.5.3 思考题

（1）取指周期的作用是什么？它在指令周期中的位置如何？

（2）间址周期通常用于哪些类型的指令，它解决了什么问题？

（3）执行周期与取指周期有何不同？执行周期中发生了哪些关键活动？

（4）描述中断周期的作用，并解释它对整个计算机系统有何影响。

（5）控制单元的外特性指的是什么？这些特性如何影响计算机的操作？

（6）举例说明控制信号的生成与使用，它们如何影响微操作的执行？

（7）多级时序系统与单级时序系统相比有何优势？请列举实际应用场景。

（8）硬布线控制与微程序控制的区别在哪里？各有什么优缺点？

（9）解释多级时序系统实例分析在控制单元设计中的重要性。

（10）组合逻辑设计在控制单元中扮演什么角色？

（11）微操作的节拍安排是如何影响控制单元性能的？

（12）设计组合逻辑控制单元时，应遵循哪些基本步骤？

（13）硬布线控制器与微程序控制器在实际应用中如何选择？请基于性能和灵活性进行讨论。

（14）微指令编码方式有哪些？如何根据不同需要选择合适的编码方式？

（15）比较静态微程序设计、动态微程序设计和毫微程序设计，它们各自适用于哪种类型的系统？

智能芯片和 AI 大模型

智能计算的发展依赖于智能芯片与 AI 大模型的深度协同,这两者共同构成了现代人工智能系统的核心支柱。本章首先从计算架构的角度出发,系统性分析智能芯片的通用架构、高性能计算架构和 AI 专用架构,探讨其在支撑复杂计算负载中的关键作用。随后,针对 AI 大模型的开发框架与应用领域,剖析其在智能交互和数据处理中的技术难点与发展趋势。通过对鲲鹏系列处理器的架构特点及其在人工智能领域实际应用的研究,进一步揭示智能芯片在推动 AI 计算能力提升中的重要性与实践价值。

11.1　算力芯片的架构

算力芯片是一种专门设计和优化用于高性能计算和处理复杂计算任务的集成电路芯片。它们通常具有高度并行的计算能力和优化的硬件架构,来提供卓越的计算性能和能效。算力芯片可以用于各种计算密集型应用,包括科学计算、数据分析、人工智能、图像处理、密码学、加密货币挖矿等。不同类型的算力芯片可能有不同的架构和设计重点,以适应特定的计算任务。

常见的算力芯片包括中央处理器(CPU)、图形处理器(GPU)、现场可编程门阵列(FPGA)、专用集成电路(ASIC)、张量处理器(TPU)等。它们在不同的领域和应用中发挥着重要的作用,提供高效、快速和可定制的计算能力,如表 11.1 所示。

表 11.1　各类 AI 芯片特征对比

技术架构种类	定制化程度	可编辑性	算力	优　点	缺　点	应 用 场 景
CPU	通用型	不可编辑	低	技术成熟,通用性最强,可执行各种类型的计算机应用程序;人工智能应用开发生态成熟	核数少,处理并行任务较为困难	适用于各种具体的行业,在人工智能芯片市场渗透率相对较低
GPU	通用型	不可编辑	中	通用性较强且适合大规模并行运算;设计和制造工艺成熟	并行运算能力在推理端无法完全发挥	高级复杂算法和通用型人工智能平台
FPGA	半定制化	容易编辑	高	可通过编程灵活配置芯片架构适应算法迭代,平均性能较高;功耗较低;开发时间较短(6 个月)	量产单价高;峰值计算能力较低;硬件编程困难	适用于各种具体的行业

续表

技术架构种类	定制化程度	可编辑性	算力	优　点	缺　点	应用场景
ASIC	全定制化	难以编辑	高	通过算法固化实现极致的性能和能效、平均性很强;功耗很低;体积小;量产后成本最低	前期投入成本高;研发时间长(1 年);技术风险大	当客户处在某个特殊场景,可以为其独立设计一套专业智能算法软件
TPU	深度定制化	低可编辑性	高	深度优化深度学习张量运算,计算密度、能效比极高;适配 TensorFlow 等框架,AI 任务延迟低	生态局限,依赖特定框架;通用性差,非 AI 任务效率低	大规模深度学习训练、云端 AI 推理中心

11.1.1　通用架构

常见通用架构有 x86 架构、ARM 架构和 RISC-V 架构,如图 11.1 所示。

(a) x86　　　　　　　　　(b) ARM架构　　　　　　　　(c) RISC-V架构

图 11.1　通用架构

1. x86 架构

计算机科学和技术的发展史上,x86 作为一种基于复杂指令集计算机(CISC)设计的架构,由 Intel 和 AMD 等厂商共同推动和发展,成为个人计算机(PC)和服务器领域的主导架构。

x86 架构的起源可以追溯到 20 世纪 70 年代末期,其间 Intel 推出了 8086 处理器。8086 处理器采用 16 位设计,具备较高的性能和扩展性。它的成功推动了后续 x86 架构的发展,包括 80286、80386、80486 等处理器系列。随着技术的进步,Intel 在 1993 年推出了首款 x86 架构的 32 位处理器 Pentium,成为个人计算机市场的重要里程碑。

x86 架构具备广泛的软件兼容性。由于 x86 架构在个人计算机领域的主导地位,大量的软件和操作系统都是为 x86 架构优化和开发的,使得用户可以方便地运行各种软件应用。x86 架构具备强大的计算能力。随着处理器的发展,x86 架构逐渐提升了性能,并引入了多核处理器和超线程等技术,进一步提高了计算效率和多任务处理能力。x86 架构还具备丰富的扩展性。通过各种外设和插槽,用户可以根据需要扩展计算机的功能和性能,满足不同应用场景的需求。

x86 架构在个人计算机领域的影响力不可忽视。随着个人计算机的普及和发展,x86 架构成为主流,推动了计算机硬件和软件的迅猛发展。在操作系统方面,微软的 Windows 系统成为了最主要的 x86 架构操作系统,为用户提供了友好的界面和丰富的应用程序。在应用软件方面,各种办公软件、娱乐软件和游戏等都是基于 x86 架构开发的,为用户提供了多样化的功能和体验。此外,x86 架构还推动了个人计算机的不断演进,包括便携式笔记本电脑、台式机、一体机等多种形态的发展。

除了个人计算机,x86架构在服务器领域也发挥着重要的作用。随着互联网的快速发展和云计算的兴起,服务器的需求急剧增长。x86架构的优势在这一领域得到了充分体现。x86架构的服务器具备高性能、可靠性和可扩展性,能够满足大规模数据处理和分布式计算的需求。同时,x86架构服务器还具备丰富的软件支持和生态系统,为开发者和企业提供了更多的选择和灵活性。

与此同时,x86架构也面临诸多挑战。首先,能效问题成为了一个被关注的焦点。随着计算需求的增加,处理器功耗和散热问题成为了限制因素。为了应对这一挑战,厂商们在设计中引入了低功耗技术和节能策略。其次,新兴的架构如ARM等也提供了不同的解决方案,并展现了独特的优势。未来,x86架构将需要不断创新和发展,以适应不断变化的计算需求和技术趋势。

2. ARM 架构

随着移动计算的快速发展,ARM架构作为一种精简指令集计算机(RISC)架构,在移动设备、物联网和嵌入式系统等领域中取得了广泛的应用。本章节将深入探讨ARM架构的起源、特点、发展历程以及对移动计算领域的重要性。

ARM架构的起源可以追溯到20世纪80年代,由英国公司Acorn Computers推出了首款ARM处理器。ARM处理器采用了精简指令集和低功耗设计,具备了较高的能效比和扩展性。随着技术的发展,ARM架构逐渐在移动计算领域崭露头角。其后继产品包括ARM7、ARM9、Cortex-A系列等,不断提升了处理器性能和能效。

ARM架构具备低功耗和高能效的特性。由于ARM架构在设计上注重能效和节能,ARM处理器在移动设备和物联网等领域得到了广泛应用。其次,ARM架构具备可靠性和安全性。ARM架构采用了多层次的安全机制,保护用户的数据和隐私,成为安全可信的处理器架构。此外,ARM架构还具备较小的面积和成本,适合在嵌入式系统和大规模集成电路中应用。

ARM架构在移动计算领域发挥着重要的作用。随着智能手机和平板电脑的普及,ARM架构成为移动设备的主流架构。ARM架构的处理器在移动设备中具备较低的功耗和高能效,为用户提供了流畅的使用体验和超长的续航能力。同时,ARM架构也推动了移动应用程序的发展,为用户提供了丰富的应用选择和功能扩展。此外,ARM架构的低功耗特性也促进了物联网的发展,使得各种智能设备和传感器可以长时间运行。

除了移动计算,ARM架构在嵌入式系统领域也得到了广泛的应用。嵌入式系统是指嵌入到各种设备中的计算机系统,如家电、汽车、工业控制系统等。ARM架构的低功耗、高性能和可靠性使其成为嵌入式系统的理想选择。ARM架构的处理器可以满足各种嵌入式应用的需求,如实时控制、图像处理和通信等。同时,ARM架构也提供了丰富的软件支持和开发工具,方便开发者进行嵌入式系统的设计和开发。

尽管ARM架构在移动计算和嵌入式系统领域取得了重要进展,但也面临一些挑战。首先,市场竞争激烈,其他架构如x86等也在争夺市场份额。ARM架构需要不断创新和提高性能,以保持竞争优势。其次,安全性和隐私保护是当前亟须解决的问题。随着移动计算和物联网的快速发展,用户的数据和隐私面临着越来越大的风险,ARM架构需要加强安全性和隐私保护机制。此外,人工智能和机器学习的兴起也给ARM架构带来了新的挑战和机遇。

展望未来，ARM 架构有望继续在移动计算和嵌入式系统领域发挥重要作用。随着 5G 技术的商用化和物联网的普及，对低功耗、高性能和安全可靠的处理器需求将进一步增加。ARM 架构可以通过持续创新和技术进步，满足用户和市场的需求。同时，ARM 架构还可以与人工智能和机器学习等新兴技术相结合，推动移动计算和嵌入式系统的发展。

3. RISC-V 架构

在现代计算硬件领域，RISC-V 架构以其开放性和灵活性日益受到关注。作为一种开源指令集架构（Instruction Set Architecture，ISA），RISC-V 的设计哲学和实现对于理解当前和未来计算技术的发展方向至关重要。

RISC-V 起源于加州大学伯克利分校的一项研究项目，它创建了一种开放和可扩展的指令集。与商业架构如 x86 和 ARM 不同，RISC-V 作为一个开源项目允许任何人免费使用其 ISA，无须支付许可费用。这一点为它的普及和创新提供了无限可能性。RISC-V 遵循精简指令集计算（RISC）的设计原则，这意味着它通过使用更少的指令类型来优化指令的执行速度和效率。

RISC-V 的核心设计特点是模块化和可扩展性。它由一组基本指令组成，而额外的功能可以通过添加扩展来实现。这种设计允许定制化的实现，设计者可以根据特定的应用需求来选择需要的指令集扩展。

RISC-V 的指令集精简，这不仅意味着处理器能够以更高的时钟速度运行，而且还减少了硬件的复杂性，降低了功耗。这对于希望在功耗和性能之间找到平衡点的嵌入式系统和移动设备尤为重要。RISC-V 的可扩展性允许设计者根据应用需求定制指令集，这在某种程度上解决了一刀切指令集所无法覆盖的特殊应用情况。用户可以根据需要添加或省略浮点计算、向量处理和其他专业的计算能力。作为一个开源架构，RISC-V 允许任何组织或个人发展自己的处理器核心而无须担心版权问题。这一点对于学术研究、创业公司以及那些希望摆脱传统供应商限制的大型公司来说是极具吸引力的。

RISC-V 的应用领域非常广泛，从微控制器和嵌入式设备到高性能计算，RISC-V 的影响力正在稳步增长。在嵌入式系统领域，RISC-V 因其低成本和灵活性而受到许多设计者的青睐。它能够满足对尺寸、功耗和成本有严格限制的应用场景的需求。在云计算和数据中心市场，RISC-V 提供了一种通过定制 ISA 来优化特定工作负载性能的方法。这种优化有助于提高数据中心的运行效率，降低运营成本。随着计算需求的不断增长，高性能计算（HPC）领域需要更加强大和高效的处理器。RISC-V 架构提供了实现这一目标的可能性，特别是在可以利用指令集扩展来优化特定高性能应用的场景中。

尽管 RISC-V 具有许多吸引人的特性，但它在市场上的普及和发展也面临着挑战。

RISC-V 的成功在很大程度上依赖于其周边生态系统的成熟度，包括软件工具链、操作系统支持、开发者社区和商业支持。建立一个强大的生态系统是一个长期且复杂的过程。虽然 RISC-V 的可扩展性和定制性为其在性能上提供了潜力，但要与已经建立多年并且持续优化的商业架构（如 x86 和 ARM）竞争，RISC-V 仍需证明其在性能上的优势。随着越来越多的公司和组织投入到 RISC-V 的开发中，如何确保不同实现之间的兼容性，以及如何管理和推进标准化工作，是 RISC-V 面临的重要问题。在硬件级别的安全性是计算领域中的一个热点话题，对于 RISC-V 这样的新兴架构来说，需要证明其能够提供与竞争对手相同甚至更高水平的安全保障。

11.1.2　高性能计算架构

1. 超级计算机架构

超级计算机是推动科学研究和工程创新的关键工具。它们的架构设计反映出对性能、效率、可靠性和可扩展性的极端追求。超级计算机架构的发展历程中涌现出了多种设计,每一种都针对当时最紧迫的计算挑战进行了优化。

超级计算机的起源可以追溯到 20 世纪 60 年代,当时美国国家航空航天局(NASA)和劳伦斯利弗莫尔国家实验室(LLNL)等机构开始研究高性能计算机。早期的超级计算机采用向量处理器架构,通过并行处理大规模数据来提高计算速度。随着技术的进步,超级计算机的架构逐渐演化为多核、多节点和分布式系统,以应对更复杂的计算任务。

超级计算机架构具有几个显著的特点和优势。首先,它具备高性能和并行计算能力。超级计算机采用多核、多节点和分布式处理的方式,能够同时执行多个计算任务,大大提高了计算速度和效率。其次,超级计算机具备高可靠性和容错性。由于超级计算机通常用于处理复杂的科学计算和工程问题,其架构设计了强大的容错机制,确保计算过程的可靠性和准确性。此外,超级计算机还具备高扩展性和灵活性,可以根据需求进行系统扩展和优化。

超级计算机在科学研究领域发挥着重要的作用。它被广泛应用于物理学、生物学、天文学、气象学等领域的模拟和计算。通过超级计算机,科学家可以对复杂的物理过程、生物系统和天体现象进行模拟和预测,帮助他们理解自然规律和解决科学难题。超级计算机还在药物研发、材料科学和能源领域等方面发挥着重要作用,加速科学进步和技术创新。

超级计算机在工程领域也起着关键作用。它被广泛应用于航空航天、汽车工程、能源开发和建筑设计等领域的仿真和优化。通过超级计算机,工程师可以对复杂的流体动力学、结构力学和电磁场等问题进行模拟和分析,优化设计和提高系统性能。超级计算机还在交通规划、城市设计和环境保护等方面发挥着重要作用,为工程领域的创新和可持续发展提供支持。

尽管超级计算机架构在高性能计算领域取得了重要进展,但仍面临一些挑战。首先,能源消耗是一个重要问题。超级计算机的高性能和并行计算能力需要大量的电力供应,导致能源消耗问题日益突出。超级计算机架构的未来发展需要更加注重能效和可持续性。其次,超级计算机的架构设计和编程模型也需要不断创新和优化,以适应日益复杂和多样化的计算任务。

展望未来,超级计算机架构将继续向更高性能、更高能效和更高可扩展性的方向发展。新的架构设计和技术创新将推动超级计算机的性能提升,使其能够处理更加复杂和巨大规模的计算任务。同时,超级计算机的应用领域也将不断扩展,涵盖更多的科学研究和工程领域,为解决人类面临的重大挑战提供更强大的计算支持。

常见超级计算机公司如图 11.2 所示。

在超级计算机的领域中,Cray 架构、IBM Blue Gene 架构以及 SGI 架构是三个具有里程碑意义的设计,它们分别在不同的时期引领了技术和应用的前沿。通用超级计算机架构对比如表 11.2 所示,以下是对这三种架构的总结。

1)Cray 架构

Cray 架构的创建者是享有超级计算机之父之称的西摩·克雷,他采用分布式架构追求

(a) Cray　　　　　　　　　　(b) IBM　　　　　　　　　　(c) SGI

图 11.2　超级计算机公司

极限性能,并在向量处理、高速互连网络、先进冷却技术和专用操作系统方面做出卓越技术创新。Cray 架构的应用领域广泛,涵盖气候模拟、核能研究、生物医药、天体物理学等。面临着新型硬件技术的竞争,以及能效比的要求下,未来将更注重异构计算和支持人工智能、机器学习工作负载的发展。

表 11.2　超级计算机架构对比

架构名称	架构设计	处理器性能	系 统 规 模	应 用 领 域
Cray	分布式架构	定制处理器	扩展到数千个节点,以实现非常大规模的计算	科学研究、天气预报、能源勘探等
IBM Blue Gene	大规模并行处理器(MPP)架构	低功耗、高效能的处理器	扩展到数万个节点,适用于大规模并行计算	生物医学研究、分子动力学模拟和蛋白质折叠
SGI	共享内存架构	多个标准处理器	中等到大型范围内,适用于一般的科学和工程计算任务	气象预报、地震模拟、虚拟现实和影视特效

2)IBM Blue Gene 架构

IBM Blue Gene 架构起源于 1999 年的 IBM 研究计划,是一个用于开发执行大规模科学计算的系统。具有高度并行、能效比高、高可靠性和容错性的设计特点。在物理学、生物学、天文学、材料科学、药物研发、天气预报、航空航天、能源开发等众多领域有广泛应用。未来将更注重系统规模和复杂性管理,以及对于更高计算性能和更低能耗的不断追求。

3)SGI 架构

Jim Clark 与其他合伙人于 1982 年创立 SGI 公司,并创建 SGI 架构。SGI 架构强大的图形处理能力,高性能的图形处理器和硬件加速器,系统可扩展性和并行计算能力极大地促进了超级计算机领域的发展。在科学研究、医学影像、基因组学、艺术创作、电影制作、虚拟现实、工程设计等方面 SGI 架构具有深远影响。随着行业需求的演变,SGI 公司需要不断创新以保持其在图形处理和高性能计算领域的领导地位。

这三种架构各自代表了超级计算机的不同发展阶段,从 Cray 的向量处理到 Blue Gene 的高并行性和 SGI 的图形处理专长,它们都在各自的时代为科学计算和工程应用提供了强大的支持。随着技术的不断进步,这些架构也在不断地演化,以满足日益增长的科研和工业需求。

2. GPU 加速架构

常见 GPU 类型如图 11.3 所示。

1)NVIDIA CUDA 架构

NVIDIA CUDA 架构是一种并行计算平台和编程模型,利用 GPU 的强大计算能力来加速各种应用程序。

(a) NVIDIA CUDA　　　　　　　　　　　　(b) AMD ROCm

图 11.3　GPU 加速架构

NVIDIA CUDA 架构的发展可以追溯到 2006 年,当时 NVIDIA 推出了第一个支持通用计算的 GPU,即 GeForce 8800。这一举措标志着 GPU 从仅用于图形渲染的设备转变为通用并行计算的平台。随后,NVIDIA 发布了 CUDA(Compute Unified Device Architecture)架构,为开发人员提供了一套强大的工具和编程模型,以实现在 GPU 上进行高性能计算的目标。

NVIDIA CUDA 架构具有几个独特的特点和优势。首先,它充分发挥了 GPU 的并行计算能力,通过大规模的线程并行和数据并行,实现了比传统 CPU 更高的计算性能。其次,CUDA 架构提供了丰富的软件库和工具,如 CUDA C/C++ 、CUDA Fortran 和 CUDA 深度学习库等,使开发人员能够更轻松地利用 GPU 进行编程和优化。此外,CUDA 还支持动态并行调度、内存共享和全局内存访问等功能,为复杂的并行计算任务提供了灵活和高效的解决方案。

NVIDIA CUDA 架构在科学和工程领域发挥着重要的作用。它被广泛应用于物理模拟、生物医学计算、天气预报和地震分析等领域的高性能计算。通过 CUDA 架构,科学家和工程师能够利用 GPU 的并行计算能力,加速复杂模拟和计算任务,从而加快科学研究的进程和改善工程设计的效率。CUDA 架构在量子化学计算、流体力学模拟、结构力学分析和计算机辅助设计等方面也具有广泛的应用,为科学和工程领域的创新和发展提供了强大的支持。

NVIDIA CUDA 架构在人工智能和深度学习领域具有重要的意义。它被广泛应用于神经网络训练和推理加速。通过 CUDA 架构,研究人员和工程师能够利用 GPU 的强大并行计算能力,加速深度学习模型的训练和推理过程,实现更快速和高效的人工智能应用。CUDA 架构支持常见的深度学习框架,如 TensorFlow、PyTorch 和 Caffe 等,为开发人员提供了方便和灵活的开发环境。在计算机视觉、自然语言处理和语音识别等领域,CUDA 架构在实现先进的人工智能技术和应用中发挥了重要作用。

NVIDIA CUDA 架构在未来仍将发挥重要作用。预计 CUDA 架构将继续优化和演进,以适应更高性能和更复杂的计算任务。未来的 CUDA 架构可能会引入更多的硬件加速器和专用指令集,以进一步提高计算性能和能效比。随着机器学习和深度学习的快速发展,CUDA 架构还将进一步扩展其在人工智能领域的应用,支持更复杂和规模更大的模型训练和推理。

2) AMD ROCm 架构

AMD ROCm(Radeon Open Compute)架构是一种开放式 GPU 计算平台和编程模型。AMD ROCm 架构的发展可以追溯到 2016 年,当时 AMD 推出了第一个支持开放式 GPU 计算的平台。这一举措使得开发人员能够利用 AMD GPU 的强大计算能力,并使用开放式标准和工具进行编程和优化。AMD ROCm 架构建立在开放计算平台(Open Compute Platform)的基础上,推动开放标准和生态系统的发展。

AMD ROCm 架构支持开放式标准,如 OpenCL、HIP(Heterogeneous-Compute Interface for Portability)和 HCC(Heterogeneous Compute Compiler)。这意味着开发人员可以使用多种编程语言和工具进行 GPU 计算的开发和优化,提高了开发的灵活性和可移植性。其次,ROCm 架构提供了丰富的软件库和工具,如 ROCm Math Libraries、ROCm Profiler 和 ROCm SMI 等,方便开发人员进行高性能计算和调试。此外,ROCm 还支持 GPU 与 CPU 之间的高速数据传输和共享内存,实现了协同计算的能力。

AMD ROCm 架构在科学计算和工程领域发挥着重要作用。它被广泛应用于物理模拟、天气预报、生物医学计算和工程仿真等领域的高性能计算。通过 ROCm 架构,科学家和工程师能够充分利用 GPU 的并行计算能力,加速复杂模拟和计算任务,从而推动科学研究的进展和解决工程问题。ROCm 架构在量子化学计算、流体力学模拟、结构力学分析和计算机辅助设计等方面也具有广泛的应用,为科学和工程领域的创新和发展提供了强大的支持。

AMD ROCm 架构被广泛应用于神经网络训练和推理加速。通过 ROCm 架构,研究人员和工程师能够利用 GPU 的强大并行计算能力,加速深度学习模型的训练和推理过程,实现更快速和高效的人工智能应用。ROCm 架构支持常见的深度学习框架,如 TensorFlow 和 PyTorch,为开发人员提供了方便和灵活的开发环境。在计算机视觉、自然语言处理和语音识别等领域,ROCm 架构在实现先进的人工智能技术和应用中发挥了重要作用。

未来,AMD ROCm 架构将在多个方面取得进一步的发展。首先,ROCm 架构将进一步提升 GPU 的计算性能和效率,使得更复杂和计算密集的应用能够在该平台上得到更快速和高效的执行。其次,AMD 将继续与开发者社区合作,推动 ROCm 生态系统的扩展和发展,包括支持更多的编程语言、工具和框架,以及与其他开放计算平台的互操作性。这将增加开发者的选择和灵活性,并促进 GPU 计算的广泛应用。最后,ROCm 架构将进一步拓展其应用领域,涵盖更多的科学、工程和人工智能领域。随着对高性能计算和深度学习需求的不断增加,ROCm 架构将持续推动相关领域的创新和发展。

GPU 加速架构对比如表 11.3 所示。

表 11.3　GPU 加速架构对比

架构名称	发展历史	特点和优势	应用领域	未来发展
NVIDIA CUDA	从 2006 年开始,首个支持通用计算的 GPU:GeForce 8800	• 充分发挥 GPU 的并行计算能力,高性能计算 • 提供丰富的软件库和工具,方便编程和优化 • 支持动态并行调度、内存共享和全局内存访问等功能	科学和工程领域的高性能计算;人工智能和深度学习领域	支持更复杂和规模更大的模型训练和推理
AMD ROCm	从 2016 年开始,首个支持开放式 GPU 计算的平台	• 支持开放式标准,提高开发灵活性和可移植性 • 提供丰富的软件库和工具,方便高性能计算和调试 • 支持 GPU 与 CPU 之间的高速数据传输和共享内存	科学计算、工程仿真和人工智能领域的高性能计算	提升计算性能和效率,扩展生态系统,拓展应用领域

3. 硬件加速器架构

常见的硬件加速器架构如图 11.4 所示。

(a) FPGA   (b) ASIC

图 11.4 硬件加速器架构

1) FPGA 架构

FPGA(Field Programmable Gate Array)架构是一种可编程逻辑器件,具有广泛的应用领域。FPGA 架构的发展可以追溯到 20 世纪 80 年代,Xilinx 公司首次推出了可编程逻辑器件。随后,FPGA 技术得到了快速发展,并在各个领域得到了广泛应用。可编程性是 FPGA 的独特之处,用户可以根据需求对 FPGA 进行编程和配置,实现特定的功能和逻辑运算。

FPGA 架构具有高度的可编程性,相比于固定功能的集成电路(ASIC),FPGA 可以根据需求进行灵活的编程和配置,适用于各种不同的应用场景。其次,FPGA 具有并行处理能力。由于 FPGA 中包含大量的逻辑单元和存储单元,可以同时执行多个任务,提高计算效率。此外,FPGA 还具有低功耗和低时延的特点,适用于对功耗和响应时间有严格要求的应用。

FPGA 架构被广泛应用于数字电路设计、通信系统、图像处理和信号处理等领域。通过使用 FPGA,硬件设计工程师能够快速实现复杂的逻辑功能,并进行验证和调试。在原型开发和快速迭代过程中,FPGA 可加速硬件设计的周期。此外,FPGA 也被应用于可重构计算加速,如加密算法、数据压缩和图像处理等任务。通过将计算任务映射到 FPGA 中,可以实现硬件级别的加速,提高计算性能。

FPGA 架构在高性能计算、人工智能和深度学习等领域也具有重要作用。通过使用 FPGA,可以将计算密集型任务映射到硬件中,并实现高效的并行计算。FPGA 在加速计算领域的优势在于其可编程性和灵活性。用户可以根据具体的应用需求进行定制化设计,提高计算性能和能效比。在人工智能和深度学习领域,FPGA 被用于加速神经网络的训练和推理,提供高性能和低功耗的解决方案。

从长远发展角度来看,FPGA 的集成度将不断提升。通过技术进步,更多的逻辑单元和存储单元可以通过集成到单个芯片中,提供更大规模和复杂的计算能力。其次,FPGA 架构对功耗进行优化,采用先进的制程技术、优化电路设计和引入新的功耗管理策略,以保持高性能的同时降低功耗,满足节能环保需求。第三,为降低 FPGA 编程门槛,未来的架构将引入更高级的编程模型和工具,使更多开发人员能够利用并行计算能力,加速应用开发和优化过程。最后,FPGA 架构将更加紧密地与其他技术融合,如与 CPU、GPU、AI 芯片等结合,形成异构计算系统。

2) ASIC 架构

ASIC(Application-Specific Integrated Circuit)架构是一种定制化集成电路设计技术,

通过专门设计和制造的芯片来实现特定的应用需求。

20 世纪 70 年代末，人们开始意识到将电子系统中的数字逻辑功能集成到单个芯片中的潜力。随着半导体技术的不断进步，ASIC 成为实现高性能和低功耗的关键技术之一。ASIC 的独特之处在于其定制化设计，可以根据具体的应用需求进行优化和定制，提供高度集成和高性能的解决方案。

ASIC 架构具有高度的集成度。相比于通用处理器或可编程逻辑器件（如 FPGA），ASIC 可以在单个芯片上实现复杂的功能和逻辑运算，提供更高的性能和更低的功耗。其次，ASIC 具有定制化设计的特点。通过对电路和布局的优化，可以实现最佳的性能和功耗平衡，满足特定应用的需求。此外，ASIC 还具有高速运算和可靠性的特点，适用于对计算速度和系统稳定性要求较高的应用。

ASIC 架构在电子系统设计和高性能计算领域扮演着至关重要的角色。在通信系统、消费电子、汽车电子、医疗设备和航空航天等广泛应用中，ASIC 通过其定制化设计满足了特定需求，提供了高性能和高可靠性的解决方案。它使得复杂的数字信号处理、数据传输、控制功能以及高速芯片间通信、图像处理、音频处理和加密解密等任务得以高效实现。此外，ASIC 在数据中心、超级计算机和大规模并行计算系统中的广泛应用，进一步凸显了其在实现高速数据处理、大规模并行计算和高带宽通信方面的优势。ASIC 的定制化设计和高度集成的特点，使其在优化计算任务时能够实现更高的计算性能和能效比，这对于推动技术进步和满足日益增长的计算需求至关重要。

随着技术的进步，ASIC 的集成度不断提升，使得更多功能和逻辑得以集成到单个芯片中，从而实现更高的性能和更低的功耗。未来，ASIC 架构将通过采用先进的制程技术、优化电路设计和引入新的功耗管理技术，进一步降低功耗，提高能效，并延长电池续航时间。特别是在人工智能、机器学习和大数据等快速发展的领域，对高性能计算的需求不断增长，ASIC 架构将更好地满足这些需求，提供更高的计算性能和更快的数据处理能力。同时，面对网络安全威胁的增加，ASIC 架构也将更加注重安全性，集成更强大的加密解密功能和安全防护机制，以保护用户数据的安全和隐私。这些发展预示着 ASIC 在未来将有更广泛的应用和创新，满足技术挑战和市场需求。

硬件加速器架构对比如表 11.4 所示。

表 11.4　硬件加速器架构对比

架构名称	并行处理能力	功耗和时延	应用领域	未来发展
FPGA	包含大量逻辑单元和存储单元，可以同时执行多个任务	低功耗和低时延，适用于对功耗和响应时间有严格要求的应用	硬件设计、通信系统、图像处理、信号处理等	提高集成度，降低功耗，引入更高级的编程模型和工具，与其他技术融合
ASIC	高度集成，实现复杂的功能和逻辑运算	高性能和低功耗，可优化功耗和性能平衡	通信系统、消费电子、汽车电子、医疗设备、航空航天等	提高集成度，降低功耗，满足高性能计算需求，注重安全性增强

4. 高速互连网络架构

高速互连网络架构是指用于连接计算设备、存储系统和其他网络设备的高速数据传输和通信架构。这些架构提供高带宽、低延迟和可扩展性，以满足现代计算和通信系统对大规模数据传输和高性能互联的需求。常见的高速互连网络架构如图 11.5 所示。常见的高速互连网络架构对比如表 11.5 所示。

(a) InfiniBand　　　　　　　　　　　　　　(b) Ethernet

图 11.5　高速互连网络架构

表 11.5　高速互连网络架构对比

高速互连网络架构	设 计 目 标	连 接 架 构	拓 扑 结 构	传 输 速 率	应 用 领 域
InfiniBand	高带宽、低延迟、可扩展性	点对点连接	背板互连、多级交换机、树状	2.5～400Gb/s	高性能计算、存储系统、云计算
Ethernet	简单、广泛应用、易于部署	共享媒体	总线、星状、树状等	10Mb/s～100Gb/s	局域网、家庭网络、数据中心

1）InfiniBand

InfiniBand 是一种为高性能计算环境量身定制的网络通信技术，以其在性能和可扩展性方面的优势而成为许多数据中心的首选互连解决方案。其主要特点包括提供从 2.5Gb/s 到 400Gb/s 不等的高带宽数据传输速率，满足各种数据密集型任务的需求；同时，它通过硬件加速和优化的协议处理实现了低延迟，确保了快速响应和实时数据传输。InfiniBand 的可扩展性使其能够支持从小型集群到超级计算机的广泛系统规模，适应不同的网络拓扑结构。此外，它对远程直接内存访问的支持减少了 CPU 负载和数据拷贝，从而提升了数据传输效率和系统性能。

InfiniBand 的应用领域广泛，它在超级计算中作为主流互连技术，服务于大规模并行计算，处理科学计算和工程模拟等高性能任务。在存储系统方面，InfiniBand 用于 SAN 和 NAS 系统，提供高速数据传输，改善数据读写性能。在云计算领域，它提升了虚拟机迁移、数据分析和云存储的性能，优化了云平台的运行效率。在数据中心网络中，InfiniBand 解决了大规模服务器互连和数据流量管理问题，提升了数据中心的处理能力。此外，在科学研究领域，如天体物理学、气候模拟、生物医学等，InfiniBand 处理大规模数据集和复杂计算任务，支持高性能数据传输和通信需求。随着数据和计算需求的持续增长，InfiniBand 技术的重要性和应用范围预计将会持续扩大。

2）Ethernet

Ethernet 作为全球最普遍的有线局域网通信标准，已经成为企业、数据中心和家庭网络中不可或缺的一部分。自 20 世纪 70 年代末至 80 年代初由 Xerox PARC 研发初始发明以来，Ethernet 经历了由 IEEE 进行的标准化过程，形成了 IEEE 802.3 系列标准。其工作原理基于 CSMA/CD 协议来控制网络上的数据传输，以避免和解决数据包冲突，并支持全双工模式，允许数据同时双向传输，提高了网络效率。IEEE 802.3 标准定义了包括物理层接口、电缆类型和信号传输速率等的以太网标准，并不断演进，包括从 10BASE-T、100BASE-

T、1000BASE-T 到 10GBASE-T 等多种速率的标准,以支持更快的网络速度。技术特性上,Ethernet 从最初的 10Mb/s 发展到目前的 10Gb/s,甚至更高速率,并支持自动协商,允许设备自动选择最佳速率和模式进行通信,以及 VLAN 支持,虚拟局域网技术允许在相同的物理网络上创建逻辑分隔的网络,增加了网络的灵活性和安全性。Ethernet 的应用范围广泛,从家庭网络连接家用设备,到办公室网络构建企业内部网络,再到数据中心构建大规模网络架构,以及作为云计算基础设施支撑着虚拟化和云存储服务。

Ethernet 技术因其简便性、可靠性、成本效益以及易于维护等优点,已经成为计算机网络的主干。随着网络技术的发展,Ethernet 标准逐步实现了更高的数据传输速率和更大的网络容量,能够更好地满足现代数据通信的需求。尽管无线网络技术的发展为用户提供了更多的便利,但在数据中心、企业网络和其他需要高稳定性和高性能的场景中,Ethernet 仍然是不可替代的关键技术。

5. 存储架构

在当今人工智能时代,数据的增长速度惊人,各个行业和领域都面临着海量数据的存储和管理挑战。为了应对这一挑战,存储架构成了构建高效可靠的数据存储系统的关键。存储架构涉及数据的组织、分布、访问和保护等方面,通过不同的存储架构来提供高性能、可扩展和可靠的存储解决方案。常用的存储架构对比如表 11.6 所示。

表 11.6　存储架构对比

存储架构	性　　能	并行性	数据分布	数据一致性	可　靠　性
并行文件系统	提供高吞吐量、低延迟、可扩展	支持多个计算节点并行访问	将文件块分散储存在多个设备上	需要处理共享数据的一致性	冗余存储和数据校验技术保护数据
NVMe 存储	低延迟、高带宽、高 IOPS	并行处理多个 I/O 请求	直接连接到主机的闪存存储	强大的错误检测和纠正机制	高可靠性和错误报告与监控功能

1) 并行文件系统

并行文件系统作为一种应对大规模数据挑战的关键技术,通过并行化手段显著提升了存储系统的吞吐量并缩短了数据访问延迟。其核心优势体现在数据分布上,即将文件分割成多个块并分布在多个存储设备上,使得多个计算节点能够并行访问这些数据块,从而提高了数据处理的效率。此外,高效的元数据管理系统对于维护文件的位置、权限等关键信息至关重要,而并行文件系统还支持多节点同时进行数据读写操作,进一步增强了并行访问能力。为了保证数据的一致性,系统采用了一致性协议和锁机制来确保多个并发操作不会导致数据不一致。

并行文件系统在科学计算、大数据分析和云计算等高性能要求领域中发挥着重要作用。这些领域通常需要处理海量数据,对性能有着极高的要求。并行文件系统通过其高效的数据管理和并行处理能力,满足了这些领域对大规模数据处理的需求,使得复杂的数据分析和计算任务能够更加快速和可靠地完成。

2) NVMe 存储

NVMe(Non-Volatile Memory Express)是一种专为固态存储设备设计的基于 PCIe 总线的存储技术,通过优化其命令集和队列机制,显著提升了存储性能。NVMe 的主要优势在于其高性能,利用 PCIe 高速通道,它能够提供极低的数据传输延迟和高带宽,特别适合

IOPS 密集型的应用场景。此外，NVMe 支持高并发性，能够处理大量的并行 I/O 请求，通过多队列和多命令的特性，极大地增强了系统的 I/O 处理能力。同时，NVMe 还具备高可靠性，拥有高效的错误检测和纠正机制，确保数据的完整性不受损害。在提供高性能的同时，NVMe 还保持了较低的功耗水平，实现了性能与能耗之间的良好平衡。

NVMe 技术在企业级存储、数据分析、高性能计算和虚拟化环境中得到了广泛应用，其高速的数据访问和系统响应能力使得这些领域能够更加高效地处理和分析大量数据。NVMe 的引入，不仅提高了存储设备的性能，也为需要快速数据读写的现代计算环境提供了强有力的支持，从而在提升整体系统性能方面发挥了关键作用。

3）存储架构的设计考虑因素

在设计高效的存储架构时，必须综合考虑多个关键因素以确保系统的高性能和可靠性。首先，数据分布策略的选择至关重要，它决定了数据如何被分割和复制（如数据分片或副本），这直接影响到数据访问速度和安全性。合理的数据分布可以优化访问路径，减少延迟，同时通过副本机制增强数据的安全性。其次，元数据优化也是提升存储系统性能的重要方面，采用分布式元数据管理可以避免单点故障，同时通过优化技术提高元数据的访问速度，这对于快速定位和检索数据至关重要。

为了进一步提升存储架构的效率和稳定性，容错性和可靠性的设计同样不可忽视。通过实施冗余存储和数据校验技术，可以确保系统在面对硬件故障或其他异常情况时仍能保持稳定运行，同时保障数据的完整性和安全性。并行性优化也是提高数据处理效率的有效手段，通过并行 I/O 操作和异步数据处理，可以显著减少 I/O 等待时间，提高整体系统的吞吐量。这些措施共同作用，使得存储架构能够更好地适应大数据时代对高速、高可靠性存储的需求。

4）应用场景

并行文件系统和 NVMe 存储技术各自针对不同的应用场景提供了优化的存储解决方案。在高性能计算领域，如科学模拟和复杂计算任务，需要高吞吐量的数据访问，此时并行文件系统的优势尤为明显。而在企业级存储系统中，NVMe 存储技术通过加速关键业务应用，如数据库和在线交易处理，显著提升了性能。在大数据分析领域，尤其是数据挖掘和机器学习等应用，需要快速处理和分析大规模数据集，这时并行文件系统的支持显得尤为重要。在云计算平台中，NVMe 存储技术通过提高虚拟化环境中的数据处理速度，进而提升了虚拟机的性能。对于移动设备而言，NVMe 存储能够提供快速的数据访问速度，从而改善移动应用的响应时间。

并行文件系统和 NVMe 存储技术以其独特的优势应对了大数据和高性能计算的挑战，为海量数据的处理和快速数据访问提供了有效的解决方案。在设计存储架构时，必须综合考虑性能、可靠性、可扩展性和成本效益等因素，以确保所选技术能够满足特定应用和业务的需求。这种综合考量有助于构建一个既高效又经济的存储系统，以适应不断变化的技术环境和业务需求。

11.1.3　AI 专用架构

1. Google 的 TPU

TPU(Tensor Processing Unit)作为一种专门为 AI 计算设计的硬件加速器，已经成为推动人工智能快速发展的重要力量。随着 AI 应用的广泛普及和复杂任务的增加,对高性能计算的需求日益迫切。在过去的几年中,AI 技术的发展呈现出爆发式的增长,从计算机视觉到自然语言处理,再到强化学习和医学影像分析等领域,人工智能正在深入影响人们的生活和工作。然而,这种快速发展所带来的计算需求也对传统的计算硬件提出了巨大挑战。正是在这样的背景下,TPU 的问世填补了高性能 AI 计算的空白,为 AI 应用提供了高效能和卓越性能的解决方案。

TPU 的硬件架构和设计是其出色性能的关键所在。TPU 采用了独特的核心阵列结构,每个核心集成了乘法器、累加器以及寄存器和缓存等关键组件。这种高度并行的设计使得 TPU 能够高效地执行矩阵乘法和累积运算,满足深度学习计算的需求。与传统的通用计算硬件相比,TPU 专注于优化矩阵计算和神经网络操作,通过定制化的硬件设计和特殊指令集,最大限度地提升计算效率和性能。此外,TPU 还具备高度可扩展性,可以通过多个 TPU 芯片的组合形成 TPU 集群,进一步提升计算能力和吞吐量。

在深度学习任务中,TPU 的工作过程通常包括模型转换、数据加载和预处理、模型执行、参数更新和反向传播以及结果输出等多个阶段。首先,深度学习模型需要经过转换,将其优化为 TPU 可执行的格式。然后,数据加载和预处理阶段将原始数据转换为 TPU 可处理的形式,并进行必要的数据增强和归一化等操作。接下来,模型执行阶段是 TPU 的核心,每个 TPU 核心通过并行计算,同时处理多个输入样本,并使用矩阵乘法和激活函数等操作进行前向计算。在训练过程中,参数更新和反向传播阶段通过计算梯度和更新模型参数,实现模型的优化和学习。最后,结果输出和后处理阶段将模型的输出转换为可解释的结果,并进行后续的分析和应用。

TPU 在多个领域中展现了广泛的应用价值。在计算机视觉领域,TPU 可以高速处理图像识别、物体检测、图像分割和图像生成等任务,提高了计算机视觉应用的准确性和效率。在自然语言处理领域,TPU 的高性能计算能力可以支持机器翻译、文本生成、情感分析和语义理解等任务,提升了自然语言处理的质量和速度。此外,TPU 还在强化学习、医学影像分析、基因组学研究和云端服务等领域展现了重要作用,为这些领域的应用带来了更强大的计算能力和性能优势。例如,在自动驾驶领域,TPU 的高并行计算能力可以实时处理大量的传感器数据,并进行高级驾驶决策和路径规划。在智能机器人领域,TPU 可以支持机器人的感知、决策和执行能力,使其更加智能和灵活。在医学影像分析中,TPU 可以加速医学图像的处理和分析,提高疾病诊断的准确性和效率。在云端服务中,TPU 可以提供强大的 AI 计算能力,为用户提供高性能的人工智能服务和解决方案。

TPU 作为一种革命性的 AI 加速器,正不断发展和演进。随着技术的进步和研究的深入,TPU 的性能和功能将进一步提升。未来,TPU 有望在更广泛的领域和应用中发挥重要作用。例如,在边缘计算中,随着物联网的快速发展,将需要在边缘设备上进行实时的 AI 计算和推断。TPU 的高性能和低功耗特性使其成为边缘设备的理想选择,可以实现智能感知和决策,为物联网应用带来更高的智能水平。此外,TPU 还有望在量子计算和量子机器学习等领域发挥重要作用,为解决复杂问题和优化算法提供更强大的计算能力。随着 AI 技术的不断发展,TPU 将继续发挥重要作用,并促进 AI 技术在各个领域的创新和应用。同时,TPU 的发展也推动了 AI 计算的进步,为人工智能的发展做出了重要贡献。通过不断地优化和创新,TPU 将持续推动人工智能技术的发展,并为实现智能化的未来社会做出贡献。

2. Intel 推出的 Nervana NNP

Nervana 是一个深度学习硬件和软件解决方案提供商,为人工智能应用提供高性能和高效能的计算平台。它的目标是通过创新的技术和设计,加速深度学习算法的训练和推断过程,并推动人工智能技术的发展和应用。

Nervana 在硬件方面开发了一种专用的深度学习加速器,称为 NNP(Nervana Neural Processor),它是一种定制化的芯片,专门针对深度学习计算进行优化。NNP 采用了独特的硬件架构和设计,以提供卓越的计算性能和能效比。它具备高度并行的计算能力,能够同时处理大规模的矩阵运算和神经网络操作,从而加速深度学习任务的执行。此外,NNP 还采用了专门的存储和通信结构,以最大限度地减少数据传输和延迟,提高计算效率和吞吐量。

除了硬件加速器,Nervana 还提供了一套全栈的软件工具和开发框架,以支持深度学习任务的开发、训练和部署。其中包括 Nervana Deep Learning SDK,提供了丰富的深度学习库和工具,简化了模型开发和调试的过程。此外,Nervana 还提供了 Nervana Cloud 平台,为用户提供了云端的深度学习计算资源和服务,使他们能够快速构建和部署 AI 模型。

Nervana 的技术和解决方案在多个领域展现了广泛的应用价值。在计算机视觉领域,Nervana 的高性能计算能力可以加速图像识别、物体检测和图像分割等任务,提高计算机视觉应用的准确性和效率。在自然语言处理领域,Nervana 的解决方案可以支持机器翻译、文本生成和语义理解等任务,提升自然语言处理的质量和速度。此外,Nervana 还在推荐系统、强化学习和医学影像分析等领域展现了重要作用,为这些领域的应用带来了更强大的计算能力和性能优势。

3. Intel 的 Movidius VPU(视觉处理器)

Movidius 是一家专注于低功耗视觉处理器和神经网络加速器的公司,为嵌入式设备提供高效能的人工智能处理解决方案。该公司的技术和产品被广泛应用于各种领域,包括智能摄像头、机器人、无人机和虚拟现实等。

Movidius 开发的核心产品是 Myriad 系列处理器,这是一种低功耗的视觉处理器,专门用于边缘设备上的图像和视频处理任务。Myriad 处理器具有高度并行的架构,能够同时执行多个计算任务,包括图像传感器数据的处理、图像识别和目标检测等。它在功耗效率方面表现出色,能够在低功耗下实现高性能的图像处理和机器学习推断,使得嵌入式设备能够具备更强大的视觉智能能力。

除了视觉处理器,Movidius 还开发了神经网络加速器,称为 Movidius Neural Compute Stick(NCS)。NCS 是一种便携式的 USB 设备,可以通过插入主机计算机上,为开发者提供高性能的神经网络推断能力。它可以加速深度学习模型的推断过程,提供实时的人工智能应用性能,包括图像分类、目标识别和语义分割等任务。NCS 的便携性和高性能使得开发者能够更加灵活地进行模型优化和部署,为嵌入式设备带来更广泛的人工智能应用。

Movidius 的技术在许多领域展现了应用价值。在智能摄像头领域,Movidius 的解决方案可以实现实时的图像处理和分析,包括人脸识别、行为分析和智能监控等。在机器人和无人机领域,Movidius 的处理器可以提供高效能的视觉导航和环境感知能力,使得机器人和无人机能够更智能地操作和交互。在虚拟现实领域,Movidius 的技术可以提供更流畅和逼真的虚拟现实体验,通过实时的图像处理和深度感知,提升虚拟现实的沉浸感和交互性。

随着人工智能技术的不断发展和嵌入式设备的普及，Movidius 将继续创新和完善其低功耗视觉处理器和神经网络加速器，以满足不断增长的人工智能计算需求。同时，Movidius 还将积极推动人工智能在边缘设备上的应用和推广，为各行各业带来更智能化和创新的解决方案。通过持续的技术研发和合作伙伴关系，Movidius 将继续引领嵌入式人工智能的发展，推动人工智能技术在更多领域的应用和落地。

4. AMD 的 Radeon Instinct

Radeon Instinct 是 AMD 推出的一系列面向深度学习和人工智能应用的加速器解决方案。作为 AMD 公司旗下的高性能计算产品线，Radeon Instinct 为数据中心和超级计算机提供强大的计算能力和高效能的加速器技术。

Radeon Instinct 系列加速器采用了 AMD 的先进 GPU 架构和技术，以提供卓越的并行计算能力和高带宽内存访问。这些加速器专门针对深度学习和人工智能工作负载进行了优化，支持广泛的深度学习框架和库，如 TensorFlow 和 PyTorch 等。它们具备大规模并行处理单元和高速存储，能够同时处理大量的矩阵运算和神经网络计算，从而加速深度学习任务的训练和推断过程。

Radeon Instinct 加速器还具备高度的可扩展性和灵活性，可以通过多 GPU 并行计算和互联技术，实现更大规模的计算集群和分布式深度学习系统。这使得数据中心和超级计算机能够利用 Radeon Instinct 的强大计算能力，加速模型训练和推断的速度，提高人工智能应用的性能和效率。

除了卓越的计算性能，Radeon Instinct 还注重数据中心的可靠性和安全性。它采用了多重容错机制和硬件级别的安全特性，保护敏感数据和应用程序免受潜在的攻击和故障。这对于处理大量关键数据和保护用户隐私至关重要，使得 Radeon Instinct 成为可信赖的深度学习加速器解决方案。

Radeon Instinct 的技术和解决方案在各个领域都有广泛的应用价值。在科学研究和超级计算领域，Radeon Instinct 加速器可以加速复杂模拟和数值计算任务，推动科学发现和创新。在医学影像和生物信息学领域，Radeon Instinct 的高性能计算能力可以支持快速的图像分析和基因组学研究，促进医疗诊断和治疗的进步。在金融和交通等领域，Radeon Instinct 的高性能计算能力可以处理大规模的数据分析和预测任务，提供更准确和实时的决策支持。

5. Graphcore 的 IPU

IPU(Intelligence Processing Unit)是 Graphcore 公司开发的一种专用人工智能处理器，为深度学习和人工智能计算提供高效能和高度并行的解决方案。IPU 采用了全新的架构设计和创新的硬件特性，具备出色的计算性能和能耗效率，为人工智能应用带来了重大的突破和创新。

IPU 的核心特点是其大规模并行计算能力。每个 IPU 芯片拥有数千个处理器，可以同时执行大量的矩阵运算和神经网络计算。这种高度并行的设计使得 IPU 能够在极短的时间内完成复杂的深度学习任务，大幅提升训练和推断的速度。

与传统的通用处理器相比，IPU 还具备更高的内存带宽和更低的延迟。它采用了高速互连网络，将处理器和内存单元紧密连接在一起，实现了快速的数据传输和高效的内存访问。这种设计使得 IPU 能够更好地满足深度学习计算中对大规模数据处理和高带宽访问的需求,提供更高的计算性能和效率。

　　另一个引人注目的特点是 IPU 的灵活性和可编程性。尽管 IPU 是一种专用的人工智能处理器,但它提供了丰富的编程模型和工具,可以支持多种深度学习框架和编程语言。开发人员可以使用常见的深度学习框架如 TensorFlow 和 PyTorch 来编写和优化模型,并通过 Graphcore 提供的软件工具将其映射到 IPU 上进行高效的计算。在自然语言处理和计算机视觉等领域,IPU 的高性能计算能力可以加速模型训练和推断,提高人工智能应用的准确性和响应速度。在医疗诊断和药物研发等领域,IPU 的大规模并行计算能力可以加速模拟和分析任务,促进医学研究和创新。在智能交通和机器人领域,IPU 的高效能和低延迟特性可以支持实时的感知和决策,提升交通管理和自主导航的能力。

6. Cerebras Systems

　　Cerebras Systems 是一家专注于人工智能计算的创新公司,开发了一种名为 Cerebras Wafer Scale Engine(WSE)的巨型芯片。作为当前世界上最大的集成电路芯片,Cerebras WSE 为深度学习和人工智能应用提供卓越的计算性能和规模。

　　Cerebras WSE 芯片的独特之处在于其巨大的规模和全面的集成。相比传统的 GPU 或 CPU 芯片,Cerebras WSE 芯片的面积超过 1600mm^2,并拥有数万个处理核心。这意味着它可以同时进行大规模的并行计算,加速深度学习任务的训练和推断过程。

　　通过将如此多的处理核心集成到单个芯片中,Cerebras WSE 实现了高度的数据局部性和低延迟的通信。处理核心之间的高速互连网络确保了快速的数据传输和协同计算,大大减少了数据传输和通信的开销。这使得 Cerebras WSE 在处理大规模模型和数据时表现出色,提供了前所未有的计算能力和效率。

　　Cerebras Systems 还为 Cerebras WSE 芯片开发了与之配套的系统架构和软件工具。这些工具包括编程模型、编译器和调试器,使得开发人员能够充分发挥 Cerebras WSE 芯片的潜力。此外,Cerebras Systems 还提供了与常用深度学习框架的集成,使使用 Cerebras WSE 进行模型训练和推断变得更加便捷和灵活。

　　Cerebras WSE 芯片和 Cerebras Systems 的技术在许多领域都具备广泛的应用潜力。在医学研究和生物科学领域,Cerebras WSE 的大规模计算能力可以帮助完成基因组学、药物研发和疾病诊断等任务,推动医学科学的进步。在自动驾驶和智能交通领域,Cerebras WSE 的高性能计算能力可以支持实时的感知和决策,提升交通安全和效率。在自然语言处理和计算机视觉等领域,Cerebras WSE 的巨大规模和并行计算能力可以加速深度学习模型的训练和推断,提高人工智能应用的准确性和响应速度。

　　Cerebras Systems 将继续推进其芯片和系统架构的发展,不断提升人工智能计算的性能和效率。他们的创新将为深度学习和人工智能领域带来更大的突破和应用,推动科学、工业和社会的进步。

7. 华为的昇腾(Ascend)系列

　　华为的昇腾(Ascend)系列是一系列面向人工智能计算的处理器和解决方案,提供高性能、高效能的计算能力,支持深度学习、机器学习和其他人工智能应用的推理和训练任务。

　　昇腾系列处理器采用了华为自主研发的 Da Vinci 架构。这种架构结合了高效能的计算单元、灵活的硬件加速器和创新的存储和互联技术,为人工智能计算提供了卓越的性能和能耗效率。昇腾处理器通过高度并行的计算能力和优化的深度学习指令集,能够在较短的时间内完成复杂的模型训练和推断任务。

昇腾系列不仅包括处理器,还提供了一套完整的人工智能解决方案。华为提供了昇腾 AI 软件开发套件(Ascend AI Software Suite),其中包括了开发工具、编程模型和优化库,支持开发人员在昇腾处理器上进行高效的应用开发和优化。此外,华为还提供了昇腾模型训练服务和昇腾模型推理服务,为用户提供灵活、高效的人工智能计算能力。

昇腾系列的应用范围广泛。在自然语言处理和语音识别领域,昇腾处理器的高性能计算能力可以加速模型的训练和推断,提高语言理解和语音交互的准确性和响应速度。在计算机视觉和图像识别领域,昇腾处理器的并行计算能力可以支持实时的图像处理和分析,实现高效的图像识别和物体检测。在智能驾驶和自动驾驶领域,昇腾处理器的高性能和低延迟特性可以支持实时的感知和决策,提升驾驶安全和自动驾驶的能力。

8. 寒武纪(Cambricon)

寒武纪(Cambricon)是一家人工智能芯片设计公司。作为人工智能领域的领先企业之一,寒武纪提供了高性能、低功耗的芯片解决方案,为人工智能应用的推理和训练任务提供强大的计算能力。

寒武纪的技术创新主要体现在其自主研发的人工智能处理器架构和芯片设计上。他们推出的寒武纪处理器(Cambricon Processor)采用了独特的指令集架构和硬件加速器,以实现高效的并行计算和优化的深度学习计算。寒武纪处理器还具备灵活的可配置性,可以根据不同的应用场景进行优化,提供更高的性能和能耗效率。

寒武纪的芯片解决方案广泛应用于各个领域。在计算机视觉和图像处理领域,寒武纪的芯片能够加速图像识别、目标检测和图像分割等任务,为智能摄像头、安防监控和自动驾驶等应用提供高效能的计算支持。在自然语言处理和语音识别领域,寒武纪的芯片能够加速文本分析、语音识别和机器翻译等任务,提高语言交互的准确性和实时性。

为了提供更全面的解决方案,寒武纪还积极推动软件生态系统的建设。他们提供了寒武纪深度学习框架(Cambricon Deep Learning Framework),为开发者提供友好的编程接口和工具,简化人工智能应用的开发和部署过程。此外,寒武纪还与各大云服务商合作,将其芯片解决方案与云计算平台相结合,为用户提供灵活、高效的人工智能计算能力。

9. 地平线

地平线(Horizon Robotics)是一家人工智能芯片设计和解决方案提供商。作为人工智能领域的领先企业之一,地平线开发高性能、低功耗的芯片和系统,为各种智能设备和应用提供强大的计算能力和智能感知能力。

地平线的技术创新主要体现在其自主研发的人工智能芯片和软件平台上。他们推出的地平线 AI 处理器(Horizon AI Processor)采用了独特的架构设计和专门优化的指令集,实现了高效的并行计算和深度学习推理能力。这些芯片不仅具备高性能和低功耗的特点,还具备较强的端侧智能感知和处理能力,适用于各种智能设备和边缘计算场景。

地平线的芯片解决方案广泛应用于多个领域。在智能驾驶和自动驾驶领域,地平线的芯片能够提供高性能的计算能力和实时的感知处理能力,为车辆的环境感知、决策和控制提供强大支持。在智能安防和监控领域,地平线的芯片能够实现高精度的图像识别、目标检测和行为分析,提高安防系统的准确性和实时性。

为了提供全面的解决方案,地平线还开发了地平线 AI 平台(Horizon AI Platform),为开发者提供全栈式的软件开发工具和开发环境。这个平台包括了丰富的软件库、开发框架和算法模型,让开发者能够更便捷地进行人工智能应用的开发和部署。地平线 AI 平台还支持多种硬件设备和操作系统,为不同应用场景提供灵活的选择。

10. 深鉴科技

深鉴科技(DeePhi Tech)是一家人工智能芯片设计和解决方案提供商。作为创新领域的先锋企业之一,深鉴科技开发了高性能、低功耗的芯片和软件平台,为各种人工智能应用提供强大的计算和推理能力。

深鉴科技的核心技术主要集中在深度学习加速器和专用芯片的设计与开发上。他们推出的深鉴处理器(DeePhi Processor)采用了创新的架构和优化算法,实现了高效的深度学习推理和训练能力。这些处理器具备强大的计算性能和能效比,能够满足各种人工智能任务的需求,如图像识别、语音处理和自然语言处理等。

深鉴科技的芯片解决方案广泛应用于多个领域。在计算机视觉和图像处理领域,深鉴的芯片能够加速图像识别、目标检测和图像分割等任务,为智能摄像头、无人机和自动驾驶等应用提供高效能的计算支持。在语音处理和语言理解领域,深鉴的芯片能够实现高质量的语音识别、语音合成和自然语言处理,为智能助理和语音交互设备提供强大的语音处理能力。

为了提供更全面的解决方案,深鉴科技还开发了深鉴 AI 平台(DeePhi AI Platform),为开发者提供全套的软件开发工具和开发环境。这个平台包括了丰富的深度学习算法库、开发框架和模型优化工具,使开发者能够更轻松地进行人工智能应用的开发、调试和部署。深鉴 AI 平台还支持多种硬件设备和操作系统,为不同应用场景提供灵活的选择。

AI 专用架构对比如表 11.7 所示。

表 11.7　AI 专用架构对比

公司名称	概述	主要领域	技术特点
Google TPU	由 Google 开发的专用于深度学习的芯片	人工智能、深度学习	高性能、低功耗、专为深度学习任务优化
Intel Nervana NNP	Intel 推出的专用于神经网络的处理器	人工智能、深度学习	高性能、高效能量利用、针对神经网络的计算优化
Intel Movidius VPU	Intel 推出的专注于视觉处理的处理器	计算机视觉、嵌入式设备	低功耗、高效的视觉处理能力
AMD Radeon Instinct	AMD 推出的用于加速机器学习和深度学习的 GPU	人工智能、深度学习	高性能、广泛的并行计算能力
Graphcore IPU	Graphcore 开发的专用于机器学习加速的处理器	人工智能、深度学习	高性能、高效能量利用、大规模并行计算能力
Cerebras Systems	Cerebras 开发的世界上最大的芯片,用于深度学习加速	人工智能、深度学习	大规模、高性能、专为深度学习任务优化
华为昇腾(Ascend)系列	华为推出的专用于人工智能计算的芯片和解决方案	人工智能、深度学习	高性能、高效能量利用、全栈解决方案
寒武纪(Cambricon)	中国的人工智能芯片设计和解决方案提供商	人工智能、深度学习	高性能、低功耗、专为深度学习任务优化

续表

公司名称	概　述	主要领域	技术特点
地平线（Horizon Robotics)	中国的人工智能芯片设计和解决方案提供商	智能驾驶、智能安防和监控等领域	高性能、低功耗、独特架构设计、并行计算和深度学习推理能力
深鉴科技（DeePhi Tech)	中国的人工智能芯片设计和解决方案提供商	计算机视觉、语音处理和自然语言处理等领域	创新架构、高效深度学习推理和训练能力

11.2　AI 大 模 型

截至 2024 年 1 月,全球范围内政府和企业相继推出了众多大型人工智能模型,其中中国贡献了 130 个重要的大模型。随着年内下半段生成式 AI 技术在多模态领域的不断进化与迭代,大模型呈现应用广泛化、算法丰富化、性能不断提升以及落地成果加速涌现四大特点。

11.2.1　AI 开发框架与开发平台

1. 通用的 AI 开发框架

TensorFlow 在各种应用场景下都有通用的 AI 开发框架,是一种软件工具,帮助开发者更加高效地构建和部署各种人工智能应用。它提供了一系列的工具、库和接口,使开发者能够快速地搭建、训练和优化 AI 模型,并将其集成到实际应用中。常见的 AI 开发框架如图 11.6 所示,通用的 AI 开发框架对比如表 11.8 所示。

表 11.8　通用的 AI 开发框架对比

AI 开发框架	设计哲学	灵活性	社区支持	部署和生产
TensorFlow	强调静态计算图,适用于大规模部署和分布式训练	提供底层 API 和操作符,允许更细粒度的控制和定制	拥有庞大的开源社区,提供丰富的模型、工具和资源	强调大规模生产环境,支持 TensorFlow Serving 和 TensorFlow Lite 等工具
PyTorch	强调动态计算图,提供灵活性和直观性的设计	提供动态计算图和丰富的高级 API,具有灵活性和可扩展性	紧密的学术界支持,研究人员广泛采用和贡献,提供丰富的研究论文和代码	提供 PyTorch 模型导出为 ONNX 格式的功能,支持部署到各种平台
Keras	强调简洁易用的 API,便于快速原型设计	提供高级抽象的 API,使深度学习模型设计更简洁和易用	拥有庞大的开源社区,提供大量的模型、工具和教程,方便获取帮助、分享经验	可以将 Keras 模型转换为原始的 TensorFlow 代码,方便在复杂场景下进行定制和部署

通用的 AI 开发框架为开发者提供了一个统一的平台,用于处理各种与人工智能相关的任务。这些任务包括图像处理、语音识别、自然语言处理、机器学习和深度学习等。开发者可以利用框架中提供的算法库和工具,快速构建起复杂的 AI 应用系统。通用的 AI 开发框架提供了高度可扩展的架构,使开发者能够灵活地定制和扩展框架以满足特定需求。

1) TensorFlow

TensorFlow 是一个由 Google 开发和维护的开源框架,广泛应用于机器学习和深度学

(a) TensorFlow   (b) PyTorch   (c) Keras

图 11.6 AI 开发框架

习领域。它以其强大的可扩展性而著称,支持静态和动态计算图,使得计算流程可以在图级别进行优化和并行化,同时允许在运行时灵活构建和修改图,便于调试和实验。这种设计使得 TensorFlow 能够有效处理大规模模型和数据集,并支持分布式计算,实现在多个设备和计算节点上的模型训练和推理。此外,TensorFlow 支持多平台运行,包括 CPU、GPU 和 TPU,以及移动设备和嵌入式系统,通过 TensorFlow Lite 等工具和库,实现了在资源受限设备上的高效推理。

TensorFlow 的优势在于其广泛的生态系统和高效的模型训练与推理能力。它在图像识别、语音识别、自然语言处理和推荐系统等多个应用领域都有广泛的用例,并被广泛应用于学术研究、工业应用和竞赛中。TensorFlow 通过优化的计算图和硬件加速,支持并行和分布式计算,加速模型训练过程。同时,它提供了 TensorFlow Serving 和 TensorFlow Lite 等工具和库,使得模型能够被轻松部署到生产环境中,并实现高效的推理。

TensorFlow 在计算机视觉、自然语言处理、推荐系统和强化学习等领域的应用尤为突出。在计算机视觉方面,TensorFlow 能够构建和训练卷积神经网络(CNN)等模型,实现高精度的图像识别和分析。在自然语言处理领域,TensorFlow 能够构建和训练循环神经网络(RNN)和转换器(Transformer)等模型,实现自然语言的理解和生成。在推荐系统构建中,TensorFlow 能够根据用户的历史行为和偏好推荐相关产品或内容。而在强化学习领域,TensorFlow 能够构建和训练深度强化学习模型,实现复杂环境中的智能决策和控制。

TensorFlow 提供了一系列高级 API 和预训练模型,如 Keras 和 TensorFlow Hub,简化了模型构建和训练过程。同时,它支持分布式计算和多种硬件加速器,如 GPU 和 TPU,使得开发者和研究者能够充分利用计算资源,加速模型训练和推理。此外,TensorFlow 的庞大开源社区提供了丰富的文档、教程和示例代码,为开发者和研究者提供了强大的支持和资源,使得学习和使用 TensorFlow 变得更加容易和快速,有效加速了开发和研究进程。

2)PyTorch

PyTorch 是一个由 Facebook 人工智能研究团队开发和维护的开源深度学习框架,它在机器学习和深度学习领域中得到了广泛的应用。PyTorch 的核心特点包括动态计算图、灵活性和可扩展性、Pythonic 风格以及强大的 GPU 加速支持。动态计算图允许开发者在运行时动态定义、修改和调试计算图,使得模型构建更加灵活和直观,特别适合复杂的模型结构和动态数据处理。PyTorch 提供的丰富工具和 API 支持自定义损失函数、网络层和优化器等,使得它适用于多样化的研究和实验场景。此外,PyTorch 采用 Python 作为主要编程语言,具有简洁、直观和易于使用的特点,并且与 NumPy 兼容,方便数据处理和转换。PyTorch 还与 NVIDIA CUDA 紧密集成,支持 GPU 加速计算,使得模型训练和推理过程得以加速。

PyTorch 的动态计算图为模型构建和调试提供了极大的灵活性,使得开发者能够根据需要动态改变模型结构,方便进行实验和调试。Pythonic 风格使得 PyTorch 易于学习和使用,降低了学习曲线,提高了开发效率。而与 NVIDIA CUDA 的紧密集成则使得 GPU 加速计算变得简单高效,特别是在处理大规模数据和复杂模型时,PyTorch 的表现尤为出色。在计算机视觉领域,PyTorch 被广泛用于构建和训练卷积神经网络(CNN)等模型,进行图像分类、目标检测和图像分割等任务,TorchVision 等工具和库为其提供了强大的支持。在自然语言处理领域,PyTorch 同样被广泛用于构建和训练循环神经网络(RNN)和 Transformer 等模型,进行文本分类、机器翻译和语言生成等任务,TorchText 等工具和库为其提供了丰富的支持。在强化学习领域,PyTorch 也被广泛应用,提供了 Stable Baselines3 和 RLlib 等强化学习库,实现各种强化学习算法和环境。

PyTorch 帮助开发者和研究者高效地创建复杂的 AI 模型,其动态计算图和 Pythonic 风格使得模型构建更加灵活和直观。PyTorch 提供的 TorchVision、TorchText 和 TorchAudio 等工具和库,为处理图像、文本和音频等不同类型的数据提供了丰富的数据处理和模型构建功能。与 NVIDIA CUDA 的紧密集成使得 GPU 加速计算变得简单高效,充分发挥 GPU 的并行计算能力,加速模型的运算速度。此外,PyTorch 拥有一个庞大的开源社区,不断贡献新的模型、工具和教程,提供了丰富的资源和支持,使得开发者和研究者能够从中获得帮助、交流经验,并参与到共同的开发和研究中。

3) Keras

Keras 是一个用户友好且高度模块化的深度学习框架,它构建在 TensorFlow 等后端之上,为开发者提供了简洁而强大的 API。Keras 的设计哲学在于简化 API 的使用,使得开发者能够迅速构建深度学习模型。其接口简单一致,让模型的定义、训练和评估过程变得直观且易于掌握。Keras 的模块化构建方式允许通过层的堆叠来创建复杂的神经网络,这种设计不仅增加了模型构建的灵活性,也加快了模型迭代和架构尝试的速度。此外,Keras 支持多种深度学习后端,如 TensorFlow、Microsoft Cognitive Toolkit(CNTK)和 Theano 等,为开发者提供了根据个人喜好和需求选择合适后端的自由度。Keras 还具备强大的扩展性,不仅提供常用的功能和模型层,也支持自定义模型层、损失函数和优化器等,以适应不同的任务和研究需求。

Keras 的优势在于其快速原型设计能力,其高级抽象的 API 使得深度学习模型的设计和构建变得迅速而高效。Keras 在图像分类、目标检测、语音识别和自然语言处理等多个领域都有广泛的应用,提供了包括卷积神经网络、循环神经网络和预训练模型在内的多种常用工具,方便开发者构建和训练复杂的深度学习模型。由于 Keras 建立在 TensorFlow 等后端之上,它具有良好的可移植性,使得模型可以轻松转换为原始 TensorFlow 代码,以适应更复杂的定制和部署需求。Keras 还拥有一个庞大的开源社区,社区成员贡献了大量模型、工具和教程,为开发者提供了丰富的资源和支持,促进了深度学习领域的发展。

在具体的应用案例中,Keras 在图像分类任务中非常流行,其提供的卷积神经网络层和预训练模型使得构建和训练图像分类模型变得轻松。在目标检测领域,Keras 的卷积神经网络层和边界框回归层可以帮助开发者构建目标检测模型,实现图像中多个目标的准确定位和识别。在自然语言处理领域,Keras 的循环神经网络层和注意力机制使得构建文本处理模型成为可能,实现对自然语言的理解和生成。Keras 也适用于强化学习任务,结合强化学习库,可以构建深度强化学习模型,训练智能体从环境中学习并制定最优策略。

　　Keras 通过其简洁的 API 和丰富的模型层,帮助开发者快速实现深度学习模型的原型,加快实验和迭代的速度。其模块化设计简化了复杂 AI 模型的构建过程,使得自定义网络结构的实现变得简单灵活。Keras 的可扩展性允许开发者自定义和扩展模型层、损失函数、优化器等,以适应不同的任务和研究需求。同时,Keras 拥有丰富的文档和活跃的社区支持,为开发者提供了快速上手、解决问题和与其他研究者合作的平台。

2. AI 开发平台的比较

常见 AI 开发平台如图 11.7 所示,通用开发平台对比如表 11.9 所示。

(a) Google Colab　　　　(b) AWS SageMaker　　　　(c) Azure Machine Learning

(d) 百度AI开放平台　　　(e) 华为云AI开发平台　　　(f) 科大讯飞开放平台

图 11.7　开发平台

表 11.9　通用开发平台对比

平 台 名 称	云服务提供商	主 要 特 点
Google Colab	Google	免费使用,提供云端 Jupyter Notebook 环境 支持 Python 编程和深度学习框架 提供免费 GPU 和 TPU 加速 可与 Google Drive 集成保存和加载数据与模型 适合教育、学术研究和快速原型开发
AWS SageMaker	Amazon	全面的机器学习平台,提供端到端的机器学习工作流 提供托管的训练和推理环境 提供自动模型调优和部署功能 强大的扩展性和集成 AWS 生态系统 适合企业和专业开发者
Azure Machine Learning	Microsoft	提供完整的机器学习生态系统,包括开发、训练和部署 支持多种编程语言和开发工具 集成 Azure 云服务和工具 提供自动化机器学习功能 适合企业和研究机构
百度 AI 开放平台	百度	提供丰富的人工智能能力,包括语音、图像、自然语言处理等 提供 API 和 SDK 供开发者使用 支持语音合成、语音识别、图像识别等功能 广泛应用于多个行业领域 适合各类开发者和企业

续表

平 台 名 称	云服务提供商	主 要 特 点
华为云 AI 开发平台	华为	提供全面的人工智能服务,包括计算、存储和训练 提供预训练模型和开发工具 支持自然语言处理、图像识别、机器翻译等功能 提供弹性和高性能的计算资源 适用于各类开发者和企业
科大讯飞开放平台	科大讯飞	提供强大的语音、图像和自然语言处理能力 支持语音识别、语音合成、图像识别等功能 广泛应用于教育、智能交通、智慧医疗等多个行业 提供丰富的 API 和 SDK 供开发者使用 适合各类开发者和企业

1) Google Colab

Google Colab(Google Colaboratory)是由 Google 提供的一种基于云端的免费 Jupyter 笔记本环境,它具有多项特点,使其成为数据分析和机器学习实验的理想工具。Colab 完全在云端运行,用户可以通过浏览器直接访问,无须在本地安装任何软件,这使得 Colab 成为一种便捷的工具,可以在任何设备上进行数据分析和机器学习实验。基于 Jupyter 笔记本的 Colab 提供了一个交互式的编程环境,用户可以在其中编写和运行代码,同时添加文本、公式、图像和可视化结果,方便实验记录和分享。此外,Colab 提供免费的 GPU 和 TPU 资源,用于加速深度学习任务,为用户提供了强大的计算能力,使得训练大型模型和处理大规模数据变得更加高效和便捷。Colab 预装了许多常用的 Python 库和工具,如 NumPy、Pandas、Matplotlib 等,支持数据处理、可视化和分析,同时也支持安装其他第三方库,方便用户根据需要扩展环境。

Google Colab 的优势在于它无须用户手动配置编程环境和依赖项,所有必要的库和工具已经预装,并且与 Google Drive 等云服务进行了集成,方便用户导入和导出数据。Colab 提供的免费 GPU 和 TPU 资源对于训练深度学习模型和处理大规模数据非常有帮助,用户可以通过简单的设置,利用强大的硬件加速来加快实验速度。Colab 还支持多人协作编辑笔记本,并且可以轻松共享笔记本和代码,用户可以通过链接分享自己的笔记本,也可以与团队成员实时协同编辑和讨论。此外,Colab 与 Google 云服务(如 Google Drive 和 Google Cloud Storage)紧密集成,用户可以方便地导入和导出数据,进行数据的存储和备份。

在具体的应用案例中,Google Colab 被广泛用于数据分析与可视化、机器学习实验、教学和学习以及数据科学研究。在数据分析与可视化方面,Colab 提供了丰富的数据处理和可视化库,使得用户可以在笔记本中进行数据分析和探索。在机器学习实验方面,Colab 的 GPU 和 TPU 支持使得用户可以在云端高速训练深度学习模型,使用常见的机器学习库(如 TensorFlow 和 PyTorch)来构建模型、进行训练和评估。在教学和学习领域,教师可以创建和分享 Colab 笔记本,供学生进行编程实践和项目作业,学生可以通过 Colab 轻松访问和运行教师提供的示例代码和实验环境。对于数据科学家而言,Colab 提供了一个方便的工作环境,可以进行数据探索、特征工程、建模和模型评估,利用 Colab 的强大计算能力和丰富的库支持,进行复杂的数据分析和模型开发。

2）AWS SageMaker

AWS SageMaker(Amazon SageMaker)是亚马逊提供的一项全面的机器学习服务,帮助开发者和数据科学家更轻松地构建、训练和部署机器学习模型。

AWS SageMaker 提供了一个端到端的机器学习平台,涵盖了从数据准备到模型部署的整个机器学习工作流程。用户可以在同一个环境中进行数据清洗、特征工程、模型训练和模型部署等各个阶段的工作,简化了整个开发过程。其次,SageMaker 能够处理大规模的数据集,支持分布式训练和批量推理。用户可以利用 AWS 的弹性计算资源,快速训练大型深度学习模型,并在需要时进行扩展,以适应不断增长的数据量和计算需求。此外,SageMaker 提供了自动模型调优的功能,可帮助用户自动搜索和优化模型超参数,简化了模型调优的过程,减少了手动调试的工作量,提高了模型性能。最后,SageMaker 内置了一系列常用的机器学习算法和模型,如线性回归、决策树、深度神经网络等,用户可以直接使用这些预置算法和模型,无须从头开始编写代码,快速构建和训练自己的机器学习模型。

AWS SageMaker 的优势在于其强大的扩展性、完整的工具集合、安全和可靠性以及与 AWS 生态系统的紧密集成。基于 AWS 云平台,SageMaker 提供了强大的计算和存储资源,用户可以根据实际需求灵活地扩展计算和存储容量,无须担心资源不足的问题。这使得 SageMaker 成为处理大规模数据和训练复杂模型的理想选择。SageMaker 提供了一系列工具和功能,帮助用户在机器学习项目中进行数据探索、特征工程、模型训练和模型部署等各个环节,这些工具和功能紧密集成,使得整个开发过程更加高效和流畅。AWS SageMaker 采用了多层次的安全措施,保护用户的数据和模型不受未经授权的访问和攻击,同时,AWS 的全球基础设施和高可用性架构,确保了 SageMaker 的可靠性和稳定性,用户可以放心地进行机器学习任务。SageMaker 与 AWS 生态系统中的其他服务紧密集成,如 AWS S3、AWS Glue、AWS Lambda 等,用户可以方便地将数据存储在 S3 中,使用 Glue 进行数据转换和准备,利用 Lambda 触发模型推理等,这种集成性使得 SageMaker 成为构建端到端机器学习解决方案的理想选择。

在具体的应用案例中,AWS SageMaker 适用于各种规模的企业级机器学习项目。用户可以利用 SageMaker 的强大计算资源和自动化功能,快速构建和训练高性能的机器学习模型,并进行实时推理和部署。SageMaker 为数据科学家提供了一个灵活的工作环境,可以进行数据分析、特征工程和模型训练等任务,研究人员可以利用 SageMaker 的丰富算法和模型库,探索和验证各种机器学习方法和模型。许多企业需要构建个性化推荐系统来提供定制化的用户体验,SageMaker 的自动模型调优功能可以帮助开发者优化推荐算法的性能,而分布式训练和批量推理功能能够处理大规模的用户和商品数据。SageMaker 还支持常见的计算机视觉和语音处理任务,如图像分类、目标检测、语音识别等,用户可以利用 SageMaker 的预置算法和模型,快速构建和训练各种智能图像和语音处理模型。

成功实施机器学习项目的关键因素包括数据准备和清洗、模型选择和调优、计算资源和存储管理以及持续集成和部署。SageMaker 提供了数据探索和数据转换的工具,帮助用户进行数据准备和清洗,良好的数据质量是机器学习项目成功的关键因素之一。SageMaker 提供了多种算法和模型,用户需要根据实际问题选择合适的模型,并利用 SageMaker 的自动模型调优功能进行模型参数的优化。SageMaker 的弹性计算和存储能力可以根据实际需求进行扩展,用户需要根据数据量和模型复杂度合理规划和管理计算资源和存储容量。

SageMaker 提供了模型部署和推理的功能,用户可以将训练好的模型快速部署到生产环境中,持续集成和部署是保证机器学习项目能够及时响应业务需求的关键环节。

3) Azure Machine Learning

Azure Machine Learning 是微软提供的一种全面的云端机器学习服务,用于帮助开发者和数据科学家轻松构建、训练和部署机器学习模型。

Azure Machine Learning 提供了一个灵活的工作环境,支持数据预处理、特征工程、模型训练和模型部署等任务。用户可以在云端使用 Jupyter 笔记本或 Azure Machine Learning Studio 进行开发和实验,方便快捷。此外,Azure Machine Learning 提供的自动化机器学习(AutoML)功能,能够自动搜索和优化模型超参数,简化了模型调优的过程。用户只需提供数据和目标变量,Azure Machine Learning 便能自动选择和训练最佳模型。Azure Machine Learning 还支持将训练好的模型快速部署到生产环境中,并提供了弹性推理服务,用户可以根据实际需求进行模型扩展和自动缩放,实现实时的预测和推理。此外,Azure Machine Learning 与 Azure 云平台的其他服务紧密集成,如 Azure Blob 存储、Azure Databricks、Azure Functions 等,用户可以方便地与这些服务进行数据交互、计算资源调度和自动化工作流程的构建。

Azure Machine Learning 的优势在于其强大的计算和存储能力、可扩展的机器学习管道、安全和隐私保护以及丰富的 AI 生态系统。基于 Azure 云平台,Azure Machine Learning 提供了强大的计算和存储资源,用户可以根据实际需求灵活地扩展计算和存储容量。Azure Machine Learning 支持构建可扩展的机器学习管道,将数据准备、特征工程、模型训练和模型部署等任务有机地组合起来,实现端到端的机器学习工作流程,并进行自动化的重复实验和部署。Azure Machine Learning 采用了多层次的安全措施,保护用户的数据和模型不受未经授权的访问和攻击,同时符合世界各地的数据隐私法规,保障用户数据的安全和合规性。Azure Machine Learning 与微软的 AI 生态系统密切相关,如 Azure Cognitive Services、Azure Bot Service 等,用户可以利用这些服务和工具,快速构建智能应用和解决方案。

Azure Machine Learning 的用例广泛,包括预测分析和优化、智能图像和语音处理、异常检测和安全分析以及自然语言处理和文本分析。用户可以利用 Azure Machine Learning 的自动化机器学习功能,选择合适的模型和算法,提供准确的预测和优化建议。Azure Machine Learning 也支持计算机视觉和语音处理任务,如图像分类、目标检测、语音识别等,用户可以利用 Azure Machine Learning 与 Azure Cognitive Services 集成,构建智能图像和语音处理应用。此外,Azure Machine Learning 可用于异常检测和安全方面,帮助用户监测和分析系统中的异常行为和安全威胁。Azure Machine Learning 还提供了丰富的自然语言处理和文本分析功能,如情感分析、实体识别、文本分类等,用户可以利用这些功能进行文本数据的处理和分析。

成功实施机器学习项目的关键因素包括数据质量和特征工程、模型选择和调优,以及持续的监测和优化。Azure Machine Learning 提供了丰富的数据预处理和特征工程功能,但项目的成功依赖于高质量的数据和有效的特征工程。用户需要确保数据的准确性、完整性和一致性,并进行针对性的特征提取和转换,以提高模型的性能和准确度。Azure Machine Learning 提供了多种机器学习算法和自动化机器学习功能,但选择合适的模型和算法对于项目的成功至关重要。用户需要根据具体任务和数据特点,选择适合的模型,并进行超参数的调优和模型的评估,以获得最佳的性能和效果。机器学习项目不是一次性的任务,而是一个持续的迭代过程,用户需要定期监测模型的性能和预测结果,并根据实际情况进行模型的更新和优化。Azure Machine Learning 提供了模型版本管理和监控功能,方便用户进行模型的追踪和优化。此外,团队协作和知识共享也是提高团队效率和项目成功率的关键,Azure Machine Learning 提供了团队协作和共享功能,多个用户可以同时进行开发和实验,并共享数据、模型和实验结果。

4) 百度 AI 开放平台

百度 AI 开放平台(Baidu AI Open Platform)是百度公司提供的一项全面的人工智能开发平台,为开发者提供了丰富的 API 和 SDK,覆盖了语音识别、图像识别、自然语言处理、机器翻译、人脸识别等多个领域。该平台以其高质量的人工智能能力,为开发者构建智能应用提供了强有力的支持。在语音识别领域,百度 AI 开放平台能够实现语音转文字、语音命令识别等功能;在图像识别领域,它能够进行图像分类、目标检测和人脸识别等;在自然语言处理领域,它支持文本分类、情感分析和智能客服等应用;机器翻译技术能够进行多语种翻译任务;人脸识别技术则适用于人脸比对、人脸搜索等场景。这些技术的高可靠性和准确性,使得百度 AI 开放平台成为开发者构建高质量智能应用的重要工具。

百度 AI 开放平台的 API 和 SDK 使得开发者可以轻松集成和使用人工智能能力。通过简单的 API 调用,开发者能够快速获得语音识别、图像识别、自然语言处理等能力。例如,语音识别 API 可以将语音转换为文字,图像识别 API 能够对图像进行分类和识别,自然语言处理 API 则可以实现文本的分析和理解。平台提供的 SDK 支持多种编程语言,便于开发者在不同开发环境中快速集成人工智能能力。此外,百度 AI 开放平台具有良好的可扩展性和灵活性,支持静态计算图和动态计算图的方式,使得开发者可以根据实际需求选择适合的计算图模式。静态计算图适用于对计算效率有较高要求的场景,而动态计算图则允许在运行时进行灵活的图构建和修改,方便调试和实验。这种可扩展性使得百度 AI 开放平台能够处理大规模的模型和数据集,支持分布式计算,满足不同规模和需求的应用场景。

百度 AI 开放平台的应用场景非常广泛,它在语音识别、图像识别、自然语言处理等领域均有广泛的应用。在语音识别领域,它可以应用于语音转文字、语音命令识别、语音翻译等场景,方便实现语音搜索、语音交互等功能。在图像识别领域,开发者可以利用平台的图像分类、目标检测和人脸识别等功能,实现智能监控、图像搜索和人脸比对等应用。在自然语言处理领域,平台的文本分类、情感分析和智能客服等功能可用于舆情分析、智能问答和智能客服系统的构建。此外,百度 AI 开放平台还支持机器翻译,可以进行多语种的翻译任务,促进全球交流和跨文化合作。

在实际应用中,百度 AI 开放平台已经被广泛应用于智能家居、零售电商、金融、教育等多个行业和领域。在智能家居领域,开发者可以利用语音识别和语音命令识别技术,构建智能音箱和语音控制系统,提升用户的生活体验。在零售和电商领域,图像识别和人脸识别技术可以用于商品识别和人脸支付等场景,提高购物的便捷性和安全性。在金融领域,自然语言处理和情感分析技术可用于舆情监测和金融风险评估,帮助金融机构进行风险控制和客户服务。在教育领域,语音识别和语音评测技术可以应用于语言学习和智能辅导,提供个性化的学习支持。这些应用实例只是冰山一角,百度 AI 开放平台的潜力和应用还有很大的发展空间。

5）华为云 AI 开发平台

华为云 AI 开发平台（Huawei Cloud AI Development Platform）是华为云提供的一项全面的人工智能开发平台，旨在帮助开发者构建和部署各种人工智能应用。该平台提供了包括模型训练、模型服务、自然语言处理、图像识别等多项人工智能服务，并具备高度的可扩展性和灵活性。通过这些服务，开发者可以利用华为云的强大计算资源，实现从数据处理到模型部署的全流程开发，满足不同应用场景的需求。

华为云 AI 开发平台的强大之处在于其模型训练和模型服务能力。开发者可以上传数据、选择算法和调整参数，平台将自动完成模型的训练过程。支持常见的深度学习框架如 TensorFlow 和 PyTorch，以及分布式训练，使得平台能够处理大规模的模型和数据集。此外，平台的模型服务功能使得训练好的模型可以轻松部署和调用，方便集成到各种应用中。在自然语言处理领域，平台提供了文本分类、情感分析、命名实体识别等功能，适用于智能问答系统、舆情分析和智能客服等场景。在图像识别方面，平台支持图像分类、目标检测、人脸识别等功能，可用于智能监控、图像搜索和人脸比对等应用。平台还提供了语音识别、语音合成和语音翻译等语音技术，实现语音转文字、语音合成和多语种翻译等功能。这些人工智能服务的丰富性和准确性，为开发者构建高质量的智能应用提供了广泛的选择。

华为云 AI 开发平台的可扩展性和灵活性表现在对多种计算资源的配置和调度上，包括 GPU 和分布式计算，满足不同规模和需求的应用场景。平台提供了灵活的开发工具和接口，如 Jupyter Notebook 和 RESTful API，方便开发者在不同的开发环境中快速集成人工智能能力。此外，平台还支持模型的在线训练和增量训练，可以根据实际需求进行模型的更新和优化，实现持续性的模型改进和迭代。

华为云 AI 开发平台的应用场景非常广泛，涵盖了智能制造、智慧城市、医疗健康等多个领域。在智能制造领域，开发者可以利用平台的图像识别和目标检测技术，实现智能检测和质量控制，提高生产效率和产品质量。在智慧城市领域，平台的人脸识别和图像分析技术可用于人脸考勤、交通监控和安防系统，提供智能化的城市管理和安全保障。在医疗健康领域，自然语言处理和图像识别技术可以应用于病历分析、医学影像诊断等场景，提供精准的医疗辅助和诊断支持。此外，华为云 AI 开发平台还可应用于金融、教育、零售等多个行业，为各种应用场景提供智能化的解决方案，展现出其在推动行业智能化转型中的重要作用。

6）科大讯飞开放平台

科大讯飞开放平台（iFlytek Open Platform）是由科大讯飞公司推出的一项全面开放的人工智能平台，帮助开发者快速构建智能化应用，并提供丰富的语音、图像、自然语言处理等人工智能能力。

科大讯飞开放平台具备强大的语音能力。平台提供了语音识别、语音合成和语音评测等功能，开发者可以通过接口调用这些能力，实现语音转文字、文字转语音和语音质量评估等功能。语音识别能力支持多种场景和语种，可用于智能语音助手、语音输入和语音搜索等应用。而语音合成能力提供了自然流畅的合成音，可应用于语音交互、智能客服和辅助阅读等场景。此外，语音评测能力可以评估语音的准确性和流畅度，可用于语言学习和发音纠正等教育领域。

科大讯飞开放平台支持图像处理和分析。平台提供了图像识别、图像分类和图像生成等功能，可以识别图像中的物体、场景和文字，并进行相应的分类和生成操作。图像识别能力广泛应用于智能监控、图像搜索和人脸识别等场景,为安防和人脸识别技术提供了强有力的支持。此外,平台还提供了图像生成技术,可以生成风景图、人物图和艺术图等,为创意设计和图像处理提供了丰富的可能性。

科大讯飞开放平台拥有强大的自然语言处理能力。平台提供了文本分类、情感分析、命名实体识别和机器翻译等功能,开发者可以通过接口调用这些能力,实现文本的语义分析、情感判断和自动翻译等功能。文本分类和情感分析能力可应用于舆情监测、智能客服和智能推荐等场景,帮助用户了解用户情感和需求。而命名实体识别和机器翻译能力可以应用于信息提取和跨语种交流,为多语言应用和知识抽取提供了便利。

科大讯飞开放平台的应用场景非常广泛。在教育领域,平台的语音合成和语音评测能力可以应用于在线语言学习和辅助阅读,提供个性化的语音指导和评估。在智能交通领域,平台的语音识别和图像识别能力可用于车载语音助手和智能驾驶,提供智能化的交通导航和驾驶辅助功能。在智慧医疗领域,平台的自然语言处理能力可以应用于医疗问诊和病历分析,提供智能化的医疗辅助和诊断支持。此外,科大讯飞开放平台还可应用于金融、零售、娱乐等多个行业,为各种应用场景提供智能化的解决方案。

通过科大讯飞开放平台,开发者可以利用其强大的语音处理能力,实现语音转文字、文字转语音和语音质量评估等功能。这在智能语音助手、语音输入和语音搜索等应用中非常有用。同时,平台提供了图像识别、图像分类和图像生成等功能,可以识别图像中的物体、场景和文字,并进行相应的分类和生成操作。这为智能监控、图像搜索和人脸识别等场景提供了强有力的支持。此外,平台还提供了自然语言处理能力,如文本分类、情感分析、命名实体识别和机器翻译,用于文本的语义分析、情感判断和自动翻译等任务。这些能力在舆情监测、智能客服和智能推荐等领域具有广泛的应用价值。

3. 集成开发环境与工具

集成开发环境(Integrated Development Environment,IDE)和工具是软件开发过程中不可或缺的重要组成部分。它们提供了代码编辑、调试、构建和部署等功能,极大地提高了开发效率和代码质量。常见集成开发环境如图 11.8 所示,集成开发环境与工具对比如表 11.10 所示。

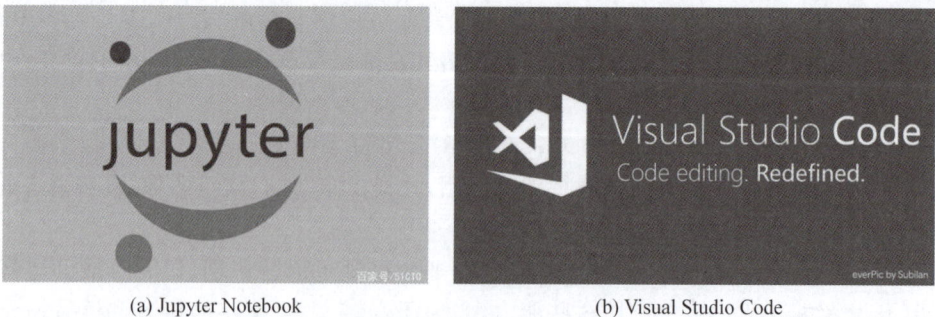

(a) Jupyter Notebook   (b) Visual Studio Code

图 11.8 集成开发环境

表 11.10 集成开发环境与工具对比

集成开发环境与工具	主 要 优 点	主 要 缺 点
Jupyter Notebook	交互式执行代码和展示结果	不适合大型项目和复杂开发任务
Visual Studio Code	强大的编辑功能和插件生态系统	学习曲线可能较陡峭
AI 开发插件	提高开发效率和代码质量的开发环境	需要大量高质量的训练数据

1）Jupyter Notebook

Jupyter Notebook 是一种流行的开源交互式计算环境,广泛应用于数据科学、机器学习和科学计算等领域。它提供了一个灵活的笔记本界面,使得用户能够编写、运行和共享代码、文档和可视化结果。Jupyter Notebook 的核心特点包括其交互性、多语言支持、可视化和展示性以及协作和共享能力。交互式编程环境允许用户即时运行和调试代码,提高了开发效率。支持 Python、R、Julia 和 Scala 等多种编程语言,使其成为不同领域和任务的理想选择。在可视化和展示方面,Jupyter Notebook 允许插入丰富的图表、图片和文本,更好地展示数据分析结果和过程,并与他人分享交互式的报告和教程。此外,Jupyter Notebook 支持多人协作编辑和运行笔记本,并能将笔记本导出为 HTML、PDF 等格式,或通过云端服务进行分享。

Jupyter Notebook 在数据科学和机器学习领域具有广泛的应用,提供了丰富的数据处理和可视化工具,支持 NumPy、Pandas、Matplotlib 等数据科学库和 Scikit-learn、TensorFlow 等机器学习框架,使得开发者可以在笔记本中进行数据探索、建模和实验,并直观地展示结果。在教学和学习方面,Jupyter Notebook 作为一个交互式的学习环境,让学生通过运行代码和修改参数来理解和实践概念,教师也可以创建和分享教学材料和示例。对于科学计算和实验,Jupyter Notebook 提供了一个方便的环境进行模拟代码编写、数值计算和实验分析,使得科学研究更加灵活和可复现。同时,Jupyter Notebook 也允许将代码、文本和可视化结果结合,创建交互式的报告和文档,清晰展示数据分析过程和结果,方便他人理解和复现。

为了有效地使用 Jupyter Notebook,建议将代码逻辑分割为多个单元格,并使用函数和类进行模块化,以提高代码的可读性和重用性。熟悉 Jupyter Notebook 的快捷键和魔术命令可以提高工作效率,如执行常用操作或特殊操作。Jupyter Notebook 支持 Markdown 语法,掌握后可以使用 Markdown 单元格编写文本和公式,以及插入标题、列表、链接等,使文档更具有结构和可读性。此外,Jupyter Notebook 支持外部扩展和插件,可以增加额外的功能和工具,如改善代码自动补全、代码格式化、代码检查等方面的体验。通过这些方法,Jupyter Notebook 成为了一个强大的工具,帮助用户在各种计算和分析任务中提高效率和效果。

2）Visual Studio Code

Visual Studio Code(VS Code)是 Microsoft 开发的一款免费、跨平台的源代码编辑器,它在软件开发领域得到了广泛应用,并深受开发者喜爱。VS Code 的主要特点包括跨平台支持、强大的编辑功能、内置终端和调试器以及丰富的插件生态系统。它能够在 Windows、macOS 和 Linux 等操作系统上运行,为开发者提供一致的用户体验,使得跨平台工作变得无缝。VS Code 提供了包括语法高亮、智能代码补全、代码导航和重构在内的丰富编辑功能,支持多种编程语言,并且可以通过插件扩展支持更多语言和框架。此外,VS Code 集成了内置终端和调试器,允许开发者直接在编辑器中执行命令和调试代码,这种集成化特性极大地提升了开发效率。VS Code 的插件市场提供了大量插件和扩展,满足不同开发者的个性化需求,开发者可以根据需要安装和配置插件,以提高开发效率。

VS Code 在软件开发、版本控制和协作、代码调试和测试以及扩展和定制方面具有显著优势。它支持多种主流编程语言和框架,如 Python、JavaScript、C++、Java、React 等,提供丰富的开发工具和功能，加快开发速度并提高代码质量。VS Code 集成了常用的版本控制系统如 Git，简化了代码管理和提交流程，支持多人协作，使多个开发者能够实时编辑同一个项目并查看对方的修改。在代码调试和测试方面，VS Code 提供了强大的调试功能，帮助开发者定位和解决问题，包括设置断点、监视变量和逐步执行代码。VS Code 的插件生态系统丰富，开发者可以根据需求选择和安装插件，这些插件提供代码格式化、代码片段、主题、任务运行等功能，帮助开发者定制开发环境。

为了有效使用 VS Code，开发者应该熟悉其快捷键和命令面板，以提高工作效率，例如通过快捷键快速导航代码、执行操作或使用命令面板执行特定命令。VS Code 支持多窗口和分屏功能，允许同时查看和编辑多个文件或目录，这对于比较代码、查找引用或同时进行多个任务非常有用。掌握 VS Code 的调试配置和任务功能可以帮助开发者更好地调试和运行代码，包括配置调试器和任务运行器以及执行特定的调试操作和任务。此外，VS Code 支持自定义主题和安装扩展，开发者可以根据个人喜好选择合适的主题，使编辑器界面更加舒适和美观，同时根据自己的需求选择和安装合适的扩展，以增强开发功能和提高效率。

3）AI 开发插件

人工智能（AI）技术在软件开发领域的应用日益广泛，特别是在增强集成开发环境（IDE）功能和效率方面发挥着重要作用。AI 开发插件通过集成人工智能技术和算法，为 IDE 提供额外的功能和工具扩展，利用机器学习、自然语言处理、图像处理等 AI 技术，帮助开发者提高编码效率、优化代码质量、自动化任务等。

AI 开发插件的应用场景多样，包括代码自动补全、编码规范和风格检查、错误检测和调试支持、代码重构和优化以及自动化测试和质量保证。这些插件通过学习大量的代码库和上下文信息，提供智能的代码自动补全功能；利用机器学习算法分析和学习代码库中的编码规范，对代码进行风格检查和规范化建议；分析代码中的错误模式和常见问题，提供警告和建议；分析代码结构和逻辑，识别重构机会，并提供重构建议；利用机器学习和自动化技术辅助开发者进行自动化测试和质量保证。

AI 开发插件的优势在于提高开发效率、提升代码质量以及个性化定制。它们通过智能的代码建议、自动化任务和优化工具加快开发速度，减少重复劳动，并通过代码规范检查、错误检测和重构建议提高代码的质量和可读性。还可以根据开发者的偏好和需求提供个性化的功能和定制化体验。

在开发 AI 插件时，关键考虑方面包括数据获取和训练、模型设计和算法选择、用户体验和界面设计以及隐私和安全保护。构建智能的 AI 插件需要大量的高质量数据进行训练和学习，同时需要使用适当的机器学习算法和技术对数据进行训练和建模。选择适当的机器学习模型和算法对数据进行建模和训练，考虑模型的性能和效率，以便在实时开发环境中能够快速响应和提供准确的结果。AI 插件应提供简洁、直观的用户界面，使得开发者可以方便地使用和操作插件的功能，用户体验的设计应考虑到开发者的工作流程和习惯，尽可能减少操作步骤和提供即时的反馈。在开发 AI 插件时，确保对用户数据和代码的隐私和安全进行保护，采用合适的数据处理和存储方法，避免敏感信息的泄露和滥用。

随着 AI 技术的不断发展，AI 开发插件的潜力和创新将不断显现，它们将成为开发者的强大助手，提供更智能、高效的开发环境，加速软件开发过程并提高代码质量。同时，AI 插件的发展也需要考虑伦理和法律问题，确保 AI 技术的正当和负责任的应用。

11.2.2　AI 大模型的应用领域

人工智能大模型的应用领域对比如表 11.11 所示。

表 11.11　AI 大模型的应用领域对比

	NLP 大模型	CV 大模型	科学计算大模型
定义	利用计算机模拟、延伸及拓展人类语言能力	计算机模拟生物视觉,理解数字图像和视频,并提取目标信息	高效率完成再现、预测和发现客观世界运动规律及演化特征的全过程
现状	在语言理解与生成、智能创作、机器翻译、智能对话、知识图谱和定制化语言解决方案落地应用发展顺利	2D 数据工业质检、智慧城市落地完善,应用场景多,人脸、OCR 识别发展较为成熟	"AI+科学计算"(科学智能)引发科研方式的大变革,如生物制药、气象预报、地震探测等科研领域逐渐成熟
挑战	语言的歧义、文化差异及多样化、情感分析困难	3D/4D 数据识别面临变形、光照、遮挡等问题,数字孪生的数据获取困难,算法处理复杂	科学计算大模型对开发者专业知识要求严苛,高质量训练数据的获取成本高,导致模型整体研发成本昂贵
未来发展	以多个数据信息维度约束来验证情感分析及文本分析的准确性	打通数据融合以突破 3D/4D 获取瓶颈	科技大厂与科研院校加强合作

1. 计算机视觉和图像识别

计算机视觉和图像识别是人工智能领域中重要的研究方向,它能使计算机能够理解和解释图像和视频数据。它们在各个领域中都有广泛的应用,包括自动驾驶、人脸识别、医学影像分析、安防监控等。

计算机视觉是指使计算机能够模拟和实现人类视觉系统的能力。它涉及图像处理、模式识别、机器学习和计算机图形学等多个领域的知识和技术。计算机视觉的目标是从图像数据中提取有用的信息,并进行分析、理解和推理。这些信息可以是图像中的对象、场景、结构、动作等。

图像识别是计算机视觉的一个重要任务,它能使计算机自动识别和分类图像中的对象或场景。图像识别通常涉及特征提取、特征表示和分类器构建等步骤。特征提取是指从原始图像数据中提取出具有代表性的特征,以描述和表达图像的内容。常用的特征提取方法包括边缘检测、纹理分析、颜色直方图等。特征表示是将提取到的特征进行编码和表示,以便于计算机进行分类和识别。常用的特征表示方法包括主成分分析(PCA)、局部二值模式(LBP)、深度学习特征等。分类器构建是建立分类模型,通过学习和训练将特征与类别进行关联和映射。常用的分类器包括支持向量机(SVM)、卷积神经网络(CNN)、决策树等。

随着深度学习技术的发展,特别是卷积神经网络的出现,图像识别取得了进展。卷积神经网络能够自动学习和提取图像的特征表示,并通过多层网络结构进行分类和识别。它在图像识别领域取得了许多重要的突破,如在图像分类、目标检测、语义分割等任务中取得了优秀的性能。

除了图像识别,计算机视觉还涉及其他一些重要的任务和应用。目标检测是指在图像或视频中定位和识别特定的目标对象。它通常需要在图像中标记出目标的位置和边界框。

目标检测在自动驾驶、安防监控和物体跟踪等领域中具有重要应用。语义分割是将图像分割成不同的语义区域,并为每个区域分配类别标签。它在医学影像分析、图像分割和虚拟现实等领域中具有重要意义。人脸识别是指通过分析和比对图像中的人脸特征,进行身份识别和验证。它在人脸支付、身份认证和安全监控中得到广泛应用。

然而,计算机视觉和图像识别中仍然存在一些挑战和困难。首先,图像数据的复杂性和多样性使得计算机视觉和图像识别面临着大规模数据处理、高维特征表示、光照变化、视角变换等问题。其次,由于图像数据的语义和上下文信息丰富,如何有效地进行语义理解和推理也是一个挑战。此外,隐私和安全问题也需要得到充分考虑,特别是在人脸识别和监控应用中。

为了克服这些挑战,研究者们提出了许多创新的方法和技术。深度学习方法的兴起为计算机视觉和图像识别带来了巨大的进步。通过使用深度神经网络,特别是卷积神经网络,可以自动学习和提取图像的特征表示,从而实现更准确的识别和分类。此外,迁移学习、强化学习、生成对抗网络等也被广泛应用于计算机视觉领域。

在应用方面,计算机视觉和图像识别已经在各个领域取得了重要的突破和应用。在自动驾驶领域,计算机视觉技术被用于实现车辆感知、道路识别和交通标志检测等功能,为自动驾驶系统提供关键支持。在医学影像分析领域,计算机视觉技术可以辅助医生进行疾病诊断、病灶定位和手术规划等任务,提高医疗水平和效率。在安防监控领域,计算机视觉技术可以实现人脸识别、行为分析和异常检测等功能,增强安全防护和监控能力。

2. 自然语言处理和文本生成

自然语言处理(Natural Language Processing,NLP)和文本生成是当今人工智能领域中备受关注的两个重要领域。NLP 让计算机能够理解、处理和生成人类语言,而文本生成则是 NLP 的一个重要任务,可以让计算机能够根据给定的上下文生成连贯、有意义的文本。

NLP 技术的快速发展带来了日常生活中的众多应用,如智能助理、机器翻译、自动摘要和情感分析等,这些应用均依赖于文本生成的关键技术。文本生成技术的核心是语言模型,它通过建模文本序列的概率分布来预测给定上下文的下一个词或字符的概率。从传统的 n-gram 模型到基于神经网络的语言模型,如循环神经网络(RNN)、长短期记忆网络(LSTM)和 Transformer 模型,这些模型通过学习上下文的长期依赖关系,提供了更准确的预测。

序列到序列(Seq2Seq)模型是文本生成任务中的另一广泛应用,它包括编码器和解码器两部分。编码器将输入序列转换为固定长度的向量表示,而解码器根据该向量生成目标序列。Seq2Seq 模型在机器翻译、对话系统和自动摘要等任务中取得了显著成果。此外,注意力机制通过给予输入序列中不同位置不同权重,使得模型在生成输出时能更加关注相关部分,提高了准确性。注意力机制已被广泛应用于机器翻译、文本摘要和问答系统等任务中。

预训练语言模型如 BERT、GPT 和 XLNet 在文本生成领域也扮演着重要角色。这些模型通过在大规模未标注数据上进行预训练,学习到了丰富的语言模式和语义信息,能够生成高质量的文本表示,并在各种文本生成任务中取得了性能提升。强化学习在文本生成中也发挥着重要作用,通过定义适当的奖励函数,可以根据当前生成的文本来选择最佳的下一个动作,实现更准确和流畅的文本生成,尤其在对话系统和故事生成等任务中得到了广泛应用。

　　文本风格转换是文本生成的一个有趣方向,它涉及将文本从一种风格或表达方式转换为另一种。例如,将正式的文本转换为非正式的文本,或将一种语言的文本翻译为另一种语言的文本。文本风格转换可以通过条件生成模型和样式迁移模型等方法实现,为文本生成技术的应用提供了更广阔的视野。随着 NLP 技术的不断进步,文本生成技术将在更多领域展现出其强大的应用潜力。

3. 增强决策制定

　　在当今快速变化和高度复杂的商业环境中,做出明智的决策对于企业和组织的成功至关重要。人工智能(AI)大模型在增强决策制定过程中发挥着越来越重要的角色。无论是在金融服务、供应链管理还是战略游戏等领域,AI 大模型通过提供深度分析和预测,为决策者提供宝贵的洞察力和支持。下面将探讨 AI 大模型如何辅助复杂决策过程,并提供实例来说明其在不同领域中的应用。

　　AI 大模型在金融服务中的风险评估中发挥着重要作用。金融机构需要面对复杂的风险管理问题,包括信用风险、市场风险和操作风险等。AI 大模型可以分析大量的金融数据,识别潜在的风险因素,并预测可能的风险事件。例如,在信贷风险评估中,AI 大模型可以综合考虑借款人的个人信息、信用历史、收入情况等因素,帮助银行评估借款人的信用风险并做出决策。通过提供更准确和全面的风险评估,AI 大模型可以帮助金融机构降低不良债务的风险,提高整体的贷款效率。

　　AI 大模型在供应链管理中的需求预测方面具有潜力。供应链管理涉及从原材料采购到产品交付的整个过程,需要合理地规划和预测需求。AI 大模型可以通过分析历史销售数据、市场趋势和其他相关因素,预测未来的需求量和趋势。这有助于企业优化库存管理、减少库存积压和缺货情况,提高供应链的效率和客户满意度。例如,在零售业中,AI 大模型可以根据历史销售数据和季节性变化,准确地预测不同产品在不同时间和地点的需求量,帮助零售商制定合理的进货计划和促销策略。

　　此外,AI 大模型还可以在战略游戏中的高级策略生成中发挥关键作用。战略游戏通常涉及复杂的决策和情境,需要考虑多种因素和可能的结果。AI 大模型可以通过学习和分析大量的游戏数据和策略,生成高级策略和决策建议。例如,在围棋等复杂的策略游戏中,AI 大模型可以通过模拟和搜索算法,生成高水平的下棋策略,挑战甚至超越人类顶尖选手的水平。AI 大模型的策略生成能力可以为玩家提供新的游戏体验,并在游戏开发中提供有趣的挑战。

　　人工智能大模型通过深度分析和预测能力,显著提升了决策制定的效率和准确性。这些模型能够处理和分析大规模数据集,识别出数据中的模式和趋势,从而为决策者提供客观的分析依据,减少主观偏见的影响。在金融服务的风险评估、供应链管理的需求预测以及战略游戏中的策略生成等方面,AI 大模型展现出其在预测和模拟未来事件方面的强大能力。同时,它们还能够自动化决策流程,减少人为错误,提高决策效率,尤其在需要快速响应的场景中,AI 大模型的智能化决策支持显得尤为重要。

　　AI 大模型的应用也伴随着挑战。模型的训练需要依赖大量的数据和强大的计算资源,且对数据的质量和处理提出了严格要求。模型的可解释性问题也不容忽视,决策者需要理解模型的决策逻辑,以评估其可靠性和潜在风险。此外,模型可能存在的偏见和不平衡问题也需要得到妥善处理,以确保决策的公正性和有效性。因此,在利用 AI 大模型辅助决策时,必须综合考虑这些因素,确保技术的合理运用。

11.2.3　DeepSeek 开源大模型引领技术突破

当前,人工智能领域正经历以"大模型"为核心的技术变革,海量参数模型在自然语言理解、跨模态交互等领域展现出前所未有的潜力。然而,高算力需求、复杂技术门槛以及数据瓶颈等问题,使得技术普惠与创新生态建设面临挑战。在此背景下,深度求索(DeepSeek)推出的开源大模型体系,通过系统性技术突破与开放共享策略,为全球人工智能发展提供新路径。

1. 技术突破:从架构优化到训练范式革新

DeepSeek 大模型的技术创新聚焦于三个维度。

(1)高效架构设计:引入动态稀疏注意力机制,在保留模型性能的同时减少计算资源消耗。通过优化注意力窗口与记忆单元的协同机制,模型在长文本处理、多任务并行等场景中展现出更高的效率。

(2)分布式训练优化:针对大规模集群训练中的通信瓶颈,提出梯度压缩与异步更新相结合的创新方案,使分布式训练效率实现跨越式提升,为训练超大规模模型提供可行路径。

(3)数据质量革命:开发自监督数据增强框架,通过语义一致性验证与对抗性学习策略,系统性提升训练数据的代表性与可靠性,从根源上降低模型训练中的噪声干扰。

2. 开源生态:打破壁垒的技术普惠实践

DeepSeek 的开源实践重构技术研发与协作模式。

(1)全栈技术开放:突破传统开源仅释放模型权重的局限,完整公开包括训练框架、数据处理工具链在内的技术栈,使开发者能够在更底层进行技术创新与定制化改进。

(2)社区协同创新:基于开放的开发者生态,快速催生出覆盖医疗、金融、工业等领域的垂直解决方案,形成技术普惠与行业赋能的良性循环。开源社区的集体智慧持续推动模型能力边界扩展,涌现出诸多轻量化部署、边缘计算等创新方向。

(3)标准体系构建:通过主导开源协议与伦理规范建设,为技术共享与商业化应用搭建规则框架,在促进创新的同时建立责任边界,推动行业健康发展。

3. 应用场景:赋能千行百业的实践图谱

DeepSeek 大模型已实现多领域落地。

(1)教育智能化:通过深度理解学习行为与知识体系,构建个性化教学系统,帮助教育者精准定位学习难点,提高教学效果。

(2)工业质检升级:结合视觉理解与逻辑推理能力,实现复杂工业场景中的高精度缺陷检测,推动智能制造向更精细化阶段演进。

(3)科研范式革新:在生物医药、材料科学等领域加速实验模拟与理论推演,缩短科研探索周期,为跨学科研究提供智能化基础设施。

随着技术迭代,DeepSeek 正引领三大趋势。

(1)专业化与通用性平衡:既深耕万亿级参数的通用智能基座,也发展面向特定场景的轻量化专业模型,形成多维互补的技术矩阵。

(2)多模态深度融合:突破文本、图像、语音等模态的语义对齐难题,构建具备跨模态联想与创造能力的下一代智能系统。

（3）可信 AI 体系建设：将隐私保护、可解释性等伦理要求融入技术架构，通过开源社区的透明化协作机制，探索人工智能的社会责任实现路径。

DeepSeek 通过开源大模型实践，证明技术突破与生态共建的协同效应。这一模式不仅降低 AI 创新门槛，更催生出分布式协作的创新网络。这种以共享促协同、以开放换进化的范式，将持续推动技术向更高效、更包容的方向发展，为人类社会智能化转型提供不竭动力。在技术加速迭代的今天，唯有坚持开放共享的价值观，才能真正释放人工智能的普惠价值。

11.2.4　AI 大模型的挑战与未来发展

1. 计算资源和存储需求的增长

随着科技的飞速发展和信息技术的广泛应用，我们正经历着计算资源和存储需求的快速增长。这一趋势主要受到大数据时代的到来、人工智能和机器学习的发展、云计算的兴起以及物联网的发展等几个方面的推动。大数据时代导致数据量的爆炸式增长，企业、政府和科研机构等组织需要处理和分析庞大的数据集以获得有价值的信息和洞察，这就需要大规模的计算资源和存储空间来支持数据的处理和存储。同时，人工智能技术在图像识别、语音识别、自然语言处理等领域取得的重大突破，对计算资源和存储需求提出了更高的要求，尤其是深度学习模型的复杂性和参数量的增加，进一步加剧了对资源的需求。

云计算的兴起为用户提供了通过网络访问共享的计算资源和存储服务的能力，无须在本地购买和维护昂贵的硬件设施。这种技术使得企业和个人用户能够根据需要弹性地扩展计算资源和存储空间，满足不断增长的需求，并为各行各业的应用提供了更大的发展空间。物联网的发展也对计算资源和存储需求产生了重要影响，连接了各种设备和传感器，产生了大量的数据，这些数据需要进行处理、存储和分析，以实现智能化的应用，从而推动了对计算资源和存储需求的增长。

面对这些挑战，我们需要采取一系列措施来满足计算资源和存储需求的增长，并提高资源利用效率。首先，通过优化算法和模型，减少计算资源的使用，可以在不降低性能的前提下减少计算资源的需求。其次，采用分布式计算和存储技术，可以提高资源利用率，分布式系统可以将任务和数据分散到多台计算机和存储设备上进行处理，从而提高整体的计算和存储能力。此外，定制化硬件和芯片设计也可以提供更高效的计算和存储解决方案，满足不断增长的需求。计算资源和存储需求的增长是由大数据时代、人工智能和机器学习的发展、云计算和物联网的兴起等因素共同推动的。为了满足这些需求并提高资源利用效率，我们需要不断创新和优化算法、采用分布式计算和存储技术，并考虑定制化硬件和芯片设计等解决方案。随着技术的不断进步，计算资源和存储技术将继续发展，为各行各业的创新和应用带来更多的可能性。

2. 模型训练和推理的效率和速度

模型训练和推理的效率和速度是机器学习和深度学习领域中的关键问题。随着数据量的增加和模型的复杂性提高，如何高效地进行模型训练和推理成为了重要的研究方向。

硬件的发展对模型训练和推理效率起到了至关重要的作用。传统的中央处理器（CPU）在处理大规模矩阵运算时效率较低，因此，图形处理器（GPU）成为了进行模型训练和推理的主要选择。GPU 具备并行计算的能力，能够加速矩阵运算等密集型计算任务。近年来,还出现了专门用于深度学习的加速器,如 Google 的 Tensor Processing Unit(TPU)和 NVIDIA 的 Tensor Core,它们针对深度学习任务进行了优化,提供了更高的计算性能和能效比。此外,领域专用集成电路(ASIC)和边缘计算设备的发展也为模型训练和推理提供了更多选择。

优化算法和模型结构对于提升模型训练和推理效率至关重要。在传统机器学习领域,算法在处理大规模数据集时往往训练效率不高,因此,研究者们开发了多种优化算法来加快模型的收敛速度,包括随机梯度下降(SGD)的变种、自适应学习率算法和二阶优化算法等。这些算法通过调整学习率、优化梯度计算等方式,有效提高了模型的训练效率。同时,设计高效的模型结构也是提升效率的重要手段,轻量级网络结构、网络剪枝和量化技术等方法通过减少模型参数量和计算量,显著提高了模型训练和推理的速度。

分布式计算和并行计算技术的应用进一步加速了模型训练和推理过程。这些技术通过将任务和数据分发到多台计算机上并行处理,显著提升了模型训练和推理的速度。例如,在分布式训练中,大规模数据集被划分为多个子集,并在多台计算机上并行训练,从而缩短了训练时间。模型推理同样可以利用分布式计算和并行计算技术,通过将输入数据划分为多个批次,在多个设备上并行进行推理计算,进一步提高了推理效率。

3. 可解释性和公平性等问题

在机器学习和人工智能领域,可解释性和公平性是两个核心的伦理问题,它们对于构建透明、公正的 AI 系统至关重要。可解释性指的是系统能够提供对其决策和推理过程的清晰解释,这对于医疗诊断、自动驾驶等关键领域尤为重要。用户不仅期望理解系统的决策结果,而且需要识别和纠正系统中的潜在偏差和错误。此外,可解释性还涉及满足隐私保护和反歧视等法律与道德要求。尽管深度学习模型的复杂性和"黑箱"特性使得解释其决策过程变得具有挑战性,但研究人员已经提出了多种方法,如特征重要性分析、模型可视化、局部解释和全局解释等,以提高模型的透明度和可理解性。

公平性则是指机器学习和人工智能系统在决策和预测中对所有用户和群体的平等对待。然而,由于训练数据中可能存在的偏见,模型可能会在某些群体上表现出不公平性,如性别、种族、年龄等敏感属性可能导致模型的偏见和歧视。为了解决这一问题,研究人员提出了公平学习的方法和度量指标,通过调整模型的训练过程和优化目标,减少对敏感属性的依赖和偏见。例如,可以采用基于群体平衡的训练策略,确保不同群体的样本在训练中得到平等对待,并使用均衡误差、平等准确率等公平性度量指标来评估模型的公平性表现。

解决公平性问题并非一蹴而就,公平性与其他性能指标之间可能存在权衡和冲突。改善公平性可能会降低模型的整体性能,而追求高性能可能会忽视某些群体的公平性。因此,需要在可行性和可接受性之间寻找平衡,并进行适当的权衡和折中。同时,可解释性和公平性问题不仅涉及技术挑战,还涉及法律、道德和社会层面的考量。政府和监管机构需要制定相关法规和政策,以促进机器学习和人工智能系统的可解释性和公平性。此外,提高公众对机器学习和人工智能系统的信任和理解也至关重要,教育和公众参与可以提高人们对这些技术的认识和理解,进而推动对可解释性和公平性的重视。

可解释性和公平性是机器学习和人工智能领域中的重要伦理问题。它们不仅有助于理解系统的决策过程和依据,提高透明度和发现偏差,而且确保机器学习系统对待所有用户和群体平等,避免偏见和歧视。实现可解释性和公平性需要技术、法律、道德和社会等多方面的努力。通过综合考虑技术研究、政策制定、教育宣传和公众参与等手段,我们可以朝着更可靠、透明和公正的人工智能系统迈进,更好地应对可解释性和公平性问题。

11.3　鲲鹏系列处理器

鲲鹏系列处理器是华为公司推出的一系列高性能处理器。这些处理器基于 ARM 架构,并采用了华为自主开发的技术和架构优化。鲲鹏系列处理器具有出色的计算能力、能效比和可扩展性。鲲鹏系列处理器对比如表 11.12 所示。

表 11.12　鲲鹏系列处理器对比

处理器型号	发布时间	架构	制程工艺	主 要 特 点	适 用 领 域
鲲鹏 910	2019 年	ARMv8	7nm	高性能、低功耗、高安全性 适用于服务器应用	服务器领域
鲲鹏 920	2019 年	ARMv8	7nm	进一步提升性能、功耗和安全性 广泛应用于云计算、大数据、人工智能等领域	云计算、大数据、人工智能等领域
鲲鹏 930	2020 年	ARMv8	7nm	性能和功耗优化 适用于高性能计算、大规模虚拟化和大数据处理等场景	高性能计算、大规模虚拟化、大数据处理等场景
鲲鹏 64 位处理器	2021 年	ARMv9	5nm	更高性能、更低功耗 支持更大内存容量和更快数据传输速度	大规模云计算、高性能计算、人工智能等领域

11.3.1　架构和特点

鲲鹏系列处理器是华为公司自主研发的一系列高性能服务器处理器,满足云计算和大数据领域的需求。作为华为在芯片领域的重要成果之一,鲲鹏处理器凭借其卓越的性能、能效优势和创新特性,成为业界的关注焦点。

2012 年华为进军芯片设计领域。在这一年,华为成立了自己的芯片设计部门,开始了自主研发处理器的探索。这标志着华为在芯片领域的第一步。2014 年发布鲲鹏 1.0 处理器。这是鲲鹏系列处理器的第一代产品,采用了 ARM 架构,并具备多核心和高性能特性。鲲鹏 1.0 处理器主要面向服务器市场,为华为的云计算和大数据业务提供支持。2016 年发布鲲鹏 2.0 处理器。鲲鹏 2.0 处理器在性能和能效方面进行了进一步的提升。它采用了更先进的制造工艺和优化的指令集,提供更高的计算能力和更低的能源消耗。鲲鹏 2.0 处理器的发布进一步巩固了华为在服务器处理器领域的地位。2018 年发布鲲鹏 920 处理器。鲲鹏 920 处理器是鲲鹏系列的第三代产品,采用了 7 纳米制造工艺,并引入了更多的创新技术。它具备更高的性能和更低的功耗,适用于云计算、人工智能和大数据等领域的高性能计算需求。2021 年发布鲲鹏 920E 处理器。鲲鹏 920E 处理器是鲲鹏系列的最新产品,针对云计算和大数据场景进行了优化。它具备卓越的性能和能效,能够处理复杂的计算任务和海量数据,并提供可靠的云服务。

鲲鹏系列处理器经过多年的研发和创新,从最初的鲲鹏 1.0 到最新的鲲鹏 920E,不断提升性能、能效和安全性,成为华为在服务器处理器领域的重要成果。鲲鹏处理器的发展历程体现了华为在自主研发芯片方面的坚定决心和持续投入，为华为在云计算、人工智能和大数据等领域的全球竞争力提供了重要支撑。常见鲲鹏系列处理器如图 11.9 所示。

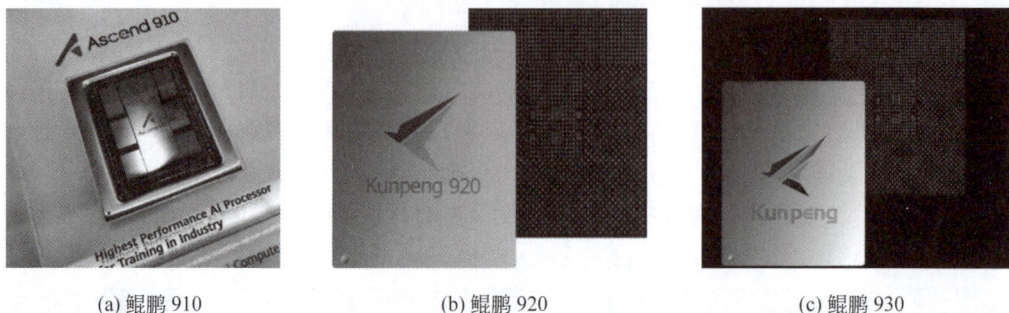

(a) 鲲鹏 910   (b) 鲲鹏 920   (c) 鲲鹏 930

图 11.9　鲲鹏系列处理器

鲲鹏系列处理器采用了华为自主研发的 DaVinci 架构，具备高度灵活性和可扩展性，融合通用计算单元和 AI 加速模块，为高性能计算和人工智能工作负载提供强大的计算能力。它采用多核架构，每个处理器芯片上集成了多个处理核心，可以同时处理多个线程和任务，提高计算效率。处理器配备了多级高速缓存，包括 L1、L2 和 L3 缓存，提供多级缓存的优势，加速数据访问和共享。内存子系统采用高速缓存和多通道内存控制器，实现快速的数据读写和高带宽的数据传输。

此外，鲲鹏处理器还拥有丰富的 I/O 接口，包括 PCIe、Ethernet、USB 等，方便与外部设备和系统进行通信和数据交换。鲲鹏系列处理器的架构设计使其具备卓越的计算能力、高效的数据访问和传输能力，适用于各种高性能计算和人工智能领域的应用场景。

鲲鹏处理器拥有卓越的计算能力，通过多核架构和 AI 加速模块，能够高效执行各种计算任务，包括科学计算、数据分析、人工智能和大规模并行计算等。它具备高性能浮点运算单元和先进的向量指令集，能够快速处理复杂的计算任务。鲲鹏处理器采用了大规模集成电路设计，将多个关键组件集成到一个芯片上，提高了系统的整体性能和可靠性。同时，鲲鹏处理器支持多处理器系统的构建，可以通过连接多个处理器实现更高的计算能力和可扩展性。这种高度集成和可扩展性使鲲鹏处理器在大规模数据中心和云计算环境中具备优势。

鲲鹏处理器在设计上注重功耗和能效的优化，通过先进的制程工艺和电源管理技术，保持相对较低的功耗。这对于大规模数据中心和云计算环境来说非常重要，可以降低能源消耗和运营成本。

安全性和可靠性也是鲲鹏处理器的重要特点。处理器内部采用了物理隔离和安全加密技术，保护关键数据和应用程序免受恶意攻击。同时，鲲鹏处理器具备高可靠性和容错性，支持热插拔和故障恢复等功能，提高系统的可用性和稳定性。

华为为鲲鹏处理器提供了完整的生态系统支持，包括开发工具、软件库和优化套件。这使开发者能够充分发挥鲲鹏处理器的性能和功能，并与华为云服务相互配合，提供全面的解决方案，满足云计算和大数据处理等领域的需求。

11.3.2　鲲鹏系列芯片

鲲鹏系列芯片是华为在芯片领域自主研发的重要成果，它不仅代表了华为在高性能处理器设计和制造方面的努力和创新,而且在云计算、人工智能和大数据等领域的发展中提供了强有力的支持。鲲鹏系列芯片的技术特点,如采用先进的制造工艺和架构设计,使其具备强大的计算能力和能效优势,特别是在鲲鹏 920 处理器中,7 纳米制造工艺和多个高性能处理核心的集成,展现了其在并行计算和能源效率方面的卓越性能。这些特性使得鲲鹏系列芯片能够满足云计算和人工智能等领域对高性能处理器的严格要求。

在多个领域,鲲鹏系列芯片都展现出广泛的应用潜力。在云计算领域,它提供了高性能的计算和存储能力,支持大规模数据中心和云服务的运行。在大数据分析领域,鲲鹏系列芯片的数据处理能力使其能够快速处理和分析海量数据。在人工智能领域,其深度学习硬件加速单元使其成为训练和推理 AI 模型的理想选择。在边缘计算领域,鲲鹏系列芯片的高性能和低功耗特性,适用于边缘设备上的实时数据处理和分析,为物联网和智能设备的发展提供了技术支持。随着云计算、人工智能和大数据等领域的快速发展,对高性能处理器的需求将持续增长,鲲鹏系列芯片的发展前景广阔,不仅满足国内市场需求,也在国际市场上取得了一定的影响力。

鲲鹏 920 芯片作为鲲鹏系列芯片的一员,其技术特点使其成为一款出色的高性能处理器。该芯片采用 7 纳米制造工艺,集成了多个高性能处理核心和硬件加速单元,具备强大的计算能力和高效的能源利用率。鲲鹏 920 的创新架构设计优化了指令流水线和内存访问等关键技术,提高了处理器的整体性能和响应速度。此外,鲲鹏 920 引入的硬件加速技术,如AI 加速引擎和图形处理器,使其在人工智能和图像处理等领域具备更强大的计算能力。在云计算、人工智能和大数据等领域,鲲鹏 920 芯片展现了其在提供高性能计算和存储能力、加速 AI 模型训练和推理等方面的重要作用。随着科技的不断进步和市场需求的增长,鲲鹏 920 芯片有望在全球市场中继续发挥重要作用,并为华为在芯片领域的竞争力提供坚实的基础。

11.3.3 鲲鹏在人工智能领域的应用

鲲鹏芯片作为华为自主研发的高性能处理器,在云计算和大数据领域扮演着越来越重要的角色。该芯片以其卓越的计算能力和能效优势,为数据中心和大规模计算任务提供了强有力的支持。在云计算领域,鲲鹏芯片的应用日益广泛,其高性能和高效能源利用率的解决方案满足了云计算对强大计算能力的需求。鲲鹏芯片采用先进的制造工艺和架构设计,集成了多个高性能处理核心和硬件加速单元,能够处理复杂的计算任务,提供出色的计算和存储能力,支持大规模数据处理和云服务,其并行计算能力和能源效率为云计算平台的性能和能耗提供了重要的优化方案。

在大数据领域,鲲鹏芯片同样发挥着重要作用。大数据分析和处理需要强大的计算能力和高效的数据处理能力,鲲鹏芯片具备这些关键特征,能够快速处理和分析大规模的结构化和非结构化数据。鲲鹏芯片在大数据处理中的并行计算能力和高效能源利用率,提供了更快的数据处理速度和更低的能耗,为企业和研究机构带来了更高的数据处理效率和更低的成本,为大数据应用的开发和部署提供了强有力的支持。

鲲鹏芯片的应用不仅提供了强大的计算能力,还对整个云计算和大数据行业的发展产生了深远的影响。它推动了云计算和大数据技术的快速发展,作为信息技术的核心领域,对于企业和社会的发展具有重要意义。鲲鹏芯片的应用推动了云计算平台的性能提升和能源效率的改善,为云计算和大数据技术的广泛应用提供了坚实的基础。同时,鲲鹏芯片的应用也推动了行业的竞争和创新,随着其在云计算和大数据领域的广泛应用,它与其他芯片厂商的竞争也越发激烈,促使各家芯片厂商加速技术升级和产品创新,推动了整个云计算和大数据行业的发展。

鲲鹏芯片的应用为企业和用户带来了诸多好处。在云计算领域,鲲鹏芯片的高性能计算能力和能源效率,使得企业能够更加高效地运行和管理他们的云服务。在大数据领域,鲲鹏芯片的快速数据处理能力,帮助企业更好地理解和挖掘数据,发现隐藏的商业机会和趋势,提升业务竞争力。同时,鲲鹏芯片的高效能源利用率也能够降低企业的能耗和成本,为可持续发展做出贡献。随着鲲鹏芯片及其他高性能处理器的不断发展,云计算和大数据领域将迎来更加广阔的应用前景和发展机遇。

11.4　本 章 小 结

第 11 章深入探讨了智能芯片和 AI 大模型的关键领域,包括算力芯片的不同架构、AI 开发框架与平台、AI 大模型的应用及其面临的挑战,以及鲲鹏系列处理器的架构、特点和应用。

11.4.1　内容总结

1. 算力芯片的架构

通用架构：介绍了通用处理器(如 CPU)的架构,它们设计用来处理广泛的计算任务,强调灵活性和广泛的应用领域。

高性能计算架构：讨论了为高性能计算(如 GPU 和 FPGA)设计的芯片架构,这些架构优化了并行处理能力,以加速复杂的科学和工程计算。

AI 专用架构：探索了为人工智能应用特别设计的芯片架构,如 TPU 和其他 ASICs,它们针对 AI 算法(如神经网络)执行进行了特殊的优化。

2. AI 大模型

AI 开发框架与开发平台：讨论了用于构建和训练 AI 模型的流行框架,如 TensorFlow 和 PyTorch,以及提供这些框架支持的开发平台。

AI 大模型的应用领域：概述了 AI 大模型在语音识别、自然语言处理、图像识别等领域中的应用,以及它们如何革新这些领域。

AI 大模型的挑战与未来发展：探讨了 AI 模型面临的挑战,如计算资源需求、模型泛化能力、解释性问题,以及未来可能的发展方向。

3. 鲲鹏系列处理器

架构和特点：分析了鲲鹏处理器的架构,它是华为推出的基于 ARM 架构的服务器处理器,具有高性能和高能效比。

鲲鹏系列芯片：提供了鲲鹏系列芯片的详细信息,包括其规格、性能和设计特点。

鲲鹏在人工智能领域的应用：介绍了鲲鹏处理器在 AI 领域的应用案例,包括云计算、边缘计算和嵌入式系统。

智能芯片是实现 AI 大模型计算需求的基础,而 AI 大模型正推动着科技界的创新边

界。随着计算技术的不断进步,算力芯片的架构也在不断演进,以满足 AI 的计算需求。AI
大模型带来一系列挑战,包括如何处理大规模数据、提高模型的可解释性、确保模型的公平
性和透明度等。鲲鹏系列处理器作为新兴的计算力量,提供了 AI 计算的新选择,特别是在
处理器多样性和生态系统构建方面。未来,我们期待在硬件和软件的协同优化下,AI 技术
会更加成熟,并在各行各业产生深远影响。

11.4.2　常见问题

1. 智能芯片在处理 AI 任务时面临的主要挑战是什么?

智能芯片在处理 AI 任务时面临的主要挑战包括计算资源的高需求、能效比的优化,以
及在有限的物理空间内实现更高的计算密度。

2. 如何确保 AI 大模型的决策过程是可解释的?

确保 AI 大模型的可解释性通常涉及开发新的算法、使用可解释性工具和框架,以及在
模型设计时考虑透明度。

3. AI 大模型在伦理方面有哪些考虑?

AI 大模型在伦理方面的考虑包括避免数据偏见、保护用户隐私、确保算法公平性,以及
遵守相关的法律法规。

11.4.3　思考题

(1) 如何优化智能芯片的能效比?

(2) AI 大模型如何处理和减少数据偏见?

(3) 如何提高 AI 大模型的可解释性?

(4) 智能芯片在设计时如何考虑散热问题?

(5) AI 大模型如何减少对大量计算资源的依赖?

(6) 智能芯片如何克服先进封装技术的挑战?

(7) AI 大模型在伦理方面应如何考虑?

(8) 智能芯片在安全性方面有哪些防护措施?

(9) AI 大模型的能源效率如何优化?

(10) 如何提高 AI 大模型的鲁棒性和抗干扰能力?

(11) 智能芯片如何适应不断变化的 AI 算法需求?

(12) AI 大模型的可扩展性如何实现?

新一代智能交互计算系统

新一代智能交互计算系统正通过突破性技术的融合重塑人工智能的应用格局,在无人驾驶与智能交通系统、智能服务机器人(Intelligent Service Robot)及具身智能(Embodied Intelligence)领域展现了巨大的发展潜力。这些系统通过整合大规模计算、大模型推理以及实时感知与交互能力,不仅推动智能网联汽车(Intelligent Connected Vehicle)、智能网联交互(Intelligent Connected Interaction)的高效化与自主化,还加速了服务机器人在工业、商业及家庭场景中的广泛应用。同时,具身智能作为计算与物理世界交互的关键领域,正朝着更精细的控制、更高效的计算存储以及更强大的模型能力发展。本章将从技术架构、关键能力及应用前景等多个角度,深入探讨新一代智能交互计算系统的核心组成及其对未来智能生态的深远影响。

12.1 无人驾驶和智能交通系统

无人驾驶和智能交通系统是两个密切相关的概念,它们在实现智能交通和改善道路安全、效率方面起到关键作用。无人驾驶是指车辆在没有人类司机干预的情况下,通过使用感知、决策和控制系统,自主地执行驾驶任务的能力。无人驾驶技术依赖于各种感知器、传感器和算法,以实时感知和理解环境中的道路、障碍物、交通标志和其他车辆,然后做出适当的决策,并控制车辆进行安全、准确地行驶。智能交通系统(Intelligent Transportation System,ITS)是一种利用信息和通信技术来提高交通运输系统效率、安全和可持续性的系统。它结合了车辆、道路和交通基础设施之间的通信和协作,通过实时收集、处理和共享交通信息,优化交通流动,减少拥堵,提高道路安全性,并提供更高效的出行服务。

无人驾驶和智能交通系统的关系密切,无人驾驶技术是智能交通系统的重要组成部分之一。无人驾驶车辆可以通过智能交通系统与其他车辆、交通信号灯和道路设施进行通信,共享实时交通信息,协同行驶和交叉路口通过,从而提高交通效率和安全性。同时,智能交通系统为无人驾驶提供了重要的支持和基础设施。例如,智能交通系统可以提供高精度地图数据和实时交通信息,帮助无人驾驶车辆做出更准确的决策。智能交通系统还可以通过交通信号优化和路线规划等功能,为无人驾驶车辆提供更加顺畅和高效的行驶环境。

12.1.1 无人驾驶系统

无人驾驶作为人工智能领域的一个早期应用场景,自 2016 年起便受到了 Google、苹果、特斯拉、百度等全球科技巨头的广泛关注和积极布局。然而,尽管经过多年发展,无人驾驶技术仍未能实现大规模商业化落地,主要面临以下挑战:首先,无人驾驶需要处理多维度数据,而这些数据的获取和标注成本极高;其次,无人驾驶系统在对小概率事件的决策准确度上与人类还存在较大差距;最后,一旦发生事故,法律权责归属不明确,这些问题都严重阻碍了无人驾驶技术的商业化进程。

从工程角度来看,无人驾驶系统主要分为模块化和端到端两种架构。模块化架构将无人驾驶系统划分为环境感知、决策规划和控制执行三部分。在这种架构下,车辆首先通过传感器采集信息并进行感知处理,然后将感知结果输入至决策规划层进行分析和决策,最终生成控制命令并下达至各执行器,完成加速、转向、刹车等操作。而端到端架构则直接将传感器采集到的信息通过深度学习神经网络处理,直接输出驾驶命令。当前,端到端方法主要应用于感知系统,其优势在于能够精简人工复杂升级、具有高泛化性以及较低的硬件成本,被认为是无人驾驶的终极实现方案。然而,全面端到端无人驾驶系统的实现需要大量数据支持,这也是其面临的一个主要挑战。随着技术的进步和数据的积累,无人驾驶领域有望逐步克服现有障碍,实现更广泛的商业应用。

如图 12.1 所示,无人驾驶,主要包括感知(环境感知与定位)、决策(智能规划与决策),以及执行(控制执行)系统。当前技术难度排序分别为感知、执行、决策。其中,决策系统的难度随 L3 级及以上等级的推进而逐步增加。按照 2022 年 3 月 1 日实施的国家标准《汽车驾驶自动化分级》(GB/T 40429—2021)规定,L3 级及以上才属于高阶无人驾驶允许脱手;其中,系统需满足 360°感知+车辆精准定位+对驾驶员接管能力的实时判断。路径规划需依赖感知结果,感知系统是 L2 级向 L3 级及以上跨越的关键。

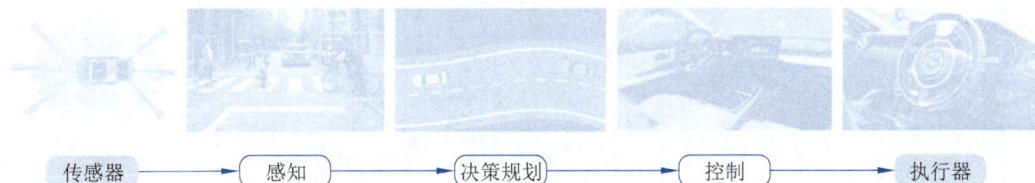

图 12.1　模块化和端到端无人驾驶系统

1. 无人驾驶的 AI 芯片

AI 芯片(AI chip),也称为智能芯片,是一种集成电路芯片,它通过模拟人类神经系统并利用机器学习算法实现智能功能。根据其特定功能,AI 芯片主要分为处理器芯片、加速器芯片和专用芯片。处理器芯片负责对数据进行处理和计算,并将结果转换为人类可读的形式;加速器芯片专门处理如图像处理、语音识别、自然语言处理等特定任务,其优势在于能够快速处理大量数据;专用芯片则根据具体需求设计,以在特定领域内发挥最佳性能。

在汽车产业中,随着 AI 技术的拥抱和智能化水平的提升,芯片作为计算的核心载体,其应用迅速增加,逐渐成为智能汽车时代的核心。过去,车上的设备多为机械式,但随着电子工业的发展,汽车的控制系统开始从机械化向电子化转变。在"软件定义汽车"的趋势下,芯片、操作系统、算法和数据共同构成了智能驾驶汽车的计算生态闭环,其中芯片是智能驾驶汽车发展及其生态建设的核心。目前,汽车芯片已广泛应用于动力系统、车身、座舱、底盘和安全等多个领域。随着智能驾驶级别的提升和智能座舱功能应用的丰富,汽车对芯片算力的需求日益增长。据预测,到 2027 年,全球智能座舱系统级芯片(SoC)市场规模将超过100 亿美元。无人驾驶渗透率和自驾级别的提升也有望推动智能座舱市场的发展,不同级别的汽车对智能座舱 SoC 芯片的需求也有所不同。

在无人驾驶领域,目前主流的 AI 芯片主要有两种:Mobileye 公司开发的 EyeQx 系列车载计算平台芯片和 NVIDIA 提供的 NVIDIA Drive PX 系列车载计算平台芯片。Mobileye 是一家专注于将计算机视觉、机器学习、数据分析、定位和城市路网信息管理技术应用于高级驾驶辅助系统和自动驾驶的公司,其技术在行业内处于领先地位。2017 年,Intel 以约 153 亿美元收购了 Mobileye。2021 年,Mobileye 宣布其自动驾驶系统 Mobileye Drive 8 实现商用。2022 年,Mobileye 正式在纳斯达克上市。2023 年,Mobileye 在上海市嘉定的测试中心正式投入运营。

Mobileye 的历代芯片(表 12.1)技术特点如下:EyeQ4 芯片(2018 年)采用 28nm FD-SOI 工艺,具备多个 CPU 内核、矢量微码处理器、多线程处理集群内核和可编程宏阵列内核,新增了 REM 路网收集管理、驾驶决策等功能。EyeQ5 芯片(2021 年)采用 7nm FinFET 工艺,搭载 8 个多线程 CPU 内核和 18 枚视觉处理器,支持多达 20 个外部传感器,运算性能达到 12Tera/s,提供的算力为 24TOPS,能耗不足 5W。EyeQ6 芯片(2024 年)采用 7nm 工艺,构建了专用的图像信号处理器(ISP)、图形处理器(GPU)和视频编码器,提供约 50TOPS 算力,并开放内部开发工具,支持全环绕摄像头功能,用于驾驶辅助及人机界面、增强现实和虚拟现实显示等计算机视觉算法的应用。

表 12.1　Mobileye 历代芯片

序号	芯　　片	算　　力	制　　程	量产时间	应用场景
1	EyeQ1	0.0044TOPS	180nm CMOS	2008 年	L2
2	EyeQ2	0.026TOPS	90nm CMOS	2010 年	L2
3	EyeQ3	0.256TOPS	40nm CMOS	2014 年	L2
4	EyeQ4	2.5TOPS	28nm FD-SOI	2018 年	L2
5	EyeQ5	24TOPS	7nm FinET	2021 年	L2
6	EyeQ6L	/	7nm	/	L2
7	EyeQ6H	约 50TOPS	7nm	2024 年	L2
8	EyeUltra	176TOPS	5nm	2025 年	L6

SuperVision 系统是 Mobileye 打造的 360°纯视觉智能驾驶系统,可以实现在高速公路、城市、乡村和主干道上点对点的自动导航、高速公路、交通拥堵辅助、自动变道辅助、可视化泊车和泊车辅助应用等。

在加速计算领域,NVIDIA 公司开发的 GPU 计算平台扮演了重要角色。该平台通过显著提升计算密集型应用程序和任务的处理速度,为机器学习、深度学习、科学计算和大数据分析等领域提供了强大的支持。NVIDIA 的技术在人工智能领域得到了广泛应用,为众多企业和研究机构提供必要的计算能力。此外,NVIDIA 在自动驾驶技术领域也取得了显著进展,开发了一系列计算平台和软件解决方案,为智能交通和汽车自动化的发展做出了贡献。

NVIDIA 的技术发展可追溯至 2008 年,公司推出了 CUDA(Compute Unified Device Architecture)平台,将 GPU 的计算能力扩展至通用计算领域。CUDA 平台成为 GPU 计算的主流框架,为科学计算和数据处理任务提供了显著的加速能力。2015 年,NVIDIA 进一步扩展其业务范围,进入车载计算平台领域,推出了初代自动驾驶计算平台 DRIVE PX 和 Tegra 系列车载芯片,为自动驾驶系统提供了必要的计算能力。同年,NVIDIA 与特斯拉合作,为特斯拉 Model S 和 X 车型搭载的 Autopilot 1.0 系统提供了计算支持,该系统集成了一颗 NVIDIA Tegra3 芯片(算力为 1TOPS)和一颗 Mobileye EyeQ3 芯片。

到了 2022 年,NVIDIA 公布了 DRIVE Thor 芯片,该芯片逐步取代 DRIVE Orin,以最新的计算技术加速智能汽车技术的行业部署。DRIVE Thor 芯片允许汽车制造商在单个系统级芯片上整合数字仪表盘、信息娱乐、泊车、辅助驾驶等多种功能,极大地提高了开发效率和软件更新迭代的速度。该芯片利用了高效的 NVIDIA DRIVE 软件开发套件,并已获得 ASIL-D 级功能安全产品认证。DRIVE Thor 基于可扩展架构设计,使得开发人员能够将旧平台的软件开发成果无缝迁移至新平台。除了原始性能的提升,DRIVE Thor 在深度神经网络准确性方面也实现了显著的进步。

NVIDIA 历代驾驶芯片的技术规格在表 12.2 中有所展示。例如,2015 年推出的 Tegra X1 芯片整合了 4 颗 Cortex-A57 核心和 4 颗 Cortex-A53 核心,GPU 部分采用了 Maxwell 架构,拥有 256 个流处理器。2016 年推出的 Parker 芯片在 CPU 部分采用了 2 个 Denver 2.0 和 4 个 Cortex-A57 核心,GPU 方面则采用了 Pascal 架构,拥有 256 个 CUDA 核心,为无人驾驶和深度学习提供了强大的性能支持。2022 年推出的 Orin 芯片采用了台积电 7nm 生产工艺,实现了每秒 200TOPS 的运算性能,同时功耗仅为 45W,由 Ampere 架构的 GPU、ARM Hercules CPU、第二代深度学习加速器 DLA、第二代视觉加速器 PVA、视频编解码器和宽动态范围的 ISP 组成,并引入了车规级的安全岛 Safety Island 设计。

表 12.2　NVIDIA 历代驾驶芯片参数

芯片名称	制程	算力	发布时间	量产时间	搭载车型
Tegra X1	20nm	1TOPS	2015 年 1 月	/	/
Parker	16nm	1TOPS	2016 年 8 月	2016 年	2016 版特斯拉
Xavier	12nm	30TOPS	2016 年 9 月	2020 年	2020 款小鹏 P7
Orin	7nm	256TOPS	2019 年 12 月	2022 年	蔚来、理想、上汽
Thor	5nm	2000TOPS	2022 年 9 月	2024 年	极氪、小鹏

2024 年的 DRIVE Thor 芯片采用台积电 5nm 工艺,作为车规级系统级芯片(SoC),基于最新的 CPU 和 GPU 技术,提供每秒 2000 万亿次浮点运算性能,显著提升了性能并降低了系统运行成本。DRIVE Thor 也是首个采用推理 Transformer 引擎的 NVIDIA 自动驾驶汽车平台,该引擎作为 NVIDIA GPU Tensor Core 的一个新组件,能够将视频数据作为单个感知帧处理,增强了计算平台随时间处理更多数据的能力。这些技术的发展不仅推动了自动驾驶技术的进步,也为整个智能汽车行业的发展提供了强有力的技术支持。

特斯拉汽车公司,成立于 2003 年,总部位于美国加州硅谷,由硅谷工程师马丁·艾伯哈德创立,并得到了 SpaceX 和 Paypal 创始人埃隆·马斯克的投资,是全球首家采用锂离子电池技术的电动汽车制造商。自 2008 年推出首款基于莲花 Elise 底盘改造的纯电动跑车 Roadster 以来,特斯拉不断引领电动汽车行业的发展,引起了全球对电动汽车的广泛关注。2010 年,特斯拉通过首次公开募股成为美国首家公开交易的电动汽车制造商。2012 年,特斯拉推出了豪华电动轿车 Model S,以其独特的平底电池包设计和卓越的续航里程而著称。2015 年,特斯拉进一步扩展产品线,推出了全尺寸豪华 SUV Model X,以其电动驱动和独特的鹰翼式后门设计而闻名。2016 年,特斯拉推出了更为平价的电动车型 Model 3,推动了电动汽车的大众化,并在市场上取得了巨大成功,成为特斯拉最畅销的车型。同年,特斯拉通过收购太阳能公司 SolarCity,进一步拓展了其在可再生能源领域的业务。2017 年,特斯拉推出了面向货运市场的电动卡车 Semi,并宣布了第二代 Roadster,宣称其将成为世界上最快的量产汽车。2020 年,特斯拉推出了基于 Model 3 平台打造的紧凑型 SUV Model Y,进一步扩大了产品线。特斯拉的创新设计、高性能和长续航里程成为其在电动汽车市场上的竞争优势。

在自动驾驶技术领域,特斯拉研发了 Hardware(HW)系列芯片,用于处理车辆传感器收集的信息,以判断车辆实时状态并调整行驶状态。HW1.0 推出于 2014 年,是基于 Mobileye 芯片的第一代驾驶辅助硬件,主要工作集中在多传感器融合和应用层软件开发。2016 年,特斯拉推出了 HW2.0,第二代驾驶辅助硬件,传感器数量大幅提升,特斯拉在此阶段掌握了图像识别算法和多传感器融合技术。2017 年的 HW2.5 是 HW2.0 的小版本更新,新增了行车记录仪和哨兵模式功能,并更换了毫米波雷达供应商。2019 年,HW3.0 标志着特斯拉驾驶辅助硬件的重大革新,首次采用自研的自动驾驶芯片,实现了全套芯片设计、图像识别算法、多传感器融合和应用层软件开发的自主化。到了 2023 年,HW4.0 芯片基于三星的 Exynos 架构,CPU 核心数量增加到 20 个,总算力达到 300～500TOPS,为每辆车提供了两块 FSD 芯片,算力翻倍,同时具备冗余算力,支持 12 路摄像头输入,实际上配备 11 个摄像头,为备用摄像头预留了一个位置。特斯拉的这些技术进步不仅推动了电动汽车技术的发展,也为自动驾驶技术的创新奠定了基础,在全球电动汽车和可再生能源领域中保持了领导地位。特斯拉 HW 硬件系列及功能迭代见表 12.3。

表 12.3 特斯拉 HW 硬件系列及功能迭代

版本	推出时间	核心处理器	算力	摄像头	毫米波雷达	超声波雷达	智驾功能
HW1.0	2014 年 9 月	1 颗 Mobileye eyeQ3、1 颗 Nvidia Tegra3 芯片	0.256TOPS	1 颗	1 个毫米波雷达(160m)	12 颗中程超声波雷达	可实现车道保持、自动更换车道、主动控制车速等功能
HW2.0	2016 年 10 月	1 颗 Nvidia Parker SoC、1 颗 Nvidia Pascal GPU、1 颗 Infineon Tricore CPU 芯片	12TOPS	8 颗	1 个前置毫米波雷达(160m)	12 颗远程超声波雷达	自适应巡航控制、自动变道、车道保持辅助和自动泊车等
HW2.5	2017 年 7 月	2 颗 Nvidia Parker SoC、1 颗 Nvidia Pascal GPU、1 颗 Infineon Tricore CPU 芯片	12TOPS		1 个前置毫米波雷达(170m)		新增行车记录仪和带有本地保存视频的哨兵模式
HW3.0	2019 年 4 月	2 颗 FSD1.0 芯片	144TOPS				硬件配置上支持 full self driving 及城市 NOA 等
HW4.0	2023 年上半年	2 颗 FSD2.0 芯片	400～500 TOPS	11 颗	1 个 4D 毫米波雷达		硬件配置上支持 L3 以上自动驾驶

地平线公司自 2015 年 7 月成立以来,已成为智能驾驶计算方案领域的领先企业。作为在中国乘用车领域推动智能驾驶商业化应用的先行者,地平线通过其软硬结合的前瞻性技术理念,研发了极致效能的硬件计算平台和开放易用的软件开发工具。这些技术和工具为智能汽车产业变革提供了核心技术基础设施,并构建了一个开放繁荣的软件开发生态系统,

极大地提升了用户的智能驾驶体验。2020 年,地平线正式开启了中国汽车智能芯片的前装量产元年,实现了从 0 到 1 的突破。

在芯片技术方面,地平线的征程 Journey 5(J5)是一款面向自动驾驶领域的低功耗、高性能芯片算法处理器。J5 内置了八核 Cortex-A55 CPU,双核 Vision P6 DSP 及双核 BPU(Brain Processing Unit)芯片算法加速器,其中 BPU 加速器采用了全新一代的贝叶斯(Bayes)架构设计,可提供 128TOPS 的 BPU 算力。BPU 是地平线自研的加速核,从算法、计算架构、编译器三个方面进行了软硬协同优化,使得在功耗不变的前提下提高了数倍的计算性能。J5 芯片内置了贝叶斯架构的 BPU 核,极大提升了对先进 CNN 网络的支持,同时大大降低了 DDR 带宽占用率,可提供实时像素级视频分割和结构化视频分析等能力。在图像处理能力方面,J5 芯片内置了 2 个高性能 ISP 图像处理模块,每个 ISP 模块可支持 2x4k/8M@30fps 图像处理,支持多帧曝光宽动态(HDR),即使在严苛光照场景下也能获得高质量图像。

芯驰科技,成立于 2018 年,在上海、北京、南京、深圳、大连拥有研发中心,并在长春、武汉设有办事处。芯驰科技专注于提供高性能、高可靠的车规芯片,是全球首家提供“全场景、平台化”芯片产品与技术解决方案的企业。其产品覆盖智能座舱、智能驾驶、网关和 MCU,涵盖了未来汽车电子电气架构最核心的芯片类别,实现“四芯合一赋车以魂”。芯驰科技拥有近 20 年车规级量产经验的国际水平团队,是国内为数不多的具有车规核心芯片产品定义、技术研发及大规模量产落地的整建制团队。目前,芯驰科技已完成 4 个系列芯片的流片、最高规格车规认证及大规模量产上车,服务超过 260 家客户,覆盖了中国 90% 以上车厂。

在芯片产品方面,芯驰科技的 G9P(2022 年)基于高性能高可靠车规处理器平台设计,采用台积电 16 纳米车规工艺。应用处理器部分配备 6 个 1.8GHz 主频的 ARM Cortex-A55 CPU,用于运行 Linux/QNX 等复杂操作系统,并可支持 Adaptive AutoSAR 的部署。安全处理器部分配备 3 组双核锁步的 ARM Cortex-R5F CPU,主频达 800MHz,可用于 Classic AutoSAR 的部署。G9H 支持多种存储器接口,并集成了支持 TSN 协议的千兆以太网、PCIe 3.0、CANFD 等高性能车身网络接口,以及 I2C、SPI、USB 3.0、ADC 等通用外设接口,满足未来中央网关和跨域控制器的各项接口功能需求。V9P(2023 年)是芯驰针对行泊一体 ADAS 域控制器专门设计的新一代车规处理器,CPU 性能高达 70KDMIPS,整体 AI 性能高达 20TOPS,在单个芯片上即可实现 AEB、ACC、LKA 等主流 L2+ADAS 的各项功能和辅助泊车、记忆泊车功能,并能集成行车记录仪和高清 360 环视,是集成度最高的 L2+单芯片量产解决方案,可有效地节约系统成本。X9P(2023 年)是芯驰发布的 X9 舱之芯系列最新产品,具备高性能、高集成、高可靠三大特点,CPU 算力达到 100KDMIPS,AI 算力达 8TOPS,单芯片可完成旗舰版智能座舱域计算,支持多个高清屏幕的显示及丰富的应用场景。X9SP 满足德国莱茵 ISO 26262 ASIL B 功能安全产品认证和 AEC-Q100 可靠性认证。

部分品牌的驾驶芯片介绍如表 12.4 所示。

表 12.4 智能驾驶芯片对比

品牌	产品名称	单芯片算力	制程	发布时间	上车时间	部分合作车企
NVIDIA	Orin	254TOPS	8nm	2019 年 12 月	2022 年	蔚来、理想、上汽
	Thor	2000TOPS	5nm	2022 年 9 月	2024 年	极氪、小鹏

续表

品牌	产品名称	单芯片算力	制程	发布时间	上车时间	部分合作车企
高通	8155	8TOPS	7nm	2019年1月	2021年	长城、吉利、蔚来、小鹏
	Ride SA8650	50～100TOPS	5nm	2023年7月	2024年	通用、宝马、大众
	Ride SA8775	—	—	2023年7月	2024年	
Mobileye	eyeQ6	42TOPS	7nm	2020年	2024年	—
	eyeQ Ultra	176TOPS	5nm	2022年1月	2024年	吉利、极氪
特斯拉	FSD HW4.0	216TOPS	7nm	2023年2月	2023年	特斯拉
华为	(MDC810)	共400＋TOPS	—	2021年4月	2021年	北汽极狐、阿维塔、比亚迪
地平线	征程5	128TOPS	16nm	2021年7月	2022年	比亚迪、一汽红旗、自游家、上汽通用五菱
黑芝麻	A1000Pro	106TOPS	—	2021年4月	2022年	—

2. 高阶无人驾驶计算系统

在无人驾驶技术的高阶发展中,大模型的应用已成为一个明显趋势,特别是在感知领域,如 BEV 结合 Transformer 模型的应用。这些大模型不仅满足了高阶无人驾驶对于数据规模和模型精度指数级增长的算法升级需求,而且涵盖了车端和云端的算法应用。在车端,大模型主要负责整合多个小模型的任务,如物体检测和车道拓扑预测;而在云端,它们则被应用于数据自动标注、数据挖掘、小模型训练和无人驾驶场景重建等方面。这些大模型对算法、算力和数据的要求更高,面临的主要挑战包括数据存储和传输、网络架构搭建以及模型训练效率,其中数据的作用尤为关键。

高阶无人驾驶在实际应用中面临的最大难点之一是所谓的“长尾问题”,通过增加训练数据规模和提高大模型的泛化能力可以缓解这一问题。因此,建立数据闭环是实现高阶无人驾驶的前提,包括数据采集、数据回传、数据标注、模型训练和仿真测试等环节。在从 L2/L2＋级向 L3 级无人驾驶迈进的过程中,数据、算法和硬件的重要性依次排列,而在向更高阶无人驾驶迈进时,硬件可能成为关键因素。

为了实现 L3 级无人驾驶,全面感知是关键,这主要依赖于海量和长尾场景数据驱动的算法升级优化。高阶无人驾驶等级的推进对决策算法的要求也在增加,全面端到端的大模型以及车端/云端大模型的应用对算法升级和数据存储/传输的要求也在增加。此外,高阶无人驾驶的量产还需要电子电气架构向中央集中式升级,而行泊一体方案被认为是当前 L2/L2＋级向 L3 级迈进的最佳路径,它可以实现硬件成本降低、硬件复用和传感器配置灵活,以应对城市 NOA 和 AVP 等复杂场景。

高阶无人驾驶不仅要求数据、算法和算力的提升,还要求提高无人驾驶系统的功能安全等级、实现人机解耦和执行机构的冗余,以及对执行层响应速度和执行精度的更高要求。执行端的线控底盘的重要性日益凸显,预计到 2025 年,线控制动和线控转向在新能源车中的渗透率将分别达到约 40%～50% 和 10%。

在芯片技术方面,特斯拉自研的超级计算平台 Dojo,基于超大计算集群设计,完全自主研发,采用自研芯片,并开创了全新的芯片互联模式,提升了芯片互联速率和存储规模,更高效地服务于内部应用的算力需求。Dojo 架构包括计算、网络、I/O 芯片、指令集架构、电源传输、冷却等,具备高可扩展性和分布式系统。Dojo 的核心由 Core、D1、Tile、Tray、Cabinet、

ExaPOD 构成,其中 D1 芯片由 354 个 Core 构成,在 BF16 精度下算力达 362TFLOPs,I/O 带宽明显高于 GPU 等芯片。Dojo 核心是一个 8 路译码的内核,具有较高吞吐量和 4 路矩阵计算单元以及 1.25MB 的本地 SRAM,其尺寸紧凑,面积精简,以最大限度提高 AI 计算的吞吐量。Dojo 核心的设计还包括了分支预测、指令缓存、取指、译码、线程调度、执行单元等部件,其中矩阵计算单元是 Dojo 的主要算力元件,负责二维矩阵计算,实现卷积、Transformer 等计算,为高阶无人驾驶提供了强大的算力支持。

如图 12.2 所示,简要介绍特斯拉研发芯片 Dojo 芯片层级说明。

	层级	名称	片上SRAM	算力	说明
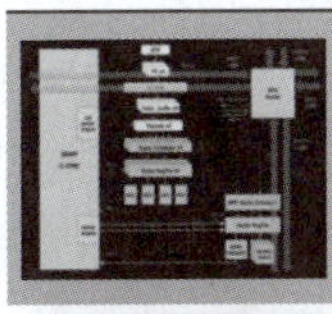	内核级	Dojo Core	1.25MB	1.024TFLOPS	单个计算核心,64位位宽,具有4个8x8x4的矩阵计算核心,2GHz主频
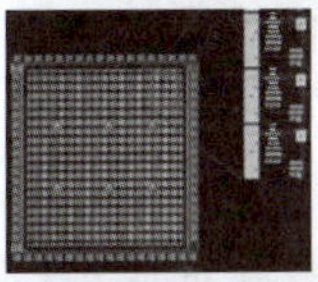	芯片级	D1	440MB	362TFLOPS	单芯片,核心数为354,面积645mm²
	格点级	Dojo Tile (训练模组)	11GB	9050TFLOPS	单个训练模组,每5x5个芯片组成一个训练模组
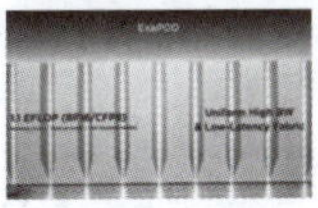	集群级	ExaPOD	1320GB	1.1EFLOPS	特斯拉的训练集群,每12个训练模组组成一个机柜,每10个机柜组成ExaPOD,共计3000个D1芯片

图 12.2　特斯拉研发芯片 Dojo 芯片层级说明

3. 无人驾驶系统关键技术

1) 国外无人驾驶系统相关技术

特斯拉在无人驾驶系统的推进中,经历了四个明显的技术发展阶段。初始阶段,特斯拉依赖传统的骨干网结构和 2D 检测器进行特征提取,训练数据主要基于人工标注,整体技术框架相对传统。随后,特斯拉引入了 HydraNet 结构和 BiFPN 特征提取网络,将图像空间直接转换为向量空间,实现了多任务处理和视觉特征的深度融合,同时减少了映射偏差,此阶段的重点在于提升算法效率。第三阶段,特斯拉采用了 Transformer 和 RegNet 架构,实现了数据的自动标注,并提出了纯视觉方案,摒弃了雷达,解决了 BEV 遮挡区域的预测问题,提高了算法的准确性,并能够快速获取高精度地图数据,此阶段更注重提升算法精度。最终阶段,特斯拉增加了时空序列和时序信息的融合能力,在空间感知方面使用了占用网络和 Lanes Network,并考虑将雷达重新安装以增强感知能力,显示出其自动驾驶算法的成熟度。

随着技术的进步,特斯拉从 HW1.0 逐步过渡到 HW3.0,标志着其无人驾驶技术的全栈自研时代的到来。特别是从 HW3.0 开始,特斯拉的 FSD 芯片专为无人驾驶设计,实现了软硬件与整车的强耦合,优化了计算单元的利用,提高了产品迭代效率,并控制了成本。目前,

FSD 硬件已经发展到 HW4.0 版本,包含两个 FSD2.0 芯片,算力达到 300~500TOPS,远超 NVIDIA Orin 芯片的 254TOPS,基本满足 L3~L4 级无人驾驶的算力需求。

随着无人驾驶等级的提升,软件算法的复杂性和训练数据规模不断增加,对数据存储和传输的需求也随之增长。云端超算平台以其高算力、高带宽和低延时的特点,成为高阶无人驾驶硬件发展的主要方向。

特斯拉的无人驾驶算法自 2016 年自研以来,经历了四个迭代阶段:从 2D+CNN 算法框架和人工数据标注的第一阶段,到构建 HydraNet 多任务学习神经网络架构的第二阶段,再到对软件底层代码重写和深度神经网络重构的第三阶段,最后发展到算法从 BEV 升级到 Occupancy 并增加时序信息的第四阶段。这一过程中,算法的端到端程度不断加深。

数据的数量和质量是无人驾驶算法模型优化提升的关键。特斯拉利用其全球车队规模优势,通过数据引擎、数据单元和影子模式采集大量数据,并结合仿真模拟来丰富数据来源,发掘"长尾场景"。同时,特斯拉采用自动标注技术,通过算法实现数据的筛选、分类和标框等操作,提高了数据质量,降低了成本,并提高了效率。这些技术和策略的发展,为特斯拉在无人驾驶领域的持续领先提供了坚实的基础。

2) 国内无人驾驶系统相关技术

如表 12.5、表 12.6、表 12.7 所示,自 2022 年末起,小鹏、华为、理想、蔚来等企业均已规划在城市领航辅助驾驶领域的功能落地,预计这些功能将基于 BEV 结合 Transformer 技术架构来搭建。小鹏于 2022 年 10 月、华为于 2023 年 4 月、理想同样于 2023 年 4 月先后宣布了城市领航辅助驾驶功能的落地,到 2023 年下半年(2H23E)实现了这些功能的大规模推广。各车企在数据积累、硬件配置以及软件算法方面的布局将成为实现 L3 级自动驾驶功能的关键因素。

表 12.5   特斯拉和主要新势力无人驾驶技术对比一

公　司	硬　件		
	传　感　器	车载芯片	计　算　平　台
特斯拉	摄像头 8 个、毫米波雷达 1 颗、超声波雷达 12 颗	HW4.0 算力 144TOPS	搭载 NVIDIA A100 的超算平台 1.8 exaflops;未来转向自研 Dojo1.1 exaflops(计划搭建 7 个 Dojo,提供约 8 个 exaflops)
华为 ADS2.0	摄像头 11 个、毫米波雷达 3 颗、超声波雷达 12 颗、激光雷达 1 个(自研)	华为昇腾 610 算力 200TOPS	专门定制的超级中央超算 ADCSC(400~800TOPS)
小鹏 XNGP	摄像头 11 个、毫米波雷达 5 颗、超声波雷达 12 颗、激光雷达 2 个	双 NVIDIA Orin 算力 508TOPS	基于阿里云智能计算平台建成(超算中心扶摇 600pflops)
理想城市 NOA	摄像头 11 个、毫米波雷达 1 颗、超声波雷达 12 颗、激光雷达 1 个	双 NVIDIA Orin 算力 508TOPS	计划购买超算云服务
蔚来 NOP+	摄像头 11 个、毫米波雷达 5 颗、超声波雷达 12 颗、激光雷达 1 个	四颗 NVIDIA Orin 算力 1016TOPS	由 NVIDIA HGXA100 8-GPL 和 NVIDIA MellanoxInfiniBand ConnectX-6 构建

表 12.6　特斯拉和主要新势力无人驾驶技术对比二

公　司	软　件		
	导航地图	高精地图	算　法
特斯拉	百度地图	NA	Occupancy＋Transformer＋时序融合
华为 ADS2.0	华为 Petal Map	四维图形＋自研	GOD(增加了激光雷达融合的 Occupancy)＋Transformer
小鹏 XNGP	高德地图	已收购高精地图资质(智途科技)	Xnet(BEV＋Transformer＋时序融合)
理想城市 NOA	高德地图	高德地图	Occupancy＋Transformer＋时序融合
蔚来 NOP＋	四维图形、百度地图	百度地图、计划与腾讯合作	BEV＋Transformer

表 12.7　特斯拉和主要新势力无人驾驶技术对比三

公司	辅助驾驶累计行驶里程	功　能			当前等级
		城市 NOA 开放规划	高速场景	泊车场景	
特斯拉	2023 年 6 月 FSD Beta 用户累计行驶 3.06 亿公里	FSD Beta 尚未国产导入	高速领航 NOA	垂直泊车、平行泊车	L2＋
华为 ADS2.0	无	2023 年第二季度完成广州/深圳/上海/重庆/杭州五座城市落地(使用高精地图)	上下匝道、通道避障	APA、AVP 代客泊车辅助	
小鹏 XNGP	2022/6 高速 NGP 功能里程渗透率 62%	已在广州、深圳、上海开放	NGP(自动变道、自动超越慢车、自动进出匝道、自动调整限速)	VPA(自动寻找空位、自动泊入泊出、自动记忆常用停车位)	
理想城市NOA	2023 年 3 月 23 日辅助驾驶里程 5.5 亿公里,NOA 里程超 1 亿公里	2023 年 6 月向北京、上海内测用户交付,2H23 将逐步增加开放区域	高速智能驾驶功能	视觉泊车	
蔚来NOP＋	2023 年 4 月 25 日用户累计行驶里程超 100 亿公里;辅助驾驶里程 8.2 亿公里、NOP 里程 3.1 亿公里、NOP＋里程 2730 万公里	2023 年 1 月部分用户开放 Beta 版本;2023 年 7 月 1 日试用体验结束开启订阅付费模式(均为高精地图方案)	首个落地高速 NOA 的自主品牌	S-APA	

　　在领航辅助驾驶领域,华为和新势力车企均展现出了各自的优势。华为 ADS 2.0 和蔚来的 NOP＋在变道策略调整和人机共驾体验方面表现更佳。华为在无人驾驶的软硬件方面占有优势,而理想则在数据规模方面领先。在无人驾驶设计方面,华为采用自研的超算平台和芯片,而小鹏、理想和蔚来则依赖外购的车载芯片和租用或外购的超算中心。软件算法方面,华为已经采用了 GOD(融合激光雷达的 Occupancy ＋ Transformer)技术,可能已领先于特斯拉,而小鹏、理想和蔚来则正在跟进 BEV ＋ Transformer 技术。

　　在数据积累方面,理想汽车凭借销量的快速增长(2023 年销量目标为 30 万～35 万辆)、AD Max 无人驾驶系统的标配、门店的拓展以及从一二线城市向三四线城市的市场推进,展现出了其在数据规模方面的优势。这些数据的积累对于算法的训练和优化至关重要,因为它们直接影响到无人驾驶系统的性能和可靠性。随着各车企在数据、硬件和软件算法方面的不断投入和创新,L3级自动驾驶的实现将越来越依赖于这些核心要素的协同发展。

12.1.2 AI大模型赋能智能交通系统

智能交通系统是一种利用先进技术实现交通监控和管理的系统,是当今城市交通领域中的重要创新,其应用对于提升城市交通效率具有重要意义。

随着城市化进程的加速,城市交通问题日益突出,交通拥堵、排放污染等问题成为人们生活中无法忽视的难题。智能交通系统通过利用先进的技术手段,实现对交通流量的实时监控和管理,为城市交通提供了新的解决方案。它通过采集道路上的交通数据、运用数据分析、人工智能等技术手段,实现对城市交通流量的实时监测、精确预测和有效调控,从而提高城市交通的效率和安全性。传感器是智能交通系统的重要组成部分。传感器可以安装在道路上,用于感知车辆的数量、速度、车型等信息。

大模型主要指具有数十亿甚至上百亿参数的深度学习模型。比较有代表性的是大型语言模型(Large Language Models,比如最近大热的ChatGPT)。大型语言模型是一种深度学习算法,可以使用非常大的数据集来识别、总结、翻译、预测和生成内容。

大语言模型在很大程度上代表了一类称为 Transformer 网络的深度学习架构。Transformer 模型是一个神经网络,通过跟踪序列数据中的关系来学习上下文和含义。Transformer 架构的提出,开启了大语言模型快速发展的新时代;Google 的 BERT 首先证明了预训练模型的强大潜力;OpenAI 的 GPT 系列及 Anthropic 的 Claude 等继续探索语言模型技术的边界。越来越大规模的模型不断刷新自然语言处理的技术状态。这些模型拥有数百亿或上千亿参数,可以捕捉语言的复杂语义关系,并进行人类级别的语言交互。

AI大模型主要通过这三个方面:数据、算法和算力对智能交通系统进行赋能。

1. 数据:虚拟仿真、影子模式、自动标注引入将优化信息采集、处理能力

在自动驾驶领域,算法模型的开发和优化依赖于海量且高效的数据标注。数据来源主要包括三个部分:真实数据、虚拟仿真和影子模式。真实数据直接来源于车辆在实际行驶过程中采集的信息,与汽车的销量直接相关,因此,早期进入智能驾驶领域的企业以及出货量高的车企在数据积累方面具有先发优势。虚拟仿真通过人工智能技术自动生成道路场景、车辆、行人等信息,对模型进行训练,有效弥补了真实场景下难以采集到的 corner case(极端情况)的数据不足。影子模式则允许大模型在车辆后台模拟决策而不实际控制车辆,不会对驾驶者及车辆产生干扰,但在检测到异常场景或模型决策与人类驾驶员不同时,触发数据采集及回传,使得量产车辆同时充当数据采集工具。

随着智能驾驶技术的发展,激光雷达的 3D 点云信息、摄像头采集的 2D 图像信息以及道路场景的复杂性不断增加,自动驾驶的数据标注类型与数量也在持续增长。人工标注不仅成本高昂且效率低下,而自动标注作为 AI 大模型赋能智能驾驶的直接应用,能够显著降低数据标注的成本。例如,毫末智行 DriveGPT 发布会显示,行业人工标注成本约为每张图 5 元,而 DriveGPT 的成本仅为 0.5 元。预计随着科技公司大模型训练的成熟,自动标注的边际成本将趋近于零,平均成本有望进一步下降。

如图 12.3 所示,以特斯拉为例,其数据来源层面,2021—2022 年 FSD beta 版本的用户从 2000 人增长至 16 万人,累计积累超过 14.4 亿帧视频数据,为模型训练提供了大量的真实数据。针对真实道路场景中不常见的案例,特斯拉通过仿真模拟进行大规模训练,并通过数据引擎发现新的 corner case。在数据标识层面,特斯拉通过自动标注技术优化系统效率,减少了对人工标注团队的依赖。随着自动标注技术的成熟,特斯拉的人工标注团队规模从 2021 年的 1000 多人减少至 2022 年的 800 余人。这些进展表明,高效的数据采集和标注对于自动驾驶技术的发展至关重要,而自动标注技术的应用将极大地推动智能驾驶技术的进步和成本效益的优化。

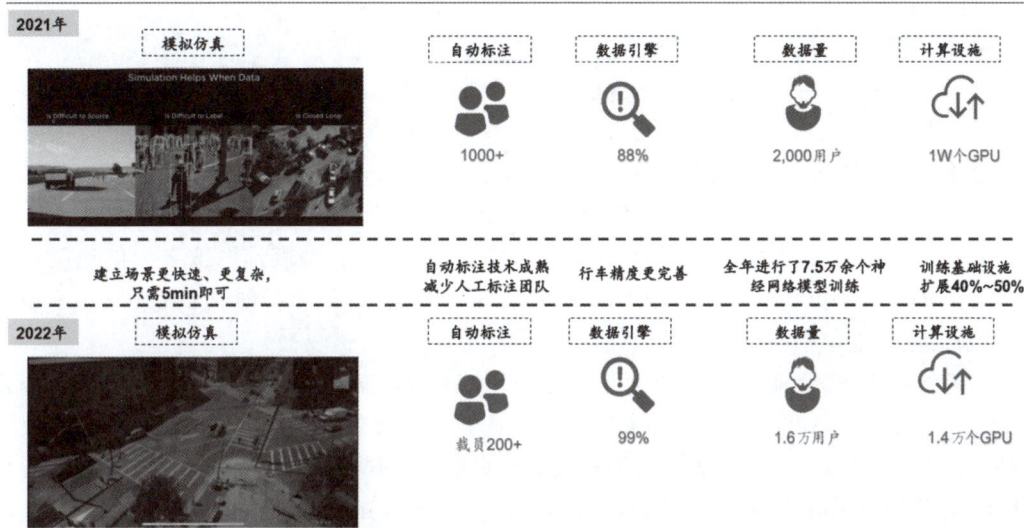

图 12.3　特斯拉汽车自动驾驶基础设施的发展

2. 算法:优化感知—决策—执行三阶段

参考特斯拉 FSD 将自动驾驶模型算法按流程分为感知(Perception)、预测(Prediction)、执行(Planning)三个阶段进行分析。

1)感知层面:Occupancy Network、3D 建模

特斯拉提出了一种创新性的占用网络(Occupancy Network)模型,该模型通过将 3D 空间点格化,每个 3D 点格即一个 voxel,来增强对环境的理解。在摄像头采集的平面信息基础上,占用网络模型添加了时间和空间信息,能够输出 3D 点格被占用的概率、语义信息以及表面信息。例如,该模型可以区分静止车辆和运动车辆、识别静止车辆与路牙的不同,以及评估坡度、泥坑和积水等表面状况。

占用网络模型是在原有 BEV(Bird's Eye View)模型基础上的升级,它能够将特斯拉汽车上 8 个摄像头采集的视频数据即时转换成三维向量空间。通过将空间划分成 3D 栅格,并定义每个栅格的占用和空闲状态,占用网络能够更精确地反映路面物体的真实体积和形状。此外,根据不同物体的特性,如路侧建筑、行人、车辆等,模型能够赋予它们不同的语义标签和颜色。

占用网络在障碍物识别和行驶路径预判方面相较于传统方法有显著提升。它通过分析物体在空间内栅格的占用情况,避免了传统视觉算法中因物体识别失败带来的风险,尤其是在面对静态障碍物、与环境相似的障碍物或训练模型中未涵盖的障碍物时,更能凸显其优势。占用网络还能解决传统视觉算法难以处理的问题,如还原道路的坡度和曲率,辅助车辆

做出更优的行车决策。通过计算几何空间的体积占用率,占用网络能够精确地还原物体的形状,同时塑造的 3D 世界还能还原道路的坡度和曲率,使车辆能够根据实际道路情况提前做出加速和减速的判断,从而提高行车的安全性和舒适度。

此外,占用网络能够基于栅格的光流估计来检测物体运动,并预测其短期行进轨迹。通过标注丰富的语义信息(例如,红色代表静止,蓝色代表加速,黄色代表减速),占用网络能够帮助特斯拉车辆在行驶过程中规划最优行驶路径,并进行避让,确保驾驶的安全性。总体而言,占用网络模型通过其先进的数据处理和预测能力,为自动驾驶领域提供了一种新的视角,增强了车辆对环境的理解,提升了自动驾驶的安全性和效率。

2)预测层面:道路拓扑关系预测、障碍物预测

预测分两种,一种是道路信息的预测,另一种是障碍物的预测。

(1)道路信息:基于大模型勾勒拓扑关系,摆脱对高精度地图的依赖。

道路信息的预测包含语义信息和连接信息。最初 autopilot 使用的传统 link prediction,只能预测比较简单的道路,比如高速公路,基于此已经可以实现 LCC 等 L2 的功能。

要实现更加复杂的城市道路的拓扑关系预测,需要基于高精度地图或者导航地图和神经网络预测。特斯拉基于基础的硬件配置(摄像头+导航地图)和自创的 Language of lanes 模型,来通用化地勾勒整个世界的道路信息。

车道线网络模型辅助进行车辆行驶路径的预判。车道线网络模型通过车道语言(Language of lanes)可以在车载摄像头及地图数据所形成的图像上,将道路数据标注成一系列节点并赋予不同语义(起始点、终点等),并通过组合不同语义的"单词"形成"句子",自动勾绘出一条条车道线。这套"车道语言",可以在小于 10ms 的延迟内,思考超过 7500 万个可能影响车辆决策的因素,运行这套语言的功耗只需要 8W,较大地提升了特斯拉 FSD 对车辆行驶路径的预判能力。

(2)物体信息:基于大模型预测动静信息,为行驶决策提供支持。

物体的预测包含动、静概率信息,再结合道路拓扑信息,为最终的行驶决策提供支持。特斯拉的 Occupancy Network 中红色代表长期禁止的车辆,黄色代表临时停车,蓝色代表运动,可对物体的动静状态及其概率进行预测。在一些特殊情景下,例如左转摄像头被左侧大货车遮挡,无法判断左向是否有来车,模型会自动生成虚拟车辆,假设左侧有被遮挡的来车,基于此进行决策,更贴近人类驾驶员的思维模式。

3)决策层面:车端算力升级、模型计算效率优化,决策更加智能

决策的难点在于多方的交互与对路权的博弈,计算的效率是至关重要的。目前业内普遍在 50~100ms 之间完成一轮计算。受车端算力与计算效率的限制,目前决策层面的模型可分为两类:一类是 rule base 的模型(类似 if 程序,提前设定了某些情境下的反应机制);另一类是特斯拉的交互搜索的模型(query base 的条件下可缩短单次计算时间至 $100\mu m$)。

3. 算力:车端/云端算力升级与国产化

1)车端:高性能芯片国产替代趋势显著

目前车载芯片主流供应商包括:NVIDIA、特斯拉、Mobileye 等国际厂商,及地平线、黑芝麻智能、华为等国内厂商。2022 年以前主流供应商量产芯片的算力大多在 50TOPS 以下;2022 年以来,主流供应商推出的多款车载芯片算力快速增长,高算力芯片占比提升,例如 NVIDIA Orin(254TOPS)、地平线 Journey5(128TOPS)等。长期来看,随着大模型上车

对车载算力需求的进一步提高,以及车载芯片制造商对芯片架构和技术的改进,车载芯片的算力有望持续上升。NVIDIA Thor 芯片(2000TOPS)未来量产有望加速计算平台融合。

在自动驾驶领域,视觉图像处理和点云融合是两个关键技术,它们涉及大量的数据处理和计算,因此对芯片的算力提出了较高的要求。视觉图像处理旨在从图像中提取车道线、交通信号灯、行人、车辆等目标的位置和运动信息,以支持自动驾驶的决策和控制。这一过程包括图像采集、预处理、特征提取、目标检测和跟踪、场景分割等步骤。而点云融合则用于创建高分辨率、准确的环境地图,使自动驾驶系统能够更好地感知和理解其周围环境,涉及采集点云数据、预处理、点云配准、曲面重建、构建实体模型等步骤。

为了提升图像和点云的处理能力,高算力芯片通过并行计算、高速缓存、专用指令集和高效能设计来实现。并行计算利用多个处理器核心协同求解同一问题,加快计算速度,车载高算力芯片通常采用多核心架构,能够同时进行多个计算任务,展现出强大的并行处理能力。高速缓存,尤其是 SRAM Cache,能够加快计算单元对数据的读写速度,减少对速度较慢的主存的存取,从而提升数据处理效率。专用指令集为特定应用设计,从硬件层面对指令进行优化,提高指令执行速度。高效能设计则在保证计算性能的同时,降低功耗和热量输出,这对于提升车辆的稳定性和耐久性至关重要。

2) 云端:基础设施算力升级加速算法迭代

主机厂和自动驾驶技术开发商积极布局建设智算中心,以提高自身"云上"竞争力。智算中心是指基于 GPU、FPGA 等芯片构建智能计算服务器集群,提供智能算力的基础设施,建设周期长,初始投资大。目前,主机厂特斯拉、小鹏、吉利,解决方案提供商毫末智行、商汤、百度布局建设了智算中心,用于训练自动驾驶等大模型。

智算中心的建设能够加速算法迭代,提高研发效率。例如,小鹏汽车的扶摇智算中心算力达到 600PFLOPS(每秒浮点运算 60 亿亿次),相比先前,自动驾驶模型训练速度提高了170 倍,GPU 资源虚拟化利用率提高了 3 倍,端对端通信延迟低至 2μs;吉利汽车的星睿智算中心算力达到 810PFLOPS,智驾模型训练速度提高 200 倍以上。随着智能驾驶的逐步渗透,大模型或将成为各公司的核心竞争力之一,为匹配模型中大规模参数以及大数据量计算,智算中心的建设规模有望持续扩张。

12.2　智能服务机器人

机器人是具备一定程度自主能力的可编程多功能操作机。不同种类的机器人如图 12.4所示。

机器人的应用场景逐渐泛化,覆盖更多客户。最初的机器人的核心功能是替代人进行重复的、危险的工作,同时提高效率与精度;之后以"服务人"为功能的机器人走入人类的眼帘,用于迎宾接待等与人类距离更近的场景,娱乐/扫地机器人等大规模进入家庭;接着其高精度的特性被用于物流、医疗,自动取件、辅助护理机器人开始出现。

机器人逐步由"自动化"向"智能化"演进。机器人的发展经历了三代的演进,第一代为程序控制机器人:通过编程或示教将动作指令输入机器人中,而由于缺乏外部传感器,机器人只能刻板地完成程序规定的动作,一旦环境情况略有变化,机器人的工作就会出现问题;第二代为自适应机器人:其带有视觉、力觉等传感器,能根据传感器获得的信息调整工作状

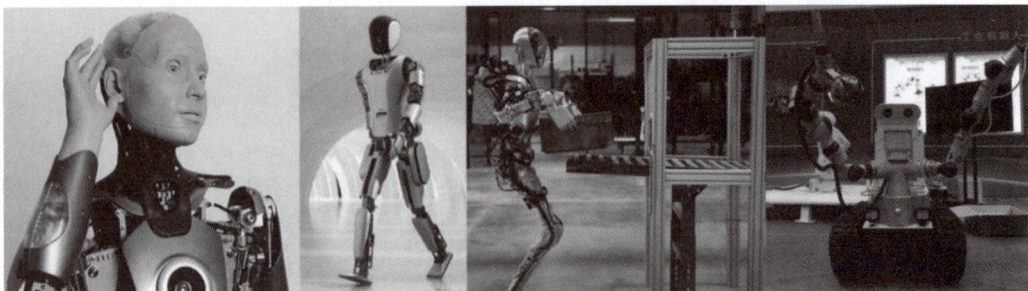

图 12.4　不同种类的机器人

态；第三代为智能机器人：其拥有更丰富的传感器，不仅能获取并处理外部综合信息，甚至能据此自行制定行动目标，其智能主要体现在感知交互、独立决策、自我优化三个方面。

1. 什么是智能服务机器人

智能服务机器人是一种集成了人工智能和机器学习技术的智能机器人，能够通过自然语言处理等技术与客户交互。它能够解决客户的问题，提供服务和反馈。

智能服务机器人主要分为语音交互和文字交互。纯语音交互机器人有语音识别、语义理解、语音合成的技术，而文字交互的机器人使用自然语言处理技术，可以像人类一样进行交流。在实际应用中，智能服务机器人通常是结合了这两种技术的混合型机器人。

智能服务机器人可以代替人工客服进行客户服务，每天 24 小时不间断地为客户提供服务。同时，它能够处理大量的客户请求，让客户能够迅速得到回应，聊天机器人减少了客户等待时间，一定程度上提高了客户满意度。聊天机器人能够代替人工客服岗位，节约人工成本，节省资金。根据经验，聊天机器人节约约 40% 的客服开支，而且它们的效率更高，往往可以同时参与多个客户服务。智能服务机器人可以根据客户需求提供个性化的服务，如同一位经验丰富的客户代表一样，针对不同的客户需求提供最合适的解决方案。这种个性化服务可以提高客户的满意度。

2. 如何实现一个智能服务机器人

智能服务机器人应该具备多种交互方式，如文字交互、语音交互和图形交互。这样，既可以满足不同客户的需求，也可以加深客户对机器人的使用体验。智能服务机器人应该提供多种服务，如账户查询、密码找回、投诉反馈、建议收集等。这样既可以满足不同客户的需求，也可以提高机器人的商业价值和用户黏性。智能服务机器人可以不断学习优化。通过记录客户的使用记录、处理结果、反馈意见等信息，智能服务机器人可以逐渐提高技能水平，不断优化用户体验。

智能服务机器人是未来客户服务的重要形式之一，具有提高工作效率，降低成本，提高客户满意度等诸多优势。实现一个好的机器人不仅可以有益于个人或企业，还可以提高整个社会的服务水平。

12.2.1　服务机器人的类别

如图 12.5 所示，机器人一般分为工业机器人和服务机器人两大类，对应着不同的应用场景与结构要求。IFR 将机器人分为工业机器人和服务机器人两大类，前者"运用在工业自动化中，以自动化控制、可编程、多功能、三轴以上为特点，基于搬运、焊接、喷涂、装配等不同用途装配特定的末端执行器"。后者则为半自主或全自主工作的机器人，它能完成有益于人类的服务工作,但不包括从事生产。

自动化、消费升级不断扩展着对两类机器人的需求,且服务机器人市场规模的增速更大。数据受限,工业机器人的市场规模使用"年安装量"衡量,服务机器人则使用"年销售量"衡量,口径不一,但能大致反映出两类机器人的规模增速。

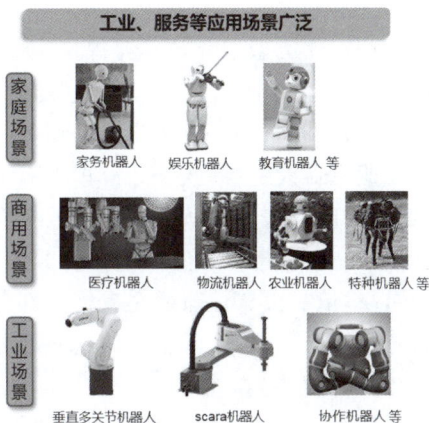

图 12.5　机器人的应用场景

1. 服务型机器人

服务型机器人可分为专业服务和家庭服务机器人两类,前者技术难度更大,价格与利润更高。专业服务机器人用于商业场景,如物流配送、医疗等,而家庭服务机器人用于家庭教育、娱乐或简单家务。专业服务机器人面向 B 端,且价格较高,故其销量不如家庭机器人。例如根据 IFR,2020 年专业服务机器人销售 13.18 万台,而家庭服务机器人销售 1900 万台,远多于前者,但前者创造营收 67 亿,后者只有 44 亿。疫情创造了很多 B 端服务机器人需求,如消毒/送餐/核酸检测机器人,再随着人形机器人上市,专业服务机器人市场规模预计还将扩大。服务型机器人主要用于服务业接待场景,此类场景对机器人的人机交互能力有较高需求,因此服务型机器人通常外表高度拟人,配备了人机交互系统,有成熟的语言识别、合成算法,具备一定的语言处理和逻辑推理能力;但因其很少承担劳动任务,所以机械硬件配置较低,机动性差,难以完成精细动作。

从应用领域看,物流配送、专业清洁、医疗、接待等在专业服务机器人的销量里占比较高。这些领域中,有些领域本需多个服务机器人的工作可由一个人形机器人完成,如物流配送、专业清洁,有些领域中人形机器人的亲和力将带来服务效果的提升,如医疗、接待领域。由此来看,人形机器人对于专业服务机器人有较强的渗透空间。

2. 劳动型机器人

劳动型机器人主要用于工业、电力巡检、安防等场景,可以将人力从简单重复劳动或者重体力劳动中解放出来。劳动型机器人重视精准动作控制,通常配备高性能电机、高强度关节,机动性较强,但难以完成复杂的人机交互。

环卫工用扫除扫道扫地的机器人就是一种简单劳动机器人,技术研创设计开发一定不能被惯例和定势所左右。这种机器人涉及扫道扫过的作业角,回扫抬起高度,是步进式清扫,还是连续清扫等劳动作业要求。作业前行轮式较为简单,两腿步行机较为复杂,不宜推广使用。因为此种机器人作业在外边,不同于工厂内使用的工业机器人。

经济型简单劳动机器人可作为首选,市场需求量相对较大。经济型简单劳动机器人的动力一般采用气动液控较好,不设液压站,联动可采用连杆、齿轮铰接轴等部件。按需要设计的动作要可调整,运动速度要快捷,这是生产效率要求的第一需要。气动液控做动力,连杆等机械构件组合做功能组件和传动件是经济型简单劳动机器人的特点和要求,其速度要快,首要采用小气缸,大压力,管路管径设计要合理,外加快排阀,手、臂、身三者完美结合,造价要小,重量轻。

3. 工业机器人

按照工作类型划分,搬运、焊接工业机器人年安装量最高。按照工作类型,工业机器人可分为:搬运、焊接、组装等几类,根据 IFR,搬运、焊接机器人的全球年安装量最高,这体现出这二者在不同行业都将用到,且相关技术较成熟。

工业机器人主要以电子、汽车等大批次、高精度、标准化的作业场景居首。工业机器人负载大、精度高、前期固定成本高,故在需要进行大批次、标准化作业的领域中更受欢迎。根据 IFR,工业机器人在电子、汽车行业的安装量最高。例如特斯拉、上汽工厂的自动化率都已非常高,依靠机械臂即可完成绝大部分车身组装工作。但应注意到,汽车行业新安装机器人数近年逐年递减,这可能说明这一行业的自动化水平接近瓶颈值,未来增量空间较少。

4. 协作机器人

协作机器人是一种可以在共同的工作空间与人类进行交互的机器人。协作机器人结合传感器、物联网、人工智能等技术,实现机器人对外部环境和自身运动状态的感知,并形成规划、学习和决策能力,使机器人能够根据环境和任务做出正确的动作,实现人与机器人的协调工作。协作机器人具有重量轻、人友好性、感知能力强、编程简便等优点。部分协作机器人样式如图 12.6 所示。

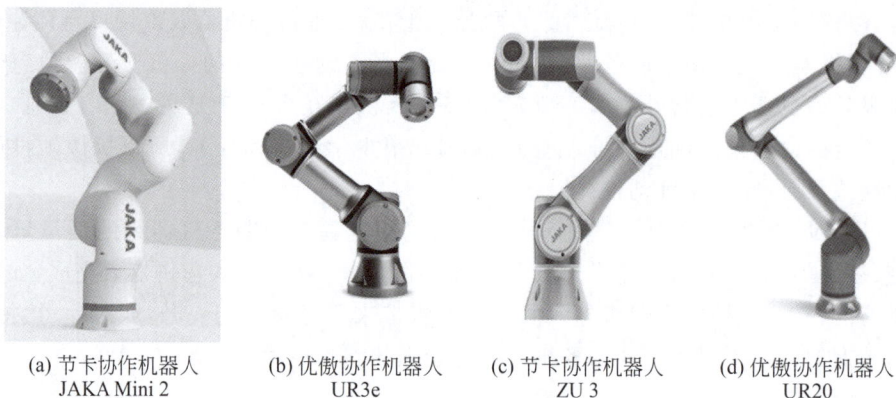

(a) 节卡协作机器人　　　(b) 优傲协作机器人　　　(c) 节卡协作机器人　　　(d) 优傲协作机器人
　　　JAKA Mini 2　　　　　　　UR3e　　　　　　　　ZU 3　　　　　　　　UR20

图 12.6　部分协作机器人

协作机器人工作精度要求高,多维力传感器赋能提升精细化程度。3C 电子为协作机器人第一大下游应用领域,约占总市场规模的 30.3%;其次,协作机器人在汽车及零部件、机械加工、医疗保健、半导体、锂电池等领域也有着广泛应用,分别占总市场规模的 27.2%、10.8%、14.6%、3.6%、1.3%。上述领域在机器人的工作精度上都有相当高的要求。在附加多维力传感器之前,协作机器人无法完成高精度的运动,仅限于完成简单的任务,如拾取和放置操作等。配置了多维力传感器后,协作机器人能够测量其施加的力和力矩的大小,然后调整其施加的力以更好地执行任务或完成更精细的任务,例如去毛刺、精密装配、拖动示教等。此外,它们可以借助多维力传感器进行质量检测和过程监控。

12.2.2　通用人形机器人

人形机器人是一种模仿人类外貌和运动能力的机器人。人形机器人具有高度通用性,通过多层次、精密设计,极大提升了机器人应用场景的灵活性,其终极目标是让机器人"解放人类劳动力"。人形机器人的设计是基于人类功能,同时性能又能超越人类,从替人类搬运、搜救、排爆、驾驶,到拥有高智能后甚至可以成为人类的陪伴提供情绪价值,其发展存在无限可能。近年来随着 AI 大模型的超预期发展,以及产业资本的密集投入,人形机器人产业发展加速。一方面,随着人工智能和机器学习的发展,人形机器人在感知、决策和执行能力方面取得了巨大进步。另一方面,产业资本关注度提升,多方入场加速布局,各家企业机器人性能亦在不断完善。比如,Tesla 在 2023 年 5 月的股东大会上发布其人形机器人最新视频,如图 12.7 所示,可以看到其性能更加稳定、形态也更加自然。

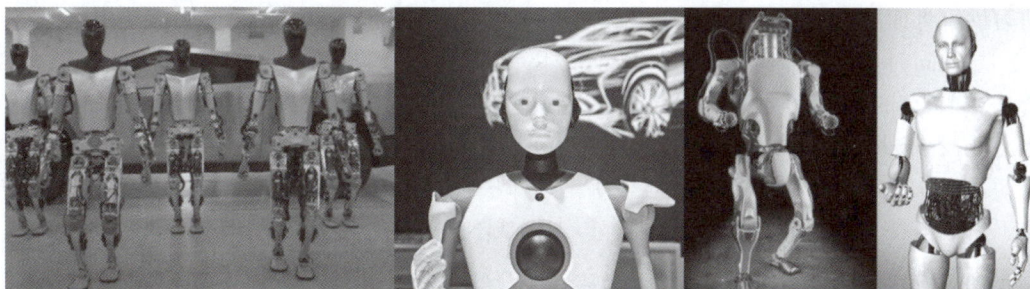

图 12.7　特斯拉人形机器人 Tesla Bot Optimus

人形机器人具有两大明显特点:

(1) 使用双足而非轮子进行行走,这不仅减缓了移动速度,更陡增了保持平衡的难度,但双足却让机器人得以通过坎坷嶙峋的地带,或是上楼梯爬斜坡,而这在搜救、物流递送、家庭服务等场景将大放异彩。

(2) 类人的外表为它赋予了亲和力,由此,它能使"服务人"的工作顺利开展。

人形机器人三大构成部分如图 12.8 所示。

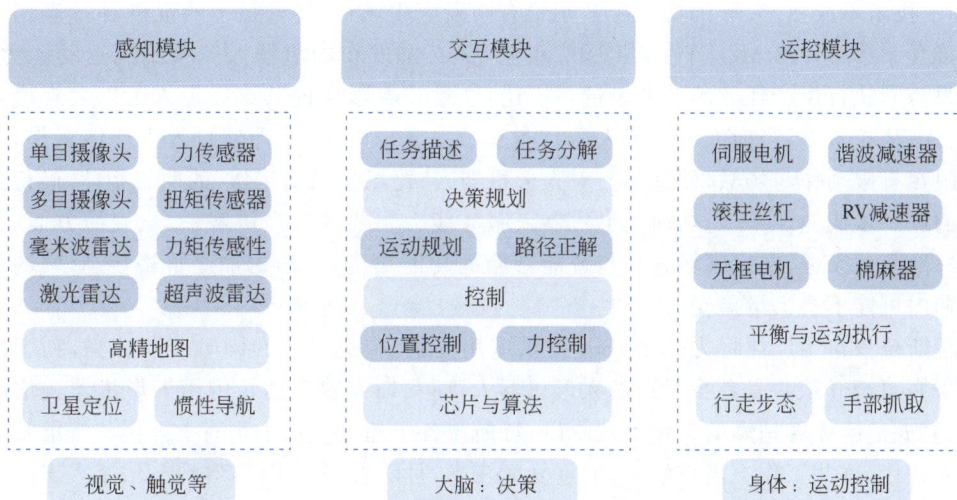

图 12.8　人形机器人三大构成部分

由于研发难度极高,人形机器人被誉为服务机器人皇冠上的明珠,但智能交互、自主行动尚待技术攻关。当前已发布的人形机器人,大部分可由人通过操作软件操纵其移动,一部分可基于设定的目标自动规划最短路线,如 Atlas、Walker,但还几乎没有机器人可以自行决策要做的事。同样,在人机交互上,部分机器人可与人进行对答,但可能是基于预设语言库,还几乎没有机器人能与人类进行双向的、自主的交流。以上两种"自主性",更符合人们对于机器人的期待,而半自主性、全自主性机器人也确实是技术研发者前进的目标之一。

此外,人口老龄化和劳动力短缺问题催生了对机器人的需求,据国家卫生健康委统计,2015 年中国 65 岁以上人口比例达 10.5%,高于世界平均水平 8.4%。2020 年间,中国 65 岁以上人口比例快速攀升至 13.5%,增速亦高于同期世界平均水平。据联合国经社部预测,2035 年中国 65 岁以上人口比例将达高达 22.5%,进入超老龄化社会。同期,全球平均水平亦将上升至 13.2%,接近严重老龄化。据此,全球均面临着日益严峻的人口老龄化问题,劳动力供给将面临严重短缺。

与此同时,人均工资逐年上升,用工成本水涨船高。国家统计局数据显示,中国人均工资从 2019 年的 9.05 万迅速上升至 2022 年的 11.4 万,复合增长率达 8%,用工成本压力快速上升,若未来中国人均工资年增长率仍为 8%,2025 年预计中国人均工资将达 14.4 万元。同期,Optimus 预计将投入量产,据马斯克宣称售价约为 2 万美元,约合 14 万元,与中国人均工资基本持平。据此,人形机器人有望占据成本优势,在工业和服务业中实现快速渗透。

人形机器人需要 4 个六维力传感器,分布在腕部和踝部。为实现对人手的模仿,人形机器人需要精准测量手关节的受力情况。由于手关节的执行器工作过程中的力臂较大且随机变化,一、三维力传感器不能满足需求,因此机器人腕部一般需采用六维力传感器。人形机器人在行走过程中,需要测量落脚时所受的力和力矩,以控制机器人的身体姿态并维持平衡,因此需要在两个脚踝处安装六维力传感器。人形机器人发展历程如图 12.9 所示。

随着技术与成本变化,人形机器人应用与量产或将分为三个阶段,如图 12.10 所示。

1. 阶段一:特斯拉汽车工厂、发烧友、高端消费者创造需求

将为首批量产人形机器人,特斯拉汽车工厂或将提供 31 亿~50 亿市场规模,2~3 年内,囿于技术不成熟,人形机器人在 B 端难有明晰应用场景,且未量产的价格对 C 端用户恐较难接受。第一,ASIMO、Atlas、Tesla、小米、优必选发布的机器人侧重于其运动能力,对其手眼协同执行生产任务的能力未过多描述,这意味着短期内其难以走入工厂大规模补充劳动力。从技术看,当前人形机器人还只能基于固定规则运动,即使投入生产性工作,亦只能局限在有限动作与场景,而这又与对人形机器人"跨场景灵活工作"的期望相悖,尚待控制算法的进一步成熟。第二,当前人形机器人服务能力主要体现在讲解引导、表演方面,还无法较好地完成家务,在家庭场景其与智能音箱的功能更为相似,再加之价格较高,C 端用户在短期内可能不会大量接受。

特斯拉汽车工厂或将为 TeslaBot 提供应用场景,推进量产的同时获取数据,利于迭代优化。TeslaBot 或将是首批量产的人形机器人,而马斯克曾表达希望用人形机器人增添劳动力、完成危险无聊枯燥的工作。现阶段,特斯拉各个超级工厂中仍有上万岗位未能被工业机器人替代,这些工作虽需灵活性,但重复度较高,且随着超级工厂产能提升,工人工作压力渐增,一些工人难以承受。这些工作恰为测试人形机器人的绝佳场景,且 TelsaBot 入厂还可获取大量路外数据,对无人驾驶与人形机器人的迭代优化都大有裨益。

虽实用功能不够丰富,发布初期仍可能吸引科技发烧友和可支配收入充裕的高端消费者进行购买。此时人形机器人满足的是用户的科研、尝鲜或炫耀需求。由于阶段一中 TeslaBot 价格或在 50 万元左右,与之相应的消费人群可能与当前豪华车的购买者重合度较高。不过汽车购买后可以驾驶出行,进而同时具备实用性与财富、地位的展示性,而人形机器人购买后实用性较弱且难以携带外出展示,故在高收入人群中的渗透率或将低于汽车。

阶段1：人形机器人研究起步
（1960—1970年）

1963年美国NASA造出了一个名为"机动多关节假人"能模拟出35种基本的人类动作。

1969年日本早稻田大学加藤一郎实验室研发出第一台以双脚走路的机器人。

阶段2：自主式人形机器人诞生
（1970—1990年）

1973年日本加藤等人在WL-5的基础上配置机械手及人工视觉、听觉装置组成自主式机器人WAROT-1。

1986年日本本田公司研制E0，成为E系列机器人的开端。

1989年西北太平洋国家实验室研制Manny，可以模拟人类复杂的身体运动和姿势、呼吸、皮肤温度以及出汗的状态。

阶段3：智能化程度不断加深
（1990—2010年）

20世纪90年代日本本田公司E系列机器人逐渐开发完成，P系列机器人也相继研发。

2000年中国国防科技大学推出我国独立研制的第一台人形机器人先行者，具备了一定的语言能力。

2000年日本本田公司P系列最后一台机器人——ASIMO诞生可以做到同多人对话。

2005年英国Engineered Arts研发Robo the spain,能够识别语音、人脸和手势。

20世纪90年代末到2010年日本AIST的HRP系列机器人推出，2009年推出的HRP-4C已经可以控制面部动作、跳舞并识别环境声音。

阶段4：人形机器人技术进一步成熟
（2010年至今）

2015年日本软银机器人研发的Pepper开启市售。

2017年10月香港Hanson公司研发的Sophia取得沙特阿拉伯公民身份。

2021年7月中国优必选发布Walker系列最新款机器人Walker X。

2021年8月波士顿动力的Atlas机器人完成跑酷动作：特斯拉宣布计划推出人形机器人产品。

2022年英国Engineered Arts研发的Ameca在CES 2022亮相，已经可以做出极其逼真的人类表情。

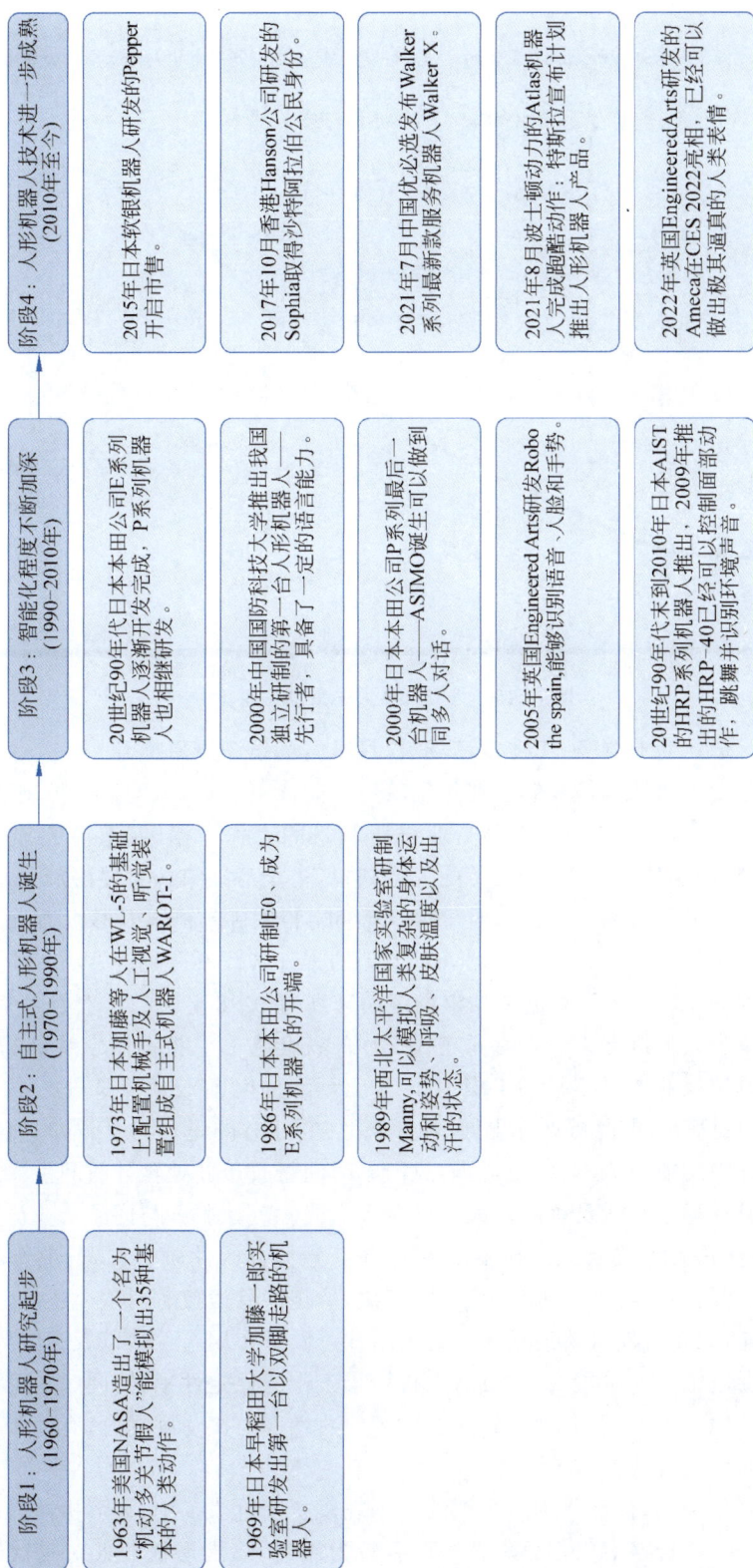

图 12.9　人形机器人发展历程

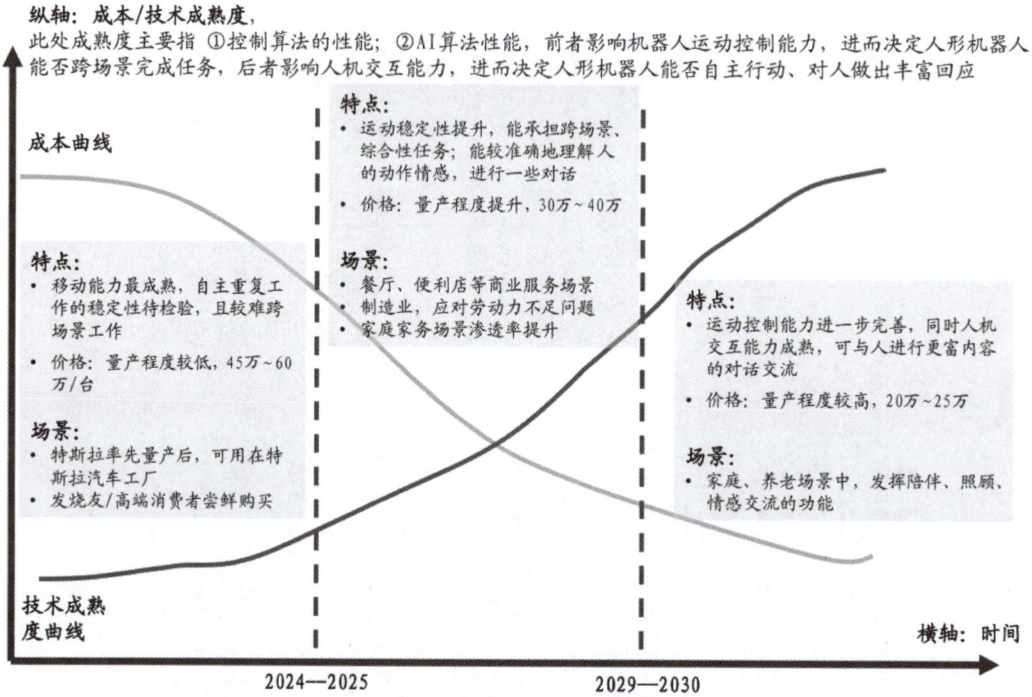

纵轴：成本/技术成熟度，
此处成熟度主要指 ①控制算法的性能；②AI算法性能，前者影响机器人运动控制能力，进而决定人形机器人能否跨场景完成任务，后者影响人机交互能力，进而决定人形机器人能否自主行动、对人做出丰富回应

成本曲线

特点：
• 移动能力最成熟，自主重复工作的稳定性待检验，且较难跨场景工作
• 价格：量产程度较低，45万～60万/台

场景：
• 特斯拉率先量产后，可用在特斯拉汽车工厂
• 发烧友/高端消费者尝鲜购买

特点：
• 运动稳定性提升，能承担跨场景、综合性任务；能较准确地理解人的动作情感，进行一些对话
• 价格：量产程度提升，30万～40万

场景：
• 餐厅、便利店等商业服务场景
• 制造业，应对劳动力不足问题
• 家庭家务场景渗透率提升

特点：
• 运动控制能力进一步完善，同时人机交互能力成熟，可与人进行更富内容的对话交流
• 价格：量产程度较高，20万～25万

场景：
• 家庭、养老场景中，发挥陪伴、照顾、情感交流的功能

技术成熟度曲线

横轴：时间

2024—2025　　　　　2029—2030

图 12.10　人形机器人未来发展阶段

2. 阶段二：进入商业服务、工业制造场景，且家庭场景渗透率提升

技术的完善助力机器人填补制造业用工缺口。阶段二，机器人的运动控制能力、续航持久性得到提升，得以发挥优势，承接制造业中跨场景的工作。据《制造业人才发展规划指南》，至 2025 年我国制造业将有 3000 万的人才缺口，占全球缺口的主要份额。

假设人形机器人售价为 37 万元，且 2026—2030 年在制造领域人形机器人对人工的新增渗透率相同。预计阶段二中人形机器人对人工的累计替代率分别为 9%、11% 时，2030 年新增渗透率分别为 1.8%、2.2%，创造的市场规模分别为 1998 亿、2442 亿元。

企业购买单个人形机器人回本时间在 3.28～3.75 年左右。根据国家统计局，2021 年中国城镇非私营单位就业人员年平均工资为 10.68 万元，同时前面预计阶段二中人形机器人单价为 35 万～40 万元，由此可计算出回本时间。需要注意的是，此处回本时间未考虑人形机器人使用过程中的能源成本、维修成本，故回本时间将长于此处预计时间。

餐饮服务员和超市营业员可能被人形机器人取代。餐饮服务与商品营业员有较大用工缺口，且这一工作具有一些与人形机器人的特点十分契合的性质。首先，工作场景较为有限，对机器人识别陌生环境的要求相对不高；其次，承担商品摆放、分拣、递送、介绍与引导等综合性服务功能，人形机器人跨场景工作的灵活性可发挥作用；再次，以人为服务对象，机器人的亲人性能促进销售。阶段二中，机器人跨场景工作的稳定性提升，同时在阶段一中人形机器人较为充分地走入人们的视野，故人们对其的熟悉度与接受度提升，有助于其对餐饮服务者和商品营业员进行替代。

仅以餐饮服务为例，预计将创造可观的市场规模。在阶段二中，人形机器人的售价假设为人民币 37 万元，该价格对大部分私营餐饮店较为昂贵，故人形机器人对餐饮服务者的替代率暂不会太高，其主要是在规模较大的连锁餐饮店中得到使用。

综合服务、情感交互能力的完善提升了人形机器人在家庭场景的渗透率。阶段二中，人形机器人或可完成多种较复杂的家务，实用能力得以提升；同时由于阶段一中积累了较多与人互动的场景的数据，其识别并回应人类情感的能力进一步完善；再加之价格下降的因素，此时不局限于高端消费者，有更多家庭愿意在家中添置人形机器人。

市场规模预测：假设阶段二中机器人价格为 25 万元，在较悲观、中性和较乐观的三种情境下，分别估计每个市场人形机器人的累积渗透率，进而计算人形机器人单年渗透率。家庭场景创造的市场规模分别为 11 万、14 万亿元和 17 万亿元，阶段二 2030 年总计市场规模分别为 1.90 万亿元、2.55 万亿元和 3.16 万亿元。

3. 阶段三：家庭普及度进一步提升，承担陪伴、照顾功能

受益于 AI 技术发展，人机交互进一步提升，能承担陪伴、照顾人的功能，在有孩子与老人的家庭中渗透率进一步提升。在第三阶段 AI 技术进一步成熟，助力机器人更好地回应人的情感需求。与此同时，机器人的自主程度进一步提升，能够通过观察人的体征与行为而自主作出帮忙倒水、送药和发起对话等决策，实现呵护人的功能。

市场规模预测：2035 年，假设人形机器人价格为 20 万元，且照顾、陪伴功能分别为美国、欧洲、亚洲市场累计新增了 5%、7%、4% 的渗透率，即单年渗透率分别为 1%、1.4%、0.8%。在较悲观、中性、较乐观的场景中，家庭场景的市场规模将分别达到 3.00 万亿、3.66 万亿、4.26 万亿元。阶段三中工业、场景的市场规模也还可能上升。本报告主要考虑机器人交互性、自主性提升为家庭场景创造的规模，故认为工业和商业规模与阶段二同。

12.2.3　未来人形机器人的重要市场

服务型需求场景有望成为人形机器人的重要市场。长期来看，人形机器人的最大优势在于通用性，人形机器人的特点在于泛化能力。如果只为解决单一或少数场景的应用，则特定专用机器人足以满足要求（如酒店服务机器人，扫地机器人等），从第一性原理来说，机器人之所以拟人，其根本目的在于完成多样化的任务，如能爬楼梯，能按电梯，能提重物等完成所有人类所需的各种任务。

大模型具有庞大的先验知识库与强大的通识理解能力。可以满足人形机器人通用性的场景要求和技能要求。不再仅限于完成某一类特定工作，而是进一步完成多类型任务。目前机器人的应用基础是代码，机器人工程师需要编写代码和规范来控制机器人行为，这个调试过程缓慢、昂贵且低效，使用场景有限。ChatGPT 带来一种新的机器人应用范式，我们可以通过 LLM 将自然语言快速转换为代码。这样就可以解决大量的场景以及任务需求，有望大幅度降低算法开发的复杂度，同时可以简化合并算法模型数量，提升开发效率。而传统算法模型即使经历大量的训练，仍存在较多小概率场景（corner case）难以覆盖，泛化能力较低。

人形机器人大模型所需的视频数据足够充足。深度学习的本质是模仿，可以用大量的人类视频来进行预训练和模仿学习，之后再通过标注用 Reinforcement Learning 进行微调。机器人做成人形也是为大模型在机器人上的发展铺垫。

思维链（Chain of Thought，CoT）是一种思维工具，通过逐步延伸和拓展一个主要想法，帮助人们进行更深层次的思考，并得出更复杂、更全面的结论。在机器人大模型上，思维链可以帮助机器人拆分与分解一件事件如何完成，增加了先解码出计划的步骤，再解码需要完成任务需要输出的动作,在需要语义推理任务上效果更好。如图 12.11 所示,在 Google 发布展示的具身大模型中 RT-2 中,机器人展示了类似视觉-语言模型(VLM)的思维链,如选出与其他物品不同的物品;告诉机器人很困,让机器人拿饮料,机器人会拿红牛;让机器人完成锤钉子任务,但桌子上只有耳机线、石头、纸,使用思维链后机器人会拿石头等。

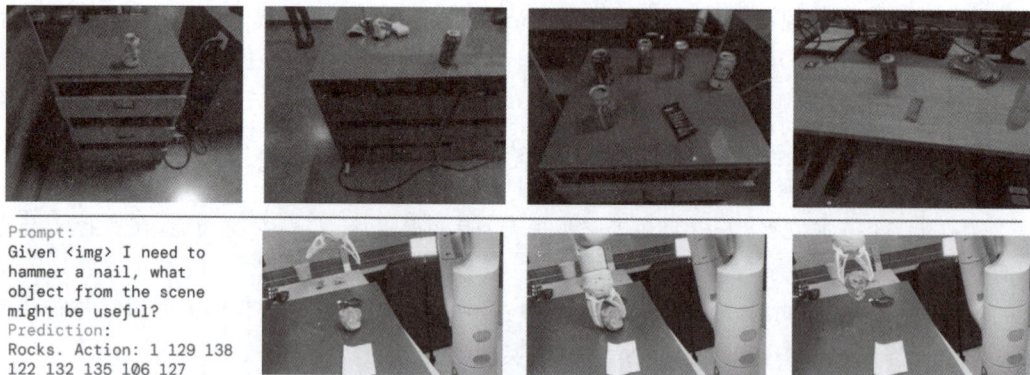

Prompt:
Given <img> I need to
hammer a nail, what
object from the scene
might be useful?
Prediction:
Rocks. Action: 1 129 138
122 132 135 106 127

图 12.11　RT-2 与思维链推理的推出,其中 RT-2 生成计划和行动

12.3　具身智能

具身智能(Embodied AI)指的就是能够感知并理解周边环境,通过自主学习完成任务的智能体。其中的"智能"一词,指的就是与环境交互,同时在环境中行动的功能,简单概括就是"身体力行"。人工智能大模型和人形机器人的出现,是迈向具身智能道路上的一大步。具身智能的组成如图 12.12 所示。

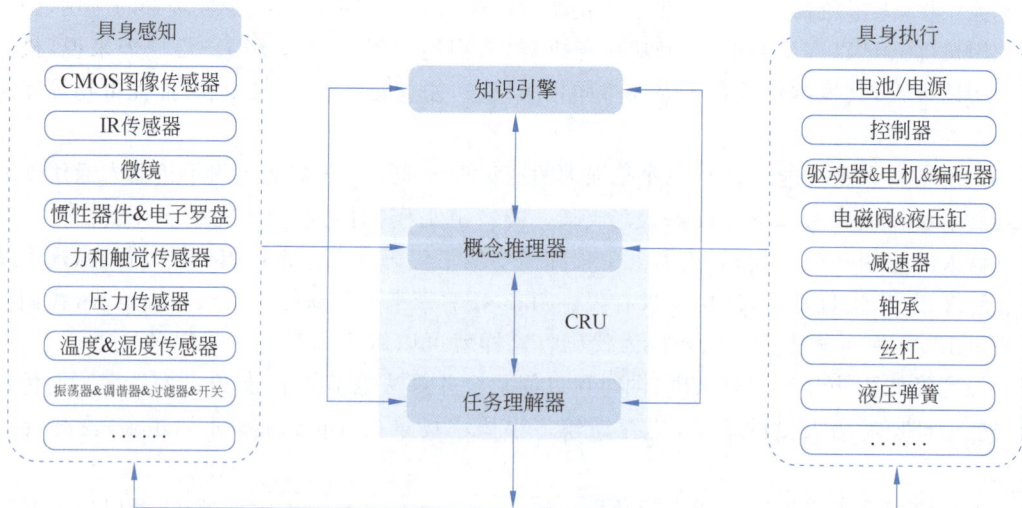

图 12.12　具身智能的组成

具身智能,首先需要听懂人类语言,分解任务、规划子任务,移动中识别物体,与环境交互,最终完成任务。人形机器人很好地契合了具身智能的要求,有望成为标杆应用。机器人研究的关键在于让机器人适应人类环境,最终走进千家万户的生活(工业、餐饮、医疗等多领域)。人形机器人有望率先在 B 端上量,最终打开 C 端市场。远期市场空间可观。

　　人工智能是一个广泛的领域,它利用机器学习、深度学习和强化学习等方法,帮助人类发现数据背后的模式,超越人类在特定任务上的能力,并为智能体赋予自主学习和进化的能力。在过去的十年中,计算机视觉、自然语言处理等技术在图像识别、语音处理等任务上取得了爆炸性的发展,各种集成应用已经普及到人们的日常生活中。

　　然而,具有物理实体、能够与真实世界进行多模态交互,像人类一样感知和理解环境,并通过自主学习完成复杂任务的智能体,仍然还没有完全从科幻电影中走出来进入现实世界。目前我们看到的人形机器人仍然处于玩具化的阶段,它们步态呆板,只能完成一些看似简单的展示性任务,例如国内的优必选(UBTECH)等。要实现类似波士顿动力(Boston Dynamics)所展示的令人惊叹的运动能力,需要先进的底层控制和硬件支持,这需要国内的学术界和工业界共同努力,波士顿动力的部分机器人介绍如图 12.13 所示。

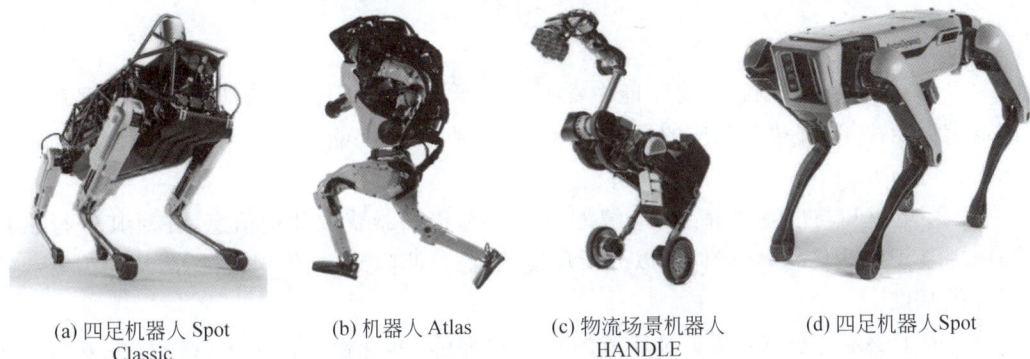

(a) 四足机器人 Spot　　(b) 机器人 Atlas　　(c) 物流场景机器人　　(d) 四足机器人Spot
　　　 Classic　　　　　　　　　　　　　　　　 HANDLE

图 12.13　波士顿动力的部分机器人

　　(1) 四足机器人 Spot Classic。身高 0.94 米,自重 75 千克,最大负载 45 千克,电池供电,液压驱动,360°全景雷达,12 个关节点。这是一款专为室内外环境设计的四足机器人,基于早先版本的机器人开发而得来,具备狗的外形和很强的机动性能和稳定性。采用雷达和立体视觉用于感知环境,可以保持自身平衡并在复杂里面实现全自主导航。

　　(2) 机器人 Atlas。身高 1.5 米,自重 75 千克,最大负载 11 千克,电池供电,液压驱动,雷达和立体相机系统,28 个关节点。Atlas 是波士顿公司开发的最新一款人形机器人,控制系统协调手臂、身体和腿的运动,使之行走起来更像人的姿态,能够在有限的空间内完成较为复杂的工作。硬件采用 3D 打印技术最大化地减少重量和体积,提高了负载自重比。基于立体相机和其他传感器机器人可自主行走于崎岖地形,即使摔倒也能自己爬起来。该人形机器人具备人的工作特点,那就是在有限空间内可以完成复杂的任务,根据不同任务,搭载对应的传感器即可。比如搭载武器系统,就成了一名士兵;搭载烹饪系统,可能就成了一名优秀的厨师等。如果本体系统足够稳定,未来生活中的很多场景都有机会看到它们的身影。

　　(3) 物流场景机器人 HANDLE。身高 2 米,自重 105 千克,最大负载 15 千克,电池供电,电气驱动,深度相机,10 个关节点。这是一款由轮子和腿组成的高度灵活的机器人,专为物流场景而设计。只需一台机器人即可实现托盘上取货,堆垛和卸货等一系列工作。基于运动、动力学和平衡学设计的原理设计,并且具备强大的动力和灵活性,能够帮助人类从辛苦的搬运工作中解决出来,并且无须其他额外的设备配合完成工作。该机器人可完成仓储环境中代替人类对货物箱子实施抓取并放置到目标点的任务,在设置好任务以后,具备独立完成任务的能力,而无须再搭载其他设备配合,这就大大降低了实现该方案的成本。特别是一些复杂环境下的仓储,自动化设备无法实现时,该机器人的优势将更明显。

(4)四足机器人 Spot。身高 0.84 米,自重 30 千克,最大负载 14 千克,电池供电,电气驱动,采用 3D 视觉系统,17 个关节点。这是所有机器人中一款噪声最小的产品,可用于办公室和家庭环境中。Spot 机器人具备了移动抓取物体的功能。传感器系统包括深度相机、立体相机、惯导模块和位置/力传感器,最终实现机器人全自主导航功能。从该结构可以看出,该机器人平台配合手臂可以实现一般的物品抓取功能,而且能够开关门等,满足简单的应用。如果需要满足特定行业应用,可能需要重新设计手抓部分和手臂的负载能力。

随着传感器技术、机器学习算法和机器人控制的发展,具身智能的应用逐渐扩大,涵盖了工业自动化、医疗护理、农业、物流和服务机器人等领域。

12.3.1　具身机器人的控制单元

决策与行动执行机制在具身智能中发挥着重要作用,它们使得智能体能够根据环境和任务需求做出决策,并执行相应的行动。以下是一些具身智能中决策与行动执行机制的应用示例。

(1)环境感知与情境理解:具身智能系统通过传感器获取环境信息,并对其进行感知和理解。基于这些信息,智能体可以分析环境状态、检测障碍物、辨识目标等,从而为后续的决策提供基础。

(2)决策制定与规划:基于对环境的感知和理解,具身智能系统可以进行决策制定和规划。这包括选择合适的行动策略、路径规划、任务分配等。例如,在无人驾驶汽车中,系统可以根据交通规则、车辆状态和目标位置等信息,做出决策并规划最佳的驾驶路径。

(3)运动控制与执行:决策制定之后,具身智能系统需要将决策转换为具体的运动控制指令,以执行相应的行动。这可能涉及机械臂、轮式机器人、无人机等的动作执行。智能体需要精确控制自身的运动,以实现预定的目标。

(4)协调与合作:在多智能体系统中,决策与行动执行机制也涉及智能体之间的协调和合作。智能体需要共享信息、制定共同的决策,并协调行动以达到整体的目标。例如,在无人飞行器编队中,各个飞行器需要协同飞行、保持间距,并共同完成任务。

(5)自适应与学习:决策与行动执行机制还可以与自适应和学习技术结合,使具身智能系统能够根据经验和反馈进行调整和改进。通过机器学习、深度学习、强化学习等方法,智能体可以优化决策策略和行动执行,适应不同的环境和任务。

这些决策与行动执行机制的应用使具身智能系统能够高效地感知环境、做出智能决策,并执行相应的行动。这些机制的不断发展和创新推动了具身智能在机器人、自动化系统和物联网等领域的广泛应用。

12.3.2　具身机器人的算力和存储

具身机器人的算力和存储能力因各种因素而异,取决于其设计和用途。

具身机器人通常需要足够的处理能力来执行复杂的任务和交互。算力的衡量通常以中央处理器(CPU)的性能为基准。常见的具身机器人可能搭载与智能手机或平板电脑类似的处理器,或者更高级的处理器,如专用的嵌入式系统芯片。这些处理器通常具有多个核心和高速缓存,以提供更好的性能。

此外,具身机器人需要存储设备来存储和访问程序、数据和其他资源。存储可能包括固态驱动器(Solid-State Drive,SSD)或闪存存储器。存储容量的大小通常根据具身机器人的用途而定。一些机器人可能只需要较小的存储空间来存储基本程序和数据,而其他机器人可能需要更大的存储容量,以存储更多的数据、图像、音频或视频。

需要注意的是,具身机器人的算力和存储容量通常会受到成本、能源消耗和尺寸等因素的限制。不同的具身机器人可能具有不同的算力和存储能力,以适应各自的特定任务和应用场景。随着具身机器人的快速发展,对存储的需求也日益增高。

1. 发展瓶颈:"存储墙"问题日益严重,存储发展面临瓶颈,新型存储应运而生

在传统的冯·诺依曼计算架构中,存储系统面临着平衡容量与速度的挑战。当前的计算设备,包括智能手机、个人计算机以及服务器集群,均采用这一架构,其特点是程序存储与计算处理在物理上是分离的。数据必须从存储器中读取,然后传输至处理器进行计算,这导致了存储与计算之间的速度差异。为了解决这一问题,现代计算系统普遍采用了三级存储结构,包括高速缓存(SRAM)、主存(DRAM)和外部存储(NAND Flash)。SRAM 作为静态随机存取存储器,具有纳秒级的响应时间,但由于其需要消耗大量晶体管存储数据,通常被集成到 SoC 内核中作为缓存使用。DRAM 作为动态随机存取存储器,虽然响应时间稍慢,约在 100 纳秒量级,但提供了更高的存储容量。NAND Flash 作为闪存,属于非易失性存储,能够永久保存数据,具有更大的存储容量,但其响应时间可达 100 微秒级。

存储器越接近运算单元,响应速度越快,但由于功耗、散热和芯片面积的限制,存储容量随之减小。过去二十年间,处理器性能以每年约 55% 的速度提升,而存储性能的提升速度仅为 10% 左右,这种存储性能与处理器性能之间的差距导致了所谓的"存储墙"问题。在冯·诺依曼架构下,数据需要在 NAND Flash、DRAM 和 SRAM 之间进行传输,这不仅消耗了大量时间和能量,而且由于存储器的工艺路线与处理器不同,其性能发展已远远落后于处理器,导致数据处理速度和能效比问题日益严重。存算一体技术(Computing in Memory,CIM)因此应运而生,该技术在存储器中嵌入计算能力,直接在存储器中进行数据处理,将数据存储与计算融合在同一芯片区域,消除了不必要的数据搬运,从而显著提升计算效率并降低功耗,特别适用于深度学习等大规模并行计算场景,代表了一种全新的芯片计算架构。

针对"存储墙"问题,高带宽内存(High Bandwidth Memory,HBM)技术通过堆叠多颗 DRAM 颗粒提供更高的传输速度和带宽,但这并不属于新型存储技术,而是对原有内存技术的升级。真正的新型存储技术旨在提高 NAND Flash 的速度,这些新型存储器具备 DRAM 的读写速率与寿命,同时拥有 NAND Flash 的非易失特性,理论上可以将内存和外存合并为持久内存,简化存储架构,缩小或消除内存与外存之间的"存储墙"。目前的新型存储技术包括 PCM(相变存储器)、MRAM(磁阻存储器)、RRAM(阻变存储器)和 FRAM(铁电随机存取存储器)等多种新兴技术。这些技术的发展有望为计算系统带来革命性的变化,解决存储与计算之间的性能鸿沟。

新型存储器天然具备存算融合优势,赋能存算一体技术加速落地。此外,就存算一体技术而言,目前既有使用 DRAM、SRAM、NAND 等传统存储器的方案,也有使用 PCM、MRAM、RRAM 等新型存储器的方案。但传统存储器由于其制造工艺不同于逻辑计算单元,因此无法实现良好的融合,目前只能实现近存计算,所以"存储墙"问题仍然存在,并且

DRAM 和 SRAM 作为易失性存储器,需要持续供电来保存数据,这会进一步带来功耗和可靠性的问题。但是,新型存储器具备非易失性,这使得设计者可以利用欧姆定律和基尔霍夫定律在阵列内完成矩阵乘法运算,而无须向芯片内移入和移出权重。因为新型存储器通过阻值变化来存储数据,而存储器加载的电压等于电阻和电流的乘积,相当于每个单元可以实现一个乘法运算,再汇总相加便可以实现矩阵乘法,所以新型存储器天然具备存储和计算的属性。在这种情况下,同一单元就可以完成数据存储和计算,消除了数据访存带来的延迟和功耗,可以实现真正意义上的存算一体。

2. 新型存储:HBM、存算一体需求迫切,PCM 有望成未来之星

HBM(High Bandwidth Memory)即高带宽存储器,按照 JEDEC 的分类,HBM 属于图形 DDR 内存的一种,通过使用先进的封装方法(如 TSV 硅通孔技术)垂直堆叠多个 DRAM,与 GPU 通过中介层互连封装在一起,在较小的物理空间里实现高容量、高带宽、低延时与低功耗,已成为数据中心新一代内存解决方案。

3. 对比 GDDR,为何是 HBM

GDDR 和 HBM 均为针对 AI 和图形运算等高吞吐量应用的存储器架构。但图形芯片性能的日益增长,使其对高带宽的需求也不断增加。随着芯片制程及技术工艺达到极限,GDDR 满足高带宽需求的能力开始减弱,且单位时间传输带宽功耗增加,预计将逐步成为阻碍图形芯片性能的重要因素。以 GDDR5 为例,从单片封装性能对比,HBM 在总线位宽、时钟速率、带宽及工作电压各个性能参数较 GDDR5 均更具优势。从带宽功耗比的角度来看,相同功率下,HBM 带宽是 GDDR5 的 3 倍以上。而从性能面积比的角度量化,1GB HBM 较 1GB GDDR5 的面积节省多达 94%。

高性能计算功耗问题突出。最开始数据中心通过提高 CPU、GPU 的性能进而提高算力,但处理器与存储器的工艺、封装、需求不同,导致二者之间的性能差距逐步加大。NVIDIA 创始人黄仁勋曾表示计算性能扩展的最大弱点就是内存带宽。以 Google 第一代 TPU 为例,其理论算力值为 90TFOPS,但最差真实值仅 1/9,即 10TFOPS 算力,因为其相应内存带宽仅 34GB/s。此外,在传统架构下,数据从内存到计算单元的传输功耗是计算本身能耗的约 200 倍,而用于计算的能耗和时间占比很低,数据在内存与处理器之间的频繁迁移带来严重的功耗问题。

HBM 打破内存带宽及功耗瓶颈。HBM 不同于传统的内存与处理器基于 PCB 互联的形式,而是基于与处理器相同的"Interposer"中介层互联实现近存计算,减少数据传输时间,且节省了布线空间。而基于 TSV 工艺的 DRAM 堆叠技术则提升了带宽,并降低功耗和封装尺寸。根据 SAMSUNG,3DTSV 工艺较传统 POP 封装形式节省了 35% 的封装尺寸,降低了 50% 的功耗,并且对比带来了 8 倍的带宽提升。

HBM 正成为 HPC 军备竞赛的核心。NVIDIA 早在 2019 年便已推出针对数据中心和 HPC 场景的专业级 GPUTeslaP100,当时号称"地表最强"的并行计算处理器,DGX-1 服务器就是基于单机 8 卡 TeslaP100GPU 互连构成。得益于采用搭载 16GB 的 HBM2 内存,TeslaP100 带宽达到 720GB/s,而同一时间推出的同样基于 Pascal 架构的 GTX1080 则使用 GDDR5X 内存,带宽为 320GB/s。此后 NVIDIA 数据中心加速计算 GPUV100、A100、H100 均搭载 HBM 显存。最新的 H100GPU 搭载 HBM3 内存,容量 80Gb,带宽超 3Tb/s,为上一代基于 HBM2 内存 A100GPU 的两倍。而作为加速计算领域追赶者的 AMD 对于

HBM 的使用更为激进,其最新发布的 MI300XGPU 搭载容量高达 192GB 的 HBM3 显存,为 H100 的 2.4 倍,其内存带宽达 5.2TB/s,为 H100 的 1.6 倍,HBM 正成为 HPC 军备竞赛的核心。

此前,推理环节多数搭载 GDDR6 内存,内存瓶颈更甚于训练环节,HBM 升级替代需求迫切,市场规模将持续增长。目前大多数项目的 LLM 推理都是作为实时助手运行,这意味着它必须实现足够高的吞吐量,以便于用户实际使用。人类平均每分钟阅读约 250 个单词,但有些人的阅读速度高达每分钟约 1000 个单词。在 1 万亿参数密集模型中,由于内存带宽限制,即使 8 颗 H100 也无法满足每分钟 1000 个单词对应标识符的极端吞吐量。

CPU 搭配 HBM 先河已开,配合 DDR 提供灵活计算方案。通常认为 CPU 处理的任务类型更多,且更具随机性,对速率及延迟更为敏感,HBM 特性更适合搭配 GPU 进行密集数据的处理运算。2022 年底,Intel 正式推出全球首款配备 HBM 内存的 x86CPU:Intel Xeon Max 系列。该 CPU 具有 64GB 的 HBM2e 内存,分为 4 个 16GB 的集群,总内存带宽达 1TB/s。在 MLPerfDeepCAM 训练中,Xeon Max 系列 CPU 的 AI 性能比 AMD7763 提升了 3.6 倍,比 NVIDIA 的 A100 提升了 1.2 倍。Xeon Max 系列支持三种不同的运算模式,即 HBM 模式、HBM 平面(1LM)模式和 HBM 缓存模式,其中 HBM 平面模式和 HBM 缓存模式为搭配 DDR5 的方案。考虑到 HBM 的内存带宽大但容量相对小,而 DDR 一般容量相对大但内存带宽小,根据不同场景将 DDR 和 HBM 搭配使用,可提供更为灵活的内存运算形式。

大模型本地化解决数据安全性等重要问题。终端 AI 的应用十分广泛,科技巨头对用户的数据控制引发广泛的安全和隐私担忧,人工智能领域的领导者包括 Google、Meta、百度和字节跳动等公司目前的盈利能力均不同程度来源于基于用户数据肖像的广告定位,终端算力安全优势不言而喻。此外,本地模型还具备实现移动设备脱网使用、减少延时等优势,有望成为未来移动终端设备的标配。

终端硬件存力限制本地模型参数规模,HBM 或是答案。不同于云端算力搭配专用 GPU 工作,本地模型推理的算力更多依赖于终端硬件 SoC,算力瓶颈可以依靠未来的芯片架构升级(Chiplet)以及制程升级(3nm/2nm 工艺)解决,存力优化才是大模型终端应用的重中之重。即使保守假设正常的非 AI 应用程序以及缓存唤醒等消耗带宽的一半。

存力是未来 LLM 终端化应用的最大障碍。但考虑到 AMD 早前便已推出消费端应用的 HBM 产品,Intel 也已推出搭配 CPU 的 HBM 产品,meta 和高通也已于近日宣布大语言模型 Llama2 将在手机和 PC 上的高通芯片上运行。未来最先进的移动端设备或有望率先搭载 HBM 突破客户端大模型的存力障碍。

4. 具身机器人上的存储挑战

对于人形机器人而言,其存储器需要满足多种要求,包括高容量、快速读写速度、可靠性和持久性等。首先,由于人形机器人需要处理大量的数据,包括图像、声音、传感器数据等,因此需要高容量的存储器来存储这些数据。同时,存储器还需要能够提供快速读写速度,以便机器人能够快速地存取所需的数据。并且存储器需要具有可靠性,能够在各种环境下保持数据的完整性和稳定性。而由于机器人需要长时间运行,存储器也需要具有持久性,能够在多次使用和重启后仍然保持数据的完整性。并且由于机器人需要长时间运行,存储器的能耗和散热问题需要得到解决。此外,人形机器人的数据存储还有一些特殊的要求。例如,由于机器人的运动涉及大量的计算和控制,因此需要存储器能够提供快速的数据存取速度。同时,由于机器人的运动涉及复杂的算法和控制策略,因此需要存储器能够提供大容量的数据存储空间。当然,目前的这些挑战都只是在硬件层面上的问题,也就是可以通过技术迭代来解决。但另一些问题,可能需要通过创新才能解决,比如类脑计算技术、自然语言处理技术、情感识别和表达技术、运动控制技术等,其中自然语言处理技术随着生成式 AI 的快速发展,预计离解决不会太遥远。但这些技术的实现,都需要依托人形机器人本身的存储器来实现,除了超高速的读写、高可靠性、高持久性以及大容量外,还需要存储器能够模拟人类大脑的工作机制来实现记忆存储。

12.3.3　具身机器人的大模型

随着大规模模型技术的兴起,当前正处于一个崭新的智能时代的黎明。大模型能力与机器人需求密切相关,如图 12.14 所示。

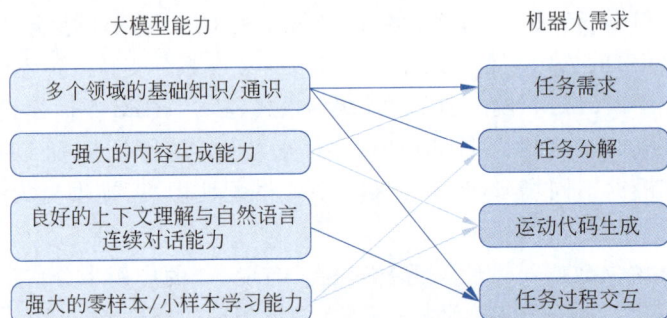

图 12.14　大模型能力与机器人需求的映射关系

未来的 5～10 年将带来一场大变局,99% 的开发、设计和文字工作将被 AI 接管。这不仅仅是一个想象,而是对未来可能趋势的深思熟虑。在互联网时代目睹了大量网站的崛起,成为互联网时代的原生应用的主要载体,这个时代有了 Web 相关的新技术,这些技术承载着 Google、Facebook、Twitter 等互联网明星企业的崛起。进入移动互联网时代,App 成为了主要载体,它们占据了整个移动互联网时代人们注意力的中心。然而,进入智能时代,时代的核心载体可能不再是 App,也不再是网站,而是 Agent,也许几年后的现实才能给出答案,但历史告诉我们一个新鲜事物的演进总会找到一个稳定的术语来概括这个载体。

1. Agent:AI 新时代的起点

大模型的火热发展可谓上半年最引人注目的赛道,而随着 GPT-4 的发布,大型模型的竞争更加白热化。然而,在这个激烈的竞争中,OpenAI 的创始成员却将目光投向了 Agent 领域。那么,什么样的应用才能算作一个 Agent 应用呢?OpenAI 的华人科学家翁丽莲给出了一个直观的定义:"Agent=大型模型+记忆+主动规划+工具使用"。

AI Agent 是一种超越简单文本生成的人工智能系统。它使用大型语言模型(LLM)作为其核心计算引擎,使其能够进行对话、执行任务、推理并展现一定程度的自主性。简而言之,Agent 是一个具有复杂推理能力、记忆和执行任务手段的系统。能感知并自主地采取行动的实体,这里的自主性极其关键,Agent 要能够实现设定的目标,其中包括具备学习和获取知识的能力以提高自身性能。

Agent 的复杂程度各不相同,一个简单的恒温器可以是一个 Agent,一个大型的国家或者一个生物群体也可能是个 Agent。感知环境、自主决策、具备行动能力,设定明确的目标和任务,适应环境及学习能力,都是 Agent 的关键特点。

在大型模型的背景下,Agent 可以理解为一种能够自主理解、规划和执行复杂任务的系统。尽管像 AutoGPT 和 BabyAGI 这样的技术演示项目在今年 4 月曾一度引起轰动,但它们距离真正的商业应用还有一段距离。然而,Agent 的第二波爆发标志是与各种应用场景更紧密的结合。基于 LLM 驱动的 Agent 基本框架如图 12.15 所示。

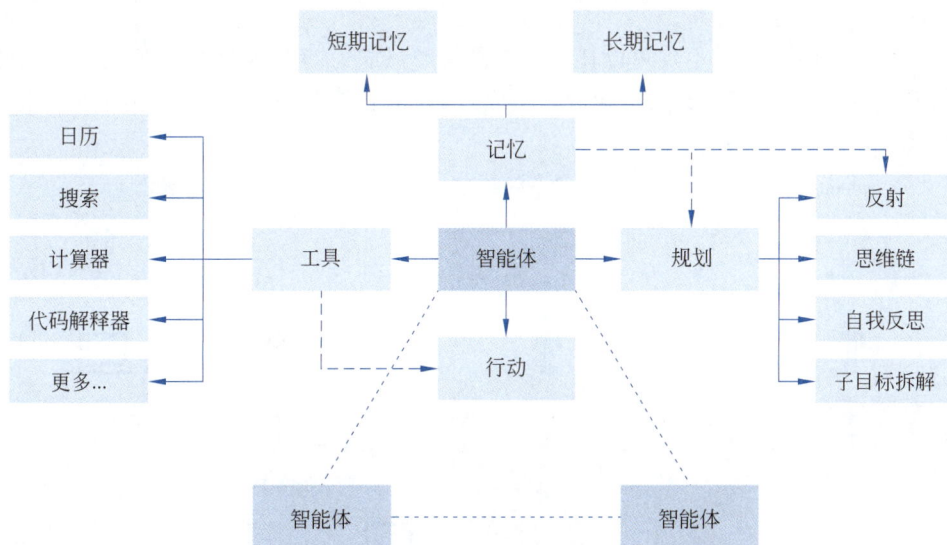

图 12.15　基于 LLM 驱动的 Agent 基本框架

它具有记忆、规划、工具使用和行动四个主要模块。

(1) 记忆(Memory)。记忆模块负责存储信息,包括过去的交互、学习到的知识,甚至是临时的任务信息。对于一个智能体来说,有效的记忆机制能够保障它在面对新的或复杂的情况时,调用以往的经验和知识。例如,一个具备记忆功能的聊天机器人可以记住用户的偏好或先前的对话内容,从而提供更个性化和连贯的交流体验。它分为短期记忆和长期记忆:①短期记忆,所有的上下文学习都是利用短期记忆来学习;②长期记忆,这为智能体提供了长时间保留和回忆(无限)信息的能力,通常是通过利用外部向量数据库和快速检索,比如某个行业领域沉淀的大量数据和知识。有了长期记忆,很多数据可以被积累下来,使得智能体的可用性更加强大,更具行业深度、个性化、能力专业化等优势。

(2) 规划(Planning)。规划模块具有事前规划和事后反思两个阶段。在事前规划阶段,这里涉及对未来行动的预测和决策制定,如执行复杂任务时,智能体将大目标分解为更小的、可管理的子目标,从而能够高效地规划一系列步骤或行动,以达到预期结果。在事后反思阶段,智能体具有检查和改进制定计划中不足之处的能力,反思错误不足并吸取经验教训进行完善,形成和加入长期记忆,帮助智能体之后规避错误、更新其对世界的认知。

(3) 工具使用(Tool use)。工具使用模块指的是智能体能够利用外部资源或工具来执行任务。如学习调用外部 API 来获取模型权重中缺失的额外信息,包括当前信息、代码执行能力、对专有信息源的访问等,以此来补足 LLM 自身弱项。例如 LLM 的训练数据不是实时更新的,这时可以使用工具访问互联网来获取最新信息,或者使用特定软件来分析大量数据。现在市场上已经存在大量智能化的工具,智能体使用工具比人类更为顺手和高效,通过调用不同的 API 或工具,完成复杂任务和输出高质量结果,这种使用工具的方式也代表了智能体的一个重要特点和优势。

（4）行动（Action）。行动模块是智能体实际执行决定或响应的部分。面对不同的任务,智能体系统有一个完整的行动策略集,在决策时可以选择需要执行的行动,比如广为熟知的记忆检索、推理、学习、编程等。

这四个模块相互配合使智能体能够在更广泛的情境中采取行动和作出决策,以更智能、更高效的方式执行复杂任务。

基于大模型的 Agent 不仅可以让每个人都有增强能力的专属智能助理,还将改变人机协同的模式,带来更为广泛的人机融合。生成式 AI 的智能革命演化至今,从人机协同呈现了三种模式,如图 12.16 所示。

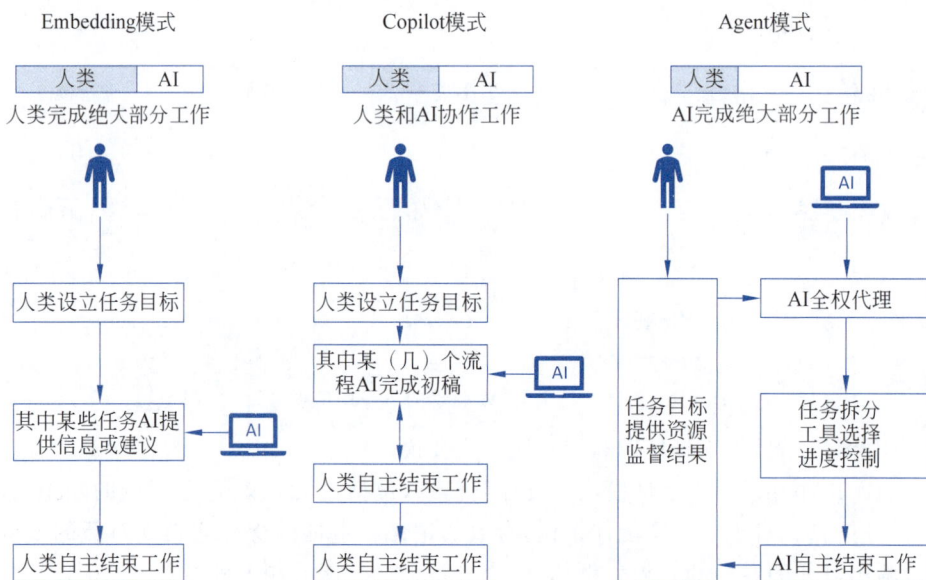

图 12.16　人类与 AI 协同的三种方式

（1）嵌入（embedding）模式。用户通过与 AI 进行语言交流,使用提示词来设定目标,然后 AI 协助用户完成这些目标,比如普通用户向生成式 AI 输入提示词创作小说、音乐作品、3D 内容等。在这种模式下,AI 的作用相当于执行命令的工具,而人类担任决策者和指挥者的角色。

（2）副驾驶（Copilot）模式。在这种模式下,人类和 AI 更像是合作伙伴,共同参与到工作流程中,各自发挥作用。AI 介入到工作流程中,从提供建议到协助完成流程的各个阶段。例如,在软件开发中,AI 可以为程序员编写代码、检测错误或优化性能提供帮助。人类和 AI 在这个过程中共同工作,互补彼此的能力。AI 更像是一个知识丰富的合作伙伴,而非单纯的工具。

实际上,2021 年微软在 GitHub 首次引入了 Copilot（副驾驶）的概念。GitHub Copilot 是一个辅助开发人员编写代码的 AI 服务。2023 年 5 月,微软在大模型的加持下,Copilot 迎来全面升级,推出 Dynamics 365 Copilot、Microsoft 365 Copilot 和 Power Platform Copilot 等,并提出"Copilot 是一种全新的工作方式"的理念。工作如此,生活也同样需要"Copilot","出门问问"创始人李志飞认为大模型的最好工作,是做人类的"Copilot"。

（3）智能体（Agent）模式。人类设定目标和提供必要的资源（例如计算能力），然后 AI 独立地承担大部分工作，最后人类监督进程以及评估最终结果。这种模式下，AI 充分体现了智能体的互动性、自主性和适应性特征，接近于独立的行动者，而人类则更多地扮演监督者和评估者的角色。

从对智能体记忆、规划、工具使用和行动四个主要模块的功能分析来看，智能体模式相较于嵌入模式、副驾驶模式无疑更为高效，或将成为未来人机协同的主要模式。

基于 Agent 的人机协同模式，每个普通个体都有可能成为超级个体。超级个体是拥有自己的 AI 团队与自动化任务工作流，基于 Agent 与其他超级个体建立更为智能化与自动化的协作关系。现在业内不乏一人公司、超级个体的积极探索。Github 平台上有一些基于 Agent 的自动化团队——GPTeam 项目。GPTeam 利用大模型创建多个被赋予角色和功能的智能体，多智能体协作以实现预定目标。比如，Dev-GPT 是一个自动化开发和运维的多智能体协作团队，包含了产品经理 Agent、开发人员 Agent 和运维人员 Agent 等角色分工。这个多智能体团队可以满足和支撑一个初创营销公司的正常运营，这便是一人公司。又如，号称是世界上第一个 AI 自由职业者平台的 NexusGPT。该平台整合了开源数据库中的各种 AI 原生数据，并拥有 800 多个具有特定技能的 AI 智能体。在这个平台上，可以寻找不同领域的专家，例如设计师、咨询顾问、销售代表等。雇主可以随时在这个平台上选择一个 AI 智能体帮助他们完成各种任务。

2. 新时代 AI Agent：LLM＋规划＋记忆＋工具，大模型重要落地方向

大模型时代的 AI AGENT＝LLM（核心控制器，构建核心能力）＋规划能力＋记忆＋工具。其中基座模型能力至关重要。

LLM 给 AI Agent 底层提供了一个突破性技术方案：过去强化学习基于深度学习框架可让 Agent 学到技能，但 Agent 本身并没有真正理解问题和技能，泛化性也较差，只能用于特定领域，主要用在游戏和用来制作低维控制或计划，代表性应用是围棋领域的 AlphaGo；LLM 带来了深度学习新范式，思维链和强大的自然语言理解能力有望让 Agent 具备强大的学习能力和迁移能力，从而让创建广泛应用且实用的 Agent 成为可能。

由于生成式 LLM 存在幻觉问题，记忆力短，在实际应用中难以保持长期一致性和准确性，且 Agent 间合作也是重要趋势，除了等待基座模型自身迭代之外，借助外部力量（如向量存储、检索、代码等）是重要方法，完整的 Agent 框架应该具备这些能力。补齐了大模型短板的 AI Agent 更具备实用性，将是大模型重要落地方向。前特斯拉总监、OpenAI 科学家 Karpathy 公开表示"如今 AI 智能体才是未来最前沿的方向"，"相比大模型训练，OpenAI 内部目前更关注 Agent 领域"。

当前学术界和产业界基于大型语言模型（LLM）开发的 AI Agent 应用主要分为两大类别。第一类是自主智能体，它们致力于实现复杂流程的自动化。这类智能体在被赋予一个目标后，能够独立创建任务、执行任务、生成新任务、重新确定任务优先级，并持续这一循环直至目标达成。由于对精确度的要求极高，这类应用特别需要外部工具来辅助减少大模型带来的不确定性。

第二类是智能体模拟，用于提高智能体的拟人化和可信度。这一类别中，智能体分为两大流派：一派强调情感和情商，另一派则侧重于交互能力。后者特别适用于多智能体环境，有时能够产生超出设计者预期的场景和能力，此时大模型的不确定性反而成为其优势，其生

成的多样性使其有潜力成为人工智能生成内容（AIGC）的重要组成部分。

这两大方向并非完全独立，而是作为 AI Agent 的两大核心能力并行发展。随着底层模型的成熟和行业探索的深入，预计 AI Agent 的应用范围将进一步扩大，其实用性也将得到提升。

在行业应用方面，编程开发行业再次成为首批采用 AI Agent 技术的行业之一。例如，最近备受关注的开源项目 Sweep，它整合了 GitHub 的 Issue 和 Pull Request 场景，能够自动解决 bug 报告和功能请求，并直接生成相应的代码。此外，由 OpenAI 支持的创业公司推出的 Cursor 代码编辑器，能够生成整个项目框架的代码，将代码生成能力提升到了一个新的水平。这些应用展示了 AI Agent 在编程领域的实际应用潜力，并预示着其在未来软件开发中的重要作用。随着技术的不断进步，AI Agent 有望在更多行业中发挥关键作用，推动自动化和智能化的进程。

3. 大语言模型

大语言模型的出现给服务型机器人带来了巨大的技术供给。在大模型出现之前，服务型机器人的人机交互主要靠深度学习模型完成，但深度学习没有文本生成能力，所以针对不同的问题只能提供固定互动方式，且由于泛化性较低只能解决常见问题。在大模型出现之后，机器人人机交互能力大幅度提高，只需在大模型下游搭配语音算法即可解决覆盖绝大部分服务场景。机器人的大模型系统搭载于云端，全部语言交互由云计算生成。在运动控制方面，由于服务型机器人不需要精准动作行为，所以决策控制算法相比劳动型机器人较为简单。服务型机器人的大模型仅仅用于人机交互方面，无法对机器人的决策控制产生影响。

（1）服务型机器人的短期方案：大语言模型（LLM）＋感知算法＋决策控制算法；劳动型机器人的短期方案：感知算法＋复杂决策控制算法。

短时间内，由于多模态大模型发展尚不成熟，大模型仅能在人机交互方面为机器人赋能，在运动控制方面仍需技术迭代，所以劳动型机器人仍需采用传统算法方案。此外，由于劳动型机器人的动作控制相比服务型机器人更加复杂，所以需要更加复杂的强化学习训练流程以得到更具鲁棒性的决策控制算法。此外，由于机器视觉技术仍存在短板，所以机器人往往还需要激光雷达/IMU 等传感器配合其感知环境。由于大模型仍处于技术发展的初期阶段，无法覆盖全场景，所以需要依据人形机器人应用场景给出不同的赋能方案；后期多模态大模型技术成熟之后，大模型有望赋能全场景的具身智能系统。

微软推出了 ChatGPT for Robotics 模式，可以大幅度提高算法开发效率。ChatGPT for Robotics 通过新思路对传统算法的开发模式做出了改良。在人类用自然语言指派任务后，ChatGPT 可以迅速根据任务生成相应的代码，下游的机器人会根据代码完成对应任务。相比于传统算法开发范式，ChatGPT for Robotics 可以大幅度降低新任务的算法开发工作量，缩短开发周期。但 ChatGPT for Robotics 模式的缺点在于本质上任务所有决策还是由人类来做，因此开发全流程需要人工实时监督；此外，决策过程需要人与 ChatGPT 的多轮互动，所以动作延迟较大，距离具身智能仍有一段距离。

（2）人型机器人的中期方案：视觉-语言模型（VLM）＋控制算法。

VLM 通过混合编码文本数据和图像数据训练，获得了图像逻辑思维能力的多模态大模型。与传统感知决策控制算法相比，VLM 能够参与人形机器人的决策过程，而控制部分仍需传统算法参与。VLM 在决策方面展现出较强的泛化能力和逻辑推理能力，但视觉-语言多模态大模型的发展仍需时间才能在机器人场景中获得较高的渗透率。

中期方案目前的典型产品为 Google 研发的 PaLM-E 大模型。PaLM-E 大模型有 5620
亿参数,可以通过简单指令自动规划计划步骤,实现在两个不同实体上的执行规划以及长距
离的任务。颠覆以往机器人只能实现固定路径行为或者需要人工协助才能完成的长跨度任
务。PaLM-E 具备较强的思维链能力和无样本学习能力,可实现基于图像内容的逻辑推理。

(3) 人型机器人的远期方案:视觉-语言-动作(VLA)模型。

VLA 模型是人形机器人触及具身智能的关键因素。相比于 VLM,VLA 模型把机器人
动作数据也作为一种模态融入大模型算法,因此可以用单个模型完成感知、决策、控制全流
程计算。将动作数据作为模态融入后,机器人动作将成为思维链的一环,因此决策与控制的
衔接更流畅,更具逻辑性。目前 VLA 方案的瓶颈在于机器人动作数据难以匹配其他两种
模态的数据规模,所以三种模态的同步数据较为稀少,需要 VLM 中期方案的长期积累。

Google 于 2022 年推出了 RT-1 模型。RT-1 建立在大模型基础上,可以理解简单的指
令并将其转换为机械臂的动作序列;PaLM-E 模型在 RT-1 的基础上增加了 Agent 功能,通
过大模型将复杂的指令分解成多个简单的指令,并指导下游的 RT-1 模型执行;RT-2 模型
建立在 PaLM-E 和 RT-1 基础上。RT-2 模型把以上环节端到端地集成到了一起,它能够用
复杂文本指令直接操控机械臂,中间不再需要将其转换成简单指令,通过自然语言就可得到
最终的 Action。

远期方案的典型产品为 Google 推出的 RT-2 模型。RT-2 是首个用视觉-语言-动作
(VLA)模态来控制机器人的大模型。RT-2 模型控制的机器人具备符号理解(Symbol
understanding)、推理(Reasoning)和人类识别(Human recognition)三大能力。RT-2 将机
器人运动数据作为一种模态,混合编入 PaLI-X 多模态大模型和 PaLM-E 多模态大模型的
VLM,并通过联合调参的方式构建出 VLA 模型。调参得到的 RT-2 大模型展现出了较强
的性能,符号理解、推理和人类识别的能力相比于采用 VLM 的 RT-1 模型的性能提升了
2~3 倍。此外 RT-2 还具备较强的思维链能力,可以完成多步骤逻辑推理;模型在输入图像
数据后会首先输出语言规划结果,再把语言规划结果分解成机械臂动作完成。

VLA 方案是完整的端到端模型,具备最高的运行效率。传统的机器人算法系统由感
知、决策规划、控制三个模块组成,执行流程需要经过两个接口,而 VLM 方案合并了感知与
决策模块,只包含一个接口。在机器人活动过程中,每个模块都要输出一个“Hard
Decision”作为下一个模型的“Prompt”输入,每多一个接口就会多一个“Hard Decision”和
“Prompt”的转换过程。如果上一模型输出的 Hard Decision 错误或是难以理解,则会导致
下一步骤难以执行。此外,如果存在接口,下游模块执行过程中出现的错误也难以反馈给上
一模型。因此,接口数量较少的系统不仅有更高的性能,也有更高的鲁棒性。VLA 模型将
感知、决策、控制三个模块结合,形成一个完整的端到端的系统,是最接近具身智能的形态。
软件算法是人形机器人的核心价值环节。

12.3.4　具身机器人的未来展望

具身智能机器人有望解决我国劳动力缺口。我国人口老龄化已成为不可逆转的趋势,
对未来劳动力短缺与用人成本上升造成长期且难以逆转的影响。我国人口老龄化程度不断
提高,作为全世界制造业产值最高的国家,我国拥有庞大的制造业基础,对应了广阔的劳动
力需求。具身智能机器人通过 AI 的高技术供给解放生产力,有望解决我国劳动力缺口和

用工成本上升的问题。

具身智能机器人在高危和特种场景中可以发挥重要作用,可以在巡检、紧急救援、核电站和化工厂、探险和勘察、矿山和建筑工地、火灾扑救、军事应用等场景代替人类从事危险、艰苦、高风险或者无法适应的任务,大幅提高了作业的安全性和效率,减少人类工作者暴露于危险环境的风险。

工业机器人无法用于长尾制造端和柔性制造场景。在当前阶段,工业机器人由多关节机械手或多自由度的机器装置组成,具备一定的智能化水平,已广泛用于电子、物流、化工等领域。工业机器人的缺点在于其定制化程度较高,只能用于大规模制造场景,而无法用于长尾制造端。此外,高度定制化的特点导致其响应更新速度较慢,无法用于柔性制造。

具身智能机器人有望重构生产范式。柔性制造已成为工业制造重要组成部分;相比于传统制造模式,柔性制造可以快速响应市场需求,缩短交货周期,降低库存和过剩产能,因此日益受到制造业厂商的重视。具身智能机器人不以任务为导向,泛用性较高,智能性与机动性强度接近人体之后即可完美替代人类作业,无须对机器人本身做场景定制化。因此具身智能机器人可以大规模用于长尾制造端和柔性制造场景,有望重构制造业的生产范式。

人型机器人有望在第三产业快速渗透。在当前阶段,工业机器人在汽车、电子、纺织服装、化工石化等规模制造业的渗透率较高,已经进入1-10的放量阶段;相比之下,机器人在第三产业刚刚进入0-1的产业落地初期阶段。因此工业机器人在第二产业的发展节奏可以映射人形机器人在第三产业的发展节奏。而映射到第三产业,需要机器人从机械臂的形式转向更加拟人化的人形机器人。未来随着具身智能技术赋能,人形机器人有望快速提高在第三产业的渗透率,实现服务业的智能化升级。

根据高盛预测,在理想状态下,若机器人软硬件在短期内产生重大技术突破,实现具身智能的同时年均降本达到20%,人形机器人全球市场空间有望在2035年达到1540亿美元,接近2021年智能汽车的市场空间,2025—2035年复合增长率达到94%;若是在乐观情况下,人形机器人的出货量有望在2035年达到100万台,市场空间2025—2035年复合增长率有望达到59%;而即使是在悲观推测下,人形机器人市场空间在2035年也有望达到60亿美元。从劳动力替代角度来看,预计2025—2028年人形机器人厂商达到两年投资回报期,2030—2035年客户端达到两年投资回报期。

1. 技术供给节奏加快,算法开发范式升级

尽管目前人工智能领域已经出现了一些在特定任务上表现出色的系统,例如语音助手、图像识别系统和自动驾驶汽车等,这些系统能够感知环境、处理信息并做出决策,但它们的智能仍然局限于特定的任务领域,无法像人类一样在各种不同情境下进行全面的智能互动。人形机器人系统同样面临这一挑战,当前的人形机器人只能遵循预设的软件算法执行特定场景的任务目标,面对长尾任务场景或作业过程中的干扰,机器人往往无法有效应对。

在人形机器人系统中,决策规划算法是实现具身智能的主要发展瓶颈。机器人的软件算法可以分为感知、决策规划和控制三个部分。感知算法已相对成熟,其发展瓶颈在于提升感知的精准度和范围;控制算法相对简单,其发展瓶颈在于硬件层面的性能与精准度;而决策规划算法则类似于人类大脑的认知能力,随着算法训练层次的提高,认知能力也会增长,因此具有较高的发展潜力。

目前,人形机器人决策规划算法主要有两种技术路线:强化学习反馈路线和小样本学

习路线,两者互相兼容、优势互补,共同构成了机器人软件算法的决策规划系统。强化学习反馈方案通过无数次的试错来找到任务的最优解决方案,积累大量现实世界的反馈,并据此做出方案总结。这种方法的优点在于能够覆盖绝大多数小概率事件,缺点是大多数试错属于无效过程,导致训练效率较低。

拖动示教方案则提供了一种机器人软件训练的捷径。与强化学习不同,拖动示教方案不需要通过试错来获得最优解,而是通过模仿少量案例直接达到任务的最优解。开发者可以通过直接拖拽机械臂的方式,使机器人通过 IMU、六维力矩传感器等记录并复现拖拽流程。相比于强化学习,小样本学习方案省去了训练反馈过程,大幅减少了算法开发的难度和周期。然而,小样本学习方案只能提供少数几种动作模式,因此必须与强化学习相结合,才能使机器人能够根据环境的变化做出适应性反应。

2. 具身智能是大模型的具象化形态

具身智能机器人,作为能够在物理世界中进行感知、理解和主动参与的智能体,其发展要求超越了传统的第三人称旁观学习,转而采用第一人称视角,与环境进行实际互动并在此过程中不断学习和更新任务目标与决策规划。这种智能体不仅需具备机器视觉、路径规划、行为控制等基础智能,更需具备强大的泛化能力和思维链能力。

泛化能力是具身智能机器人与复杂世界互动的关键。当前,机器人的感知、决策、控制系统多由传统算法如 SLAM 算法、路径规划算法等构成,这些算法即使经过大量训练,也难以覆盖所有小概率场景,显示出较低的泛化能力。例如,特斯拉自动驾驶系统 Copilot 在2021 年的一起事故中错误地将白色货车识别为天空,导致车辆发生碰撞,凸显了传统算法在泛化能力上的局限。

思维链能力同样重要,尤其在完成复杂动作和应对现实世界的干扰及环境变化时。具身智能机器人需将复杂任务分解为多个简单步骤,并在执行过程中动态调整任务目标以完成任务。Google 的 PaLM-E 模型展示了这种能力,当给出"把零食从抽屉中拿给我"的任务指令时,机器人能够将其拆解为多个步骤,并在干扰发生时调整任务目标以完成任务。

大模型因其高泛化性和思维链能力,成为具身智能系统的必备选项。预训练赋予了大模型知识压缩的能力,使其通过大规模预训练实现高泛化能力,覆盖绝大多数小概率场景,降低算法开发的复杂度。随着模型参数的扩大,大模型展现出思维链能力,将复杂任务逻辑化拆解,提高可用性,解决了具身智能技术的两大痛点。

具身智能代表了大模型在现实世界的具象化形态,是大模型的终极应用场景。随着技术的发展,大模型已从单纯的大语言模型(LLM)发展到图像-语言模型(VLM),并进一步发展到图像-语言-动作(VLA)模型,实现了数据与处理任务的跃升。大模型的数据模态逐渐丰富,数据规模迅速增长,应用场景和价值量也相应扩张,具身智能有望在未来成为大模型的终极应用场景,推动智能机器人技术实现质的飞跃。

3. 大模型重塑人形机器人算法开发范式

LLM 的兴起正在推动机器人算法开发范式的转型。随着 ChatGPT 等大模型在商业应用中的成功,其在人工智能领域的价值已被广泛认可。预计未来大模型将通过其高技术供给,重塑具身智能场景。鉴于大模型技术仍处于发展初期,多模态能力尚需进一步迭代,其在具身智能领域的技术供给可划分为三个阶段。

(1) 短期阶段:以大语言模型(LLM)为主,LLM 可以赋能人形机器人和人之间的交互,大幅度提高服务场景的智能化水平。但 LLM 无法参与机器人的规划控制,所以无法在动作控制方面施加影响力。

（2）中期阶段(1~3 年):视觉-语言模型(VLM)有望赋能具身智能系统,直接参与机器人的决策规划系统。但由于缺少动作模态,所以决策系统与控制系统契合度较低。

（3）远期阶段(2~5 年):视觉-语言-动作(VLA)模型。把动作作为模态融合进入大模型,得到了高度泛化能力和思维链能力的 VLA 模型,VLA 模型成熟之后可基本实现具身智能功能。

4. 当前产业生态:跨界巨头或占据核心生态位

特斯拉推出的"Optimus"掀起了人形机器人产业热潮。2023 年 5 月特斯拉股东会上视频展示了迭代后的 Optimus,相比上一次亮相,技术迭代后的 Optimus 在电机扭矩和力度控制等方面更精确。在软件方面,Optimus 机器人继承了特斯拉的 FSD 智能驾驶系统,算力芯片复用了 HW3.0 智驾芯片;Optimus 能探索和记忆环境,软件算法与人形机器人底层硬件模块的耦合性大为改善。迭代后的 Optimus 可以进入特斯拉工厂执行简单的任务。预计量产后的 Optimus 机器人单价有望低于 20000 美元。

人形机器人产业已进入百花齐放阶段。国内众多机器人厂商发布了人形机器人产品,傅利叶智能发布了人形机器人 GR-1;宇树科技发布其首款人形机器人 H1;智能机器人企业达阔发布了最新版旗舰人形服务机器人 XR-4。在诸多科技巨头的持续加码下,我国人形机器人的商业化进展有望加速。人形机器人有较多零部件继承自工业机器人,但工业机器人龙头厂商却无法占据人形机器人核心地位。人形机器人硬件主要由旋转执行器、直线执行器、手部执行器、电池包、视觉传感器等多种零部件组成,其中大部分零部件在工业机器人上已得到大规模应用。

跨界巨头或占据人形机器人产业链核心生态位。产业链中游的人形机器人厂商扮演了 OEM 的角色,大多为科技巨头或创业公司,如特斯拉、小米、优必选等。跨界巨头相比传统工业机器人厂商有较强的 AI 能力,而 AI 能力是人形机器人产业链的核心价值环节。此外,人形机器人研发与落地需要的巨量成本也是劝退传统工业机器人入局的因素之一。

在人形机器人产业中,AI 能力构成了核心竞争力和行业壁垒。尽管人形机器人的硬件零部件在工业机器人和汽车领域已有广泛应用,从中短期来看,硬件厂商的主要竞争优势在于成本控制。然而,从长远来看,成本降低将成为整个行业的共同目标,使得龙头企业难以仅凭成本控制维持其竞争优势,因此,硬件成本控制难以成为持久的行业壁垒。与此相对,AI 能力不仅定义了人形机器人的功能范围,而且是实现其在特定场景中应用的关键因素。借鉴智能汽车领域"软件定义汽车"的理念,软件算法有望成为人形机器人的核心价值环节,从而在人形机器人产业中占据核心地位。AI 能力的提升将直接影响人形机器人的智能化水平,包括其感知、决策和行动能力,这些能力是实现复杂任务和场景适应性的关键。

5. 未来商业模式:从制造走向运营,数据与算力是核心要素

人型机器人算法与智能驾驶系统相类似。特斯拉 Optimus 软件算法移植了 FSD 智能驾驶系统,计算芯片移植了 HW3.0 智驾芯片。智能驾驶系统与人形机器人系统具备较高的相似性,都是将 AI 能力赋能于复杂硬件设备,串联起众多传感器、运算芯片与执行器,实现智能体的自主行动。两者软件算法也有较高相似性,都具备了完整的感知、决策规划、控制的循环链路。这也是特斯拉能够快速切入人形机器人领域的核心原因。人形机器人系统相比智能驾驶系统，在微观层面的要求更高。智能驾驶系统只需要识别道路常见物体，而人形机器人系统不仅在物体识别能力上有更高要求，还需要辨别物体重量、质感、抓取方式等更多要素，因此需要更高的 AI 能力。

除了算法外，算力也是衡量厂商 AI 能力的重要因素。为了实现具身智能，人形机器人搭载的大模型往往有千亿级别的参数量。在此过程中模型的训练与推理需要花费大量的算力，因此人形机器人厂商需要筹备超算平台以支持具身智能系统的训练和推理。高性能算力平台可以协助具身智能算法快速迭代，缩短开发周期，还能在实际云端推理过程中加快响应速度，减少人形机器人的延迟。

特斯拉的 Dojo 超级计算机平台为人形机器人提供了强大的底层 AI 算力支持。特斯拉的 Optimus 机器人利用 Dojo 平台，该平台由 Dojo D1 芯片组成，具备大规模计算平面、极高的带宽和低延迟特性，尤其在训练模块中最大限度地保留了带宽。D1 芯片采用 7 纳米制造工艺，算力达到 22.6 Flops@FP32，超过了 NVIDIA A100 的 19.5 Flops@FP32，并配备了特斯拉自研的高带宽、低延迟连接器。Dojo D1 超算芯片在 GPU 通信协议上进行了优化，相较于 NVIDIA 的 NVLink 架构，效率更高。在大模型训练中，单块超算芯片的显存无法存储所有参数，需要上千块超算芯片的显存共同承载。Dojo 平台通过优化超算芯片结构，将 D1 芯片以 5×5 的方式封装成瓦片(training tile)，再将 6 个瓦片组合成服务器，瓦片间能快速互联，无需中间步骤，数据通过接口处理器连接，实现二维扩展，获得比 GPU 更高的互联带宽。特斯拉还在软件算法方面进行了创新，通过变更配套式框架支持和编译的 LVM 价值取代驱动，实现了从应用层到服务器层的架构完整融合。Dojo 平台在功耗、算力和成本方面均优于 NVIDIA 的 GPU。

大规模、高质量的数据流是人形机器人软件系统持续领先的核心要素，被称为数据飞轮。每个具身智能机器人都可作为数据采集点，为 AI 厂商提供持续的数据流，助力机器人算法开发速度从线性增长转变为指数型增长，形成训练与场景开发的飞轮效应。

人形机器人产业的价值有望从制造转向运营。随着人形机器人突破投资回报期与客户回报期的奇点，其有望重塑生产力范式，产业价值核心可能从制造转向运营，类似于智能驾驶产业的发展趋势。

在人形机器人产业中，有三个主要的发展主线：首先是人形机器人零部件，包括减速器、滚珠丝杠、无框力矩电机等高价值量零部件，随着爆款场景的出现，这些零部件将迅速放量，推动相关产业快速发展。其次是智能驾驶相关零部件，包括 IMU、激光雷达、视觉摄像头、智能驾驶芯片等，参考特斯拉商业模式，Optimus 算法建立在 FSD 智能驾驶系统上，传感器、计算芯片等部件很大程度上沿用了智能驾驶方案，为人形机器人开辟了传感器、智驾芯片相关标的的后续增长空间。最后是大模型算法、算力芯片，软件算法是人形机器人的核心价值环节，算法性能的高低直接决定了人形机器人的能力范围，而大模型的算力作为算法的底层支撑，可以加快算法的迭代速度以及云端推理的响应速度。

12.4　本章小结

第 12 章探讨了新一代智能计算系统，聚焦在无人驾驶和智能交通系统、智能服务机器人以及具身智能的最新进展和未来趋势。

12.4.1　内容总结

1. 无人驾驶和智能交通系统

无人驾驶系统：详细介绍了无人驾驶汽车的关键技术，包括感知、定位、规划和控制等。这些系统利用传感器、摄像头和雷达等设备来感知环境，AI 算法来做出决策，并执行行车任务。

AI 大模型赋能智能交通系统：讨论了大型 AI 模型如何加强智能交通系统，通过大数据分析和学习提升交通管理的效率和安全性。

2. 智能服务机器人

服务机器人的类别：介绍了服务机器人的多种形式，包括专业服务机器人和个人服务机器人，并探讨了它们在不同领域的应用。

通用人形机器人：分析了通用人形机器人的设计理念和功能，这类机器人通过模仿人类行为和互动，来进行工业生产等领域的辅助工作。

未来人形机器人的重要市场：预测了未来人形机器人在健康护理、家庭服务和娱乐等领域的市场潜力。

3. 具身智能

具身机器人的控制单元：探讨了具身机器人如何通过集成的控制系统实现复杂的物理任务。

具身机器人的算力和存储：讨论了具身机器人需要的算力和存储资源，以及这些资源如何支持机器人的感知和决策能力。

具身机器人的大模型：分析了如何将大型 AI 模型集成到具身机器人中，以增强它们的自主性和适应性。

具身机器人的未来展望：提出了对未来具身机器人技术发展的看法，包括技术创新、伦理和社会接受度等方面。

本章展示了智能计算系统如何与人工智能模型和先进的硬件技术相结合，为无人驾驶、智能交通、服务机器人以及具身智能等领域带来了创新和发展。无人驾驶汽车和智能交通系统通过 AI 技术的应用，正在变得更加智能化和自动化，预示着交通系统的未来将更加侧重于安全性、效率和环境友好性。服务机器人和通用人形机器人在提供助理、护理和伴侣等服务方面的潜力正在逐步释放，而具身智能的发展正推动着机器人技术朝着更加自主和互动的方向发展。随着技术的不断进步和大模型的集成，这些智能系统将在更广泛的应用场景中发挥作用，同时也将对社会、经济和法律等多个方面产生深远的影响。

12.4.2　常见问题

1. 新一代智能计算系统如何降低能耗和解决散热问题？

通过采用更高效的算法、使用低功耗硬件设计，以及改进散热技术来降低能耗和解决散热问题。

2. 智能服务机器人如何提高自主导航能力？

通过集成先进的传感器技术、机器学习算法和实时数据处理能力来提高自主导航能力。

3. 具身智能如何提升人工智能的认知能力？

具身智能能够提升当前的"弱人工智能"认知能力，通过与环境交互的渠道，从真实的物理或虚拟的数字空间中学习和进步,是产生超级人工智能的一条可能路径。

12.4.3 思考题

（1）新一代智能计算系统如何改变我们对智能的理解?

（2）新一代智能计算系统在日常生活中有哪些潜在应用?

（3）新一代智能计算系统如何影响机器人的设计与功能?

（4）新一代智能计算系统在教育和培训中如何发挥作用?

（5）新一代智能计算系统如何与人类社会互动并影响社会结构?

（6）新一代智能计算系统在医疗保健领域有哪些应用前景?

（7）新一代智能计算系统如何提高机器人的适应性和灵活性?

（8）新一代智能计算系统在艺术创作中如何实现创新?

（9）新一代智能计算系统如何促进人机协作的效率和效果?

（10）新一代智能计算系统在环境监测和保护中有哪些作用?

图 书 资 源 支 持

感谢您一直以来对清华版图书的支持和爱护。为了配合本书的使用，本书提供配套的资源，有需求的读者请扫描下方的"书圈"微信公众号二维码，在图书专区下载，也可以拨打电话或发送电子邮件咨询。

如果您在使用本书的过程中遇到了什么问题，或者有相关图书出版计划，也请您发邮件告诉我们，以便我们更好地为您服务。

我们的联系方式：

清华大学出版社计算机与信息分社网站：https://www.shuimushuhui.com/

地　　址：北京市海淀区双清路学研大厦 A 座 714

邮　　编：100084

电　　话：010-83470236　　010-83470237

客服邮箱：2301891038@qq.com

QQ：2301891038（请写明您的单位和姓名）

资源下载：关注公众号"书圈"下载配套资源。

资源下载、样书申请

书圈

图书案例

清华计算机学堂

观看课程直播